Le quotidien des systèmes territoriaux:
lecture d'une pratique habitante

Laurent Matthey

Le quotidien des systèmes territoriaux: lecture d'une pratique habitante

Généalogie et description herméneutique des modalités de l'habiter en environnement urbain

PETER LANG
Bern · Berlin · Bruxelles · Frankfurt am Main · New York · Oxford · Wien

Information bibliographique publiée par «Die Deutsche Bibliothek»
«Die Deutsche Bibliothek» répertorie cette publication dans la «Deutsche Nationalbibliografie»;
les données bibliographiques détaillées sont disponibles sur Internet sous ‹http://dnb.ddb.de›.

Cet ouvrage paraît avec l'aide de la Fondation du 450e anniversaire de l'Université de Lausanne,
du Fond de publication des thèses de l'Université de Lausanne et de la Société académique vaudoise.

Photographie de couverture: «L'Homme au chapeau» de Carole Fontaine, www.lehasard.com

Réalisation de couverture: Eva Rolli, Peter Lang AG

ISBN 978-3-03911-503-7

Hochfeldstrasse 32, Case postale 746, CH-3000 Bern 9
info@peterlang.com, www.peterlang.com, www.peterlang.net

A Anne-Sophie

A mes parents

«[N]e sont-ce pas là autant de petits univers dont chacun a une existence
propre et qui, refermés sur eux-mêmes,
ont bien une action les uns sur les autres,
mais n'ont pas grand-chose à voir l'un avec l'autre?»

Johann Peter Eckermann cité par Bernard Lortholary, 1998: 16.

Remerciements

«Car Je est un autre. Si le cuivre s'éveille clairon, il n'y a rien de sa faute.»
Arthur Rimbaud, Lettre à Paul Demeny, 15 mai 1871.

Ce travail n'aurait pu se concrétiser sans certaines rencontres ou présences déterminantes, de sorte qu'il n'a rien de personnel mais est traversé d'influences. Outre les personnes qui, pour certaines à plusieurs reprises, m'ont accordé de leur temps pour me parler de leurs pratiques de ville, je tiens à remercier particulièrement: Yves Bonard, Jean-François Both, Gaston Clivaz, Micheline Cosinschi, Antonio Da Cunha, Christian Kaiser, Christophe Mager, Jean-Pierre Pralong, Manon Rosset, Anne-Christine Wanders et Olivier Walther. Leur fréquentation a positivement favorisé l'achèvement de ce parcours de thèse.

Je ne serai sans doute jamais parvenu au terme de ce travail sans les encouragements répétés de Jean-Bernard Racine, qui s'est toujours montré confiant dans l'intérêt de ce travail et en a assuré, outre la direction, les conditions économiques de réalisation en m'employant à titre d'assistant à l'université de Lausanne. Par ailleurs, par l'intermédiaire de certaines de ses *«pensées secrètes»* (Lodge, 2001) – intellectuelles bien sûr –, il m'a soufflé l'idée de quelques procédés scénographiques mobilisés dans la rédaction du compte-rendu de cette recherche. Je remercie sincèrement Christophe Gallaz. Ses critiques ont été une source effective d'enrichissement, tant d'un point de vue théorique que méthodologique. Jean-Paul Ferrier a effectué une lecture très fine du tapuscrit de la version de colloque de ce texte – ce qui a significativement amélioré la facture de cette thèse. Je lui suis en outre cordialement reconnaissant de son insistance à discuter les implicites d'un lexique que je maîtrisais de manière parfois incertaine. Enfin, je tiens à lui exprimer ma gratitude pour les encouragements qu'il m'a adressés au cours de ce même colloque. Je tiens enfin à manifester ma très vive reconnaissance à Verena Ehrich-Haefeli dont les conseils tant bibliographiques que méthodologiques ou rédactionnels, en même temps que la très grande disponibilité et patience, ont permis l'achèvement du livre 2 de cette thèse. Par ailleurs, en guise d'hommage, je tiens à rappeler que le lui suis redevable de l'intuition de ce travail.

Je suis en outre redevable à Thierry Guillermet, Pascal Lavorel et Roger Romer qui m'ont apporté des soutiens souvent déterminants, que ce soit par leur qualité d'écoute, leur disponibilité ou leur radicalisme scientifique et «puritanisme» sociologique. La conduite à terme de ce travail doit également beaucoup aux avis amicaux toujours pertinents de Bertrand Gaehwiler, qui a su m'éclairer avec beaucoup d'à-propos aux moments de choix stratégiques. Son sens du jeu a par ailleurs permis une prise de distance par rapport aux enjeux effectifs d'un tel travail.

Je remercie encore mes parents, Germaine et Marcel Matthey, qui m'ont transmis leur conception «sysiphéenne» du travail, et ma sœur, Marie-Odile Czarnetzki-Julien, qui m'a communiqué son goût pour l'herméneutique. Je leur suis reconnaissant de leur patience, de leur confiance et leur affection. Enfin, ma reconnaissance et mes pensées vont à Anne-Sophie Brülhart qui a sans doute beaucoup souffert des «dommages collatéraux» occasionnés par ce travail de recherche. Sa compréhension, son soutien et son aide m'ont été inestimables.

Table des matières

Livre 2: Une archéologie

Conclusion générale

Avant-propos

Ma vie académique: comment je conçois ma pratique scientifique[1]

«Avant de parler, j'aimerais dire quelque chose.»
Les Cyniques, groupe d'humoristes des années 1960.

Depuis quelques années, Paul Dédalus – personnage principal de *Comment je me suis disputé: ma vie sexuelle* (1996) d'Arnaud Desplechin – est maître-assistant à l'Université de Nanterre. Il est enlisé dans sa thèse de philosophie; des étudiants stupéfaits abandonnent son cours; il voit Frédéric Rabier, son ancien camarade de volée, accéder au professorat. Que fait Paul? Il va au café, il est convié à des soirées, il a des occupations culturelles, il a des amis. Qui est Dédalus? Il est aimé d'Esther, mais ne sait comment se défaire de cet amour. Alors il s'éprend de Sylvia, la compagne de son meilleur ami. Paul Dédalus est une figure de l'enfermement. Il interagit avec d'autres êtres, sans en être. Qui est Paul? que fait Dédalus? Rien. Paul s'enferme; Dédalus s'enferre. Un jour Esther prend sur elle de quitter ce rien. Elle prend sur elle, mais elle se délite, se débilite. Dédalus prend alors conscience d'un fait en somme banal: son existence a des conséquences sur celles des autres; il aura changé la vie d'Esther et il aura été changé par elle. Désaliéné par ce mystère de l'altérité, Paul parvient, à son tour, à quitter Esther, écarter Sylvia, supporter la présence de Rabier, et finir sa thèse. De fait, l'intrigue du film d'Arnaud Desplechin est porteuse d'un savoir épistémologique.

Ce que nous dit implicitement l'intrigue de *Comment je me suis disputé: ma vie sexuelle*, c'est que la *conduite* d'une recherche est toujours sous-tendue par une façon de se positionner par rapport au monde. Cette idée n'est pas inédite, bien sûr. Pierre Paillé (1996: 196) y recourt de manière plus spécifique alors qu'il tente de définir la recherche qualitative. Plus que l'usage de techniques de collecte du matériau, il préfère en effet convoquer une vision du monde: «[i]*l s'agit* – écrit-il – *bien plus globalement d'un engagement très cohérent vers un type de rapport à la réalité empirique, aux ‹sujets› de la recherche et à l'explication scientifique*» *(ibid.)*.

1 A Jean-Bernard Racine, en souvenir de cinq années d'assistanat du cours d'*Epistémologie des sciences sociales*.

Le fait que la conduite d'une recherche implique une façon de se positionner par rapport au monde justifie que le chercheur explicite son univers mental. C'est pourquoi, j'aimerais, en guise d'avant-propos, clarifier, sinon ma vie intime, du moins ma conception de la science, c'est-à-dire la manière dont je me positionne par rapport aux sujets de mon terrain, puisqu'elle va déterminer les critères de recevabilité de cette recherche, et permettre d'énoncer les limites de confiance et les conditions de recevabilité de ce travail scientifique.

La conception de la pratique scientifique que j'adopterai se veut humble et profanatrice. Elle part du postulat que la science est une pratique sociale comme les autres, soumises à certaines règles qui sont surtout fonctionnelles et non pas ontologiques; une pratique dont les énoncés obéissent à des critères de pertinence qui ne relèvent pas de la Vérité mais de l'efficience. Néanmoins, il importe de voir que l'évocation d'un critère d'efficience n'implique pas nécessairement un utilitarisme étroit. Il faut comprendre ce critère comme un souci de ce qui est susceptible de «servir», d'avoir une utilité fonctionnelle d'un point de vue social. Or, cette utilité sociale n'est pas *naturellement* associée à la dimension transitive[2] de la pratique scientifique. Elle réside également dans sa dimension immanente. La production d'une intelligibilité, dans *la formation d'un certain regard* sur une histoire connue, est un critère de détermination de l'utilité sociale de la recherche tout aussi recevable que celui de la rentabilité sociale.

Ainsi, si la conception de la pratique scientifique dont est issu ce travail de recherche est humble et profanatrice, cela n'implique pas pour autant qu'elle soit dépourvu d'exigences. Une thèse de doctorat est aussi un travail d'intellectuel (et non pas seulement d'expert, de technicien ou de documentaliste de haut niveau), c'est-à-dire de producteur symbolique. Il s'agit d'élaborer une théorie, une vision totalisante de la réalité. Ce en quoi la science répète la fonction du mythe, pour jouer avec un aphorisme que Cl. Raffestin (1995: 29) aime citer. Elle produit un «grand discours» ou une grille de lecture vraisemblable des phénomènes, jusqu'à ce qu'une nouvelle grille renvoie la précédente au statut de mythologie.

De fait, en tentant de répondre à la question de savoir comment femmes et hommes font, jour après jour, usage de la ville contemporaine, en tant que système symbolique/sémiotique, pour se «bricoler» une identité personnelle, tout en étant socialement canalisés dans leur «bricolage», je travaille à rendre

2 L'épistémologie aristotélicienne (Laubier, 1978 [1993]: 22-26) distingue les pratiques scientifiques selon qu'elles agissent sur l'intériorité du sujet (activités immanentes) ou qu'elles sont orientées sur le monde environnant du sujet (activités transitives).

lisible des pratiques de ville. Il est difficile de dire si le discours que je produis constitue la Vérité. Mais il est certain qu'au regard de mon matériau d'enquête, il fonctionne. Par ailleurs, ce discours permet d'expliquer d'autres activités que les pratiques urbaines observées et décrites (comme le tourisme du proche, par exemple). En ce sens, il tend à la théorie. Il demeure néanmoins que son action est plus immanente que transitive au sens où elle vise l'intériorité du sujet. Il espère produire du sens, comme on dit.

Cette conception ne va toutefois pas sans faire problème. Elle pourrait être apparentée à une posture contemplative, assimilée à un idéal d'observation attentive et désintéressée (je décris et j'interprète, sans dénoncer). En ce sens, on pourrait y voir la manifestation d'un certain individualisme bourgeoisiste (dans l'hypothèse la plus favorable) ou d'une science de petit bourgeois (dans l'hypothèse la moins favorable). Par ailleurs, prétendre que l'utilité sociale de la pratique scientifique se mesure à la capacité d'un discours à produire une «théorie» constituée de messages *«à faible probabilité»* (Raffestin, 1986) n'est-ce pas, en sorte, réduire le social en question à une communauté de *happy few*? Enfin, la prétention à une observation désintéressée n'est-elle pas... intéressée, en ce qu'elle est susceptible de naturaliser l'observation en question?

Ces questions sont justifiées. Mais elles ne sont pas pertinentes au regard de l'intrigue qui est la mienne, de l'enjeu épistémologique et méthodologique de cette thèse. Mon essai est intrinsèquement critique. Les pratiques que je décris sont historicisées. Ma recherche tend à l'explicitation des apports sociaux qui nous constituent dans ce nous avons de plus intime, et qui informent notre être-au-monde. Dans le travail de production d'une intelligibilité auquel je m'essaie, il faut lire un projet qui s'inscrit paradoxalement dans une conception radicale de la science (au sens, par exemple, de la géographie radicale[3] des années 1970).

Plus spécifiquement et plus substantiellement, la définition de la science que j'adopterai ici est celle de B. Latour et S. Woolgar (1979 [1996]): la science est une forme spécifique de l'activité littéraire au sens large, en ce qu'il s'agit d'y produire des énoncés dans un processus d'*«inscription littéraire»**[4] (*ibid.*: 72), par laquelle on cherche à convaincre les lecteurs potentiels de la vérité desdits énoncés, tout en gommant les mécanismes discursifs de persuasion. Pour

3 C'est-à-dire un courant de la géographie, influencé par les travaux de K. Marx et H. Lefebvre, orienté sur la critique sociale.

4 J'utiliserai dorénavant cette notion en laissant tomber, pour mon confort personnel, les guillemets. Il en va de même pour tout vocable frappé d'un astérisque (*).

B. Latour et S. Woolgar, l'activité scientifique est donc surtout un travail rhétorique par lequel on tente d'arracher la conviction d'un destinataire en faisant en sorte que celui-ci soit persuadé qu'il n'y a pas débat; un travail par lequel on cherche à faire oublier que les *«faits sont faits»* – artéfactés.

Cette conception de la science comme forme spécifique de l'activité littéraire au sens large ne signifie donc pas que la pratique de recherche est un travail d'imagination. La personne qui cherche ne fait pas œuvre de romancier au sens usuel du terme. Elle manipule certes un matériau qu'elle organise dans le cadre d'une intrigue, mais il y a, *in fine*, l'exigence de l'administration d'une *«preuve»*. La preuve doit être prise, dans le contexte de cette thèse, dans son acception la plus vaste. D'une part, il ne s'agit pas de démontrer une causalité (ce à quoi ramène en première analyse la question de la preuve). D'autre part, il ne s'agit pas d'accepter ou réfuter une hypothèse (ce à quoi ramène en seconde analyse la question de la preuve). L'administration de la preuve est en l'occurrence à rapprocher de la démonstration. Non au sens logique ou mathématique du terme – dans le *«passage d'une vérité à une autre»* (Livet, Volken, 2002: 2) ou encore dans la déduction d'un théorème, d'autres théorèmes –, mais au sens vaguement commun, d'explicitation d'une cohérence argumentative.

Mais si la science est – dans la conception qui est présentement la mienne – un travail d'inscription littéraire par lequel on tente d'arracher la conviction d'un lecteur en lui *«administrant une preuve»*, la question se pose alors de savoir ce qui différencie l'activité scientifique de la production du texte réflexif, argumentatif et démonstratif que constitue l'essai – si l'on exclut bien sûr le para-texte, à savoir qu'un essai est libellé en tant qu'essai et qu'un travail de recherche paraît dans une collection de type: Recherches et travaux. Je n'ai pas de réponse. Ce que je sais par contre, c'est que j'aimerais produire un texte qui soit à la fois un essai et autre chose qu'un essai. Produire un essai, d'abord. Je ne veux pas, en effet, prétendre à l'épuisement des possibilités de lecture de mon matériau (ce qui est un critère d'identification du genre de l'essai, selon le *dictionnaire le Petit Robert*). Par ailleurs, je souhaite livrer un texte d'une facture *«assez libre»* (second critère d'identification). Produire autre chose qu'un essai, ensuite. Mon travail d'argumentation s'inscrit dans des *«faits»*, il est canalisé par un dispositif et un protocole d'enquête (tous deux explicites). En outre, ce travail d'argumentation repose sur la paraphrase, le commentaire et l'analyse d'un matériau, et non pas sur l'embrigadement d'un matériau à fin d'illustration d'une thèse.

Ainsi, «ma» conception de la science en tant que pratique sociale comme une autre, soumise à des règles fonctionnelles et non ontologiques, conduit à ce que la recevabilité de mon discours est soumise, plus qu'à l'administration d'une preuve, à des critères de cohérence et de vraisemblance. Et c'est au regard de ces deux indicateurs, que mon travail «se tient»… ou pas, c'est-à-dire «se défend»… ou pas. Mais cette cohérence et cette vraisemblance sont enracinées. Ce qui fait que mon essai est un essai… «scientifique», bien que teinté d'une certaine façon de se positionner par rapport au monde.

Introduction

Introduction

Comme une rumeur

«Le lecteur doit apprendre le contenu et le contexte dans le même mouvement. Comme l'ethnographe lui-même, il doit pénétrer à tâtons dans la jungle des faits sans posséder de carte.»

B. Latour, S. Woolgar, *La vie de laboratoire: la production des faits scientifiques*, 1979 (1996): 32.

1. Chasser le naturel

Cette thèse est un enfant des années 1970. Elle s'élabore en effet sur un principe qui peut être considéré comme un des axiomes génératifs des sciences humaines et sociales de cette décennie-là: Chasser le naturel. Ce principe doit se comprendre de deux façons au moins. D'abord, la géographie, qui a longtemps aspiré au statut de science naturelle des hommes et des sociétés se trouve acquise à l'idée qu'elle est une science du *socius*. Elle traque ses anciennes manières, soudain devenues de mauvaises habitudes. Les paradigmes déterministe et possibiliste sont raillés. Les charmes des analyses spatiale, humaniste et radicale sont vantés. De fait, la nature est sociale, et rien de ce qui nous apparaît comme naturel ne doit échapper à la nouvelle question géographique: Où est l'artifice?

Ce processus se perpétue dans les années 1980, sous des formules diverses, mais toujours inspirées par la nécessité de montrer la créativité des hommes en société. Les sociétés produisent des ressources à partir des propriétés de la matière, et en ce sens elles «inventent» de la naturalité (par exemple, la plage suscitée par un nouveau rapport à l'eau qui lui attribue des fonctions de reviviscence). Aussi invente-t-on pêle-mêle[1], le quotidien, la ville nouvelle, la République, la France, le Mont Blanc et les Alpes, le littoral.

Cette propension à chasser le naturel se déploie sur un terrain favorable. L'analyse marxiste travaille à débusquer les effets d'aliénation du capitalisme et de son idéologie. Elle tend, et c'est le deuxième sens selon lequel il faut comprendre la chasse au naturel, à dénaturaliser des formes construites de domina-

1 Pour reprendre des titres d'ouvrages célèbres construits à partir du syntagme: *L'invention de x*.

tion. Chasser le naturel revient alors à dénoncer les dissymétries relationnelles qui paraissent aller de soi, comme conséquences de rapports sociaux. Les hommes et leur géographie sont a-naturels; ils sont le produit d'interactions qui les façonnent. Réciproquement, les milieux inventés par les sociétés naturalisent des rapports sociaux (par exemple, la plage devient le lieu de villégiature *par excellence* et non pas le lieu suscité par la montée d'une anxiété dans l'aristocratie anglaise – un *spleen* qu'il convient d'aller soigner sur les rivages de la Manche –, qui s'articule avec une régression de son influence sociale et politique). Ce faisant, ils fondent une idéologie, au sens où celle-ci est toujours la *«naturalisation d'une pratique et d'une connaissance»* comme dirait J.-L. Prieto (1975).

De la même manière, cette conception critique de la dénaturalisation se poursuivra au cours des années 1980 dans des expressions, qui mobilisent certes une épistémologie déjà ancienne, et mettent l'accent sur la dimension construite des faits sociaux. Il convient ainsi de montrer leur généalogie, mais aussi la manière dont la «réel» est suscitée par les opérations individuelles et collectives. La réalité est un construit, tout comme le sont nos pensées, nos identités, nos personnalités[2].

De fait, si cette thèse est un enfant des années 1970, c'est qu'elle s'intéresse aux manières que nous avons de vivre en ville – de nous y promener, de nous y divertir, d'y consommer des lieux, d'y éprouver un moment de bonheur, une impression vague, désagréable, déplaisante – parce qu'elles relèvent de l'artifice ou de l'artéfaction. Elle s'intéresse à des façons qui nous paraissent naturelles et propres au genre humain, en s'interrogeant quant à leurs conditions d'apparition, leur genèse. Comment se fait-il que nous nous promenions, nous divertissions, éprouvions un moment de bonheur à la vue de tel fragment d'un paysage urbain, un geste de répulsion à la vue de tel autre? Comment se fait-il que nous pratiquions la ville de telle sorte qu'elle se profile comme un ensemble de signes et de symboles que nous utilisons pour «faire des histoires», nous inventer des vies possibles? Comment se fait-il que les lieux nous déplacent, qu'être ici, à Lausanne par exemple, permet d'être simultanément ailleurs, à Berlin par exemple, alors que notre regard se focalise sur un fragment de la tour Bel-Air, qu'un élément paysager nous fait penser à un autre, distant dans le temps et/ou l'espace?

Le type d'interrogation dont procède cette thèse relève donc de questions dites de *«processus»* (Maxwell, 1999: 108). Initiées par l'adverbe: «comment», elles sont orientées à la fois sur l'explicitation des dispositifs collectifs et la

2 Pour reprendre des expressions fréquentes des sciences sociales et humaines construites à partir du syntagme: *La construction de x*.

recherche des façons d'agir et de penser des individus. Elles cherchent à révéler des procédures sociales et des manières «personnelles». Cette recherche tente, par exemple, d'apporter des éléments de réponse à la question de savoir quelle est la configuration socio-historique qui préside à l'apparition des pratiques de ville déjà évoquées plus haut. Elle aspire encore à éclaircir les modalités selon lesquelles se structurent ces pratiques. Implicitement, elle repose sur la conviction qu'il n'en a pas toujours été ainsi. Ce qui est certes un *a priori* et pose donc un certain nombre de nouvelles questions. Quelles sont les modalités qui conduisent à ce que notre manière de nous promener en ville diffère de celle de l'homme du Moyen Age ou des Lumières? Pourquoi éprouverait-il un moment de bonheur dissemblable? Ne sommes-nous pas tous humains? Mis à part le fait que nos villes et celles de la modernité des Lumières ou de l'Occident médiéval ne sont pas comparables en termes d'hétérogénéité, de modalités d'accès ou encore au regard des modes d'interaction relatifs à l'espace public, il faut ici aussi considérer que l'homme qui s'y promène entretient un autre rapport à la communauté, au temps, au projet personnel de réalisation de soi, à l'altérité.

Cette thèse se propose donc de chasser le naturel de nos pratiques de villes (ou de certaines de nos pratiques de ville). Mais elle fait un peu plus que cela: elle les considère comme des *techniques spatiales*, au sens d'*«action*[s] *socialisée*[s] *sur la matière»* (Lemonnier, 2002: 697), de moyens d'un usage des mondes urbains. Nous nous promenons, et un élément du paysage architectural nous transporte ailleurs dans le temps et/ou l'espace. Ce transport n'est pas naturel. S'il est intuitif, métabolisé, il n'en mobilise pas moins une technique, une manière de regarder la ville, une façon de faire des rapports entre une chose et une autre. Cette technique s'inscrit dans un contexte social, elle active une intersubjectivité, des savoirs collectifs implicites. Nous y recourons à des schèmes esthétiques, mais aussi à des connaissances liées à une configuration sociale où, par exemple, une partie de la population (certes restreinte) part régulièrement en vacances découvrir des paysages autres.

Considérer ces pratiques comme des techniques permet, en somme, de collaborer au volet critique de la dénaturalisation. Bien sûr, travailler dans le champ des sciences humaines et sociales conduit à envisager les enjeux ou les conséquences sociétales de certaines *praxis* créées. Il reste néanmoins que mon questionnement souhaiterait envisager la dimension politique de techniques de ville qui tendent au minuscule, et nous semblent si personnelles. Celles-ci vont-elles dans le sens d'une modification ou d'un renforcement des *«modèles d'intelligibilités»* (Piveteau, 1996)? Nous nous promenons, nous nous divertissons, nous consommons des lieux. Nous nous sentons bien ici, mal ailleurs. Nous aimons flâner là, mais pas là-bas. En quoi ces attributions ont une dimension qui touche au politique? En quoi collaborent-elles ou non à la reproduction sociale d'un ordre dissymétrique?

Par exemple, Dominic, que j'ai rencontré dans le cadre de mes diverses campagnes d'entretiens, caractérisait, au terme de notre rencontre, la ville comme une *«*Game Boy. *Tu as mille vies*, m'expliquait-il. *Dans un village tu te rates, tu es grillé. En ville, tu peux recommencer ailleurs. Tu pousses une porte et ça recommence»*. Pour le dire autrement: la ville contemporaine offre des «terrains de jeu» hétérogènes. Ces terrains sont associés à des schèmes sensori-moteurs, des modalités d'actions, des imaginaires – et c'est pour cette raison même qu'ils sont mis en jeu. Mais si ces terrains trament la ville, s'ils en constituent l'étoffe, ils travaillent simultanément les structures identitaires des habitants. Dans nos parcours, nos visages varient. Ils se teintent d'une couleur locale selon que l'on est ici ou là-bas. Les lieux diffèrent et insinuent une différence. Ils autorisent un double jeu, une prise de distance par rapport à nos rôles journaliers (Œquipe MIT, 2002: 81 s.). Ainsi, se promener, se divertir, éprouver un moment de bonheur, un instant de malaise correspond à l'amorce d'un travail de subjectivation. Nous consommons des lieux de telle sorte qu'ils nous rendent différents, nous métissent. Quelles sont les modalités de ce travail? Comment s'effectue-t-il? En quoi s'intègre-t-il dans un système de *«recréation»**[3] (*ibid.*: 104) ou r*é*création (Jaffari, 1988) de l'agent social?

De fait, si cette thèse relève d'un courant disciplinaire qui s'initie dans les années 1970 et traverse l'ensemble des sciences humaines et sociales, son apport à la connaissance géographique relève plus particulièrement des théories de l'habiter. Elle tend en effet à une compréhension large de la manière dont les hommes habitent des lieux urbanisés, dans le même temps que ces lieux les habitent (pour parler comme R. Brunet, 1990: 43). Elle vise à comprendre la manière dont des hommes en société inscrivent, à un certain moment de l'histoire (entre la fin du XXe siècle et le début du XXIe siècle), leur existence dans un infime fragment de l'espace terrestre (Genève, Suisse). Cette contribution aux théories de l'habiter se veut dialectique puisqu'elle aspire à positionner les spatialités individuelles dans des configurations sociales qui mobilisent une très longue durée, au sens de F. Braudel. Elle souhaite de fait penser le

3 J'utiliserai dorénavant cette notion en laissant tomber, pour mon confort personnel, les guillemets. Il en va de même pour tout vocable frappé d'un astérisque (*).

rapport qui existe entre un système de l'habiter et son actualisation par les pratiques quotidiennes de gens ordinaires.

Plus spécifiquement, l'objectif de cette thèse est de répondre à une question délibérément large en première analyse: comment femmes et hommes font, jour après jour, usage de la ville contemporaine, en tant que système symbolique/sémiotique, pour se «bricoler» une identité personnelle, tout en étant socialement canalisés dans leur «bricolage»? Elle tente d'y répondre en accomplissant d'une part une généalogie, d'autre part une description herméneutique de la manière dont des personnes sans qualités pratiquent quotidiennement leur espace de vie.

Mais quel est l'intérêt de ce type de questionnement? Quelle plus-value apporte-t-elle à la pensée géographique? Je serai tenté d'emprunter ma réponse à R. E. Park (1925 [1995]). Dans «La ville: propositions de recherche sur le comportement humain en milieu urbain», le fondateur de l'Ecole de Chicago attribue la fonction suivante aux recherches dont il esquisse le programme: comprendre ce qu'on lit dans le journal. Pour R. E. Park, le travail intellectuel et scientifique relève de la production symbolique au sens large. Le chercheur doit produire un cadre dans lequel les événements sont susceptibles de prendre sens. Et l'avènement de ce sens suffit à fonder la pertinence d'une recherche.

Cette thèse offre une lecture de la manière dont des gens sans qualités vivent quotidiennement, dans un environnement urbain d'une certaine ampleur (439 117 habitants – chiffre août 2005); de la façon dont ils vivent en ville entre aliénation, tactique de déclôturement et retournement de leur braconnage. En ce sens, elle est susceptible d'apporter un élément d'explication du fonctionnement des territoires. Cette légitimation peut certes paraître minimale; il faut y lire la conscience douloureuse du dérisoire d'une grande partie des travaux académiques. Mais cette thèse offre encore une contribution à la connaissance géographique du fait de la méthodologie qui est la sienne. Ce d'autant que cette méthodologie est susceptible d'être mobilisée dans le cadre d'enquêtes qui ciblent, de manière spécifique, la dimension socio-affective de notre rapport à la ville. En ce sens elle n'est pas qu'abstraite, mais ouvre des terrains empiriques.

Il importe, néanmoins, de voir que le type d'interrogation dont procède cette recherche implique une approche particulière de ce qu'on appelle le terrain. Une approche qui a des implications du point de vue de la construction de son compte-rendu. Ce d'autant que cette thèse ne se coule pas seulement dans un mouvement qui aspire à chasser le naturel, dans un intérêt pour la construction sociale des modes de l'habiter. Elle se place aussi sous le double signe de la recherche qualitative et herméneutique. Il ne s'agit pas, ce faisant, de rejouer d'anciennes querelles, d'opposer quantitativistes et qualitativistes, ou, par un glissement mystérieux, «ceux de la pratique» et «ceux de la théorie», «gestionnaires» et «savants», *homo faber* et *homo sapiens*[4]. Le propos est celui d'annoncer un des *a priori* qui configure mon discours. Si j'ai choisi de me placer sous ce double signe, c'est qu'une approche sensible et interprétative m'apparaît la plus adéquate aux questions que je me pose. Chercher à comprendre comment se structurent, simultanément, nos pratiques de ville et nos jeux de mises en scène, comment ces pratiques sont historiquement construites en tant que techniques, nécessite que l'observation nourrisse la conjecture. Ainsi, la question générale qui est la mienne justifie une prise de liberté par rapport au régime usuel de la formulation d'hypothèses. J'ai longtemps travaillé à répondre de la manière la plus large possible à ma question en mobilisant une *«imagination géographique»* (Raffestin, 1983), une pensée analogique. Les hypothèses ne sont venues que tardivement – en cherchant; dans ce compte-rendu, elles apparaissent tardivement – en lisant.

De fait, la recherche qualitative a l'ambition d'une *«théorisation enracinée»* du social *(grounded theory)*. Le terrain ne sert pas l'administration d'une preuve, mais ouvre un espace heuristique et dialogique, qui conduit à ce que la personne qui cherche n'énonce que des propositions de lecture (régime de l'*a posteriori*) d'un matériau. L'approche herméneutique conforte cette opération apostériorique. Il y a d'abord l'œuvre, ensuite l'interprétation. D'abord le geste, puis sa mise en correspondance.

Par ailleurs, un compte-rendu de recherche obéit, à la fois, à des considérations normatives et esthétiques. Certes, un choix de montage est effectué qui peut être argumenté comme relevant d'une certaine conception du rapport à l'objet de pensée (domaine du normatif). Par exemple, si j'ai choisi de ne pas commencer à *«feindre des hypothèses»* (pour paraphraser I. Newton), c'est par méfiance pour une réflexion hypothético-déductive. C'est aussi parce qu'il est très probable qu'une construction trop formelle réduirait paradoxalement l'intelligibilité de cette recherche. L'économie d'une problématisation lente et patiente, qui procède par redéfinition et stabilisation progressive du discours, une axiomatisation trop précoce, la rendrait sans doute aberrante. Parfois, les raccourcis court-circuitent. Mais, c'est encore dans un souci de ne pas «tuer le suspens» (domaine de l'esthétique) en apportant, de manière prématurée, des

4 A moins d'adhérer à une dichotomie que J.-P. Sartre dénonçait, dans «Plaidoyer pour les intellectuels», comme idéologique. C'était en 1972.

clefs de lecture. J'ai préféré délivrer, l'une après l'autre, les évidences qui m'étaient nécessaires pour raconter mon «histoire» de manière cohérente et transparente.

Ainsi, cette thèse adopte une démarche allusive – itérative et réitérative. J'y pense au détour d'une phrase, d'un paragraphe, d'une section, à côté de mon sujet, voir hors-sujet ou contre mon sujet. Ces échappées buissonnières ont néanmoins une fonction. Il s'agit en fait d'un *«voyage en spirale»* (Racine, 1984) accompli au rythme d'une *«écriture errante»* (Racine, 2006). En passant par ici et puis par là, il se peut que l'objet se présente de manière différente, et que sa connaissance s'enrichisse.

2. Traiter le «mal» par le «mal»

Cette volonté de chasser le naturel s'inscrit à un autre niveau encore. Le texte scientifique est un artefact qui aspire au statut de représentation de la réalité. Le *géographe* est, étymologiquement, une personne qui écrit à propos d'une écriture qu'il cherche à comprendre et expliquer (l'écriture terrestre, la géo-*graphie*). Or, cette *écriture à propos d'une écriture* est devenue, au sein de la discipline, plus problématique à partir des années 1990, après que les anthropologues se furent intéressés aux modalités de leur discours et à la production de leurs objets dans des procédures discursives (Mondada, 2000: 12). La question de savoir dans quelle mesure les formes géographiques sont construites dans des formes descriptives, des actes d'énonciation, des *«inscriptions littéraires»* (Latour, Woolgar, 1979 [1996]: 35 s.) est progressivement apparue comme pertinente dans le champ de la recherche. Le travail de dénaturalisation évoqué précédemment conduit à ce que l'écriture scientifique est suspectée d'imposer une *«version unique et objectivée des faits»* (Mondada, *ibid.*: 18). De même, la voix d'un chercheur s'y substituant à celle des «informateurs», le texte scientifique proposerait, comme représentation fiable de la réalité, *une vision* tronquée et un discours partial, représentatif de la situation de la personne qui cherche, plus que du monde empirique. Le travail épistémologique de dénaturalisation investit ainsi un terrain qui est celui de l'esthétique. Selon certains, si l'écriture scientifique véhicule une violence symbolique en définissant des paroles légitimes et d'autres qui le sont moins, il convient alors de réintroduire une polyphonie des voix pour défaire les évidences énoncées par le chercheur. Une approche paradoxale se dessine. Le texte est un artefact qui tend à se faire passer pour la réalité; travailler cet artefact pour en accuser le caractère artificiel permet plus de réalisme.

Une nouvelle question apparaît alors, celle de la spécificité du texte scientifique. Celui-ci repose sur des règles canoniques dont le but est d'assurer une démarche objective, contrôlée, transparente. Il obéit donc à un régime qui diffère du texte littéraire à dimension esthétique. Dans le même ordre d'idée, le texte des sciences humaines est théorisé comme une forme intermédiaire, une *«troisième culture»*, entre le discours des sciences dures et l'esthétique du littéraire (Huxley cité par Lassave, 2002: 15). On montre qu'il s'agit, dans l'écriture scientifique, le texte géographique, de proposer selon un protocole reconnu par une communauté, des énoncés univoques et clairs. Le texte scientifique, l'écriture géographique, doit permettre de *«récapituler les étapes d'une pensée qui conduisent d'un corpus de questions à une ou des hypothèses»*. Il doit énoncer *«les techniques mises en œuvre et les données utilisées»*. Le rendu des résultats doit être transparent et les interprétations contrôlables. Le texte scientifique, l'écriture géographique, obéit donc à des «règles de l'art» qui assurent sa scientificité en le garantissant du risque d'idiolecte, autrement dit: du risque d'un discours qui ne peut plus être partagé par un groupe d'une certaine ampleur. C'est pourquoi on a insisté sur les dangers d'une dérive post-moderne, nimbée d'un narcissisme de la petite différence personnelle (par exemple, Kilani, 1994: 59).

On peut néanmoins s'interroger sur le rapport qu'entretiennent texte scientifique et texte littéraire dans la construction de l'objectivité. Ces deux types de textes ne sont pas étrangers l'un à l'autre, notamment parce que la règle qui veut que le «narrateur» scientifique reste extérieur à l'intrigue qu'il est en train de produire peut être posée comme un choix esthétique. Comme le rappelle R. Barthes (1967 [2002]: 16-17), cette règle n'est aucunement corrélée à une posture rigoureuse:

> L'objectivité et la rigueur, attributs du savant, dont on nous fait encore un casse-tête, sont des qualités essentiellement préparatoires, nécessaires au moment du travail, et, à ce titre, il n'y a aucune raison de les suspecter ou de les abandonner; mais ces qualités ne peuvent être transférées au discours, sinon par une sorte de tour de passe-passe, un procédé purement métonymique, qui confond la précaution et son effet discursif (Barthes, *ibid.*).

Ainsi, jouer avec ce que R. Barthes appelait les «glissements», les «parodies» du langage permet de se distancier de «l'image théologique imposée par la science, [de] refuser la terreur paternelle répandue par la ‹vérité› abusive des contenus et des raisonnements et ouvrir la recherche» au plaisir de l'écriture et de ses subversions (*ibid.*: 17). Plaisir qui, au second tour, garantit quelque chose d'une objectivité au discours produit, en ce qu'il procède d'une distanciation et d'une incongruité qui se veulent brechtiennes dans leur aspiration à rompre le charme réifiant de la narration scientifique. Ainsi, la «rigueur» réside dans cet éloignement que permet l'écriture.

De fait, cette thèse est encore un enfant des années 1970 parce qu'elle aspire à chasser le naturel du texte géographique. Ecritures scientifiques et littéraires sont complémentaires. Le second genre de texte permet de suppléer aux déficiences du premier dans la production de l'objectivité. Le texte scientifique comme le texte littéraire se construit autour d'un pacte de lecture et mobilise des effets de réels. La mobilisation de certains tours littéraires est ainsi susceptible de *«briser le charme»*, casser le pacte et détruire les effets de réalité dans un mouvement qui, relevant de l'esthétique poétique, est générateur d'«objectivité». Cette conviction explique que j'use, dans ce compte-rendu, d'un ton et d'artifices susceptibles de préoccuper certains lecteurs. Il importe néanmoins de voir que ces artifices sont contrôlés au sens où ils s'inscrivent dans une réflexivité critique. Alors que je recours à un procédé d'écriture (ou de mise en scène puisqu'il s'agit de la distanciation théorisée par B. Brecht) pour défaire l'effet réifiant du discours tenu, et révéler le caractère artéfactés des faits énoncés, il s'agit intentionnellement de produire de l'incongruité dans le texte, qui libère, désaliène, la lecture en avivant la critique. Ainsi, l'introduction de procédés «littéraires» (travail d'auto-analyse simultanée de l'observateur; production d'un personnage chimérique [Aude] élaboré à partir des observations récoltées ces cinq dernières années [Livre 1]; jeu sur les pronoms [Livre 3]) se rapproche de la double énonciation, du retour ponctuel d'un coryphée qui commente l'action (discours et discours sur le discours en train de se faire), de l'artificialisation du jeu de l'acteur (rompre la magie du discours) caractéristiques du théâtre brechtien. De fait, c'est dans ce paradoxe d'un procédé littéraire qui vient rompre le charme d'une inscription littéraire, qu'une dénaturalisation est possible; un retour du subjectif autorisant ainsi une déidéologisation[5]. Je ne me revendique d'aucune école – féminisme, postmodernisme, constructivisme littéraire, épistémologie subjectiviste, etc. – pour légitimer une telle démarche. Il ne s'agit pas d'une démarche militante, mais d'une réponse méthodologique à un problème épistémologique qui est celui de l'écriture d'un acte de recherche, qui n'est à l'évidence ni la recherche, ni le traitement des données, ni le réel. Voilà donc pour le bruit qui assourdit cette thèse. A moins que son énonciation ne suffise à dissiper la rumeur.

5 Au sens où la propension du texte scientifique à se faire passer pour la réalité est idéologique puisqu'elle naturalise un construit.

3. Soigner ses articulations

La question génératrice de cette recherche est donc celle de savoir comment femmes et hommes font, jour après jour, usage de la ville contemporaine, en tant que système symbolique/sémiotique, pour se «bricoler» une identité personnelle, tout en étant socialement canalisés dans leur «bricolage». Ce faisant elle aspire à une dénaturalisation de nos pratiques de ville. Elle postule qu'il n'en a pas toujours été ainsi; que nos pratiques sont un construit historique. C'est pourquoi cette question est traversée d'une double temporalité, l'une *diachronique*, l'autre *synchronique*. La première est celle des processus producteurs de dispositifs sociaux, de la généalogie d'une configuration. La seconde renvoie à l'instant, aux modalités techniques de ces pratiques de ville. Cette double temporalité se manifeste dans le schéma discursif qui fonde le plan de cette thèse. Celle-ci se compose de trois livres complétés d'un livret méthodographique. Ce découpage aspire à articuler durée et moment, histoire et contemporanéité dans la production d'une généalogie et d'une description herméneutique de techniques spatiales.

Le livre 1 se pose comme la mise en intrigue de la question de départ. Il en fonde d'abord la légitimité géographique (Chapitre 1). Ensuite, il fonde théoriquement l'idéal-type de la ville contemporaine pour aboutir à la formulation de deux corpus d'hypothèses relatifs aux usages et pratiques quotidiennes de l'espace urbain (Chapitre 2) et leur genèse historique (Chapitre 3). Les livres suivants développent cette genèse (Livre 2) et donnent une description herméneutique des techniques contemporaines du vivre en ville (Livre 3).

3.1. Diachronie

La production de cette technique du vivre en ville, qui prescrit un usage des mondes urbains, peut être appréhendée par l'intermédiaire du texte littéraire, à condition d'en accomplir une réception critique. La discussion des grandes approches géographiques de la littérature (Livre 2, Chapitre 4) permet de construire cette lecture non naïve, qui préserve néanmoins un statut de source de première main au matériau littéraire. Il est une forme qui cherche (Butor, 1960a [2000]); les modalités de sa construction, sa structure (toujours historique) renseignent sur la manière dont le monde apparaît à une conscience historiquement et socialement circonscrite.

Or, le XVIIIe siècle voit naître une forme spécifique du texte littéraire, la forme narrative du réalisme moderne, le roman. Cette forme se manifeste notamment dans une certaine manière de restituer la rencontre d'un sujet avec le paysage: ce dernier n'est plus décrit d'un poste d'observation, mais appréhendé dans une multiplication des points de vue et des expériences sensorielles, qui marquent un rapprochement perceptif. De fait, cette forme narrative du réalisme moderne s'inscrit dans une configuration sociale; elle collabore d'une anthropologie et d'une épistémologie; elle est liée à l'invention de la subjectivité moderne. Elle est la forme littéraire adéquate pour rendre compte d'un sujet en devenir, qui s'appréhende en actes, dans des situations existentielles par lesquelles il est appelé à se révéler à soi et aux autres. Cette forme narrative du réalisme moderne nous parle ainsi de la manière dont la réalité apparaît à une subjectivité d'un nouveau type. Dans le même temps, elle collabore à la diffusion et prescription de cette manière. D'ailleurs, ces modalités littéraires, qui travaillent dans le cadre d'une configuration sociale, se «concrétisent» dans le type spatial du jardin non géométrique, qui peut être posé comme un «modèle de laboratoire» de la ville contemporaine. De la même manière que l'*«homme sans qualités»**[6] (pour reprendre une expression de R. Musil) de la ville du XXIe siècle parcourt des terrains de jeux où ses visages varient, prennent une couleur locale, l'homme nouveau du XVIIIe siècle qui chemine dans le lacis du jardin picturesque se trouve propulsé dans un dispositif intentionnellement créé pour qu'il expérimente la diversité des caractères qui s'offrent à l'âme humaine (Chapitre 5).

Un art de pratiquer la ville s'inscrit ainsi dans la durée, dont le texte littéraire nous permet d'expliciter les modalités. Une analyse sensible aux aspects structuraux des romans «urbains» (dans le sens où leur intrigue se situe en ville) publiés entre le début du XIXe siècle et la fin du XXe siècle permet en effet de montrer comment une technique de vie en milieu urbain se cristallise progressivement, dans une intertextualité et une intersubjectivité. Cette technique mobilise un regard formé à la production de «romans pratiques», c'est-à-dire un regard inductif, qui scrute les visages des autres hommes des villes et investit leurs vies, dans un désir d'expérimenter d'autres situations existentielles. Cette technique use du même procédé à la rencontre d'éléments d'architecture. Un fragment paysagé raconte d'autres villes possibles. C'est ainsi que certains lieux deviennent les points de départ d'un voyage imaginaire, de

6 L'expression *«homme sans qualités»* n'indique pas une absence de compétences, mais se rapporte au caractère ordinaire de l'individu en question.

plus en plus intuitif, spontané alors que l'on se rapproche de la fin XXe siècle (Chapitre 6).

3.2. Synchronie

Ainsi, les textes littéraires permettent de tracer la production d'une *«image médiale»* (Waerbeke, 1996: 51-78), soit une image qui travaille *«le sens* [...] *de la relation au milieu»* (*ibid.*: 75) et qui circule *«d'émetteur à récepteur, dans une confrontation incessante aux réalités factuelles» (ibid.).* Cette image médiale est un des principes de génération des techniques spatiales d'usage des mondes urbains. Comment cette image médiale opère-t-elle dans la ville contemporaine (Livre 3)? Comment l'appréhender d'un point de vue méthodologique? Le matériau d'enquête et son mode de collecte vont presque de soi, même s'il est impossible de se dédouaner de sa légitimation. C'est au travers d'entretiens non directifs, structurés autour de consignes générales[7] que la personne qui cherche se voit offrir la possibilité de comprendre la structuration contemporaine de techniques de vivre en ville (Chapitre 7).

La mise en forme et la mise en texte retenue comme manière scientifique (Chapitre 8) conduit à une première restitution du matériau en caméra subjective (Chapitre 9). Les pratiques de ville sont décrites du point de vue de la personne qui parle en recourant à un artifice, celui du Vous de narration, supposé éviter les pièges du Je phénoménologique, tout en préservant la richesse d'une approche empathique. Cette description empathique se déploie à partir du point 0 de la restitution des pratiques de ville dans un dispositif d'enquête, celui de la perturbation. L'entretien de recherche est une situation sociale où une personne tente de comprendre le monde d'un «informateur». Or, il observe un monde troublé par sa présence. On anticipe ses attentes. On cherche à contourner son objectivation. Des ritualisations se posent comme des moyens de protection de l'intimité et constituent le «bruit» qui entoure une entrée en ville, souvent uniforme. Mais, par endroits, par moments, un besoin de distinction émerge. L'habitant aspire à préserver une intimité, mais dans le même temps il ne veut pas être comme tout le monde. Il ne fait pas que se déplacer, travailler, dormir. Il a un petit supplément d'âme. C'est alors que la ville se «personnalise»; qu'elle s'ouvre. L'occasion est donnée au chercheur de

7 Telles que: Racontez-moi votre ville; racontez-moi votre itinéraire; décrivez-moi votre parcours; évoquez ce que cela signifie pour vous de fréquenter tel ou tel endroit.

comprendre les modalités du goût ordinaire du Sublime qui structure nos petites esthétisations, quotidiennes, de la ville. De comprendre où et comment elles apparaissent. L'intérêt de ces petites esthétisations est qu'elles participent de la technique de vivre en ville que je cherche à expliciter: elles sont les embrayeurs de moments de subjectivation. Ces moments ne sont pas aléatoires, mais s'inscrivent dans un espace codé, socialement investis de sens, accolés à des régimes d'imaginaire. C'est ainsi qu'ils ouvrent à des petites mises en scènes de soi et constituent des espaces de métissage. Ces espaces polarisent des flux, organisent un certain nomadisme, suscitent des formes de pèlerinages laïques et manifestent des façons de faire la ville qui, elles aussi, récapitulent un «mythe», celui de l'homme en trajet.

Mais cette description herméneutique en focalisation interne ne prend sens qu'à la seule condition qu'un contre-champ critique ne l'éclaire (Chapitre 10). Il s'agit alors de gloser ce que la description herméneutique a permis d'expliciter: réinscrire les phases d'ouverture discursive de la ville dans des processus sociaux plus larges, mobiliser des référents théoriques susceptibles de permettre de comprendre les enjeux généraux des modes de spatialisation de l'identité, expliciter de manière univoque et claire des temps de spatialisation de soi qui sont des techniques de vivre en ville. Il s'agit d'expliquer le caractère convenu des esthétisations du poète à l'état pratique; l'absence de démesure des mises en scènes de soi. Surtout, il s'agit de réfléchir à cette observation: le corps de l'habitant est pris en charge par la structure de la ville. Il marche, mis en absence par l'évidence de certains trajets, leur inscription dans la matière de la ville. Ici et là, des imaginaires sociaux son activés par un œil qui cherche, intuitivement, à construire des histoires, des romans pratiques. Que signifie ce jeu du *«naval»* et du *«carcéral»* (Certeau, 1980 [1990])? En quoi normalise-t-il le flâneur?

*

Le plan de montage des trois livres de cette thèse mobilise donc diachronie et synchronie. Dans chacun de ces temps, ce sont des processus qui sont envisagés. Processus social de production d'une technique d'usage des mondes urbains pour le livre 2; processus personnel de structuration de ces techniques pour le livre 3. L'articulation de ces deux axes doit permettre d'apporter une réponse à la question de savoir comment femmes et hommes font, jour après jour, usage de la ville contemporaine, en tant que système symbolique/ sémiotique, pour se «bricoler» une identité personnelle, tout en étant socialement canalisés dans leur «bricolage»? Question qui, comme cherche à le montrer le livre 1, est légitime d'un point de vue géographique, puisqu'elle apporte un élément de compréhension au fonctionnement quotidien des systèmes territoriaux.

Tableau 1. Synoptique d'une recherche.

<table>
<tr><td colspan="2">Enjeux heuristiques
– Dénaturaliser nos pratiques de ville pour en faire des techniques, historiquement produites, d'usage des mondes urbains.
– Expliciter un système de l'habiter à partir duquel l'homme-habitant est habilité à vivre en ville et accomplir des mises en scène différentielles de soi.</td></tr>
<tr><td colspan="2">Enjeu épistémologique
– Chasser le naturel de la manière scientifique en élaborant, dans l'écriture du compte-rendu de recherche, un dispositif réflexif, critique et esthétique qui garantisse une constante mise en abyme de la science en train de se faire.</td></tr>
<tr><td colspan="2">Question
– Comment femmes et hommes font, jour après jour, usage de la ville contemporaine, en tant que système symbolique/sémiotique, pour se «bricoler» une identité personnelle, tout en étant socialement canalisés dans leur «bricolage»?</td></tr>
<tr><td colspan="2" align="center">Axes empiriques</td></tr>
<tr><td>Axe I (Livre 2)
– Accomplir une généalogie d'une pratique habitante</td><td>Axe II (Livre 3)
– Donner une description herméneutique de la façon de vivre en ville d'habitants sans qualités</td></tr>
<tr><td colspan="2" align="center">Terrains de recherche</td></tr>
<tr><td>Terrain I (Livre 2)
– Corpus de textes littéraires (romans urbains) et théoriques (aménagement des jardins) écrits entre 1770 et 2003.</td><td>Terrain II (Livre 3)
– Entretiens (N=47) qualitatifs réalisés auprès d'habitants (2000-2006).</td></tr>
<tr><td colspan="2" align="center">Enjeux méthodologiques</td></tr>
<tr><td>Enjeu I (Livre 2)
– Rétablir le texte littéraire comme source légitime, c'est-à-dire de première main, d'un savoir géographique.</td><td>Enjeu II (Livre 3)
– Elaborer un dispositif d'enquête géographique qui permette d'appréhender simultanément l'expérience urbaine de l'homme-habitant et la trace «psychique» de cette expérience.</td></tr>
</table>

Livre 1: Une théorie

Chapitre 1

Le quotidien des systèmes territoriaux: mise en questions d'une question

> «Le reste semble aléatoire, improbable, anarchique; les autobus passent parce qu'ils doivent passer, mais rien ne veut qu'une voiture fasse marche arrière, ou qu'un homme ait un sac marqué du grand ‹M› de Monoprix, ou qu'une voiture soit bleue ou vert pomme, ou qu'un consommateur commande un café plutôt qu'un demi…»
>
> Georges Perec, *Tentative d'épuisement d'un lieu parisien*, 1975 (2003): 34.

L'objectif de cette thèse est de répondre à une question délibérément large, vague en première analyse: comment femmes et hommes font, jour après jour, usage de la ville contemporaine, en tant que système symbolique/sémiotique, pour se «bricoler» une identité personnelle, tout en étant socialement canalisés dans leur «bricolage»? Elle tente d'y répondre en donnant notamment une description herméneutique de la manière dont des personnes sans qualités *habitent* quotidiennement, entre les dernières années du XXe siècle et les premières du XXIe siècle, leur espace de vie, en l'occurrence une *«métropole régionale secondaire»* à rayonnement international de 439 117 habitants (canton), dont l'agglomération proprement dite (domaine franco-valdo-genevois) compte environ 600 000 résidents (chiffre août 2005).

Ainsi résumé, l'objet de cette thèse apparaît monographique, et ridiculement idiographique. Elle s'intéresse au jour le jour infinitésimal d'un infime fragment de la surface terrestre. Elle tiendrait, en sorte, de l'entomologie: le chercheur se penche sur les déambulations d'une colonie d'insectes et tente de formuler une interprétation du sens de leurs tribulations.

Cette image entomologiste est vraie, en partie du moins. Il s'agit bien de comprendre le sens subjectif de l'habiter de gens ordinaires (vous, moi, eux). Mais ce sens subjectif est articulé à une dimension plus ample, qui est celle d'une structure sociale. Ainsi, si la voie choisie est celle de la description herméneutique, dans le sens où décrire est toujours-déjà interpréter, un important travail d'élaboration théorique la précède, qui cherche à comprendre la construction historique des pratiques spatiales de gens ordinaires. Pratiques spatiales considérées comme des modalités de production de la personnalité, génératrices de formes spatiales.

La question délibérément large, et vague en première analyse, à laquelle tente de répondre cette thèse, parle d'un sujet *(«femmes et hommes»)* dans la ville. Cette question renvoie à la problématique des *«usages»*. Il importe de voir que ces *«usages»* sont considérés à la manière des *«arts de faire»*, au sens de M. de Certeau (1980): ils sont en effet associés à une métaphore qui est celle du *«bricolage»*. De ce point de vue, elle est centrée sur l'acteur et ses logiques d'actions (ce que renforce la forme réflexive du bricolage: *«se bricoler»*).

Mais cette question n'en est pas pour autant enchâssée dans un cadre théorique individualiste, pas plus qu'elle ne renvoie, de manière stricte, à une ethnométhodologie[1]. Elle vise les *logiques sociales des logiques d'action («socialement canalisé»)*. Lue du point de vue des sciences de l'homme et de la société, cette question mobilise donc la théorie de la structuration (coproduction de la structure et des pratiques) de A. Giddens (1984) et la théorie de l'*habitus («structure structurée prédisposée à jouer le rôle de structure structurante»)* de P. Bourdieu (1980).

Par ailleurs, cette interrogation introduit encore une dimension «psychologique». Il s'agit d'y envisager le *«bricolage»* d'une *«identité personnelle»*. Cette expression, considérée dans ce contexte, conduit ainsi à l'activation d'un corpus théorique qui est celui des théories de la personnalité envisagée du point de vue de ses conditions sociales.

En somme, l'objectif de cette question est d'articuler niveau micrologique (l'individu) et niveau macrologique (les conditions sociales) dans l'approche des pratiques quotidiennes de la ville. Pratiques qui sont comprises comme des dispositifs d'administration (au double sens de *gestion* et de *prescription*[2]) de la personnalité. D'où la proposition d'une ville appréhendée en tant que *«système symbolique/sémiotique»*. La ville est un ensemble de symboles et de signes, dans le sens où elle *signifie aux*, et *communique avec*, les habitants. Plus précisément, elle est un ensemble de symboles et de signes qui intervient dans des moments de subjectivation, tels qu'ils sont définis par Ph. Corcuff (1999: 99 citant D. Benoist): des moments où s'expriment *«une irréductibilité,* [...] *une singularité dans la ponctualité* [...] *d'une action»*. Irréductibilité et singularité par lesquelles le Je se manifeste, tant par rapport aux autres qu'à soi, par *«une indétermination»*, *«des ‹hésitations›, un ‹flottement›, un ‹bougé›» (ibid.)*.

1 Soit l'explicitation des méthodes mises en œuvre par les individus d'un groupe donné pour structurer leurs actions.

2 Administrer (gérer) une société; administrer (prescrire) une potion.

Pour comprendre cette dernière proposition dans le sens où il convient de la comprendre dans le cadre de cette recherche, il est possible de partir d'un fragment du *Déluge* de J. M. G. Le Clézio (1966 [1994]):

> La structure de quatre rues se fermant sur une place où un clocher debout marquait 6 heures possédait à jamais l'esprit et le signait de son sceau: centaines de mètres carré de goudron, de ciment, de plâtre, pluie qui mouille comme une sueur, angles des bords de trottoir, ruisseaux polis, traces de gel de l'hiver et de la brûlures de l'été, rainures, cases de marelle dessinées à la craie, noms, noms, noms: Salvetti, Geoffret, Milani, Droguerie du Port, Astoria, Chirurgien-dentiste, S.E.V.E., la Trappe de Staouëli, Lanfranchi, Caltex Autogom, Simon, 84.06.06. Espaces blancs que la nuit gagne sans peine, longues rues bordées de platanes réguliers, aux branches sans feuilles, plantés dans le trottoir à travers les grilles en forme de soleils. Fontaines, et habitations de gravats et de béton, balcons chargés de lianes; toits portant les antennes, toits penchés comme si le ciel appuyait plus fort d'un côté, fenêtre à barreaux, volets ouverts ou fermés, portes de contreplaqué, judas, canaux et gouttière (Le Clézio, *ibid.*: 45).

La *«structure des quatre rues»* dessine un système fermé qu'il est loisible d'extrapoler à la ville dans sa totalité en tant que *«système symbolique/sémiotique»*. Rythmes des saisons *(«traces de gel de l'hiver et de la brûlure de l'été»)*; empreintes d'enfance *(«cases de marelle dessinées à la craie»)*; traces d'altérité *(«noms, noms, noms: Salvetti, Geoffret, Milani»)*; acronymes cabalistiques *(«S.E.V.E.»)*; exotisme du nom (*«la Trappe de Staouëli»*); mystère de la modernité *(«Caltex Autogom»)*; dialectique de l'ordre et du désordre *(«rues bordées de platanes réguliers* [...] *plantés dans le trottoir à travers les grilles»)*, du renfermement et du dérisoire de ce renfermement *(«judas, portes de contreplaqué»)*; imaginaire forestier *(«balcons chargés de lianes»)*: ces impressions et ces considérations sont ancrées dans ce système clos et attendent l'œil qui saura les lire, les décoder, les transposer.

La question qui guide cette recherche revient, en somme, à interroger la construction historique (dimension sociale) de l'œil (dimension personnelle) qui lit, décode et transpose ces symboles et signes. Elle s'intéresse simultanément à la tension qui se dessine entre mémoire des objets et mémoire corporelle *(«possédait à jamais l'esprit et le signait de son sceau»)* alors que des femmes et des hommes se déplacent et vivent dans cette épaisseur symbolique et sémiotique. Elle tente de savoir comment le sujet utilise ces symboles et significations pour se construire une personnalité, comment la localisation de certains symboles et signes lui permet d'activer de manière circonstancielle certains éléments constitutifs de sa personnalité, puis de s'en délester, de les oublier dans un fragment d'espace. Elle cherche à savoir comment ce processus relève d'une gestion sociale des flux désirants *(«et le signait de son sceau»)*.

Il est important de considérer que la formule *«jour après jour»* introduit dans la question de recherche l'idée d'une banalité, d'une répétitivité qui assure l'efficace de cette expérience. Ainsi, la question très vague qui traverse cette thèse renvoie à une pratique de ville qui tient du vulgaire, de l'anodin. Elle vise le trantran de la *«vraie vie»*.

De fait, l'accès le plus évident à la question de recherche, dès lors qu'il s'agit de montrer qu'elle permet de «géographier», est celui du quotidien. Reconstruire la manière dont cette notion est redevenue une préoccupation dans la nouvelle géographie permet de montrer comment ce type d'interrogation est susceptible d'être théorisé. Et, dans le même temps, d'indiquer ce qu'il peut amener à la connaissance géographique contemporaine, au raisonnement géographique.

*

J'userai ici d'une chimère. Une chimère est *«un monstre fabuleux à tête et poitrail de lion, ventre de chèvre, queue de dragon»* (selon la définition qu'en donne le dictionnaire *le Petit Robert*). Elle est, par extension, un *«assemblage monstrueux»*, voire un *«phantasme» (ibid.)*. Or, tout en présentant les théorisations successives du quotidien dans différentes pratiques géographiques, je mobiliserai un même exemple supposé s'enrichir et se complexifier, au fur des apports, à mesure que les contributions évoquées se précisent. Cet exemple fait référence au trajet domicile-travail-domicile d'un sujet hybride, Aude, personnage recomposé à partir de différents matériaux de recherche; synthèse de divers terrains d'enquêtes urbaines. Au terme de cet état de la question quotidienne, Aude sera transportée dans le système clos dessiné par le fragment du *Déluge* de J.-M. G. Le Clézio. C'est alors seulement qu'il sera effectivement possible d'indiquer ce que le type d'interrogation, large et vague, auquel tente de répondre cette thèse est susceptible d'amener à la connaissance géographique contemporaine, au raisonnement géographique.

1. Le raisonnement géographique

Comment définir avec certitude une pratique qui, dans sa généralité (la Science), repose sur un usage méthodique du doute? Comment affirmer qu'une forme spécifique (la géographie) de cette activité générale se caractérise plutôt par un objet donné (la géographie s'intéresse à l'espace), et/ou une méthode privilégiée (la géographie pense par l'intermédiaire de la carte), et/ou un type de questions qu'elle adresse au «réel» (la géographie interroge l'espace en termes de localisation, répartition, densité, etc.)? Comment donner une réponse certaine à des questions qui impliquent, bon gré mal gré, une *opinion*, celle du chercheur?

Peut-être est-il possible de répondre à ces questions en les prenant à leur *niveau le plus général*. Le raisonnement géographique cherche les processus à l'œuvre derrière les formes de l'espace (Brunet, 1990: 31-45). Ici une montagne. Quels sont les événements géophysiques, géologiques, orogénétiques, qui ont conduit à sa formation, et à sa structure actuelle? La tectonique des plaques, l'érosion, etc. Là un semi de villes. Quelle est la raison de leur taille, de leur nombre, de leur répartition[3]?

Dans la recherche de ces processus, l'œil du géographe a longtemps été un outil privilégié d'explication (Raffestin, 1977: 123-134). Le géographe était l'homme du concret qui use d'un vouloir-savoir-pouvoir voir *(ibid.)*. La tradition morpho-fonctionnelle de la géographie *«s'attach*[ait] [ainsi] *au visible surtout, et parfois même exclusivement» (ibid.)*. Le concret du paysage, sa forme était un moyen qui permettait d'entrer dans les logiques d'appropriation, de mise en valeur de l'espace par les sociétés. Ici une montagne, là un cours d'eau, là un moulin. Le cours d'eau descend de la montagne et entraîne le moulin. Le moulin est une technique, un usage social et culturel d'une ressource naturelle qui exprime une certaine manière de tirer parti d'un milieu. De là le souci de la géographie classique pour les genres de vie, les techniques, etc.; ceux-ci manifestant les relations (déterministes, environnementalistes) de l'homme et de la nature. En somme, l'œil du géographe classique se posait sur un objet géographique banal, parce qu'intégré à la quotidienneté d'une société, qui l'autorisait à répondre à son interrogation disciplinaire: pourquoi, comment des hommes ici, dans ce milieu?

Depuis sa Révolution dans les années 1960-1970, la géographie humaine reconnaît que les processus producteurs de formes sont sociaux. Pour l'explication de la taille, du nombre et de la répartition des villes, elle mobilisera ainsi non pas la proximité d'un plan de d'eau, un site ou une situation de carrefour, mais privilégiera, par exemple, le *seuil* et la *portée* d'un *bien* dit *central*, à savoir un bien qui, bénéficiant d'économies d'échelles, est susceptible d'être produit dans des centres urbains[4].

3 Cette formulation renvoie bien sûr à la théorie des lieux centraux de W. Christaller (1933).

4 Autrement dit: la distance minimale autour d'une ville (rayon), en-deçà de laquelle le nombre de consommateurs est insuffisant à l'apparition d'un bien et la distance maxi-

Le géographe cherche donc, en première analyse, des processus derrière des formes. Plus précisément, il interroge, dans sa pratique disciplinaire, un espace qui n'est pas physique, mais un *construit* qui mêle concret et abstrait, matériel et immatériel, faits sociaux, faits physiques, faits d'économie, etc.; un construit qui ne *«saurait être réduit au visible»* (Brunet, 1990: 34). Ce construit, c'est ce que d'aucuns ont appelé, au risque de la tautologie (comme le montre Lussault, 1996), l'*espace géographique*. Cet espace géographique est le résultat d'opérations intellectuelles, le produit d'*«une construction scientifique»* (Ferrier, 2003: 913) qui constitue le troisième moment d'une vaste *«réflexion spatiale»* (*ibid.*: 912) et d'un *«projet de connaissance»* (*ibid.*: 913). Il est la reconstruction d'un *«champ phénoménologique particulier (le territoire)»* en *«un objet théorique» (ibid.)*.

De fait, dans ce projet de connaissance géographique, la notion de territoire joue un rôle central. En tant que *«portion* [humanisée] *du ‹réel›» (ibid.)*, il relève à la fois des *«dimensions physiques des lieux»* et des *«savoirs et pratiques»* individuels et collectifs qui y sont relatifs. Le travail géographique consiste à instituer théoriquement ce territoire *«réel»*, empirique (Ferrier, *ibid.*). Mais il importe de considérer le territoire en relation avec les notions de territorialisation et de territorialité. La première renvoie à la *«connaissance ‹procédurale› des territoires»*, au *«processus et* [...] *dynamiques* [...] *qui transforment les lieux» (ibid.)*; la seconde appréhende notre *«connaissance ‹subjective› des lieux»* (*ibid.*: 914), les *«dimensions phénoménologiques de nos expériences territoriales, leur encadrement politique et réglementaire» (ibid.)*. Le raisonnement géographique cherche de fait à *«intégr*[er] *ces trois dimensions»*, à en *«organise*[r] *les rapports»* et à en susciter un *«développement théorique» (ibid.)*.

J'appellerai ici le système de rapports territoire-territorialisation-territorialité un système territorial. A la question de savoir de quoi parle la géographie humaine, je répondrai donc que la géographie humaine traite des systèmes territoriaux du point de vue de l'espace géographique. Elle est concernée tant par les portions *«humanisées de l'espace terrestre»*, que par les processus qui les ont produites et les travaillent ou, enfin, l'expérience qu'en a l'habitant. Aussi, la modélisation de ces systèmes recourt-elle à des outils qui sont les outils usuels des sciences de l'homme et de la société et qui vont des méthodes quantitatives aux pratiques empathiques; de même que la façon de les parler est susceptible de mobiliser un langage parfois logico-formel, parfois empirico-formel, parfois herméneutique (Ladrière, 1995). Et les régimes de scientificité sont directement reliés à ces langages. Aux approches empirico-

---

mum à partir de laquelle un consommateur potentiel s'orientera vers d'autres centres d'approvisionnement.

formelles correspondent des critères de réfutabilité tandis que les analyses herméneutiques sont placées sous le signe de la cohérence et de la saturation d'hypothèses. De ce point de vue, le raisonnement géographique est assez peu dogmatique dès lors que des éléments de compréhension du fonctionnement des systèmes territoriaux sont amenés. Développer une approche statistique et modélisante d'un système productif régional peut conduire à une bonne explication géographique. De même, travailler de manière herméneutique sur l'épaisseur symbolique, ou sémiotique, d'un lieu peut être l'occasion d'une bonne explication géographique.

Par ailleurs, dans sa recherche des bons éléments d'explication des systèmes territoriaux, le raisonnement géographique inscrit ses réflexions à différents. Il considère le *«territoire de la vie quotidienne»*, le *«territoire régional-macro-régional»* ou encore le *«territoire-monde»* (Ferrier, *ibid.*: 914) en interrogeant de manière systématique les formes prises par l'habiter humain. C'est ainsi que le jour le jour des sociétés, l'allant de soi, le quotidien constitue un des éléments du raisonnement géographique. Par l'observation du quotidien, le géographe cherche à comprendre/expliquer les processus producteurs d'espace/territoire en même temps qu'il éclaire les conditions de vie des habitants.

2. L'objet transitionnel du quotidien

L'introduction à la réédition [1970] de la *Géographie sociale du monde* de Pierre George est significative de cette conception du quotidien comme moyen. La géographie humaine y est définie comme l'*«étude des rapports statiques et surtout dynamiques qui influencent* la vie quotidienne *et le destin d'une collectivité humaine considérée dans son espace propre et à sa place dans le système des rapports planétaires»* (cité par Racine et Raffestin, 1983, je souligne). On devine, dans cette définition, une pensée environnementaliste toujours liée à géographie classique (*«les rapports* [...] *qui influencent»*; *«espace propre»*). On y perçoit une lecture du monde, propre à l'auteur, marquée par la pensée marxiste *(«sa place dans le système des rapports planétaires»)*. Par ailleurs, cette définition pose la géographie comme science sociale, puisque l'auteur s'intéresse à ce qui *«influence» «une collectivité humaine»*.

Ce qui importe néanmoins ici est que cette définition insinue, de manière plus ou moins implicite, que le quotidien est un objet qui permet de penser autre chose que lui-même. Un objet qui assure la transition; un objet transitionnel. On retrouve ainsi, dans la conception que P. George a de la géographie humaine, le principe même de l'analyse géographique: la dialectique forme spatiale/processus sociaux (Brunet, *op cit.*) appréhendée par l'intermédiaire de ce qui est le plus évident à l'œil, le substrat matériel de la vie de tous les jours. La géographie humaine est donc cette pratique scientifique qui s'intéresse aux formes spatiales, à la spatialité usuelle des uns et des autres, pour remonter vers les processus qui les structurent.

Dans l'histoire de la discipline, cette remontée du matériel vers les processus s'est effectuée suivant différents paradigmes. Dans le cadre de l'analyse déterministe, les formes sont consécutives d'une influence de la Terre sur les sociétés. Pour l'analyse environnementaliste, les formes résultent d'interactions entre hommes et nature. Néanmoins, encore une fois, ces deux paradigmes n'ont cessé d'interroger le quotidien comme objet qui sert à parler d'autre chose que ce dont il parle. Ce qui intéresse le géographe, c'est ce que cet objet permet d'expliciter.

Souvenons-nous des trois grandes questions qui ont traversé la géographie jusqu'au XVIIIe-XIXe siècle, et remettons-les en situation[5]. R. Kirwan[6] observe les côtes d'Ecosse, leur découpe, ce qu'on trouve sur le rivage, les odeurs qu'on y respire; il observe l'activité des hommes et leur répartition. L'air lui semble vicié. Il ne fait pour lui aucun doute que la Terre a été créée pour l'homme. L'observation du quotidien confirme le récit du Déluge. Le retrait des eaux a laissé les charognes pourrir sur la ligne de côte. L'odeur infecte a incité les hommes à investir les terres plutôt que les littoraux (Corbin, 1988 [1997]: 15); l'implantation humaine confirme le récit diluvien. Charles-Victor de Bonstetten passe deux ans de sa vie *«en Danemark et, à différentes époques plus de trois ans en Italie»* (1798 [1992]: 7). Il s'y mêle aux hommes, s'interroge et dégage une théorie de l'influence du climat – à titre de cause parmi d'autres – sur leurs mœurs. Jean-Nicolas de Parival[7] laisse son regard flotter sur le littoral des Provinces-Unies. Il y voit un alignement de mâts comme une forêt gagnée sur la mer, et il pense à cette activité journalière qui a fait de la Hollande un peuple vainqueur des océans – méditant sur l'action transformatrice de l'être humain (Corbin, *ibid.*: 49).

5 Jusqu'à la fin du XVIIIe siècle, trois grandes questions ont animé l'histoire de la pensée géographique occidentale (Glacken, 1967 [2000-2005]). La terre a-t-elle été créée intentionnellement pour l'homme? Les formes de la terre influencent-elles *«la nature morale et sociale des individus»*, *«la nature de la civilisation humaine» (ibid.)*? Comment l'action humaine transforme-t-elle la surface de la terre?

6 Auteur des *Geological essays* parus à Londres en 1799.

7 Auteur des *Délices de la Hollande* parus à Amsterdam en 1678.

Dans ces trois cas, un intérêt géographique pour le quotidien vise autre chose que le quotidien: une transcendance. Le géographe est cet homme de cabinet puis, à partir de la fin du XVIIIe siècle, de terrain (Claval, 1995 [2001]: 52 s.) qui porte un intérêt particulier à la matière pour s'en extirper. En ce sens, la vie de tous les jours n'a jamais été un objet géographique au sens strict. Elle a toujours été un artefact servant à penser une autre chose. D'ailleurs, pas plus *Les Mots de la géographie* (1992 [1993]) que le récent *Dictionnaire de la géographie et de l'espace des sociétés* (2003) ne lui ménagent une entrée. De fait, on peut estimer que la géographie humaine, au moment où elle cherche à faire césure pour se dire nouvelle (*i.e.* dans les années 1960-1970), s'en éloigne un court instant. Durant cette brève période, il disparaît de la pensée géographique, qui tend à formuler des lois générales de production de l'espace, plutôt qu'à une approche particularisante du jour le jour.

Pour autant, la bibliographie géographique qui se rapporte à cette thématique est volumineuse et, suivant l'aphorisme de M. de Certeau selon lequel le quotidien est *«ce qui reste»* (Certeau, 1980), disparate. En témoignent certains mot-clefs: régularité, répétitivité, routine, train-train, *«jour après jour»*, familier, proximité, réalité vécue, prosaïque, concret, vulgaire, *«vraie vie»*, détail, humilité, humeur, trivial, travail, labeur, classes laborieuses, gens de peu, *«enlisement»* (Lefevbre), aliénation, temps, durée, *«attitude naturelle»* (Schütz), *«rituel»* (Goffmann) *«monde de la vie»* (Husserl), «ordinaire», enfermement, poids des normes, normalité, etc. La bibliographie géographique relative à la vie de tous les jours est touffue, dense, désordonnée. Elle emprunte à la phénoménologie, à l'interactionnisme symbolique, à l'approche scénographique, à la littérature, à la perspective marxienne, etc. Le terme incite à la transversalité, aux recherches buissonnières qui passent par ici et par là.

C'est sans doute pourquoi le quotidien et la quotidienneté font leur entrée dans la nouvelle géographie par la triple porte de: *1)* ce qu'il est possible d'énumérer et de compter à fin de prévision et d'administration; *2)* ce qu'il faut traquer et dénoncer à fin de résistance et combat; *3)* ce qu'il est loisible de décrire, comprendre et interpréter pour exister. Ils interviennent en effet dans le nouveau champ géographique par l'intermédiaire des budgets espace-temps, de la perspective radicale, de l'approche de la *humanistic geography*. L'intéressant ici est qu'ils suivent, dans ces trois courants, le même *parcours épistémique*. Leur statut change graduellement. D'objet (ce qu'on étudie), ils deviennent un paradigme (cadre qui structure la pensée) puis médiation (organisation de dimensions préalablement tenues pour hétérogènes). Ainsi, ils ne constitueront pas un nouveau sous-champ de la géographie, mais se profileront au contraire comme une manière de traverser, et dépasser, les différents domaines de la pensée géographique (géographie économique, géographie culturelle, géographie urbaine, géographie du pouvoir, etc.). C'est ce que je voudrais, à présent, m'efforcer de montrer. Car, à mon sens, ce parcours épistémique fonde partiellement la légitimité et l'intérêt géographiques de la question qui ouvre cette recherche.

3. Une substantialisation du quotidien: compter et situer

Le quotidien est une somme d'activités répétitives qu'il est possible de codifier du fait de leur caractère partagé. C'est le banal, l'humble, ce qui fait la chair des jours. Le quotidien est substantiel. Il recoupe une série de nécessités qui approchent les besoins qu'A. Maslow a définis comme «primaires»: ces besoins qui servent la recomposition du corps, la reproduction de la force. La vie de tous les jours est imprégnée d'un temps physiologique qui subsume aussi les activités supposées répondre à des besoins plus psychologiques. On dort, on mange, on se déplace, on travaille, on fait des achats, on voit des amis, on se lave, etc. Ces pratiques «toutes simples» font la vie de tous, et de chacun.

A fin de planification, des méthodes de codification de ce quotidien-là sont élaborées en Union soviétique dès les années 1920, qui prendront le nom d'enquête budget temps (Javeau, 2003: 19). Il s'y agit de dégager un temps moyen dévolu à chacun des *items* d'une liste d'activités, souvent stéréotypées et très officielles. Cl. Javeau *(ibid.)* relève par exemple que, dans le vaste *Projet multinational budget temps*, qui visait à donner une image de la vie de tous les jours dans dix pays européens à la fin des années 1970, les vingt mille sondés sont tous *«chastes et constipés»*, *«décence oblige»* (*ibid.*: 21).

Il revient à T. Hägerstrand, en 1975, d'avoir donné, peu après l'étude de A. Szalai sur les budgets temps, la possibilité d'une représentation tridimensionnelle d'une telle journée, en articulant temps et espace sur un système d'axes. L'agrégation de données statistiques fournit l'image moyenne d'un emploi du temps *spatialisé.* Les budgets espaces-temps permettent alors d'expliciter les temporalités d'un territoire. On y observe les encombrements passagers, les engorgements, les flux et reflux; les rythmes d'un espace (Bailly, 1982 [1991]: 76).

A sept heures, Aude quitte son domicile. Elle s'en va par la rue de Vannes en direction du Zanzibar, à quelques quatre cents mètres. Là, elle boit son premier café de la journée et fume sa deuxième cigarette. A sept heures trente, elle quitte l'établissement, traverse le square de Monssenne et arrive à l'arrêt du bus 4. Elle tâche de trouver une place assise. Vingt minutes plus tard, elle descend à l'arrêt Verger. Trois minutes après, elle arrive sur son lieu de travail, au centre ville. Elle en ressort à treize heures pour aller manger un plat du jour au Général Plattel, restaurant de la ville haute. Une heure plus tard, elle rejoint, en tram, son emploi. A dix-sept heures, elle en ressort. Elle regagne son quartier comme elle s'est rendue au travail. Marche puis bus puis marche. Avant d'arriver chez elle, Aude s'arrête au Super Marché. Elle y achète de quoi se confectionner un plateau-télé. Elle monte les escaliers. Ferme sa porte. Se douche. Se nourrit. Se divertit. S'endort.

Chacune des activités d'Aude s'inscrit dans un horaire, un cycle, et prend appui sur un espace spécifique. Chacune de ses activités contribue à caractériser ces espaces en même temps qu'elle est impliquée par leur position. Le territoire urbain constitue une *«interface constat/norme»* (Piveteau, 1996: 71): il enregistre des affectations auxquelles on se réfère ensuite pour agir.

Ainsi donc, les enquêtes de budget temps montrent que ces pratiques réitérées mobilisent des temporalités et spatialités spécifiques. Comprendre la manière dont s'articulent ces espaces et ces temporalités, saisir leurs mises en séquence, la grammaire qui prévaut à leur liaison permet de comprendre comment se fabrique l'étoffe des jours. Les budgets espaces-temps relèvent alors des situations de *«structuration»* au sens que A. Giddens donne à ce mot, celui d'un *«procès de relations sociales qui se structurent dans le temps et dans l'espace»* (Giddens, 1984: 444). Ils permettent d'entrer dans ce qu'Allan Pred (1991) a appelé la *«tension ‹trialectique› entre des pratiques situées (ou ce que les gens font sur le terrain), des relations de pouvoir, et ce que les gens font et savent (ou leur forme individuelle et collective de conscience)»* (Pred, *ibid.*: 4, ma traduction); tension qui met inextricablement en jeu *pratique* et *structure*. Les budgets espace-temps sont une manière d'analyser la *«dualité du structurel»* (Giddens, *ibid.*), à savoir que la structure est à la fois condition et produit des pratiques, *«médium et résultat des conduites qu'*[elle] *organise de façon récursive»* (*ibid.*: 442). C'est ainsi qu'ils renforcent, d'un point de vue méthodologique, une géographie de la *«reproduction sociale»* dans la *«vie de tous les jours»* (Pred, 1981: 5-22).

*

D'une somme de gestes qu'il est possible d'additionner et de diviser pour tirer des moyennes, le quotidien change de statut épistémique. Il est graduellement posé comme un ensemble d'activités qui ont pour caractéristique d'être à la fois produites et productrices de structures. Il n'est plus une substance, mais une dimension qui traverse le raisonnement géographique. Une dimension qui mobilise géographie urbaine, géographie sociale, géographie culturelle, géographie politique, géographie économique... S'intéresser à son fonctionnement dans une approche délibérément décloisonnée, transversale, revient à travailler au projet d'une géographie humaine générale, soit une théorie de la spatialité humaine, de ses systèmes territoriaux.

Mais si les budgets espace-temps offrent l'occasion d'investir la salle des machines du social, en exposant les processus de structuration, la journée d'Aude est toujours susceptible d'être caricaturée sous la forme du métro-boulot-dodo. Elle révèle un mode banal de l'aliénation du sujet dans les sociétés du capitalisme avancé. Elle manifeste un *«enlisement»* (Lefebvre, 1958). C'est le quotidien de la quotidienneté dans la terminologie de H. Lefebvre. C'est pourquoi il entre aussi en géographie par la porte de l'analyse radicale[8].

4. Le temps de l'aliénation: combat et résistance/ stratégie et tactique

Le quotidien n'est le domaine de l'insignifiance qu'en apparence. Il est une somme d'activités banales. Il résulte d'une organisation spatio-temporelle. Il repose sur une rationalisation de l'emploi du temps et de l'espace, qui sert une rationalisation du corps. Il est la répétition d'une même expérience subjective: une conscience chosifiée en force de travail.

Tous les matins, Aude quitte son appartement, elle traverse la rue de Vannes en direction du Zanzibar, à quelques quatre cents mètres. Là, elle boit son premier café et fume sa seconde Claviland, puis elle s'empresse de gagner un moyen de transport qui la conduit sur son lieu d'activité professionnelle. Son itinéraire s'inscrit de manière évidente dans le tissu urbain. L'urbanisme fonctionnel des années 1950-1960 a dessiné une ligne presque parfaite dans l'épaisseur des vieux quartiers qui la mène de chez elle à son bureau. Le quotidien est gouverné par un impératif qui est celui du travail (Ploger, 1995: 65). L'emploi de l'espace-temps d'Aude est subordonné aux rythmes de production qui gouvernent le système économique. Sa pratique spatio-temporelle est soumise à la valeur d'échange, plutôt qu'à la valeur d'usage.

8 C'est-à-dire un *«courant critique – porté par des géographes empruntant à Marx concepts, théories et méthodes – de la géographie* [...] *dominante* [des années 1970]*»* (Racine, 2003: 761).

Néanmoins, consécutivement à un travail de dévoilement (Ploger, *ibid.*), le quotidien est aussi (et c'est un nouveau temps de théorisation) susceptible d'être un lieu de transformation et de révolution. Pour ce faire, il s'agit de le reconstruire comme totalité vécue. Il cohère le monde de gens sans qualités. Il constitue un *«référent»* et *«un point de référence»* du sens commun (Lefevbre, 1996). Il est le *«lieu et le milieu des fonctions humaines»*. De fait, s'il est tendu par une *«passivité organisée» (ibid.)*, s'il manifeste un enlisement, il est surtout *«l'ensemble des fonctionnalités qui lient et relient les systèmes en apparence distincts»* (*ibid.*: 420). Et c'est pour cette raison qu'il doit être progressivement *«élévé au statut de concept critique, non pas pour décrire une expérience vécue mais dans le but de la changer»* (Kaplan, Ross, 1987: 1, ma traduction).

C'est ainsi en tant que concept critique qu'il est intégré à une pensée qui ne se sait pas géographique (bien qu'elle le soit) – et que les géographes ignoreront longtemps. En effet, tant H. Lefebvre que les Lettristes puis les Situationnistes vont s'attacher à lier leur théorisation libératoire de la vie quotidienne à la question de l'espace, et spécifiquement de la ville. Il s'agira de dépister les terrains de «résistance» susceptibles de supporter le déploiement de détournements, de tentatives de «révolution» de la vie de tous les jours.

La critique de la vie quotidienne, notamment celle conduite par les épigones ou simples continuateurs de H. Lefevbre, montrera encore que l'impératif productif gouverne aussi les activités de loisirs qui, en tant que sphère de la reproduction de la force de travail, sont de plus en plus intégrées aux pratiques journalières. Ainsi, est-ce en les étudiant que l'on pourra saisir la manière dont la rationalité économique investit la vie privée (Lipunner, 2003: 35). La façon dont la marchandise réifie les consciences. Ce glissement se répercutera néanmoins plus tardivement dans le champ géographique. Si la géographie radicale a d'abord questionné l'espace, dans une perspective marxienne et lefebvrienne, en tant que projection au sol d'une société (donc tissé de rapports économiques et sociaux), il appartient, dans les faits, à la géographie féministe et à la géographie du *«deuxième tournant culturel»* (Werlen, 2003: 9 s.) de porter plus significativement l'emphase sur ces activités qui permettent au système économique de fonctionner.

Cette nouvelle appréhension du quotidien déplace le regard du géographe. Ce n'est plus seulement le travail rémunéré mais aussi les activités non salariées qu'il convient d'analyser; les nouvelles modalités d'occupation, plus souples. La géographie interroge alors le travail domestique, la vie des femmes dans les villes nouvelles (Coutras, 1985), la féminisation de l'emploi et l'intensification de certaines formes de polarisations urbaines (Villeneuve, 1991: 385-401; Chicoine, Rose, 1989: 53-64).

De même, les pratiques de loisir, supposées anodines, innocentes, libérées, doivent-elles être passées à la question géographique. Le tourisme apparaît comme un sous-système de recréation propre au capitalisme (Jaffari, 1988). Les nouveaux espaces de sociabilité, marqués au fer de la décontraction ethnique ou du terroir sur canapé de velours, sont les lieux de consommation de signes qui ouvrent une colonisation de l'expérience, une instrumentalisation des consciences puisque notamment, «we are where we eat» (comme l'affirme le sous-titre d'un ouvrage de Bell, Valentine, 1997). Les centres commerciaux, les parcs de loisirs, offrent un paysage de la consommation au *new consumerism.*

Mais dans toutes ces pratiques spatialisées, «quelque chose» se passe dans le sujet. Il ruse et s'échappe. Et c'est encore un nouveau temps de théorisation. Le quotidien balance entre temps aliéné par la marchandise et ouverture d'espaces de rébellion. Le mouvement qui se dessine est déjà compris par M. de Certeau dans son *Invention du quotidien* (1980). Pour M. de Certeau, des tactiques quotidiennes de déclôturement d'agents dispersés (vous, moi, eux) répondent aux grandes stratégies centralisées des institutions du pouvoir. Ces tactiques de consommations rusées activent une *mètis*, un art de tromper pour toucher ses propres fins. Elles sont des manières d'un braconnage repris sans cesse, au jour le jour, pour détourner les produits centralisés. Elles sont un art de faire avec. Il existe ainsi une dialectique du *«naval»* et du *«carcéral»* (Certeau, *ibid.*). Le fait qu'une route est «toute tracée» libère un potentiel d'échappement, crée une possibilité d'être ailleurs tout en demeurant ici *(ibid.).*

Aude s'assied à sa table habituelle. Le Zanzibar a ce pouvoir qu'ont certains lieux de la transporter ailleurs. Peut-être est-ce dû à ce nom si affreusement exotique, c'est-à-dire de manière convenue. Elle commande son café à Daniel. Elle l'aime bien, Daniel. Il lui rappelle un peu son frère. Le regard d'Aude flotte sur la moulure du plafond. Elle se souvient de l'appartement de la rue Jauffret. Les odeurs au retour des vacances. La pénombre des stores les après-midi d'été. Elle va se mettre en quête d'un nouveau logement. A ce moment précis, Aude échappe au contrôle. Elle se met en scène de manière différente. Elle va changer sa vie de tous les jours.

*

Le quotidien, alors qu'il entre en géographie par la porte de la perspective radicale, finit par fournir une grille de lecture à la nouvelle géographie culturelle. Ce qu'il importe de voir ici, c'est que le quotidien a, dans le même temps, encore une fois *changé de statut épistémique*. D'objet, il s'est transformé en paradigme. Il n'est plus une chose, mais une dimension qui organise des phénomènes. Ce changement de statut épistémique se manifeste également dans la *humanistic geography*, dernière porte d'accès du quotidien à la nouvelle géographie.

5. L'humanisme au quotidien: exister et transcender

Paradoxalement, c'est en effet aussi par l'intermédiaire de la philosophie que la nouvelle géographie va retrouver un intérêt pour les faits particuliers, supposés anodins; qu'elle va se proposer d'interroger à nouveau le quotidien de telle sorte qu'il soit plus qu'un objet de transition vers une transcendance.

Nous sommes dans les années 1970, et il y aurait un trop plein de Science. Il y aurait une Science arrogante, trop sûre d'elle-même, de son universalisme, trop certaine de la fiabilité de ses méthodes pour appréhender le vrai. Une Science hypnotisée par le chiffre, par la logique mathématique ou formelle, par la pureté supposée des équations. La Science mériterait donc d'être profanée, ramenée à une expression terrestre. Le projet de l'approche humaniste, c'est d'abord celui-là: discuter la prétention scientifique. Non pas détruire la Science, non pas rejeter la perspective scientifique, mais l'examiner dans ses présupposés (Tuan, 1976: 266).

L'humanisme en géographie investit donc d'abord le champ de l'épistémologie. Il s'y agit dans l'immédiat de critiquer le hiatus du sujet et de l'objet (Ley, 1977), la neutralité hypothétique de l'observateur, l'absence de relation. Le champ considéré s'apparente à celui de la philosophie de la connaissance. Alors, les philosophes sont convoqués. La phénoménologie et l'existentialisme servent à la démonstration que sujet et objet ne peuvent s'appréhender que dans *«l'unité vécue de l'existence et de l'expérience»* (Lussault, 2003: 636).

Bientôt, la *humanistic geography* se cherche une cohérence. De l'épistémologie, elle glisse vers un *programme scientifique*: analyser le rapport homme-environnement d'un point de vue holisitique. Le holisme est une voie d'accès à la consistance théorique, à la capacité à faire tenir ensemble les éléments d'un système. Dans un trop plein de Science, on redécouvre un vieux paradigme environnementaliste qui incline à une relecture des maîtres anciens de la discipline pour en faire des précurseurs d'une *humanistic* holiste (Buttimer, 1978). L'objet de la géographie tend alors à être celui d'une *«meilleure compréhen-*

sion de la condition humaine, par l'entremise de la spatialité» (Tuan, 1976: 266), rejoignant en cela le projet qui, de J. G. Herder à K. Ritter, visait à comprendre la destinée humaine par le milieu (Claval, 1995 [2001]; Glacken, 1967 [2000-2005]). L'Homme est plus qu'un agent maximisateur d'utilité, obnubilé par la réduction du coût de la distance. Il faut s'intéresser à sa *«géographicité»* (Dardel, 1952 [1990]), à la manière dont la Terre est la condition de l'existence humaine.

C'est ainsi qu'*«il faut faire de l'homme, le référent de toute mesure»* (Ley, Samuels, 1978: 21, ma traduction). Un nouveau vocabulaire apparaît, animé par l'idéal de la césure, et difficile à organiser. Il faut offrir une *«alternative perspective»* (Pocock, 1981: 9), s'intéresser à l'*«ambiance»*, à ce qui relève de l'*«allegory»* (Pocock, *ibid.*). Il convient d'être conscient de la *«centrality of meaning and experience»* (Ley, Samuels, 1978: 21), du poids de la *«culture»*, de l'*«emotion»* (Pocock, 1981: 10), de l'*«expérience existentielle»*. Les lieux ont plus qu'une position et une situation: il existe un *«genius loci»*. Il faut s'intéresser au *«sens du lieu»*. Le lieu est *«symbole»*; on a affaire à une *«symbolique des lieux»*, qui pourrait ouvrir à une *«topo-analyse»* (Bachelard repris par Bailly, Pocock, 1995: 170). Par ailleurs, la géographie n'est pas qu'une expérience de l'œil, une *«géographie parallèle»* (Ferrier, 1990: 35) anime notre regard. Le géographique est aussi *«rêve»*, *«fantasy»* (Pocock, *ibid.*), *«géopiété»*, *«géopoétique»* (White, 1978). Il faut cerner le *«référentiel habitant»* (Ferrier, 1984), se pencher sur l'*«intériorité humaine»*, l'*«intentionnalité»* de l'homme. Il s'agit d'adopter une *«posture compréhensive»* (Retaillé, 2003: 398) pour approcher, par l'*«habiter»* d'un sujet humain, la *«personnalité d'un lieu»*, ce qui trame la *«topophilie»* (Tuan, 1974) ou la *«topophobie»* (Tuan, 1979). Il convient donc de valoriser l'*«imagination»*, d'oser l'*«idéalisme»*. Progressivement, une nouvelle pratique scientifique se constitue qu'on aura beau jeu d'identifier à du *«chamanisme»* (Bailly, 1990a: 155-161). Bien loin en apparence de la *«vraie vie»* des *«hommes sans qualités»*. Ce qui avivera le scepticisme.

Pour les plus classiques en effet, la géographie nécessite le recourt aux bottes et cirés de l'homme de terrain adepte d'une géographie du voir (Raffestin, 1977). Pour les plus spatialistes, la géographie a une vocation pratique et organisationnelle. Elle doit se soucier de produire des connaissances réplicables, falsifiables. Dans les deux cas, elle n'est pas une pratique herméneutique qui focalise sur le sujet, et sa vie de tous les jours.

Très tôt cependant, la *humanistic geography* établit sa propre critique (Samuels, 1978: 23). Le néo-humanisme est menacé d'idéalisme, de solipsime et de sentimentalisme. Il convient d'aller plus loin qu'une *«géosophie»* (*ibid.*: 33). Le concept qui subsume le lexique du projet scientifique de l'approche humaniste est celui d'*«espace existentiel»* (*ibid.*: 30), insiste-t-on. Or, si le lexique en question est assimilé, par certains géographes, à du chamanisme, l'espace existentiel n'est pas *«étrangement mystique»* (*ibid.*: 30). Bien au contraire, l'espace est toujours-déjà existentiel du fait de l'ontologie spatiale de l'homme, telle que l'a explicitée M. Buber (Lévy, 1990: 84-85). C'est pourquoi l'espace existentiel relève du banal. La géographie humaniste, dans sa recherche de consistance, dans la formulation de son programme scientifique, dans la spécificité foisonnante de son champ lexical n'aspire à rien d'autre qu'à la formulation d'une géographie de tous les jours. «[L]*a perspective humaniste est avant tout une volonté d'incorporer la vie quotidienne à la géographie*» (Ley cité par Bailly, 1990b: 9).

C'est là sans doute ce qui explique que la *humanistic geography* est, dans son programme, intrinsèquement (et paradoxalement) *pragmatiste*. Si l'on projette les lignes idéales-typiques que S. Smith (1984) dégage du programme philosophique initié par W. James et J. Dewey sur l'épistémologie humaniste, il se dégage en effet une homologie intéressante. La pratique humanistique se propose effectivement d'interroger le lien entre *«l'intellect et le sens commun»* (*ibid.*: 353). Elle aspire à comprendre, elle aussi, la *«relation entre expérience et action» (ibid.)*. Toutes choses qui ressortissent d'une mise en question pragmatiste du monde. D'une certaine manière, sa critique de la science incite à déplacer le débat sur les *«conséquences pratiques»*, plutôt que sur *«les causes métaphysiques»* (*ibid.*: 355, ma traduction).

Aux modèles abstraits, hypotético-déductifs, de localisation des activités elle va par exemple proposer le modèle d'un homme attaché à son espace de vie par l'intermédiaire d'un mixte socio-physico-psychologique: l'espace vécu. «[E]*ntre l'idéalisme et le matérialisme, le rationalisme et l'empiricisme*» *(ibid.)*, l'*humanistic geography* tend, petit à petit (et c'est manifeste chez Samuels) à la situation concrète de l'homme dans le monde. Elle tend à une certaine *«modestie théorique»* (Smith, *ibid.*). Des traits qui sont, là encore, ceux de la *pragmatique* de W. James, J. Dewey ou L. Wittgenstein. Cette inspiration pragmatiste se manifeste enfin dans un intérêt croissant pour un monde social qui trouve sa fondation, et sa perpétuation, dans et par la communication (Smith, *ibid.*: 355) journalière. C'est pourquoi le programme de recherche introduit en géographie par la critique humaniste s'oriente sur les modalités communicationnelles, et se soucie de la production intersubjective du Monde dans lequel évolue le sujet. Adoptant souvent le point de vue de l'acteur, cette géographie s'attache alors à rétablir les logiques journalières de l'action.

Aude s'en va à son travail. Tous les matins, elle emprunte le même itinéraire, à quelques exceptions près. Elle mange presque tous les jours dans le même établissement de la ville haute. Elle rentre chez elle par le chemin qu'elle a emprunté le matin même. C'est une manière de faire avec la ville. Une manière qui manifeste quelque chose d'une aliénation. Une manière qui permet aussi de penser à autre chose, d'être ailleurs. Cette manière ouvre l'accès aux logiques de l'agir quotidien. Pragmatiquement, Aude n'est pas aliénée. A chaque pas elle «échappe» aux dominations d'un ordre qui la dépasse. Elle a une façon de se territorialiser par laquelle elle ne cesse de s'inventer des histoires. A tel carrefour, il est arrivé ceci. A tel autre cela. La narration qu'elle accomplit, pour elle, de son parcours, fait de la ville un espace libératoire. Elle voit des choses, les rapporte à d'autres, qui les conduisent à d'autres encore. C'est ainsi que le quotidien est traversé de mythes et mythologies; qu'il oscille entre profane et sacré; qu'il est rarement univoque et nécessite une *interprétation.*

De fait, la pratique humaniste en géographie va graduellement approcher la vie de tous les jours comme un texte. D'abord en s'attachant à travailler sur des écrits sacrés, philosophiques, littéraires, etc. pour expliciter l'importance du savoir géographique qu'ils contiennent. Ensuite pour comprendre comment ces œuvres travaillent l'espace, produisent du territoire (Duncan, Duncan, 1989), rejoignant alors la géographie culturelle d'après le *discursif turn.*

Or, si la vie quotidienne relève de la textualité, comme l'affirme l'ensemble des sciences sociales après les années 1985 (Rogers, 1984: 165-186), il est possible de la décoder en s'intéressant à ses structures sémiologiques. Il s'agit ainsi de l'analyser dans ses contraintes formelles, et non en termes d'individualité (Rogers, *ibid.*). Ce qui importe ce n'est pas *«l'auteur ou l'écriture mais le langage et ses règles»* (*ibid.*, ma traduction). L'occasion d'une articulation entre approche macrologique et micrologique se profile ici. Dans les pratiques individuelles, l'intéressant n'est pas tant l'individu lui-même que le social qu'il véhicule. De même que pour le structuralisme littéraire l'essentiel n'est pas tant *«l'auteur et l'écriture que la langue et ses règles»*. Un travail comme celui qu'Allan Pred (1990) a accompli autour de l'industrialisation de Stockholm, dans les dernières décennies du XIXe siècle, relève de ce type d'approche. Le quotidien de la classe ouvrière suédoise y est, entre autres, approché par l'intermédiaire du langage. La manière dont il médiatise de nouveaux rapports économiques et sociaux; la manière dont il manifeste une nouvelle spatialité.

*

Alors que la *humanistic geography* s'attaque à la Science pour la discuter dans ses présupposés, elle propose de focaliser sur les *«modalités de l'être dans la vie de tous les jours*» (Buttimer, 1976: 277, ma traduction). Cet intérêt fait du quotidien un objet permettant de mieux comprendre la logique de la production de la connaissance géographique; mais aussi de mieux comprendre la façon qu'ont les hommes en société d'habiter les lieux ou encore l'organisation, et les rythmes, de l'espace social (Buttimer, *ibid.*). Le quotidien sort alors de son statut d'objet pour constituer un véritable paradigme. Enfin, il se profile comme médiation. La métaphore textuelle permet, en puisant dans la caisse à outils du structuralisme, d'en faire le lieu d'articulation du micro- et du macrologique. L'habitant produit une géographie à partir d'un système de l'habiter qui lui préexiste; les formes qu'il génère sont liées aux contraintes de ce système. C'est ainsi que les trois portes d'entrée du quotidien et de la quotidienneté dans la nouvelle géographie convergent. En effet, on retrouve dans ce mouvement, le glissement des approches en termes de budgets espace-temps vers la théorie de la structuration au sens de A. Giddens. On y retrouve encore le passage de conceptions qui en font le temps et le lieu d'un enlisement et d'une aliénation à des conceptions qui se tournent vers une lecture qui dialectise stratégies de domination et tactiques de résistance par le détournement, la réappropriation.

De fait, quelque soit le lieu théorique par lequel il investit la nouvelle géographie, le quotidien tend à se poser comme une *médiation*. Il n'est plus un objet qu'on étudie pour lui-même ou pour parler d'autre chose. Il n'est plus un paradigme, une manière d'organiser la recherche par un cadre de référence. Il est posé comme une structure qui traverse tous les sous-champs de la géographie, et permet de produire une théorie générale de la spatialité, de la territorialité humaine. Le parcours d'Aude, dans sa banalité permet d'objectiver l'ensemble des rapports qui font le *socius*. En ce sens, il est un produit social. Mais il n'est pas pour autant le reflet immédiat de la société, puisque la compréhension de ces rapports nécessite un cadre théorique préalable qui en autorise l'intelligibilité.

Ce sont là quelques-uns des éléments qui fondent la légitimité géographique de ma question de recherche. La focalisation sur la personne s'explique par un intérêt pour le «système» de l'habiter qui existe indépendamment de cette individualité. Un système qui mobilise des pratiques et des lieux qui sont des espaces où se joue un «drame» journalier qui est celui du braconnage et de l'asservissement, du naval et du carcéral. Enfin, cet intérêt pour l'homme s'explique au regard de la capacité de ce «drame» à produire des territoires spécifiques.

6. La médiation quotidienne

Le quotidien est une somme d'activités qui, banales, peuvent être comptées et budgétisées. Il est une somme d'activités qui, standardisées, permettent d'envisager la manière dont la marchandise réifie les consciences. Mais il est aussi un lieu de libération. Un lieu où il est possible de profiter des *«vides du pouvoir»* (Certeau, 1980), pour détourner des productions, ruser et braconner. Ainsi, le quotidien mérite-t-il d'être réhabilité. Il faut s'y pencher parce qu'il permet l'explicitation des logiques de l'action d'hommes sans qualités, qui sont néanmoins des acteurs géographiques compétents, producteurs d'un *«espace légitime»* (pour abuser de Lévy, 1994). Des logiques concrètes qui donnent de la chair aux modèles quantitatifs. Des logiques pragmatiques qui dotent l'homme sans qualités d'un statut qui diffère de celle d'une victime toujours-déjà consentante dans sa naïveté ontologique. Cet homme n'est pas un idiot culturel; il dispose d'une compétence pratique.

C'est ainsi que l'approche géographique du quotidien balance entre l'*attrait du micro* et l'*ombre du macro,* selon qu'on se focalise sur la manière dont les individus produisent, au jour le jour, leur spatialité ou à l'inverse que celle-ci apparaît déterminée par des infrastructures, un jeu de représentations, une place dans le système territorial envisagé. Mais l'intéressant du quotidien est néanmoins le *plaisir de l'articulation* qu'il génère. De fait (et c'est une évidence), le quotidien n'est jamais entièrement compris dans la forme phénoménologique que représente le geste de fumer (pour reprendre un geste de la quotidienneté décrit par J.-P. Sartre). On ne peut pas plus le ramener à la détermination univoque des façons de faire par une structure économique et/ou social. Il est toujours-déjà *dialectique.* Il est un espace-temps qui permet de faire jouer des échelles et des durées. Un espace-temps qu'il est toujours préjudiciable d'approcher en procédant par mise entre parenthèses d'une autre dimension (ce que le programme méthodologique de l'analyse des conduites stratégiques incite à faire). Il est le *«moment, au sens mécanique du terme, du changement sur fond de continuité, et en même temps celui de la continuité sur fond de changement»* (Javeau, 2003: 17).

Cette recherche du plaisir de l'articulation se manifeste notamment, en géographie humaine, dans le changement de statut épistémique du quotidien. Il est apparu qu'il permet de penser de manière fine la (re)production du social, la structuration de la société. Il est un ordre significatif *qui conduit à réfléchir l'ensemble de la société dans un va-et-vient du particulier au global, du concret à l'abstrait.* Il n'offre pas un calque, un reflet, de la société, mais son objectivation.

Aude traverse la rue de Vannes et s'en va à son travail. Son itinéraire est lié à une organisation locale des circulations, qui elle-même s'imbrique dans un plan régional relié, dynamiquement, à une gestion nationale du territoire. Son trajet résulte d'un certain mode d'organisation de l'espace, qui est corrélatif d'un temps spécifique d'accumulation du capital. Il s'explique aussi à l'aide de modèles dérivés de celui de la rente ou encore d'analyses des nouvelles polarisations urbaines. Dans une optique plus large encore, l'itinéraire d'Aude est conditionné par une division internationale du travail. Ces facteurs structurent son expérience. De même, des temporalités différentes traversent son parcours. Son arrêt au Zanzibar, son premier café, sa deuxième cigarette parlent d'une expérience sociale relativement récente pour les personnes de son sexe. Elle voyage ici dans le temps de moyenne durée de F. Braudel (1958 [1995]). Alors que son regard flotte sur la moulure, qu'elle se remémore l'appartement de la rue Jauffret, et prend la décision de changer de vie, une temporalité événementielle est activée. Aude est dans la courte durée. Elle se détermine dans un sens qui introduit une modification dans une temporalité plus ample. Mais la manière qu'elle a de «voyager» dans le Zanzibar mobilise sans doute des schèmes esthétiques lointains qui introduisent un temps très long dans cet itinéraire matinal.

Travailler géographiquement le quotidien revient donc à considérer l'imbrication de ces échelles et temporalités dans l'organisation des systèmes territoriaux. Le programme du géographe est aussi celui d'expliquer/comprendre comment la structuration de la société, sa production et sa reproduction simultanée, passe par les espaces, les territoires qui en sont les produits en même temps que les éléments de transformations.

Aude inscrit sa pratique sociale dans des lieux. Ces lieux préexistent à cette pratique. Ils sont créés pour l'accueillir. Ils sont dotés d'une fonction. Ils ont une épaisseur historique, une dimension symbolique et sémiotique. Parfois cette pratique détourne les lieux, et va dans le sens d'une transformation de la société. Parfois la configuration des lieux transforme la personne. Au Zanzibar, alors qu'elle se projette dans son passé en observant une moulure au plafond, Aude prend la décision de chercher un appartement dans le quartier populaire dans lequel elle a grandi. Ce sera plus proche de son emploi. La vie y est plus animée. Bien sûr, ce quartier connaît depuis quelques années une modification de la structure sociale de ses résidents. Des diplômés du tertiaire ou de personnes fortement dotées en terme de capital culturel, viennent s'y installer. Mais cela n'incommode pas Aude, qui a fait elle-même de longues études universitaires. Certes, les loyers ont beaucoup augmenté dans ce quartier suite aux nombreuses rénovations qui ont touché ses immeubles les plus anciens. Mais Aude dispose d'un salaire idoine. Encouragée par le cadre du Zanzibar, peut-être déterminée par la mémoire archivée dans les murs de ce vieil espace public, Aude prend une décision qui la fait entrer dans la catégorie des *«Gentrifieurs»* (Clerval, 2005) potentiels. Elle va développer une pratique qui se profile dans le sens d'une transformation (déjà amorcée) du système territorial de la ville où elle réside. Mais la logique de cette action est vraisemblablement à chercher dans une interaction fine entre Aude et le cadre spatial, qui accueille cette pratique journalière qui consiste à boire son premier café.

Aude se déplace dans la ville. Ce trajet est, pour elle, signifiant. Il raconte quelque chose. Elle y fait l'école buissonnière tout en restant dans le droit chemin. Elle le raconte parfois en usant de procédés linguistiques qui ne sont pas les siens, qui sont à tout le monde et à personne puisque relevant de la langue. Mais elle le dit à sa manière: la langue est aussi parole; appropriation d'un système linguistique. Son trajet est en partie déterminé par la voirie, le système de transports. Il exprime un enlisement (tous les jours...) et une aliénation (métro-boulot-dodo, pour faire tourner la machine économique). Son trajet exprime encore la façon dont une société se perpétue et se modifie jour après jour. Il appelle une réflexion sur la manière de gérer la ville pour ouvrir la vie.

Tout cela est banal, répétitif, loin des grands récits théoriques. Tout cela est extraordinaire, inédit, imprégné de grands récits. Tout cela relève pourtant du savoir géographique. Tout cela peut constituer une contribution à la connaissance géographique, à savoir une meilleure compréhension/explication des systèmes territoriaux de l'espace géographique.

*

Il faut à présent s'imaginer les déplacements répétitifs d'Aude dans le système fermé de J.-M. G. Le Clézio *(supra)*. Aude se rend à son travail. Il pleut. Il y a du ciment, du plâtre, l'arête granitique du rebord des trottoirs. L'eau fait des ruisseaux. Sur leurs bords, Aude lit le gel de l'hiver, le feu de l'été. Elle se presse, il lui faut être au plus tard à sept heures zéro cinq au Zanzibar. Elle marche sur les reliquats d'une marelle. Elle pense à Nadja et Valérie et Patricia; au préau de l'école du quartier populaire qu'elle habitait enfant. Elle voit l'enseigne de la droguerie. Plus que deux cents mètres avant son premier café. Puis ce sera le bus, d'autres enseignes, mystérieuses: Caltex Autogom; les rues cordées de platanes; le lotissement en construction; la maison avec cette végétation dense au balcon qui fait penser à la touffeur d'une jungle, qui incite à se demander à quoi ressemblent les gens qui habitent là, qui ramène aussi à ce reportage l'autre jour sur le Suisse de Bornéo[9]...

Ce sont ces déplacements et ce système fermé que vise la question de savoir comment femmes et hommes font, jour après jour, usage de la ville contemporaine, en tant que système symbolique/sémiotique, pour se «bricoler» une identité personnelle, tout en étant socialement canalisés dans leur «bricolage».

De fait, il y a une pragmatique à l'œuvre dans cette question de recherche. Tous les jours, dans la vraie vie, Aude va à son travail – et ce déplacement n'est pas seulement un mouvement du domicile à l'emploi. Que se passe-t-il, dans les faits réels et imaginaires, sans dogmatisme, sur cet itinéraire?

L'interrogation dont procède cette thèse cherche à sortir de la double opposition de *«l'idéalisme et du matérialisme, du rationalisme et l'empiricisme»* (Smith, *op. cit.*). Elle vise la situation pratique de l'homme dans le monde. La question de cette recherche s'intéresse aux petits mythes, aux mythologies qu'élaborent jour après jour les gens sans qualités, dans leurs tactiques et techniques de vie en milieu urbain. Elle se penche sur l'espace existentiel d'Aude, en posant que celui-ci est un construit historique, toujours relatif à une configuration sociale donnée. Elle s'intéresse aux logiques d'actions d'Aude, aux récits, aux mythologies qu'elle élabore. Mais cet intérêt n'est pas un souci de l'auteur, de l'originalité individuelle: il cible un système de l'habiter qui fournit un «vocabulaire» (des lieux), et est contraint par une «grammaire» (une façon d'articuler les lieux).

La question de cette recherche tente encore de comprendre la manière dont, journalièrement, le Monde d'Aude, mais aussi sa personnalité, s'élaborent, se perpétuent, se redéfinissent, par l'intermédiaire de telles pratiques et techniques de ville anodines, propres à tous et à chacun.

Mais la question très large qui justifie cette recherche envisage aussi le caractère aliéné de ce parcours. Elle aspire à comprendre les enjeux sociaux des logiques d'action d'Aude. Les traits d'une marelle la renvoient dans le temps perdu (et brièvement retrouvé) de l'enfance; la végétation désordonnée d'un balcon initie, dans son esprit, un genre de voyage imaginaire. Elle s'imagine les gens qui occupent l'appartement en question, elle rêve leurs vies. Plus tard, son regard divague sur la moulure d'un vieux café au nom ridiculement exotique, et elle prend la décision de chercher un appartement dans le quartier

9 Bruno Manser, militant écologiste qui connut une célébrité dans les années 1990, notamment pour son engagement, mâtiné d'observation participante, en faveur des Pénans, avant de disparaître mystérieusement dans la jungle de Bornéo au mois de mai 2000.

populaire de son enfance. La question de recherche qui suscite cette thèse revient à se demander comment s'effectuent ces transferts, ces voyages, ces décisions. Comment une mémoire se dépose-t-elle dans des fragments de ville? Comment les individus archivent-ils des éléments de leur mémoire dans le paysage urbain? Comment s'imprègnent-ils de la mémoire individuelle et collective déposée dans les objets de la ville? Comment ce jeu entre mémoire corporelle et mémoire des objets s'enchâsse-t-il dans un processus de structuration de la société, de gestion des corps et des flux de désir?

Il s'agit de quotidien, de répétitivité, de banalité. Il s'agit d'une ville, d'un itinéraire, d'un parcours que rien ne distingue, mais dont l'articulation des espaces et des temporalités fait l'étoffe des jours, dans une tension trialectique entre pratiques situées (Aude boit son premier café dans un vieux bistro), états de conscience (le regard d'Aude flotte sur la moulure; il s'initie un voyage imaginaire dans le temps de l'enfance et une décision de partir est prise) et relations de pouvoir (comment s'est construit ce schème esthétique de l'ancien? comment s'est effectué son intériorisation? quels types de rapports sociaux charrie-t-il?). Ainsi donc, cette question vise les dimensions structurales de ce parcours en tant que fait social total.

De fait, l'articulation quotidienne de ces temps et de ces espaces constitue un *dispositif* qui mixte dimensions physiques et symboliques/sémiotiques, que j'appellerai *la ville contemporaine* ou encore *la machine à produire des identités*. La question de cette recherche a en définitive pour objectif de comprendre les processus qui ont conduit à cette ville contemporaine. Pour y répondre, je ferai les hypothèses suivantes (qui se veulent surtout un résumé d'intrigue):

> *Hypothèse* 1.1: La ville contemporaine est un composé matériel et idéel où des pratiques sont associées à des lieux spécialisés.
>
> *Hypothèse* 1.2: Ces lieux spécialisés ne sont pas des espaces supports, mais des contextes d'action, en ce sens, ils ne font pas qu'accueillir une pratique mais collaborent à sa construction.
>
> *Hypothèse* 1.3: Ces lieux sont les réceptacles d'un savoir expérientiel individuel et collectif; les individus et les groupes y déposent une «mémoire», un imaginaire.
>
> *Hypothèse* 1.4: Par la pratique de ces lieux, les individus et les groupes réactivent et incorporent cette «mémoire», cet imaginaire.
>
> *Hypothèse* 1.5: Dans ce mouvement entre dépôt d'expériences, réactivation et incorporation se dessine un dispositif qui permet à l'individu d'activer différents régimes identitaires au gré des parcours de ville.

Aude se déplace dans le système fermé de J.-M. G. Le Clézio. Elle traverse des lieux spécialisés (Hypothèse 1.1); elle est traversée d'impressions. Au Zanzibar, elle observe une moulure. C'est un peu une forme-paysage de l'ancien, et c'est un peu pour cela qu'elle aime prendre son premier café dans cet établissement (Hypothèse 1.2). Un imaginaire rétrospectif lui permet un réveil un peu moins brutal, nimbé d'une certaine nostalgie, troublé par l'idée d'un passé plus chaleureux (Hypothèse 1.3). Cette pensée la réconforte. Des fois, il lui arrive de prendre des postures corporelles qu'elle imagine anciennes, pour se sentir plus en adéquation avec le lieu. Par exemple, elle tient sa tasse d'une certaine manière (Hypothèse 1.4). Aude sort du Zanzibar. Dans le bus, en voyant l'enseigne de Caltex Autogom, elle pense aux années 1960 et à une modernité confiante dans l'avenir. La forme des lettres la renvoie pourtant dans les années 1980. Elle pense à la mode de cette époque, et ce qu'elle considère comme un certain dynamisme. Plus tard, à midi elle ira manger dans la ville haute, dans un restaurant empli de gens très qualifiés comme elle, tous diplômés du tertiaire supérieur. Elle discutera avec Pascal du poste qu'elle convoite. Elle veillera à ses gestes pour être conforme à l'esprit du lieu et au code comportemental qui est inscrit dans la forme spatiale de l'établissement (Hypothèse 1.5). Elle s'imaginera enviée pour sa réussite. Puis elle regagnera son emploi. Puis son logement. Devant le balcon végétalisé façon jungle, elle s'imaginera les personnes qui vivent dans cet appartement luxueux, dans une rêverie de la grande richesse. Repassant devant la Trappe de Staouëli, elle se souviendra d'un souper avec Camille…

Le parcours matinal d'Aude, articulé aux différents moments de problématisation du quotidien dans le champ de la «nouvelle» géographie, permet d'esquisser ce que ce type d'interrogation est en mesure d'apporter à la connaissance géographique.

Ma question de recherche focalise sur des logiques d'action, des arts de faire. Elle s'inscrit dans un cadre théorique qui relève du structurationnisme, puisqu'elle définit le territoire comme une structure qui rend possible les actions individuelles: l'espace, en même temps que condition de possibilité est résultat des pratiques de l'habitant. Elle a l'ambition de participer à une théorie générale de la spatialité humaine. Elle collabore encore à traverser les sous-champs de la géographie humaine, à partir d'un objet «vulgaire». Elle participe ainsi à une meilleure compréhension du fonctionnement des systèmes territoriaux.

Chapitre 2

L'hypothèse machinique: explicitation d'une théorie implicite de la ville

> «Nul ne m'a prescrit d'applications d'ouvrages d'art à structure métallique pour combattre l'anémie et la confusion mentale qu'un certain type de vie, d'habitat, de sol ou de soubassement semble devoir engendrer, s'il est vrai que nous ne fassions jamais qu'intérioriser l'extérieur qui est lui-même un legs des âges antérieurs.»
>
> P. Bergounioux, *Simples, magistraux et autres antidotes*, 2001: 34.

> «Il est des lieux, des moments pour nous refuser les satisfactions auxquelles on aspire spontanément, avec, pour conséquence, les deux vies qu'il faut mener, l'une resserrée, décevante, normale, l'autre contradictoire, pleine de conflits et de sautes, difficile, fatigant.»
>
> P. Bergounioux, *Simples, magistraux et autres antidotes*, 2001: 7.

Le parcours d'Aude permet d'expliciter un «système» de l'habiter, des pratiques et des techniques de vie en ville. Ma chimère parcourt quotidiennement la ville. Elle traverse des lieux spécialisés et est traversée d'impressions. Elle repère des signes et des symboles qu'elle décode et interprète intuitivement. Aussitôt, elle s'interroge, se demande, par exemple, qui vit ici, derrière ce balcon végétalisé. Elle régresse vers les années 1980 devant l'enseigne de Caltex Autogom. Elle revit le temps d'une marelle enfantine. Au Zanzibar, elle tient sa tasse d'une manière particulière, une manière qui n'aurait pas été la sienne au Général Plattel. Devant la Trappe de Staouëli, elle se souvient de Thierry… Il est évident que l'espace urbain est codé et codifié. Mais l'important est que, dans la tension qui s'y déploie entre mémoire du corps et mémoire des objets, entre un *«je poreux»* (Beckett cité par Laplantine, 1999: 39) et un espace territorialisé suite à une mise en signification, une interface de prise en charge de l'habitant (ici Aude) se profile (la structure ou le structurel), avec laquelle il va devoir ruser. Une interface qui envoie le promeneur dans une outre-ville tout aussi codée et codifié (*i.e.* convenue), mais qui procure le sentiment vague d'une *recréation* et conduit potentiellement à un émiettement du désir. *Çà* et *là* des velléités se cristallisent dans des formes attendues qui en neutralisent la violence. Cristallisations qui collaborent à ce que F. Guattari (2004) appelle un système *«d'asservissement machinique»*, soit un mécanisme *«d'agencement d'un désir à un autre» (ibid.)*. Car ce besoin de *recréation* est aussitôt détourné dans une *récréa-*

tion. Ne serait-ce qu'en raison du fait que les imaginaires collectifs spatialement inscrits sont restreints, soumis à des excès de *typisation*. Ce qui borne le spectre des mises en scène de soi, les soumets à validation sociale, assure une forme de censure.

Aude se déplace dans la ville. Elle boit son premier café au Zanzibar. Alors que son regard flotte sur la moulure, c'est une image stéréotypée de l'ancien qui vient travailler son corps (première typisation). La typographie années 1980 de l'enseigne Caltex Autogom lui remémore un modèle de femmes qui tient du cliché, celui de l'avènement public de l'*executive woman* (seconde typisation). Ses postures, dans ce restaurant de la ville haute où elle mange régulièrement, sont une manière de caricature qui repose sur un imaginaire social (troisième typisation). Le parcours d'Aude organise le passage d'un désir à un autre. Un appel à la r*e*création de soi est retraduit en simple r*é*création (jouer à la vieille femme d'un quartier ouvrier, à la femme dynamique, à la carriériste, à l'anthropologue du proche, à la fille sentimentale). C'est pour cette raison que le premier corpus conjectural de cette recherche est regroupé sous l'appellation générique d'Hypothèse machinique. Elle repose sur la proposition voulant que les lieux capitalisent des savoirs expérientiels individuels et collectifs qui sont réactivés et incorporés dans leur pratique.

Or, cette hypothèse véhicule une «théorie» implicite de la ville et de l'espace urbain qu'il est nécessaire d'expliciter. Il s'agit de le faire en tachant de répondre à la question de savoir comment fonctionne l'aspect matériel (au sens de *hardware* dans le langage informatique) de la machine à produire des identités qu'est la ville contemporaine. La réponse à cette question nécessite un élargissement de la problématique qui est la mienne à des considérations qui relèvent d'une histoire idéal-typique de la forme urbaine. Cette histoire cherche à comprendre les processus historiques susceptibles de participer à l'association de schèmes comportementaux et de traits personnels à des fragments d'espaces urbains.

1. Le conte des trois villes

Je rencontre Mathias à la fin des années 1990 dans le cadre d'une recherche sur le logement alternatif. Depuis peu à Genève, il cherche à se loger dans un squat. Il obtient un rendez-vous avec des représentants de l'îlot des Philosophes, qui s'avère rapidement un mixte de l'interrogatoire policier et de l'entretien d'embauche. On cherche à savoir qui il est réellement. On recourt à une batterie de questions équivoques, de mises en situation qui confinent à la manipulation douce. On tente de connaître son mobile, c'est-à-dire ce qui le pousse à, ce qui *essentiellement* le pousse à. Les questions se font alors de plus en plus intimes, semblent de plus en plus déconnectées de l'objet de l'entrevue. C'est qu'il en va de la réussite de l'entreprise comme de l'équilibre de la communauté. Alors, il faut tout savoir. En fin de compte, Mathias apprend, un peu dépité, qu'il ne correspond pas aux canons des «évaluateurs». On lui souhaite une pleine réussite dans la poursuite de ses recherches, tout en se félicitant de n'avoir pas à faire «avec lui».

Du point de vue de la géographie urbaine, cette anecdote conduit à plusieurs interrogations. Elle montre bien sûr qu'il existe, dans les villes contemporaines, des territoires qui ne sont pas ouverts à tous. L'intéressant ici est que ces territoires communautaires relèvent moins de communautés ethniques ou socioprofessionnelles, que de communautés réalisées par l'*agrégation d'individus qui partagent des traits subjectifs*. Elle incite encore à récuser les discours qui généralisent la thématique de la *«foule solitaire»* (pour reprendre le titre d'un ouvrage célèbre de D. Riesman, 1962 [1992]) à l'espace de la grande ville. Discours qui, de dérivation en dérivation, conduit à l'image incertaine de la grande ville comme «carrefour des solitudes». Plus fondamentalement, cette anecdote invite à s'interroger quant aux logiques d'articulation de l'espace interne des villes. Ces espaces communautaires d'un genre spécifique ne manifestent-ils pas, en effet, une redéfinition du projet urbain tel qu'il a été conçu par le XVIIIe siècle? à savoir celui d'une ville dont la fonction consistait à offrir, à une population hétérogène, l'opportunité de se rencontrer, dans une logique d'assimilation, qui impliquait le gommage de tout signe extérieur d'extranéité.

1.1. La ville contemporaine: construction d'un type

De fait, si cette anecdote est d'intérêt géographique, si elle nous apporte un élément de construction d'une réponse à la question large et vague dont procède cette thèse, c'est qu'elle véhicule une typologie implicite de la ville. L'histoire urbaine peut être lue comme l'histoire d'un double rapport. Rapport de l'*espace communautaire* et de l'*espace public*; rapport de l'*espace privé* et de l'*espace public*. Le premier de ces rapports se matérialise dans le passage d'une ville «embastillée» à une ville qui sort de son enceinte; rend son espace accessible à tous dans une logique d'uniformisation (Walter, 1995). Le second se concrétise dans la multiplication d'enclaves privées et/ou spécialisées simultanément au développement d'un espace public (Korosec-Serfaty, 1991; Jost, 1983). Ce double rapport permet, de fait, de dégager trois types de villes: la ville d'ancien régime; la ville moderne; la ville contemporaine.

La *ville d'ancien régime* est, d'un point de vue idéal-typique, un espace communautaire déterminé par son enceinte. Cet espace englobe l'espace public de la place de ville qui régule les rapports de l'ici communautaire à l'ailleurs du plat pays. La régulation s'effectue par une occupation ponctuelle de ce lieu circonscrit. Par exemple, les marchés qui s'y déploient s'inscrivent dans un calendrier et un horaire. Une fois les commerçants et les consommateurs repartis, les portes se referment. Une limite temporelle et une limite spatiale optimisent ainsi le contrôle groupal. La ville d'ancien régime apparaît donc comme la localisation d'une identité particulière. Et sa structure en assure la reproduction, et l'assignation (Ragon, 1985; Walter, *ibid.*). En témoigne l'accès ardu à la «bourgeoisie», c'est-à-dire au statut d'habitant légitime de son territoire.

L'extension urbaine a pour effet de «neutraliser» l'espace: le démantèlement des bastions rend la ville accessible à tous. L'empreinte communautaire décline et la *ville moderne* se dote d'une fonction nouvelle qui est celle de l'égalisation des comportements, dans le même temps qu'elle participe à une multiplication des interactions. Elle est un *«commutateur social»* (Claval, 1981). C'est, en somme, avec l'irruption de cette ville moderne, que les conditions matérielles de l'apparition d'une machine à produire *une* identité sont réunies. Ce qu'il s'agit de produire en l'occurrence, c'est une identité *générique*, celle qu'implique la constitution de vastes ensembles territoriaux: les Etat-nations. Il est à noter que le sujet s'est, dans le même temps, individualisé. Les enclaves dites spécialisées et/ou privées s'accroissent. Ainsi, le domicile ne s'ouvre plus sur la rue; on s'essaie à préciser les fonctions des espaces, voire de les «zoner»; des activités sont déplacées en périphérie de la ville.

Dans la *ville contemporaine*, enfin, ces espaces spécialisés et/ou privés tendent à se coaguler dans des *«personnalités collectives»**, c'est-à-dire une communauté formée autour du *«fantasme d'une personnalité* [*i.e.* un ensemble de traits intimes, individuels] *partagée»* (Sennett, 1979: 200). Ces personnalités participent à la reconstitution d'espaces communautaires à l'intérieur d'un espace dit public, parce qu'ouvert au plus grand nombre sous certaines *«modalités d'accès»*. L'ici subsume des ici(s), qui sont autant d'ailleurs sociaux (Sennett, 1979). Par exemple, le quartier du Marais (Paris), investi par une frange à haut capital économique de la population homosexuelle, se transforme en une «enclave rose»; ailleurs des espaces de sociabilités sont parés d'attributs qui filtrent leur rapport à la rue et garantissent une homogénéité sociale; ailleurs encore des parcs, squares ou jardins sont objets de conflits d'usage dont la régulation conduit à la définition d'un groupe légitime d'usagers (Mitchell, 1995). C'est ainsi que, dans la ville contemporaine, l'espace urbain se pose comme le fondement matériel d'une machine à produire *des* identités singulières. Des collectifs s'approprient des fragments du territoire, y inscrivent leur style de vie. En flânant entre ces lieux, le sujet a l'opportunité de s'envisager dans des contextes différentiels susceptibles d'occasionner le sentiment d'un flottement de soi à soi, un «bougé».

1.2. Deux processus explicatifs

Deux processus, qui s'originent dans le même courant historique, mais tendent à s'annuler, sont susceptibles d'apporter des éléments d'explication de ce système de rapports entre espace communautaire, espace public et espace privé: l'«invention» de l'individu et l'«invention» de la personnalité. Or, ces deux processus sont également porteurs d'un élément d'explication à la question qui est celle de savoir comment femmes et hommes font, jour après jour, usage de la ville contemporaine, en tant que système symbolique/sémiotique, pour se «bricoler» une identité personnelle, tout en étant socialement canalisés dans leur «bricolage».

Le premier de ces deux processus résulte d'un mouvement séculaire d'extraction de l'individu de la totalité communautaire, d'un parcours par lequel l'individu prend possession de soi, s'arrache à l'emprise du Tout qui le subordonne. Ce *«procès d'individualisation»* (Laurent, 1993) mobilise une très longue durée. Il est par exemple attesté au XIIIe siècle avec une émancipation *«de l'individu par rapport à la pression familiale patriarcale»* (Mac Farlane cité par Laurent, *ibid.*: 22). La difficulté de cette extraction se manifeste par ailleurs dans les rationalisations nombreuses qu'elle suscite, et qui s'inscrivent avec force dans l'histoire des idées (*ibid.*: 22-23)[1]. Cette tendance s'affirme néanmoins au XVIIe siècle avec, dans les années 1640, *«la première affirmation histo-*

1 Ainsi, au XIVe siècle, Guillaume d'Occam montre, contre Thomas d'Aquin, contre la philosophie aristotélicienne, que les collectivités sont constituées par *«la simple collection des parties qui les composent»* (Laurent, *ibid.*: 22-23).

rique explicite d'un droit naturel de propriété de l'individu sur soi» (*ibid.*: 32)[2]. Enfin, le mouvement se cristallise avec les Lumières.

Mais cette «invention» – que le XVIIIe siècle concrétise – d'un individu maître et possesseur de *sa* nature[3] se double d'un autre phénomène: la *personnalité* fait son apparition. Celle-ci est à comprendre comme le produit d'un certain niveau d'autocontrainte corrélatif d'une conscience avivée de ses propres actes et de leurs répercussions[4] (Elias, 1939 [1994 & 1995]). De fait, la personnalité est inséparable de la modernité politique du XVIIIe siècle. Modernité politique qui est constituée par le long mouvement de laïcisation d'une *«force imaginale»* qui fait ressentir à chacun *«la nécessité d'une organisation autour d'une image commune»*, la politique se substituant petit à petit à la religion (Maffesoli, 1992). Or, comme le montre R. Sennett *(op. cit.)*, ce procès de laïcisation a des conséquences sur la façon de penser l'homme. La société des Lumières entérine cette sécularisation du paradigme d'appréhension de la nature humaine. Alors, la nature des relations interindividuelles est réinterprétée; l'*«immanence»** se substitue à la *«transcendance»** (Sennett, *ibid.*). On ne recourt plus à des autorités métaphysiques, théologiques. Le social s'explique par le social, l'homme par l'homme, les actes par la nature intime de l'actant. Et si la nature du sujet est immanente, s'il se révèle par ses actes, se produire dans la ville revient à s'exposer en personne. C'est ainsi que l'on entre dans un processus d'intimisation du monde. La famille est idéalisée. On cherche refuge dans l'orbe du privé, qui devient un espace valorisé positivement. Cette conséquence de la laïcisation du monde contrarie sévèrement le projet politique de la modernité.

Car il faut voir que la société des Lumières fait le pari d'un espace public comme espace politique. Un espace qui, mêlant de l'hétérogène, devrait per-

2 Affirmation que l'on doit à Overton, meneur du mouvement dit des Niveleurs (Laurent, *ibid.*).

3 Pour détourner une formule célèbre.

4 Chez N. Elias, la personnalité est indissociable d'un processus pluriséculaire: la modernité historique. Elle résulte d'une *«curialisation des mœurs»*, d'un mouvement d'intériorisation des contraintes, d'un *«contrôle croissant des affects et des pulsions»*, qui accompagne un processus de formation de l'Etat au cours duquel on assiste, alors que la violence est progressivement accaparée par une entité centrale, à une concentration des *«chances sociales»* aux mains de quelques familles d'abord, puis d'une seule ensuite. Les modes de concurrence à l'intérieur de la société se modifient alors. Les attitudes sont rationalisées, on se police pour plaire au prince. C'est le passage d'une noblesse d'épée à une noblesse de robe, et finalement à une noblesse de cour. On ne rivalise plus par les armes, mais dans le raffinement des manières. Il convient alors de se «civiliser», de se garder de ce qu'on pourrait exprimer par mégarde. Il s'agit d'un combat pour l'obtention des opportunités sociales que l'entité centrale redistribue afin de maintenir et affermir son pouvoir.

mettre l'avènement d'une responsabilité politique inédite, au sens où des individus, libres de se choisir, travailleraient de concert, par l'usage d'une raison éclairée qui s'élabore dans l'interaction, à la réalisation d'un avenir[5] (François, 1984). De fait, c'est la ville, en tant que tout le monde peut y accéder sous couvert de modalités d'interaction, qu'échoit cette fonction de production d'un vivre-ensemble. Ce d'autant que ce pari y est encouragé par le déclin, plus marqué que dans les campagnes, des codes de l'Ancien Régime[6] (Perrot, 1968). Comme le note R. Sennett, *«il* [y] *devient difficile de déterminer la vraie nature de ceux avec qui l'on parle». «La cité est* [alors] *un milieu humain dans lequel des inconnus se rencontrent»* (*ibid.*: 49). Des inconnus plus que des étrangers, insiste R. Sennett, puisque les gens n'ont plus une claire conscience de leur identité particulière comme dans la ville médiévale. De fait, ces quelques traits dessinent l'idéal-type de la ville moderne, de la ville confluence d'inconnus, machine à produire une identité.

Les modalités d'expression sur l'espace public y semblent proches de celles qui régissent l'espace scénique. Le paradigme de l'immanence n'est qu'en gestation. Aussi, le Moi privé est-il tenu à distance du personnage public. L'espace urbain en tant qu'espace de sociabilités fonctionne alors de manière satisfaisante. Le sujet qui y exprime des idées, des opinions ne s'engage qu'en tant qu'homme public, dans un certain rôle relatif à un certain statut. Ce n'est pas sa nature «essentielle», son être-vrai, sa part la plus intime, qui se manifeste.

Mais, suite aux divers renforcements que recevra le paradigme d'immanence au XIXe et XXe siècles, le pari d'un espace public animé par des individus confiants dans la réalisation utopique d'un vivre-ensemble au-delà des identités particulières semble de plus en plus hasardeux. Une idéologie intimiste conduit à une désémantisation et resémantisation de l'espace public. Désémantisation: il n'est plus un espace d'expression politique au sens où l'entendrait un homme des Lumières, c'est-à-dire espace d'usage de la raison

5 *«Exemplaire est à cet égard l'expérience œcuménique tentée à Mannheim par l'Electeur Karl-Ludwig avec la construction en 1667 de la Konkordienkirche prévue pour servir de lieu de culte aux trois confessions présentes dans la ville»* (François, 1984) par laquelle se matérialise la tentative longtemps avortée d'imposition, par le haut, du paradigme moderne d'universalité dont la société des Lumières se fait le chantre.

6 Le XVIIIe siècle se caractérise en effet par *«une opacité croissante de la société propre aux périodes de mutations rapides»*. La profusion de systèmes de classement, de taxinomie sociale dont les contemporains ont senti le besoin pour décrire leur monde en témoigne. Ainsi Colbert avec ses vingt-deux classes de contribuables; Turgot qui entame une hiérarchie physiocratique des acteurs économiques; Mercier qui propose une stratification en fonction de *«l'utilité sociale»* des individus (Perrot, 1968).

argumentative. Resémantisation: on lui confère une fonction circulatoire à mesure qu'il prend une valeur négative[7]. Parallèlement à ce processus, l'espace communautaire, lui, se régénère. C'est ce que R. Sennett a appelé la «Gemeinschaft *destructrice*». Celle-ci est «*produit*[e par] *le fantasme d'une communauté fondée sur le partage d'une personnalité*» (Sennett, *ibid.*: 200).

C'est ainsi que, dans la ville moderne, mais surtout contemporaine, l'individu, libre de se choisir en choisissant ses affiliations, se fait personne avant de s'agréger à des personnalités collectives et d'investir la ville. Plus précisément, l'«invention» de l'individu est à associer au déclin de l'espace communautaire et au projet d'une ville-espace-public. Mais elle explique aussi la formation d'espaces spécialisés et/ou privés. L'«invention» de la personnalité est, elle, responsable de la reconfiguration des espaces communautaires qui, cette fois, relèvent de la mise en partage de traits plus intimes. On trouve là ce qui constituerait le système territorial de la ville contemporaine. Un système homme(s)-homme(s)-espace marqué par des relations «en miroir». Le sujet s'agrège à des individus identiques, et cette agrégation se réalise par/dans l'espace en tant qu'il incarne et renvoie une identité. Mais si ce système se caractérise par des relations «en miroir», cela n'implique pas pour autant une territorialité du tiers absent, «narcissique». Une identité se cristallise dans un jeu entre Je, Nous et Eux. Dans des rapports au même et au différent (Rémy, 1983). Des rapports qui, du fait du paradigme d'immanence, ne passent pas nécessairement par la raison argumentative des Lumières, mais usent d'une dialectique spatiale du voir et de l'être-vu (Crettaz, 1993).

1.3. Derrière les formes: dialectique du voir et de l'être-vu

Cette dialectique est pluridimensionnelle. Il y a *premièrement* le voir et l'être-vu d'un groupe communautaire (Nous) en prise avec d'autres groupes (Eux): en investissant le territoire une classe sociale, une communauté, un groupe d'affinités se donne à voir. Le *deuxième* niveau de cette dialectique voir / être-vu est celle du groupe en prise avec lui-même. On cherche à se positionner en offrant au regard connaisseur des signes d'appartenance, tout en se différenciant en «chapelles». Enfin, il existe une dialectique voir / être-vu qui est celle d'une personnalité collective et de ses électrons libres: le territoire offre des

7 Par exemple, Paul Virilio (1993: 18-19) évoque un mouvement qui vise à rendre les lieux publics inhabitables dans une logique sécuritaire. Ainsi, «*on enlève les bancs publics pour éviter que les gens s'y installent, comme aux Halles ou dans le métro*».

espaces de visibilités au Nous; des Je (qui se voient être vus, qui se savent être vus) peuvent, dans la pratique d'un espace connoté, se renvoyer une identité. La gentrification, par exemple, articule ces trois niveaux dialectiques. Une catégorie sociale, des personnes bien dotées en capital culturel, généralement en possession d'un diplôme de degré 3, investit des quartiers ouvriers. Ces quartiers sont rénovés en recourant à des matériaux à forte valeur sémiotique, souvent bruts: fer forgé, acier frotté, des bois très clairs ou très foncés (dialectique de niveau 1). Des commerces congrus à cette nouvelle population se développent. Coiffeurs à la mode et à spécialités (salons ouverts les soirs de pleine lune, par exemple); centres naturopathiques; bars et cafés vaguement «arty», à l'onomastique aérienne, décalée, abstraite (les «Grappe d'Or», «Pressoirs» et autres «Café du Raisin» déclinent, trop typés, trop esprit-de-vin: il s'agit de ne plus ressembler à des bars, mais à des salons). Ces commerces tendent néanmoins à se différencier les uns des autres, notamment au regard de leur caractère «public», c'est-à-dire de l'effort accompli pour «écumer» leur clientèle: vigiles, signes d'authenticité veloutée, etc. (dialectique de niveau 2). Enfin, si les néo-résidents de ce quartier gentrifié prospèrent dans leur nouvel écosystème, et affichent avec sûreté les emblèmes de leur conquête, des personnes extérieures en profitent pour venir s'y arrimer un instant sur un style de vie. Parce que c'est un quartier un peu «vrai». Parce qu'il y a plein de petites «échoppes» où l'on peut consommer en mimant la valeur d'«usage». Autrement dit, et pour retrouver ma chimère, le quartier ouvrier où a grandi Aude est investi par des diplômés universitaires soucieux d'une certaine qualité de vie, teintée d'authentique. Il est en passe de devenir le haut lieu d'un certain mode de vie. Le bistrot dans lequel son père allait jouer au rami est devenu un café aménagé à la manière du *living-room* bourgeois d'une *middle class* à la mode. Parfois, des gens qu'elle connaît viennent y «prendre un verre», et lui rapportent le plaisir qu'ils ont eu de parcourir ces ruelles, de vivre un instant dans cet espace si charmant et si peu consommation de masse.

De fait, pour comprendre comment les pratiques d'acteurs divers s'articulent sur l'espace projeté par la modernité (instituant par là même la ville contemporaine), il convient de mobiliser diverses notions, au carrefour de la géographie et de la psychologie de l'espace. Il y a tout d'abord la notion de *centralité*. Dans ce contexte de ville machine à produire des identités, des centralités divergentes, alternatives, multiples sont élaborées. Des centralité-périphériques s'organisant autour d'une centralité-centrale qui commande les sous-systèmes, et renvoie, au-delà d'une cohérence mécanique à une cohésion organique par le biais d'une mémoire partagée. On se situe ici au niveau du

Nous, lequel nécessite un *«enracinement stable»* (Rémy, *op. cit.*: 98). Si le quartier dans lequel Aude a grandi est en train de devenir le haut lieu d'un certain mode de vie, d'autres fragments de ville tendent à ce statut. Par ailleurs, les Tanneries, vieil espace à proximité du fleuve, mis à la mode dans les années 1980, persiste à être, aujourd'hui, le lieu de rassemblement privilégié des personnes qui ont des affinités avec le style de vie, le Nous, en question. Certains soirs, cela donne de curieux mouvements de populations. Des individus, seuls ou en groupes, se dirigent d'un quartier à l'autre, avant d'aller boire un dernier vers aux Tanneries, justement.

La dimension individuelle appelle, quant à elle, la notion de *centration.* Ces centralités multiples permettent au sujet individuel de structurer ses cognitions, ses schèmes d'actions, son système de représentations. Elles le permettent parce que *«l'individu est une identité spatialement mobile»* (Rémy, *ibid.*). Pour reprendre l'exemple de ma chimère, Aude chemine dans la ville. Elle travaille ici. Elle se divertit par là, et là-bas. Elle consomme ailleurs. Ces pratiques mobilisent des territoires divers. C'est bien parce qu'Aude se déplace qu'elle a l'occasion de varier ses référents identitaires, et que l'espace se voit attribuer un rôle d'acteur aussi important dans le processus d'individuation. Le sujet a la possibilité de garder ses distances avec ses affiliations plurielles et successives parce qu'il peut les quitter et y retourner; de sorte que le Je use de l'espace en ce qu'il est structuré en *«régions morales»* (Park, 1925 [1995]: 130), en ce que des Nous s'y inscrivent de manière autonome, pour se «faire» et se «défaire» dans leur pratique.

En somme, il s'établit, entre les deux pôles du sujet et de la communauté, un va-et-vient structurant simultanément les identités individuelles et collectives. Un va-et-vient qui, d'ailleurs, renforce le rôle actif de l'espace. En effet, ce Nous qui s'inscrit dans le territoire acquiert une certaine permanence et indépendance vis-à-vis des Je. L'espace communautaire, la personnalité collective territorialisée, localisée, devient ainsi un processeur de la machine à produire des identités. Car si des personnalités collectives conduisent au renouveau de comportements communautaires, il n'en reste pas moins, qu'historiquement, le paradigme prévalant à ces comportements n'est plus un paradigme holiste mais individualiste.

C'est pourquoi, au final, s'il y a reconfiguration de pratiques et d'espaces communautaires, il faut se demander avec plus d'insistance encore quel est leur rôle dans les processus identitaires tant à une échelle individuelle que collective. Il s'agit de penser ce double jeu: spatialisation de l'identité et structuration identitaire par l'espace.

2. La machine à produire des identités

L'intuition d'une ville qui fonctionnerait comme une machine à produire des identités n'est pas nouvelle. Elle repose, de manière implicite, dans le concept de *«région morale»** développé par la première Ecole de Chicago. Forgé par R. E. Park, dans son article programmatique de 1925[8], ce concept permet en effet d'envisager simultanément l'appropriation communautaire d'espaces urbains et le dispositif identitaire que dessine cette appropriation.

2.1. Temps et échelles des régions morales

Pour R. E. Park, la ville, qui apparaît comme une *«organisation matérielle»* et une *«organisation morale»*[9], tend, quand elle devient une *«grande ville* [, …] *à étaler et à révéler publiquement de manière massive* tous *les traits et tous les caractères de la nature humaine, ordinairement obscurcis et refoulés dans des communautés plus petites»* (*ibid.*: 130, je souligne). C'est alors qu'elle se décompose en «régions morales». Par *«région morale»**, il faut entendre un *«secteur où prévaut un code moral divergeant;* [une] *région* [de la ville] *où les gens sont dominés, plus qu'on ne l'est d'ordinaire, par un goût, une passion ou quelque intérêt qui s'enracine dans la nature de l'individu»* (*ibid.*: 130).

Ces régions morales résultent généralement de l'association d'un fragment de ville à une population typique et spécifique. Elles peuvent être liées au couplage d'un quartier et d'un groupe ethnique (thème de la ségrégation) ou relatives au regroupement ponctuel, mais récurrent, d'*«individus à la recherche des mêmes émotions»* (*ibid.*: 127). Aussi pour R. E. Park, *«chaque quartier peut*[-il] *revêtir la forme d'une ‹région morale›»* (*ibid.*: 128).

Néanmoins, l'auteur distingue implicitement deux régimes d'appropriation, qui s'appuient sur des structures spatiales et des temporalités différentes. Le premier relève de caractéristiques ethniques – voire socioprofessionnelles – et mobilise une grammaire spatiale qui est celle de la surface (un quartier, par exemple) dans laquelle s'inscrit de façon «permanente», ou du moins durable, un *«code moral divergeant»*. Le second se réfère à des traits plus personnels et active une grammaire spatiale qui est celle du point (un bar, par exemple) dans lequel s'inscrit de manière «éphémère», mais récurrente, un *«code moral diver-*

8 Il s'agit de l'article: «La ville: propositions de recherche sur le comportement humain en milieu urbain».

9 Puisqu'elle *«s'enracine dans les habitudes et les coutumes des gens qui y habitent»* (Park, *op. cit.*: 86).

geant». C'est, du moins, ce qu'insinue R. E. Park lorsque, se plaçant du point de vue de l'individu, il explique qu'*«*[u]*ne région morale n'est pas nécessairement celle où l'on habite: elle peut être un simple rendez-vous, un lieu de rencontre»* (*ibid.*: 128).

Pour R. E. Park, il y a donc couplage de fragments de ville avec des comportements ou des schèmes d'actions *(«secteur où prévaut un code moral divergeant»).* Cette association résulte de l'*«enracine*[ment] [de ces fragments] *dans les habitudes et les coutumes des gens qui y habitent»* (*ibid.*: 86). La conception de l'habiter qu'a le sociologue est en l'occurrence «phénoménologique». Un champ de course est une région morale, parce que des gens, animés par une même passion, ou démon, du jeu, s'y retrouvent, s'y agglomèrent, et vibrent d'un même tremblement. Une discothèque, une librairie sont des régions morales: des gens, dominés par un goût qui s'origine dans leur «nature» s'y rassemblent. De fait, c'est précisément parce que ces fragments s'inscrivent dans des *«habitudes»* et des *«coutumes»* que l'on peut dire qu'ils informent, modèlent littéralement les corps, notamment en définissant les gestes qu'il convient de faire ou de ne pas faire pour rester en adéquation avec l'esprit du lieu, son *ambiance*. Par ailleurs, la charge métaphorique de l'expression: «région morale», n'est pas neutre de ce point de vue. Elle ménage un entre-deux physique et idéel qui peut laisser indécidée la question de savoir si la région est une matérialisation de l'intériorité du sujet ou si la dimension morale est une intériorisation subjective de cette structure matérielle.

Les deux régimes d'appropriation distingués par R. E. Park permettent ainsi d'affiner la compréhension du dispositif identitaire de la ville contemporaine. Car ce qui se dessine dans la superposition d'une couche sectorielle, qui est celle de la localisation des groupes ethniques ou des catégories socioprofessionnelles, et d'une couche nodulaire, qui est celle des lieux de rencontre des groupes d'affinités, c'est une forme spatiale qui permet le développement d'un double jeu. L'individu se voit offrir la possibilité théorique de mettre à distance, et même d'isoler, ses divers masques sociaux. Il peut, pour prendre un exemple fictif, s'éloigner de sa catégorie sociale, de son espace de résidence, vibrer dans la lumière jaune d'un café poisseux, aux récits anguleux que Nénesse fait de ses vacances à Pataya; puis sourire de manière distanciée, dans le même temps que sa main caresse à rebrousse poils l'accoudoir zébré d'un fauteuil Louis XVI, à la mésaventure mondaine de Raphaël, ce matin. De fait, R. E. Park pose ici un des prérequis de la sociologie d'E. Goffman, une sociologie de l'acteur et de ses mises en scène différentielles.

Aude, ma chimère, déjeune avec Jérémy au Général Plattel. Elle observe de biais, dans une demi-conscience, les postures adoptées par les autres clients.

Elle voit les agendas de cuir sur les coins de tables. Les tissus souples et riches de leurs habits. Imperceptiblement, elle perçoit la forme des chaises, leur patine, qui confère un caractère de vieille maison à ce restaurant de la ville haute. L'idée d'une légitimité sociale lui vient à l'esprit. Parfois, alors qu'elle regarde au-dessus de l'épaule de Jérémy, une gravure d'époque vient confirmer cette idée, et justifier le prix légèrement surfait de leur repas. Jérémy parle fort et beaucoup. Aude acquiesce et sourit. Elle reformule et relance. Elle est en conversation. Elle se tient droit sur sa chaise. Son dos est légèrement décollé du dossier. Elle collabore à la reproduction de ce lieu. Pourtant ce matin au Zanzibar, elle faisait le projet de retourner dans le quartier dans lequel elle avait grandi. Loin de sa vie actuelle. Les gens qui l'entouraient, la lumière de ce bistrot, le ton de Daniel, son phrasé alenti, l'ont ramenée à un moment où elle pensait dans une autre langue, l'idiome de son quartier, Babel d'origines ethniques, mais monolithe social. Et soudainement, elle a voulu y retourner. En finir avec cette vie-là, celle de Jérémy, notamment. De même, en fin de journée, elle aura rendez-vous avec Patricia et Isabelle à L'Amplitude. Le bois foncé de l'ameublement, la disparate des tables massives, lui rappellera qu'elle est dans un établissement où des gens, qui comme elle, approchent de la trentaine, mangent, pincé entre le pouce et le majeur, du fromage servi sur une planchette de couleur claire, et aux entailles marquées. Ce tailleur, qu'elle a mis pour aller travailler, la gênera. Elle sera empruntée par le port de ses chaussures. Les gens qui sont ici ont l'habitude de rire des grands commis. Ils ont l'arrogance souple de leur tenue et de leur capitalisation culturelle. Aude se sentira déplacée. Pourtant, elle aime, le samedi, venir s'amollir dans les canapés de L'Amplitude, en faisant mine de discuter, entre les silences d'une musique électronique toujours trop forte.

Aude peut se comporter de telle manière ici, de telle autre ailleurs parce que la grande ville est constituée de régions morales et qu'elle repose sur un principe de *«mobilisation des individus»* (Park, *op. cit.*: 125) qui inscrit les relations dans l'éphémère d'un temps segmenté et qui atténue ce que M. Douglas (1990) appelle l'injonction sociale à un Moi cohérent et stable. En somme, la grande ville offre à un sujet *mobile* – puisqu'*«aucun groupe en particulier n'a l'allégeance exclusive d'un individu»* (Wirth, 1938 [1995]: 272) –, un *spectre de personnalités*. Aude qui se déplace sur la trame «morale» de la ville, amorce ou perpétue un *travail de subjectivation*.

2.2. Modalités et régimes d'un travail de subjectivation

Ce travail de subjectivation s'accomplit selon des *régimes identitaires* hétérogènes. Il y d'abord des endroits où le sujet «se sent bien», ce qui insinue qu'il s'établit une relation d'adéquation entre une représentation de soi et les représentations associées au lieu sous formes d'imaginaires, de modèles comportementaux. Le Zanzibar est un vieux café, qui sous un nom affreusement exotique, accueille une population patibulaire aux premières heures de la journée et autorise un relâchement. Il y a ensuite des lieux avec lesquels l'habitant entre en dissonance. Il s'agit alors de la réduire *ou* en modifiant des cognitions auto-référées («peut-être que je ne suis pas celui que je pensais être?»), *ou* en «quittant» le lieu (effectivement ou dans des ritualisations infirmatives). Jérémy parle. Aude se tourne. Cherche à deviner ce que pense le couple, à la table d'à-côté. Elle sourit gênée. Son corps refuse d'en être. Le soir, à L'Amplitude, elle n'acceptera pas un verre de plus. Elle prétextera des courses. Elle se lèvera, quittera le lieu.

De fait, cette tension permanente entre mémoire du corps et mémoire de l'espace explique que la personne qui se meut dans la ville active successivement différents *styles d'identité* (Bordreuil, 1986: 206-213). Il y a les lieux où elle développe une *«identité affirmative» (ibid.)*, alors que le doute s'efface, que sa pratique est sous-tendue par un «je suis comme ça!» implicite. Il y a les espaces d'activation d'une *«identité confirmative» (ibid.)*, ceux qui conduisent à se dire «je suis effectivement comme ça». Enfin, il y a les territoires qui sont ceux d'une *«identité infirmative» (ibid.)*, ceux où se développe une sémiotique verbale et/ou gestuelle qui tend à manifester que «je ne suis pas comme ça». Ces régimes identitaires collaborent à ce que le sujet est *«ondoyant et divers»* (Montaigne, cité par Laplantine, 1999: 78) dans ses pratiques de ville.

Mais ce travail de subjectivation s'accomplit encore selon des *modalités diverses*. Le regard d'Aude glisse sur la rosace du Zanzibar. Il s'agit d'une moulure de plâtre autour d'un lustre baroque, dont le cristal scintille sous des ampoules style bougies. Ce qui se passe à l'instant précis où ses yeux aperçoivent la forme contournée qu'un architecte a inscrite sur ce plafond au début du siècle passé relève d'un désir de *«recréation»* (Equipe MIT, 2002: 103). Ce moment initie une sortie de routine, une distanciation *«par rapport à des situations» (ibid.*: 107) très répétitives. Aude formule une envie longtemps impalpable, inavouée: déménager, retourner vivre dans le quartier populaire dans lequel elle a grandi. Elle traverse un moment d'indétermination, par rapports aux autres et elle-même. Un temps fort existentiel qui est celui d'une réorientation biographique. Un désir de changement se déploie à cet instant précis, en ce lieu précis. De manière subite et non contrôlée.

Plus tard dans la journée, alors qu'elle mangera au Général Plattel, elle s'offrira une petite récréation. Elle aime ce rôle d'*executive woman*. Ces agendas de cuir sur le coin des tables. Ces parfums sophistiqués, qui marquent une bulle de différenciation autour des corps qu'ils enveloppent. De fait, l'habitant use aussi de la ville dans une perspective ludique. On «sort en ville» pour «se changer les idées», en changeant délibérément de régimes existentiel et identitaire. Ce qui se produit alors relève d'un strict rapport de mimétisme avec le lieu, ou l'imaginaire du lieu; mimétisme qui peut toucher au travestissement, en ce qu'on peut s'habiller d'une certaine façon, pour aller dans certains endroits, avec certaines personnes; ou pour rencontrer délibérément certaines personnes. La récréation est une activité contrôlée dont la fonction consiste en un exutoire des tensions et des velléités de changement, avant la reprise des opérations éducatives.

2.3. Du Même à l'Autre: un «réel toujours possible»

Ainsi, la ville est constituée d'aires *«où les gens sont dominés, plus qu'on ne l'est d'ordinaire, par un goût, une passion ou quelque intérêt»*. Aude chemine dans la ville. Elle se déplace de-ci de-là, et ses trajets autorisent qu'elle mobilise, de manière différentielle, des aptitudes personnelles divergentes. Elle peut user de masques sociaux antagonistes. Sa rencontre avec des régions morales suscite des moments de subjectivation, appelle l'actualisation de traits personnels, la formulation d'un projet longtemps indicible. Mais cette conceptualisation de la ville ne signifie pas qu'elle conduise, seule, à l'avènement d'un sujet *«ondoyant et divers»*. S'il s'établit un certain rapport d'adéquation entre les comportements du sujet et le codage social du lieu qui confère un rôle d'agent à l'espace urbain, la focalisation sur la trame «morale» de la ville contemporaine, sur les schèmes d'action, les modèles comportementaux associés aux divers fragments qui la composent, ne doit pas conduire à la réintroduction d'une forme trouble de comportementalisme. Le sujet ne s'adapte vraisemblablement pas *automatiquement* à une extériorité hétérogène. Il n'est sans doute *pas agi de manière univoque* par une structure tentaculaire, omnipotente. Sa labilité n'est peut-être *pas contrainte*. Aude n'est pas une entité si incertaine qu'elle se transforme au simple contact de son environnement. Mais on peut supposer que son environnement fournit un «carburant» à un «besoin» de métamorphose. On a certainement affaire à une rencontre entre une structure spatiale (une ville tramée et ponctuée de *«secteur*[s] *où prévaut un code moral divergeant»*) et un certain régime de la subjectivité (le sujet désirant, la *«subjectivité moderne»*).

Ainsi, pour l'heure, le plus vraisemblable est que les *moments de subjectivation* s'effectuent dans une dialectique du Même et de l'Autre que *médiatise* le territoire «moralement» informé de la ville. D'une part, le Je se révèle (au double sens de *s'invente* et *se découvre*) dans une *relation «en miroir» au lieu* (lieu qui permet l'extériorisation et la fixation du désir) – et l'on est ici du côté du Même. D'autre part, la ville, composée de régions morales, permet au sujet d'isoler dans une aire urbaine donnée, certains traits qui, personnels, peuvent néanmoins se révéler délétères car trop étrangers à l'impératif social d'unité du Moi (Douglas, *op. cit.*) – et l'on est alors du côté de l'Autre. Aussi, est-ce dans un certain *«art de faire»* (Certeau, 1980), un certain art d'user de la ville, que l'individu se voit offrir la *possibilité* d'activer, au gré de ses parcours urbains, les éléments d'un large spectre de personnalité, de combiner dans une logique non hiérarchisée diverses aptitudes. Un art d'user de la ville – une territorialité, au sens que lui donne Cl. Raffestin (1980), d'une connaissance et pratique d'un territoire qui plus qu'un *«un simple lien avec l'espace»* est *«toujours un rapport, même s'il est différé, avec les autres acteurs»* (Raffestin, *ibid.*: 146) – qui n'est pas un donné, mais un construit/produit dont il faut établir la *généalogie*.

Ce qu'il importe encore de voir, c'est que cet Autre est autant intérieur qu'extérieur. L'Autre est une *présence trouble et diffuse* dans le rapport que l'habitant entretient au territoire, conduisant à ce que même dans un rapport «fusionnel» et «spéculaire» au lieu, on n'est peut-être pas tout à fait dans un système radical du tiers absent. Qu'une région morale appelle des ritualisations infirmatives par lesquelles on tente de s'en abstraire (sourire crispé d'Aude alors que Jérémy parle fortement des fonctionnaires de sa commune, sans omettre la moindre des idées reçues), ou bien qu'elle suscite des modifications comportementales et cognitives pour que l'on se mette en congruence avec elle («ne pas m'appuyer à ce dossier de chaise; j'aime ce monde guindé» se dit Aude), celle-ci reste ce que C. Mouffe (1995) appelle, avec J. Derrida, un *«réel toujours possible»* (*ibid.*: 261). Un *«réel toujours possible»*, qui dans son extériorisation, conditionne la labilité et réversibilité d'une identité, tout comme elle autorise qu'on l'oblitère.

3. Une géographie des commutateurs d'identités

Par l'intermédiaire des régions morales théorisées par R. E. Park ce qui se révèle, c'est l'épaisseur *«imaginale»* (Maffesoli, 1988) de la ville. La capacité qu'ont ses plus petites unités significatives à susciter un type spécifique d'imaginaire. Leur disposition à produire du récit, du bavardage, des points de vue consensuels. Leur faculté à inciter l'évocation de discours «tout fait», mais qui fondent néanmoins le lieu comme marqueur de sens. Cette épaisseur mobilise ainsi des modèles comportementaux. Des populations, des individus ont inscrit leur existence dans des espaces devenus typiques. Et, ce faisant, ils ont investi ces espaces d'une personnalité collective; les ont dotés de schèmes d'actions qui sont producteur d'images territoriales. Et quand l'imaginaire d'un territoire se déploie, il réactive ces schèmes d'actions, ces modèles comportementaux.

De fait, si la grande ville se voit attribuer un rôle d'agent dans la construction sociale des identités personnelles, c'est que *«l'espace urbain fournit du combustible à l'imagination»* (Piveteau, 1985 [1995]: 137). Que la ville offre un décor qui, de loin en loin, touche au fantastique (je paraphrase, et force, Rochlitz, 2000: 33) et est, par là, susceptible d'occasionner *«des chocs novateurs» (ibid.)* chez le promeneur. La grande ville, qui est aussi un *«palimpseste»* (pour parler comme A. Corboz, 1983), est au cœur de ce processus décrit par W. Benjamin *(ibid.)* par lequel le passé *«nous fait signe et, brusquement, prend un sens jusque-là insoupçonné»*, pour initier un mouvement créatif par lequel le sujet se découvre un soi autre.

Ces moments et ces surgissements sont *tout sauf aléatoires*. La ville en tant que produit social constitue un de ces cadres sociaux de la mémoire explicités par M. Halbwachs (1950 [1997]). Son espace a reçu *«l'empreinte d'un groupe»* (*ibid.*: 196), ou de plusieurs. Empreinte non seulement physique et sensible (*ibid.*: 210), mais symbolique, et qui conduit à ce que par le lieu, son *«image»*, *«on soit conduit à penser à telle démarche du groupe qui lui a été associé»* (*ibid.*: 209). Ainsi, les surgissements, les *«moments de subjectivation»* liés aux *«chocs novateurs»* du passé et de l'*in situ*, sont enchâssés dans une matrice des comportements, des représentations. Ils mobilisent des *«imaginaire*[s] *rétrospectif*[s]*»* (Ducret, 1993 que je détourne). C'est pourquoi la grande ville apparaît comme un agent social de production du sujet. D'une part, parce que ses territoires ont été «encodés» dans un processus historique. D'autre part, parce que nous sommes fait de telle sorte que le paysage nous investit; de telle sorte que, d'une certaine manière, *«nous ne fa*[isons] *jamais qu'intérioriser l'extérieur, qui est lui-même un legs des* *âges antérieurs»* (Bergounioux, 2001: 34). C'est sans doute aussi pourquoi l'on dit que la ville est un lieu producteur d'hétérogénéité (Racine, 1993), ou encore un espace de socialisation, un lieu fort d'intériorisation du social (Pinçon, Pinçon-Charlot, 2000: 57).

C'est la raison pour laquelle la ville contemporaine propose des espaces qui sont des *facilitateurs d'un métissage de soi*, des commutateurs d'identité. Ces lieux sont un type dérivé des microrégions morales de la sociologie de R. E. Park *(op. cit.)*. Ils relèvent du point et de l'éphémère. Ils sont hétérogènes. Ce peut être une aire de pique-nique, un marché, un coiffeur, une bibliothèque, un magasin d'alimentation, un bar, un espace culturel... Ils sont souvent typiques d'une communauté culturelle ou d'une personnalité collective. Mais ils n'impliquent pas nécessairement la présence d'autres personnes. L'espace est encodé, et ce code est porteur d'une présence tierce; de la même manière que le passé nous fait signe par l'intermédiaire de lieux. La fréquentation de ces commutateurs d'identités fonctionne sur un régime qui est celui de la pratique confirmative. L'épaisseur imaginale d'un fragment d'espace, les signes archivés dans le territoire, leur mise en relation, leur compréhension par l'habitant initient un *«bougé»*, un *«flottement»*, un *«moment d'indétermination»*, une conscientisation. C'est parce que l'habitant va, de loin en loin, faire ses courses à telle épicerie asiatique, qu'il prend, un jour par semaine, quelques fois par mois, un apéro dans tel bar communautaire qu'il s'imagine être cosmopolite et qu'il réactive des expériences de l'altérité par lesquelles il envisage un autre soi-même. De même, c'est pour cette même raison qu'un habitant immigré persiste à être, dans le tumulte de ses appartenances, un exilé pakistanais, un gars de La Corogne.

Par exemple, Aude, au cours de sa journée, est successivement un transfuge de la classe ouvrière qui a fait de longues études et garde une nostalgie de ses origines; un cadre supérieur de l'administration publique, qui conduit une politique de *new management* dans un devoir bien compris de gestion et apprécie la consommation de signes qui la distinguent des Autres de ses origines; une adulescente qui, à l'approche de la trentaine, redécouvre les plaisirs de la bande de copines, d'un humour dit potache, des possibilités relationnelles liées à son statut récent de célibataire.

Au total, les lieux de métissage de soi peuvent être des lieux de métissages ethnique, culturel; ils peuvent aussi permettre un métissage plus individuel dans une mise en scène différentielle des Figures qui constituent le monde social global et qui définissent un champ des possibles, d'un point de vue de la personnalité, dans la façon d'interpréter un rôle typique. Aude, dans son parcours matinal, joue à la vieille dame, à la femme dynamique, à la carriériste, à l'anthropologue du proche, à la fille sentimentale.

Le travail de personnalisation de l'habitant qui parcourt la ville est pluridimensionnel. D'une part, il s'attache dans sa flânerie à ouvrir l'espace urbain sur une outre-ville; il cherche, dans une esthétisation «déclôturante» du quotidien, à se mettre en scène de façon différentielle. D'autre part, il use, dans sa pratique quotidienne, d'espaces qui sont des facilitateurs de métissage de soi. Typés, codés, ils permettent d'optimaliser un *«transfert analogique»* (Lahire, 1999) qui, procédant par un «ça me fait penser à» *(ibid.)* qui mêle histoire, imaginaires social et personnel, autorise qu'un interstice s'ouvre en soi, dans lequel une altérité intrinsèque est susceptible de s'exprimer. Outre ces lieux, ce qui se manifeste encore ici, ce sont des techniques de vie en ville, des usages des mondes urbains.

4. Des procédures de territorialisation de soi

Une nouvelle question se profile alors. Le sujet flue dans la ville contemporaine, qui est un composé de régions morales et qui offre de l'Autre constitutif du Je. Une possibilité de double jeu s'offre à lui. Il peut mettre à distance ses différents rôles sociaux. Il a la possibilité de les isoler. Peut-être même les oubliera-t-il dans un lieu spécifique, «moralement» codé, dont l'épaisseur imaginale incline à un comportement donné. Le *«réel toujours possible»* qui s'y symbolise peut être, par la suite, oblitéré. Existerait-il alors une homologie entre structure de la personnalité et les pratiques spatiales? Ou, pour le dire autrement: une structure de la subjectivité se manifesterait-elle dans les formes de pratiques et techniques de ville?

A titre d'exemple, l'habitant est susceptible d'ouvrir sa ville en ramenant les espaces qu'il pratique à un plus petit commun dénominateur, des espaces qu'il qualifierait de *«populo-branchés»* (pour reprendre les termes d'Agnès, rencontrée dans le cadre de cette thèse). A l'inverse, il a la possibilité d'ouvrir sa ville dans la dissonance, dans la restitution d'espaces qui n'ont pas de dénominateur commun parce que ce sont des espaces *«variés pour des états d'humeur variés et changeant»* (Lionel, rencontré dans le même contexte qu'Agnès). Et ce qui se manifeste sous la trivialité de ces formules, ce sont des procédures différentes de territorialisation de soi (Tableau 2). L'une *déductive*: *Je fais comme ceci parce que je suis comme cela*, qui est du côté de l'*«homme bloc»* de W. Gombrowicz (cité par

Laplantine, 1999: 26). L'autre *inductive*: *Qu'est-ce que je suis en train de faire ici? peut-être que je suis comme cela alors!* qui est du côté du *«je poreux»* de S. Beckett (*ibid.*: 39).

Type de personnalité	*Procédure de territorialisation*	*Territorialisation de soi*
Homme bloc	Déductivité	La définition de soi précède la territorialisation de soi
Je poreux	Inductivité	La territorialisation de soi permet la définition de soi

Tableau 2. Type de personnalité et procédure de territorialisation.

D'une certaine façon, ces procédures de territorialisation de soi, sont constitutives de territorialités personnelles (ou micro-territorialités). Le *mode déductif* relèverait d'une logique plutôt *aréolaire*, en ce que le sujet, bien que pratiquant des lieux divers, tend à les agencer sur un principe de similitude qui le confirme dans son identité. Le *mode inductif* s'intégrerait plutôt dans le *réticulaire*, en ce que le sujet est appelé à la pratique de lieux fondamentalement hétérogènes qui sont des points de cristallisation de diverses facultés du Moi, de différents schèmes d'action ou rôles sociaux (Tableau 3).

Procédure de territorialisation	*Micro-territorialité*	*Attribut de la micro-territorialité*
Déductivité	Aréolaire	Principe de similitude et consonance
Inductivité	Réticulaire	Principe de disjonction et dissonance

Tableau 3. Procédure de territorialisation et micro-territorialité.

Dans ces procédures de territorialisation de soi, il est loisible de lire des conceptions verticales ou horizontales de la personnalité, des conceptions d'un sujet hiérarchisé où les rôles de l'acteur sont en interdépendance, ou bien d'un sujet déhiérarchisé où les rôles de l'acteur sont dans un rapport de non-dépendance.

Procédure de territorialisation	*Territorialisation de soi*	*Principe*
Déductivité	Définition de soi précède la territorialisation de soi	Verticalité
Inductivité	Territorialisation de soi permet la définition de soi	Horizontalité

Tableau 4. Procédé de territorialisation et fonctionnement identitaire.

Et, au total, les regroupements suivants peuvent être formulés: territorialisation *déductive* de soi, micro-territorialité *aréolaire*, personnalité *verticale*; territorialisation *inductive* de soi, micro-territorialité *réticulaire*, personnalité *horizontale* (Tableau 4). Formulation dont l'objectif demeure, bien sûr, heuristique, en ce qu'elle relève de ces oppositions qui *«permettent ensuite de mieux situer, dans leur complexité, les états intermédiaires, confus, ambigus, souvent les plus délicieux»* (Lejeune, 2002: 23).

Alors qu'Aude chemine dans la ville, qu'elle se rend à son travail, différents lieux l'inclinent à s'appréhender sous des aspects différents. Elle se territorialise sur un mode inductif puisque la territorialisation de soi permet une définition contextuelle de sujet. Elle travaille sur une structure identitaire de type horizontal. Dans la description de sa journée, il ne semble pas se dessiner un registre identitaire prédominant. Mais Aude est une chimère et d'autres itinéraires quotidiens sont possibles. Néanmoins, l'intéressant dans le cadre de cette recherche est qu'un nouveau processeur de la machine à produire des identités est en train d'apparaître ici. Ces procédures, ces modalités de territorialisation de soi, ces formes de micro-territorialités apportent un élément d'explication à la question de savoir comment femmes et hommes font, jour après jour, usage de la ville contemporaine, en tant que système symbolique/sémiotique, pour se «bricoler» une identité personnelle, tout en étant socialement canalisés dans leur «bricolage». L'articulation de la ville contemporaine en régions morales permet à un certain type de personnalité d'entrer dans un jeu territorial: il pratique des lieux hétérogènes qui le rendent différent. Il est alors nécessaire de comprendre quel est ce type de personnalité (ce qui est l'objet du Chapitre suivant).

5. Une technique du vivre en ville

Les lieux capitalisent des savoirs expérientiels individuels et collectifs qui sont réactivés et incorporés alors qu'un sujet les pratique. C'est en ce sens que la question générale de cette recherche constitue une interrogation susceptible de contribuer à la connaissance géographique.

Mais s'il a été beaucoup question de la structure (la ville contemporaine) et du jeu avec cette structure (la mobilité et la labilité du Je qui est une source de recréation et de récréation dans des mises en scènes alternatives de soi), la dimension sociétale est restée discrète. Or, l'homme et la femme qui pratiquent la ville contemporaine sont supposés «canalisés» dans leur bricolage. D'une part parce que les mises en scène possibles sont restreintes. Mais aussi parce que cette pratique est une «technique» du vivre en ville. C'est d'ailleurs en ce sens seulement que l'on a affaire à une interface machinique au sens de F. Guattari (2004).

De fait, du plus loin que l'on puisse la considérer, cette technique consiste à mixer ses affiliations, à varier ses identifications, à mobiliser différentes régions morales dans un processus qui totalise les expériences subjectives. A un niveau intermédiaire, cette technique est une manière de se laisser surprendre par la «ville», c'est-à-dire son épaisseur imaginale, symbolique, sémiotique dans des moments qui occasionnent le sentiment d'un *«bougé»*, d'un *«flottement»*, d'une *«indétermination par rapport à soi et aux autres»* (Corcuff, *op. cit.*). A un stade plus fin encore, cette technique mobilise des répertoires de gestes, des façons de faire qui s'inscrivent dans des schèmes esthétiques et des façons de faire et de dire.

Ainsi, le parcours d'Aude implique un regard spécifique sur son environnement. Elle accomplit des typisations diverses qui lui permettent d'imaginer les autres vies associées à un espace donné. Aude chemine, boit un café, mange avec Jérémy, prend l'apéritif à L'Amplitude. Et dans chacune de ces activités, elle fait parler les lieux. Elle est à même de les lire et de les décoder. Peu importe que sa lecture soit «vraie», sémiologiquement consistante. Peu importe aussi la durée de ces moments où elle les fait parler. Peu importe enfin l'absence d'originalité des autres vies qu'elle exhume de ses lieux existentiels. Sans doute s'agit-il d'une lecture fausse, fugace et qui constitue un lieu commun. Ce qui importe, c'est qu'en l'occurrence Aude mobilise des tours littéraires, qui sont des modalités d'administration du désir. Une situation banale, la confronte à un problème existentiel qu'elle explore en tant que personnage. Elle se découvre dans l'*in situ* du lieu, et la diversité des scènes qu'elle parcourt, leur articulation, lui permet de s'appréhender progressivement dans un continuum. Par ailleurs, Aude repère en permanence des signes dont elle fait des histoires. Elle imagine la vie des personnes qui l'entourent; des autres soi-même censés habiter les lieux qu'elle habite de manière ponctuelle. Elle s'inscrit de la sorte dans une esthétique. Elle mobilise certes des représentations socio-spatiales, mais elle fait aussi autre chose que cela. Dans ce quotidien des systèmes territoriaux, Aude se comporte comme un poète à l'état pratique.

Ce fait même fournit un élément qui permet de comprendre la généalogie des pratiques et techniques de ville qui nous intéressent. A mon sens, en effet, ces pratiques et techniques s'inscrivent dans une configuration identique à celle qui voit émerger, à la fin du XVIIIe siècle dans le champ littéraire, la forme narrative du réalisme moderne. De fait, cette forme narrative du réalisme moderne constitue le «chaînon manquant» entre un individu mobile et labile et une ville contemporaine composée de régions morales. C'est elle qui construit l'œil, le regard susceptible de faire de la ville contemporaine une machine à produire des identités; elle qui collabore à la production des schèmes d'action qui permettent son fonctionnement; elle qui élabore l'*«image médiale»* (Waerbeke, 1996) qui inscrit cette machine à produire des identités dans une théorie générale de l'habiter. De fait, il s'agit à présent de recourir à un nouveau corpus d'hypothèses que je regrouperai sous le terme générique d'Hypothèse narrative:

> *Hypothèse* 2.1: Une nouvelle structure littéraire apparaît au XVIIIe siècle: la forme narrative du réalisme moderne.
>
> *Hypothèse* 2.2: La forme narrative du réalisme moderne est un procédé littéraire par lequel un personnage banal et ordinaire est appelé à se révéler progressivement au lecteur au travers d'une suite de présentations; des *scènes* qui permettent d'entrevoir sa personnalité incertaine, instable, fluante.
>
> *Hypothèse* 2.3: Le dispositif de la ville contemporaine est lié à l'invention de cette forme narrative du réalisme moderne.
>
> *Hypothèse* 2.4: Les contraintes formelles coextensives à la forme narrative du réalisme moderne engendrent en effet une nouvelle manière de dire la rencontre d'un sujet avec le paysage (relation paysagère) qui sera graduellement rapatriée sur l'espace urbain.
>
> *Hypothèse* 2.5: Ainsi le réalisme de la forme narrative fait de la ville un champ d'expérimentation d'un Moi fluant, où le sujet se construit dans un jeu d'indices avec le territoire. Dans le même temps, elle assure une reproduction des modèles d'intelligibilité (pour reprendre une expression de Piveteau, 1996).

Aude habite une ville dont la dynamique interne en fait, d'un point de vue idéal-typique, un exemplaire du type contemporain. Il y a eu une fois une ville médiévale. Elle est sortie de ses murailles. Son espace s'est ouvert; il s'est fait public conformément au projet urbain de la Modernité. Croissance démographique, révolution agricole, révolution industrielle, révolution des transports ont fait converger des populations lointaines vers ses faubourgs et ont accru son coefficient d'hétérogénéité. Toutefois, ces populations lointaines polarisées par la ville se sont agglomérées selon des facteurs ethniques, suivant des canaux d'immigration. Alors des enclaves communautaires se sont reconstituées. Par ailleurs, le paradigme d'immanence, ce même paradigme qui a conduit à une séparation graduelle de l'Etat et de l'Eglise, qui a participé au passage d'une pensée externaliste à une pensée internaliste, une pensée qui explique le social par le social, la personne par sa personnalité a collaboré à faire de l'espace public un lieu délétère où l'individu risque de se révéler. C'est alors que l'on a commencé à se regrouper en fonction de communautés d'affinités. Ainsi, la ville moderne s'est estompée. La ville contemporaine est cette ville où l'on peut parcourir un espace caractérisé par sa publicité, qui articule des lieux dotés d'un fort différentiel, parce qu'habiter par des communautés ethniques ou affectives hétérogènes qui colorent les espaces dans lesquels elles vivent.

Or donc, Aude habite ce type de ville-là. Elle chemine. Elle est faite de telle sorte qu'elle s'appréhende dans un jeu d'indices avec le territoire; de telle sorte que son identité fluctue en fonction des lieux. Cette caractéristique lui permet de s'expérimenter de manière diverse en fonction de ses parcours. Mais cette manière la rend sensible à des «transferts énergétiques», à une déperdition «libidinale». Il y a certes des endroits où Aude oublie des souvenirs, des impressions, des projets (qu'en sera-t-il de cette envie de regagner ce quartier populaire dans lequel elle a grandi?). Mais il y a surtout des lieux où Aude accomplit des mises en scène ludiques qui lui permettent de refouler un désir de recréation plus fondamental (en quoi son échappée dans l'imaginaire d'une légitimité sociale du grand commis est-il susceptible d'annuler la décision qu'elle a prise au Zanzibar?).

Par ailleurs, si Aude peut développer un tel jeu avec le territoire, c'est que la ville contemporaine est composée d'«espaces d'espaces», différenciés et hiérarchisés, qui proposent des séries de lieux propres à une personnalité collective donnée, qui la manifestent selon des intensités diverses[10]. Le Général

10 Le sens commun et les guides touristiques savent le dire: les villes sont des mosaïques. Il y a, par exemple, la *«Genève de la communauté anglophone»* (Necker, 1995), ou bien le *«Londres*

Plattel est un lieu réservé de l'élite politique et administrative de la ville dans laquelle vit Aude. Le Zanzibar est un espace de sociabilité ouvrière, où une population vieillissante aime se retrouver, fumer et jouer aux cartes. L'Amplitude est un lieu maintenant institutionnalisé du milieu alternatif. Aude ne se reconnaît dans aucune de ces trois populations, mais un petit peu dans chacune. Elle pense que ces espaces n'ont rien à voir entre eux. Ils sont des lieux *«variés pour des états d'humeur variés et changeant»*. Elle aurait pu dire qu'ils sont *«populo-branchés»*. Mais elle ne le pense pas parce que son type identitaire relève d'un profil horizontal. Mais il est à peu près sûr que c'est ce qu'elle aurait fait dans l'hypothèse où une définition de soi aurait précédé la territorialisation de soi.

Enfin, les pratiques de ma chimère mobilisent une technique du vivre en ville, qui elle-même active des schèmes esthétiques. La manière dont Aude use du territoire active une narrativité (Hypothèse 2.1). Elle est une manière de s'appréhender graduellement et en actes, dans des situations existentielles (Hypothèse 2.2). La structure morale de la ville, l'association de différents fragments de ville et de personnalités collectives hétérogènes permet alors de varier les contextes de ces situations existentielles (Hypothèse 2.3). Alors qu'Aude parcours son espace quotidien, elle esthétise et émotionnalise le pay-

---

des musiciens» (Coe, 1990), ou bien «de Paris de la bohême», *et cætera*. Mais, si l'on s'attache à affiner, à partir des représentations littéraires qu'en donnent Jonathan Coe (1990 [2002]) et Nick Hornby (1995), ce que, par exemple, l'expression *«Londres des musiciens»* signifie, c'est un espace tramé de magasins de disques, de pubs, de pianos-bars, de clubs où se produit un groupe, un *disc-jockey*; un espace tendu de salles de concert, de lieux de répétition, de studios d'enregistrement, de lieux d'habitation d'autres musiciens où l'on se retrouve pour parler musique. De fait, chacun de ces lieux inscrit à des degrés divers, et selon des modalités différentes, une personnalité collective dans la ville. Le magasin de disques peut manifester le musicien passif (le consommateur de musique) et le musicien actif (celui qui achète des disques pour se nourrir de thème) – et le ratio entre chacune de ces deux déclinaisons du type Musicien se modifie à mesure que le magasin de disques se spécialise. De même que chaque espace de production d'un groupe est caractérisé par une certaine ambiance liée au style musical, et qui conduit à des «performances» différentes d'un soi musicien. Enfin, les lieux de répétitions et les studios d'enregistrement sont d'une part, typés et d'autre part, d'accès hiérarchisé. Il y a les lieux réservés aux *jazzmen*, d'autres aux rockers. Il y a le petit studio d'enregistrement et le grand studio. Au total, dans chacun de ces lieux, le stéréotype Musicien s'actualise à un degré variable, selon certaines modalités, et permet à l'usager de se mettre en scène dans une forme identitaire, jusqu'à un certain point. Le musicien actif sera en mesure de lister tout ou partie de ces lieux en ce qu'ils constituent son espace biographique ou référentiel. Le musicien passif ou occasionnel n'en énoncera qu'une proportion en lien avec certains traits spécifiques de la personnalité collective qu'ils territorialisent.

sage urbain (Hypothèse 2.4). Son regard s'arrête sur une enseigne Caltex Autogom qui miniaturise l'esprit d'une époque. La Trappe de Staouëli condense un moment de vie avec Camille. Enfin, mon personnage chimérique (mais non fictif) fait des histoires à partir des signes et des symboles de tous ces lieux qui lui permettent de s'imaginer vivre d'autres vies, sinon toutes les vies.

Ce qu'il faut à présent continuer de creuser, c'est donc la manière dont Aude se comporte, dans le jour le jour de ses territoires, comme un poète à l'état pratique.

Chapitre 3

L'hypothèse narrative: l'habiter des poètes à l'état pratique

«Le monde doit être romantisé. C'est ainsi que l'on retrouvera le sens originel. [...] Cette opération est encore totalement inconnue. Lorsque je donne à l'ordinaire un sens élevé, au commun un aspect mystérieux, au connu la dignité de l'inconnu, au fini l'apparence de l'infini, alors je les romantise.»

Novalis, «Fragment 105», *Poéticismes*, 1798 (2002): 46.

«L'homme habite en poète sur cette terre.»

Friedrich Hölderlin cité par Martin Heidegger, 1954 (1958), «La question de la technique», *Essais et conférences*: 48.

1. Ce qu'habiter veut dire

Dans un écrit de 1798, Novalis lance un appel à la «romantisation» du monde; à cet appel fait écho la proposition heideggérienne, soufflée au philosophe par F. Hölderlin, selon laquelle l'habiter relève de la dimension poétique de l'existence. Ces deux axiomes posent une passerelle entre pratiques «vulgaires» et «transcendantes». Si la première aspire à faire du romantisme un style de vie, la seconde discrimine des pratiques dans lesquelles se cristalliserait cette «transcendance». Mais la dimension poétique de l'existence excède l'habiter. A moins qu'il ne faille comprendre de manière extensive ce qui relève de l'habiter: l'habiter est la manière d'être au monde d'un individu socialisé. C'est ainsi cette manière d'être au monde qui relève de la poétique de l'existence. Il se peut donc que le souhait de Novalis soit exaucé: ce par quoi nous nous posons en tant qu'être dans le monde est toujours-déjà poétique. Nous sommes des poètes à l'état pratique.

Au cours de la journée chimérique dont je me sers depuis le début de ce livre pour construire mon problème, Aude parcourt des espaces dont elle use pour faire des histoires. Ce n'est pas que ces espaces soient bavards, mais quand on sait s'y prendre, ils parlent. Aude observe une rosace, dans la fumée d'une cigarette matinale, et elle est ramenée au quartier populaire de son enfance. Son regard mobilise un schème esthétique. L'objet est inscrit dans une totalité qui mixte le besoin de rétablir son existence dans ce continuum familial; le charme légitimant des objets anciens; un cycle social de distinction qui suscite une plus-value symbolique au quartier dans lequel elle a grandi... Plus tard dans la journée, elle mangera au Général Plattel en observant les postures de gens vêtus comme elle, dans un décor dont elle raffole. Aude ne dit pas un mot. Pas plus qu'elle n'écrit ou compose une œuvre. Pourtant, elle se comporte d'une manière poétique. Elle habite (au sens large) poétiquement son monde urbain.

Il faut ici problématiser par analogie. Dans la sociologie d'Alfred Schütz (1932 [2000]), chacun est *«un sociologue à l'état pratique»* dans la mesure où il détient un savoir implicite qui le rend capable d'interpréter son existence. Une trentaine d'années plus tard, cette proposition se concrétise dans l'ethnométhodologie d'Harold Garfinkel (1967). Des méthodes centrées sur l'individu en interaction doivent permettre d'expliciter les procédures pratiques de son raisonnement, qui en fin de compte produisent la réalité. Pour A. Schütz et H. Garfinkel, l'agent social est ainsi doté d'une compétence. Il n'est pas un idiot culturel. Cette compétence s'inscrit dans le sens commun. C'est pourquoi l'ethnométhodologie relève paradoxalement d'un paradigme structuraliste: elle s'intéresse plus à la manière dont s'actualise un système qu'à l'auteur de cette actualisation (Smith, 1984).

A observer Aude, à discuter avec mes «informateurs», il apparaît que chacun dispose d'un capital esthétique qui lui permet de jouer avec la factualité du monde, d'ouvrir des brèches, de braconner. Ce capital esthétique se compose d'images, de façons de dire et de faire, de techniques, de manière d'articuler des espaces spécifiques. Ce réservoir est constitué d'éléments paradigmatiques et syntagmatiques; d'un vocabulaire et d'une grammaire; de représentations socio-spatiales et de «règles» de composition. Ce capital, qui fonde une compétence esthétique à l'habiter, relève d'un sens commun. Il n'est à personne, et certains de ses éléments dépassent les capacités créatrices individuelles. Enfin, ce capital esthétique est un capital incorporé: qui fait corps. C'est une compétence intuitive qui fait que *«l'homme-habitant»** (selon une belle expression de M. Le Lannou) est ce qu'il est.

Ainsi, le capital esthétique incorporé par le poète à l'état pratique participe à l'association d'imaginaires à des fragments de ville; il collabore au couplage de l'espace et de schèmes d'actions, de modèles comportementaux. Alors qu'Aude contemple les moulures du Zanzibar, qu'elle observe les clients qui, comme elle, prennent leur repas au Général Plattel, elle accomplit un acte poétique dans le sens où elle produit, silencieusement, une mise en récit de l'espace qui lui attribue un régime d'idées, crée un monde social. Si les lieux archivent des savoirs expérientiels individuel et/ou collectif, l'épaisseur imaginale d'un lieu est actualisée par l'intermédiaire d'une compétence poétique commune. La compétence pratique à la poésie n'est pas limitée à des actes qui esthétisent le quotidien, elle réside aussi dans le fait d'attribuer des ambiances à des lieux, de les étiqueter et de les absolutiser. Le quartier dans lequel a grandi Aude est *le lieu* de l'authenticité ouvrière. Le Général Plattel est *le lieu* d'une légitimité sociale, les agendas de cuir, une gravure ancienne la confirme dans cette idée qu'elle est «la bonne personne à la bonne place». Cette compétence pratique à la poésie est un art de dégager des atmosphères à partir d'indices dérisoires (une moulure, des postures, le bois d'un meuble, la souplesse d'un canapé, le grain d'une étoffe...).

Ainsi, cette compétence poétique intervient dans le fonctionnement de la machine à produire des identités qu'est la ville contemporaine. Sans elle, les régions morales resteraient muettes; les commutateurs d'identités ne pourraient fonctionner. Répondre à la question qui est celle de savoir comment femmes et hommes font, jour après jour, usage de la ville contemporaine, en tant que système symbolique/sémiotique, pour se «bricoler» une identité personnelle, tout en étant socialement canalisés dans leur «bricolage» nécessite donc de s'intéresser à cet homme qui habite en poète son monde urbain.

2. Appréhender l'habiter poétique

Poser que l'habitant est un poète à l'état pratique implique donc de s'arrêter sur la manière dont il mobilise des schèmes et des manières esthétiques qui constituent un sens commun poétique. Cet intérêt participe du projet de la géographie humaniste, mais se distingue de certains des travaux qui en sont issus, notamment d'un point de vue méthodologique.

Le postulat méthodologique de l'approche humaniste consiste en effet en un retour sur l'individu pour interroger sa *«géographicité»* au sens entendu par E. Dardel (1952 [1990]): l'inscription de l'Homme sur la terre et simultanément l'inscription *«du terrestre dans l'humain»* (Besse, 1990: 137). Or, paradoxalement, cette géographie humaniste – qui dans son projet ne semble pas si éloignée du projet de la sociologie phénoménologique, de l'interactionnisme symbolique et de l'ethnométhodologie – reste, sur quelques-uns de ses «terrains»[1], attachée aux auteurs, voire aux grands auteurs. Ceux-ci sont posés comme emblématiques d'une époque; leur œuvre est appréhendée en tant qu'elle constitue un *reflet*. On reconnaît alors dans cet *a priori* méthodologique un écho de la formule rimbaldienne du poète en tant qu'il est un voyant, c'est-à-dire en prise avec les choses, avec l'essence même de l'existence.

Mais cet attachement aux auteurs, voire aux grands auteurs, s'explique encore en ce qu'ils sont perçus comme producteurs des schèmes esthétiques et culturels qui, à une époque donnée, ont collaboré ou collaborent, au paysagement d'un territoire. Et en tant qu'avant-gardes, ils intéressent les sciences humaines et sociales: ils initient un processus de diffusion qui fera, ou fait, «société». Aussi, se pencher sur leurs façons d'écrire l'espace, est-ce appréhender la territorialité d'une société dans son essence même. Si cet *a priori* méthodologique se défend, notamment en ce qu'il est possible de l'étayer par différents référents théoriques – ceux du médiateur, de la *«rivalité mimétique»* de R. Girard (1978), ou de la diffusion hiérarchique de G. Lipovetsky (1991), par exemple – on peut se demander si cette géographie humaniste-là n'est pas au projet humanistique ce qu'une certaine histoire événementielle est au projet historique: une ichnographie des «grands».

L'approche en termes de poète à l'état pratique ne renie pas cette influence. Elle s'attache néanmoins à construire, ne serait-ce que d'un point de vue théorique, la transition entre matière esthétique au sens strict (ce qui survient à un moment donné dans le champ artistique) et pratiques «vulgaires» (vous et moi dans la ville). De fait, la médiation esthétique est envisagée en ce qu'elle constitue un réservoir de manières mobilisées dans un système de l'habiter. Le modèle du poète à l'état pratique s'intéresse simultanément à la production de ce réservoir et à son actualisation quotidienne.

Natalia n'est pas une chimère, mais une habitante ordinaire qui accomplit un récit banal, celui de sa ville au jour le jour. Elle parle des lieux qu'elle apprécie. Elle recourt à une technique du vivre en ville qui n'est en rien personnelle. Mais ce qu'elle mobilise n'est pas uniquement constitué d'un répertoire d'images ou de représentations. Pas plus, qu'elle n'est privée d'une possibilité de jouer avec les structures qui lui sont proposées:

Fragment 1. Natalia.

Alors là, c'est vraiment… j'adore. J'adore ce coin. Et ensuite, un autre coin que j'adore, c'est le pont de la Machine. Quand je prends ce pont, pour aller faire des courses ou pour *x* raisons, alors le soir, voir une étendue d'eau où il y a rien, et puis quand il y a un cou-

1 Textes littéraires ou philosophiques, matériaux iconographiques (tableaux, photographies…), etc.

cher de soleil ou qu'il y a la lune, c'est incroyable... Il y a toujours des choses qui se passent au niveau euh... des paysages. Il faut s'arrêter un moment. Et c'est un peu: *«O temps, suspends ton vol»*. Paf. Tu es stressée et tout, tu veux rentrer chez toi, tu as dix mille... Tu penses à dix mille trucs à la fois et... Moi je m'arrête toujours là, parce qu'il y a toujours un... Je sais pas une éclaircie ou la lune ou un truc, tu as envie de t'arrêter et de regarder. Alors vraiment, j'adore passer sur ce pont.

Natalia rend compte d'une expérience courante. Souvent, elle traverse le pont de la Machine. Il s'agit d'un endroit qu'elle *«adore»*. Ce lieu est ainsi associé à un affect, lequel est médiatisé par un schème esthétique *(«Il y a toujours des choses qui se passent au niveau des paysages»)* qui produit un arrêt dans son cheminement. Natalia use d'une manière poétique de restituer son expérience, mais dans le même temps, elle s'en distancie. Elle cite Lamartine pour montrer qu'il y a peut-être un excès dans son comportement. Ou bien encore que ce qu'elle ressent à ce moment précis, en ce lieu précis, nécessite, pour être partagé, qu'elle recourt à un fond esthétique commun, créé en l'occurrence par l'instruction publique. En ce lieu, en ce moment précis, un moment de subjectivation est rendu possible par une structure à la fois externe et interne. Mais l'intéressant, pour l'heure, est bien dans ce *«O temps, suspends ton vol»*, puisqu'il renseigne sur la dynamique de production et circulation des images médiales.

L'approche du capital esthétique auquel recourt l'être chimérique qu'est Aude ou l'informatrice réelle qu'est Natalia peut, en effet, s'accomplir selon trois modalités méthodologiques: la *«profanation»*; le *«braconnage»*; la *«réprobation»*.

Dans le discours de Natalia, la formule de Lamartine peut être interprétée d'abord comme la dégradation d'un schème littéraire par une âme «vulgaire» qui n'est plus en mesure d'en comprendre le sens premier, tout en éprouvant certains de ses effets. Cette lecture s'inscrit dans le cadre d'un modèle qui est celui de la *«profanation du mythe»** qu'exploite D. de Rougemont (1938 [1997]) dans sa mise en perspective de *L'amour et l'Occident*. La passion amoureuse quotidienne est l'histoire d'une profanation de l'amour sacré par l'intermédiaire du roman courtois, lequel thématise, dans un langage vulgaire, la doctrine de certaines sectes cathares. Or nous avons, dans notre modernité, perdu les codes d'interprétation de ces romans. Ainsi, la romance de nos sociétés est une forme «corrompue» d'un idéal mystique, suscitée et diffusée par le *contenu explicite* du mythe de Tristan et Iseult.

Natalia, alors qu'elle paysage un fragment de ville entre rive droite et rive gauche du lac, use d'un vers lamartinien, qui travaille le même milieu géographique[2]. Mais seule la plastique de ce paysage est réactivée et non pas son «noyau poétique» intrinsèque qui est celui de l'âme mélancolique de Monsieur de Lamartine[3]. Ce modèle de la profanation permet ainsi de penser différemment l'articulation de la géographicité humaine telle qu'elle se manifeste chez les auteurs, voire les grands auteurs, et telle qu'on la *postule* chez l'habitant[4]. Il implique en effet la nécessité de faire l'«archéologie» d'un «mythe» tel qu'il se manifeste dans l'œuvre d'un auteur, d'expliciter «ce qui y circule». Simultanément, le modèle de la profanation oblige à considérer la manière dont ce mythe est *remis en jeu* dans les façons de faire de chacun. La profanation constitue une courroie de transmission qui permet à la géographie humaniste de réaliser son projet en évitant de façon non rhétorique le solipsisme[5].

De fait, la formule de Lamartine peut encore être comprise comme un double braconnage. Dans un parcours ordinaire, marqué par une temporalité fonctionnelle *(«Tu es stressée et tout, tu veux rentrer chez toi, tu as dix mille… Tu penses à dix mille trucs à la fois»)* et une structure spatiale qui la canalise, Natalia ouvre une brèche par l'intermédiaire d'un schème paysager. Mais dans le même temps, elle en joue. Le schème fonctionne comme une injonction sociale à admirer le Beau paysage lacustre. Elle se l'approprie. Elle lui attribue une dimension personnelle, un registre d'expérience qui est le sien et non pas celui d'Alphonse de Lamartine ou d'un autre sujet qui appartient à la classe dont Lamartine est issu. Il s'agit d'une façon de s'amuser de Lamartine et des codes esthétiques appris pour feinter l'ordre social qui les lui a appris. A la manière du lecteur dans l'analyse qu'en fait M. de Certeau (1980 [1990]: 251), l'habitant use du texte (conçu ici comme métaphore d'un capital esthétique) en tant que *«voyageu*[r]*». «*[Il] *circul*[e] *sur les terres d'autrui, nomad*[e] *braconnant à travers les champs.»*

Le modèle du braconnage travaille le même type d'articulation que celui de la profanation: la dégradation de manières esthétiques ou transcendantes dans les pratiques quotidiennes. Mais elle a l'avantage de rétablir une liberté, une

2 Le vers: *«O temps, suspends ton vol! et vous, heures propices, suspendez votre cours!»* est tiré du poème «Le Lac».

3 «Le Lac» s'inscrit dans le cycle des *Méditations* (1820) inspiré par la douleur consécutive au décès de Julie qu'il avait rencontrée en 1816 sur les bords du lac du Bourget.

4 Certains travaux de géographie humaniste postulent effectivement une identité des pratiques alors qu'ils extrapolent le schéma construit dans une confrontation à des œuvres artistiques à la vie d'hommes sans qualités.

5 C'est-à-dire en évitant la légitimation de type: je m'en tiens à un seul parce qu'il est symptomatique.

autonomie à l'homme sans qualités. Il ruse avec les structures littéraires; il les détourne. Le capital esthétique qui constitue le répertoire d'un système de l'habiter ne contraint pas les tours plus personnels par lesquels le sujet s'exprime. Le modèle du braconnage introduit ainsi une dimension supplémentaire dans une approche qui tient du projet humaniste, et cherche à le réaliser dans sa dimension pragmatique: il faut considérer la façon dont le capital est actualisé par l'homme sans qualité qui habite la ville contemporaine.

Néanmoins, la formule lamartinienne que Natalia introduit dans son récit de ville s'inscrit aussi dans un modèle qui est celui de la *«réprobation»* et de la réception distancié née d'une *«attention oblique»* (Hoggart, 1957 [1998]). Dans son analyse sociologique de *«la culture du pauvre»* R. Hoggart montre, par exemple, que les classes populaires sont finalement très indifférentes aux conditionnements supposés des médias de masses, lesquels affectent plus significativement les classes moyennes. Une méfiance, consécutive d'un système de dispositions, les «immunise» contre les messages de l'industrie culturelle. Reçus comme des problèmes qui sont ceux des *«autres»*, les *«riches»*, notamment. Et même si ces messages teintent parfois certains comportements, une réprobation collective les canalise. Leur incongruité fait rire.

L'habitant se moque aussi des façons littéraires et poétiques qui lui sont proposées par l'intermédiaire du champ culturel; il y recourt sur un mode qui tient de l'ironie, de sorte qu'il s'en protège. Il n'en est pas dupe. Quand Natalia recouvre son expérience de l'autorité poétique de Lamartine, elle souligne le caractère excessif, déplacé, de son emportement. Une nouvelle dimension s'ajoute ainsi à la pragmatique humaniste: il faut considérer la possibilité d'un usage au deuxième degré du capital esthétique du poète à l'état pratique. Une actualisation distante, dégagée, désincarnée de schèmes et de manières de faire où le sujet fait défaut, défaille.

*

Ce qu'il importe ici de voir, c'est que les modèles de la *«profanation»*, du *«braconnage»* ou de la *«réception distanciée»* ne se posent pas comme une façon sophistiquée de parler de la diffusion sociale. Il ne s'agit pas d'envisager un lieu qui serait celui, physique ou social, d'où émanerait une certaine forme d'innovation qui bientôt irriguerait le tissu social. Le propos n'est surtout pas celui d'envisager la propagation de représentations socio-spatiales. Dans la mesure où les bénéficiaires d'un capital esthétique fraudent, rusent, dégradent, c'est bien d'autre chose que de diffusion qu'il s'agit. L'habitant n'est pas un simple réceptacle, mais un acteur doté d'une compétence, notamment tactique. Par ailleurs, l'approche par la profanation incite à s'intéresser au noyau poétique du mythe, à l'être-au-monde qu'il véhicule. De fait, outre des imaginaires, c'est de la subjectivité et de la corporéité qui circulent. Ces trois modèles incitent à travailler en permanence sur le fil de la production et de la consommation du mythe; l'articulation du macro- et du micro-socio-géographique.

3. Le capital et son actualisation

De fait, le fonctionnement de la ville contemporaine en tant que machine à produire des identités requiert que ses habitants profanent, braconnent et parfois réprouvent un *«noyau poétique»* qui est celui élaboré par le réalisme moderne de la forme narrative. Cette forme narrative s'inscrit dans une configuration sociale; elle collabore d'une anthropologie et d'une épistémologie; elle est liée à l'invention de la subjectivité moderne. Elle est la forme littéraire adéquate pour rendre compte d'un sujet en devenir, qui s'appréhende en actes, dans des situations existentielles par lesquelles il est appelé à se révéler à soi et aux autres. Cette forme narrative du réalisme moderne nous parle ainsi de la manière dont la réalité apparaît à une subjectivité. Dans le même temps, elle collabore à la circulation et prescription de cette manière dont la réalité lui apparaît.

Les pratiques spatiales du poète à l'état pratique sont imprégnées de cette configuration sociale, anthropologique et épistémologique. Elles dégradent, braconnent un dispositif dont certains traits commencent à se manifester dans la relation paysagère préromantique telle qu'esquissée par les premiers écrits de J. W. Goethe, notamment[6]. Un sujet se trouve en prise avec un paysage,

6 Des précisions sont nécessaires pour contrebalancer l'effet de banalisation suscité par la vulgate qui accompagne les mots: *paysage*, *préromantique* et l'expression: *paysage préromantique.* D'abord, il ne s'agit pas ici de retravailler sur la *«raison trajective»* (Berque, 1990, 1995) du paysage pas plus que sur la philosophie dont s'inspire cette raison, à savoir l'ontologie heideggérienne de l'habiter. Il ne s'agit pas plus de retravailler sur l'artialisation du paysage (Cauquelin, 1989) – du moins pas précisément. Par ailleurs, mon projet n'est pas de disserter sur la découverte de la *«belle nature»* et de l'*«attitude contemplative»* qui se développe à son égard au XVIIIe siècle (Walter, 1990). Je m'inscrirai plutôt dans le projet d'un J. Ritter (1962) qui – utilisant G. Simmel – tend à faire du paysage une instance de totalisation de l'expérience de l'individu qui apparaît dans les périodes où les grandes idéologies décli-

dont la profondeur physique et l'épaisseur existentielle nécessitent une multiplication des points de vue et une complexification des schèmes sensori-moteurs. Ce dispositif active certes des représentations socio-spatiales (la belle nature, la nature théophilosophique, etc.), mais il constitue surtout une forme qui parle d'un rapport au monde: celui d'une subjectivité dont l'avènement passe par des scènes qui doivent permettre au Je de se comprendre.

Aude, ma chimère, quitte son logement. Elle marche dans la rue de Vannes. Elle s'arrête au Zanzibar. Puis elle prend le bus, arrive au travail. A midi, elle mange au Général Plattel. En fin de journée, elle retrouve Patricia et Isabelle pour un apéritif à L'Amplitude. A chacune de ses étapes, elle recourt à des régimes comportementaux différents; elle mobilise des schèmes d'actions spécifiques; son visage prend une couleur locale. Aude ne «poétise» pas, mais fait usage d'une manière poétique qui dégrade un capital esthétique constitué dans le cadre d'une configuration sociale donnée. Son trajet est constellé de moments de subjectivation par lesquels elle s'appréhende dans un moment d'*«indétermination»* par rapport à soi et aux autres (Corcuff, *op. cit.*: 99).

Natalia, mon «informatrice», évoque un des lieux de son quotidien qu'elle apprécie particulièrement. Ce lieu est paysagé par l'intermédiaire d'un schème esthétique. Et ce schème produit un accroc dans le tissu urbain. Elle est *«stressée»*; elle *«pense à dix milles trucs à la fois»* et soudainement *(«paf»)* quelque chose survient à cet endroit qui, articulé à un autre, entre dans la composition d'un parcours qui permet au sujet de se concevoir en actes.

Dans l'un et l'autre de ces exemples, une *forme* poétique travaille les parcours. Même si dans l'un de ces deux cas, il n'y a aucun acte de discours (depuis le début de ce livre je décris une journée chimérique d'un personnage total; mais Aude n'a jamais pris la parole). Les pratiques de ville envisagées travaillent le dispositif spatial qui s'esquisse dès les premiers écrits de la jeune génération allemande des années 1770. L'habitant chemine dans un paysage urbain dont il découvre des scènes. Ces scènes appellent l'activation d'imaginaires à la fois singuliers et collectifs et collaborent à ce qu'il puisse s'expérimenter de manière diverse tout en préservant la fiction d'une cohésion du Moi. Parce que la structure de la ville contemporaine autorise l'extériorisation puis l'*enkystement*, donc la mise à distance, d'une certaine altérité intrinsèque au sujet. Parce que la ville est malgré tout «bornée», donc prise dans un cadre qui unifie une totalité. C'est en ce sens que l'on a affaire à une rencontre en partie

---

nent. Car, de prime abord, ce qui m'intéresse, c'est bien *la façon par laquelle le sujet et le paysage – puis la ville – entrent dans une dialectique qui permet au* Je *de s'éprouver comme multiple, divers, hétérogène, labile, instable, dans une totalité* qui propose de l'Autre.

fortuite entre une structure spatiale (une ville tramée de régions morales) et un certain fonctionnement de la subjectivité (celle d'un sujet en devenir qui est appelé à exprimer les différents aspects constitutifs de sa personnalité dans un mouvement incessant d'autocréation; celle d'un sujet qui est «en trajet» dans le monde, pris dans une herméneutique personnelle par laquelle il essaye de se découvrir, de se «saisir» d'une façon inductive, dans la diversité des situations).

4. Le poète à l'état pratique dans les circuits de la machine à produire des identités

D'un point de vue méthodologique, le projet de cette thèse consiste en somme à traiter l'habitant comme un poète à l'état pratique qui active un capital esthétique, constitutif d'un système de l'habiter, par lequel il est habilité à lire et faire parler les régions morales de la ville contemporaine, à comprendre intuitivement l'épaisseur imaginale d'un lieu. Aude chemine. Ici et là, elle construit des histoires, décode l'espace, lit les signes du territoire, fait parler la ville. Cette compétence poétique est aussi une modalité de fonctionnement de la subjectivité. Le sujet est en trajet dans le monde et cherche à s'appréhender de manière inductive, dans l'*in situ* d'une action. Cette modalité attribue un rôle d'agent à l'espace, suscite des territoires spécifiques appelés à jouer un rôle d'accélérateur, de catalyseur.

Pour continuer à filer la métaphore de la machine à produire des identités, l'habitant considéré comme un poète à l'état pratique en constitue la composante *software* ou logiciel; la ville contemporaine conceptualisée comme un composé de régions morales en représente la composante *hardware* ou matérielle. L'important est de penser ces deux aspects simultanément. Le potentiel scénique de la ville contemporaine n'est rien sans la technique d'usage des mondes urbains, construite par un capital esthétique qui constitue le sens commun de l'habitant. C'est lui qui produit l'œil susceptible de pénétrer l'épaisseur, la profondeur des territoires urbains. C'est lui toujours qui permet aux espaces de fonctionner comme des lieux de confirmation ou d'affirmation identitaire puisqu'il appelle une saisie inductive de soi.

Sans ce capital esthétique, Aude fumerait une cigarette, puis travaillerait, puis se restaurerait au Général Plattel, puis se détendrait à L'Amplitude avant de recomposer sa force physique par un dernier apport calorique devant un poste de télévision. Elle serait insensible au *«différentiel des lieux»* (Equipe MIT,

2002: 84) et les lieux seraient incapables de la rendre différente. Ce qui ne serait sans doute pas un problème en l'absence d'un projet individuel de création de soi, fonctionnant comme une injonction sociale. Ainsi, la compréhension du fonctionnement de la ville contemporaine en tant que machine à produire des identités requiert: *1)* l'accomplissement d'une généalogie du capital esthétique dont dispose l'habitant en même temps que l'établissement du «noyau poétique» de ce capital esthétique, c'est-à-dire son principe d'organisation; *2)* la réalisation d'une description herméneutique de pratiques quotidiennes du poète à l'état pratique, considérées comme des techniques du vivre en ville qui se posent simultanément comme des modalités de constructions du sujet.

Les livres 2 et 3 de cette recherche sont spécifiquement orientés par cette généalogie et cette description.

Conclusion du livre 1

La ville, jour après jour

Comment femmes et hommes font, jour après jour, usage de la ville contemporaine, en tant que système symbolique/sémiotique, pour se «bricoler» une identité personnelle, tout en étant socialement canalisés dans leur «bricolage»? Cette question est légitime d'un point de vue géographique. Centrée sur les manières individuelles, sur les logiques d'actions d'hommes et de femmes sans qualités, elle aspire à articuler dimensions micrologique et macrologique dans l'explicitation d'un système de l'habiter. Focalisée sur le sujet, elle ne s'y intéresse qu'en ce qu'il est socialement constitué, en ce qu'il use d'un répertoire (la ville et ses territoires) qu'il actualise selon une grammaire (une manière de vivre en ville, d'articuler des lieux, des espaces empreints d'un style de vie). Considérée du point de vue du quotidien, cette question s'intéresse donc à ce qui fait la chair des jours. Aux activités répétitives qui ne peuvent pas être appréhendées dans les cadres restreints des champs (ou sous-champs) d'une discipline. Ainsi, elle mobilise tout autant une géographie urbaine que culturelle ou politique ou critique. Elle s'inscrit également dans une approche humaniste. Elle envisage des techniques d'usage de mondes urbaines, qui balancent entre aliénation, retournement et récupération de ces retournements. C'est en ce sens qu'elle est susceptible d'apporter un élément d'explication du fonctionnement des systèmes territoriaux urbains.

Jour après jour, la ville est traversée d'échanges. Elle s'inscrit dans des réseaux de villes. Ce qui s'y déroule est rendu possible, entre autres, par une organisation nationale, régionale, locale de la production, de la circulation, du logement, qui produit du territoire. Ce qui s'y déroule est aussi un produit d'une certaine histoire économique, politique, culturelle. Structure matérielle et idéelle contrôlent ces échanges, canalisent l'habitant. Mais jour après jour, la ville est recomposée par cet habitant. Elle est son espace existentiel, un espace ordinaire qui offre du *«combustible à* [son] *imagination»* (Piveteau, 1985).

Mais encore une fois, ce fonctionnement quotidien du territoire nécessite une structure particulière, produite par la rencontre d'une ville contemporaine composée de régions morales et d'un habitant fait de telle sorte qu'il fait parler les lieux, décode leur épaisseur imaginale à l'aide d'un capital esthétique. Ce qu'il importe de voir, c'est que cette ville contemporaine et ce capital esthétique s'inscrivent en fait dans un même mouvement historique, celui qui à la fin du XVIIIe siècle voit les sociétés européennes emportées par une «révolution» à la fois politique, épistémologique et anthropologique par laquelle elles entrent dans une configuration sociale régulée par un principe d'immanence. La ville médiévale s'est ouverte au plat pays consécutivement à un projet urbain qui attribuait à l'espace public un rôle d'égalisateur des comportements, inaugurant ainsi l'idéal-type de la ville moderne. La conception immanente du sujet, par laquelle ses actes sont référés à sa nature propre plus qu'à une «humaine condition», anéantit toutefois ce projet en faisant de l'espace public un lieu délétère, un lieu où l'on risque de se révéler. Le même principe qui avait donc conduit à faire du politique le principe d'organisation de l'idéal-type de la ville moderne ouvre à l'idéal-type de la ville contemporaine, c'est-à-dire une ville dans laquelle les habitants tendent à se regrouper dans le fantasme d'une personnalité partagée. Ainsi, des personnalités collectives donnent forme au territoire. Elles s'associent à des espaces qu'elles encodent, chargent d'un code comportemental, de schèmes d'actions.

En allant d'une personnalité collective à l'autre, d'un schème d'actions à l'autre, au gré de ses pratiques de ville, l'habitant se familiarise avec les structures matérielles d'une machine à produire des identités. Dans un jeu en miroir avec le territoire, il se voit offrir la possibilité de vivre plusieurs vies. Cette possibilité est d'autant plus vraie que l'espace d'une personnalité collective donnée se décompose en sous-espaces, différenciés et hiérarchisés. Certains espaces fonctionnent ainsi comme des lieux de métissage du sujet. Ce sont des lieux dotés d'un exotisme suffisant pour offrir des prises à une mise en scène différentielle de soi, sans être pour autant ésotérique, c'est-à-dire intelligible à une seule communauté d'initiés. Les épiceries ethniques (traiteur japonais, marchands de produits tropicaux, alimentaires moyen-orientaux, magasins du monde…), les espaces institutionnalisés de la culture alternative (l'Usine à Genève, la Dampfzentrale à Berne…), les «bas-quartiers» en cours de gentrification (Pâquis, Bronx, Kreuzberg…) sont des exemples de ces lieux de métissage de soi. L'habitant peut y être un peu de ce qu'il n'est pas totalement.

Malgré cet aspect matériel, la ville contemporaine ne pourrait en aucun cas être une machine à produire des identités si l'habitant ne développait pas des pratiques de territorialisation de soi mobilisant des modalités inductives. Si la définition de soi précédait la territorialisation de soi, alors les lieux du quotidien ne seraient que des espaces de confirmation identitaire, sinon de simples espaces-supports. Un monolithe identitaire se déplacerait sur la trame existentielle de l'espace urbain; la verticalité de ses schèmes d'actions bornerait le jeu qui permet au sujet de s'appréhender soi-même comme un autre.

Aussi la ville contemporaine fonctionne-t-elle à la manière d'une interface machinique, parce que l'habitant recours à des schèmes esthétiques qui s'inscrivent eux aussi dans la configuration sociale évoquée ci-dessus. La forme narrative du réalisme moderne vise à restituer la manière dont le monde apparaît à une conscience qui se saisit de manière contextuelle, par l'intermédiaire de situations existentielles, dans l'*in situ* du lieu. Le sujet entre dans un jeu d'indices avec le paysage par lequel il s'imagine d'autres vies possibles. C'est par l'intermédiaire de ces schèmes esthétiques que l'homme sans qualités compose ses romans pratiques. C'est là ce qui nous fournit un premier élément de réponse à la question de savoir comment femmes et hommes font, jour après jour, usage de la ville contemporaine, en tant que système symbolique/sémiotique, pour se «bricoler» une identité personnelle, tout en étant socialement canalisés dans leur «bricolage».

Livre 2: Une archéologie

Introduction du livre 2

Généalogie d'une pratique habitante: 1770-2000

La ville contemporaine, considérée du point de vue des rapports entretenus entre les catégories de l'espace public, l'espace privé et l'espace communautaire, diffère sensiblement de la ville médiévale ou de la ville moderne. Il est en effet loisible de la modéliser comme un composé de régions morales, c'est-à-dire de *«secteurs où prévaut un code moral divergeant;* [de] *région*[s] [de la ville] *où les gens sont dominés, plus qu'on ne l'est d'ordinaire, par un goût, une passion ou quelque intérêt qui s'enracine dans la nature de l'individu»* (Park, 1925 [1995]: 130). Ainsi, elle propose à un individu mobile la possibilité de vivre diverses vies en différents lieux, au gré de la fréquentation d'espaces investit par des *«personnalités collectives»* hétérogènes. Un système de rapports Je–Nous–Eux dynamise ainsi les pratiques quotidiennes de l'habitant dans une dialectique voir/être-vu. L'important est que ce rapport n'implique pas la présence physique d'un groupe: l'espace médiatise des relations, met en signes une appropriation collective; il enregistre des affectations et une normativité. Le sujet qui se déplace dans la ville est donc toujours susceptible de réactiver les codes et systèmes de représentations associés aux lieux par les groupes sociaux qui les ont habités. Selon que sa territorialité s'élabore sur un mode inductif ou déductif, qu'il s'appréhende sur le mode du Je-poreux ou de l'homme-bloc, l'occurrence d'une déhiérarchisation de ses schèmes d'actions lui est donc fournie ou non. C'est ainsi que la structure de la ville contemporaine se pose comme la composante *hardware* d'une machine à produire des identités.

Mais la machine à produire des identités nécessite, par suite, une composante *software*. Celle-ci réside dans le fait que l'homme habite la ville contemporaine en poète à l'état pratique. Il fait parler les régions morales, invente des histoires aux lieux qu'il pratique, use des accrocs du tissu urbain pour s'imaginer d'autres vies possibles. Or, cette manière n'est pas naturelle; elle est un construit et non pas un invariant anthropologique. Elle constitue une technique d'usage des mondes urbains qui n'est peut-être même pas diffusée à l'ensemble des individus de l'ensemble des classes sociales des sociétés d'Occident. C'est ainsi qu'il s'agit d'accomplir *une* généalogie d'*une* pratique habitante, et des capitaux esthétiques qu'elle mobilise.

Ce sont notamment des textes littéraires qui fourniront le matériau empirique de cette généalogie, ce qui ne va pas sans faire problème. Quel statut attribuer à ces textes? Sont-ils source de connaissance géographique au même titre que les dits d'un «informateurs»? sont-ils un matériau fiable ou bien doivent-ils être reçu dans leur irréductibilité? Le premier chapitre de ce livre 2 tente de trancher cette question en argumentant le postulat selon lequel le texte littéraire permet légitimement de géographier, notamment parce qu'il propose des images médiales, à savoir des manières d'user d'un milieu. Mais ces images doivent être recherchées dans la structure des textes plus que dans les représentations socio-spatiales qu'ils mobilisent.

Ce postulat posé, les chapitres suivants accomplissent une archéologie de certaines pratiques de ville contemporaines en explicitant le capital esthétique constitué à partir de la relation paysagère inaugurée par la jeune génération allemande des années 1770. Ces chapitres montrent le renforcement, puis la normalisation du dispositif spatial lié à la dimension narrative du réalisme moderne. Ils tracent ensuite les manifestations urbaines de cette image médiale entre le début du XIXe siècle et la fin du XXe siècle, pour expliciter une technique du vivre en ville, un usage des mondes urbains constitutifs de notre modernité géographique.

Chapitre 4

Une pratique de la littérature: pratiques de ville et dispositifs littéraires

> «Bien sûr, c'est d'abord dans l'espace des représentations que le roman introduit sa modification essentielle, mais qui ne voit comment les informations réagissent sur les parcours et les choses, comment donc, à partir d'une invention romanesque, des objets peuvent être effectivement déplacés, l'ordre des trajets transformé».
>
> Michel Butor, «L'espace du roman», 1964 (2000): 58.

1. De la parole au texte

Ma question de recherche est délibérément ouverte. C'est une question de *«processus»* (Maxwell, 1999). Je me propose de produire une géographie des lieux de métissage, des commutateurs d'identité et des mises en scène de soi en me demandant comment femmes et hommes font, jour après jour, usage de la ville contemporaine, en tant que système symbolique/sémiotique, pour se «bricoler» une identité personnelle, tout en étant socialement canalisés dans leur «bricolage».

Devant moi, des centaines de pages de transcriptions; des fragments d'entretiens sur lesquels flotte mon regard. Chaque matin, Katia se rend à son travail. Elle monte des escaliers, tourne à droite, traverse le Bourg-de-Four, s'approche de son bureau. Plusieurs fois par semaine, Catherine emprunte le pont du Mont-Blanc, passe sur l'autre rive du lac pour aller travailler. Carole sort de chez elle. Elle longe la plaine de Plainpalais dans l'ombre des marronniers. Elle évite parfois le Café Remor. Elle arrive aux feux piétons. Ces trois situations sont banales. Elles évoquent une certaine partie du fonctionnement quotidien d'un système territorial, en l'occurrence celui des mobilités piétonnes dans une *«métropole régionale secondaire»* à rayonnement international de 439 117 habitants (canton), dont l'agglomération proprement dite (domaine franco-valdo-genevois) compte environ 600 000 résidents (chiffres août 2005). Mon regard flotte sur ces trois situations, ces trois fragments d'entretiens. Ils sont porteurs d'un savoir géographique. Mais la question reste celle de savoir comment les faire parler. Je les relis:

Fragment 2. Katia.

Donc il y a la notion du temps. C'est un temps très présent. [Silence] Mais c'est ce qui me plaît dans le fait de travailler dans la Vieille-Ville, c'est le fait de retourner en arrière. Surtout quand on arrive avec le premier… Quand on monte les escaliers, et puis à droite, il y a le Bourg-de-Four, là avec les vieilles maisons, là, c'est comme retourner en arrière dans le temps. Ça m'est arrivé, des matins, si il y peu de gens, il y a pas de voitures… [Silence] Oui, c'est comme si on va… si on on entre dans… dans un autre temps. [Silence] Mais là surtout dans une place à Genève, bon là, c'est pas l'itinéraire, quand on monte de la place du Bourg-de-Four, cette place où il y a le Musée d'art et d'histoire, cette place-là, c'est incroyable comme il… il m'amène derrière dans le temps, dans le passé. [Silence] Là, ça m'arrive d'imaginer des personnes avec des habits différents. Des habits… Des vieux habits.

Fragment 3. Catherine.

Ça c'est un moment d'hiver. Parce que souvent en hiver, quand j'y passe, il y a… C'est là où il y a la vente des sapins de Noël. Puis j'y passe souvent toute seule, le soir, en rentrant, en y allant. Et puis la traversée du pont, c'est aussi un moment d'hiver pour moi. Le brouillard ou la bise… Voilà… Je pense que vraiment dans ce lieu-là, je suis extrêmement sensible plutôt au… à la saison, à la température, à la saison. A la rigueur, les voitures, je les vois même plus, quoi. Puis bon, là il y a plus vraiment de… de bâtiments. Donc… Je crois c'est ce que j'aime en fait. Voilà. Et puis le… la traversé du lac, c'est aussi le passage entre les deux rives, et c'est quelque chose qui me parle. Je sais que des fois comme ça, je fais des petits rituels comme ça dans ma tête, de passer d'une rive à l'autre, de passer le pont, de faire le passage, de… passer d'une chose à l'autre pour moi, de… Vraiment une pensée magique, quoi. Qui se déroule sur le pont. Et puis que si j'arrive de l'autre côté, ben le petit rituel sera accompli quoi. Il y a cette pensée-là aussi. Tu comprends?

Fragment 4. Carole.

En même temps, je vois, je suis happée par les choses autour de moi, et puis en même temps, je pense à ça, donc… C'est une sorte de moment, je suis assez absente, surtout quand je passe sous les marronniers de la Plaine. Et puis… [Silence] Ensuite, j'arrive, j'arrive vers le… la rue Harry-Marc, j'attends aux feux. Alors pour moi, les feux, c'est à la fois une contrainte, puis je me mets toujours vers les passages, parce que, vu ma distraction et le fait que je pense beaucoup à autre chose, je me suis fixée ça comme contrainte. […] Puis en même temps, les arrêts aux feux, c'est aussi des arrêts sur image pour moi. Parce que c'est le moment où je regarde les gens. Parce que Genève, c'est… C'est une ville qui a beaucoup de… de choses comme ça très étranges. Qui peut être très vide, qui a pas d'odeurs, sauf justement quand on s'approche du Rhône ou du lac. Mais tout à coup, je regarde passer le tram et je vois passer les têtes des gens derrière les vitres, des choses comme ça, et puis je suis capable d'oublier même que c'est vert.

Les façons de travailler ces fragments sont bien sûr diverses. Par exemple, on pourrait en faire un usage phénoménologique, et s'essayer à comprendre les modalités par lesquelles l'être humain se pose comme acteur du *«monde qui l'entoure»* et de sa propre *«réalisation en tant qu'être dans celui-ci»* (Hoyaux, 2002: 2). Sur *«cette place où il y a le Musée d'art et d'histoire»* (Katia), une conscience balance dans un mouvement entre Etre et Temps, qui finit par la saisir, la déplacer – et lui permet de s'appréhender dans une forme-paysage de l'ancien. On pourrait encore s'essayer à l'explicitation des *«tenants et aboutissants individuels et collectifs de ce qui fonde, sur un plan plus général, la relation à la ville, elle même cadre et expression d'un système de relations – et réactions – à ses ressources spécifiques et aux valeurs dont celles-ci sont porteuses»* (Bochet, Racine, 2002: 117). La relation socio-affective à la ville (Bochet, 2000) se construit dans l'articulation *«aménités-urbanité-civilité»* (Bochet, 2001) qui se cristallise ici (Carole) dans des *«visages»* en vitrine d'un *«tram»* – dans un mixte de proximité et d'altérité, dans une hygiène des corps distanciés –, et révèle, *«tout à coup»*, une autre ville; une ville à l'état latent (pour détourner Chalas, 2000). Ces fragments seraient encore susceptibles d'être analysés du point de vue des représentations. Ils permettraient sans doute d'accéder à une *«configuration idéelle, immatérielle ou stabilisée dans des objets, qui réfère à une entité autre, de nature idéelle ou immatérielle, à des fins pratiques de communication, d'illustration, d'action»* (Debarbieux, 2003: 791) en tant que *produit fini. Tout comme ils pourraient* révéler *«les pratiques de représentations»* (Mondada, 2003: 790) dans leur *dimension processuelle.* Le *«brouillard»*, la *«bise»*, la *«saison»*, la *«température»*, une ville qui est celle des *«météores»* (Corbin, 2001) se construit progressivement dans la narration de Catherine, qui entrelace les codes connus de paysagement (Beau, Sublime, Pittoresque – Corbin, *ibid.*) et établit les conditions de possibilité d'un rite initiatique. Ce pont semi-autoroutier (le pont du Mont-Blanc) est toujours un moment d'hiver. Il est enchâssé dans un système de représentations qui le déréalise et l'apparente à une iconographie imaginaire du fantastique et du merveilleux. Ainsi, permet-il un *«petit rituel»* un peu *«magique»*.

Si l'on exclut la tentation de les traiter par le déni, en citant et forçant Vidal de la Blache – *«la géographie est la science des lieux et non celles des hommes»* (1913) –, ces fragments sont encore susceptibles d'être soumis à une lecture par le mépris. Ne laissent-ils pas présager un retour de cette *«géographie ‹gentillette›»* (cité par Merrifield, 1995 [2001]: 141) dont parlait W. Bunge dans les années 1970? Une géographie qui éviterait certaines questions et profiterait vaguement du tournant discursif pour réintégrer l'*ethos* scolastique de la contemplation, du *«temps libre et libéré des urgences du monde qui rend possible un rapport libre et libéré à ces urgences»* (Bourdieu, 1997 [2003]: 9) et de la violence épistémologique, de *«l'uni-*

versalisation inconsciente de la vision du monde associée à la condition scolastique» (*ibid.*: 75). N'est-il pas à craindre qu'ils introduisent à une géographie «sympa» des *«moments heureux»* (Michel, Gérôme, 1989)? Ainsi ne doit-on pas redouter, par l'intermédiaire de ces fragments, un retour à une géographie «bonnarde» qui se disculperait du transfert de ses propres schèmes de pensée et d'action dans les paroles habitantes, en prétendant qu'elle cherche avant tout les conditions et les déterminants d'un bien-être urbain? Car, ce dont parlent Katia, Catherine, Carole, c'est d'un plaisir infime, entre ici et là-bas, sur le chemin du travail: un instant buissonnier.

Alors comment interroger ces fragments? Comment les problématiser? Comment les lire d'une manière critique, et un peu neuve?

A les lire et les relire, ces fragments ont une caractéristique commune: ils sont plus narratifs que descriptifs. Ils racontent. Ils introduisent un point de vue qui est subjectif. Le sujet se dit par l'intermédiaire de ses pratiques de ville. C'est peut-être ce constat qui offre un premier levier. Ces fragments sont narratifs. D'où vient cette narrativité? Qu'exprime-t-elle? Qu'elle est sa fonction? L'*«imagination géographique»* (Raffestin, 1983: 25-44) réside dans le recours à *«une métaphore»*, une *«analogie»*, un *«rapprochement»* (*ibid.*: 26) susceptible de dégager une information sur le fonctionnement des espaces géographiques. Cette imagination tend à faire des liens. Ces fragments ont un caractère narratif qui les dote d'une qualité littéraire. Ce caractère littéraire est une incitation à traiter les habitants rencontrés dans le cadre de mon dispositif d'enquête comme des poètes à l'état pratique de même que tout un chacun est un sociologue à l'état pratique pour les ethnométhodologues. Les personnes qui parlent dans le cadre de mes entretiens de recherche mobilisent des structures discursives, des façons de dire qui relèvent d'une esthétique et d'une poétique. Je me demande d'où vient ce trait? comment il se fait qu'on le retrouve dans des rhétoriques ordinaires? comment il se fait qu'il soit partagé? Je m'interroge aussi sur la possibilité que cette narrativité soit plus qu'une façon de dire: une manière de faire. Je cherche donc à résoudre cette énigme. Je me demande pourquoi les fragments que je viens d'évoquer véhiculent une dimension littéraire, et comment il se pourrait qu'elle manifeste une corporéité significative. Katia *«monte les escaliers, et puis* [tourne] *à droite»*, elle *«monte de la place du Bourg-de-Four»* et elle se met en scène *«derrière dans le temps, dans le passé»*. Il y a toujours *«le brouillard ou la bise»*, la *«température»*. Alors le pont du Mont-Blanc, pour Catherine, c'est un *«moment d'hiver»*. Carole est dans l'ombre des marronniers. Elle est *«absente»*. Son corps marche et s'arrête aux feux. Elle voit des visages.

Ces fragments d'entretiens sont narratifs et lourds de corporéité. Je cherche. J'imagine. Je rapproche. Je me penche sur les approches géographiques du littéraire.

2. Approches géographiques du littéraire

> «As a litterary form, the novel is inherently geographical. The world of the novel is made up of locations and settings, arenas and boudaries, perspectives and horizons. Various places and spaces are occupied or envisaged by the novel's characters, by the narrator and by audiences as they read. Any one novel may present a field of differrent, sometimes competing, forms of geographical knowledge and experience, from a sensuous awarness of place to an educated idea of region and nation».
>
> Stephen Daniels, Simon Rycroft, «Mapping the modern city: Alan Sillitoe's Nottingham novels», 1993: 460.

Le recours à la littérature comme ressource géographique n'a rien d'inédit. Dès les années 1910, R. et R. Ozouf attribuent un rôle de support pédagogique aux textes littéraires (Tissier, 1995: 218). Leur capacité d'évocation doit collaborer à *«une véritable prise de possession de l'objet* [géographique] *pensé et écrit» (ibid.).* La même année, H. R. Mill conseille la lecture de ce qu'il appelle des *«romans géographiques»* (cité par Brosseau, 1996: 25). Selon M. Brosseau *(ibid.)* ce n'est toutefois qu'au milieu des années 1920, sous la plume de J. K. Wright, que la littérature est explicitement posée comme un matériau pertinent d'analyse. De même, M. Chevalier (1993) relève, dans les années 1930, un regain d'intérêt pour les sources littéraires avec la mention et/ou la mobilisation de certains romanciers dans des thèses de doctorat (par exemple celles de P. Desffontaines ou P. George en 1932). Dans les années 1940, de nombreux auteurs s'interrogent quant à la pertinence d'un recours au roman régionaliste pour compléter leurs monographies (Brosseau, *op. cit.*). D'autres travaillent plus précisément sur la géographie des grands auteurs. En 1939, André Ferré soutient une thèse de doctorat consacrée à la géographie de Marcel Proust (Gay, 1993: 36). En 1948, le géomorphologue Lucien Goron donne une conférence, qui devient par la suite un article, à propos de l'horizon du Combray du même M. Proust (*ibid.*: 49). Plus tard, E. Dardel (1952) s'engage pour l'usage des grands textes dans l'analyse de ce qu'il appelle la *«géographicité»* de l'homme, à savoir son mode d'existence terrestre (Raffestin, 1989: 26-31), l'existentialité de sa relation avec la Terre. Dans le même temps, le courrier des lecteurs anglo-saxons du *Geographical journal* (pages 116-118 du vol. 114, n° 1/3, 1949) manifeste un certain intérêt pour les qualités proprement littéraires des géographes français et déplore que la géographie britannique ne soit pas à la hauteur dès lors qu'il s'agit de transmettre son message à un lectorat non professionnel.

Ainsi, la discipline géographique exploite de manière systématique, c'est-à-dire dans le cadre d'une pratique scientifique réflexive, des matériaux littéraires au moins depuis le début du XXe siècle. Le syntagme «Géographie et littérature» se diffuse néanmoins significativement dans les années 1970 en lien avec la *humanistic geography*, alors que certains acteurs de la géographie universitaire états-unienne se proposent de discuter les présupposés de la pratique scientifique qui leur est contemporaine (Tuan, 1976: 266-276). Ils recourent à une perspective holiste. Ils posent que l'objet de la géographie est celui d'une *«meilleure compréhension de la condition humaine, par l'entremise de la spatialité»* (Tuan, *ibid.*: 266). Et la littérature devient un espace privilégié où observer de manière spécifique la liaison de l'homme et de la Terre, le sens des lieux, la part sensible du réel puisque l'art cherche la totalité de la vie (Tuan, 1978). De sorte qu'un automatisme se crée chez certains commentateurs qui tend à faire de l'usage de sources littéraires un critère d'affiliation à la pratique humaniste de la géographie. Le traitement géographique du matériau littéraire est néanmoins plus complexe et contrasté. De fait, comme l'ont déjà montré J.-L. Tissier (1995) et M. Brosseau (1996 et 2005), la géographie a privilégié trois grandes manières dans son approche du littéraire. Le texte est apparu comme une voie d'accès à *«une réalité masquée ou inaccessible»* (Tissier, *ibid.*: 220), et a ainsi été constitué comme ressource documentaire. D'autres l'ont approché comme le recueil d'une *«expérience humaine du monde»* (Tissier, *ibid.*), lui attribuant le statut d'un analyseur, c'est-à-dire un levier permettant d'investir une épaisseur existentielle toujours un peu trouble. Enfin, le texte littéraire s'est vu attribuer un rôle de «souffleur». Le dialogue que le chercheur noue avec l'espace littéraire, spécifiquement l'espace romanesque, permet d'entrer dans des dimensions que *«seul le roman peut découvrir»* (Kundera cité par Brosseau, 1996: 98). Proposant ainsi, en toute discrétion, une nouvelle vision du monde, dans un langage qui ne peut jamais être réduit à celui des sciences humaines *(ibid.)*.

Ces trois grandes manières sont sensiblement les mêmes que celles que P. Lassave (2002) identifie dans le traitement des sources littéraires par les sciences sociales: *«*[l]*a littérature constitue pour les sciences sociales, en tout ou partie, un corpus de données, une ressource cognitive et un modèle d'énonciation»* (*ibid.*: 37), si bien qu'il n'est peut-être pas abusif de parler d'approches paradigmatiques du littéraire. Ainsi, le fait de recourir à la littérature pour contribuer à la connaissance géographique n'est définitivement pas une idée neuve. Mais se demander comment des textes littéraires véhiculent des pratiques spatiales, au sens de modalités de territorialisation de soi, et plus tardivement de postures corporelles, peut l'être, dès lors qu'on ne s'y intéresse pas aux représentations socio-spatiales, mais à la textualité, la littérarité même de ces textes.

C'est ce que je vais tâcher de démontrer progressivement, en *mettant en scène*, sous forme de *commentaire composé*, les analyses et recherches de M. Brosseau (1996; 2005) et J.-L. Tissier (1995). Ce commentaire composé se coulera dans les trois grandes approches géographiques du littéraires précitées que le lecteur trouvera systématisées de manière plus élaborée chez M. Brosseau (1996).

2.1. Le texte comme ressource documentaire

«Le romancier rectifie parfois les erreurs du statisticien»
Pierre Lassave, à propos du travail de Louis Chevalier,
Sciences sociales et littérature, 2002: 37.

Au début du XXe siècle, la géographie s'intéresse notamment à la région, à sa spécificité, et la littérature vient à son secours pour l'aider à authentifier ses descriptions (Chevalier, 1993a et b). Le roman régionaliste permet d'entrer de manière fine dans ses coulisses. On considère que les personnages y évoluent dans un cadre réel, que l'auteur connaît, de sorte qu'il révèle certains de ses secrets *(ibid.)*. Par exemple, l'œuvre de Th. Hardy (1840-1928) permet d'enrichir la connaissance géographique du Wessex (Darby, 1948: 426-443 cité par Chevalier, *ibid.*). De même, G. Crabbe (1754-1832), dont *«l'œuvre a eu probablement peu d'influence sur le développement de la littérature anglaise»* serait une source *«d'un grand intérêt dans l'expression des caractères distinctifs des Sandlings»* (Prince, 1981: 191, ma traduction), un témoignage fiable sur la vie quotidienne du Suffolk.

Ce témoignage, insistent quelques géographes sceptiques, doit toutefois être *«systématiquement recoupé par d'autres sources d'informations»* (Chevalier, 1993a: 14). Or, J.-L. Tissier *(op. cit.)* montre que l'impératif d'un recoupement fonctionne également en faveur du texte. La capacité du texte littéraire à témoigner des coulisses est appréciée du géographe dès lors qu'il s'intéresse à une entité spatiale qui a placé son information géographique sous embargo (Tissier, *op. cit.*: 221). Il est difficile d'accomplir des recherches sur l'Union soviétique. Les sources manquent. L'accès au pays est problématique. La propagande dissimule et travestit. La littérature, et dans ce cas les romans de A. Soljetnitsyne (1918-), s'offre au chercheur comme un matériau de recherche, une parole qui informe (Tissier qui évoque des travaux de R. Brunet, *ibid.*: 221). Le texte rapporte ici une expérience, et en ce sens, il est légitime dans une procédure d'enquête géographique. La littérature est en l'occurrence appréhendée dans sa dimension référentielle, réaliste.

Mais la fonction documentaire du texte littéraire se manifeste encore dans les travaux qui pistent les représentations socio-spatiales d'une aire culturelle ou d'une époque donnée. Le paysan Uli Bräker (1735-1798) est jeté sur les routes de l'Europe du XVIIIe siècle (Piveteau, 1986 [1995]: 33-45). Il écrit sa vie miséreuse. Il s'enrôle dans l'armée prussienne et s'en va combattre hors de Suisse. Il revient au pays. Son récit, *Le pauvre homme du Toggenburg* (1788-89), permet d'approcher la spatialité d'une époque, une forme de territorialité, une manière de se représenter le territoire. *«L'ouvrage de Bräker nous fournit des éléments d'informations ponctuels ou indirects, mais nullement négligeables, sur les cartes mentales de son Auteur et son comportement probable à l'égard des lieux»* (*ibid.*: 36). Il offre la possibilité de dégager des permanences et des modifications dans les schèmes cognitifs du XVIIIe siècle et ceux des hommes du XXe siècle (*ibid.*: 43). De même, les écrits de J.-J. Rousseau (1712-1788) ouvrent une voie aux conceptions spatiales du XVIIIe siècle (Piveteau, 1981 [1995]: 56). Et les *Voyages en zigzag* (1844) de R. Töpffer (1799-1846) assument le même rôle pour le XIXe siècle (Piveteau, 1933 [1995]: 57-69). Dans le même ordre d'idées, le *Robinson Crusoë* (1719) de D. Defoe (1690-1731) cristallise un réseau des représentations de la nature au XVIIIe siècle (Walter, 1990). Le long de *«l'admirable chemin de Scheveningen»*, des aristocrates découvrent le littoral, du sable entre dans leur bas de soie, et la littérature collabore à la reconstitution des *«balbutiements du désir»* du rivage dans l'Occident classique (Corbin 1988 [1997]). Enfin, les romans contemporains de M. Butor (1926-), G. Perec (1936-1982), Ch. Rochefort (1917-1998), J.-M. G. Le Clézio (1940-) favorisent la restitution de l'image du centre-ville, une reconstitution de la manière dont il s'inscrit dans les *«stratégies et discours sociaux»*, entre *«structure du mythe et structure sociale»* (Soucy, 1971).

Ces travaux d'historiens, de sociologues, de géographes et urbanistes s'intéressent à la dimension spatiale d'une époque. Ils tentent de comprendre comment des configurations sociales données ou des agents sociaux dotés de compétences littéraires représentent leur milieu. Ils cherchent un matériau documentaire qu'ils trouvent dans la littérature, cette *«archive»* (Tissier, *op. cit.*) des représentations socio-spatiales:

> La littérature constitue à cet égard une aire d'investigation d'une très grande qualité. Un roman met souvent en place un groupe, un héros, une famille, une catégorie sociale, dans son environnement régional. [...] L'art de Mauriac restitue l'espace bourgeois bordelais, les appartements en ville, les résidences campagnardes entre vignes et lande, les vacances d'été à Luchon ou sur la côte basque, les échappées à Paris pour la passion ou le pouvoir (Frémont, 1976 [1999]: 127).

Le texte littéraire autorise l'appréhension conjointe de l'espace de vie et l'espace vécu. L'accent réaliste se trouve alors déplacé. C'est la réalité d'une expérience qu'offre la littérature. Ainsi, J. Barrel (1982: 247-361) se penche, à son tour, sur les géographies de Th. Hardy, sur *«l'exploration des lieux et leur connaissance»* (*ibid.*, ma traduction) par et dans le roman – par son personnage, son narrateur. Le géographe s'intéresse à Tess. Il la piste, l'accompagne, l'écoute. Il dégage la forme de sa territorialité, de son rapport au lieu et l'affronte à celle du lecteur. Il pénètre un entre-deux et une épaisseur. H. Dubucs (2002: 63-81) – inspiré sans doute des travaux de E. Saïd (1997) sur l'orientalisme ou encore, d'un point de vue plus géographique, d'un texte, pionnier selon B. Lévy (1982) de P. T. Newby (1981: 130-141) tentant de montrer *«la capacité* [des textes littéraires] *à influencer les styles de tourisme»* (130, ma traduction) – cherche la création du stéréotype des mers du Sud dans la *«géographie imaginaire»* (Dubucs, *op. cit.*: 63) de J. London (1876-1916). Il montre l'interpénétration du parcours biographique de l'auteur, de ses parti pris politiques, de ses lectures romanesques dans son regard géographique, et le retour à la géographie réelle de cette géographie imaginaire (*ibid.*: 79).

2.2. Le texte comme analyseur

> «Non seulement la littérature enregistre et enrichit l'image des lieux à une époque donnée, mais elle peut aussi influer considérablement sur l'évolution d'une ville ou d'une région de par cette image même; certaines tentatives pour restituer aux œuvres littéraires leur place de témoignage, mais aussi leur rôle actif dans l'élaboration d'un ‹sense of place› donnent des résultats parfois passionnants.»
>
> Claire Hancock, «La dimension culturelle des conceptions de la ville: éléments sur une spécificité anglaise en Europe», 1993: 54.

La foi dans la «réalité de la réalité» et la réalité de l'expérience que propose la littérature se manifeste encore dans une conception du texte considéré comme analyseur, c'est-à-dire comme un outil qui permet d'envisager finement certaines des dimensions qui font l'épaisseur trouble de l'existence. De fait, comme le note M. Brosseau (*op. cit.*: 38), deux types de réalisme sont à l'œuvre dans le traitement géographique des textes littéraires, l'un objectif, l'autre subjectif.

Les textes littéraires nous parlent de l'attachement des individus aux lieux. Mais les individus peuvent aussi se sentir coupés de leur environnement. En se concentrant sur l'œuvre de D. Lessing (1919-), le géographe (Seamon, *ibid.*: 85-100) se voit offrir un matériau qui lui permet de décrire la manière dont un sujet s'approprie un espace, la façon dont son passé s'entrelace à son présent géographique (Lévy, 1983). De même, les textes littéraires de G. Eliot (1819-1880) favorisent l'interrogation des conséquences d'un attachement ou de l'absence d'un attachement à un lieu (Middleton, 1981: 101-120). L'analyse des œuvres de M. Proust (1871-1922), J. Cage (1912-1992), M. Butor rend possible l'appréhension d'expériences existentielles limites, liées à la perte de repères spatiaux; elle permet d'envisager les formes géographiques nées de la désorientation et de l'absence de contrôle sur l'espace (Robinson, 1977: 549-563).

Ainsi, *«*[l]*a littérature témoigne* [...] *de la profondeur et de la complexité du vécu spatial individuel, à travers le pouvoir de représentation spatio-temporel de son langage»* (Lévy, 1987: 23); elle offre une *«représentation textuelle»* des *«relations qu'entretient l'homme avec son environnement» (ibid.).* L'analyse monographique de l'œuvre de H. Hesse (1877-1962) permet d'interroger son *«espace existentiel» (ibid.)*, les interactions des *«expériences de l'espace d*[ʼun] *auteur»* et de *«l'espace représenté dans sa littérature»* (*ibid.*: 138). De même, *«*[l]*a littérature du XX*e *siècle* [...] *est propice* [au] *repér*[age] *des relations particulières de l'individu avec l'espace»* (Costantino, 1990: 111-122). Les œuvres littéraires de A. Robbe-Grillet (1922-), M. Duras (1914-1996), A. Camus (1913-1960) conduisent le géographe à *«dénoncer»* (*ibid.*: 112) des *«‹pathologies› diverses liées à l'espace» (ibid.)*, ou plus modestement à expliciter le *«dialogue existentiel de l'individu avec son environnement»* (Bailly, Costantino, 1988: 252).

Le texte est bien le recueil d'une relation sensible de l'homme à l'espace, l'*«archive»* (Tissier, *op. cit.*) d'une expérience intime des lieux. Il peut apparaître alors comme un moyen d'analyse du génie des lieux, de l'âme d'une ville. *«*[P]*our découvrir l'âme d'une ville, il est essentiel de lier l'observation du quotidien à l'étude approfondie d'écrits d'hommes ou de femmes remarquables qui se sont exprimés sur la ville»* (Lévy, 1994: 3). Les *«hommes»* ou les *«femmes remarquables»* sont dotés de capacités expressives rares pour formuler un indicible. Cet indicible, articulé au banal des situations et structures spatiales quotidiennes, définit un je-ne-sais-quoi qui fait l'étoffe d'une ville. La lecture croisée des œuvres romanesques de Cl. Frochaux (1935-), C. F. Ramuz (1878-1947), C.-A. Cingria (1883-1954), J. Chessex (1934-) permet de mieux saisir l'épaisseur de Lausanne (Racine, 2004: 75-132) et dégager *«l'invariant absolu de notre Lausanne lémanique, tel que l'éternité ne la changerait pas»* (*ibid.*: 123). R. Ferras (1990) évoque le roman noir (*ibid.*: 82) ou la poésie (*ibid.*: 85) pour inciter les géographes à approfondir le *«paraître,* [l']*être et* [l']*être à part»* des villes, la production d'images du territoire dans la littérature populaire. Certaines nouvelles de H. Melville (1819-1891) révèlent la manière dont l'imaginaire de l'auteur est profondément modelé par une imagerie urbaine et offre, en sorte, au chercheur l'occasion d'expliciter un *«esprit de New York»* (Kelley, 1996).

Une inflexion se dessine néanmoins dans la conception du texte comme analyseur. La littérature est certes un levier qui permet de *«rendre compte du sens de la relation habitants/environnement»* (Savary, 2004). Elle *«ordonn*[e] *le monde»* en *«imaginant des fictions» (ibid.).* Mais le sens de cette relation ne peut être appréhendé que *dans un dialogue.* B. Lévy pose en vis-à-vis observations quotidiennes et textes littéraires. S. Savary s'intéresse à la manière dont des auteurs contemporains ont travaillé le sens de Barcelone, mais, dans le même temps, elle cherche à discuter ces textes avec les habitants. Elle fait dialoguer habitants littéraires et habitants sans qualités, pour observer l'intrication du réel et de l'imaginaire dans le tramage des lieux.

Cette approche dialogique s'inscrit dans un mouvement qui vise à une *«analyse critique des géographies fictives»* (Sharp, 2000: 327-334, ma traduction) et se propose de traiter conjointement, dans une réception non naïve, *«le contenu et la forme» (ibid.)* des œuvres, tout en veillant à préserver l'altérité de la voix littéraire. Ainsi, la mobilité comme forme de résistance dans le *Sur la route* (1957) de J. Kerouac (1922-1969) implique aussi le texte dans sa profondeur structurale (Cresswell, 1993: 249-262). L'écriture de J. Kerouac renonce à une forme linéaire, l'intrigue zigzague comme le langage (*ibid.*: 256), certaines phrases sont significativement longues afin de ne pas interrompre le *«flot des images» (ibid.).* L'expérience existentielle et contre-culturelle de la «route» est mimée par la structure du langage littéraire dans ce que T. Cresswell appelle un *«kaléidoscope d'expériences»* (*ibid.*: 257). Le géographe doit alors converser avec le texte plutôt que l'appréhender comme un témoignage sincère sur une réalité objective ou un révélateur des représentations socio-spatiales d'une époque. Dans l'exemple de *Sur la route*, c'est à une spatialité «non dite» que le lecteur est confronté. Une spatialité qui s'énonce moins dans des mots que dans leur articulation, qui relève plus de l'ordre syntagmatique que paradigmatique[1].

L'expérience des lieux transmise par le matériau littéraire est une *«représentation textuelle»* écrivait B. Lévy en 1987. La radicalisation de cette formule a deux conséquences. D'abord, elle signifie que la forme du texte compte. Ensuite, elle insinue une altérité fondamentale du discours géographique tenu par les textes littéraires.

2.3. Le texte comme souffleur

Il se peut ainsi, comme le défend M. Brosseau (1996), que la fonction du texte littéraire soit celle d'appeler une réflexion critique, de subvertir les conceptions géographiques du lieu, de l'espace, du territoire: d'offrir un autre regard. R. Lafaille (1989: 118-130) montre par exemple, au travers de l'analyse d'un poème de A. Rimbaud (1854-1891), la manière dont son écriture est susceptible d'ouvrir un nouvel espace au géographe.

De fait, le statut du texte littéraire n'est pas assimilable au matériau des sciences sociales, il est doté d'une spécificité. Il résiste *«à se laisser assimiler par la méthode, à se laisser transformer en objet»* note M. Brosseau (1996: 60) – reprenant implicitement à son compte certaines des critiques faites à P. Bourdieu, au moment de la publication *Des règles de l'art* (1992), son analyse du champ littéraire au XIXe siècle. Ainsi:

> [l]e recours au roman dans le cadre d'une réflexion géographique sur les lieux [doit] s'inscri[re] dans une perspective précise qui repose sur le caractère distinct du mode d'expression romanesque. La spécificité de ce mode d'expression par rapport à celui des sciences humaines doit être pleinement assumée si l'on cherche à mieux comprendre ce que le roman peut apprendre de nouveau ou de différent sur l'écriture des lieux (Brosseau, *op. cit.*: 55).

Le roman, écrit M. Brosseau, qui mobilise M. Kundera (1986), permet *«de découvrir ce que seul le roman permet de découvrir»* (*ibid.*: 56). Il est un *«détonateur»* (*ibid.*: 111). La lecture du *Parfum* (1986) de P. Süskind offre au chercheur la possibilité d'une géographie des odeurs. Mais le texte n'est pas une *«reproduction»*, il n'offre pas la *«retranscription d'un acte perceptif»* (*ibid.*: 217) estime M. Brosseau. Il est un exercice de recherche par lequel un auteur tente de

1 Pour rappel, le paradigmatique relève du système de classement alors que le syntagme tient de la mise en mouvement de ce système de classement, en sorte que les mots sont paradigmatiques alors que les phrases font syntagmes.

dessiner un espace olfactif. La fonction géographique du texte littéraire est ici celle de suggérer une dimension alternative dans le rapport au monde du chercheur *(ibid.)*. Il est un discours qui sert la découverte. Dans la conception du texte comme souffleur, le lieu de l'impulsion est déplacé. Le texte considéré comme ressource documentaire, ou comme levier permettant d'investir le trouble d'une épaisseur existentielle, vient après une construction théorique. Il sert à l'administration d'une preuve; il est l'espace d'une validation écrit M. Brosseau. La conception dialogique pose, à l'inverse, le texte en premier. *«Le* Parfum *invite le lecteur à produire avec lui une nouvelle ‹vision du monde›»* (*ibid.*: 128).

Manhattan transfer (1915) de J. Dos Passos (1896-1970) permet par exemple aux géographes (Brousseau, *ibid.*: 129-156) non pas d'envisager l'âme d'une ville ou des représentations socio-spatiales de l'univers urbain, mais plutôt de réfléchir aux *«rapports entre une conception de la ville et les enjeux formels du discours qui tente de la suggérer artistiquement»* (*ibid.*: 130). De fait, dans son dialogue avec le roman, M. Brosseau s'intéresse moins à son contenu réaliste au profit d'*«aspects plus techniques»* (*ibid.*: 131) qui permettent de mieux *«mettre en lumière les rapports entre les formes du discours et la représentation de la ville»* (*ibid.*: 131); de *«comprendre comment le texte produit une représentation originale de la vie et du milieu urbains» (ibid.)*. Le souci de la forme et sa réception dans un cadre dialogique (soit la considération que le roman n'est pas la réalité, qu'il ne recueille pas des faits mais permet de découvrir ce que lui seul permet de découvrir) montrent comment des techniques d'écriture *«communiqu*[ent] *une interprétation de la vie et de la réalité urbaines»*. De même, la lecture dialogique des *Météores* (1975) de M. Tournier conduit M. Brosseau toujours (*ibid.*: 157-183) à enrichir sa conception des lieux. Jean fuit Paul; Paul poursuit Jean. La structure du roman de M. Tournier, sa construction, introduit un double discours sur les lieux qui sont découverts successivement par les deux jumeaux. Ainsi, ce que le géographe appréhende dans la fiction des *Métores*, ce sont les *«propriétés altérisantes des lieux»* (*ibid.*: 158). La construction du roman amène notamment le lecteur à découvrir progressivement des lieux, à prendre conscience de *«leur épaisseur, de leur contingence, de leur ‹duplicité›»* (*ibid.*: 159).

Dans le même ordre d'idées, l'espace romanesque des *Microcosmes* (1998) de C. Magris (1939-) *«porte une forme de connaissance des territoires qui invite au dialogue avec ceux qui en font leur profession»* (Velut, 2002: 85). Le dialogue que S. Velut *«cherche à entamer avec le texte de Claudio Magris* [...] *passe par l'éclaircissement des relations entre le narrateur et ses territoires de références, non pas seulement pour illustrer une territorialité particulière, mais pour dégager les particularités d'une écriture géogra-*

phique» (ibid.). Le projet étant aussi, en faisant se rencontrer écriture littéraire et écriture géographique, de *«ressourcer»* la seconde *«dans d'autres écritures»* puisqu'avec les *Microcosmes*, *«la technique littéraire est mise au service d'une vision du monde» (ibid.)*. Une fois encore, le texte n'est plus considéré comme le recueil de vérités factuelles ou de représentations socio-spatiales. Il n'est pas non plus considéré comme un levier permettant d'investiguer une relation. Il est le lieu où commencer à produire d'autres géographies.

Néanmoins, considérer que le texte souffle des pistes, des manières alternatives de comprendre les systèmes territoriaux, adopter une conception dialogique du matériau littéraire n'implique pas de renoncer à y chercher des représentations socio-spatiales des territoires, d'approcher le texte dans son réalisme ou encore d'ignorer sa fonction d'analyseur. Ce qui est par contre exigé, c'est de travailler à faire discuter ces trois sources avec les préoccupations du géographe. J. van Waeberbeke (2002: 33-42) envisage ainsi les *«dispositifs de représentation des lieux et des paysages dans les œuvres littéraires»* (*ibid.*: 33). Il confronte des textes de D. Daeninckx. Il inscrit le *«lieu de la diégèse»** et le *«lieu référé du monde réel»** (*ibid.*: 34) dans un rapport dialogique. La question du sens des lieux le conduit, à partir de la notion de représentation spatiale, à la notion plus dialectique de *«métaphore du territoire»* (*ibid.*: 40) qui implique une circulation du sens entre lieu diégétique et lieu référé *(ibid.)*. D. Daeninckx est inscrit dans un contexte social et doté d'un capital expérientiel. Il hérite d'un lieu socialement connoté, mais il le travaille. Il s'en sert dans un projet littéraire, et restitue une image qui collabore au feuilleté sémantique du lieu référé. S. Savary *(op. cit.)* cherche à comprendre *«comment réel et imaginaire se combinent pour construire l'identité de la ville de Barcelone» (ibid.)*. Elle met en rapport les récits de quatre écrivains contemporains, les images qu'ils véhiculent avec des *«documents extra-littéraires»*, des relevés physiques, les paroles d'habitants auxquels elle lit des passages des auteurs retenus. Elle suscite l'idée d'un texte littéraire comme ressource cognitive.

L'important est que la référentialité physique, la recherche des représentations socio-spatiales n'est pas ignorée ou rejetée, mais dynamisée et traitée d'une manière critique, dans une conception qui construit le dialogue. Ce qui se manifeste ici, c'est une lecture doublement critique du texte littéraire. Il ne présente pas la réalité. Il souffle, au géographe, des alternatives. Mais il les souffle aussi au lecteur non professionnel.

*

Les approches géographiques du littéraire sont plurielles. Elles ne sont pas réductibles à la seule *humanistic geography*, même si l'importance quantitative des travaux qui en sont issus est significative. La géographie régionale a usé du matériau littéraire pour compléter ses tableaux. Il existe très tôt un usage radical[2] de la littérature que ce soit pour rappeler qu'un écrivain est toujours inscrit dans un contexte social, que son texte témoigne certes, mais que les valeurs initiales de son auteur restreignent sa vision (Cook, 1981: 66-84) ou, à l'opposé, que la littérature exerce un rôle émancipatoire en révélant ce que la réalité devrait être (Olwig, 1981: 47-65), *«stimulant* [ainsi] *le changement»* social (*ibid.*: 47 – cité par Lévy, 1983). La géographie culturelle s'en sert également, notamment à la faveur de la métaphore du paysage comme texte. J. Duncan et S. Duncan (1988 [2001]) montrent par l'intermédiaire de trois exemples la manière dont le texte, les comportements qu'il inspire, *«conduit à la production de paysages»* (*ibid.*: 217).

Il est de fait plus justifié de classer les approches géographiques du littéraire selon le statut qui lui est attribué. Ces différents statuts se complètent, se combinent, se dialogisent. Ils ne sont en aucun cas exclusifs. C'est pourquoi j'ai délibérément choisi de présenter, après d'autres, ces traitements sans les critiquer, en valorisant leurs apports respectifs. L'approche du matériau littéraire comme ressource documentaire est sans doute empreinte d'un réalisme naïf. On peut s'interroger quant à cette propension à une *«lecture littérale des paysages littéraires»* (Brosseau, 1996: 30), à chercher des faits dans la fiction *(ibid.)*. Le *«romancier* [n'est pas un] *porte parole» (ibid.)*. L'inscription régionale d'un roman relève bien souvent d'un *«effet de réel»*, il s'agit d'un artifice dont la fonction est avant tout d'authentifier la réalité du récit (Paterson, Paterson, 1981: 209-220). De même, la conception selon laquelle le littérateur serait doué d'une puissance d'évocation hors du commun qui en ferait un analyseur de la relation ordinaire de l'homme et de son environnement est discutable. D'une part, elle relève, comme le montre M. Brosseau, du même schème réaliste. D'autre part, elle est susceptible de verser dans une ichnographie des grands (en l'occurrence le grand auteur, cf. *supra*: Chapitre 3, section 2). La formule rimbaldienne du poète en tant que voyant, c'est-à-dire en prise directe avec les choses, avec l'essence même de l'existence n'est jamais très loin. Exemplaire est, à cet égard, la justification que J.-L. Piveteau (1981 [1995]) donne de son intérêt exclusif pour J.-J. Rousseau alors qu'il cherche à appréhender la *«perception de l'espace en Suisse romande, au XVIIIe siècle»*:

2 Au sens de la géographie radicale, cf. note 18, Chapitre 1.

> Rousseau est-il un témoin significatif? La part des contingences personnelles, chez lui, est forte, à la mesure de sa personnalité. Ce qui affaiblit, à coup sûr, l'exemplarité de son cas. Et pourtant cette puissance est notre chance. Jean-Jacques capte ce que son temps perçoit, pour partie, de façon confuse, et surtout il sait le communiquer. C'est le propre des écrivains de grand talent (*ibid.*: 55).

Mais la réception dialogique évite-t-elle cet élitisme implicite, cette conception du texte comme produit d'un voyant? Il est loisible d'en discuter. De fait, mon option est celle d'une articulation, dans une conception étagée du texte. J'ai bien sûr un parti pris. Les textes littéraires mettent à disposition des schèmes esthétiques. Mais ces schèmes ne sont pas réductibles à des représentations socio-spatiales. Ils doivent être compris comme des manières, proposées à différents niveaux de la textualité, de rentrer en contact avec un objet. Ils sont des façons de se positionner, d'orienter son corps, son appareil perceptif, dans l'espace. Ils sont une orientation des flux d'images associés à ces positions. Les textes mettent à dispositions des schèmes esthétiques qui sont des manières de rencontrer un objet; ils en permettent la circulation ce qui ne veut pas dire la reproduction. Il existe ainsi la possibilité d'une généalogie des rhétoriques habitantes quotidiennes, de la forme qu'elles prennent dans les trois fragments disposés sur ma table de travail.

Cette généalogie pourrait s'effectuer selon trois grands axes. Le *premier*, déjà évoqué au livre 1, est celui de la *«profanation»* et de la dégradation (Rougemont, 1938 [1997]): dans ses récits, descriptions, narrations quotidiennes, l'habitant recourt à des façons de dire construites par le roman, la poésie, qu'il dégrade dans son usage naïf de la langue sans se douter de toute la charge symbolique que ses façons de dire véhiculent. Le *deuxième axe* est celui de la réappropriation et de la subversion (Certeau, 1980 [1990]). L'habitant n'est pas aliéné à des productions de type littéraire; comme tout consommateur de biens, il use des façons de dire proposées dans une économie de la réutilisation, mais il les détourne dans un mode de faire qui tient du *«braconnage»* (Certeau, *ibid.*: 239-252). Le *troisième axe*, enfin, est celui de la réprobation et de la réception distanciée (Hoggart, 1957 [1998]). L'habitant se moque des façons de dire littéraires et poétiques qu'on lui propose, par l'intermédiaire du champ culturel; il y recourt sur un mode qui tient de l'humour, de la dérision, de l'ironie, de sorte qu'il s'en protège. Mais ce qui doit pour le moment retenir l'attention, c'est surtout l'occasion d'une histoire des pratiques de ville, des manières de s'y déplacer, d'y mobiliser des affects, de l'investir par la matérialité d'un corps en mouvement, de s'y territorialiser physiquement.

Cette approche sur la longue durée des pratiques spatiales implique ce que J. van Waerbeke appelle des *«images médiales»** (1996: 51-78), soit des images qui travaillent *«le sens* [...] *de la relation au milieu»* (*ibid.*: 75) qui circulent *«d'émetteur à récepteur, dans une confrontation incessante aux réalités factuelles» (ibid.)*. Des images relativement stables, selon J. van Waerbeke qui, autour de la question des *«représentations de la banlieue de Paris»* entre 1830 et 1980, isole trois configurations qui recourent au même thème générique, celui *«des ‹mobilités›»* (1996: 70). Un thème stable qui se décline et s'enrichit de nouvelles sémantisations au cours de temps forts clairement circonscrits *(ibid.)*. En conséquence, les images médiales sont des métaphores du territoire intertextuelles, intersubjectives, et qui durent. Un auteur construit un espace diégétique en fonction d'un espace référé. Mais cette opération mobilise sa culture, sa connaissance d'autres textes, d'autres images qui *«viennent croiser les siennes»* (Waerbeke, 1993: 123). Un lecteur s'en empare, les retravaille, les rediffuse *«à d'autres par le truchement d'autres situations de communication» (ibid.)*. Mais ces métaphores du territoire inscrites dans des réseaux d'intertextualité et d'intersubjectivité sont un peu plus qu'une construction du sens d'un lieu qui circule *«d'émetteur à récepteur, dans une confrontation* [...] *aux réalités factuelles»*. J. van Waerbeke joue sur les différentes acceptions du mot *sens*. Les images médiales font circuler *les* sens du lieu.

De fait, le qualificatif *«médial»* renvoie à la mésologie d'A. Berque (1990 [1991]). Il est relatif à ce qui circule entre le sujet et l'objet. Il est de l'ordre de la *«prise»* (*ibid.*: 102), de ce qui permet de s'arrimer à un milieu, le canal mésologique par lequel le sujet prend contact avec une extériorité. Il renvoie à une relation qui est matérielle et idéelle à la fois, *«sensation/perception et signification de cette relation»* (*ibid.*: 48). Les images médiales nous parlent de la manière dont les lieux *«sont (ou peuvent être) habités, territorialisés, parcourus, délaissés ou rejetés»* (Waerbeke, 1999: 1). Elle proposent une façon de relation au Monde, des répertoires de gestes qui vont rentrer dans la grande machine à faire circuler de l'intersubjectivité et de l'intertextualité.

*

J'observe mon matériau d'enquête. Je pourrais l'analyser de différentes manières pour répondre à ma question de recherche. Mais ce qui m'interpelle, c'est le caractère narratif des fragments que je parcours, le lien qu'ils entretiennent avec un arrière-fond littéraire. Une place conduit Katia *«en arrière dans le passé»*. Catherine accomplit un petit rituel entre deux rives. Carole observe des choses très étranges, des visages dans un tram. Ces situations sont banales, quotidiennes. Pourtant, à leur niveau, elles sont dotées d'un caractère esthétique. Katia, Carole, Catherine font de la littérature à l'état pratique, et c'est précisément ce qui me surprend. La narrativité est une des caractéristiques genriques d'un type spécifique de texte littéraire: le roman. Ce qui m'intéresse dans les fragments que j'observe, c'est l'interpénétration du romanesque et du factuel dans les paroles d'entretien que j'ai recueillies, mais non pas pour montrer *«comment, dans un environnement historique, culturel et social donné, l'homme construit sa propre réalité en articulant le fonctionnel et le symbolique et comment dans chaque lieu se côtoient le réel et l'imaginaire»* (Bailly, Pocock, 1984 [1995]: 165).

Car ces paroles font état de *pratiques* de la ville, elles racontent un *usage*, une *manière* de s'y déplacer, de s'y promener, de la mettre en signification, d'interpréter ce qu'on y voit, d'éprouver un paysage urbain. Ces paroles expriment une *activité physique*, des *postures corporelles*, l'organique d'une appréhension sensori-motrice du monde. Elles révèlent une technique du vivre en ville. Il y a une montée, un retour en arrière, des voitures. Un pont qui bouge. Un arrêt aux feux après avoir marché à l'ombre des marronniers. De fait, il s'agit ici de banal, de sensations, de matérialité. La narrativité de ces passages, le lien qu'ils entretiennent avec un genre spécifique du texte littéraire m'incite à m'interroger sur la capacité des textes littéraires à véhiculer des techniques spatiales, des modalités de territorialisation, des postures corporelles. Non pas un mixte de réel et d'imaginaire, mais une matérialité brute et ordinaire.

Ainsi, après d'autres, une *«imagination géographique»* (Raffestin, *op. cit.*) m'incite à rapprocher deux espaces distincts: un espace littéraire et un espace référentiel. Mais je ne recherche pas des représentations socio-spatiales, une image de la ville, une image des lieux véhiculée par des textes littéraires. Constatant le caractère narratif de mes fragments, je me demande comment des textes littéraires ont contribué à la construction de façons «corporelles» de pratiquer la ville, à la manière dont ils ont suscité des postures, c'est-à-dire des *«attitudes particulières du corps»* (selon la définition du dictionnaire *le Petit Robert*), mais aussi des positions et des situations du corps. Et je me dis, à titre d'hypothèse, que ces postures résident dans la textualité, la structure des textes, leur aspect formel en somme. Je me dis aussi que cette dernière affirmation demande une meilleure explicitation, qu'il me faut mieux la comprendre, que je dois chercher, encore.

3. L'espace littéraire

Les géographes ne sont pas les spécialistes de l'espace littéraire. Ils figurent parmi les personnes qui l'abordent d'un point de vue professionnel, ils sont un des corps de métier qui s'y intéressent, mais d'autres s'en préoccupent de manière plus spécifique, notamment les producteurs d'espaces littéraires (ceux qui font profession d'écriture) et les consommateurs assermentés (ceux qui font profession de lecture critique) d'espaces littéraires. Ce qu'ils disent et écrivent de l'espace diégétique permet de mieux comprendre la dynamique spatiale à l'œuvre dans le texte littéraire. Le texte propose des images médiales, à savoir non seulement des représentations socio-spatiales, non seulement des métaphores du territoire, mais un usage du sens des paysages et des sens du paysagement, des manières de prendre contact, des prises, des postures, des gestes qui construisent un mode de relation paysagère. La question est donc celle de savoir comment le texte est un médiateur privilégié, comment il invente. Je vais progressivement y répondre en mobilisant discours de producteurs et de consommateurs professionnels de littérature.

3.1. Le laboratoire littéraire

Le roman constitue un laboratoire spécialisé dans l'observation de *«la vie concrète de l'homme»*, qui *«la protège contre ‹l'oubli de l'être›»* (Kundera, 1986 [2004]: 16). Il a pour objectif de «[d]*écouvrir ce que seul un roman peut découvrir*» (Kundera qui cite Broch, *ibid.*). Il est une forme qui *«doute»* et poursuit l'interrogation d'une seule et même préoccupation: l'Etre de l'homme dans ce monde.

Cette interrogation dispose d'une méthodologie et d'outils. Le texte littéraire analyse des situations (*ibid.*: 46) et dispose pour cela de personnages qui ne sont pas la *«simulation d'un être vivant»*, mais *«un être imaginaire»*, un *«ego expérimental»*. L'art du roman consiste à explorer, dans le cadre de cette méthodologie et à l'aide de ces outils, non *«pas la réalité mais l'existence»* (*ibid.*: 57), pas *«ce qui s'est passé»* mais *«tout ce que l'homme peut devenir, tout ce dont il est capable»*. Le texte littéraire se demande ce qu'est un acte, comment apparaît une décision. *«Comment les actes s'enchaînent* [...] *pour devenir aventure?»* (*ibid.*: 75). Il interroge en refusant le point de vue de la spécialisation, en se revendiquant comme le lieu où *«l'homme peut encore garder des rapports avec la vie dans son ensemble»* (*ibid.*: 85), sans affirmer mais en demeurant dans le jeu et l'hypothèse (*ibid.*: 97). Il est un travail formel qui imite le réel, mais n'est pas la réalité. Un travail qui aborde la quotidienneté de gens sans qualités, développe des thèmes existentiels (*ibid.*: 104), les orchestre dans un «art de la *composition*», envisage dans un personnage non pas un «*type sociologique* [...] *mais une possibilité humaine, une façon élémentaire d'être*» (*ibid.*: 136) qui s'articule à une situation, et à d'autres personnages qui sont des hypothèses existentielles en acte. Enfin, le texte littéraire est une forme d'humour sérieux, une manière de jouer sur la forme d'une composition pour répondre à une question importante. «*Cette façon extravagante de composer le roman pourrait apparaître comme un simple jeu formel. Mais, dans l'art, la forme est toujours plus qu'une forme. Chaque roman, bon gré mal gré, propose une réponse à la question: qu'est-ce que l'existence humaine et où réside sa poésie*» écrit M. Kundera (*ibid.*: 191-192) à propos du *Tristram Shandy* (1759) de L. Sterne (1713-1768). Ce sont notamment ces caractéristiques qui inclinaient, en 1996, M. Brosseau *(op. cit.)* à récuser les prétentions réalistes, objectives et subjectives, du littéraire. Le roman permet d'explorer ce que seul le roman peut explorer et, dans une approche dialogique, le géographe trouve des conceptions alternatives, inédites du lieu. Il se voit souffler des intuitions spatiales, d'autres approches de l'espace géographique.

Mais il n'y a aucune raison de penser que le texte littéraire souffle l'intuition d'autres approches des lieux aux seuls géographes. Le lecteur amateur n'est ni plus passif, ni moins éclairé. Il s'approprie, lui aussi, des tours littéraires pour augmenter, diversifier son répertoire de manières de vivre les lieux. De fait, l'analyse des images médiales que véhicule le texte littéraire, en tant que forme d'une interrogation, reproblématise significativement l'approche géographique dialogique de la littérature. A partir de cette forme spécialisée dans l'observation de «*la vie concrète des hommes*» (Kundera, *op. cit.*: 16), c'est la conversation ininterrompue du texte littéraire à la réalité, des textes entre eux, des lecteurs professionnels et amateurs qu'il s'agit d'appréhender.

Mais recentrons-nous sur les caractéristiques de ce texte dont nous nous sommes éloignés, car ce sont elles qui en font un document géographique de première main.

Le texte littéraire est donc la forme d'une interrogation qui dans le cadre d'une méthode (l'analyse de situations), dispose d'outils (les personnages), pour explorer des possibilités de l'Etre, dans la répétitivité du quotidien. Cette définition se rapproche d'une autre définition, celle qu'en donne M. Butor en 1960: «[L]*e roman est une forme particulière du récit*», lequel:

> est un phénomène qui dépasse considérablement le domaine de la littérature; il est un des constituants essentiels de notre appréhension de la réalité. Jusqu'à notre mort, et depuis que nous comprenons des paroles, nous sommes perpétuellement entourés de récits, dans

> notre famille tout d'abord, puis à l'école, puis à travers les rencontres et les lectures (Butor, 1960a [2000]: 7).

Ainsi, en tant que forme particulière du récit, le texte littéraire permet que se *«constitue en grande partie notre monde quotidien»* (*ibid.*: 8). Le fait qu'il a la particularité d'être *«délibérément inventé» (ibid.)* le dote néanmoins d'une fonction d'exploration:

> Alors que le récit véridique a toujours l'appui, la ressource d'une évidence extérieure, le roman doit suffire à susciter ce dont il nous entretient. C'est pourquoi il est le domaine phénoménologique par excellence, *le lieu par excellence où étudier de quelle façon la réalité nous apparaît ou peut nous apparaître* (*ibid.*: 9, je souligne).

Le texte littéraire est la forme d'une interrogation. Un auteur, inscrit dans un contexte social donné, et doté d'un capital expérientiel, travaille des situations existentielles. Il explore une forme qui participe d'une vision du monde, une relation au réel, à un monde *situé, mais expérimental.* Il cherche à dire de manière «vraie» la façon dont la «réalité» nous apparaît. Et la forme de cette recherche exprime, en elle-même, un mode de rapport au monde, un savoir géographique, non pas en tant qu'elle manifeste une relation – au sens où l'entendrait la *humanistic geography* – mais du fait de la spatialité, des positionnements corporels qu'elle construit en cherchant une manière «juste» d'écrire le rapport au réel.

3.2. Le texte littéraire: une forme qui cherche[3]

Le texte littéraire constitue donc un lieu spécialisé où étudier la manière dont la *«réalité nous apparaît ou peut nous apparaître»* (Butor, *op. cit.*: 9). Cette affirmation de M. Butor conduit, dans un premier temps, à rétablir le texte littéraire dans sa fonction d'analyseur.

Pour M. Butor, l'écrivain se livre toujours à une *«expérience méthodique»* (*ibid.*: 14); il traque un *«moyen d'attaque privilégié, un moyen de forcer le réel à se révéler»* (1960b [2000]: 17), car si le texte littéraire n'est pas la réalité, s'il n'en est pas même le reflet, il n'en demeure pas moins qu'*il traite avec la réalité.* Il cherche une façon de la dire, et graduellement il se substitue à elle (1960a [2000]: 9), *«la recouvre»*, *«se fait passer* [pour l'expérience réelle]*» (ibid.).* C'est ainsi que la forme se manifeste peu à peu comme une *«mystification» (ibid.)*; qu'elle fige l'expérience phénoménologique du réel. Ainsi, M. Butor estime que l'innovation formelle

3 Cet intertitre reprend l'idée du *«roman comme recherche»* de M. Butor (1960a).

est le moyen de déjouer cette mystification et d'approcher une vérité. *«L'exploration de formes romanesques différentes révèle ce qu'il y a de contingent dans celle à laquelle nous sommes habitués, la démasque, nous en délivre, nous permet de retrouver au-delà de ce récit fixé tout ce qu'il camoufle ou qu'il tait, tout ce récit fondamental dans lequel baigne notre vie entière»* (*ibid.*: 10). De sorte que *«[l]'invention formelle dans le roman, bien loin de s'opposer au réalisme comme l'imagine trop souvent une critique à courte vue, est la condition* sine qua non *d'un réalisme plus poussé»* (*ibid.*: 11). C'est pourquoi le texte littéraire est un *«fragment illusoire du quotidien»* (*ibid.*: 12) qui tend, dans un réalisme toujours plus fin, à une forme de vérité. Il décrit un ensemble de relations de signification avec la *«réalité où nous vivons» (ibid.)*; des relations qui *symbolisent.* C'est ainsi que des *«formes nouvelles»* révèlent de *«nouveaux sujets»* (*ibid.*: 13). Or, le texte littéraire se dote d'un intérêt d'autant plus géographique que l'ensemble des relations à la réalité[4] qu'il construit est aussi un travail sur l'espace.

Le roman dans sa globalité, dans sa structure macrologique, réfléchit à la manière dont la réalité nous apparaît (symbolisme externe). Cette réflexion se retraduit dans l'organisation interne, dans sa structure micrologique, dans l'agencement de ses parties, dans la construction de ses syntagmes, etc. (symbolisme interne). Or le texte littéraire est une forme spatio-temporelle (*infra*: note 6). Le travailler, tant à un niveau externe qu'interne, c'est construire une structure spatiale, une spatialité. *«Entre la composition romanesque et l'organisation réelle de l'espace habité sous toutes ses formes: chambre, ville, ou la terre entière, il y a d'étroites relations, puisqu'il s'agit aussi de traiter, d'organiser des parcours, ici réels, là fictifs, d'une chambre à l'autre, d'un quartier, d'une ville à l'autre»* (Butor, 1964 [2000]: 71), puisqu'il s'agit d'*«organiser* [...] *la façon dont les lieux vont se ‹commander›, se représenter les uns à l'intérieur des autres» (ibid.).* La forme qui cherche du texte littéraire construit une forme narrative de l'espace.

Je recourrai ici à un exemple qui m'est fourni par l'analyse que fait J.-Ch. Gay (1993: 35-50) de l'œuvre de M. Proust. L'espace proustien est régi par des impératifs qui relèvent de la physique romanesque et non pas de la physique du monde concret. Le couple Méséglise *vs.* Guermantes, qui structure le récit et construit une image du territoire, est un axe narratif dont les pôles se rapprochent au cours du travail littéraire de la *Recherche du temps perdu.* Combray, Balbec sont des lieux synthétiques: ils résument d'autres lieux que M. Proust a

4 L'ensemble des relations internes du texte qui retraduit les relations à la réalité est pensé par M. Butor sous le rapport du *«symbolisme externe»* et du *«symbolisme interne»* de l'œuvre. Le premier se reflète dans le second, *«certaines parties jouant, par rapport à l'ensemble, le même rôle que celui-ci par rapport à la réalité»* (*ibid.*: 12).

fréquentés (*ibid.*: 38). Cet espace diégétique relève d'une territorialité fragmentaire qui privilégie le point et la ligne plutôt que la surface (*ibid.*: 45-46). Il s'agit d'un espace qui inaugure une figure asyndétique du territoire, une pratique spatiale qui élide les liaisons. Ces caractéristiques sont déterminées par des considérations littéraires, narratives, mais s'appuient sur les traits distinctifs d'une nouvelle armature urbaine. Dans son œuvre, l'auteur ménage des ellipses. Mais son écriture collabore aussi à une pratique spatiale spécifique. C'est ainsi que M. Proust travaille sa forme et que ses procédés stylistiques suscitent une manière vraie de dire un nouveau rapport à la réalité, la manière dont elle se manifeste (*ibid.*: 48). *«Cette représentation* [...] *savamment construite par l'auteur, où de grands vides séparent quelques points forts, correspond à la structuration de l'espace de plus en plus prégnante du monde moderne et à l'émergence d'un type nouveau de discontinuités»* (*ibid.*: 35). Ainsi, la structuration du texte construit des parcours et dans le même temps que l'auteur cherche une manière d'écrire la façon dont la réalité nous apparaît, qu'il élabore sa forme, qu'il intervient sur un espace qui est celui du roman, il crée une spatialité «réelle». Autrement dit: *«à partir d'une invention romanesque, des objets peuvent être effectivement déplacés, l'ordre des trajets transformés»* (Butor, 1964 [2000]: 58).

Or, si le texte littéraire travaille simultanément des formes de rapports au monde et des structurations de l'espace, un traitement «réaliste» des textes littéraires est légitime. Une *«réception littérale des textes littéraires»*, pour reprendre l'expression de M. Brosseau, serait sans doute naïve. Mais le rejet de leur valeur en tant que matériau de première main d'enquête géographique est dommageable. Le texte littéraire raconte une expérience fictive. Ses personnages sont bien sûr des êtres imaginaires et non des simulations d'êtres vivants. Mais le texte littéraire est une forme qui cherche notamment à restituer une «vérité», celle de l'expérience phénoménologique du réel. Et cette élaboration de la forme, la structure du texte littéraire, la manière de présenter l'intrigue ou l'absence d'intrigue, modèle profondément l'espace. Un espace certes diégétique, mais qui interfère avec l'espace référentiel, ne serait-ce que parce que la lecture construit des points de vue sur l'espace et le territoire, conduit à rapatrier d'autres villes dans la ville du lecteur (Butor, 1964 [2000]: 57)[5], mais aussi parce que le texte reconfigure les liaisons du territoire, *«l'ordre des trajets»*, la façon dont chaque lieu se *«représent*[e]» dans un autre *(infra)*.

5 *«Dans ma ville sont présentes bien d'autres villes, par toutes sortent de médiations: les pancartes indicatrices, les manuels de géographie, les objets qui en viennent, les journaux qui en parlent, les images, les films qui me les montrent, les souvenirs que j'en ai, les romans qui me les font parcourir»* (Butor, 1964 [2000]: 57).

Cette conception du texte littéraire, du roman en tant que *«forme qui pense»* (Macherey, 1990) pose encore la possibilité d'un autre type d'approche géographique. Le texte littéraire narratif, le roman est une interrogation. Il tend au réalisme, il tend à restituer adéquatement la manière dont le monde nous apparaît. M. Kundera, comme beaucoup d'autres, le fait naître en Europe avec Cervantes. M. Butor, comme beaucoup d'autres lui aussi, le rattache à la forme *«picaresque espagnole ou élizabéthen*[ne]*»* (1960b [2000]: 51). Ils datent son apparition. Le texte littéraire narratif, le roman, est une forme qui cherche qui apparaît *à un moment* de l'histoire européenne. Cet élément fournit un nouveau moyen de problématisation que je vais progressivement développer.

4. Réalisme et forme romanesque

Sous le titre de *Mimésis: la représentation de la réalité dans la littérature occidentale*, E. Auerbach publiait, en 1946 (2005), le résultat de trois ans de recherche autour de *«l'interprétation du réel à travers la représentation (ou ‹imitation›) littéraire»* (*ibid.*: 549). Son analyse commence avec la cicatrice d'Ulysse au chant XIX de l'Odyssée (fin du VIIIe siècle avant J.C.) et s'achève sur un «bas couleur de bruyère» dans la Promenade au phare (1927) de V. Woolf (1882-1941). Il suit, sur plusieurs millénaires, l'évolution de la représentation de la réalité, la manière dont des traditions se rencontrent. Il note que le *«réalisme moderne»** rompt avec *«la règle classique de la distinction des niveaux stylistiques selon laquelle la réalité quotidienne et pratique ne pouvait trouver place, en littérature, que dans le style bas ou intermédiaire» (ibid.)*, et insère ce mouvement dans une durée, une évolution préparée par le roman dix-huitièmiste et *«plus nettement encore depuis le Sturm und Drang et le préromantisme» (ibid.)*. Inscrivant son objet dans le temps très long, E. Auerbach dégage les traces d'un *«réalisme sérieux»* au Moyen Age et à la Renaissance bien que celui-ci soit différent du réalisme moderne. Le réalisme né dans l'Occident médiéval est *«figuratif»*, les liens qu'il entretient avec la réalité terrestre sont plus lâches. Ce réalisme figuratif a été écarté au XVIe et XVIIe siècle par les partisans *«d'une stricte imitation de la littérature antique»*. Le réalisme moderne continue certaines des tendances initiées par le réalisme médiéval. Par exemple, il poursuit l'*«invention»* du *«drame humain»* (*ibid.*: 327) du théâtre élisabéthain, à savoir que *«*[l']*histoire mise en drame a désormais pour centre une action humaine, c'est d'elle qu'elle reçoit son unité» (ibid.)*. De même, il travaille sur une conception du caractère qui est analogue: *«façonné par la naissance, la situation, la* *vie antérieure»* (*ibid.*: 323), c'est-à-dire non naturel. Le réalisme moderne use d'une conception réaliste de l'homme que les *«essais sur lui-même»* (1580) de Montaigne (1533-1592) mobilisent déjà, et qui consiste à prendre *«comme un tout»*, la *«vie particulière de n'importe quel individu»* (*ibid.*: 298); à considérer l'individu dans sa *«contingence»* (*ibid.*: 299), en le rattachant aux *«conditions et* [...] *circonstances accidentelles dans lesquelles il se trouve à un moment particulier» (ibid.).*

Mais si le réalisme moderne mobilise des schèmes esthétiques anciens, il les détache du *«figuratif»*. Le réalisme moderne se constitue comme un réalisme qui a pour centre une action humaine, dont il donne une représentation *«sérieuse, problématique et même tragique»* (*ibid.*: 549). Il mêle les genres et les individus. Il *«met en valeur et approfondit l'instant quelconque»* (*ibid.*: 548).

La contingence historique du réalisme moderne est susceptible de nous donner de quoi «géographier». A un «certain moment» de l'histoire européenne, une forme littéraire typique commence à se structurer. La première question qui vient à l'esprit est celle de se demander pourquoi elle apparaît à ce moment de l'histoire européenne. Dès lors que l'on s'inscrit dans les sciences humaines et sociales, ce pourquoi doit être envisagé en rapport à une *configuration sociale.*

I. Watt (1973 [2002]), dans *The rise of the novel* (édition originale 1957), apporte des éléments d'explicitation du contexte *«socia*[l] *et littérair*[e]*»* qui préside à la constitution de ce réalisme. Le texte narratif est une production du XVIIIe siècle qui *«tente* [...] *de dépeindre toutes les variétés de l'expérience humaine, et pas seulement celles qui conviennent à un point de vue littéraire particulier»* (Watt, 1973 [2002]: 14). Il est une forme littéraire qui soulève *«de manière aiguë* [...] *le problème de la correspondance entre l'œuvre littéraire et la réalité qu'elle imite» (ibid.).*

Pour élucider ce problème de la correspondance et révéler les enjeux sous-jacents aux modifications formelles du texte littéraire, I. Watt juge nécessaire de s'adresser à l'histoire de la philosophie. La confrontation des théories philosophiques et des *«traits distinctifs»* des textes de D. Defoe (1690-1731), S. Richardson (1689-1761), H. Fielding (1707-1754) conduit à dégager des analogies. Les textes littéraires mobilisent une théorie de la connaissance analogue à celle des philosophes. D'abord, le travail philosophique de R. Descartes (1596-1650) incline à faire de la *«recherche de la vérité* [...] *une matière absolument individuelle, logiquement indépendante de la tradition de pensée antérieure»* (*ibid.*: 16). Cet individualisme se manifeste dans le réalisme moderne du texte littéraire, dont le *«critère principal* [est] *la vérité par rapport à l'expérience individuelle»* (*ibid.*: 17). L'empirisme de J. Locke (1632-1704) pose que la pensée se développe à partir des données de l'expérience; la *«perspective littéraire nouvelle»* pose que *«l'intrigue* [doit] *se jouer entre individus particuliers, dans des circonstances particulières, contrairement à ce qui se passait d'habitude autrefois, où des types généraux d'humanité se détachaient sur un fond déterminé d'avance par une convention littéraire appropriée»* (*ibid.*: 20). Le rejet des universaux et la valorisation du particulier se manifestent ainsi dans un travail d'individualisation des personnages et le souci de leur environnement. Le problème philosophique de la définition de la *«personne individuelle»* travaille aussi la forme du texte littéraire, notamment dans le souci de *«représenter un personnage comme un individu particulier en le nommant exactement de la même manière que les individus particuliers sont nommés dans la vie courante»* (*ibid.*: 23); souci qui doit signifier que le personnage est une personne et non un type. Par ailleurs, dans sa théorie de la connaissance, J. Locke définit la personnalité par la continuité de sa conscience ce qui revient à localiser *«la source de l'identité personnelle dans le répertoire des souvenirs»* (*ibid.*: 27). Cette insistance sur la durée se manifeste dans la forme du roman moderne par une *«interrogation de la ‹vie en terme de temps›»* (Forster cité par Watt, *ibid.*: 28), une *«insistance sur le processus temporel»*, un intérêt pour *«l'évolution des personnages dans le cours du temps»* (*ibid.*: 29). Elle apparaît encore dans le *«corrélat nécessaire du temps»*: l'espace (*ibid.*: 33). La forme romanesque *«consiste à placer l'homme tout entier dans son milieu physique»* (Tate cité par Watt, *ibid.*: 35). Pour I. Watt, ces analogies ne constituent pas des homologies, pas plus que le réalisme philosophique ne détermine le réalisme moderne en littérature. Il y a sans doute influence, mais pour I. Watt ces deux réalismes s'enchâssent dans des modifications sociales plus amples qui sont, pour lui, le processus d'individualisation du monde occidental.

L'intéressant ici est que la forme du texte littéraire, son genre narratif, mobilise une épistémologie et que de cette manière, elle signifie une conception du sujet. Chez I. Watt le réalisme moderne apparaît avec l'«invention» de l'individu, c'est-à-dire un Je particulier distinct du groupe générique. La forme qui cherche du texte littéraire est la forme d'une subjectivité moderne. De fait, ce qui commence à se dessiner dans l'articulation de ces textes de critiques, c'est une configuration sociale et historique. Cette forme du texte littéraire qui interroge des situations existentielles au moyen d'hommes sans qualités, qui aspire à rendre compte d'un rapport à la réalité, n'est pas une production autonome du champ littéraire, une évolution naturelle vers plus de réalisme. Elle s'insert dans des changements macrosociaux qui se manifestent également dans le champ de la philosophie, par exemple. Ce que E. Auerbach appelle le réalisme moderne véhicule une théorie générale de l'homme; elle relève d'une certaine conception de ce qu'est la condition humaine dans ce monde-ci, et la manière dont la réalité, les idées de cette réalité, lui apparaissent.

Continuons à interroger l'histoire que raconte la forme du texte littéraire. M. Bakhtine (1975a [2004]: 153) pose comme principe de son *«originalité stylistique»*, *«l'homme qui parle et sa parole»*. Le réalisme moderne est une élaboration de cette parole et des différents langages sociaux. Ce qui identifie le roman et son héros, c'est que *«non content d'agir, il parle et que son action n'a pas de signification générale et indéniable, elle ne se déroule pas dans un monde épique incontestable et signifiant pour tous»* (Bakhtine, *ibid.*: 154). Elle est dans le quotidien de la relativité des situations existentielles, pour parler comme M. Kundera *(op. cit.)*.

Pour M. Bakhtine, le roman s'organise originellement autour de l'*idée d'épreuve du héros*. Une idée qui reçoit des contenus variés selon les époques, mais qui, sur la longue durée, donne sa cohérence à ce genre littéraire et permet de le rattacher à la période baroque, au Moyen Age, à l'Antiquité romaine et grecque (*ibid.*: 205). *«L'idée de l'épreuve du héros et de sa parole est peut-être l'idée essentielle du roman»* (*ibid.*: 202). Au XVIIIe siècle, néanmoins, un nouveau principe d'organisation apparaît, celui du *roman d'apprentissage* ou *de formation* (*ibid.*: 201). Le roman d'épreuve *«part de l'homme ‹tout prêt› et le soumet à l'épreuve à partir d'un idéal, ‹tout prêt› lui aussi»*. A l'inverse, le roman d'apprentissage ou de formation, pose le devenir de l'homme et *«une certaine dualité, un inachèvement de l'homme vivant»* (*ibid.*: 206). Ces deux principes d'organisation ne s'excluent pas dans le genre narratif moderne. Ils s'entrelacent. Par exemple, les œuvres de A. Fielding et L. Sterne mêlent *«ces deux idées, dans une proportion à peu près égale»* (*ibid.*: 206). Le héros est soumis à des épreuves qui le forment sans en faire un *«homme ‹tout prêt›»*.

L'intérêt de M. Bakhtine va à la constitution du genre romanesque comme microcosme plurilinguiste, comme lieu où des langages sociaux se rencontrent, s'intriquent les uns dans les autres. Il inscrit, lui aussi, cette tendance dans le temps long, mais dégage cependant des moments où des configurations typiques se cristallisent. Il apporte ainsi un élément supplémentaire dans la discussion qui est la nôtre, c'est-à-dire celle de savoir comment le texte littéraire est un médiateur privilégié, comment il invente un usage du sens des paysages et des sens du paysagement, des manières de prendre contact, des prises, des postures, des gestes qui construisent un mode de relation paysagère. Le passage du roman d'épreuve au roman d'apprentissage ou de formation (ou leur mélange) s'inscrit dans la tendance décrite par I. Watt. Il est une de ses manifestations stylistiques, dont l'objectif est de dire l'autocréation du héros. L'individu n'est plus *«l'homme ‹tout fait›»* (Bakhtine, *ibid.*) qui inscrit son existence dans un groupe générique proposant un *«idéal, ‹tout prêt› lui aussi»*.

Le mélange de ces deux principes d'organisation (épreuve et formation/ apprentissage) est une manifestation structurale qui s'articule à une théorie générale de l'homme. Celle-ci fait du sujet la source de la vérité et pose l'impératif d'une *«recherche de la vérité absolument personnelle»* (Watt, 1973 [2002]: 16). Cette manifestation structurale exprime donc une dynamique de la subjectivité. Le sujet est appelé à se réaliser dans le monde, à s'autocréer et le réalisme moderne cherche à écrire de manière appropriée cette dynamique.

C'est pourquoi le roman moderne interroge, dans un réalisme sérieux, des situations existentielles, et véhicule un rapport au monde. Ses tours narratifs expriment un mode spécifique de connaissance, une manière de connaître, une conception du rapport de l'individu au monde. Les personnages y sont individualisés, dotés d'une particularité inscrite dans un processus temporel qui les voit évoluer. Le principe d'organisation du roman d'épreuve traitait d'un héros générique, hors du temps, dont le sens de l'action vaut pour tous. Un héros dont l'action relève du monde d'en-haut, des vérités éternelles et des idées. Dès lors que ce principe organisateur devient l'apprentissage ou la formation, la «nature» du héros se modifie. Le sens de son action perd de son universalité. Elle est circonstancielle et personnelle: elle relève du contexte dans lequel elle s'inscrit; elle révèle le héros au lecteur et à lui-même. Ainsi, l'action est une modalité d'appréhension d'un Soi énigmatique, parce qu'en création. Le héros est régi par les règles du monde d'en-bas, des vérités partielles et des pratiques contextuelles.

L'hybridation de ces deux principes n'y change pas grand-chose. A un certain moment de l'histoire européenne, le texte littéraire devient une forme qui cherche à dire le mystère, et la révélation partielle de l'intrigue du sujet. Il mobilise des situations existentielles qui sont des dispositifs expérimentaux à l'intérieur desquels un auteur teste des solutions d'appréhension de l'Etre. Un personnage se révèle en acte; un lecteur découvre graduellement, de manière indiciaire, un héros. Le texte littéraire est la forme d'une interrogation et la forme qui pense à la manière dont une réalité historique (le statut du réel, de l'extériorité de l'homme) nous apparaît dans le monde moderne, la forme qui réfléchit la situation de la subjectivité moderne. Dans ce projet épistémologique, le texte littéraire propose des procédés stylistiques nouveaux.

*

Dans sa forme, le roman moderne renseigne donc le géographe non seulement sur des images médiales, des modes d'appréhension du milieu, du paysage mais encore sur les dynamiques subjectives (et intersubjectives) liées à ces modalités d'appréhension. En ce sens, encore une fois, le texte est un matériau d'enquête de première main. A son niveau structural, il délivre des informations factuelles qui relèvent des registres psycho-sociaux et socio-cognitifs. Il permet d'envisager des logiques de fonctionnement de la subjectivité, des logiques d'action du sujet. C'est ce point précis que je vais maintenant chercher à démontrer de manière plus spécifique. La forme narrative du réalisme moderne est la forme textuelle de la subjectivité moderne; elle produit des structurations de l'espace qui supportent, enregistrent et habilitent, c'est-à-dire rendent possible, la subjectivité moderne.

5. La forme polytopique du narratif et la subjectivité moderne

Le réalisme moderne inscrit un personnage quelconque dans des situations existentielles. Ce personnage est différencié. Il n'est pas un type général mais un individu. Il ne subit pas des épreuves abstraites qui renvoient, dans leur logique, à un monde d'en-haut mais est pris dans un processus qui mobilise une temporalité. Ces indicateurs macrologiques se manifestent à un niveau micrologique du texte.

Ainsi, d'un point de vue structural, les procédés littéraires de présentation des personnages se modifient (Ehrich-Haefeli, 1994 [1998]) avec le réalisme moderne. Si le roman classique privilégie un mode de description où les personnages se caractérisent en fonction de vertus génériques, le réalisme moderne tente plutôt de mettre les personnages de son intrigue en situation. Il ne sont plus déduits d'une forme externe mais découverts de manière progressive, au gré de circonstances et d'indices. Il s'agit d'accomplir une narration, de donner à voir en racontant, et non pas de décrire un objet donné une fois pour toute. Le héros n'est pas éprouvé mais en devenir. Un motif herméneutique s'introduit dans le texte.

V. Ehrich-Haefeli *(ibid.)* donne des exemples contrastés de ces deux procédés. Dans le *Geschichte des Fraulein von Sternheim* (1771 [1983]), la demoiselle de Sternheim décrit lord Seymour dont elle vient de faire la connaissance:

> Si on me donnait la tâche de présenter, réunis dans un tableau [portrait] la noblesse de caractère, l'amour de l'humanité et un esprit parfaitement éclairé, je ne choisirais, pour ce faire, personne d'autre que Mylord Seymour; et tous ceux qui possèdent une idée claire de ces trois vertus les verraient chacune dessinées très distinctement dans sa personne et surtout dans l'expression de ses yeux.

Je ne dirai rien du timbre doux et viril de sa voix qui semble être fait pour exprimer les sentiments d'une âme noble; ni du feu de ses beaux yeux modéré par une certaine mélancolie, ni de la bonne tenue de tous ses mouvements qui unissent, de façon inimitable, la complaisance (l'amabilité) à la grandeur (*ibid.*: 71, traduction littérale de Ehrich-Haefeli).

La présentation de lord Seymour résulte d'un tableau des Vertus qui donne une grille d'intelligibilité universelle, un protocole des qualités dont un homme bien doit être doté; il est donné comme un composé de valeurs abstraites. La demoiselle de Sternheim commence par énumérer les Vertus choisies (noblesse de caractère, amour de l'humanité, esprit éclairé) qui existent indépendamment de lord Seymour, et qui peuvent se lire de manière distincte sur sa personne. Sa voix, ses yeux, ses mouvements incarnent les valeurs en question.

A l'inverse, alors que le jeune Werther, dans le roman de J. W. Goethe (1774) s'essaye à la présentation de la jeune Lotte, après sa première rencontre, donc dans une situation existentielle analogue et par l'intermédiaire d'un média identique (une lettre à un ami, une amie), c'est en situation qu'elle nous apparaît:

Je montai les marches du perron, et en franchissant le seuil, j'eus le plus ravissant spectacle que j'aie vu de ma vie. Six enfants, de deux ans jusqu'à onze, se préssaient autour d'une jeune fille d'une taille moyenne mais bien prise. Elle avait une simple robe blanche, avec des nœuds couleur rose pâle aux bras et au sein. Elle tenait un pain bis, dont elle distribuait des morceaux à chacun de ses petits, en proportion de son âge et de son appétit. Elle donnait avec tant de douceur, et chacun disait *merci* avec tant de naïveté! (Goethe, 1774 [1997]: 49).

Lotte est au milieu d'enfants et les nourrit, de manière proportionnée, d'un pain bis. La proportionnalité de son geste donne une information sur le caractère de Lotte. Mais cette information est incertaine, non définitive puisque relevant d'une interprétation de la situation. D'ailleurs qui sont *«ses»* petits? Quelle est la signification de ses rubans roses? Nulle forme extérieure donne un sens générique à ce qu'est Lotte. En outre, Lotte n'est pas tout entière dans ce geste. Il faudra plusieurs rencontres pour la «révéler»; sa présentation requiert l'ensemble du roman. Ainsi, ce geste articulé à un autre construit une signification, définit sa protagoniste et la relation qu'elle entretient au monde. Le texte s'enrichit d'une nécessité interne. Le lecteur avance dans la lecture du texte littéraire, et la connaissance qu'il a des personnages se développe, son opinion varie. Il est conduit à moduler les points de vue possibles sur le héros. Il recueille des indices; considère des évolutions et des transformations: le roman est une conquête de la relativité écrivait, on s'en souvient, M. Kundera. C'est au travers d'une série de scènes que les personnages prennent forme. On retrouve ainsi dans la structure textuelle une recherche de procédés susceptibles de manifester la subjectivité moderne, dont l'un des motifs est celui du sujet en devenir: d'une subjectivité toujours à faire; jamais acquise. De fait, il faut bien trouver des moyens littéraires pour dire cette conception, nouvelle, du statut de l'homme dans le monde.

Le texte littéraire du *«réalisme moderne»* repose donc sur la conception d'un sujet inachevé propulsé dans des situations existentielles qui vont le former ou le révéler, sans pour autant le «terminer». A cette ligne thématique, correspondent des techniques d'écriture: nommer le héros pour l'identifier, nommer les lieux pour concrétiser l'intrigue (Watt, *op. cit.*); renverser le point de vue dans la présentation des personnages, se détourner d'un procédé qui donne une forme du dehors (par exemple, du tableau des Vertus à l'essence du protagoniste) pour choisir une technique plus narrative, où le récit de gestes contextualisés conduit à une remontée du sens. Consécutivement, la manière de présenter le paysage se modifie selon des modalités que j'évoquerai au chapitre suivant[6].

6 Ces techniques d'écriture mobilisent ainsi une conception, et un usage, du temps et de l'espace, que l'on peut tenter d'appréhender par l'intermédiaire du concept de *«chronotope»**, construit, *«presque (mais pas absolument) comme une métaphore»* par M. Bakhtine (1975 [2004]: 237), à partir de l'usage qu'en font les mathématiques et la théorie de la relativité de A. Einstein.
Le chronotope est *«la corrélation essentielle des rapports spatio-temporels, telle qu'elle a été assimilée par la littérature» (ibid.)*. Il est encore une *«catégorie littéraire de la forme et du contenu» (ibid.)*, ce en quoi le *«chronotope établit aussi (pour une grande part) l'image de l'homme en littérature, image toujours essentiellement spatio-temporelle»* (*ibid.*: 258). Alors qu'il s'intéresse aux formes prises par cette corrélation du temps et de l'espace dans la longue durée (de l'Antiquité gréco-romaine au roman goethéen), M. Bakthine dégage, dans deux articles distincts, deux grands types. Le premier, celui du roman grec et latin, du *«roman d'aventures et d'épreuves»* (*ibid.*: 240) repose sur un temps et un espace peu différencié. Le second, celui du roman d'apprentissage et de formation, mobilise un espace-temps concret. J. W. Goethe se détourne des paysages abstraits. *«*[I]*l a besoin de les voir éclairés par l'activité de l'homme et par l'événement historique»* (1984: 252).
Le fait que le chronotope établit toujours une image de l'homme en littérature conduit à ce qu'on retrouve dans ces deux pôles les configurations déjà discutées auparavant, notamment certaines des formes stylistiques évoquées par I. Watt. Ce qui nous intéresse, c'est la spatialité qui s'insinue dans ce dispositif littéraire. La recherche d'une manière adéquate d'écrire une nouvelle théorie de l'homme, et de ses modes de connaissance, la recherche d'une écriture «vraie» du rapport de l'homme à la réalité, à la façon dont elle nous apparaît, construit un espace diégétique puis configure une territorialité. Les lieux sont nommés. Ils relèvent d'une réalité géographique. Ils sont traversés d'un temps historique: ils changent. L'espace-temps est altérisant (pour reprendre une expression de Brosseau, *op. cit.*). Les personnages sont contextualisés, dotés d'une histoire, inachevés par principe, considérés du point de vue d'un impératif herméneutique plus ou moins explicite. Ce sont les situations existentielles qui sont les leurs qui les révèlent graduellement.

De fait, de la même manière que la présentation des personnages glisse vers des procédés par lesquels ils sont montrés en action plutôt que décrits de manière monolithique et définitive à leur entrée en scène, la façon de rendre compte de l'extériorité du sujet humain tend à lisser le passage du genre descriptif au genre narratif, *«à fragmenter la présentation du décor, de manière à l'intégrer à la matière du récit»* (Claval, 1993: 108). Les deux modes s'hybridisent: des énoncés de description sont intégrés à des énoncés qui relèvent de la narration, donnant ainsi une représentation plus vraie, et moins heurtée, de la manière dont apparaît la réalité, laquelle se révèle par fragments.

C'est ainsi que les descriptions paysagères vont progressivement se morceler dans ce processus d'interpénétration du descriptif et du narratif. Le héros qui n'est pas «tout fait» rencontre une extériorité qui n'est pas «toute faite». Une forme paysagère spécifique se cristallise alors. Le paysage est moins un panorama structuré autour de l'axe d'une vue perspective, qu'un ensemble de lieux et de points de vue que le héros explore en mouvement, c'est-à-dire en activant des schèmes sensori-moteurs complexes. Ces lieux et points de vue sont autant de situations ou de scènes qui se posent comme des espaces de subjectivation, et manifestent simultanément le héros au lecteur.

Ce sont ces structures narratives du rapport à l'extériorité que je développerai plus significativement au chapitre 5, en montrant comment elles donnent forme au rapport des protagonistes au paysage. Comment elles impliquent une position, une situation du corps dans l'espace, un registre de postures. Le personnage s'immisce graduellement dans le paysage. Il n'est plus devant l'objet paysager, devant un panorama donné. Il varie les points d'appréhension dans une herméneutique en acte; une herméneutique simultanée de soi et du lieu.

Sans trop anticiper sur les parties suivantes, disons dès à présent que la manière de présenter la rencontre avec le paysage se modifie dans quatre grands domaines. Premièrement, le personnage n'est plus *face* à un objet qu'il décrit, mais en prise avec cet objet. Deuxièmement, l'épreuve paysagère multiplie les expériences qui permettent de remonter des situations à la personnalité qu'elles laissent deviner. Le narrateur diversifie les points de vue et les lignes

---

Mais, encore et toujours, il importe de voir que cette forme globale d'organisation de l'espace et du temps, le chronotope de M. Bakhtine, n'est pas qu'une manière d'identifier des genres autonomes: c'est un ensemble de techniques littéraires qui produit du sujet et du territoire. A un niveau plus fin du texte, les traits macroscopiques du chronotope ici évoqués, peuvent être articulés avec des modalités de présentations que je mentionnais ci-dessus, suivant V. Ehrich-Haefeli.

de fuites dans un procédé qui permet d'écrire un sujet qui «se cherche». Troisièmement, ce procédé sert une mise en scènes du sujet. Chaque espace ouvre sur une «dramaturgie» personnelle, qui autorise le dévoilement d'un *«homme en trajet»*, inachevé, à faire. Quatrièmement, le champ lexical des textes qui, dans la seconde partie du XVIIIe siècle, montrent la rencontre d'un sujet et du paysage se diversifie sensiblement. Le vocabulaire du voir perd de son exclusive. Le toucher, l'ouïe, l'odorat prennent une importance remarquable. Subséquemment, une ambivalence s'inscrit dans le paysage dans laquelle s'origine la multiplicité des rencontres possibles du sujet et du paysage. Ce qui renforce la nécessité d'une herméneutique du lieu et de soi.

Ces grandes séries de modifications sont des manifestations micrologiques de la forme narrative du réalisme moderne. Elles contribuent à l'élaboration d'une théorie générale de l'homme et de la connaissance corrélative à la subjectivité moderne. Mais l'important dès lors que l'on cherche à «géographier» est de montrer comment cette relation paysagère de la forme narrative fait territoire. Ce sera l'objet de la seconde partie du chapitre 5.

Pour l'heure, je qualifierai de polytopique cette forme d'organisation simultanée du temps, de l'espace et de la narration. Par procédé polytopique, j'entends plus précisément un procédé littéraire, une forme de style, qui recourt à plusieurs lieux pour exprimer les situations existentielles d'un héros, d'un personnage sans qualités, qui n'est pas tout fait, mais inachevé; un procédé qui active plusieurs scènes, plusieurs situations pour manifester la *«temporalité d'un sujet en devenir»* (Ehrich-Haefeli, 1994). Cette polytopie se manifeste dans le rapport à l'extériorité humaine par une technique littéraire spécifique de présentation de la rencontre d'un personnage avec ces lieux. Le personnage ne décrit pas du dehors un paysage, mais parcours les lieux du paysage et énonce une «épaisseur trouble», une profondeur et une plénitude.

Cette polytopie, en tant que structure narrative mobilisée tant au niveau macrologique (le héros est en trajet dans le monde) que micrologique (les personnages sont présentés en actes; la rencontre avec l'extériorité varie les focales) exprime une dynamique qui est celle de la subjectivité moderne. C'est pourquoi la *«subjectivité moderne»* se pose comme une *«forme narrative»*. Cette forme narrative du réalisme moderne – qui donne forme à un rapport à l'extériorité, qui suscite une relation paysagère –, entre dans le grand circuit de la circulation des images médiales en même temps que circulent leurs métaphores des lieux. Mais elle circule de manière moins explicite, au «noir», dans les soutes du texte. Elle circule dans l'intertextualité et l'intersubjectivité du sens de nos relations paysagères. C'est pourquoi nous sommes, sans compétence littéraire spécifique, des poètes à l'état pratique.

*

Le texte littéraire n'est pas un véhicule transparent de connaissance géographique. Il procède par *«feintise»*, par *«simulation de récit factuel»* (Genette, 1991 [2000]: 68), par *«assertions feintes»* (*ibid.*: 8), sa spatialité relève du détail concret qui tend à faire vrai, de l'*«effet de réel»* (Barthes, 1968). Le réalisme subjectif dont procède l'approche par les représentations socio-spatiales est également naïf à certain égard. Il tronque les enjeux formels du texte. Iconolâtre, il s'intéresse, peut-être, trop aux images et pas assez à leur articulation. L'approche du texte littéraire doit alors, peut-être, s'effectuer en considérant son irréductibilité. Comme le répète M. Brosseau *(op. cit.)*, il permet de découvrir ce que seul le texte littéraire permet de découvrir. En ce sens, il est un souffleur. Dans sa conversation avec le texte littéraire le géographe observe d'autres rapports au lieu, des manières neuves de considérer son objet professionnel: le territoire et les systèmes territoriaux. Mais ce que le géographe est susceptible de découvrir dans son dialogue avec le texte, le lecteur amateur est aussi capable de l'explorer: des manières neuves de considérer son objet existentiel: son territoire et son système territorial. En ce sens, le texte littéraire est un matériau de connaissance géographique de première main. Il est une ressource documentaire et un analyseur, à condition de savoir l'écouter, de poser son regard aux différents niveaux de sa textualité. Il propose des métaphores du territoire. Un auteur travaille le sens hérité d'un lieu. Hérité du fait de sa socialisation générale (l'auteur est inscrit dans une société donnée) et spécifique (l'auteur a intériorisé les schèmes et l'histoire de sa pratique professionnelle). Ses métaphores entrent dans des réseaux intertextuels et intersubjectifs. Elles circulent et s'agrègent à d'autres métaphores du territoire, constituant des images médiales, des images d'un milieu, du sens d'un milieu, dont le noyau est relativement stable sur la longue durée. Mais ces images qui relèvent de la médiance paysagère sont plus que des représentations. Elles disent le bon usage des sens, les prises auxquelles s'appuyer sur un milieu, de se l'approprier par la matérialité d'un corps vivant.

Le texte littéraire propose à l'analyse géographique un rapport au monde en ce qu'il est la forme d'une interrogation, un laboratoire qui questionne des situations existentielles par l'intermédiaire d'ego expérimentaux. Il est la forme prise, à un certain moment de l'histoire, par la recherche d'un rapport «vrai» au réel. Il veut exprimer la manière dont nous apparaît la réalité. Il n'est pas l'envers ou le pôle opposé du réel, mais un travail pour toucher à plus de «vérité». Le roman cherche dans sa forme. Il nous propose ainsi les moyens de lire des modalités d'appréhension du territoire, des manières de l'habiter. Mais cette conception du texte littéraire comme laboratoire, comme forme qui cherche, est elle-même une source d'information géographique. Elle n'est pas un produit pur et autonome du champ littéraire, mais relève d'une configuration sociale. Elle se cristallise vers la fin XVIIIe siècle. Elle apparaît comme la recherche d'une expression de la subjectivité moderne; d'un sujet qui doit s'autocréer, et pour qui tout reste toujours à faire. Le texte littéraire est alors une forme d'inachèvement. Les personnages, identifiés et individualisés, traversent des situations existentielles qui les modèlent. La manière des les présenter implique des techniques, des structures micrologiques spécifiques. C'est en quelque sorte une «focalisation» interne à l'action qui prévaut et non une forme externe qui donne consistance. De même, dans leur rapport à l'extériorité, les personnages ne se trouvent pas devant un paysage immuable. Une profondeur, une épaisseur trouble doit être saisie et explorée. Une structure polytopique est alors activée par laquelle l'homme qui varie, varie ses situations existentielles, ces points d'approche du réel, dans une double herméneutique de soi et du Monde. C'est tout cela que mobilise la forme narrative.

6. Du texte à la parole

La narrativité des trois fragments sur lesquels flotte mon regard a une histoire. Son invention est relativement récente (le XVIIIe siècle). Elle est en lien avec l'émergence de la subjectivité moderne. Elle est une forme qui dit cette subjectivité. Dans le même temps, elle est relativement ancienne (vieille de deux siècles elle informe les rhétoriques contemporaines). C'est que cette forme s'inscrit dans la dynamique des images médiales. Qu'elle est une façon d'habiter les lieux, et non pas seulement une représentation socio-spatiale de cette façon. Ainsi, l'histoire que nous raconte ce caractère narratif est celle d'une certaine manière de pratiquer le territoire.

Je mets à présent ces trois fragments en rapport avec d'autres séquences d'entretien. Katia, Catherine, Carole déambulent dans la ville. Elles vont d'un point A à un point B. La continuité n'est pas rompue. Elles marchent. C'est le matin. Elles vont au travail entre A et B. Pourtant, leur pratique est discontinue. La narration suit un itinéraire, mais elle est de type asyndètique. Elle élude des transitions. Elle est encore synecdoctique. Elle prend la partie pour le tout, et s'y arrête longuement, parce que ici «quelque chose se joue» qui est en lien avec un temps de subjectivation. La narration est une forme par laquelle l'habitant interroge le lieu, et l'interprète en même temps qu'il s'auto-interprète.

La territorialité que construit la forme narrative du réalisme moderne est un type de pratique spatiale par laquelle le Je recourt au territoire dans un processus inductif de saisie de soi. Elle est une modalité du discours où la territorialisation de soi précède la définition de soi. Une forme de pratique par laquelle l'habitant s'interroge en permanence, une forme par laquelle il questionne sans cesse le lieu. Quel est ce lieu? Quel est son sens? *«Cette place-là, c'est incroyable comme il... il m'amène derrière dans le temps, dans le passé»* (Katia). *«Passer le pont,* [...] *faire le passage,* [...] ... *passer d'une chose à l'autre pour moi»* (Catherine). Qu'est-ce que je suis en train de faire ici? Peut-être que je suis comme cela alors!

Cette manière de pratiquer l'espace implique une esthétique. Elle nécessite une formation de l'œil, une éducation du regard, qui traque le détail qui décale, qui se saisit des accrocs du tissu urbain pour se mettre en voyage, parce que cette mise en vacances est un besoin dans la nouvelle dynamique de la subjectivité. Elle nécessite une position du corps, une sensibilité à la variabilité des modes perceptifs. Un corps disposé à activer de manière différentielle des schèmes sensori-moteurs au gré de situations existentielles ordinaires. La territorialité de la forme narrative est un travail du corporel pour trouver des prises paysagères, des prises médiales. Elle forge un regard oblique sur les choses. Un regard apte à déceler l'allégorie, le détail qui envoie un sujet ailleurs. Elle construit une manière esthétique d'habiter le quotidien des systèmes territoriaux considérés comme des systèmes de situations existentielles où explorer la *«vie concrète de l'homme»* (Kundera, *op. cit.*), comme des systèmes de fragments urbains ouverts à l'interprétation.

La forme narrative du réalisme moderne est la forme textuelle de la subjectivité moderne; la forme narrative du réalisme moderne produit des structurations de l'espace qui supportent, enregistrent et habilitent la subjectivité moderne.

Chapitre 5

L'homme dans le paysage[1]: un système de fragments[2]

«O Bellarmin! que ne puis-je te transmettre vivant, intact, cet événement inexprimable!».

Friedrich Hölderlin, «Fragment Thalia», 1797 (2002): 24.

Le savoir géographique dont est porteur le texte littéraire ne doit pas être recherché au niveau des représentations socio-spatiales; on ne saurait pas plus limiter son apport à la connaissance à celui d'un souffleur, d'un discours alternatif sur l'espace. En effet, le texte littéraire tente d'exprimer, de manière «réaliste», la façon dont le monde nous apparaît. Cette «expression» implique certes un champ lexical, mais elle se manifeste encore d'un point de vue plus structural, par exemple dans l'usage de prépositions, d'adverbes, de conjonctions ou de déictiques qui définissent les positions des personnages, le rapport qu'ils entretiennent à l'extériorité. L'analyse de sa structure offre ainsi un matériau à l'établissement d'une généalogie des pratiques spatiales.

L'idée que je me propose de discuter ici est donc la suivante: la forme narrative du réalisme moderne construit un mode de relation paysagère spécifique, qui collabore à la production de la subjectivité moderne, dans le même temps qu'elle en est la conséquence. Cette relation paysagère participe en effet d'une réflexion tant épistémologique qu'anthropologique[3]; en ce sens, elle

1 Ce titre reprend le titre du recueil d'entretiens d'Alain Corbin et Jean Lebrun (2001), *L'homme dans le paysage.*

2 Selon l'expression de Friedrich Schlegel (1772-1829).

3 Il est important de comprendre ici que mon registre d'explication ne s'inscrit pas dans la détermination d'une causalité. Je ne prétends pas que la forme littéraire enregistre des «inventions» survenues dans le champ philosophique et/ou scientifique. Pas plus que je ne sous-entends que la narrativité du réalisme moderne produit une forme spécifique de subjectivité. Ce que j'aimerais montrer relève plutôt d'une logique qui est celle des *configurations ou* des socles épistémologiques: un système de rapports, caractéristiques d'un moment donné de l'histoire des sociétés occidentales, entre une manière de considérer le statut de l'individu dans le groupe, une façon de concevoir la manière «vraie» dont il connaît le monde qui l'environne, une conception du projet existentiel qui doit être le sien en tant qu'individu dans ce monde, une forme esthétique et en l'occurrence une spatialisa-

véhicule un rapport à l'extériorité humaine mais encore une technique et une énergétique corporelle. Par exemple, nous verrons que la façon dont la rencontre avec un paysage est narrée stylise le parcours d'un homme sensible, appelé à se trouver dans le monde, dans un projet de création de soi[4]. Je montrerai dans un deuxième temps que cette relation paysagère constitue une technique spatiale effective, une façon d'habiter les lieux, une manière de se territorialiser. Elle ne reste pas dans ses livres, enfermée dans la matérialité d'un dispositif littéraire: en tant que forme esthétique qui participe tout à la fois d'un rapport au monde, d'une théorie de la connaissance et d'un discours général sur la nature de l'homme, elle est productrice de formes spatiales concrètes qui enregistrent – dans le même temps qu'elles agissent sur –, cet être-au-monde, cette modalité de connaissance de l'extériorité humaine, cette conception de l'homme.

Il est possible d'appréhender la relation paysagère de la forme narrative du réalisme moderne, spécifiquement son niveau structural, par l'intermédiaire des productions du champ littéraire allemand des années 1770. Les modifications du rapport à la nature, et les manifestations spatiales de la forme narrative en Angleterre[5] seront envisagées sous un autre rapport, en deuxième partie de chapitre, celui du jardin paysager[6].

---

tion ou territorialisation de soi. C'est dans ce sens que doit être comprise la proposition voulant que la dimension narrative du réalisme moderne véhicule une anthropologie et une épistémologie. Mais encore une fois, il serait fautif de comprendre cet énoncé comme la proposition d'une détermination de la forme narrative par une anthropologie et une épistémologie. Ce serait d'autant plus fautif que cela reviendrait à postuler que la forme littéraire est subordonnée à un régime idéel (un système philosophique; une conception de l'homme), alors qu'en l'occurrence, il s'agit de montrer qu'elle tente de rendre compte, de manière réaliste, de notre appréhension du monde (à un moment donné de l'histoire).

4 Il est tout aussi important de comprendre que je m'intéresse à cette relation paysagère du point de vue des modes de territorialisation de soi et des pratiques (ou techniques) spatiales qui s'y esquissent. D'autres lectures, focalisées sur d'autres aspects, de cette relation sont possibles, et même souhaitables. Cependant, elles ne s'inscrivent pas dans le propos qui est le mien.

5 Il n'est peut-être pas inutile de préciser qu'il ne s'agit pas ici d'établir une prédominance de l'Allemagne sur l'Angleterre (ou l'inverse), de définir une antériorité entre structure littéraire (la forme narrative du réalisme moderne) et structure spatiale (le jardin paysager), de dire ceci a déterminé cela. L'objectif est de dégager un socle commun, que M. Foucault aurait appelé archéologique. Le but est celui de montrer en quoi le nouveau goût des jardins collabore à la production de l'«homme nouveau» du XVIIIe siècle, et implique une gnoséologie (une théorie de la connaissance) et une anthropologie (une théorie générale de l'homme) homologue dans ses traits structuraux à celle de la relation paysagère de la

Plus précisément, l'explicitation de la relation paysagère de la forme narrative bénéficiera d'un *informateur privilégié*, au sens où l'entendrait la méthodologie des sciences sociales: une personne à laquelle s'attache le chercheur en raison de sa bonne connaissance du «terrain», de son insertion dans le groupe étudié, de la richesse de son témoignage. Un informateur privilégié qui, dans le même temps, est un *Gatekeeper*, une personne qui permet d'accéder à la filière qui intéresse l'observateur, qui ouvre un monde donné. Le *Gatekeeper*, l'informateur privilégié est ici J. W. Goethe (1749-1832). C'est par l'intermédiaire de sa production littéraire que nous accéderons à d'autres textes. C'est par lui que nous entrerons dans la fréquentation d'autres informateurs, d'autres écrivains, d'autres personnes qui écrivent et offrent la possibilité d'expliciter, et commenter, un mode de relation paysagère.

L'objectif n'est donc pas de faire du grand écrivain un agent représentatif de la spatialité d'une époque. Il est plutôt d'envisager la manière dont une forme esthétique, produite dans le cadre d'un contexte historique donné, véhicule un être-au-monde, une image médiale. Le projet est de montrer la manière dont des textes, c'est-à-dire leur structure, transportent un mode de pratique spatiale, administrent un désir. Les matériaux de la configuration textuelle que je discuterai ont cette spécificité qu'ils suggèrent une pratique de l'espace, non par les représentations socio-spatiales qu'ils mobilisent mais par leur composition. Ils préconisent incidemment, sans en avoir l'air, un état d'esprit, un usage des organes, un positionnement corporel qui s'impose de manière d'autant plus efficace qu'ils sont «cryptées».

---

forme narrative; montrer comment la relation paysagère de la forme narrative et le jardin paysager concourent à la fabrication d'une technique par laquelle des individus attachent des comportements à des fragments d'espace, les réactivent en les fréquentant puis les oublient pour passer à un autre lieu; un mode qui présuppose un lecture attentive des «signes» du paysage, un œil esthétique, une disposition du corps à l'empathie dans une herméneutique simultanée, et permanente, du lieu et du sujet.

6 Le jardin paysager peut être défini ici par contraste. Il est cette forme spatiale qui s'«oppose» à l'esprit de géométrie du jardin «classique» (ou «français»). Il se caractérise par un goût pour la «nature naturelle» et se propose d'importer l'esthétique de la peinture de paysage dans le jardin. A la perspective, il préfère les détours des sentiers. A la symétrie, le désordre de la nature. Par ailleurs, ses limites sont abolies par un procédé (un fossé au lieu d'un mur) qui donne l'illusion d'un illimité et conduit à ce que la campagne collabore au paysagement du jardin.
Je poserai dans les pages qui suivent une équivalence entre les termes suivants, employés à titre de synonymes: jardin paysager, jardin picturesque, jardin «anglais», jardin non géométrique.

De fait, cette pratique spatiale, l'état d'esprit, l'usage du corps, l'énergétique corporelle qui l'accompagnent, se manifestent aussi dans le jardin paysager, tel que le théorisent T. Whately, J. Delille, C. C. L. Hirschfeld, Ch.-H. Watelet. Tout comme elle commence à se construire comme une façon d'esthétiser la ville dans le traité de K. G. Schelle (1777-?), lequel nous propose un *Art de se promener* (1802) significativement prescriptif, adaptant la relation paysagère qui s'esquisse avec le préromantisme au monde de la grande ville, ouvrant les portes d'un univers urbain au promeneur-rêveur de la fin du XVIIIe siècle, qui se fait flâneur. C'est alors que s'achève la production de notre dispositif.

1. Une équivoque paysagère

1.1. Un trouble du paysage

Nous sommes le 10 mai 1771. Le jeune Werther, de J. W. Goethe, écrit à son ami Wilhelm, dont il s'est éloigné après qu'il a dû quitter précipitamment la ville dans laquelle il vivait. Il lui adresse une longue lettre qui va permettre l'explicitation de certains traits originels de l'image médiale que je me propose d'expliciter dans ce livre 2. Le premier élément qui va m'intéresser est celui du trouble du sujet confronté au paysage. Lisons cette lettre:

> Il règne dans mon âme une étonnante sérénité, semblable à la douce matinée de printemps dont je jouis avec délices. Je suis seul, et je goûte le charme de vivre dans une contrée qui fut créée pour des âmes comme la mienne. Je suis si heureux, mon ami, si abîmé dans le sentiment de ma tranquille existence, que mon talent en souffre. Je ne pourrais pas dessiner un trait, et cependant je ne fus jamais plus grand peintre. Quand les vapeurs de la vallée s'élèvent devant [um = autour de] moi, que le soleil lance d'aplomb ses feux sur l'impénétrable voûte de mon obscure forêt, et que seulement quelques rayons épars se glissent au fond du sanctuaire; que, couché sur la terre dans les hautes herbes, près du ruisseau, je découvre dans l'épaisseur du gazon mille petites plantes inconnues; que mon cœur sent de plus près l'existence de ce petit monde qui fourmille parmi les herbes, de cette multitude innombrable de vermisseaux et de moucherons de toutes les formes; que je sens la présence du Tout-Puissant qui nous a créés à son image, et le souffle du Tout-Aimant qui nous porte et nous soutient flottants sur une mer d'éternelles délices; mon ami, quand le monde infini commence ainsi à poindre devant mes yeux, et que je réfléchis le ciel dans mon cœur comme l'image d'une bien-aimée, alors je soupire et m'écrie en moi-même: ‹Ah! si tu pouvais exprimer ce que tu éprouves! si tu pouvais exhaler et fixer sur le papier cette vie qui coule en toi avec tant d'abondance et de chaleur, en sorte que le papier devienne le miroir de ton âme, comme ton âme est le miroir d'un Dieu infini!...›

> Mon ami… Mais je sens que je succombe sous la puissance et la majesté de ces apparitions (Goethe, 1774 [1997]: 35).

Le jeune homme jouit d'une *«contrée qui fut créée pour des âmes comme la* [s]*ienne»*. Le lecteur pourrait alors s'attendre à ce qu'il en donne une description qui constituerait une transposition littéraire de la perspective cavalière: un point de vue panoramique sur un «pays» agréable. Or un autre procédé est mobilisé pour restituer cette rencontre paysagère, qui a pour effet d'en accentuer le caractère problématique en même temps que nécessaire.

D'abord, il est intéressant de relever que le personnage n'est pas dans une position déterminée face au paysage. Sa localisation est floue, incertaine, et la définition exacte du lieu d'où s'exprime Werther ouvre à l'interprétation, ne serait-ce que parce qu'il parle d'une contrée «saisie» par l'intermédiaire de différentes stations, divers positionnements locaux; qu'il évoque le paysage par l'intermédiaire des lieux et des expériences qui le tissent, le trament: les vapeurs de la vallée qui montent autour de lui; le sol sur lequel il est couché; les innombrables *«vermisseaux»* et *«moucherons»* dont il partage de manière empathique les existences; le ciel qui miroite dans son cœur comme il pourrait se refléter à la surface d'un plan d'eau. Ainsi, ce qui interpelle le lecteur, c'est que le jeune homme se trouve en trajet dans la nature.

Ensuite, il importe de considérer que la structure du texte – la succession des subordonnées (*«Quand les vapeurs* […], *que le soleil* […], *et que* […]; *que, couché sur la terre* […]; *que mon cœur* […]; *que je sens la présence* […]; *mon ami, quand le monde infini* […], *et que je réfléchis le ciel* […]*»*) qui conduit à une principale convergeant vers une résolution finale (*«alors je soupire et m'écrie* […]*»)* – exprime un mouvement qui n'est pas seulement spatial, mais aussi temporel. La narration mobilise en effet cinq moments successifs (situation 0 [*«Quand les vapeurs…»*]; situation 1 [*«que couché sur la terre»*]; situation 2 [*«que mon cœur sent…»*]; situation 3 [*«que je sens la…»*]; situation 4 [*«mon ami, quand le monde infini…»*]) qui manifestent un rapprochement perceptif du personnage et de la nature qui l'environne et marquent une progression temporelle caractéristique, qui dynamise et organise la narration dans le sens d'un «dénouement» (Ehrich-Haefeli, 2001: 145 s. et notamment 146 pour l'analyse de la «wenn-*Periode*»). Ainsi, la manière dont Werther exprime sa rencontre avec le paysage conduit-elle à lui attribuer une sorte de nécessité interne qui la rend éminemment problématique. Le jeune homme est parvenu, au terme d'un processus, à se sentir pleinement et se trouver dans un volume de nature paysagée. C'est pourquoi il est à présent animé d'une *«étonnante sérénité»*, qu'il *«goûte le charme de vivre dans une contrée qui fut créée pour des âmes comme la* [s]*ienne»*, qu'il est *«si heureux»*, *«abîmé dans le sentiment de*

[s]*a tranquille existence*». Le héros de J. W. Goethe est en trajet dans la nature, une temporalité exprime son devenir, et un procès inductif lui permet de mettre en jeu un aspect spécifique de sa personnalité, qui va se révéler au travers d'une tension vers une résolution que l'on ne peut pas anticiper au début de la narration, puisque tout paysage est une expérience spécifique toujours à reprendre.

De fait, Werther accomplit une narration qui entremêle des expériences. Il ne se propose pas de décrire un paysage doté d'aménités intrinsèques (la contrée est créée pour des *«âmes comme la* [s]*ienne»* et non pas *toutes* les âmes), qu'il serait aisé de partager du fait de leur universalité (le personnage peine à extérioriser son émotion: *«Ah! si tu pouvais exprimer ce que tu éprouves!»*). Le paysage n'est pas décrit *(«Je ne pourrais pas dessiner un trait»)*, mais suggéré (les *«quand»*, *«que»*, *«que»* qui traduisent une perception dans l'action, l'avènement du paysage par l'intermédiaire d'impressions, d'émotions et d'actes) alors que le jeune homme cherche à y exister pleinement. C'est ce qui le trouble, et l'ouvre à l'interprétation.

1.2. La double herméneutique du sujet et du paysage

Ce trouble du paysage (qui est d'abord un trouble du sujet) et le motif «herméneutique» qui l'accompagne se manifestent à un autre niveau de la textualité, celui, macrologique, des différentes expériences paysagères du personnage du roman de J. W. Goethe.

Plus tôt, en effet, en date du 4 mai, le jeune homme écrivait au même destinataire l'apaisement que lui procurait la *«solitude de ces célestes campagnes»*, la *«douceur de cette saison où tout renaît»*: *«chaque arbre, chaque haie est un bouquet de fleurs; on voudrait se voir changé en hanneton pour nager dans cette mer de parfums, et y puiser sa nourriture»* (*ibid.*: 34). Le personnage n'est pas loin d'être comblé. Or, quelques semaines plus tard cette fois, le 21 juin 1771 (*ibid.*: 57 s.), Werther réfléchit de manière générale à son expérience paysagère, le trouble qui le saisit dans la nature, et écrit à son confident:

> C'est singulier! Lorsque je vins ici, et que de la colline je contemplai cette belle vallée, comme je me sentis attiré de toutes parts! Ici le petit bois... Ah! si tu pouvais t'enfoncer sous son ombrage!... Là une cime de montagne... Ah! Si de là tu pouvais embrasser la vaste étendue!... Ces collines l'une à l'autre enchaînées et ces paisibles vallons... Oh! Que ne puis-je m'y perdre! J'y volais, et je revenais sans avoir trouvé ce que je cherchais. Il en est de l'éloignement comme de l'avenir: un horizon immense, mystérieux, repose devant notre âme; le sentiment s'y perd comme notre œil, et nous aspirons, hélas! à donner notre

> existence entière pour nous remplir de toutes les délices d'un sentiment unique, grand et majestueux. Nous courons, nous volons; mais hélas! quand nous y sommes, quand le lointain est devenu proche, rien n'est changé, et nous nous retrouvons avec notre misère, avec nos étroites limites; et de nouveau notre âme soupire après le bonheur qui vient de lui échapper (*ibid.*: 58).

Les premières expériences paysagères («*Lorsque je vins ici, et que de la colline je contemplai cette belle vallée*»), passées au tamis de la réflexivité, se brouillent. Elles expriment un mode de subjectivité, les visages contradictoires d'une individualité qui se cherche. Werther contemple une «*belle vallée*», il se sent «*attiré de toutes parts*», vers le «*petit bois*», la «*cime des montagnes*», les «*collines*», les «*paisibles vallons*». Il faut tout «*embrasser*». Werther est animé. Il est transporté («*ici*», «*là*»). Mais, en fin de compte frustré, alors qu'il revient «*sans avoir trouvé ce qu*['il] *cherchai*[t]». L'expérience du paysage retraduit le parcours (cf. les déictiques, les verbes d'action [«*j'y volais*»; «*je revenais*»]) dans le monde de l'homme qui désire («*si tu pouvais embrasser*»; «*si tu pouvais t'enfoncer*») et qui ne peut aboutir («*mais hélas!*»); l'expérience du paysage transpose l'essoufflement de la spontanéité exaltée de la figure préromantique du rebelle.

L'intéressant ici est qu'un an plus tard, soit le 9 mai 1772 (*ibid.*: 110), Werther reprend ce motif d'un désir inabouti, cette thématique d'une individualité en quête d'elle-même, en évoquant cette fois les paysages de son enfance, alors qu'il vient de faire «*le pèlerinage aux lieux qui* [l]'ont *vu naître*». Il raconte à Wilhelm les impressions qui l'ont traversé près du vieux tilleul, but de ses promenades juvéniles, d'où il contemplait alors la «*chaîne de montagnes*», et se «*transportai*[t] *au loin en idée*», son «*âme se perd*[ant] *dans ces forêts, ces vallées*» (*ibid.*). Il se souvient: «*j'aspirais à m'élancer dans ce monde inconnu, où j'espérais pour mon cœur tant d'aliment, tant de jouissance, pour combler et satisfaire ces ardents désirs. Maintenant je reviens de ce monde. O mon ami, que d'espérances déçues, que de plans renversés!*» (*ibid.*). Une fois encore le paysage est une retraduction du parcours de l'homme dans le monde, de son échec et, ainsi, de la nostalgie du lieu où le parcours insatisfait s'arrêterait, d'un retour aux sources: le «*plus turbulent vagabond soupire à la fin après sa patrie, et trouve dans sa cabane, auprès de sa femme, dans le cercle de ses enfants, dans les soins qu'il se donne pour leur nourriture, les délices qu'il cherchait vainement dans le vaste monde*» (*ibid.*: 58). L'espace paysager apparaît ainsi comme le lieu d'une incertitude, au sens le plus littéral. Son sens n'est pas arrêté; sa réception est contrastée. La communication avec l'âme du Monde, le souffle du Tout-Aimant, l'enthousiasme d'une tâche à réaliser ici et maintenant, coexistent simultanément avec le sentiment d'une inéluctable destruction.

Mais Werther ne s'arrête pas à cette dernière impression du 21 juin: il la prolonge et l'affine. Le 18 août 1771 (*ibid.*: 84 s.), il évoque longuement ses différentes expériences paysagères: *«devant mon âme s'est levé comme un rideau, et le spectacle de la vie infinie s'est métamorphosé devant moi en l'abîme du tombeau éternellement ouvert»* (*ibid.*: 86). Le texte de la lettre dit que la synthèse du paysage est la manifestation d'une entropie universelle qui coule au travers des êtres et du monde. Le désir détruit. *«La plus innocente promenade coûte la vie à mille pauvres vermisseaux»*. Werther se souvient alors d'expériences passées, *«lorsque autrefois du haut du rocher* [il] *contemplai*[t], *par-delà le fleuve, la fertile vallée jusqu'à la chaîne de ces collines»*; du sentiment de plénitude dont l'animait tout ce qui l'entourait, de cette *«vie intérieure, ardente et sacrée qui anim*[ait] *la nature»*, *«des formes du monde infini* [qui] *se mouvait dans* [s]*on âme»*. Il se rappelle aussi son intuition de la présence proche de *«l'esprit de celui qui crée éternellement*[,] [qui] *souffle et se réjouit de chaque atome qui le sent et vit de sa vie»*. Or, le paysage en tant que synthèse est doté de cette ambiguïté, réfléchit Werther. Il est ce qui excitait les velléités créatrices du jeune homme, la prise par laquelle il s'identifiait à la vitalité du monde, s'abouchait à l'inconnaissable. Il se pose simultanément comme ce qui le limite, l'écho triste d'un parcours qui se répercute sur le flanc d'une montagne et revient à son point de départ. Il révèle le caractère destructeur du désir désirant et l'envie d'un désir rassasié de désir, tourné vers le retour à un lieu sans tumulte; lieu amène d'une idylle mythique, d'un monde révolu.

Le paysage des lettres du jeune Werther retraduit ainsi la situation de l'homme dans le monde, d'un sujet qui est *«ici»*, *«là»* et aspire à être là-bas dans la *«vaste étendue»* de l'horizon; il manifeste un homme en trajet *«du petit bois»* à la *«cime de la montagne»*, qui *«vole vers les paisibles vallons»*. Dans le même temps, le paysage révèle la courbe entropique du monde, la créativité impossible, l'impossibilité d'une génialité innocente, la frustration inéluctable. Le paysage mêle de manière inextricable ces différentes dimensions. A force de réflexivité, il se fait encore plus trouble: opaque.

Werther communique immédiatement avec l'âme du monde, mais le sens de cette relation est sans cesse repris dans un travail d'interprétation des impressions, des émotions qui doit permettre au sujet de se comprendre et se réaliser totalement. Il revient plusieurs fois sur ces mêmes lieux qui font son Wahlheim. Il réfléchit à son expérience synthétique du paysage. Sa représentation s'enrichit, dans un dialogue avec le lieu. Elle prend une plus grande complexité. Mais détourne le lecteur de l'idée du paysage beau *en soi*, de manière universelle. L'expérience paysagère de Werther est reprise et reconfigurée lettre après lettre. Elle révèle certes le tour pris par l'esprit du jeune homme au gré de ce qu'il nomme lui-même «[s]*a maladie»*, mais cette lecture ne saurait épuiser la richesse ambiguë du paysage: il n'est pas un reflet de l'âme, pas plus qu'il n'est intrinsèquement esthétique. Il est le produit herméneutique d'une expérience. L'herméneutique paysagère pourrait ainsi être définie comme une compréhension du lieu par les émotions et simultanément une compréhension de soi par le lieu. La polytopie, le fait d'être là, puis ici, puis là-bas, et à nouveau ici, est l'homologue de ce travail d'interprétation. Or ce travail d'interprétation est un travail de saisie de soi par l'*empirie* et la *réflexivité.*

1.3. Vers une esthétique de l'expérience

La nouveauté et la spécificité de ce mode de relation paysagère polytopique, son ambivalence et la réflexivité «herméneutique» du personnage, apparaissent mieux encore dès lors qu'on la compare à celle qui s'esquisse dans un corpus de textes antérieurs à celui de J. W. Goethe; des textes élaborés à partir d'autres procédés littéraires (essentiellement descriptifs plutôt que narratifs) et qui ne rendent donc pas une même impression dynamique. J'utiliserai ici un fragment du *Geschichte des Fräulein von Sternheim* (1771) de Sophie La Roche (1731-1807)[7]. Nous assistons au lever de la demoiselle de Sternheim, héroïne du roman:

> Je me lève de bonne heure, je m'accoude dans l'embrasure de ma fenêtre, et je vois la fidélité avec laquelle la nature accomplit – dans toutes les périodes de l'année et toutes les conditions atmosphériques – les devoirs que les lois éternelles que la productivité utile lui impose.

7 Des correspondances entre la relation paysagère telle qu'elle est proposée dans *Les souffrances du jeune Werther* et l'*Histoire de la demoiselle de Sternheim* peuvent bien entendu être dégagées dans ce que la nature est, dans l'un et l'autre de ces deux textes, spiritualisée. Werther évoque, par exemple, *«la présence du Tout-Puissant qui nous a créé à son image»*, *«le souffle du Tout-Aimant qui nous porte et nous soutient flottants sur une mer d'éternelles délices»*, *«le miroir d'un Dieu infini»*, ou encore *«les majestueuses formes du monde infini»* (*ibid.*: 35). Ainsi, du point de vue des représentations socio-spatiales, ces œuvres s'inscrivent le long d'un continuum. Celui d'un regain d'intérêt pour la nature au XVIIIe siècle, qui a été abondamment commenté et documenté (par exemple: Corbin, 1988 [1997]; Roger, 1997; Harrison, 1992; Walter, 1990): en 1774, quand paraissent *les Souffrances du jeune Werther*, leur forme esthétique est «nouvelle» – ce qui ne veut pas dire qu'elle naît *ex nihilo.* Ces textes s'inscrivent ainsi dans une veine qui, dès le XVIIe siècle, thématise la nature comme médiation entre Dieu et les hommes; ils sont caractéristiques, du point de vue des représentations socio-spatiales, d'un regain d'intérêt pour la nature. Ils peuvent, à leur tour, être articulés avec les *«divines merveilles»* de la théologie naturelle ou de la physico-théologie (Corbin, 1988 [1997]: 35). Le monde est une *«représentation donnée par Dieu à sa créature la plus parfaite»*; *«la beauté de la nature atteste la puissance et la bonté du Créateur»* (Corbin, *ibid.*).

> L'hiver s'approche; les fleurs ont disparu; et même quand il y a du soleil, la terre n'a plus aucun aspect brillant; pourtant pour un cœur sensible, même un champ vide présente une image de jouissance [contentement]. C'est ici qu'a poussé le blé, pense-t-il, en levant un œil plein de reconnaissance au ciel. Le jardin potager, les arbres fruitiers sont dépouillés; mais l'idée des provisions de nourriture qu'ils ont fourni joint un chaleureux sentiment de plaisir aux frissons qu'amènent les premiers vents du nord. Les feuilles des arbres sont tombées, les près fanés, des nuages sombres déversent leur pluie; la terre devient molle et impraticable pour la promenade; une créature qui ne connaît pas de réflexion commence à grogner, mais une âme qui sait penser regarde la surface trempée de notre domicile avec attendrissement. Les feuilles mortes et l'herbe jaunie sont transformées, par les pluies automnales, en une nourriture fertile de la terre; cette considération nous donne certainement un sentiment de bonheur en vue de la prévoyance de notre créateur et nous fournit déjà une vision du printemps qui viendra.
>
> En pleine perte de tous ses agréments extérieurs, exposée même à l'aversion [mépris] de ses enfants qu'elle a nourris et réjouis, notre terre maternelle en ‹son intérieur› commence à travailler pour le futur bien-être de ceux-ci. Pourquoi, me demandai-je alors, notre monde moral n'est-il pas aussi fidèle à sa vocation que le monde physique? (La Roche, 1771 [1983], traduction littérale de Ehrich-Haefeli).

La demoiselle s'accoude, et voit ce qu'elle sait devoir voir: *«la fidélité avec laquelle la nature accomplit – dans toutes les périodes de l'année et toutes les conditions atmosphériques – les devoirs que les lois éternelles que la productivité utile lui impose»*. De fait, l'encadrement de la fenêtre à laquelle s'installe la demoiselle de Sternheim est dotée ici d'une fonction structurale: il manifeste la préexistence d'un cadre qui ordonne le monde, et dit ce qu'on doit dégager de l'observation d'un objet: la vérification d'une vérité révélée par avance. Le personnage du roman de S. La Roche décrit un paysage posé devant elle; ce fragment de nature paysagée confirme la justesse de l'ordre qui lui préexiste, et la jeune femme ne peut que louer ce monde si bien organisé par Dieu. C'est pourquoi la «lecture» paysagère qu'accomplit la demoiselle est d'un type déductif *(«une âme qui sait penser regarde la surface trempée de notre domicile avec attendrissement»)* et prescriptif *(«Pourquoi, me demandai-je alors, notre monde moral n'est-il pas aussi fidèle à sa vocation que le monde physique?»)* fort éloigné du dispositif inductif et suggestif mobilisé par la narration du jeune Werther dans ses diverses lettres.

Il n'est par ailleurs pas anodin de remarquer que la demoiselle se trouve, à l'inverse du protagoniste du roman de J. W. Goethe, dans une position donnée qui ne changera pas jusqu'à la fin du passage considéré. Si la détermination de la position de Werther pouvait donner lieu à interprétation, si les positionnements locaux du jeune homme demeuraient en partie incertains, le personnage de Sophie La Roche ne quittera pas son embrasure de fenêtre. Son paysage est doté d'une lisibilité universelle (*«je vois»*; *«les devoirs que les lois éternelles»*) qui annule la nécessité interne de la relation paysagère polytopique, puisque la finalité de la rencontre du personnage et du paysage est la confirmation de l'ordre qui lui préexiste. Le paysage n'est pas un trouble. Son sens n'est pas même voilé et apparaît sans mystère aux premières heures de la matinée, alors que l'observatrice s'installe de manière assurée à sa fenêtre. Le sens en est d'ailleurs si évident qu'il n'est pas nécessaire de l'approcher avec mille circonspections: il est toujours-déjà là et s'offre à qui sait voir.

L'absence de cette finalité interne s'explique encore par la primauté du regard *(«je vois»)* qui structure la relation paysagère de la demoiselle de Sternheim; une primauté du regard typique du socle archéologique du classicisme. Son œil physiologique est construit par un idéal rationnel dont témoigne une formule qui manifeste au sens le plus strict ce que peut être une vue de l'esprit: *«je vois la fidélité avec laquelle la nature accomplit – dans toutes les périodes de l'année et toutes les conditions atmosphériques – les devoirs que les lois éternelles que la productivité utile lui impose»*; une vue qui est celle que lance un esprit souverain assuré de ses connaissances *a priori* (soit ici la pluralité des saisons et leur retour). La rencontre du paysage s'effectue ainsi par l'intermédiaire d'un œil qui est celui de la raison. Or cet œil de la raison réduit encore l'impératif personnel de la relation paysagère polytopique. Le personnage voit ce que tout être doté de raison voit; il n'est pas une individualité, et son «expérience» a une dimension immédiatement et intégralement générale.

Ainsi, le fait qu'un cadre donne une forme préalable à l'expérience, le fait qu'une lecture déductive du «monde» conduise à ce que celui-ci serve à l'administration d'une preuve, le fait que le sujet du paysagement est un être rationnel peu individualisé annihilent la nécessité de l'expérience (à quoi bon chercher ce que l'on a déjà trouvé et qui s'offre avec évidence à tous). Comme il n'existe pas de trouble du sujet devant le paysage, comme ses états d'âme ne varient pas, il n'est pas nécessaire de développer une pratique qui est celle de la double herméneutique identifiée chez le jeune Werther. On se situe ici dans une esthétique de la reproduction qui active des canons aprioriques comme critères de détermination du Beau, du digne, etc.

D'autres textes, qui s'inscrivent dans la même configuration que celle du roman de S. La Roche, confirment la nouveauté de l'esthétique, à l'état naissant, de l'expérience que nous avons observé dans la production inductive et polytopique du paysage goethéen. Prenons, par exemple, des pièces tirées des *Irdisches Vergnügen in Gott* de Barthold Heinrich Brockes (1680-1747), dont les neuf volumes successifs paraissent entre 1721 et 1748, et tentent une synthèse entre la laïcisation des valeurs religieuses et la sacralisation des valeurs rationalistes (Bandet, 1997: 48). *Die durch Veränderung von Licht und Schatten sich vielfach verändernde Landschaften* (1721) décrit les modifications d'un paysage sous l'alternance ombre-lumière due au passage de nuages devant le soleil. Ces modifications sont un moyen de distraction de l'homme, de réjouissance du cœur par lequel s'exprime la bonté de Dieu. Ailleurs (*Der Gold=Käfer* [1721]), le locuteur est dans un jardin. Il y fait quelques pas, accompagné de son jeune fils. Il admire la «magnificence» des fleurs de juin. L'enfant trouve un petit scarabée qu'il tend à son père. Le père rit, puis s'abîme dans les moirures du dos de l'insecte et médite la perfection de la nature naturante qui ne laisse rien au hasard, lie toutes choses, puisque les couleurs doivent leur consistance à la lumière (vers 30-31: *«man kann nicht einst die Spur // Von ihrer Pracht / von ihrem Wesen / finden»*).

Ces deux poèmes se caractérisent d'abord par un sujet statique devant la nature (le paysage animé par les mouvements éternels du soleil; le scarabée qui miniaturise ce dispositif). Ensuite, ils mobilisent un champ lexical qui est celui de la peinture (*DD* vers 12: «Farben und Figur»; vers 22: «mahlte») et un vocabulaire du voir (*GK* vers 2: «beschauen», vers: 11 «betrachtete», vers 16: «erblickte», vers 17: «Smaragd», vers 17: «Gold», vers 20: «schien», vers 21: «Fürst des Lichts», vers 21: «stral'te», etc.). Enfin, l'œil est l'organe par lequel le monde communique avec une subjectivité universelle (cf. vers 15: «Durchs Auge ward mein Herz gerührt»), qui s'inscrit encore dans certaines formule généralisante: «man sieht», «man kann nicht...», et conduit à l'éternelle confirmation du même. D'ailleurs, cette stabilité d'un monde considéré comme donné se manifeste dans le rythme «binaire» (le mouvement pendulaire des *bald... bald...* et *so... so...*) de *Die durch...* et la règle de symétrie qui préside aux aspects changeant du paysage, aux balancements entre «hell» et «dunkel», «Glantz» et «Dunkelheit», «Licht» et «Schatten»: une temporalité externe anime poèmes et nature paysagée.

On comprend ainsi l'élément de «nouveauté» qu'esquisse la relation paysagère des lettres du jeune Werther et son esthétique de l'expérience. Le jeune homme parcourt le paysage. Il sent, touche, voit. La multiplication des régimes sensoriels fonctionne de concert avec un sentiment de profusion de la nature, qui épaissit, approfondit la représentation paysagère. En date du 4 mai (Goethe, *op. cit.*: 33 s.), Werther évoque ainsi son désir de *«se voir changé en hanneton pour nager dans cette mer de parfums, et y puiser sa nourriture»*. De même, le 18 août 1771 (*ibid.*: 85 s.) parle-t-il des *«majestueuses formes du monde infini viv*[ent] *et se m*[e]*uv*[ent] *dans* [s]*on âme»* alors qu'il observe sa *«fertile vallée»*. Le sujet est troublé; l'expérience paysagère relève d'un trajet individuel qui doit permettre la révélation conjointe d'un aspect de la subjectivité du héros et de l'épaisseur d'un fragment de paysage. De fait, le personnage du roman de J. W. Goethe est-il non pas dans une situation d'extériorité devant le paysage, mais dans le paysage. L'élargissement des régimes perceptifs qui accompagne cette configuration fait de ce dernier *une expérience plutôt qu'un spectacle.*

Ce qui importe, nous disent les lettres du jeune Werther, c'est l'expérience particulière, traversée d'impressions, d'une nature toujours changeante. Werther voit les *«mille petites plantes inconnues»*, la *«multitude innombrable de vermisseaux»*, *«les hommes, qui ensemble s'abritent dans leurs petites maisons, et s'y nichent»* (*ibid.*: 85) dans la répétitivité des activités qui fait l'écume des jours. L'esthétique intemporelle de la forme belle en soi est contestée devant la nécessité d'*une esthétique de l'*in situ. Le paysage de la lettre du 10 mai est changeant. La lecture qu'en donne Werther en juin et en août diffère. C'est que le paysage n'est plus une forme qui sert à administrer une preuve. Il a pris une autre complexité et appelle une interprétation *située.* Le sens du paysage n'est jamais acquis, en tout cas pas donné. Il se révèle *a posteriori.* Il est indécidable au premier abord, et cette indécidabilité introduit à une pratique herméneutique. Le lieu doit être interprété. Le jeune Werther revient à plusieurs reprises sur les émotions qui l'ont traversé debout sur son promontoire. Plusieurs de ses lettres traitent longuement de cette première expérience paysagère du 10 mai. Werther la commente, l'analyse, l'approche de manière comparatiste la met en rapport avec d'autres expériences. Il tente d'expliciter un processus interne (son état d'âme) dans une rencontre avec un paysage, ses tropes, ses mouvements intérieurs. Aussi, cette forme «nouvelle» de relation paysagère s'articule-t-elle avec un type spécifique de subjectivité: l'individualité moderne.

*

Werther, l'homme dans le paysage, aimerait être là et partout ailleurs. La manière dont il restitue la rencontre d'un paysage procède par une multiplication des focales, une extension des points de vue. Le paysage est une épaisseur. Il est un volume spatial. Son appréhension nécessite l'utilisation de presque tous les sens humains: la vue, le toucher, l'ouïe, l'odorat. Mais sa profondeur est aussi une opacité. Il appelle un mouvement projectif de l'homme dans le devenir du monde. Il insinue une nostalgie du lieu apaisé. Ainsi, opaque, le paysage appelle la réflexivité. L'homme dans le paysage, Werther, s'essaye à la compréhension de *«ses impressions et ses pensées»*, de ses *«expériences du cœur et de l'esprit»* (pour reprendre une formulation goethéenne tirée d'un tout autre contexte, 1795-1796 [1999]: 337). Mais ces émotions sont diverses. Elles en appellent à la *mise en rapport d'expériences antagonistes.* C'est à une herméneutique que se livre Werther. Une pratique interprétative du lieu qui est en même temps une interprétation du sujet.

1.4. Un socle épistémologique

Cette relation paysagère s'inscrit dans un système de rapports entre une philosophie, une théorie de la connaissance, une théorie générale de l'homme et une esthétique. Il faut, pour bien le comprendre, se replacer dans le contexte intellectuel d'après 1750. Pour ce faire, je suivrai l'argumentation de Charles Le Blanc (2003a et b).

Charles Le Blanc s'attache à corriger la conception qui tend à faire du XVIIIe siècle, celui du triomphe des Lumières, qui en France viendraient à bout de l'obscurantisme et porteraient le projet d'une modernité encyclopédique, universelle et rationnelle avant de prendre, dans l'ensemble d'Etats et de Principautés qui n'est pas encore l'Allemagne, le nom d'*Aufklärung*. Ce d'autant que Lumières et *Aufklärung* ne sont pas même synonymes selon l'auteur. L'*Aufklärung* entremêle raison et religiosité, rationalisme et piétisme. D'ailleurs, signe de cet entrelacement, l'*Aufklärung* allemand élabore une critique du rationalisme qui va progressivement s'organiser sur deux fronts: celui de la raison, qui se prolongera dans la motif kantien de la raison finie; celui de l'objectivité absolue de la science (Le Blanc, 2003a: 15): la raison est dans l'impossibilité d'accéder à la vérité du monde (comme le montrera plus tard E. Kant, 1781) et ne suscite que des abstractions vides.

Ce contexte, dont je ne retiens que quelques éléments, permet de comprendre certains traits de la pensée du préromantisme. Si la raison produit des *«idées creuses»* (*ibid.*: 16), et ne permet pas l'accès au monde en soi, il convient peut-être de la remplacer par le *«sentiment» (ibid.)* et la foi disent, chacun à leur manière, F. H. Hamann (1730-1788) et F. H. Jacobi (1743-1819). Pour le premier, le monde est une révélation. L'homme est dans l'impossibilité de *«s'abstraire de l'expérience»* (Le Blanc, 2003b: 107): le corps, les sens, la foi précèdent donc toujours la raison. F. H. Hamann préconise ainsi une pensée de la forme. La réalité de l'homme est la saisie intuitive et expérientielle de relations dans lesquelles il est toujours-déjà compris. Il est donc impossible de se situer en dehors du monde. L'entreprise abstraite de la raison est condamnée *par avance* à un genre de fiction. *«La plus grande erreur au monde est de confondre les mots avec les concepts et les concepts avec les choses réelles»* (Hamann, cité par Le Blanc,

2003: 15). L'assise du monde repose ainsi sur les *«vérités du cœur»* ouvrant par là, la voie à l'appel *«du sentiment»* de la jeune génération des années 1770.

F. H. Jacobi pose, pour sa part, qu'un *«processus de médiation»* traverse l'histoire de la philosophie depuis Aristote qui conduit à ce que *«l'homme ne tient plus pour vrai que ce qu'il peut démontrer»* (*ibid.*: 155). Or, les concepts de l'entendement éliminent la réalité, dans un mouvement d'abstraction, et enfantent le Néant. La philosophie occidentale, nous dit F. H. Jacobi, est prise dans une *spirale nihiliste.* Il faut alors retrouver l'*«œil de l'âme»*. Le travail philosophique de Jacobi introduit ainsi un *«refus de toute explication spéculative»*, estime C. Le Blanc (2003b: 156), au profit d'une ouverture à la foi, c'est-à-dire un acte de confiance dans la *réalité de nos sens et du monde.* C'est là le moyen de pallier à une *«élimination de la réalité par la raison»* (*ibid.*: 16) par une *«confiance envers l'intelligibilité du monde»* (*ibid.*: 156).

Cette philosophie de la foi dans l'intelligibilité du monde participe de l'esthétique du *Sturm und Drang* – ce qui ne signifie pas bien sûr qu'elle la détermine ou la résume. Il s'agit d'y retrouver une *réalité immédiate et intelligible*, contre le nihilisme rationnel. Mais sa fin ultime n'est pas un effacement de la raison, un irrationalisme qui liquiderait le monde concret. Bien au contraire, c'est une nouvelle théorie de la raison, mâtinée de sensibilité qui est proposée; une théorie d'un homme «entier» qui mobilise tout autant raison, sens et imagination; un rapport au monde ouvert à des canaux de perceptions qui ne sont pas uniquement ceux de l'esprit, mais qui emprunte à un empirisme[8] intuitif et corporel en mobilisant les sensations, pour approcher l'âme du monde. C'est ainsi que l'homme du *Sturm und Drang* se pose comme une personne qui se sait dans l'impossibilité d'atteindre l'idéal, et qui cherche à y pallier par la foi (Le Blanc, 2003b). C'est ainsi que la sensibilité de la jeune génération des années 1770 compose une forme qui entremêle raison, intuition et empirie sensualiste.

Les lettres du jeune Werther collaborent de cette configuration sociale, épistémologique, anthropologique, esthétique. Werther appréhende le monde avec l'*«œil de l'âme»*, il approche souvent sa «vérité» quintessencielle, par

8 L'empirisme est lié aux philosophies de John Locke (1632-1704), notamment son *Essai sur l'entendement humain* (1690), et David Hume (1711-1776) avec son *Traité sur la nature humaine* (1740). Pour le premier, la connaissance naît de l'expérience médiatisée par les sensations. Un distinguo entre idées simples et complexes attribue une dimension créatrice à l'esprit humain. Pour D. Hume, le savoir s'origine dans la perception sensorielle. Les impressions sont des sensations directes et des sentiments. Les idées traduisent ces impressions. Comme chez J. Locke, l'homme est en mesure de produire des représentations complexes à partir d'idées simples.

l'intuition qui restitue immédiatement les relations entre les différentes parties du Tout; de même, Werther expérimente l'impossibilité d'atteindre l'infini du monde. Il sent le souffle du *«Tout-Aimant»* (Goethe, 1774 [1997]: 35), il nage dans *«une mer d'éternelles délices» (ibid.)*, mais le quatrième paragraphe de la lettre du 27 juin (*ibid.*: 58) le montre butinant le paysage et revenant *«sans y avoir trouvé ce* [qu'il] *cherchai*[t]*»*. Werther suit l'appel de la nature, dans une posture qui tient du théisme. Mais le personnage est contrarié par l'impossibilité d'atteindre Dieu.

Néanmoins, les lettres du jeune homme nous intéressent, encore une fois, surtout du point de vue de leur structure narrative; elle active l'être-au-monde, le rapport à l'extériorité qui l'accompagne. Les lettres de Werther sont un premier pas vers une esthétique – plus tardive – du «fragment» et une pensée du système: le paysage qu'elles esquissent est constitué d'un ensemble de lieux (*«ici»*, *«là»*) pris dans une totalité *(«ma vallée»)*. Chacun de ses lieux est associé à un régime sensoriel particulier. L'expérience paysagère est ainsi un espace-temps où le sujet s'appréhende dans la diversité des schèmes sensori-moteurs (*debout* sur un rocher, *allongé* à même le sol), dans une déclinaison des sens (Werther sent, voit, touche…). En somme, l'on a affaire à une théorie générale de l'homme, celle d'un individu sensible aux mouvements contradictoires de l'âme, qui *«existe dans un échange, dans une réciprocité infinie avec le monde»* (Margantin, 2003a: 44). Un homme qui, comme le théorise F. Hemsterhuis (1721-1790) dans les années 1770-1780, tend par l'intermédiaire de ses *«organes moraux»* (cité par Margantin, *ibid.*) à *«assimiler l'objet, à le faire sien par la représentation»*, c'est ainsi que le cœur du jeune homme finit, au terme d'un rapprochement perceptif, par refléter *«le ciel* […] *comme l'image d'une bien-aimée»* (*ibid.*: 35) dans le même temps que Werther est entouré du corps de la nature.

C'est ainsi que le paysage des lettres du jeune Werther est le produit d'une forme qui pense: la fonction structurale des différentes focalisations[9] (Werther

9 En théorie littéraire, la focalisation renvoie au *«mode d'accès au monde raconté»*. Ainsi, la narratologie, celle de G. Genette notamment, distingue-t-elle la focalisation 0, qui renvoie à la situation d'un narrateur omniscient, qui sait tout et notamment bien plus que les personnages. La focalisation externe fait référence à un narrateur qui se pose comme témoin objectif qui constate ce qui se passe. La focalisation interne, elle, est une situation de récit où le narrateur adopte le point de vue des personnages. Les œuvres mobilisées dans ce chapitre adoptent une focalisation interne au sens où le narrateur se met à la place du personnage. On pourrait essayer de dégager un type intermédiaire de focalisation interne dans les œuvres de la première des deux configurations discutées ici et se demandant si l'auteur n'adopte pas une modalité de discours qui relève de la focalisation externe au sens de R. Genette. Néanmoins, le terme de focalisation doit être reçu dans ce chapitre dans

au sommet de son promontoire, Werther allongé près du ruisseau, Werther observant la multitude innombrable de vermisseaux, Werther regardant le ciel; Werther *«attirés de toutes parts»*, *«ici»* vers *«le petit bois»*, *«là»* vers les collines enchaînées, là encore, vers *«l'horizon immense»*); la variété des modalités d'appréhension (ouïe, toucher, odorat, vue) du paysage laisse entrevoir une première tentative, qui sera celle plus systématique des romantiques de Iéna[10], de *«traduire esthétiquement l'être infini et mobile»* (Schefer: 2003: 94).

2. Préfiguration d'une technique corporelle de lecture

> «En moi et hors de moi, est seulement le hiéroglyphe
> d'une force qui me ressemble.»
> Schiller, «Lettres philosophiques», 1786 (2003): 334.

La manière des lettres du jeune Werther n'est donc pas l'œuvre solipsistique de J. W. Goethe. Cette façon, qui est celle d'un réalisme moderne balbutiant, participe d'une configuration philosophique, épistémologique, anthropologique et donc plus largement d'une configuration sociale. Cette façon mobilise une durée, s'inscrit dans le jeu de production des images médiales. Par conséquent, elle ne s'arrête pas plus avec J. W. Goethe. De fait, le premier romantisme travaillera cette «manière de dire» le paysage et son pendant herméneutique et se réappropriera le procédé polytopique pour le radicaliser.

---

une acception qui diffère de celle que lui attribue la théorie littéraire. Le terme de focalisation rend ici compte des points de contact avec l'extériorité du sujet de l'énonciation. Il est un équivalent du point de vue, tout en évitant l'ambiguïté.

10 Le romantisme allemand peut-être subdivisé en trois périodes. La première, de 1797 à 1801, est dite romantisme d'Iéna. Le «cercle» de Iéna regroupe notamment A. W. Schlegel, F. Schlegel, Novalis, F. Hölderlin, Schleiermacher, Ludwig Tieck, F. W. J. Schelling, Wackenroder. Son laboratoire est la revue de l'*Athenäum* dirigé par F. Schlegel. Le second romantisme, dit de Heidelberg, va de 1804 à 1809. Ses animateurs principaux sont J. Görres, A. von Arnim et C. Brentano. Il est réputé *«plus littéraire et moins spéculatif* [...], *plus conservateur et nostalgique que celui de Iéna»* (Schefer, 2003: 74). Enfin, le romantisme de Berlin (troisième période) aux limites plus floues couvre la période 1809-1820. Constitué notamment autour de J. Eichendorff, H. Kleist et A. Müller, il entreprend un tournant patriotique et nationaliste et s'épuise finalement dans un certain conformisme. Néanmoins, il est également porteur d'innovations et prolonge ainsi l'esprit iénanien (Schefer, *ibid.*: 73-74).

C'est *L'Hypérion* – dans la version dite du «fragment Thalia» (1794) et sa forme définitive, sous-titrée *l'Ermite de Grèce* (1797) – de F. Hölderlin (1770-1843) qui donnera à présent matière à analyse. L'inscription sociale du héros diffère ici sensiblement de celle du personnage de J. W. Goethe. Werther est un jeune bourgeois tourmenté, et le roman s'accomplit sur un mode qui est celui d'un réalisme subjectif (Jaccottet, 1973 [2002]: 10). Hypérion, pour sa part, est le récit du retour aux sources (celles de la *«lumière divine»* de la Grèce antique [*ibid.*]) d'un jeune aristocrate, et le roman s'élabore sur un mode poétique. Néanmoins, la composition structurale du paysage emprunte des fondamentaux similaires, ce qui fournit l'indication d'un processus (en cours), celui de la production d'une image médiale. Réalisme subjectif ou *«roman grec»*, bourgeois ou aristocrate, une manière de dire la façon dont la réalité apparaît à une conscience tend à se diffuser comme pertinente.

Cette manière inscrit comme point de départ de la rencontre paysagère un homme qui est toujours-déjà situé dans la représentation:

> Mon cœur se plaît souvent dans cette pénombre. Je ne sais ce que m'inspire le spectacle de l'inépuisable Nature; mais les larmes que je verse aux pieds de l'idole voilée sont de saintes et bienheureuses larmes. Que m'effleure le souffle léger et mystérieux du soir, tout mon être fait silence et écoute. Perdu dans les immensités bleues, souvent je lève les yeux vers l'Ether, ou les abaisse vers la mer sacrée; alors, il me semble voir s'ouvrir devant moi la porte de l'Invisible, et que je m'anéantis avec tout ce qui m'entoure, jusqu'à ce qu'un bruissement dans les taillis m'éveille de cette bienheureuse mort et me ramène malgré moi à l'endroit d'où je suis parti (Hölderlin, 1794 [2002]: 46).

Hypérion ne sait *«ce que* [lui] *inspire le spectacle de l'inépuisable Nature»* (*ibid.*: 46). Le paysage qui en est la métaphore est ici un trouble explicite *(«Je ne sais pas»)* dont une signification peut être dégagée par la compréhension des émotions qu'on y éprouve (*«mais les larmes que je verse aux pieds de l'idole voilée sont de saintes et bienheureuses larmes»*). L'herméneutique de soi, qui doit susciter un sens contextuel au fragment d'un espace paysager, mobilise les éléments encore incertains d'une pratique corporelle, dans le sens où l'appareil perceptif du personnage est significativement sollicité:

> Tout mon être se tait pour écouter les tendres vagues de l'air jouer autour de mon corps. Perdu dans le bleu immense, souvent je lève les yeux vers l'Ether ou je les abaisse sur la mer sacrée, et il me semble qu'un esprit fraternel m'ouvre les bras, que la souffrance de la solitude se dissout dans la vie divine.
>
> Mais qu'est-ce que la vie divine, le ciel de l'homme, sinon de ne faire qu'un avec toutes choses?
>
> Ne faire qu'un avec toutes choses vivantes, retourner, par un radieux oubli de soi, dans le Tout de la Nature, tel est le plus haut degré de la pensée et de la joie, la cime sacrée, le

lieu du calme éternel où midi perd sa touffeur, le tonnerre sa voix, où le bouillonnement de la mer se confond avec la houle des blés (*ibid.*: 55).

Dans la lumière du crépuscule du soir, un *«souffle léger»* conduit l'*«être»* d'Hypérion à *«faire silence»* et *«écoute*[r]*»* *(ibid.)*. Son regard navigue entre les deux immensités du ciel et de la mer, la porte de *«l'Invisible»* s'ouvre et le personnage s'*«anéanti*[t]*»* avec *«tout ce qui* [l']*entoure»* avant qu'un *«bruit»* ne le ramène à l'endroit d'où il est *«parti»* *(ibid.)*. De fait, si le personnage est absorbé par la Nature, cette absorption n'est pas à proprement parler *«passive»* comme le veut Ph. Jaccottet (*ibid.*: 16). Il y a d'abord un prérequis, qui est celui d'une juste position du corps, d'une juste conscience de soi (les *«vagues de l'air»* qui jouent *«autour de*[s]*on corps»*). Puis, un oubli de soi qui correspond à un abandon *(«radieux oubli de soi»)*. Or, ce deuxième temps tient explicitement de la volition (infinitif d'aspiration: *«ne faire qu'un avec toutes choses»*, *«retourner* [...] *dans le Tout de la Nature»*). Par ailleurs, il est fragile, un *«instant de réflexion»* et *«le monde éternellement un, se dérobe»* *(ibid.)* et laisse le personnage face à la nature *«comme un étranger»*, *«incapable de la comprendre»*.

Le paysage est un trouble. Il est dans le même temps une opacité, ou un *«voile»* (*«l'idole voilée»* qu'est la Nature tant chez Hölderlin [1797] que dans les *Disciples à Saïs* de Novalis [1797]). Il est encore bivalent. L'homme dans le paysage s'y délie, ses organes sensoriels le conduisent dans un état qui tient de la sublimation, du passage d'un état solide à un état gazeux (Hypérion s'évapore entre mer et *«Ether»*). Mais l'important est son *attitude*, dans ce paysage. Il veut s'y perdre. Mais, dans le même temps, il est aux aguets. Un bruit dans un bosquet, une pensée le ramène à sa situation dans le monde. Il y a une *contradiction intrinsèque* dans la relation paysagère de la *Sehnsucht*. Le paysage est un *«désir de désir»* et un désir de nostalgie. Il est un espace-temps que l'on pénètre dans un abandon, mais qui nécessite l'activation de l'entièreté des schèmes sensori-moteurs de l'homme dans le paysage. Il est l'évidence de la Nature et son énigme (Hypérion mentionne, dans une formule qui est aussi un emblème du premier romantisme, les *«affectueux hiéroglyphes»* de la Nature [*ibid.*: 72]). L'herméneutique du lieu nécessite une intelligence en éveil qui, dans le même temps qu'elle ouvre le paysage, le referme: *«le monde éternellement un, se dérobe»*.

Outre cette radicalisation du trouble paysager, l'Hypérion de 1797 (2002) développe encore la structure polytopique esquissée chez J. W. Goethe:

Couché parmi les fleurs, me réchauffant à la fragile lumière du printemps et considérant l'azur serein qui couronnait la terre, ou bien assis sous les ormes et les saules, au cœur de la montagne, après une fraîche pluie – quand les branches frissonnaient encore des atteintes du ciel et que des nuages dorés passaient au-dessus des bois ruisselants – ou encore quand l'astre du soir, esprit de paix, montait avec les antiques adolescents, les autres

> héros du ciel (et voyant en eux continuer sa course dans l'Ether selon les simples lois éternelles, le calme du monde m'enveloppait de joie, si bien que je levais des yeux attentifs, sans comprendre ce qui m'arrivait)... alors, chaque fois, je demandais tous bas au Père céleste s'Il m'aimait et j'entendais Sa réponse, bienheureuse, indubitable, dans mon cœur (*ibid.*: 58).

La troisième lettre de cette version définitive (*ibid.*: 56-59) cherche ainsi à «*transmettre*» le «*moment inexprimable*» du «*calme du monde* [qui l']*enveloppait de joie*» (*ibid.*: 58), «*couché parmi les fleurs*», «ou bien» (je souligne), «*assis sous les ormes*», «ou encore» (je souligne) «*quand l'astre du soir montait avec les antiques adolescents*»; le «*calme du monde* [qui l']*enveloppait de joie*», alors qu'il croyait «*sentir l'Esprit du monde comme dans la sienne la chaude main d'un ami*» (*ibid.*: 59). Les «*ou bien*», «*ou encore*» accentuent les focalisations différentielles sur le paysage, alors que la thématique et le champ lexical tourne à la répétition de la scène restituée dans la lettre, datée du 10 mai, du jeune Werther à son ami Wilhelm. Les syntagmes de coordination («*ou bien*», «*ou encore*») constituent en effet des éléments structuraux analogues aux («*quand*», «*que*», «*que*») qui rythmaient le rapprochement perceptif du jeune Werther et de la nature dans cette lettre du début mai 1771, sinon qu'ils n'insinuent pas un resserrement de focale comme le faisait la «wenn-*Periode*» (Ehrich-Haefeli, 2001) goethéenne. La diversité des positions occupées par le personnage est au demeurant plus explicite. Ce en quoi il est légitime d'évoquer un renforcement du modèle polytopique. En sorte que l'on retrouve en l'occurrence des homologues des déictiques («*ici*», «*là*») mobilisés par le personnage de J. W. Goethe dans sa lettre du 21 juin.

Ce dispositif se trouve encore extrêmisé dans la sixième lettre d'Hypérion à Bellarmin (Hölderlin, *op. cit.*: 69-74). Hypérion a «*passé la nuit au pied de la montagne, dans une cabane accueillante*». «*La lune* [lui] *avait découvert un vieux temple de Cybèle*», «*cinq gracieuses colonnes pleuraient sur ces ruines, et un portail royal gisait écroulé à leurs pieds*». Il avait emprunté le «*sentier* [qui] *montait ensuite parmi les buissons en fleurs*». «*A midi*», il atteignait «*le sommet*». «*La contrée d'où* [il] *venai*[t] *s'étalait* à [s]es pieds *comme une mer*» (*ibid.*: 70):

> La contrée d'où je venais s'étalait à mes pieds comme une mer, pleine de jeunesse et de vie; le printemps me saluait d'une immense fête de couleurs et, de même que le soleil du ciel se retrouvait dans les mille modifications que la terre fait subir à la lumière, mon esprit se reconnaissait dans la plénitude de vie qui l'assaillait de toutes parts.
>
> Sur la gauche, vrai géant, le fleuve jubilant se précipitait dans les forêts du haut d'un paroi de marbre suspendue au-dessus de moi, où l'aigle jouait avec ses aiglons, où les cimes neigeuses offraient à l'Ether bleu leurs étincelles, à droites, des nuées d'orages s'amoncelaient au-dessus des forêts du Sipyle: je ne sentais pas la tempête qui les portait, rien qu'un souffle dans mes cheveux, mais j'entendais leur tonnerre comme on devine la voix de l'avenir, et je voyais leurs flammes, comme la lumière lointaine de la divinité pres-

sentie. Je me tournais vers le sud et poursuivis mon chemin. Je découvris alors devant moi ce vaste paradis que le Caystre arrose de ses charmants détours, comme s'il ne pouvait assez s'attarder parmi tant de trésors et tant de grâces. Pareil aux vents légers, mon esprit errait avec bonheur de merveille en merveille, de tel village anonyme et paisible au pied de la montagne jusqu'à ces lieux où brille confusément la chaîne du Messogis (*ibid.*: 70-71).

«[S]*on esprit se reconnaissait dans la plénitude de la vie qui l'assaillait de toutes parts*». «*Sur la gauche* [...] *le fleuve jubilant se précipitait dans les forêts du haut d'une paroi de marbre suspendue au-dessus de* [lui]». «*Sur la droite, des nuées d'orages*». Pourtant, il ne «*sen*[tait] *pas la tempête*», «*rien qu'un souffle dans* [s]*es cheveux*». Mais il «*entendai*[t] *leur tonnerre*», «*voyait leur flamme*». Il se «tourn[ait] *vers le sud*» (*ibid.*: 71), poursuivait son chemin. Et il «*découvr*[ait] *alors devant* [lui]», «*le vaste paradis que le Caystre arrose de ses charmants détours*». Il se sentait «*au-dessus des formes et des usages établis*». Il «*jou*[ait] *avec les uns et les autres et en chang*[eait] *comme de costumes en Carnaval*».

Hypérion est «*assailli de toutes parts*». «*Sur la gauche*», «*au-dessus de lui*», «*à droite*», «*vers le sud*», «*devant lui*». Il marche; il est en trajet. Il entend, sent, voit, touche un souffle. Il cherche une forme pour «*transmettre vivant, intact,* [un] *événement inexprimable!*» (cf. la première exergue de ce Chapitre). La forme aspire à la totalité. Elle se refuse à une linéarisation sélective des informations. Le paysage est un volume dans lequel l'homme est compris, et non pas une perspective qui s'étend devant lui. Un volume qui nécessite une herméneutique; un volume qui appelle une interprétation du lieu par l'intermédiaire des sensations que le sujet y éprouve. C'est ce que transporte l'image médiale de la polytopie.

3. Métabolisation et normalisation du schème

Les paysages du romantisme tardif perpétuent cette opacité tout en la banalisant. Ils fonctionnent ainsi comme l'indicateur d'une métabolisation des schèmes de paysagement esquissés par le préromantisme, en même temps qu'ils renseignent sur la consolidation d'une image médiale. Ce sont deux œuvres de Joseph von Eichendorff (1788-1857) qui donneront à présent matière à exemples: le poème *Mondnacht* (1835) et les *Scènes de la vie d'un propre à rien* (1826 [2004]). Il n'est sans doute pas inutile de souligner que le personnage principal de cette deuxième œuvre est, non pas un jeune bourgeois ou aristocrate, mais un homme sans qualités, jeune fils de meunier; ce qui renforce l'idée de la vulgarisation d'un schème esthétique initialement différenciateur.

Le dispositif paysager du romantisme tardif inscrit – comme c'était le cas dans le préromantisme et le premier romantisme – le personnage dans le paysage par l'intermédiaire d'une structure polytopique. Le poème *Mondnacht* travaille, sous une forme simple (trois strophes de quatre vers aux rimes croisées), une structure spatiale homologue à celle de J. W. Goethe et F. Hölderlin: un espace pluridimensionnel qui active la vue, l'ouïe, mais aussi indirectement le toucher. Le ciel et de la terre s'entremêlent dans une lueur carmin, puis le vent traverse les champs, les blés qui ondoient (vers 5-6), et les allitérations de la seconde strophe font entendre les bruissements du paysage:

> Die Luft ging durch die Felder / Die Ähren wogten sacht,
> Es rauschten leis die Wälder, / So sternklar war die Nacht.

L'air coule sur la peau de l'homme dans le paysage et le sens du toucher entre en jeu. L'opacité du paysage, son indécidabilité, naît de l'interpénétration du ciel et de la terre; elle naît encore d'une appréhension plurisensorielle; elle naît enfin du lecteur, homme dans le paysage à ses dépens, qui entre dans la représentation par l'intermédiaire du rythme et des sonorités du poème. Et dans cette confusion d'un Je et d'un paysage, alors que l'âme du poète se déploie et s'envole par-delà les landes silencieuses (vers 9-11), se produit une variation sur le thème du retour au lieu amène: *«als flöge sie nach Haus»* (vers 12). Le ciel étoilé sur la tête du poète, l'appel du vent, l'attrait du foyer collaborent à l'établissement d'une triple tension paysagère qui en fait un volume trouble, traversé par un *«désir du désir»* et un désir d'un lieu apaisé de la logique du désir, celui d'une demeure céleste.

Le même dispositif littéraire et la même dynamique paysagère se manifestent encore dans les œuvres en prose du même auteur, tout en offrant de meilleures prises à l'évaluation des transformations de l'herméneutique paysagère et de la forme polytopique. Les *Scènes de la vie d'un propre à rien* (1826 [2004]) rapportent le voyage de formation d'un jeune homme qui se languit de partir sur les chemins du monde; vagabondant de la campagne autrichienne à Rome, il n'espère qu'un retour auprès de son moulin familial: constatant avec dépit, dans le prolongement de jeune Werther au pied de son tilleul: *«Mais moi, je ne suis bien nulle part, j'ai toujours l'impression d'être arrivé trop tard et d'être nul et non avenu en ce vaste monde»* (*ibid.*: 38).

L'intéressant ici est le caractère épars des notations paysagères, qui indique que l'expérience est devenue une évidence sur laquelle il n'est plus nécessaire de s'appesantir; mais qui constitue néanmoins un topos narratif qui permet de faire entrevoir, dans un rapport à l'extériorité, la personnalité du personnage, et ses modifications:

> Splendide brillait la lune. Dans le silence de la nuit, j'entendais les forêts murmurer au flanc des montagnes. Parfois les chiens aboyaient au village qui, là-bas dans la vallée, semblait en-

foui sous les arbres et la blanche lune. Je levais les yeux: de temps à autre, le lent passage d'un nuage obscurcissait le firmament; au loin, très loin, tombait parfois une étoile.

– Le même clair de lune, me disais-je, baigne aussi le moulin de mon père et le blanc château de la comtesse. Là-bas aussi tout est plongé depuis longtemps dans le silence. Madame dort, les jets d'eau, les arbres du parc continuent de murmurer comme naguère, et nul n'a souci de savoir si je suis encore là, ou loin, ou mort...

Brusquement, le monde me parut effroyablement vaste, et moi si perdu que j'en aurais pleuré toutes les larmes de mon cœur (*ibid.*: 55-56).

Un paysage nocturne, traversé d'aboiements, fait prendre conscience au personnage de son abandon. Mais une ambiguïté anime la représentation: une impression de tranquillité et de liberté (*«Splendide brillait la lune»*, *«j'entendais les forêts murmurer»*, *«le lent passage d'un nuage»*) est aussitôt contrariée par le sentiment d'une amplitude sidérale et délétère (*«au loin, très loin, tombait parfois une étoile»*, *«le monde me parut effroyablement vaste»*) et implique que le *«propre à rien»* tire une petite morale de ce paysage (l'*in petto* intermédiaire), dans un travail de mise en signification.

A l'exemple du préromantisme et du romantisme d'Iéna, le paysage est intégré à la narration et ne donne plus lieu à un long développement descriptif. Mais cette intégration est ici radicale. Les longues évocations de Werther et Hypérion se résument à quelques lignes dispersées dans le récit. L'important néanmoins est que nous y assistons à une double saisie inductive, qui extrêmise significativement l'esthétique de l'expérience à l'œuvre dans la relation paysagère du jeune Werther. D'une part, le paysage n'est pas appréhendé dans une perspective déductiviste qui lui attribuerait un sens *a priori*, ce en quoi il fait d'ailleurs problème. D'autre part, il s'établit une forme de «dialogue» entre le lieu et le sujet qui le conduit à réfléchir les impressions qu'il y ressent pour aboutir à une sentence existentielle (*«le monde me parut effroyablement vaste, et moi si perdu que j'en aurais pleuré»*). C'est dans ce dialogue que le paysage constitue explicitement une instance du subjectivation.

Mais si cette métabolisation et normalisation du schème se pose encore, et paradoxalement, comme une radicalisation, c'est parce que ce dialogue avec le lieu – par lequel le personnage attribue un sens aux sensations et impressions qu'il y éprouve – conduit à l'association de ces sensations et impressions avec les fragments d'espace concernés:

A mon tour, je dévalai et traversai le parc silencieux pour gagner mon logis. Plus d'une fois, je marquai un arrêt, ici, parce qu'il m'avait été donné de LA voir, là parce que je m'étais étendu à l'ombre pour rêver d'ELLE (*ibid.*: 42).

Le personnage s'enfuit nuitamment du château de la comtesse pour reprendre son périple. Alors qu'il *«déval*[e]*»* le parc, il s'interrompt *«ici»* ou *«là»* pour ressentir une émotion qu'il avait éprouvée à cet endroit (*«LA voir»*; *«rêver d'ELLE»*) et qui s'y était déposée, archivée. Le paysage est appréhendé sur un mode polytopique. Ici, l'homme a ressenti ceci. Là, il a éprouvé cela. Et ce qu'il a ressenti ici, éprouvé là se dépose dans le lieu. Puis ceci et cela s'entremêlent dans la synthèse du paysage.

4. De la polytopie à une «esthétique du fragment»*[11]?

Les lettres du jeune Werther, les configurations paysagères des romantiques d'Iéna et leur métabolisation dans le romantisme tardif, manifestent le passage d'une esthétique de la forme et de la *mimésis* à une esthétique de l'expérience. Ce glissement exprime un mouvement, inscrit dans la longue durée, par lequel un mode de penser scientifique inductif se diffuse dans le même temps que les sociétés entrent dans une sécularisation de la transcendance. C'est ainsi que la forme des lettres du jeune Werther participe d'une épistémologie et une anthropologie – et que J. W. Goethe peut être posé comme un agent social privilégié certes, mais représentatif. La configuration dans laquelle s'enchâssent les exemples de B. H. Brockes et S. La Roche se rattache plutôt à une tradition scientifique qui affirme l'importance de l'œil, de la géométrie et de l'optique (Baridon, 1996: 61-80), comme outil permettant de percer les secrets de la nature, qui devient alors par analogie avec la Bible, un second livre qu'il est nécessaire d'avoir «lu» (Walter, *op. cit.*). La configuration des textes de J. W. Goethe, F. Hölderlin, J. Eichendorff, relève d'un système empirique qui tend, après F. Bacon (1561-1626) et I. Newton (1643-1727), à formaliser un mode de penser inductif et idiographique plutôt que déductiviste (Baridon, 1998: 813-818). Cet empirisme est complété d'une «psychologie» sensualiste où l'être humain construit son jugement à partir des sensations, des sentiments, d'associations d'idées dans une sorte de *continuum* (*ibid.*: 818-820), privilégiant une esthétique du toucher. Les grands traits de cette nouvelle épistémologie se retrouvent, en partie, dans l'anthropologie du second XVIIIe siècle. D'une part, le primat de l'induction et de l'idiographie se manifeste dans l'apparition d'un paradigme d'appréhension de l'être humain qui n'est plus celui de la *«transcendance»* mais de l'*«immanence»*, pour parler comme R. Sennett (1979). On renonce à l'explication par des entités métaphysiques, théologiques des actes

11 Cette expression est empruntée à Olivier Schefer (2003: 92). Je l'utiliserai dorénavant en laissant tomber les guillemets. Il en va de même pour tout vocable frappé d'un astérisque (*).

d'un individu; lesquels sont ramenés à son être intime – chacun de ses gestes se faisant signifiant.

La forme littéraire qui produit la narration paysagère des lettres du jeune Werther participe de cette «effervescence» intellectuelle. Elle en manifeste certains traits. Elle permet d'anticiper ses développements. Dans la multiplicité des focalisations, dans la variation des registres d'appréhension du paysage, dans l'association d'émotions à des parties du paysage, des sites, des lieux, sont posés les éléments d'une pratique scientifique et esthétique dite «fragmentaire», qui sera développée, selon certains spécialistes, par les premiers romantiques (Novalis, F. Schlegel notamment) et radicalisée bien plus tard entre la fin du XIXe siècle et le début du XXe siècle *(infra)*. Or, cette pratique fragmentaire transpose la pensée inductiviste et la conception immanente de l'homme.

Les actes permettent de remonter à la personnalité de l'actant, mais cette personnalité est évanescente, jamais certaine, puisqu'elle n'est plus garantie par un principe transcendant. C'est par une série de «scènes» que l'appréhension de la personnalité reçoit sa condition de possibilité. Le caractère tourmenté de Werther se révèle par l'entremise de prises successives avec le paysage. Les différentes rencontres d'Hypérion avec la Nature manifestent des états d'âme divers, et se posent ainsi comme des chambres d'écho de processus par lesquels l'écrivant est en mesure de s'objectiver.

Ainsi, les poèmes et les textes de B. H. Brockes et S. La Roche d'une part et d'autre part de J. W. Goethe, F. Hölderlin et J. Eichendorff ne sont pas homologues. Ils ne s'inscrivent pas dans une même théorie de la connaissance, ni une même théorie générale de l'homme, même s'ils activent certains schèmes de paysagement similaires. La forme des lettres du jeune Werther participe d'une pensée spécifique. D'un point de vue structural, la différence de ces deux configurations est dotée d'une signification. Le sujet n'est plus face à un objet qu'il décrit de manière abstraite, mais face à quelque chose qui doit s'«éprouver», et qu'il désire embrasser dans sa totalité.

Cette composition structurale, le mode polytopique, renforce l'esthétique de l'expérience, typique de l'immanence. L'homme dans le paysage est *ici* et *là*. Il occupe un volume spatial qui mobilise divers schèmes sensori-moteurs. L'espace paysagé est trouble, voilé, doté d'une opacité. Il s'agit de l'approximer par l'intermédiaire des sensations, des émotions qu'on y ressent, en faisant varier les points de vue. Le procédé polytopique dit ainsi un homme en trajet dans le paysage qui accomplit une herméneutique du lieu, et simultanément de soi. L'homme dans le paysage cherche aussi des indices, il est entré dans un jeu de miroirs et de transformations par lequel il se révèle graduellement, en actes. A un autre niveau textuel, le procédé polytopique manifeste ainsi l'auto-engendrement du sujet, et le caractère composite de ce sujet. Mais il nous parle encore d'une conception de l'homme et de son rapport rationnel au monde. L'esthétique empirique qui prévaut dans la restitution du paysage procède d'une approche «fragmentaire» du Monde.

Laurent Margantin (2003b) explique que cette épistémologie fragmentaire prend, entre autres, acte de l'impossibilité, consécutive de la philosophie de Fichte, de la saisie d'une substance au profit d'une *«approche infinie des ‹accidents›, c'est-à-dire d'une matière variée et instable»* (Margantin, *ibid.*: 366). En ce sens, les lettres du jeune Werther ne pourraient y êtres rattachés d'un point de vue chronologique. Le contexte intellectuel dans lequel sont produites ces œuvres n'est pas celui de la philosophie fichtéenne du Moi ou de l'idéalisme allemand. Par ailleurs, J. W. Goethe, à l'époque de son classicisme, s'est montré critique envers cette esthétique fragmentaire et le mélange des genres qui l'accompagne, notamment dans son «Introduction aux Propylées» (1798 [1997]) où il fait du *«mélange de ces différents genres»*, *«une des caractéristiques les plus marquantes de la décadence de l'art»* (cité par Schefer, 2003: 95).

Néanmoins, sa correspondance tardive (13 février 1831) avec J. P. Eckermann (1792-1854) atteste d'une certaine adhésion à cette esthétique fragmentaire du premier romantisme, alors qu'il acquiesce à la réponse de son secrétaire privé à propos de la composition de son *Faust*: *«ne sont-ce pas là autant de petits univers dont chacun a une existence propre et qui, refermés sur eux-mêmes, ont bien une action les uns sur les autres, mais n'ont pas grand-chose à voir l'un avec l'autre?»* (Eckermann cité par Lortholary, 1998: 16). Le point de vue structural de ses œuvres conforte d'ailleurs cette interprétation: la multiplication des points de vue sur le paysage annonce cette esthétique à l'état naissant; tout comme la forme du roman épistolaire, choisie par J. W. Goethe, peut sembler l'avant-coureur de cette logique d'un système de fragments. Chacune des lettres constitue une pièce en soi, dotée d'une autonomie, mais inscrite dans un ensemble: *Les Souffrances du jeune Werther*. Les dates linéarisent toutefois le développement. De même qu'une chronologie préside à la lecture des lettres: les lire dans le désordre nuit à l'intrigue. Néanmoins, cette structure fragmentaire s'amorce dans la pratique du paysage. Werther est *ici* et *là* et *là-bas*. Peu importe l'ordre, puisque ce qui a de l'importance, c'est d'exprimer une forme de saisie complète du monde au sens où son «âme» est susceptible d'être appréhendé dans l'expérience pratique, par l'intuition.

De même, la construction des *Années d'apprentissage de Wilhem Meister* (1795-1796 [1999]) adopte cette construction fragmentaire. Scène, chapitre, livre, volume dans l'édition originale forment un *«système de systèmes»* selon la lecture qu'en donne Fr. Schlegel (1798 [1999]), dont *«les paliers d'intégration formelle sont isomorphes»* (Schaeffer, 1999: 17). Le procédé polytopique s'y trouve par ailleurs mobilisé dans la construction narrative de l'œuvre:

> [L]e premier livre présente le jeune homme dans une série d'attitudes différentes et dans des contrastes pittoresques, dont chacun éclaire d'un jour nouveau et plus franc un aspect différent et singulier de son caractère; quant aux ensembles plus petits mais bien distincts et aux chapitres, chacun constitue en lui-même un tout pittoresque plus ou moins unifié (Schlegel, 1798 [1999]: 36).

De fait, les lettres du jeune Werther sont une forme littéraire qui s'essaie à dire un *«événement inexprimable»*, tente de le *«transmettre vivant, intact»* (pour reprendre la formulation de F. Hölderlin déjà évoquée). Et dans cette recherche, elles potentialisent une esthétique et épistémologie fragmentaire. Werther ne décrit pas une vallée. Il en accomplit la narration, en mêlant sites et impressions, en multipliant les points de vue, etc. La démarche est synthétique. Ce n'est pas une réalité externe qui est exprimée mais une *«forme poétique du monde»*[12] qui sera plus tard radicalisée par les romantiques de Iéna, alors qu'ils entrelaceront approche scientifique, qui procède par découpages analytiques, et approche sensible, qui intuitionne les relations. Une forme poétique du monde qui aspire à la totalité, et, simultanément prend conscience d'une limitation intrinsèque et nécessaire. Il y a des *lieux* et des *effusions*. En témoignent les déictiques (*«ici»*, *«là»*) et les tournures exclamatives (*«si»*, *«ne fus jamais»*, *«quand»*, *«que»*) et les suspensions de phrases. Mais lieux et effusions sont synthétisés dans la forme totale du paysage.

*

Or, cette esthétique (à l'état naissant) du fragment véhicule la conception d'un sujet pluriel qui s'appréhende dans l'expérience. Ainsi, le procédé polytopique sert-il potentiellement une mise en scènes du sujet. Chaque espace ouvre sur une situation qui autorise le dévoilement d'un *«homme en trajet»* devant faire advenir les diverses potentialités de son Moi (Œhrich-Haefeli, 1999). Le paysage de la narration est dramaturgique. La dramaturgie polytopique s'enchâsse dans une structure paysagère articulée sur un principe d'herméneutique simultanée du lieu et du sujet. Herméneutique qui requiert l'activation d'un grand nombre de schèmes sensori-moteurs. Le champ lexical des textes qui, dans la

12 Pour reprendre le titre de l'ouvrage de Charles Le Blanc, Laurent Margantin et Olivier Schefer (2003), *La forme poétique du monde: anthologie du romantisme allemand.*

seconde partie du XVIIIe siècle, montrent la rencontre du Moi et du paysage se diversifie sensiblement. Le vocabulaire du voir perd de son exclusive. Le toucher, l'ouïe, l'odorat prennent une importance remarquable. Dans le même temps, l'appréhension du volume paysager devient plus ambivalente. Le paysage de la narration se trouble, se fait opaque, se complexifie. Ainsi, du fait de l'hétérogénéité des significations qui sont susceptibles de lui être attachées, le paysage permet d'exploiter, dans un jeu de miroirs, les diverses potentialités d'un Moi toujours à faire. Il s'institue alors une forme de «dialogue» avec le lieu, avec son «génie», par lequel le Je se construit. Le paysage de la narration est le contexte d'une subjectivation.

Cette relation paysagère produit à son tour une pratique spatiale, une forme du territoire, une territorialité, qui se matérialise, sensiblement à la même époque, dans le jardin paysager. L'interrogation de la forme de ce jardin permet ainsi d'expliciter certaines des raisons de la propension croissante qu'ont les agents *«à associer leurs pratiques aux lieux»* (Equipe MIT, 2002: 10): la relation paysagère de la forme narrative implique une fragmentation du paysage, un procédé polytopique par lequel le locuteur cherche à transmettre un événement inexprimable en variant les prises sur un objet qu'il est nécessaire d'approcher dans tous les sens pour être à même de l'éprouver totalement et de l'interpréter dans l'intégralité de sa complexité. Dans le jardin paysager, ce tour, cette forme esthétique, se cristallise en un dispositif spatial qui doit permettre à l'homme d'éprouver des sensations, des émotions, des idées générales par l'expérience, dans un parcours qui le fait passer par différentes scènes qui font impressions, réactivent les sens, ébranlent l'imagination, remettent en mémoire. Scènes auxquelles l'homme en promenade dans le paysage attache alors les sensations, émotions, etc. qu'il vient d'expérimenter avant de passer à d'autres sensations, émotions, imaginaires, etc.

5. Le «nouveau style»[13] des jardins

L'épistémologie et l'anthropologie qui participent de la dimension narrative de la relation paysagère du réalisme moderne, la technique spatiale qui s'y esquisse ne se limite pas aux effets de texte d'un corpus littéraire[14]: elles se maté-

13 Selon une expression de H. Walpole (1771 [2000]: 56).

14 En ce sens, si elle relève de la littérature, elle n'est pas congédiable sous prétexte de n'être que littérature.

rialisent aussi dans la forme spatiale du jardin paysager. En ce sens, le jardin paysager se pose comme le laboratoire d'une pratique du territoire: c'est par son intermédiaire qu'une élite, fortement dotée en capital culturel, apprend à ressentir certaines sensations et émotions en relation à des éléments spatiaux spécifiques; et simultanément, à y déposer ces sensations et ces émotions pour en découvrir d'autres, dans un autre lieu. C'est par son intermédiaire que l'homme dans le paysage doit parfaire son entendement en se transformant en *«homme sensible»* (Baridon, 1998), à savoir un homme qui sait faire usage de ses sensations, pour se livrer au *«plaisir de l'imagination»* (Addison, 1712 [1996]).

Le jardin paysager est un jardin marqué par le projet d'effacer l'art (le travail humain) au profit de la Nature (du naturel). Un geste le fonde, c'est le *ha-ha*, l'effacement de la barrière entre l'intérieur du jardin et son extérieur. Le *ha-ha* est un fossé invisible à l'œil, qui remplace la limite verticale contre laquelle l'œil s'écrasait, perdant la possibilité de s'abîmer dans les lointains. Ainsi le *ha-ha* abolit la frontière entre le jardin et la campagne qui l'environne. Ou plutôt, il collabore à l'entrée de la campagne dans le jardin. Le second geste du jardin paysager est de démanteler ce qui pourrait aliéner les plaisirs de l'imagination. Une perspective lassante, un jeu toujours trop prévisible des symétries où, pour reprendre un exemple de C. C. L. Hirschfeld (1779-1783), un arbre à la droite d'une allée en appelle un autre, identique, à la gauche de l'allée sont identifiés comme des *«cages»* de l'imagination. L'ostentation de l'art est décriée et il s'agit de ménager des surprises aux visiteurs. Le jardin paysager rétablit la légitimité des courbes. Les sentiers sinuent entre les collines, les rochers, les bosquets, les forêts. En première analyse, le jardin paysager est donc une tentative de faire des tableaux de paysage *«en grand»*.

Mais, ce qui nous intéresse dans le jardin paysager, c'est le modèle de l'homme qu'on y trouve, dès lors qu'on gratte sa forme; la théorie de la nature humaine qu'il doit concrétiser, et dont il constitue simultanément un élément de production.

5.1. La forme spatiale d'un projet politique

L'objectif toutefois n'est pas de livrer le jardin paysager à une grande détermination univoque. En tant qu'objet de discours, il est l'enjeu de polémique autour de la nature du bon goût qui se superposent à des débats politiques. Michel Baridon (1998: 801-803) évoque, par exemple, la manière dont une rhétorique nationaliste s'articule à l'art des jardins entre 1700 et 1730, chez

J. Vanbrugh (1664-1726) puis W. Kent (1685-1748), notamment. Cet embrigadement national du jardin s'effectue en mobilisant deux grands mythes. Le premier est antiquisant (*ibid.*: 805-811). Il fonctionne sur la conviction que la Glorieuse révolution de 1688 a servi l'expansion d'un empire civilisateur. L'Angleterre apparaît alors comme une nouvelle Rome. La mise en scène des Vertus antiques dans les jardins a pour fonction de rappeler, et authentifier, cette filiation. Parallèlement émerge un mythe gothique, qui, forgé par la bourgeoisie, fait remonter aux forêts germaniques le système politique de limitation parlementaire du pouvoir du prince. L'architecture gothique dans le jardin paysager anglais collabore de cette mythologie (*ibid.*: 810), de même que la multiplication des bois, boccages et massifs.

De même, Stephen Bending (1994 [2000]) a montré comment les débats, au XVIIIe siècle, autour de l'originalité du style anglais impliquent une *«rhétorique whig»* (*ibid.*: 9) à haute teneur idéologique puisqu'il s'agit d'y accomplir la naturalisation de *«l'histoire whig du progrès constitutionnel»* (*ibid.*: 23). Les histoires des jardins anglais écrites au XVIIIe siècle sont dans la plupart des cas *«une forme d'autoreprésentation culturelle qui s'appuie sur un discours historique pour représenter ses positions politiques comme causes naturelles»* (*ibid.*: 33). C'est ainsi que H. Walpole (1771), par exemple, arrive à la conclusion d'une unicité du style anglais qui n'est possible *«que dans une nation fondée sur la propriété indépendante et une saine constitution»* (*ibid.*: 24).

5.2. Un analyseur de l'individualisme bourgeois

Il faut, par ailleurs, se garder d'unifier rétrospectivement le type du jardin paysager. J. D. Hunt (1991: 227-237) montre, à cet égard, que le jardin paysager n'est pas un phénomène homogène, et qu'il convient de distinguer deux phases. Dans un premier temps, l'architecture du jardin cherche, en prenant exemple sur la peinture, à déployer un réseau de thèmes et significations (*ibid.*: 227) que le regard cultivé décode dans une glose qui donne voix au lieu. Les premiers amateurs du jardin paysager (A. Pope [1688-1744], lord Burlington, William Kent…) sont ainsi partisans d'*«une codification très précise»* (*ibid.*: 227) du style, et font de la visite un *«rituel symbolique» (ibid.)* par lequel le visiteur se pose à la fois comme spectateur et acteur. Or, dans la seconde moitié du XVIIIe siècle, le jardin paysager change de nature. Ses usagers ne sont souvent plus en mesure d'articuler les divers éléments de son aménagement autour d'un référant classique. Le rapport au jardin s'individualise. En témoigne l'anecdote de

T. Rowlandson (1756-1827) selon laquelle un Priape n'évoque plus, pour le visiteur, le dieu des jardins mais ses propres aventures amoureuses (*ibid.*: 230). La capacité à commenter un jardin tend à s'amenuiser. Le ravissement pour les propriétés formelles et visuelles s'accroît *(ibid.)*. On glisse ainsi d'un intérêt pour *«le passé inscrit dans les ruines et la topographie»* à *«une pure délectation»* pour le paysage (*ibid.*: 231). Ainsi, J. Warton insistait-il, en 1744 déjà, pour que les *«vaines pompes de l'art»*, *«les faunes de l'Attique»* disparaissent au profit *«des taillis hantés par les grives» (ibid.)*. De même, T. Whately dans ses *Observations on modern gardening*[15] (1770) théorisait-il un aménagement soucieux de permettre aux visiteurs de découvrir des *«significations plus libres et personnelles»* (*ibid.*: 234), aux dépens des éléments de paysagement *«qui auraient pu, chez le visiteur, susciter des idées»*[16] (*ibid.*: 231). Ainsi entre 1740-1770 se dessine une ligne de partage entre un jardin paysager dont le mode de représentation est *«élitiste et érudit»* et un jardin paysager *«plus populaire qui* [met] *l'accent sur une appréciation esthétique des splendeurs et sur les possibilités visuelles du paysage»*.

5.3. Symptômes morbides et interrègne

Si le nouveau goût manifeste une rhétorique politique, si une approche plus fine permet d'appréhender des modifications dans ses modalités d'appréciations au cours du siècle, l'important pour notre propos est que les jardins sont des *«idées-images»** (Baridon, 1998). Ils matérialisent ce que des acteurs sociaux, d'un contexte social donné, ont dans la tête. C'est en radicalisant cette proposition que M. Mosser (1999: 183-203) montre que le jardin paysager *«engage une véritable métaphysique du paysage»* (*ibid.*: 183).

Le XVIIIe siècle balance entre raison et déraison. Il est tout entier traversé par une inquiétude mortifère, des *«symptômes morbides»* (A. Gramsci cité par Mosser, *ibid.*) qui se manifestent *«quand un ancien monde a disparu et qu'un nouveau monde tarde à naître»* (*ibid.*: 185), dans les grands moments d'interrègne. Or, ces symptômes s'incarnent dans le jardin paysager. Le *«nouveau style»* est empreint d'une *«‹inquiétante étrangeté›» (ibid.)*. Au détour d'un chemin, le promeneur découvre une «fabrique»[17] patibulaire qui le plonge dans une atmosphère mélan-

15 Traduit l'année d'après en français sous le titre: *L'Art de former des jardins modernes.*

16 Le dispositif de T. Whately est plus complexe que ce que veut bien en dire à J. D. Hunt. Cf. *infra*: sous-section 6.1.

17 Une «fabrique» est un élément de l'art qui orne un jardin: grotte ou ruine artificielles, fausse chapelle, etc.

colique, l'envoie dans le passé, appelle une image mystérieuse. Plus loin, le contraste avec une contrée riante accuse cette étrangeté, son caractère incongru. Il y a une ambiguïté à l'œuvre dans la forme du jardin paysager. Ainsi, M. Mosser rappelle-t-elle qu'on a parlé de schizophrénie à propos des jardins de Castle Goring. Dans le jardin pittoresque, *«le règne des fabriques»* (Mosser, Teyssot, 1991: 11) matérialise parfois des *«‹fixations› pathologiques»*, *«symptomatiques de l'immense interrogation qui saisit les hommes à la fin du XVIIIe siècle»* (1991: 272). Le jardin pittoresque *cristallise* des jaillissements d'imagination. Il permet l'expression de sensations étranges, «inquiétantes», qui sont néanmoins constitutives du sujet, mais il permet également de *symboliser* en un point précis l'expression de ces sensations.

5.4. La transposition d'une épistémologie et d'une anthropologie

Ainsi, le jardin paysager naturalise après coup un projet politique, celui qui est issu de la Révolution de 1688. Une analyse plus fine des discours qui entoure son aménagement incline à dégager une périodisation entre une façon plus élitiste, bâtie autour de la capacité à décoder des signes culturels, et une manière plus populaire, construite sur une individualisation de la perception. Le jardin paysager est traversé d'une *«architecture paradoxale»* qui cristallise, qui fait surgir et fixe, des formes de l'imaginaire. Mais le jardin paysager transpose encore une épistémologie et une anthropologie.

M. Baridon a montré ailleurs (1999) comment les modifications qui affectent le champ des sciences se transposent dans la forme des jardins. Après une période où la mécanique et l'astronomie ont fait de la géométrie et de l'optique des critères du Beau (Baridon, 1996: 61-80), l'influence croisée de l'inductivisme de I. Newton et du sensualisme occasionne une redéfinition du Beau. La perspective et la symétrie sont critiquées: elles frustrent l'imagination; l'esprit s'ennuie. Il ne s'agit plus de lancer une vue *a priori* depuis une terrasse, mais de sinuer dans les formes de la nature. Un nouvel art d'aménager les *«jardins modernes»* doit amener le visiteur à découvrir successivement différentes vues, divers éclairages qui constituent autant de points de vue mentaux.

Les descriptions de jardins de la deuxième partie du XVIIIe siècle font intervenir un champ lexical qui recouvre des termes ou des expressions comme *«sensation»*, *«association d'idées»*, *«sentiment»*, marquant par là l'influence tardive de la philosophie de J. Locke, notamment de son *Essai sur l'entendement humain* (1689). Essai par lequel le philosophe montre comment on passe des *«sensa-*

tions brutes» aux *«idées générales»* par la médiation du jugement et de la mémoire qui compare et enregistre les sensations en question. Le rapport au monde de l'homme selon Locke s'établit donc sur un continuum sensoriel usant du *crescendo* et du *diminuendo* comme moyen de modulation (Baridon, 1999: 819-820). Dès lors le jardin géométrique n'apparaît non plus démodé mais faux.

*

La forme du jardin paysager manifeste un nouveau goût. Ce goût parle d'une reconfiguration des rapports sociaux; il se forme dans une classe sociale particulière, dotée d'un pouvoir nouveau (accession au pouvoir politique *via* une monarchie parlementaire récemment instituée) et qui cherche à naturaliser ce pouvoir, à le rendre évident dans une forme spatiale qui le symbolise. Les modifications de la forme du jardin paysager au cours du XVIIIe siècle racontent l'histoire d'un processus d'individualisation de pratiques; le promeneur active graduellement un schème d'appréciation qui le conduit à attacher *«des significations plus libres et personnelles»* aux éléments du jardin paysager. Selon M. Baridon, la forme du jardin est une *«idée-image»**: elle permet de rentrer dans la conscience des agents sociaux d'un contexte historique précis. La forme du jardin, enfin, manifeste une conception du sujet de connaissance. Elle permet d'appréhender des modes de subjectivation.

La forme du jardin paysager dit un individu qui, dans la multitude des points de vue possibles sur un objet paysager, dans la multiplication des *«impressions sensorielles»*, se saisit dans des instants de subjectivation. Le jardin est une forme synthétique, un système de fragments, par lequel un corps pluriel parvient à la conscience de soi.

6. Promenades dans les jardins des impressions

La lecture de textes de théoriciens de l'art des jardins renforce cette idée dans le même temps qu'elle permet de la nuancer, et de l'affiner. L'ouverture de la forme des jardins au plaisir de l'imagination, l'abandon tendanciel d'une forme emblématique au profit des impressions, l'individualisation des pratiques qui semblent s'y dessiner, travaillent sur le même socle que celui de la relation paysagère de la forme narrative du réalisme moderne. Il s'agit d'établir une certaine liaison avec le Monde qui conduit le sujet à s'appréhender sur une modalité du corps pluriel. Le paysage s'y dote d'une profondeur qui le rend opaque, et ouvre à une herméneutique simultanée du lieu et du sujet. Une manière de s'y promener y est explicitement prescrite, qui dans une technique corporelle doit permettre de comprendre le lieu par l'intermédiaire d'un tissu de sensations et d'émotions générateur d'idées et d'images. Le lieu est capable de faire impression dans la mesure où l'homme dans le paysage du jardin n'est ni grossier ni inattentif, qu'il a *«une certaine facilité à saisir les images et à les retenir»***[18], qu'il fasse montre de *«pénétration»* dans sa marche, qu'il développe *«une certaine complaisance de l'âme pour les impressions douces de la nature»*** (Hirschfeld, 1779-1783 [1973], Livre I: 214). Ce sont les modalités d'un individu sensible aux échanges entre le corps et son environnement tel que le prescrivait le premier romantisme (Novalis [1797], notamment) que préconise C. L. L. Hirschfeld. Dans le même temps, le sujet oublie les impressions qu'il vient de ressentir, puisqu'un autre fragment d'espace en excite d'autres.

6.1. Le langage moral et dramatique d'un *«auteur Anglois»*

En 1771, quand parait la traduction française des *Observations on modern gardening* de Thomas Whately, son traducteur demande, dès la deuxième page, *«grâce pour certaines expressions empruntées du langage moral et dramatique dont se sert* [s]*on auteur Anglois: tels sont les mots énergiques de scène et de caractère, qui reviennent fréquemment, et qu'il seroit difficile de remplacer»*** (1771 [1973]: 2). En dépit de son caractère incongru, cette note permet de mieux comprendre le projet gnoséologique qui est celui de l'auteur originel. Et, en ce sens elle introduit à une lecture idoine du texte: l'art du nouveau jardinier consiste à choisir et utiliser les *«objets de la nature»* (*ibid.*: 2) pour *«produire des effets qu'il désire» (ibid.)* à l'intérieur de *«scènes» (ibid.)* qui permettront l'expérience de caractères moraux.

Nombre d'incises révèlent que l'appréciation des *«effets»* proposé dans l'*Art de former des jardins modernes* résulte d'une approche introspective qui mobilise une conception du bon goût, et la conviction d'en être doué. L'auteur étend ainsi son expérience du lieu pour la poser comme une loi générale. L'essai de T. Whately peut donc être lu comme le recueil des impressions d'un homme qui a beaucoup pratiqué les jardins, et qui cherche à théoriser son expérience. En ce sens, il est doublement intéressant. Son ouvrage permet certes de déga-

18 J'ai modernisé la graphie. De même pour toutes les citations de ce chapitre indiquées par un double astérisque (**).

ger certaines des intentions du jardin paysager, mais il est encore susceptible d'être lu comme un témoignage des impressions que ressent son visiteur.

L'homme s'y promène, une plaine *«à perte de vue* [...] *comme morte»* le lasse. Il n'y *«trouve ni amusement, ni repos»* (*ibid.*: 5). Il se dit qu'une *«suite bien régulière des plus beaux arbres ou des plus belles collines»* (*ibid.*: 6) ne pourrait rien y faire. Il faut de la variété dans la forme extérieure. Il pense que *«dans un terrain que l'on a disposé, l'harmonie des parties entr'elles, est peut-être ce qui mérite le plus de considération»* (*ibid.*: 10). Ce qui importe, c'est l'*«effet de l'ensemble»* poursuit notre homme. Et l'effet de l'ensemble résulte du rapport des parties les unes avec les autres. Il faut se soucier de ce qui fait la *«liaison»* (*ibid.*: 13) estime ainsi T. Whately; être attentif au *«rapport des parties avec le tout»* (*ibid.*: 14): les *«formes les plus propres à s'unir»* doivent être placées les unes près des autres. Il faut *«éviter de trop morceler»* (*ibid.*: 17). Dans un sens de la mesure, T. Whately insiste encore pour que *«le style ou le ton de chaque partie se rapporte au caractère de l'ensemble» (ibid.)*, car ce dont il faut surtout se prémunit, c'est *«d'affaiblir l'idée principale» (ibid.)* du jardin. *«*[L]*'idée dominante doit percer de tous côtés»* (*ibid.*: 18). Certes, elle n'exclut pas que les parties du jardin ne produisent une impression particulière; elle implique cependant que chacune de ces impressions contribue à *«former l'idée dominante»*. D'ailleurs, l'idée dominante peut être celle de variété (*ibid.*: 38).

Ainsi, T. Whately observe la nature du jardin paysager et s'observe simultanément. Il livre un témoignage réflexif, en même temps qu'il théorise son expérience. Ce jardin éveille chez lui l'idée, l'intuition d'un caractère: la *«grandeur»*, l'*«élégance»*, la *«simplicité»*, (*ibid.*: 19), la *«douceur»*, l'*«abondance»* (*ibid.*: 25), la *«sublimité»* (*ibid.*: 27), la *«rudesse»* (*ibid.*: 54), l'*«agrément»* (*ibid.*: 62). Il traque les impressions qui concourent à la création de cette idée. Il interprète le lieu. Ses schèmes sensori-moteurs décodent des impressions liées à une expérience, et lui permettent d'appréhender une idée générale (*ibid.*: 20). Les rochers *«inspirent»* (*ibid.*: 124). *«L'âme est fortement ébranlée»* (*ibid.*: 139). Des habitations sur le bord d'un précipice font *«naître l'idée d'un péril imminent»* (*ibid.*: 141).

Dans ce processus qui transforme une impression en idée, le rôle de l'imagination et de l'intuition est valorisé. Mais l'imagination nécessite d'être ébranlée et requiert donc de discrets embrayeurs. Il faut que *«l'allusion* [...] *paraisse avoir été indiquée par la scène même, et n'être qu'une image passagère qui s'est d'abord présentée sans travail et sans efforts»*** (*ibid.*: 201). Ce sont les objets de *«caractère imitatif»* – ceux qui représentent une scène, un objet célèbre ou familier – qui assurent cette fonction d'embrayage, puisqu'ils sont *«destin*[és] *à rappeler à l'imagination»* (*ibid.*: 203), à faire advenir une idée spécifique chez le visiteur.

Mais le jardin est aussi un créateur de caractères originaux. Il n'est pas seulement le lieu de réception d'une imitation. Cette création relève de la mise en rapport des scènes dont le jardin est fait (*ibid.*: 205). C'est précisément à ce moment que le jardin nécessite une énergétique corporelle. Certes, *«[l]'ensemble doit frapper d'abord par* [...] *quelque caractère général»* (*ibid.*: 206-207), cependant:

> La force des caractères originaux ne s'arrête pas aux idées que les objets produisent immédiatement: car ces idées sont liées avec d'autres qui conduisent insensiblement à des sujets souvent très éloignés de la pensée originale, et qui n'ont avec elle d'autre rapport que celui de la ressemblance dans les sensations qui l'excitent. [...] La gaîté une fois répandue dans notre âme, passe ensuite à d'autres objets que ceux qui s'offrent à nos yeux, et nous nous livrons avec délices à une foule d'idées agréables et variées, et aux sensations les plus douces** (*ibid.*: 207-208).

L'homme se promène dans le jardin paysager. Des scènes font effet, suscitent l'expérience d'un caractère, puis l'imagination fait des rapports avec d'*«autres particularités»* (*ibid.*: 208). Un monument cristallise un *«fait particulier»* puis dans un glissement *«l'imagination se peint* [des autres particularités du même siècle] *non telles qu'elles étoient peut-être, mais telles qu'elles sont parvenues jusqu'à nous» (ibid.)*. Ce glissement est proprement analogique *(ibid.)*, les *«idées s'enfantent les unes les autres»* (*ibid.*: 209). Et il suffit pour l'initier *«que les scènes de la nature puissent affecter notre imagination et réveiller les sensations; car telle est la constitution de l'âme humaine, que lorsqu'elle est une fois ébranlée, l'émotion s'étend souvent au-delà du sujet qui l'a produite»*** *(ibid.)*.

Ainsi donc, le jardin qu'arpente T. Whately est un composé de scènes qui produisent des effets et permettent d'accéder à l'expérience de caractères. Une idée générale prévaut dans le rapport des parties, mais les parties expriment aussi un caractère particulier. L'expérience de ces caractères s'effectue par l'intermédiaire de l'appareil sensoriel. Les pratiques du jardin se sont individualisées (*supra*: sous-section 5.2). C'est dans l'interprétation des impressions et dans le plaisir de l'imagination qu'elles initient, que le promeneur parvient à caractériser le lieu. Le trajet de l'homme dans le paysage du jardin est un parcours de subjectivation; un espace-temps spécifique par lequel un individu prend conscience d'être: le sujet y éprouve des caractères qui *«excitent des intensités»* pour reprendre une expression de O. Schefer (2000: 18). T. Whately se déplaçant dans le jardin des impressions est ainsi empreint d'une variante, certes mesurée, du «dynamisme» de la philosophie du corps pluriel de Novalis *(ibid.)*.

6.2. Sensations et sentiments: sources des plaisirs

Jacques l'abbé Delille (1738-1813), dans ses *Jardins ou l'art d'embellir les paysages* (1780), use du même procédé que T. Whately: il généralise un goût, propose, à titre de principe général, une expérience filtrée par une réflexivité. Son projet est toutefois sensiblement différent de celui du théoricien britannique. J. Delille souhaite traiter la *«partie la plus essentielle»* de l'art des jardins: *«celle qui cherche dans nos sensations, dans nos sentiments, la source des plaisirs que nous causent les scènes champêtres et les beautés de la nature, perfectionnées par l'art»* (*ibid.*: VI). Il s'intéresse donc explicitement à l'appareil perceptif de l'homme dans le paysage; ainsi qu'à la manière dont cet appareil produit des images chez le promeneur. Son épistémologie est résolument sensualiste[19]. La connaissance est liée à l'expérience sensorielle: penser et ressentir sont une même chose. Cette épistémologie sensualiste est ici introspective. Sans dispositif expérimental explicite, c'est vraisemblablement son expérience que J. Delille propose comme corpus de lois. Son témoignage nous intéresse donc en tant qu'il émane d'un consommateur du dispositif spatial du jardin paysager plutôt que d'un producteur. L'abbé Delille résout d'ailleurs l'incertitude en quatre lignes d'Avertissement: *«Plusieurs personnes d'un grand mérite ont écrit en prose sur les jardins. L'auteur de ce poème leur a emprunté quelques préceptes, quelques descriptions»* (*ibid.*: III). Il ne fait d'ailleurs aucun doute que l'abbé est un lecteur appliqué de ses grands contemporains. Le jardin qu'il arpente, et dont il généralise l'expérience, respecte la typologie formelle du style nouveau. Il y a *«*[d]*es arbres,* [d]*es roches et* [d]*es eaux, et* [d]*es fleurs»* (*ibid.*: II) et *«des sentiers courent de toutes»* (*ibid.*: 23).

L'abbé Delille s'y promène. Il est un agent porteur d'un discours social; il fait des vers et met en circulation ce discours en le mâtinant de sa propre expérience. L'abbé demande à son lectorat d'observer, de connaître et d'imiter la nature (*ibid.*: 12). Il lui demande de retenir les *«aspects enchantés» (ibid.)* qui, par endroits, suspendent les pas du promeneur; les aspects qui plongent le promeneur dans une *«douce et longue rêverie» (ibid.)*. Il lui demande d'apprendre des *«champs»* à *«parer les champs»*. Les objets naturels sont dotés d'une *capacité*. Ils exercent une action sur l'homme. Il faut observer et comprendre les causes de leur action, pour pouvoir reproduire cet effet.

19 L'approche sensualiste, liée au *Traité des sensations* (1754) de E. B. de Condillac (1715-1780) radicalise l'approche empiriste. En reliant les *«synthèses fictives»* de l'imagination à leur origine sensible, E. B. de Condillac semble insinuer que la sensation détermine l'imagination. Ses commentateurs insistent néanmoins sur le rapport trouble qu'entretiennent sensations et imaginations dans le *Traité* de Monsieur de Condillac.

Sans surprise, l'art que préconise Jacques Delille tient compte de la forme du terrain et du climat. Il ne s'agit pas de *«gâter en France un site d'Italie»* (*ibid.*: 14). Le jardin doit être approprié au lieu. Ses limites ne doivent pas être tranchées, mais obéir à une logique qui est celle de l'évanescence. Ses objets ne doivent point être trop rapprochés. Il faut se garder d'enfermer *«dans un arpent un pays tout entier»* (*ibid.*: 17). J. Delille chemine. Il est sensible à la texture des chemins qui *«courent de toutes parts chercher, saisir, lier tous* [l]*es membres épars»* du jardin (*ibid.*: 23). Il a des *«visions charmantes»* (pour reprendre une expression qui lui est attachée dans l'article que le dictionnaire *le Petit Robert* lui consacre). Il commente les arbres, les rochers, les gazons, toujours attentifs aux *«effets»*, aux *«contrastes»* ou aux *«accords»*.

Mais l'abbé Delille introduit bientôt une nouvelle dimension à sa pratique des jardins. Il interroge l'*habitude*. *«Souvent, quand l'étranger jouit de vos ombrages, déjà leur possesseur languit sans intérêt»* (*ibid.*: 47). Le jardin fait certes naître des sentiments, mais son propriétaire se lasse et s'y ennuie. Il convient alors de trouver un artifice pour que l'attachement s'accroisse *(ibid.)*. L'abbé préconise ainsi de meubler le jardin de *«souvenirs sans nombre»* (*ibid.*: 48). Ces souvenirs sont d'ordre personnel puisqu'il s'agit, par exemple, de planter un arbre en l'honneur d'un proche (*ibid.*: 47). Néanmoins, ces souvenirs peuvent aussi tenir de l'ordre du voyage imaginaire. Des végétaux acclimatés au ciel d'Europe conduisent par exemple le promeneur à voyager *«entouré de leur foule choisie d'Amérique en Europe, et d'Afrique en Asie»* (*ibid.*: 52).

Les *Jardins ou l'art d'embellir les paysages* de J. Delille mobilise des techniques et un répertoire formel qui sont ceux de son temps. Sa banalité est ce qui en fait un témoignage d'enquête pertinent. Evoquant, le matériau des rocs et rochers, l'auteur recourt au même exemple que celui utilisé neuf ans auparavant par T. Whately dans son *Art de former des jardins modernes* (page 141 de l'édition française): une cabane au bord du précipice accroît l'effet de terreur. Mais l'ouvrage de l'abbé Delille permet de prolonger, d'approfondir, les sentiments suscités par cette scène. L'homme se promène dans le jardin. Au loin, il perçoit une habitation frêle sur le rebord d'une pente: *«l'imagination* [la] *suspend sur l'abîme»* (*ibid.*: 62). Il *«songe à tous ces bruits du peuple répétés, de voyageurs perdus, d'amants précipités»* (*ibid.*: 63). Il construit un roman.

Ainsi, le jardin est autre chose que la transposition d'une esthétique picturale au domaine de la nature: il active une esthétique et une imagination. Si l'esthétique est ce qui permet de repérer les objets susceptibles de faire effet, l'imagination fonctionne comme une chambre d'amplification de ces effets. C'est ainsi que, considérant les effets de l'eau, l'abbé en vient à évoquer le

Vaucluse puis toujours digressant, Pétrarque et Laure (*ibid.*: 77). L'imagination du promeneur sort donc du jardin[20]. Le ruisseau, la rivière lui remémorent une expérience faite au bord du fleuve, qui est elle-même une *expérience de déplacement imaginaire*. «*La voilà donc* [...] *cette rive que Pétrarque charmoit de sa lyre plaintive* [...] *Ici Pétrarque à Laure exprimant son amour, voyoit naître trop tard, mourir trop tôt le jour*» (*ibid.*: 75). «*Partout mes yeux cherchoient, voyoient Pétrarque et Laure, et par eux ces beaux lieux s'embellissoient encore*»** (*ibid.*: 76). Le jardin est un espace qui permet un transfert imaginaire, parce qu'il occasionne une *intensification de la vie des sens*[21].

Mais l'important n'est pas seulement que le jardin se pose comme *un lieu de mémoire qui permet de voyager en imagination*. C'est encore que le procédé polytopique s'y trouve impliqué. Si l'abbé préconise de ne pas amasser un pays entier dans un arpent, le jardin est, conformément au goût nouveau, composé de «*scènes*» (*ibid.*: 78) que les «*sentiers*» dramatisent, au sens où il leur appartient d'être les «*guides ingénieux*» qui conduisent d'un lieu à l'autre *(ibid.)*, mènent «*l'étranger*» «*de surprise en surprise et l'amuse, et l'entraîne*[nt], *d'une scène qui fuit f*[ont] *naître*[nt] *une autre scène, et toujours remplissant ou piquant son désir, souvent pour l'augmenter, diffère*[nt] *son plaisir*» (*ibid.*: 79). Parcourant le jardin, l'homme est conduit ici et là. Il ressent. Il imagine. Il éprouve différentes situations. Différentes idées. Le jardin est d'agrément, mais, *a posteriori*, il est possible de le qualifier de *prescriptif*. Il dit comment esthétiser le monde. Il définit un art de s'y déplacer. Il s'articule encore une fois sur une épistémologie et une anthropologie, car la promenade de l'abbé Delille est une promenade effectuée avec le *Traité des sensations* (1754) d'Etienne Bonnot de Condillac dans la poche. Les impressions viennent de l'extérieur. Les stimulations externes produisent les réflexions, les idées. Les stimulations varient et l'homme varie. Le jardin est peut-être bien un outil de totalisation du sujet, qui sur les sentiers qui «*courent de toutes parts chercher, saisir, lier tous* [l]*es membres épars*» du jardin (*ibid.*: 23), va d'une scène à l'autre, d'une sensation à l'autre, d'une pensée à l'autre. Et l'homme en trajet dans la nature paysagée du jardin non géométrique attache

20 Dans la «Cinquième promenade» des *Rêveries du promeneur solitaire* (1782 [2003]), Jean-Jaques Rousseau évoque un transport homologue sur son île du lac de Bienne: «*Tel est l'état où je me suis trouvé souvent à l'île de Saint-Pierre dans mes rêveries solitaires, soit couché dans mon bateau que je laissais dériver au gré de l'eau, soit assis sur les rives du lac agité, soit* ailleurs au bord d'une belle rivière où d'un ruisseau murmurant sur le gravier» (*ibid.*: 101-102, je souligne). Dans un transfert analogique, l'imagination emporte J.-J. Rousseau loin de son île, puisqu'il n'y a ni rivière ni ruisseau sur l'île Saint-Pierre.

21 Par analogie à G. Simmel qui parle, dans «Métropoles et mentalités», d'une «*intensification de la vie des nerfs*» (Simmel, 1903 [1995]).

ces pensées à des objets plein d'effet. Il s'appuie sur ces objets pour développer son imagination et, en même temps, enkyste ses productions de l'imagination, toujours circonstanciées, localisées, parce que liées aux sensations.

6.3. Découper, amplifier, orchestrer: le dispositif Hirschfeld

Ainsi, lorsque paraît, entre 1779 et 1785, la *Théorie de l'Art des jardins*[22] de C. C. L. Hirschfeld (1742-1792) le nouveau goût est en discussion depuis au moins septante ans. On a cherché à commenter son origine. On a tenté de démontrer sa spécificité. Ici et là, des principes d'aménagement ont été formulés. Une littérature spécifique existe qui n'hésite pas se montrer très intertextuelle. La somme de C. C. L. Hirschfeld s'inscrit dans cette intertextualité, mais elle en fait un principe expérimental. *«Une théorie de l'art des jardins n'est pas l'art d'un seul écrivain.* [...] *Dans mon annonce publique, je me suis borné à désirer la communication des descriptions intéressantes de beaux jardins réellement existants, sans lesquelles une Théorie de cet art ne sauroit être ni assez complète, ni assez instructive»*** (Hirschfeld, Livre I: V). En ce sens, l'écrivain propose un dispositif spatial qui tend à généraliser un corpus de témoignages, de cas et de connaissances sur les jardins de son époque. La nature du discours de C. C. L. Hirschfeld diffère ainsi sensiblement des matériaux précédents. Il est celui d'un producteur plus que d'un consommateur, et il nous permet donc d'envisager *l'intention de la personne qui aménage son jardin.*

Producteur, C. C. L. Hirschfeld est sensible comme ses prédécesseurs aux conditions de possibilité du jardin. Il rappelle, par exemple, qu'un jardin doit être acclimaté. Mais il s'intéresse aussi aux *conditions de réception du travail du jardinier.* Il accomplit une histoire du jardin paysager, et remarque que l'apparition de ce qu'il nomme les *«jardins de plaisance»* (Livre I: 3) requiert:

> que l'exercice ait dégrossi et raffiné, jusqu'à un certain point [l]es sens extérieurs et [le] goût [de l'homme]: il faut que l'esprit se soit accoutumé à ces scènes tranquilles, où la nature étale ses beautés simples; que l'œil ait appris à saisir les attraits épars de la campagne, et que le cœur s'ouvre facilement et avec plaisir aux impressions douces (*ibid.*: 3).

Le jardin de plaisance est ainsi inscrit dans un *processus historique qui a disposé et accoutumé sens et esprit, formé l'œil, initié le cœur.* Une fois identifiées ces conditions de réception du nouveau goût, l'auteur travaille à faire de l'aménagement des

22 Dont les cinq livres rassemblés en trois volumes paraissent simultanément en allemand et français.

jardins un des beaux-arts. Soit, une pratique qui ne cherche pas à surpasser la nature, à *«la soumettre à des formes et à des dispositions artificielles»* (*ibid.*: 167) mais plutôt à:

> réunir ce que la nature a d'agréable et d'intéressant en employant la même manière et les mêmes moyens qu'elle, et de ramasser dans un même endroit la beauté qu'elle répand dans ses paysages; de produire un nouvel ensemble [...] de créer en combinant et disposant les objets, sans pour autant s'écarter de la nature; de renforcer le caractère des contrées qu'elle offre, et d'en multiplier les effets** (*ibid.*: 167).

La nature est douée de *«charmes puissants»* (*ibid.*: 4). *«Le beau, l'aimable, le nouveau, le grand, l'admirable qu'étale la nature* [...] *causent des émotions multipliées»* (Livre II: 214), c'est pourquoi le paysage a la capacité d'éveiller des sentiments inconnus dans l'esprit de l'homme qui s'y promène. Par exemple, *«dans les Alpes* [C. C. L. Hirschfeld] *éprouvai*[t] *des sentiments qui* [lui] *étoient inconnus; jamais* [il] *n'aur*[ait] *cru leur trouver une énergie si extraordinaire pour élever le cœur humain au-dessus de lui-même»* (*ibid.*: 215). L'art des jardins consiste alors à *«fixer* [ces charmes] *à un endroit favori» (ibid.).* Considéré comme un des beaux-arts, l'aménagement des jardins doit encore augmenter les *«émotions multipliées»*, amplifier leurs effets, en renforçant les caractères des contrées offertes par la nature. L'essentiel du dispositif Hirschfeld réside dans cette proposition: trouver les *«ressorts»* du paysage, identifier leurs effets, les amplifier, les orchestrer. En somme, C. C. L. Hirschfeld livre une théorie du paysage dont l'enjeu est de formuler les principes conduisant à un accroissement de *l'effet multiplicateur de la nature*, c'est-à-dire la capacité qu'à la nature à faire survenir/advenir des sensations agréables, voire des sentiments inconnus:

> Un jardin doit, à l'aide des objets qu'il renferme, faire des impressions très sensibles sur les sens et sur l'imagination, et causer par là une suite de sensations vives et agréables. [...] La vocation de l'artiste jardinier est d'amuser par un enchaînement harmonieux d'émotions diverses causées par le varié, le neuf, le beau, le sauvage, le mélancolique, etc. [...] Il faut que [...] toujours on se propose de récréer et d'amuser l'homme** (Livre I: 178-179).

Si la vocation du jardinier est certes d'*«amuser»*, *«récréer»* l'homme, il importe de voir que l'art du nouveau jardinier *«cesse d'être uniquement l'amusement des sens externes, et devient une source de vrai contentement intérieur pour l'âme, de richesses pour l'imagination, de délicatesse pour le sentiment»* (*ibid.*: 180). Il s'agit, en somme, d'affecter l'intériorité du promeneur, de susciter des mouvements profonds de l'âme par la production d'une structure spatiale opportune.

Pour réaliser son projet, pour dégager ses principes d'amplifications des effets de la nature, C. C. L. Hirschfeld analyse le paysage en posant une clause d'emboîtement et relation, qui va ouvrir la légitimité, c'est-à-dire la naturalité, de la fragmentation du jardin paysager en scènes:

> En séparant de l'immense surface de la terre des grandes parties qui forment en elles-mêmes tout autant d'ensembles, on a des *paysages*; et en divisant encore ces paysages en petites parties, on obtient des *cantons*. En conséquence de cette idée le paysage consiste en plusieurs cantons, qui on plus ou moins d'étendue, de variété et de beauté, et qui sont en liaison entr'eux. Chaque canton, considéré comme partie du paysage, a aussi ses *parties individuelles*, dont la nature et la réunion rendent susceptibles d'un caractère à soi** (*ibid.*: 217).

En somme, tout paysage est composé de *«cantons»*. Les *«cantons»* sont eux-mêmes divisés en *«parties individuelles»* qui s'organisent en deux séries (*ibid.*: 218): la *«situation ou la forme»* du terrain (plaines, éminences, enfoncements); ce qui la *«perfectionne et l'anime»* (rochers, collines, montagnes, bois, eaux, prairies, lointains, accidents). L'effet d'un canton résulte de la combinaison de ses parties individuelles, et l'effet d'un paysage découle d'une logique systémique qui articule cantons et parties individuelles. Par suite, le jardin, qui est un condensé du paysage doit se composer de cantons, eux-mêmes composés de parties individuelles. L'un des éléments de la typologie formelle du nouveau goût est ainsi naturalisé. Ce qui pourrait paraître comme une évidence de l'art (faire des tableaux en vrai dans un jardin) est, en fait, une reproduction de la manière dont procède la nature.

L'auteur s'attache encore à distinguer les *«caractéristiques des divers cantons»*** (*ibid.*: 241), c'est-à-dire les caractères qui leur sont attachés, pour dégager les plus pertinents dans un jardin. Après avoir noté que certains cantons sont *«sans significations»*, d'autres *«riants ou attrayants»* (*ibid.*: 242), d'autres encore *«romanesques ou solennels»* (*ibid.*: 243), etc. C. C. L. Hirschfeld tente d'expliciter ce qui, dans leur composition, conduit à cette impression. Il s'agit de définir la série d'éléments qui suscite le «sentiment», fait le caractère et qu'il conviendrait d'importer ou de bannir dans le jardin; de bien comprendre les accords et désaccords des parties élémentaires pour parvenir à une bonne orchestration de l'ensemble. *«L'artiste jardinier doit connoître tous les effets des sites naturels du paysage, afin de choisir ceux qui produisent des émotions conformes à la destination du jardin, et de les ordonner et lier ensemble de manière que ces émotions se succèdent harmonieusement»*** (*ibid.*: 215).

C. C. L. Hirschfeld théorise donc son art des jardins. Il a accumulé un matériau dense, divers, cosmopolite. Il a regroupé des témoignages. Il lui faut à présent dégager une règle de l'art qui garantisse que l'homme qui se promène dans le jardin non seulement ressente des émotions, mais qu'il les éprouve d'une manière amplifiée, dans une intensification de la vie des nerfs qui stimule l'imagination et affecte l'âme. Les ressorts du paysage mis au jour, il lui devient possible de travailler à la composition de *«jardins relatifs au caractère des cantons»* (Livre IV: 44 s.).

Mais la seconde loi générale de l'art des jardins[23] précise que l'artiste jardinier amplifie les effets de la nature en y *«mêlant des objets artificiels et analogues»*** (Livre I: 179). C'est pourquoi C. C. L. Hirschfeld s'intéresse aux régimes des fabriques (Livre III), à savoir les imitations introduites par le jardinier dans l'espace qu'il produit pour en augmenter l'attrait. L'axe directeur est toujours de ménager des lieux où s'expriment des caractères. Pour ce faire, les fabriques doivent coller au plus près de ce que l'on pourrait observer dans un paysage naturel. L'effacement des traces de l'art est ce qui autorise l'effet de réel. Néanmoins ce souci de «réalisme» n'exclut pas une prétention à corriger la nature (Livre III: 101) pour accuser l'effet multiplicateur. En sorte que les fabriques fonctionnent comme des *catalyseurs*. Leur rôle est d'enclencher/ accélérer le jeu des émotions chez le visiteur. Elles doivent aussi introduire à un voyage imaginaire qui conduit, par le transport dans un ailleurs temporel et spatial, à la production d'idées. Les ruines, par exemple, lorsqu'elles sont convenablement ménagées, font qu':

> on se retrouve dans des siècles qui ne sont plus. On revit pour quelques instants dans l'âge de la barbarie et des guerres, mais de la force et de la valeur; dans l'âge de la superstition mais de la piété modeste; dans l'âge de la férocité et de la passion pour la chasse, mais de l'hospitalité [...] Et l'imagination trouve dans les monuments qui s'offrent à elle, l'occasion d'aller au-delà de la portée de la vue, et de se perdre parmi des images, sources secrètes, mais abondantes, de plaisir et de douce mélancolie (*ibid.*: 124-125).

Il se joue ainsi, autour des fabriques, un jeu présent-passé-futur. Elles conduisent l'imagination à se transporter dans une histoire qui peut par exemple prendre la forme idéalisée du Moyen Age (*«l'âge de la force et de la valeur»*, *«l'âge de la piété modeste»*). C'est que les fabriques contiennent une mémoire involontaire, bien codifiée. Cette codification sociale se manifeste alors que l'auteur construit sa typologie: il liste les significations attribuées à chacun des éléments de l'art des jardins et il est contraint d'accompagner son exposé d'un «historique». Ainsi, il présente la grotte en tant qu'*«ouvrage de l'imitation»* et il en énonce le

23 C. C. L. Hirschfeld formule à plusieurs reprises des corpus de lois dans les cinq livres de sa théorie de *l'Art des jardins*. Néanmoins, il énonce dès le premier livre deux lois générales. La première renvoie au travail d'orchestration du jardinier (l'artiste jardinier doit combiner et disposer les objets de la belle nature). La seconde fait référence au travail d'amplification (l'artiste jardinier doit renforcer l'impression). Cf. Hirschfeld, *op. cit.*, Livre I: 179.

sens pour les Anciens (Livre III: 94-96) mais aussi pour les Chrétiens (*ibid.*: 98-100), sans oublier la mythologie qui lui est attachée: les *«brigands»* (*ibid.*: 96), les *«anciens héros»* (*ibid.*: 97), etc. De fait, la fabrique suscite un univers symbolique socialement ratifié.

Ainsi C. C. L. Hirschfeld réfléchit et commente son dispositif. Le visiteur se promène dans un jardin conçu pour affecter non seulement ses sens, mais encore son âme; lui faire éprouver des univers symboliques socialement légitimés. Des objets naturels font impression. Il ressent des sensations agréables, des sentiments inconnus. Il se déplace dans un condensé de paysage. Il parcourt des cantons, s'arrête sur leurs parties individuelles. Et c'est à chaque fois un nouveau mixte de sensations et de pensées, d'impressions et d'imaginations. L'homme est en trajet dans l'épaisseur du paysage. Il effectue une expérience fragmentaire de la complexité de son être-au-monde. Il expérimente des contrastes, qui ne se bornent pas à la variabilité des stimuli extérieurs, mais se répercutent dans son esprit. Il va d'une scène à l'autre, d'un lieu à l'autre, et des vues, des fabriques, matérialisent ses mouvements; de même, des imaginaires, qui tiennent au caractère romanesque du jardin paysager, le transportent dans d'autres régimes historiques, d'autres types d'humanité. Son promeneur est conçu dans le cadre d'une philosophie du *«corps pluriel»* pour reprendre une expression de O. Schefer (2000); il expérimente une mobilité de soi; son univers est *«polarisé et divers»* dirait Novalis. Mais cette diversité est enkystée dans des fragments d'espace, ce qui en permet la reproduction: *«bien que le premier mouvement se perde, il s'en réveille un souvenir satisfaisant chaque fois qu'on revient à l'endroit où naquit la surprise, ou qu'on revoit l'objet qui la causa»*** (Hirschfeld, Livre I, 205). Par ailleurs, du fait de l'extrême codification du dispositif en question, c'est un discours social que le visiteur intériorise.

*

L'homme qui chemine dans le dispositif spatial de C. C. L. Hirschfeld parcourt un condensé de paysage naturel. Le jardin doit ainsi imiter *«toutes sortes de cantons réels»* (Livre III: 124). Il est compartimenté, et reproduit les emboîtements qui structurent le paysage. Le visiteur s'y promène, et est précipité dans une situation d'intense stimulation sensorielle qui lui fait éprouver des sentiments *«gais et riants»* ou de *«douce mélancolie»* ou *«de romanesque»*. Toutefois, le jardinier doit veiller à une harmonie, une bonne orchestration, entre les divers cantons. Le jardin a malgré tout une atmosphère générale (Livre IV: 44 s.). Tout comme le paysage, il est un système de fragments. Des lieux divers expriment des idées différentes. De même, ces lieux contrastent et s'éclairent mutuellement pour produire une impression d'ensemble. Mais chacun forme un tout unifié. L'usager s'y déplace et, comme dans les promenades de Jacques Delille, un élément du paysage éveille chez lui une impression qui active l'imagination, et suscite un déplacement. L'imagination relève d'une énergétique qui permet de *«penser en plusieurs sens»* (Schefer, *ibid.*: 15). Par exemple, du présent au passé; du passé au futur.

Ainsi, le dispositif de C. C. L. Hirschfeld ajoute-t-il une nouvelle dimension au jardin que parcourent et théorisent T. Whately et J. Delille. Du point de vue d'une philosophie du corps pluriel, il relève explicitement d'une science du fragment et de la relation. Mais surtout, il ouvre à une pratique qui esquisse le pluralisme du visiteur comme principe moteur. Le promeneur s'y expérimente ici et ailleurs, brigand et homme des siècles de barbarie, incarnation d'une férocité... La diversité de l'homme et sa mobilité intérieure, sa capacité à *«penser dans tous les sens»*, s'articulent ainsi sur une structure spatiale qui permet cette «fragmentation» du sujet en associant des comportements à des lieux.

6.4. Moulin-Joli: la Machine infernale de Claude-Henri Watelet

C'est en *«décorant»* (1774 [2004]: 1) sa propriété de Moulin-Joli, au bord de la Seine, à une heure à l'ouest de Paris (*ibid.*: 56), que Cl.-H. Watelet s'est fait théoricien du jardin paysager. Son *Essai sur les jardins* (1774) constitue ainsi le témoignage d'un amateur du nouveau goût. Cl.-H. Watelet aime et pratique, tant en consommateur qu'en producteur, le jardin paysager et cherche à faire partager de manière réflexive son «expérience», à ceux qui comme lui *«s'amusent de l'embellissement de leur jardin» (ibid.)*. Les jardins lui paraissent être l'espace en creux de la ville. *«Les habitants des villes vont jouir du calme des campagnes. Ils y construisent des demeures, ils veulent les rendre agréables»* (*ibid.*: 3-4). Ainsi, naissent les jardins, qui sont ou des *«établissements utiles»* ou des *«lieux de plaisance»* (*ibid.*: 4). D'une manière générale, les lieux de plaisances sont plus proches, en termes de goût et de distance géographique, de la ville:

> Je me rapproche des capitales, ces foyers de mouvements accélérés, ces laboratoires où l'on compose des plaisirs artificiels pour des hommes qui s'éloignent de la Nature. C'est là que se trouvent en plus grande abondance que partout ailleurs le superflu si mal employé, le loisir si souvent perdu, les passions imaginaires, les besoins multipliés qui renaissent sans cesse, les désirs épuisés qu'on s'efforce de rappeler, les prétentions qu'on donne et qu'on reçoit comme des qualités ou des sentiments réels; et voilà malheureusement les maîtres auxquels les arts destinés pour de plus nobles usages sont trop souvent, parmi nous, contraints d'obéir (*ibid.*: 36-37).

De fait, les lieux de plaisance composent eux aussi des *«plaisirs artificiels»*. Le *«superflu* [y est] *mal employé»*; les *«passions imaginaires»*; *«les besoins* [y sont] *multipliés qui renaissent sans cesse»*. Certains sont dominés par le faste (*ibid.*: 38), d'autres voient s'imposer une *«sensualité recherchée»*, les derniers sont marqués d'un souci modeste de décoration, sans ostentation ni recherche *(ibid.)*.

Le jardin de Cl.-H. Watelet s'inscrit, selon son auteur, dans cette dernière catégorie. Dans sa *Lettre à un ami* qui achève son *Essai*[24], Cl.-H. Watelet décrit, avec une candeur émerveillée, le dispositif spatial qu'il a délibérément conçu pour agir sur l'imagination du promeneur. Il commence par expliquer la manière dont il a découvert son site naturel et enchanteur. Comment l'idée lui est venue d'en faire un jardin, notamment dans le but de faire profiter ses connaissances de cet enchantement. Comment, enfin, il a graduellement relevé la nature par l'art.

Son engouement, et les principes qui prévalent à l'aménagement de son jardin sont conformes au nouveau goût. On s'y promène sur des chemins sinueux qui relient des scènes. On y monte des collines, y découvre des panoramas. Les confins du jardin semblent s'évanouir dans la nature, puisque le recours au *ha-ha* a gommé l'enceinte du parc. Mais Cl.-H. Watelet recourt à un principe répudié par T. Whately: il souligne les scènes de son jardin de *didascalies* qui disent ce qu'il convient de ressentir en un lieu donné. Ces didascalies présupposent un certain positionnement du corps. Elles anticipent les mouvements que fera le visiteur. Elles attendent que le promeneur s'installe d'une certaine manière.

Cl.-H. Watelet a donc rehaussé le charme du site. Les ombrages ont été multipliés. Des ponts ont été posés. Des routes *«suiv*[ent] *les sinuosités des rivages»* (*ibid.*: 59). *«Des cabinets posés avec choix ont offert des abris nécessaires et des tableaux qui arrêtent et attachent le regard» (ibid.)*. *«Un salon de café trouva sa place sous le couvert si bien ombragé par de vieux arbres, qui touche la maison.»* L'on s'y délasse. Et sur le plus haut des arbres, le visiteur lit quelques vers qui rappellent que le rôle de ces arbres est *«d'ombrager l'asile des heureux» (ibid.)*. Mis en condition l'usager peut alors entreprendre son voyage dans Moulin-Joli. Il emprunte les sentiers. Au milieu de l'un d'eux: un vieux saule qui *«rappelle l'idée des oracles»*. Mais aujourd'hui, l'arbre ne parle plus. Alors on lira les vers qui y sont gravés:

Vivez pour peu d'amis, occupez peu d'espaces
Faites du bien surtout; formez peu de projets.
Vos jours seront heureux et si ce bonheur passe,
Il ne vous laissera ni remord; ni regrets.

24 Et que C. C. L. Hirschfeld intègre d'ailleurs à sa somme.

L'homme médite cette sentence, et arrive à une *«espèce de cabinet en saillie sur le courant d'eau»*. L'homme s'y assied; sa méditation s'y intensifie. *«Des deux côté du siège»* les branches d'un arbre s'approchent et le visiteur peut y lire deux propos. L'un l'incline à trouver la paix (*ibid.*: 61). L'autre l'incite à valoriser l'amitié. Le promeneur *«rêvant à cette maxime»* continue sur le sentier. Il arrive à un pont ou des chaises sont disposées. Il prend le temps de s'y arrêter. Son regard parcourt le plancher et des vers lui font savoir qu'ici est l'image des jours heureux. Plus loin, *«tracés sur un arbre»* (*ibid.*: 63), exposés aux regards qui se détournent d'une petite scène qui, hors le domaine ouvre sur le monastère d'Héloïse et Abélard, des mots rappellent que *«ces toits élevés dans les airs couvrent l'asile où vécut Héloïse»* et insistent sur l'intensité de l'Amour…

La description de ce dispositif pourrait se poursuivre. L'important est que le promeneur est projeté dans un *circuit* prévu pour le faire passer par un certain nombre de scènes. Ces scènes doivent l'amener à éprouver des sentiments choisis, parfois troublants, parfois apaisants, mais en aucun cas innocents puisqu'il s'y agit bien de produire «d'homme nouveau» du XVIIIe siècle. C'est ce que suggère le caractère manifestement prescriptif des didascalies qui déterminent ce qu'il convient d'éprouver en un lieu donné. Les invités de Cl.-H. Watelet ont un hôte attentif à ne pas les laisser s'égarer dans une herméneutique trop personnelle du lieu et de soi, en sorte qu'il prescrit ce qu'il convient d'éprouver comme sensations, émotions et pensées en se promenant dans son jardin.

Le jardin de Cl.-H. Watelet mélange ainsi une individualisation de la perception (ici, vous êtes heureux) et une compétence culturelle à décoder les allusions (Héloïse et Abélard). Mais le caractère injonctif des didascalies fait de Moulin-Joli, une machine infernale. Le propriétaire dit à son promeneur que ressentir. Il anticipe ses gestes, tend au transfert de son imaginaire. Le corps pluriel du promeneur est pris en charge de manière d'autant plus efficace que le visiteur est éreinté par les sollicitations de la ville, accoutumé aux *«plaisirs artificiels»*, friands de *«passions imaginaires»*, de *«besoins multipliés qui renaissent sans cesse»* (*ibid.*: 36-37) et qu'il n'aspire qu'à se laisser aller.

*

Le jardin paysager est aménagé à fin d'éprouver des effets, des caractères. Chez T. Whately, on y expérimente des idées, des impressions. Jacques Delille insiste sur les sentiments et sur les déploiements de l'imagination qui incline au voyage imaginaire. Chez C. C. L. Hirschfeld, le propos est d'agir sur l'âme du promeneur. Cl.-H. Watelet veut construire et diffuser un goût, un modèle de sensibilité, faire partager, de manière radicale, son enchantement. Mais ces modèles de promenades dans les jardins des impressions partagent une même structure, celle qui conduit l'homme dans le paysage à pratiquer différents lieux, et à y mobiliser divers schèmes sensori-moteurs, y activer différents imaginaires ou segments de mémoire.

7. La polytopie comme pratique spatiale

Le jardin paysager est une idée-image: il nous permet d'appréhender ce qui se passe dans la tête d'agents sociaux d'un contexte social spécifique. Sa forme parle de politique. Elle raconte aussi l'histoire d'une individualisation des pratiques et permet sans doute d'offrir un matériau à une psychanalyse sociale. La forme du jardin paysager constitue encore la transposition d'une épistémologie et d'une anthropologie. La forme du jardin paysager permet enfin d'entrer dans un des laboratoires de l'«homme nouveau» du XVIIIe siècle. Le «nouveau style» se construit en effet selon un principe polytopique qui est une manifestation de la subjectivité moderne, de même qu'il la manifeste dans le champ littéraire. L'intéressant, pour nous, est que la subjectivité moderne bénéficie, en ce XVIIIe siècle, à la fois des médiateurs du texte et du jardin pour construire une pratique spatiale qui actualise une énergétique du sujet. Dans le dispositif qu'imagine Cl.-H. Watelet, il est possible de lire une aspiration à une totalisation de l'expérience, un désir d'expérimenter une multitude de sensations et de sentiments, d'éprouver nombre d'émotions. Il est encore possible d'y lire une conception de l'homme, de la manière dont il connaît son extériorité, qui, si elle n'appartient pas au mouvement romantique ou préromantique proprement dit, relève du même socle. Une *«diversité piquante»* attache l'homme au lieu; une *«secrète sympathie»* l'y ramène. Le lieu naturel est ainsi la scène d'une «révélation». Le visiteur se promène dans le jardin de Moulin-Joli. Il s'assied, contemple et la nature lui parle par l'intermédiaire de didascalies: le hiéroglyphe du monde bénéficie d'un souffleur. Mais c'est par l'intermédiaire du corps, de ses postures, de sa manière de déambuler dans la nature, qu'une connaissance secrète est possible. Ce secret n'est néanmoins délivré que par fragments. Il y a des stations, et la nécessité d'un trajet pour connaître plusieurs points de vue. Un trajet qui mime un apprentissage séquentiel. Jacques Delille, dans ses promenades en vers, préconise une épistémologie et une anthropologie homologues. Des souvenirs personnels mais aussi une mémoire plus collective est inscrite dans les objets du jardin. Dans l'influence qu'ils exercent sur les sens, ils libèrent l'imagination qui peut alors se représenter les absents: amis, parents, mondes. L'homme qui marche dans le jardin du style «moderne» retrouve de manière ponctuelle des sentiments, des émotions oubliées. Chez T. Whately, en cela plus «métaphysique» (ce dont témoignent, *et* les remarques infrapaginales de son traducteur, *et* quelques incises de C. C. L. Hirschfeld), ce sont aussi des idées et des caractères généraux que l'homme en trajet expérimente dans les différentes scènes du jardin paysager. Les éléments communs de ces «dispositifs» sont: *1)* la polytopie, le fait de varier les points de vue sur un objet paysager sans souci de leur hiérarchisation; *2)* l'activation ponctuelle de régimes sensoriels dans un échange fin avec le lieu; *3)* la mise en mouvement d'une imagination circonstancielle qui réanime des impressions passées; *4)* la mise en relation de ces impressions avec d'autres scènes qui contrastent.

C'est ainsi que la relation paysagère de la forme narrative et le dispositif spatial du jardin paysager concourent à la production de modalités de pratique du territoire. Dès lors que l'extériorité, esthétisée sous la forme du paysage, fait énigme, qu'elle est intrinsèquement ambivalente, objet d'un désir du désir et d'un désir d'un espace-temps soustrait au désir, apparaît la nécessité d'une herméneutique simultanée du lieu et du sujet. Il s'agit de comprendre le sens du lieu au regard de ce qu'on y éprouve. L'ensemble de l'appareil sensori-moteur de l'homme dans le paysage est alors mobilisé pour accomplir une lecture totale du monde. L'approche herméneutique du lieu et du sujet institue une pratique attentive, qui cherche l'indice, procède par fragment, réfléchit dans tous les sens. Ce schème – qui est un schème sensori-moteur, mais aussi un schème esthétique, et en ce sens socio-cognitif – est amplement travaillé dans le jardin paysager. L'homme qui le fréquente doit être réceptif au lieu, enclin à la sympathie. Il doit ressentir avec la nature, et réciproquement. L'attention, le souci de l'indice, qu'il met dans sa déambulation, amplifie la réception des effets du paysage et stimule ainsi son imagination, sa capacité à se transporter ailleurs. Ici, dans le passé. Là, dans le futur. Ici et là, dans n'importe quel sens.

Dans cette pratique, dans le croisement de ses différents éléments, une territorialité caractérisée par le couplage d'affects particuliers à des lieux spécifiques se construit. L'intéressant est que dans ce couplage, le sujet tend à les déposer dans un lieu pour les réactiver ponctuellement. T. Whately passe devant un monument et se souvient *«d'autres particularités»* d'une époque donnée. J. Delille se remémore un proche en regardant un arbre, il voyage en Amérique, en Asie au milieu des végétaux. Cl.-H. Watelet se rappelle de la jeune Héloïse et du passionné Abélard. Puis une scène les conduits ailleurs. Et ce sont d'autres impressions, sensations, sentiments, imaginaires. Werther *«fait le pèlerinage aux lieux qui* [l]*'ont vu naître»*: il *«franchi*[t] *la porte de la ville; et* [s]*e retrouv*[e] *à l'instant tout entier»*, chaque pas lui rappelant explicitement un souvenir (*op. cit.*: 110). Hypérion s'en va sur les hauteurs de Délos et *«marche dans le passé comme un glaneur parmi les chaumes quand le maître des terres a moissonné: sans laisser de côté un fétu»* (*op. cit.*: 63). Chaque élément lui remémore un souvenir oublié, réactive un imaginaire rétrospectif.

Il est important de considérer que jardin non géométrique et relation paysagère de la forme narrative collaborent à un projet qui est celui d'une anthropologie (en gestation) du corps vivant et pluriel. D'une pensée de la diversité, et de la non-identité. C'est ainsi que l'«homme nouveau» du XVIIIe siècle, que le préromantisme et le romantisme appelaient, se matérialise dans l'espace, condensant empirisme, sensualisme, plaisir de l'imagination au sens de J. Addison.

Cet homme nouveau va maintenant quitter la campagne, cédant à un vieil appel, celui de la ville. J. Addison évoquait déjà, dans «Campagne et jardin: différentes idées qu'on voit de l'auteur à la campagne, ce qui l'oblige à retourner en ville» (1711-1712), les *«caractères»* qui s'offraient dans le quotidien de son monde urbain, celui de Londres, en plus grand nombre à sa sagacité. Avec la *Promenade* de F. Schiller, la forme narrative de la relation paysagère fait irruption, dès 1795, dans univers urbain allégorique. Son promeneur est confronté à la ville. Il s'y promène de loin, s'y mêle aux hommes, à leurs métiers, à leur esprit, leur rivalité, s'imprègne des crimes et vertus de chacun. Son paysage urbain mobilise une structure polytopique: *«ici fourmillent les marchés»*; *«là, le bonheur uni au talent donnent le jour à des enfants divins»* (*ibid.*: 153). Peu après, K. G. Schelle propose un *Art de se promener* (1802) qui contient de nombreuses remarques sur la déambulation en ville et pose un pont entre le dispositif jardinier, la relation paysagère de la forme narrative et le flâneur de la modernité. K. G. Schelle définit en effet différentes manières de se promener, notamment selon qu'on est en ville ou *«sur les promenades publiques d'une ville»* (*ibid.*: 46) qui se rapprochent beaucoup des manières prescrites pas nos jardiniers théoriciens et poètes. C'est cette deuxième histoire qu'il s'agit à présent de considérer.

Chapitre 6

Un art de pratiquer la ville

> «Elle chemine toujours, elle a fini sa glace depuis longtemps. Elle aime prendre des bains de foule sur les trottoirs ensoleillés, elle a l'impression d'être tout le monde à la fois, une seule vague qui déferle sur les places, les avenues, qui tourne à tous les coins de rue. Elle oublie qu'elle n'est que cinq dizaines et demie de kilos de personne humaine, quelques centimètres cubes de pensée emprisonnée dans la boîte crânienne.»
>
> Régis Jauffret, *Univers, univers*, 2003: 13.

En 1802, K. G. Schelle se propose donc, par l'intermédiaire d'un court traité: *L'Art de se promener*, d'*«introdu*[ire] [...] *la philosophie dans le monde»* (1802 [1996]: 21) en traitant un *«aspect pratique et non négligeable de la vie» (ibid.).* Plus spécifiquement, son projet est celui d'examiner *«la palette des impressions procurées par les promenades»* pour en *«augmenter et multiplier»* le plaisir (*ibid.*: 23). L'auteur s'y intéresse à différents types de promenades: *«dans la nature»*, *«dans les allées»*, *«dans les jardins d'agrément»*, dans les *«montagnes»*, les *«vallées»*, les *«champs»*, etc. en thématisant un principe générique qui consiste à *«faire le lien entre l'activité intellectuelle et l'activité corporelle»* (*ibid.*: 32). Un individu marche, son esprit se détend, et l'environnement doit lui offrir *«la matière et les objets de son activité spontanée»* (*ibid.*: 32-33). L'attention *«doit glisser au-dessus des objets* [...], *répondre à leurs sollicitations plutôt que de se laisser contraindre à leur étude par l'esprit»* (*ibid.*: 33); elle *«doit s'abandonner sans résistance* [au] *courant* [des impressions]*» (ibid.).*

La plupart des développements de K. G. Schelle constituent des variations sur les principes que nous avons vu s'élaborer autour de la forme du jardin non géométrique. A l'exemple de ce qui se passe dans le jardin paysager, l'homme qui se promène se *«laisse aller à ses impressions»* (*ibid.*: 38) cependant son âme n'en est pas pour autant passive, puisqu'elle est à l'œuvre dans un *«divertissant jeu d'idées»* (*ibid.*: 40). Mais l'intéressant du traité de K. G. Schelle est aussi qu'il constitue un gué vers un art de se promener en milieu urbain, une manière de s'y mouvoir, une façon d'y vivre. L'auteur s'y attache par exemple à argumenter la nécessité de marcher tout autant à la campagne qu'à la ville pour réaliser la finalité générale de la promenade (*ibid.*: 46 s.), de même qu'il théorise les bienfaits de la diversité de l'environnement urbain ou s'intéresse, encore, à la détermination du *«meilleur endroit* [...] *pour aménager* [...] *les promenades publiques»* (*ibid.*: 56).

Plus tôt, en 1711-1712, T. Addison discutait les plaisirs de l'imagination qui s'offrent au promeneur dans le jardin non géométrique et évoquait, presque simultanément, mais dans un autre texte, le plaisir de l'observation des *«caractères»* humains qu'il ressent dans sa ville de Londres. Le rapprochement de ces deux registres de plaisirs (plaisir de l'imagination dans le jardin paysager et plaisir de l'observation des caractères londoniens) esquisse une *forme d'esthétisation de la ville* et une *pratique spatiale* qui sont celles dont je cherche à retracer la genèse au travers de textes littéraires, et d'écrits plus techniques comme les traités des artistes-jardiniers. De même que les promenades dans les déliés du jardin paysager stimulent des impressions et activent l'imagination en ménageant des imprévus au regard, la pratique de l'espace urbain autorise une même surprise à la curiosité du passant. T. Addison y traque, explicitement à la manière d'un chasseur, des caractères rares dont il nourrit son travail de satiriste.

A titre heuristique, forçons un instant ce rapprochement. Dans la théorie de la connaissance du XVIIIe siècle, les plaisirs de l'imagination sont liés à la capacité qu'ont les impressions d'éveiller, dans un processus de résonance, des idées et des souvenirs chez le visiteur du jardin non géométrique. Des formes du paysage – telle essence d'arbres, tel élément de l'art, tel escarpement – favorisent la formation d'idées. Dans les rues de Londres, T. Addison mobilise ce même schème. Il croise des formes humaines, des types sociaux – l'homme des corporations, par exemple – qui collaborent, par l'intermédiaire de l'imagination, à la production d'une caricature avant la lettre, une satire. Il grossit certains traits qu'il considère comme typiques d'un personnage ou d'un groupe social. De la campagne à la ville, l'attention s'est déplacée d'une forme du paysage à un détail de la physionomie humaine.

Mêlons à présent T. Addison et K. G. Schelle. Se pourrait-il que le dispositif spatial dessiné par le jardin non géométrique – celui qui consistait à faire éprouver par l'intermédiaire de sensations des idées générales, celui qui se proposait de faire voyager le visiteur, de lui permettre de vivre dans un ailleurs temporel et géographique, d'expérimenter différents schèmes sensori-moteurs ou même différents tempéraments et différentes potentialités du Moi – se déplie progressivement sur la ville? Pourrait-on envisager que certains éléments du paysage urbain s'inscrivent dans une traduction de la dynamique qui s'élaborait dans *«les jardins de l'homme sensible»* (Baridon, 1998) autour des aménagements introduits par la main de l'homme? Et, si oui, qu'elle est le lien entre cette transposition et la théorie de l'homme et de la connaissance liée à la forme narrative?

Le propos de ce chapitre est précisément celui d'envisager la manière dont la forme polytopique que j'ai précédemment tenté d'expliciter se perpétue structurellement, tout en se modifiant à certains égards. Il s'agit, en faisant dialoguer des passages de différents textes littéraires produits entre le début du XIXe siècle et la fin du XXe siècle, d'inscrire les *images médiales*, les indices des façons de pratiquer l'espace que je recherche, dans la longue durée. La question est celle de savoir comment femmes et hommes font usage de la ville contemporaine, en tant que système symbolique/sémiotique, pour se «bricoler» une identité personnelle, tout en étant socialement canalisés dans leur «bricolage». Pour y répondre, je chercherai à dégager la façon dont les textes envisagés préconisent – dans le même temps qu'ils travaillent un espace qui n'est pas référentiel, mais diégétique, dans le même temps qu'ils cherchent une manière «vraie» de dire la façon dont la réalité nous apparaît – des techniques spatiales, au sens d'*«action*[s] *socialisée*[s] *sur la matière»* (Lemonnier, 2002: 697). Proposant des images médiales, ils offrent en effet aussi les moyens d'un usage des mondes urbains.

Les textes mobilisés ici ne le sont aucunement dans le sens d'une exhaustivité. Ils constituent une sélection d'exemples tirés du corpus des *«romans géographies»* (au sens où ils sont porteurs d'un savoir disciplinaire [Brosseau, 1996]) qui constituent une des assises de cette thèse.

1. Les dérivées du polytopique

> «Il n'est pas donné à chacun de prendre un bain de multitude: jouir de la foule est un art; et celui là seul peut faire, aux dépens du genre humain, une ribote de vitalité, à qui une fée a insufflé dans son berceau le goût du travestissement et du masque, la haine du domicile et la passion du voyage. [...]
> Le poète jouit de cet incomparable privilège, qu'il peut à sa guise être lui-même et autrui. Comme ces âmes errantes qui cherchent un corps, il entre, quand il veut, dans le personnage de chacun.»
>
> Charles Baudelaire, «Les foules», *Le spleen de Paris*, 1869 (1989): 185.

Dans le célèbre second chapitre du *Paris du second Empire chez Baudelaire* (1938 [2004]), W. Benjamin thématise la figure du flâneur au travers d'une lecture contrastive de «La fenêtre d'angle de mon cousin» de E. T. A. Hoffmann (1776-1822) paru en 1822 et «L'homme des foules» (1841) de E. A. Poe (1809-1849). Chez Benjamin, ces deux textes expriment, dans leur aspect structural, la différence qui existe entre Berlin et Londres, mais aussi entre deux «époques» de l'histoire capitaliste: *«D'un côté l'homme privé; il est assis à la fenêtre d'angle comme dans une loge de théâtre; lorsqu'il veut mieux détailler le marché, il dispose de sa lorgnette de théâtre. De l'autre le consommateur, anonyme, qui entre dans le café et qui le quittera bientôt, attiré par l'aimant de la masse qui se frotte sans cesse à lui»* (Benjamin, *op. cit.*: 76).

W. Benjamin oppose *«l'homme privé»* de E. T. A. Hoffmann et le *«consommateur* [...] *anonyme»* de E. A. Poe; *«scènes de genre»* et *«foule innombrable où personne n'est tout à fait lisible pour son voisin»* (*ibid.*: 75). Par ailleurs, la nouvelle de E. A. Poe est dotée, selon W. Benjamin, d'une caractéristique très particulière. La rue y apparaît comme un intérieur; spécificité qui est liée à l'apparition de l'éclairage au gaz (*ibid.*: 78). Or, cette définition de la rue comme intérieur est centrale dans la thématisation de W. Benjamin puisqu'elle identifie la ville du XIXe siècle – celle des passages du flâneur –, à l'apogée du capitalisme de son époque.

Ainsi, dans la lecture benjaminienne «La fenêtre d'angle de mon cousin» et «L'homme des foules» s'opposent peut-être plus qu'ils ne s'articulent. Pourtant, ces deux textes permettent de réfléchir à la manière dont la relation paysagère de la forme narrative, le dispositif polytopique, investit la ville. Il ne s'agit donc pas ici de les confronter en tant que deux formes archétypales. Le projet est plutôt celui d'envisager la façon dont les traits structuraux explicités précédemment (Chapitre 5) s'y prolongent – en même temps que les aménagements qui leur sont apportés.

La nouvelle de E. T. A. Hoffmann thématise la situation suivante. Le cousin du narrateur a été privé du plein usage de ses jambes par une maladie. Il est contraint de demeurer dans les *«petites chambres basses»* qu'il occupe *«en haut de la maison»* (Hoffmann, 1822 [1983]: 262) où il demeure, allant de son lit à son fauteuil, à l'aide de *«solides béquilles et au bras vigoureux d'un invalide grognard»* (*ibid.*: 261). Le cousin est un homme *«d'humeur fantasque»*. Il écrit, et les gens le *«trouvent excellent et divertissant»* (*ibid.*: 261). Or, si la maladie du cousin ne l'a pas privé de son *«invincible penchant à écrire»*, si elle n'a pas réussi à *«interrompre l'incessant travail d'imagination qui se faisait en lui et l'entraînait à créer»* (*ibid.*: 261-262), elle l'empêche néanmoins de concrétiser ce penchant. Le cousin ne parvient plus à écrire. *«Et cela le plong*[e] *dans la plus noire mélancolie»* (*ibid.*: 262). Bientôt, l'observation de la place sur laquelle donne sa fenêtre d'angle offre l'occasion d'un substitut à son activité littéraire. Un jour que le narrateur traverse la place du grand Marché, il aperçoit, derrière la fenêtre, son cousin; il monte le rejoindre. Le mobile de la nouvelle consiste dans le dialogue qui se noue entre le narrateur et l'artiste, alors qu'ils sont, tous deux, en train d'examiner la foule. Le cousin apprend au narrateur à la «lire», à décoder les indices qu'elle propose à l'observateur, à tirer des conclusions de *«toutes sortes de détails amusants»* (*ibid.*: 265).

Il n'est pas innocent de considérer que les deux personnages sont derrières la fenêtre d'un *«petit cabinet»* (*ibid.*: 262), au dernier étage d'une maison qui permet *«d'embrasser d'un seul regard» (ibid.)* une place ourlée de *«somptueux édifices» (ibid.)*, notamment un théâtre *«conçu, selon un plan grandiose par un architecte de génie» (ibid.)*. Les deux hommes surplombent ce tableau de la vie bourgeoise, qu'organisent deux cadres (l'encadrement de la fenêtre d'angle et les bâtiments qui la bordent).

Au chapitre précédent, nous avons vu que la narration paysagère du jeune Werther diffère du paysage de la demoiselle de Sternheim notamment pour deux raisons. D'une part, le personnage ne se situe pas face au paysage, dans une position déterminée. D'autre part, la saisie de ce paysage n'est pas de type déductif (il ne ratifie pas un modèle qui lui préexiste, comme c'est le cas dans la théophilosophie de S. La Roche) mais inductif (l'expérience paysagère se complexifie au fur de la description du jeune homme, à mesure qu'un rapprochement perceptif s'inscrit dans la structure du texte). En dépit des apparences (les deux hommes sont à la fenêtre d'angle; la place du grand Marché est clairement encadrée), le dispositif que propose E. T. A. Hoffmann s'inscrit dans la configuration initiée par la narration paysagère du jeune Werther. Les mouvements de la foule suscitent l'impression d'un paysage animé du dedans, que retranscrit l'usage d'un vocabulaire ou de syntagmes qui renvoient à la manifestation externe d'un courant plus profond (*«chatoiement»* [*ibid.*: 263]; *«les couleurs les plus variées resplendissaient au soleil en tâches minuscules»* [*ibid.*: 264]; *«cette foule aux multiples remous»* [*ibid.*: 268]; *«vois tourner, à ce coin»* [*ibid.*: 270], etc.). Le cousin et le narrateur sont à la fenêtre; sous eux se déploie la place où se meut la foule du grand Marché: un fragment de ville paysagé. Et ce qui donne vie à ce paysage, ce n'est pas l'alternance des mouvements du soleil dans les feuillages de B. H. Brockes, l'alternance d'ombre et de lumière, mais les mouvements des habitants qui vont d'étal en étal; entrent d'un côté de la place; sortent d'un autre. Des traits de couleurs dessinent en surface ces trajectoires (*«son foulard jaune est un excellent point de repère»* [*ibid.*: 265]; *«je ne risque pas de la perdre de vue, avec ce châle rouge»* [*ibid.*: 269]; *«en courte redingote jaune à collet noir et boutons d'acier»* [*ibid.*: 271], etc.). Ainsi, si certaines comparaisons tendent à manifester l'influence d'une force extérieure dans l'animation de ce tableau urbain (*«on eût dit d'un grand champ de tulipes ondoyant au vent»* [*ibid.*: 264]), il faut plutôt comprendre cette image en imaginant que le mouvement de tête des tulipes suit celui des tiges.

Cette animation interne de la représentation s'inscrit encore dans l'abondance des déictiques (*«là-bas»*, *«juste en face de toi»*, *«là-bas»*, *«par là»*, *«là-bas»*, *«là-bas»*, *«çà et là»*, etc.) qui dynamise le tableau. Simultanément, elle fragmente son unité en une multitude de sites, de scènes, et produit l'impression d'une *«mosaïque étourdissante»*, d'une *«foule agitée sans raison»* (*ibid.*: 264). Par ailleurs, le nombre de personnages (plus d'une trentaine) impliqués dans ce court récit (pages 261-287 de l'édition que j'utilise) renforce l'idée d'un paysage doté d'un principe autonome d'animation. La structure de cet «orbis pictus» (*ibid.*: 267), de ce monde en images, est polytopique.

Ce tableau de la vie urbaine, qu'anime une force endogène, ouvre à une lecture qui mixe plaisir de l'imagination et techniques de l'enquête. La foule est énigmatique. Le cousin et le narrateur observent et interprètent. Des personnages vont ici et là. Ils sont en situation. Ils donnent une pièce à un mendiant. Ils mangent des cerises. Ils font tomber une orange et s'agenouillent pour la ramasser auprès d'une jeune fille. Ils portent de petites chaussures de *«satin blanc»* ou un habit vif. Quel est le sens de tout cela? Que signifient ces gestes, ces tenues? Quelles histoires sont-ils susceptibles de raconter? Une sémiotique des mouvements et postures se met en place par laquelle l'observateur remonte d'une situation à la personnalité de la personne qui agit: *«mais l'idée ne lui vient pas d'apporter une chaise plus confortable et elle continue à tenir les mains sous son tablier, signe qu'elle est d'humeur très égale et que la fortune ne l'entraîne pas à devenir fière ni présomptueuse»* (*ibid.*: 268).

Cette lecture de foule mobilise un langage qui est celui de l'investigation (*«il n'y a sans doute rien de vrai* [...] *cependant* [...] *tout est fort plausible»* [*ibid.*: 267]; *«te faire deviner»* [*ibid.*: 270]); *«énigme indéchiffrable»* [*ibid.*: 274]; *«je peux, si tu préfères, échafauder sur lui une autre hypothèse»* [*ibid.*: 276]; *«elles ont tout l'air...»* [*ibid.*: 283]; *«ou je me trompe fort...»* [*ibid.*]). Elle se pose comme une pratique herméneutique dans le sens où il s'agit de décrypter des signes non codifiés. Elle nécessite un *«entraînement à lire sur les visages»* (*ibid.*: 266). De fait, la forme discursive de la nouvelle renforce le jeu de l'hypothèse. Les deux narrateurs discutent, en fonction des indices dont ils disposent, l'histoire, la thèse la plus vraisemblable (*«que penses-tu donc* [...] *mon hypothèse»* [*ibid.*: 270]; *«je peux, si tu préfères, échafauder sur lui une autre hypothèse»* [*ibid.*: 276]; *«Tu vois, j'ai transformé en...»* [*ibid.*: 277]). Ainsi, de même qu'un double cadrage structure l'appréhension de ce paysage urbain, un double principe l'anime de manière interne: les mouvements de la foule; le travail de lecture composée qu'accomplissent les deux protagonistes.

Mais cette pratique n'est pas spontanée. Elle présuppose un apprentissage. Le narrateur est cet observateur d'abord naïf qui a besoin d'être aiguillé par son cousin artiste (*«Ce marché ne t'offre que le spectacle d'une mosaïque étourdissante, d'une foule agitée sans raison. Oh! oh! mon ami; il en va, figure-toi, tout autrement de moi»* [*ibid.*: 264]; *«*[…] *tu m'as déjà appris à mieux voir»* [*ibid.*: 268]; *«ton regard s'aiguise»* [*ibid.*: 270]). Le champ des déictiques donne l'impression d'un paysage désordonné, fragmenté, vertigineux. Cette impression est néanmoins celle d'un œil qui ne sait pas voir (*ibid.*: 264). Un vocabulaire de la formation est activé qui conduit progressivement le cousin à un bien lire la foule, c'est-à-dire une capacité d'interprétation qui confère des significations. Le rôle de mentor du cousin apparaît dans la syntaxe du texte par un resserrement de focales (*«Mais vois cet homme qui se tient* là-bas, près de *la deuxième pompe,* à côté *d'une voiture chargée d'un gros tonneau de compote de prunes que distribue une paysanne»* [*ibid.*: 274, je souligne]), qui manifeste les étapes d'une approximation de plus en plus fine de la foule et des acteurs qui la composent. Dans l'exemple que je viens de mentionner entre parenthèse, le cousin indique une direction *(«là-bas»)*, puis resserre son cadrage *(«près de»)* et enfin cible le lieu *(«à côté»)*. Ce processus inscrit dans la matière textuelle une procédure d'apprentissage du regard.

C'est ainsi qu'une pratique esthétique organise des intersections, orchestre des parcours autonomes pour les faire converger, et construire des intrigues. Une narration introduit des liaisons entre les personnages. Les excitations, les sensations liées à l'aperception des mouvements de la foule ouvrent à un plaisir de l'imagination. La personne qui observe expérimente un schème qui est celui de la création ordinaire qui, dans le cas du cousin artiste, permet de transcender un corps qui le prive du moyen d'écrire.

Ce schème permet de faire un pas en direction du poète à l'état pratique, c'est-à-dire sans compétence littéraire, qu'est l'habitant usuel de la ville contemporaine. Il consiste à observer les mouvements de la foule et, au gré d'impressions et d'indices, à construire des histoires, composer des romans, se projeter partiellement dans le corps des autres. Il est d'ailleurs significatif que le cousin et le narrateur de la nouvelle de E. T. A. Hoffmann reconstruisent des vies privées hypothétiques; des parcours biographiques très personnels (*«c'est un vieux maître de dessin qui a passé sa vie et la passe peut-être encore dans de médiocres institutions scolaires.* […] *Il a gagné beaucoup d'argent dans toutes sortes d'ingénieuses entreprises* […] *Son unique plaisir est de bien manger»* [*ibid.*: 276]); qu'ils quêtent l'intime.

Par ailleurs, cette projection, pour forcer l'interprétation conduit à une mise en abyme de la vie du cousin, qui, observant à l'instigation du narrateur, les parages de la fleuriste se met lui-même en scène dans la représentation. Il devient ainsi acteur en mentionnant une anecdote. Un jour qu'il se promenait sur la place du grand Marché, il a aperçu la fleuriste qui lisait un livre dont il est l'auteur. Ainsi, le cousin et le narrateur ne sont pas seulement au théâtre comme le suppose W. Benjamin. Ils ne sont pas strictement des spectateurs de cette pièce du grand Marché. Ils en sont interprètes au sens où d'une part, ils en produisent discursivement l'intelligibilité; d'autre part, ils se projettent en imagination dans la foule. Par exemple, les deux personnages imaginent le *«ton chevaleresque»* d'une conversation (or, il est impossible qu'ils entendent un tel dialogue de leur poste d'observation).

En somme, si l'intrigue de la nouvelle repose sur le dialogue de deux personnages qui observent la place du grand Marché, dans une configuration qui peut rappeler celle de la demoiselle de Sternheim (l'embrassure de la fenêtre; l'encadrement des bâtiments qui organise la représentation), il importe de voir que le dispositif narratif de E. T. A. Hoffmann ne relève pas de la configuration qui est celle, notamment, de S. La Roche et B. H. Brockes. Elle s'inscrit plutôt dans celle de la relation paysagère de l'«homme nouveau» de la fin du XVIIIe siècle. D'une part, et je l'ai déjà mentionné, une «logique» immanente anime la représentation. D'autre part, une approche résolument inductive est mobilisée. Ce qui est perçu est interprété non pas en fonction d'un schéma explicatif préétabli, mais en considération d'indices qu'il convient d'inscrire dans une lecture vraisemblable d'une vie possible. Cette approche inductive informe significativement la nouvelle (structure du dialogue; lexique de l'enquête et de l'apprentissage du regard; resserrement des focales qui miment le tâtonnement). Par ailleurs, le mode polytopique se manifeste structuralement dans l'abondance des déictiques qui insinue l'intensité des excitations perceptives liées à l'observation du grand Marché. Enfin, les doubles entrées dans la représentation du cousin (l'épisode de la fleuriste) et du narrateur (qui rejoint son cousin à son poste d'observation au moment où il l'aperçoit de la place) suscite l'impression d'un rapprochement perceptif entre sujet et objet de la représentation.

«L'homme des foules» de E. A. Poe mobilise certains de ces éléments constitutifs, à mon sens, d'une image médiale qui prescrit *«les sens d'une relation au milieu»* (Van Waerbeke, 1996: 75), une technique de vivre en ville, qui mobilise une lecture inductive du monde, génératrice de romans pratiques et de décloisonnements quotidiens.

L'intrigue de cette courte nouvelle (pages 67 à 78 de l'édition que j'ai sous les yeux) est la suivante: un homme, convalescent, retrouve *«devant la grande fenêtre cintrée du café D... à Londres»* (1841 [2004]: 67), d'*«heureuses dispositions qui sont précisément le contraire de l'ennui»*. *«*[S]*on esprit électrisé dépasse* [...] *prodigieusement sa puissance journalière»* (*ibid.*: 67-68). Il lit attentivement les annonces d'un journal, observe la *«société mêlée du salon»*, la rue derrière les *«vitres voilées pas la fumée»* (*ibid.*: 68). *«Chaque chose* [lui] *inspir*[e] *un intérêt calme, mais plein de curiosité»* (*ibid.*: 67). La rue qui s'offre à son observation est l'une des principales artères de la ville. Elle constitue une manière de penser le tout par la partie, une synecdoque. L'homme observe. Il a une méthode. Il procède d'abord par généralisation et abstraction (*ibid.*: 68). Il regarde les passants *«par masses»* et s'intéresse *«aux rapports collectifs» (ibid.)*. Puis il *«descen*[d] *au détail, et* [...] *examin*[e] *avec un intérêt minutieux les innombrables variétés de figure, de toilette, d'air, de démarche, de visage et d'expression physionomique»* (*ibid.*: 68). Dans le rapport de la masse au détail, il dégage des types et des sous-types. Les pages 69 à 73 consistent en une description d'espèces urbaines (par exemple, *«la race des commis»*), et des sous-espèces (par exemple, *«il y avait les petits commis des maisons à esbroufe»*) qui les composent. Mais cet exercice de classement remplit une fonction qui est celle de conduire le lecteur jusqu'à l'approche du soir.

Le plan d'exposition de la taxinomie de E. A. Poe se calque en effet sur les temporalités sociales de la grande ville. D'abord les représentants de la *gentry*, du commerce et de l'échange. Puis la *«race des commis»*, celle de la *«haute pègre»*, des *«joueurs de professions»* enfin celle de la *«gentility»* avec pas moins de dix-neuf sous-espèces. D'abord donc, la ville de la bourgeoisie d'affaire, dont n'est jamais très éloignée la pègre. Enfin, la ville ouvrière, laborieuse, prolétaire, la ville des difformités sociales. Alors que progresse l'énonciation de la taxinomie, le récit se rapproche de l'orée de la nuit. *«*[L]*'intérêt de la scène s'approfondi*[t]*»* pour le narrateur. Un nouvel éclairage dissipe les caractères généraux pour orienter l'attention vers les figures individuelles. *«A mesure que la nuit devenait plus profonde, l'intérêt de la scène s'approfondissait pour moi; car non seulement le caractère général de la foule était altéré* [...] *mais les rayons des becs de gaz* [...] *jetaient sur toutes choses une lumière étincelante et agitée.* [...] *Les étranges effets de la lumière me forcèrent à examiner les figures des individus»* (*ibid.*: 72-73).

Il importe de voir que, si cet exercice de taxonomie s'inscrit dans une posture esthétique, il se calque aussi sur un modèle qui est celui de l'enquête. Le texte recourt au vocabulaire de l'intrigue policière[1]. L'herméneutique à l'œuvre dans la «Fenêtre d'angle de mon cousin» travaille ici encore la narration. Le

1 Dans ses écrits sur le flâneur, W. Benjamin thématise souvent sa figure comme celle d'un *«détective amateur»* (1938 [2004]: 104). Il identifie d'ailleurs le *«contenu social primitif du roman policier* [dans] *l'effacement des traces de l'individu dans la foule de la grande ville»* (*ibid.*: 69).

regard du narrateur observe des *«masses»*, les considère dans leurs *«rapports collectifs»*, puis descend au détail. Il est *«calme»*, *«mais plein de curiosité»*. Puis, quand la focale se resserre sur les visages de cette masse, une *«physionomie»* (*ibid.*: 73) particulière, à *«l'absolue idiosyncrasie»* intrigue l'observateur. Il veut la décrypter. Il veut savoir l'*«étrange histoire* [qui] *est écrite dans cette poitrine»* (*ibid.*: 73). Il veut en *«savoir plus long»* sur cette complexion. Le désir de savoir appelle un approfondissement de la mise en examen, la nécessité d'une filature. C'est l'homme en situation qu'espère connaître le narrateur. Il le poursuit. Il s'approche, masqué par l'épaisseur de la foule, et peut alors l'*«étudier commodément»*, l'*«épier»* jusqu'à la trame. Le langage de l'hypothèse, les formulations conditionnelles, font alors leur apparition *(«si mes yeux ne m'ont pas trompé»)*.

Si la première partie de la nouvelle s'élabore sur une prévalence du visuel (le narrateur est devant la vitre et observe – sauf une perception auditive qui relève de l'impossibilité pratique: *«un ton très bas»* [*ibid.*: 70]), la seconde partie, qui marque l'entrée du narrateur dans le tableau, au moment où il prend en chasse l'*«homme errant»* (*ibid.*: 75), mobilise un autre système perceptif (notations relatives au toucher [humidité, *«coudoiement»*], à l'ouïe [*«brouhaha»*], au goût [*«mouchoir sur la bouche»*]), comme pour manifester l'intensité de la filature dans la foule épaisse. Un nouvel espace est envisagé qui pourrait se symboliser dans une image saisissante: il commence à pleuvoir, les badauds ouvrent leurs parapluies, ménageant comme un tunnel, une forme plus dense encore de l'espace. Ainsi, un instant, alors que le narrateur entre dans la représentation pour suivre son point de fuite, le mouvement qui agite la foule dessine *un espace dans l'espace*.

De fait, la manière dont l'homme des foules erre dans la ville alors que le narrateur le suit, les changements de rythme auquel s'effectuent ses déplacements, esquissent également une forme dans l'espace. *«Pendant une dernière heure, le vieux homme se fray*[e] *son chemin avec difficulté à travers la grande artère»* (*ibid.*: 74). Puis *«il se jett*[e]*»* dans une rue remplie de monde, mais comparativement moins populeuse. Son allure se réduit. Il s'y promène pendant une heure, puis alors que la fréquentation diminue, effectue un *«crochet»* qui le projette sur une *«place brillamment éclairée et débordante de vie»* (*ibid.*: 75). L'homme des foules retrouve sa première manière: ses yeux roulent dans leurs orbites et son menton repose sur la poitrine. Il arpente fiévreusement la place. Après une heure, la place se vide et l'homme emprunte une rue déserte dans laquelle il court pour déboucher, après quelques minutes, *«sur un vaste et tumultueux bazar» (ibid.)* où il se promène à son rythme initial durant nonante minutes. Quand la fréquentation décroît, il se précipite, une fois encore, par les rues en direction d'un lieu plus animé, où il retrouve le rythme de sa déambulation initiale. Et ainsi de suite, la nuit durant.

L'homme errant est *«aimanté par la foule»*, écrivait déjà W. Benjamin *(op. cit.)*. La foule l'anime. La narration esquisse un espace réticulaire; la structure spatiale que dessine la dérive de *«l'inconnu»* est insulaire, faite d'îles d'intensifications perceptives. Là où il n'y a personne où presque, l'homme court pour gagner un nouvel espace, où il pourra s'émouvoir au sens le plus littéral; il rejoint le lieu d'actualisation d'une certaine forme du Moi. C'est précisément une territorialité polytopique qu'esquisse ici les variations rythmiques de l'errance de l'homme des foules. Une territorialité où le sujet se révèle de manière différentielle, en fonction des lieux où il se trouve.

La configuration spatiale de la nouvelle de E. A. Poe (un homme devant une vitre qui observe la foule) pourrait être assimilée à une forme panoramique de paysagement de la ville. Les quelques indices que je viens de relever suggèrent que ce serait mal lire la nouvelle. La taxonomie qu'accomplit le narrateur suscite une animation interne du paysage. *«Le tumultueux océan de têtes humaines* [...] *remplit* [le narrateur] *d'une délicieuse émotion toute nouvelle»* (*ibid.*: 68). Le défilé de la foule donne du mouvement à la rue paysagée par la fenêtre cintrée du café de D... Et le narrateur s'*«absorb*[e] *dans la contemplation de la scène du dehors» (ibid.)*. De même que le paysage n'est pas immuable, la position qu'occupe le narrateur n'est pas figée en début de narration. Bientôt, il entre dans le fragment de ville esthétisé, et l'explore dans sa profondeur (d'autres lieux, d'autres quartiers londoniens) de manière inductive. D'une part, c'est dans l'expérience du paysage urbain que le personnage arrive à une conclusion de nature générale qui rejoint un principe qu'il a évoqué en début de nouvelle (*«Es leosst sich nicht lesen, – il ne se laisse pas lire»* [*ibid.*: 67]). D'autre part, le motif de la filature, qui répond à une volonté de savoir, permet de révéler le mystère de l'*«homme errant»* par l'intermédiaire d'une présentation de ses actes *in situ*. Ce qui le meut, c'est le contact de la foule. Il est l'homme vide qui ne peut être seul. Et c'est en ce sens qu'il ne peut être lu. Mais la nouvelle de E. A. Poe garde cette énigme ouverte: le narrateur n'est-il pas lui-même, en puissance, cet homme des foules (nouvel artifice qui permet d'introduire l'observateur «dans le tableau»: il suit une représentation putative de lui-même)

La nouvelle de E. A. Poe est ainsi intéressante d'un double point de vue. D'abord, elle permet l'explicitation d'une technique de vivre en ville qui consiste à imaginer des modes d'existence dans une lecture indiciaire et réifiante de l'altérité. Les autres sont transformés en type, et servent d'embrayeurs à une mise en scène de soi. Par exemple, l'homme des foules, anonyme par définition (il est *«l'homme errant»*, *«l'inconnu»*), est aussi idiosyncrasique, le particulier que l'on suit, détective esthète et réducteur (qu'en est-il de la vie effective de cet homme? et s'il cherchait en fait quelqu'un, un proche disparu) du quotidien. Ensuite, elle révèle un processus de territorialisation de soi, qui appartient au même système technique, qui consiste en une activation différentielle des potentialités du sujet; un processus organisateur de parcours, producteur de formes évanescentes du territoire, inscripteur d'espace dans l'espace.

*

«La fenêtre d'angle de mon cousin» et «L'homme des foules» ne proposent pas les mêmes *métaphores du territoire*. Ne serait-ce que parce qu'elles ne travaillent pas sur le même espace référentiel (Berlin contre Londres). Mais il est possible d'y dégager les indices d'une même *image médiale*, au sens où ces deux nouvelles s'articulent sur le même socle épistémologique, proposent des manières analogues de pratiquer le territoire, lesquelles s'inscrivent dans le prolongement du dispositif que j'ai d'abord cherché à expliciter chez J. W. Goethe et *Les Souffrances du jeune Werther*.

Le paysage construit par la forme narrative du réalisme moderne investit la ville. Les fragments d'espaces paysagés semblent animés d'une manière endogène. Les mouvements qui les dynamisent ne sont pas de nature transcendante, mais ils s'originent dans leur matière: marchands et consommateurs du grand Marché, passants de la grande ville du XIXe siècle. Cette animation endogène dote le paysage d'une profondeur; l'espace, d'une épaisseur. L'homme est dans le paysage (selon l'expression de A. Corbin que je me suis approprié au précédent chapitre). Mais ce qui doit surtout retenir notre attention dans le cadre de la question de recherche de cette thèse, ce sont les *pratiques de ville* liées à ce paysage urbain de la forme narrative. Les effets de zoom, qui expriment au niveau de la syntaxe, le rapprochement perceptif du sujet et du paysage, se manifestent ici sous la forme de resserrements de focale (l'affinement des déictiques, les lorgnettes dans la nouvelle de E. T. A. Hoffmann; les mouvements du général à l'idiosyncrasie, l'entrée du narrateur dans la représentation symbolisée par la filature dans le conte de E. A. Poe) qui constituent autant de ressorts d'intrigues. L'épaisseur spatiale, les mouvements endogènes qui animent le paysage urbain se couplent avec une herméneutique qui s'applique à donner un sens à ces mouvements, qui les relient dans le cadre d'une intrigue.

Le cousin et le narrateur de «La fenêtre d'angle» écrivent des romans pratiques autour des différents personnages du grand Marché. Ils font des hypothèses, montent des scénarios, les retouchent dans une didactique d'un lire vraisemblable. Le narrateur de «L'homme des foules» file un homme errant à la mine suspecte parce que particulière. Il l'analyse jusqu'à la trame de ses vêtements, suppose ce qu'il pourrait cacher dans sa poitrine, sous sa veste. Il construit une énigme qui est celle de l'altérité. Ces deux façons sont des manières de vivre d'autres vies.

Le paysage préromantique des lettres du jeune Werther manifestait une dynamique subjective qui tendait, dans ses exaltations, dans ses mouvements de l'âme, à totaliser les expériences d'un Moi toujours désirant. La narration de paysages urbains transpose ce schème. D'une manière générale, elle propose une structure de ville où le Moi peut s'actualiser de manières alternatives. Le Moi des narrateurs vit d'autres vies par l'intermédiaire des autres corps des foules urbaines. Il s'agit d'une pratique qui procède par projection de soi dans des éléments paysagers, et par rétrojection des caractéristiques typiques de ces éléments: des souliers de satin blanc qui indiquent l'appartenance *«au corps de ballets»* (Hoffmann, *op. cit.*: 270); l'expression d'un visage qui en fait l'incarnation du démon (Poe, *op. cit.*: 73); une veste déchirée au travers de laquelle on devine, *«si* [s]*es yeux ne l'ont pas abusé»* (*ibid.*: 74) poignard et diamants. Un détail, et c'est un imaginaire qui se met en branle.

2. Visages et vies imaginaires de l'homme des foules

«La plupart des voyageurs sont des gens qui ont fini leur travail. Elle s'assied parmi eux, elle cherche à surprendre sur leurs visages ce qui peut bien faire l'objet de leur préoccupation.»

André Breton, *Nadja*, 1964 (2003): 77-78.

«Ce qu'on voit ici à l'œuvre n'est-ce pas plutôt l'ivresse de la ressemblance, de la superposition, de l'assimilation, qui se révèle plus forte dans les rues de cette ville [Paris] que la volonté de différenciation sociale?»

Walter Benjamin, *Paris capitale du XIXe siècle*, «Liasse M 1a, 2», 1927-1934 (2000): 436.

La foule de E. T. A. Hoffmann est constituée de personnages qui, sur une scène délimitée, et par le cadre de la fenêtre d'angle, et par l'encadrement des bâtiments, interprètent une représentation dans laquelle le cousin et le narrateur cherchent des significations. Dans la nouvelle de E. A. Poe, les personnages deviennent des exemplaires de types sociaux. Ils sont rapportés à des figures sociales, et l'intrigue est fournie par la filature d'une physionomie certes particulière, mais qui exprime néanmoins une idée générale (celle d'une expression du démoniaque).

Dans ces deux exemples, la foule permet de se raconter des histoires. Comme le remarquait déjà K. G. Schelle (1802 [1996]: 41), cette configuration nécessite une ville suffisamment grande pour que les habitants soient devenus étrangers les uns aux autres. De sorte qu'il s'agit d'une conséquence de l'irruption de ce que la philosophie (notamment avec F. Tönnies) et la sociologie à l'état naissant (par exemple avec G. Simmel) allemandes ont appelé la *Großstadt.* Confirmant, si besoin était, qu'espace diégétique et espace référentiel se dynamisent simultanément.

Ce qui nous importe, c'est qu'une pratique de ville se construit ainsi, qui consiste à produire des romans pratiques autour de scénettes urbaines. Les deux textes mobilisés à titre d'exemples montrent que ces romans pratiques ne sont pas spontanés, mais qu'ils nécessitent un entraînement et une formation. C'est ainsi qu'il est possible de parler d'une technique du vivre en ville. On invente des histoires. On pratique des lieux qui sont des espaces d'activation d'un Moi alternatif. On est entraîné à lire sur les visages. On peut supposer que cette technique devient bientôt une vulgate. Un indicateur de cette vulgarisation peut être construit en considérant *des textes qui mobilisent cette technique, tout en la radicalisant.* Leur forme narrative arase les seuils entre «réalité» et hypothèse sur la «réalité», elle compénètre idéel et réel, dans une forme qui est toujours-déjà le réel. Ces textes doivent leur statut d'indicateur à la logique de production des images médiales évoquées au chapitre 4. Soit un processus intertextuel et intersubjectif. C'est parce que les textes s'inscrivent dans un réseau de citations croisées qu'ils permettent d'envisager la manière dont un procédé s'est normalisé, banalisé.

Un fragment des *Carnets de Malte Laurids Brigge* (1910 [1995]) de R. M. Rilke (1875-1926) permet de discuter cette radicalisation (indicatrice d'une stabilisation et diffusion de l'image médiale en question). Il s'agit de pages, datées du 11 septembre, du journal du jeune homme (pages 11 à 27 de mon édition). Malte Laurids Brigge vit à Paris depuis trois semaines (Rilke, 1910: 25). Trois semaines, écrit-il, longues comme des années, tant sa relation à la ville est conflictuelle. Tant il se sent transformé depuis qu'il y est arrivé. Ces pages ouvrent le roman. Elles consistent en une narration de ville en mouvement: elles sont la retranscription des impressions du jeune homme alors qu'il parcourt la ville. Cette narration travaille sur un registre qui est d'abord celui d'un hyperréalisme puis d'un fantastique morbide. Mort, hôpitaux, malaise, femme enceinte en souffrance le long d'un mur, odeurs d'iodoforme, de peur, maison aveugle absente des plans de ville officiels, asile de nuit, enfant verdâtre dans un landau... sont certaines des images et des sensations qui marquent la manière dont le narrateur s'approprie l'espace considéré. Puis le jeune homme évoque son logement, dans lequel se répercute cette construction de la ville. L'irruption littérale de la rue dans sa chambre, les tramways, la vie des autres, les bris de glace qui s'y réfractent au cours d'une nuit sans sommeil. Une *«fille qui braille»* (*ibid.*: 24), des pas dans la cage d'escaliers...

Depuis trois semaines donc, Malte Laurids Brigge vit dans une ville faite pour l'accueil des morts, poisseuse de bruits et lourde d'un silence étrange. Depuis trois semaines, il s'y transforme. *«*[Il] *appren*[d] *à voir.* [Il] *ne sai*[t] *pas à quoi cela tient, mais tout pénètre plus profondément en* [lui] *et ne reste pas à l'endroit où, d'habitude, cela venait toujours s'achever.* [Il] [a] *un intérieur dont* [il] *ne savai*[t] *rien. Tout s'y dirige.* [Il] *ne sai*[t] *pas ce qui s'y passe»* (*ibid.*: 25).

Le narrateur raconte la manière dont sa perception s'approfondit. L'extériorité, la façon dont elle se répercute en lui, lui révèle un monde intérieur qu'il ignorait, mystérieux et magnétique. De sorte que l'intériorité du jeune homme entre en résonance pour produire un *monde hybride*, celui d'un regard dévoilé: sans filtre. Quand il donne un exemple de cet affinement du regard, il évoque son expérience des visages multiples de la foule:

> Je n'avais par exemple jamais pris conscience du grand nombre de visage qui existe. Il y a une foule de gens, mais beaucoup plus de visages encore, car chaque individu en a plusieurs. Il y a des gens qui portent un visage pendant des années, et naturellement il s'use, il se salit, il se casse aux plis, il prend du jeu comme des gants que l'on a portés en voyage. Ce sont des gens économes, des gens simples; ils n'en changent pas, ils ne le font même pas nettoyer. Il suffit bien comme cela, prétendent-ils, et qui pourrait leur prouver le contraire? Mais on peut se demander, il est vrai puisqu'ils ont plusieurs visages, ce qu'ils peuvent bien faire des autres. Ils les gardent en réserve. Ce sont leurs enfants qui les porteront. Mais il arrive aussi que leurs chiens les mettent pour sortir. Et pourquoi pas? Un visage est un visage.
>
> D'autres passent leurs visages l'un après l'autre à toute allure et ils ne sont plus mettables. Ils leur semblent d'abord qu'ils en ont pour l'éternité, mais ils ont à peine quarante ans; et voilà déjà le dernier. Cela ne manque naturellement pas de tragique. Ils ne sont pas habitués à économiser leurs visages, le dernier est fichu en huit jours, il a des trous, est à certains endroits mince comme du papier, et peu à peu on voit apparaître ce qu'il y a dessous, le non-visage, et c'est avec cela qu'ils se promènent.
>
> Mais la femme, la femme – elle était entièrement retombée en elle-même, en avant dans ses mains. C'était au coin de la rue Notre-Dame-des-Champs. Dès que je la vis, je

me suis mis à marcher à pas discrets. Quand les pauvres gens réfléchissent, il ne faut pas les déranger. Peut-être finiront-ils par trouver tout de même.

La rue était trop vide, son vide ennuyait, m'enlevait les pas de sous les pieds et les faisait claquer ici et là, comme avec des sabots. La femme fut effrayée et se détacha d'elle-même, trop vite, trop violemment de sorte que le visage resta dans ses deux mains. Je pouvais l'y voir reposer, en creux. Il me fallut faire des efforts indescriptibles pour m'en tenir à ces mains et ne pas regarder ce qui s'en était arraché. J'étais terrifié à l'idée de voir un visage de l'intérieur, mais j'avais encore beaucoup plus peur de la tête dépouillé, écorchée, sans visage (*ibid.*: 26).

Là où le cousin et le narrateur de la nouvelle de E. T. A. Hoffmann cherchaient des indices d'une vie vraisemblable, reconstruisaient des vies privés possibles sous les actes de l'homme social (puisque aller au marché est une activité sociale), là où le narrateur de «L'homme des foules» repérait des traits typiques d'une catégorie sociale pour construire l'homme moyen en situation, Malte Laurids Brigge est frappé, *immédiatement*, de l'intuition des métamorphoses de cet homme des foules. Cette intuition relève de la même rêverie mortifère des premières pages des *Carnets*. Elle est une évocation poétique du régime mortuaire qui s'inscrit sous les traits personnels. Le visage porté *«pendant des années»* s'use, se froisse. De la crasse s'inscrit dans ses lézardes. Il *«se casse aux plis»*. Les visages se burinent, se tannent. Le fait de les enfiler *«l'un après l'autre à toute allure»* conduit à un vieillissement prématuré: *«à peine quarante ans, et voilà déjà le dernier»* (*ibid.*: 26). Les visages s'éliment, se trouent, laissent émerger le *«non-visage»*. Il s'agit ici d'une *métaphore radicale* (puisqu'elle n'est pas énoncée en tant que métaphore, mais comme révélation d'une vérité ultime) de l'entropie propre à chaque existence.

Mais l'intéressant n'est pas dans cette inscription. Le plus saisissant est dans cette image (et la manière dont elle se construit): *«au coin de la rue Notre-Dame-des-Champs»*, une femme repliée sur elle-même s'est pris la tête entre les bras. Les pas du narrateur, qui résonnent dans la rue déserte, l'extirpent de cette position – et son visage reste prisonnier de ses bras: arraché. Le narrateur le perçoit dans le moule que dessinent les mains encore rassemblées de la femme. Et il les fixe pour ne pas voir ce visage de l'intérieur, pour ne pas voir cette tête qui en est à présent dépourvue.

La narration de Malte Laurids Brigge a intégré, dans ses énoncés, le processus d'interprétation des signes de «L'homme des foules». Il ne recourt pas à un vocabulaire de l'investigation. Les formulations explicites de l'hypothèse sont absentes. Les indicateurs de comparaison (les «comme», par exemple) sont évités (si ce n'est à une exception, celle du bruit de ses pas qui claquent «comme *avec des sabots*»). La syntaxe conduit ainsi à une impression de réalité immédiate, celle fabriquée par la résonance des mondes extérieurs-intérieurs (Rilke, *op. cit.*: 41 nip). Tout le travail de mise en rapport analogique, le travail d'hypothèse, qu'accomplit le narrateur à l'observation des foules urbaines est ainsi tronqué.

Les énoncés de Malte Laurids Brigge imbriquent des propositions qui relèvent de régimes discursifs hétérogènes. Par exemple, récit référentiel *(«au coin de la rue Notre-Dame-des-Champs»)* et récit fantastique *(«La femme fut effrayée et se détacha d'elle-même, trop vite, trop violemment de sorte que le visage resta dans ses deux mains»).* Style objectif et style subjectif s'enlacent pour manifester l'entre-monde toujours-déjà là du narrateur. Un monde hybride qui ne relève pas d'une mise en intrigue, mais se pose comme vrai. Les visages ridés des hommes des foules, leurs expressions, *sont* les milles visages d'un seul homme, et simultanément indiquent les innombrables faciès dont chacun est doté; l'usage dispendieux ou économe que chacun en fait. De même, le vase que persistent à former les mains rassemblées de la femme *est* le réceptacle de son visage arraché.

L'artifice syntaxique qui consiste à supprimer les indications de comparaison révèle le rapprochement perceptif qui s'accomplit entre le narrateur et l'objet paysagé. Rapprochement qui s'exprime encore dans la personnification de la rue *(«*[lui] *enlevait les pas de sous les pieds et les faisait claquer ici et là»)* qui dilue la «responsabilité» du personnage dans l'«accident» qu'il décrit. Le processus inductif (repérer des signes) qui précède la production des «romans» pratiques du cousin est ici un processus intuitif: il n'est plus médiatisé par un langage spécifique, mais va de soi, comme s'il était naturel, vulgarisé.

Comparativement à «La fenêtre d'angle de mon Cousin» et à «L'homme des foules», *Les Carnets de Malte Laurids Brigge* ont *métabolisé* la pratique herméneutique. Ce procédé banalise une technique spatiale précédemment à l'œuvre dans le jardin non géométrique, qui consistait, alors que le promeneur rencontrait des éléments paysagers spécifiques, à vivre de manière imaginaire, en d'autres temps ou d'autres lieux (*«on se retrouve dans des siècles qui ne sont plus. On revit pour quelques instants dans l'âge de la barbarie et des guerres, mais de la force et de la valeur; dans l'âge de la superstition mais de la piété modeste»* [Hirschfeld, Livre III: 124-125]). Chez E. T. A. Hoffmann, le cousin et son narrateur éprouvaient d'autres vies en organisant le désordre du grand Marché. Ils repéraient des indices «objectifs» et explicitaient, dans la matière du texte (le champ lexical, le jeu des focales, la structure des dialogues), un processus herméneutique. L'observateur de «L'homme des foules» s'improvisait détective alors qu'il observait une rue populeuse de Londres. Des postures de chacun, il construisait de manière transparente une typologie. L'observateur suivait un homme dans la cohue et recourait à un champ lexical qui manifestait l'hypothétique. Malte Laurids Brigge (qui est un cas limite au sens où sa sensibilité excède le «moyen») opère par empathie et entropathie. Il se mêle au corps d'autrui (comme l'atteste, dans le cours de l'intrigue, son désir de prêter sa *«propre volonté»* à un homme en souffrance qu'il entend vivre dans la pièce voisine – *ibid.*: 170-172), sent du dedans (comme il adopte la démarche heurtée d'un homme secoué de tics, qu'il suit par sympathie). Plus précisément, les corps se réfractent dans le narrateur (comme la ville, les bris de glace, se répercutent dans son logement). Ce qui occasionne un monde d'interface, un entre-deux objectif-subjectif qui rend plus spontané la mise en scène du sujet dans des situations quotidiennes, le bricolage identitaire, l'appétence à vivre d'autres vies.

Un autre exemple de cette lecture immédiate de la ville se trouve aux pages 58-60 de l'édition des *Carnets*... que j'utilise. Malte Laurids Brigge accomplit la narration d'un ensemble de maisons. De maisons qui ne sont *«plus là»*, en vérité. Il parle de l'empreinte laissée par celles-ci sur la paroi des immeubles qui, eux, n'ont pas été démolis. En somme, il évoque un espace en creux, une vie recomposée à partir des éléments qu'elle a laissés traîner. En fait, ce n'est pas de maisons qu'il entretient son journal, mais du mur qu'elles ont informé (*«Je ne sais pas si j'ai dit que c'était de ce mur que je parlais. Or ce n'était pour ainsi dire pas le premier mur des maisons existantes – ce que l'on aurait été tenté de croire – mais le dernier des maisons disparues»* [*ibid.*: 58]). La disposition des pièces de l'immeuble détruit s'inscrit sur ce mur par l'intermédiaire des *«papiers peints»* qui y sont *«encore collés»*. Les reliques de la *«descente des cabinets d'aisance»* (*ibid.*: 58) dessinent, quant à eux, des *«sinuosités indiciblement répugnante» (ibid.).* Malte Laurids Brigge perçoit encore les «traces» du réseau du gaz d'éclairage. Puis des fragments d'une *«vie coriace»* qui s'agrippe *«aux clous»*, trouvant un refuge *«sous les résidus de planchers»* (*ibid.*: 58), le *«départ des angles»* (*ibid.*: 59).

Chacun de ces indices est susceptible de raconter une histoire, d'ouvrir à la production d'un roman pratique:

> Et de ces murs qui avaient été bleus, verts et jaunes, encadrés de traces de cloisons détruites, sortait l'air de ces vies, l'air coriace, paresseux et confiné qu'aucun vent n'avait encore dispersé. Là stagnaient les midis, les maladies, les exhalaisons, et les années de fumée, et la sueur qui sourd sous les aisselles, alourdit les vêtements, et la fadeur des bouches, et l'odeur de moût des pieds qui fermentent (*ibid.*: 59).

Le narrateur évoque des couleurs, des textures, des odeurs qui le conduisent à explorer d'autres vies. Celles des nourrissons qu'on néglige, des enfants angoissés par l'idée de l'école, des draps douçâtres *«d'adolescents pubères»*. L'évocation de ce mur tient d'une ichnographie, elle est une science descriptive des traces. Elle s'arrête à des détails. Elle nécessite environ cinquante-trois lignes (sur les quatre-vingts qu'en compte cette page), inscrivant dans le texte un tempo susceptible d'insinuer une observation attentive, contemplative. Aussi, le narrateur est-il contraint de corriger l'impression produite par le rythme de sa narration. Il s'agit d'un événement fugace. Ce mur l'a fait fuir. Malte Laurids Brigge s'est mis à courir à sa vue. La «vision» du narrateur s'est effectivement approfondie. Il vit à présent dans l'immédiat d'un monde subjectif-objectif. La brièveté de la sensation, de l'impression visuelle occasionne, en comparaison, un roman-fleuve d'idées:

> On dira sans doute que je suis longtemps resté à le contempler; mais je jure que je me suis mis à courir dès que j'eus reconnu ce mur-là. Car c'est ce qu'il y a de terrifiant; je l'ai reconnu. Je reconnais toutes ces choses-là, ici, et c'est pourquoi elles entrent en moi sans autre forme de procès, elles sont chez elle chez [moi] (*ibid.*: 60).

Le texte de R. M. Rilke nous renseigne ici quant à la diffusion/transformation d'une image médiale. Celle-ci propose des techniques d'arrimage au milieu urbain, des prises mésologiques. La lecture herméneutique de l'homme des foules est si bien incorporée qu'elle se passe du langage de l'hypothèse, des marqueurs narratologiques du régime spéculatif, comparatif ou métaphorique. Les différentes expressions des visages administrent la preuve que tout individu est doté d'une multitude de faciès. Le dernier mur d'une maison exhale les restes intacts des vies qui s'y sont déroulées. Malte Laurids Brigge arrive *immédiatement*, c'est-à-dire sans la médiation d'un jeu de conjectures, dans des existences tierces. Cette forme narrative, foncièrement poétique, présuppose les manières inductives du cousin de la nouvelle de E. T. A. Hoffmann ou de l'observateur du Café de D... Le personnage repère des signes dont le potentiel se trouve actualisé au moment même de son identification.

Mais le texte de R. M. Rilke nous fournit encore une autre information. Si la manière dont se composent les «visions» urbaines de Malte Laurids Brigge évoque une métabolisation des techniques de lecture des foules qui étaient explicites dans «La fenêtre d'angle» et le conte de E. A. Poe, elle nous informe aussi quant à une dynamique de territorialisation de soi, qui relève d'une *«ivresse* [...] *de l'assimilation»* (W. Benjamin, cité en exergue), d'une ivresse du transfert de soi dans d'autres existences, un peu comme le visiteur du jardin non géométrique vit d'autres vies dans son parcours sensualiste, bien que le personnage de R. M. Rilke subisse cette ivresse plus qu'il ne la recherche.

Chez R. M. Rilke, l'image poétique élide les comparaisons, réalise les métaphores. Une réalité intérieure-extérieure se constitue comme un monde donné pour acquis. Un rapprochement perceptif s'inscrit dans la production de ce monde «écotonal»[2], né du contact de deux «milieux» (subjectif-objectif). Malte Laurids Brigge aimerait partager, au travers de la cloison, sa volonté avec le jeune homme de la chambre voisine. Dans la rue, il se glisse dans le corps de l'homme aux tics, sautille avec lui. D'une manière qui est la sienne, dans ce qu'il appelle un approfondissement du regard, il partage d'autres existences. Cette modalité de narration, qui trouve un catalyseur dans la grande ville, s'extrêmise plus encore dans *Univers, univers* (2003) de R. Jauffret (1955-). En comparaison des *Carnets*... la forme du roman de R. Jauffret n'a, en effet, même plus l'assise corporelle du héros de R. M. Rilke. Le personnage *est* une narration qu'on ne peut entraver; et les foules de la grande ville viennent nourrir cette machine à produire de l'espace diégétique, tour à tour ludique, jubilatoire, mélancolique, triste, banal, quotidien. L'évocation de ce texte permet ainsi d'affiner la compréhension de l'image médiale que nous pistons, parce qu'elle préside à certaines manières de vivre en ville.

L'intrigue d'*Univers, univers* consiste en l'évocation des possibles qui s'offrent, ou auraient pu s'offrir, à une femme, d'existence moyenne, qui a regagné son domicile et prépare un gigot en attendant son époux et les invités du soir. Elle surveille la cuisson, va d'une pièce à l'autre, gagne la terrasse de son appartement:

> Elle voudrait être de l'autre côté de l'immeuble d'en face et regarder le soleil se coucher. Elle verrait la scène rouge vif et les touristes en train de dîner sur les bateaux-mouches. Elle aimerait se trouver parmi tous ces gens dont elle ne comprendrait pas la langue. Elle se laisserait séduire par les gestes d'un grand blond, ils iraient ensemble visiter la tour Eiffel et regarder Paris du haut de la grande roue. [...] Cinq ans plus tard elle se rappellerait de cette nuit-là en s'endormant d'une opération périlleuse qui échouerait. Elle regretterait de n'avoir pas rencontré quelqu'un d'autre à sa place (*ibid.*: 18).

L'intéressant de ce fragment est que le dispositif narratif construit par l'auteur sur l'ensemble de son roman, s'y trouve condensé. On assiste d'abord à la confrontation d'un sujet (la femme) à un paysage urbain, qui est le matériau de ses multiples incarnations: la ville, les corps qui y vivent sont matière à métempsychose. Une ménagère rêvasse. La narration mobilise, dans le trouble

2 Par analogie avec les écotones des biogéographes. Pour rappel, le terme écotone désigne *«les zones de transition entre deux écosystèmes, les marges des grands biomes»*, selon la définition qu'en donne G. Hugonie dans le dictionnaire en ligne de géographie: *Hypergéo* (http://hypergeo.free.fr/article.php3?id_article=273; consulté le 26.04.06).

permis par le mode conditionnel du futur de narration, une double conjecture (la femme *«voudrait être de l'autre côté de l'immeuble d'en face»* où *«elle verrait* [...] *les touristes en train de manger»*; *«elle aimerait se trouver parmi tous ces gens dont elle ne comprendrait pas»* où *«elle se laisserait séduire par les gestes d'un grand blond»*) qui accentue la manifestation d'un désir vorace d'être ailleurs, dans une autre vie, une autre identité.

Dans le même temps, la banalité du scénario de sa rêverie – et sa fin médiocre – en accuse l'aspect commun. Dans le roman éponyme (1857) de G. Flaubert (1821-1880), Emma Bovary laissait son doigt glisser le long d'un boulevard parisien et s'imaginait vivre dans la capitale. La femme du roman de R. Jauffret est, en ce début d'intrigue, l'arrière arrière-petite-fille d'Emma Bovary. Dans l'ennui d'un bel appartement vide, elle prépare un repas, attend son mari, commerçant qui ne parvient pas à se défaire de son arcade. Elle s'ennuie. Sa vie l'égare. Elle aimerait être de *«l'autre côté de l'immeuble d'en face»*, vivre un amour bref ou plutôt une belle histoire. Mais au contraire de sa grande parente, la femme vit à Paris et son désir est pourvu d'un combustible d'un tout autre rendement. Elle veut plus qu'une autre vie. *«La femme sur la terrasse s'appelle Laure, Laura, Laurina, Pauline, Micheline, Lucienne, Eugénie.»* (Jauffret, *op. cit.*: 24).

D'ailleurs qui est-elle? *«Marie Bernardon attend l'arrivée de son mari sur la terrasse»* (*ibid.*: 24). *«Elle ne s'appelle pas Marie Bernardon. Elle a un nom d'organe, peut-être Foie.»* (*ibid.*: 25) *«C'est une Duguël, une longue lignée de notaires courts sur pattes* [...]*»* (*ibid.*: 25). *«La femme sur la terrasse, loin d'être une Duguël, était donc bel et bien une du Tartron* [...]*»* (*ibid.*: 26). *«Elle est là assise sur la terrasse et peu importe son nom»* (*ibid.*: 26). *«Elle n'était pas une Ruirat, une Puchina, une Moulina, elle était plutôt une Henrineau, cette grande famille du Nord complètement ruiné dont vous êtes une pièce rapportée»* (*ibid.*: 31). *«Vous pourriez me dire j'en ai assez de vos insinuations, de vos insultes, je suis un Pidot* [...]*»* (*ibid.*: 32). Le narrateur varie le temps des verbes (présent, imparfait, conditionnel, futur de narration...), les pronoms (elle, vous, il, tu, vous...) du récit de la vie de cette femme pour indiquer ses autres vies possibles, et leurs discontinuités qui rendent caduque la question de savoir qui est cette femme sur cette terrasse.

> Elle pense à cette viande, cette cuisine et cette ville tout autour comme un grand écran infiniment complexe. Elle regarde le soleil virevolter au-dessus de l'immeuble d'en face. Elle a l'impression qu'elle aussi sautille sur le carrelage, qu'elle va se quitter d'un instant à l'autre pour devenir un être réel aux souvenirs articulés autour d'une conscience qui les hiérarchise et la convoque à volonté. Elle ne peut croire que sa perception actuelle de la réalité soit suffisante pour constituer une personne humaine, elle se sent plus proche d'une simple présence, d'une lueur qui lui permet tout juste d'être en vie (*ibid.*: 384).

Elle est une *«simple présence»* dans le flux impressionniste *«infiniment complexe»* d'une ville-univers. Une personne humaine d'une densité si infime, qu'elle sautille avec les rais du soleil sur le carrelage. Une *«lueur»* qui dans *«sa façon de si peu exister pousse le monde à devenir fantasque» (ibid.)*. Le centre d'un univers infiniment ludique: «[e]*lle se met à rire sur la terrasse, elle trouve drôle la ville, comique le soleil, elle se sent postée au centre de l'univers comme un épouvantail attifé d'une combinaison d'astronaute* [...]» (*ibid.*: 494).

Certes, le roman de R. Jauffret est un *«ouvrage en furie»* (*ibid.*: 34), et l'euphorie narrative est mégalomaniaque. Bien sûr, le dispositif narratif d'*Univers, univers* n'est pas à proprement parlé un dispositif spécifique à la ville. D'ailleurs, le roman de R. Jauffret ne propose pas de métaphores du territoire. Il ne construit pas une image de Paris, qui reprendrait certains traits intertextuels de la ville. Néanmoins, *Univers, univers* suggère (tout comme il permet d'entrer dans) des images médiales, des images d'un milieu, du sens d'un milieu; des images qui disent le bon usage des sens, les prises auxquelles s'appuyer sur un environnement. Ainsi, le texte de R. Jauffret autorise l'appréhension d'une manière de se territorialiser dans la ville, une pratique de l'espace. La mise en coprésence d'autres soi-même qu'effectue la ville offre à une conscience la possibilité de se couler, en imagination, dans des figures de l'altérité.

En outre, la narration d'*Univers, univers* reprend un motif déjà identifié (Brosseau, 1996) de la littérature urbaine, celle qui fait de la ville un principe d'organisation de différents itinéraires, de trajectoires diverses, appelés à se rencontrer ou non, à faire intrigue ou diversion. Ce motif est toutefois travaillé du point de vue d'une seule conscience, celle de cette femme qui investit des corps, vit leur existence puis les abandonne pour d'autres possibilités (*«Tu sauteras d'une tête à l'autre, tu ne t'attarderas nulle part comme si tu avais la volonté de n'être personne en particulier»* [*ibid.*: 347]; *«Tu t'empâteras et quand tu auras assez déformé ton corps* [...] *tu laisseras tomber cette pénible existence pour celle de Marie Morrin, vingt ans* [...]» [*ibid.*: 327], etc.).

L'espace urbain propose du possible à la narration des transformations d'un personnage. La proximité des individus nombreux qui habitent la ville permet une certaine fluidité du récit. En ce sens, si le texte littéraire produit une forme fluante de l'espace, la structure de l'espace permet, en retour, une organisation fluide du narratif. Mais encore une fois, le dispositif narratif renseigne sur une manière d'être au monde. Il est une sorte de témoignage. Si l'on ne trouve pas une stricte homologie entre auteur, narrateur et personnage, il reste que l'auteur-narrateur mâle est cette femme, dans cet appartement (*«Mais comme elle n'existe pas, c'est moi qui depuis tout à l'heure rôde dans cet appartement, m'assois sur la terrasse, scrute le gigot, attends ce mari que je suis tout autant que les improbables voisins du dessus* [...] *Je suis la ville, le monde, je l'entoure comme une membrane, un amnios»* [*ibid.*: 34]). Ces phrases qui se dévident donnent forme à un triple désir d'auto-création: celui de l'auteur, du narrateur et du personnage. De sorte que la forme narrative de R. Jauffret s'apparente à celle de la subjectivité moderne. Elle constitue une forme qui cherche à restituer de manière «vraie» une dynamique du sujet, laquelle s'inscrit dans une théorie de l'homme et une théorie de la connaissance implicites.

De fait, comme avec les *Carnets*... le schème que le narrateur place dans la tête de son personnage n'est pas si éloigné de celui que l'on a vu travailler la narration de «La fenêtre d'angle de mon cousin» ou «L'homme des foules». Le cousin imaginait des romans autour des personnes et situations qu'il observait sur la place du grand Marché. L'observateur de «L'homme des foules» dégageait des styles de vie à partir des vêtements et des tics de certains individus de la foule londonienne. Et l'un et l'autre recouraient à un vocabulaire qui est celui de l'enquête et de l'hypothèse, et explicitaient ainsi leur travail d'élaboration d'une intelligibilité. Les *Carnets de Malte Laurids Brigge*, nous l'avons déjà évoqué, introduisent une variation dans ce mode de représentation. La suppression des indicateurs de comparaison, l'absence d'énoncés susceptibles de marquer l'hypothétique conduisent à ce que la narration qu'accomplit le jeune homme se pose, de manière immédiate, comme la réalité de cette foule. De même, le dispositif narratif de R. Jauffret joue, à sa manière, de l'immédiateté, pour produire une réalité «écotonale» et trouble.

En effet, le récit est en focalisation 0. Le narrateur sait ce que pense son personnage. Il tend à une vision du dedans. Mais aussitôt, la narration adopte un point de vue externe. *«Elle aime prendre des bains de foule sur les trottoirs ensoleillés, elle a l'impression d'être tout le monde à la fois, une seule vague qui déferle sur les places, les avenues, qui tourne à tous les coins de rue* [...] *Elle est devant un cinéma, elle entre, elle s'assoit dans le hall»* (*ibid.*: 13). Puis une information contextuelle plus générale encore survient, dont le second membre de phrase pourrait être attribué tant au personnage qu'au narrateur: *«Dehors le soleil traîne à l'horizon,* le visage des passants est d'une couleur plus chaude que tout à l'heure» (*ibid.*: 13, je souligne). Un changement rapide de points de vue introduit ainsi une zone d'incertitude où il est grammaticalement difficile de savoir d'où l'on parle. La structure du texte télescope différents niveaux de représentation, des séquences descriptives très brèves sont intégrées aux énoncés narratifs. Il s'agit en l'occurrence d'un procédé qui permet la confusion des individus et des objets, le transport d'une vie à l'autre, les mises en scène d'un sujet dans d'autres hommes des foules.

L'important consiste encore dans ce que les changements rapides de focalisations, la projection de la conscience de la femme dans des existences autres, le motif thématique des autres vies possibles de ce sujet féminin, est, dès la scène d'exposition, assimilé à un mode de pensée qui est propre au personnage. La femme chemine dans la rue. Le narrateur énumère des événements biographiques. Les voix et les temporalités commencent à s'entremêler. Le narrateur fait se chevaucher les séquences temporelles en élidant les seuils. Télescopant des fragments de discours direct hétérogènes et ritualisés, il juxtapose les grandes étapes qui rythment un parcours de vie (le repas du soir, un anniversaire puis un autre, les soixante-cinq ans de l'époux). L'hybridation des phrases du narrateur, l'articulation de différentes temporalités dans ses énoncés, porte le personnage à l'orée du veuvage – et au-delà. Pourtant, la femme marche toujours dans la rue. *«Elle a l'impression d'être tout le monde à la fois». «Elle oublie qu'elle n'est que cinq dizaines et demie de kilos de personne humaine, quelques centimètres cubes de pensée emprisonnée dans la boîte crânienne».* Il s'agit d'un schème étourdissant. Il produit une commotion. Dans la rue, le corps de la femme coudoie d'autres corps. Qui sont autant de vies qu'elle pourrait vivre. Alors, *«quand elle reprend ses esprits, elle s'aperçoit qu'elle a une tache noire sur sa jupe comme si la foule était une machine bien huilée qui crache du cambouis» (ibid.).* La femme est emportée par cette machine à vivre des existences alternatives, à excéder ses *«cinq dizaines et demie de kilos de personne humaine»*, qu'est le rassemblement d'existences énigmatiques dans les artères de la grande ville.

Ce qui doit retenir ici notre attention dans le cadre de la question de recherche de cette thèse est que ce schème, qu'il est possible d'expliciter du point de vue de la forme narrative, fusionne *1)* le travail de l'œil qui cherche un indice; *2)* l'interprétation qui produit une intelligibilité; *3)* l'imagination qui fait comme si, dans une pratique quotidienne. La femme du roman de R. Jauffret marche dans la ville, elle est chez elle dans sa cuisine ou sur sa terrasse, sa conscience passe d'un corps à un autre. Les situations sont banales, ordinaires. Le transport de soi dans d'autres existences, spontané et évident. C'est une manière ordinaire de dépasser les quelques kilos qui sont l'indicateur de la masse de notre inscription terrestre en tant que personne. Et encore une fois, le texte ne propose pas ici des représentations socio-spatiales mais bien une manière de dire la ville qui implique une technique d'habiter le territoire. La ville n'est pas décrite par son «paysage» matériel, mais par l'intermédiaire des possibilités de migration de l'âme offert par le «coudoiement». Le texte révèle ainsi une prise médiale de la grande ville. Dans le même temps, il manifeste une logique subjective de territorialisation de soi dans l'horizontalité.

Ainsi, l'utilité des quatre textes évoqués ici à titre d'exemples est qu'ils permettent d'envisager une manière de pratiquer le territoire. Il ne s'agit pas de dire qu'ils sont une représentation fidèle de la relation que des individus entretiennent à un espace donné, ce d'autant qu'ils proposent des vies de personnages extraordinaires (un artiste, un esthète, une personnalité proche de la schizophrénie, une personnalité multiple). Ils nous renseignent cependant sur les modalités esthétiques disponibles afin d'appropriation spatiale. Ils montrent des façons qui s'offrent à un habitant pour vivre en ville. Ils mobilisent des éléments de l'herméneutique paysagère qui servait de principe à l'aménagement des jardins non géométriques, mais les activent sur d'autres supports. Les éléments du dispositif jardinier qui avaient pour fonction de susciter une idée, un souvenir, un transport sont reportés sur des corps humains, chosifiés sous forme de types[3], parfois exotiques.

Ces quatre textes inscrivent l'herméneutique paysagère et la fantasmagorie des foules dans la longue durée. Ils autorisent aussi la formulation d'une hypothèse heuristique selon laquelle la relation en miroir au paysage qui s'esquisse avec le préromantisme (se retrouver soi-même dans un fragment de la nature esthétisée – *«Un paysage quelconque est un état de l'âme»* écrivait par exemple H. F. Amiel) occasionne une propension à se transférer dans d'autres scénarios existentiels (selon ses états d'âme); une propension à l'«écriture» de romans pratiques. Qui est cet autre? que fait-il? où va-t-il? Il se tient comme ceci, alors il est comme cela. Il est bien habillé, il sent bon, l'étoffe de son costume est souple. J'aimerais avoir sa vie. Rentrer exténué, tard le soir et m'assoire dans la quiétude d'un salon vide, aux lignes sobres.

3 W. Benjamin accorde, dans les divers exposés ou articles qui constituent sa théorie de la ville, une place importante au processus de réification. Cette réification est notamment liée à la fantasmagorie ou au fétichisme de la marchandise. La chosification du sujet sous forme de type relève de cette fantasmagorie. Laquelle est, pour W. Benjamin, une aliénation en ce qu'elle *«dissimule derrière un mirage bienfaisant la détresse des habitants futurs de nos métropoles»* (Benjamin, 1939 [2000]: 54). Ce en quoi le flâneur reste une victime de la fantasmagorie (Lacoste, 2002: 277 note 37).

3. Variations «sensualistes»

> «Stephen continua à marcher seul et sortit dans la paisible Kildare Street en face de l'hôtel Maple, il s'arrêta, patientant de nouveau. Le nom de cet hôtel, un bois incolore et poli, la façade incolore du bâtiment, le blessèrent comme un regard de politesse méprisante. Il répondit par un regard de colère vers le salon doucement éclairé, où il imaginait installées en paix les existences bien lisses des praticiens de l'Irlande.»
>
> James Joyce, *Portrait de l'artiste en jeune homme*, 1915 (2004): 341-342

Faisons l'hypothèse d'un habitant des villes qui se promène avec cet œil naturellement attentif aux détails humains de son environnement, sensible aux différents leviers susceptibles d'alimenter sa production de romans pratiques. Il a une certaine propension à «faire des histoires» à partir de tel élément ou de tel autre. Cette propension est une technique, une manière de faire dans le sens où elle relève d'une image médiale produite collectivement, qui prescrit comment user d'un lieu. Les exemples littéraires que nous avons abordés jusqu'à présent se construisaient autour d'un sujet qui se pensait sous les traits d'un autre soi-même; une autre personne qu'il observe, dont il dégage une existence vraisemblable à partir d'indices et de comportements situés. L'autre soi-même est souvent réifié – il est typique ou exotique; il sert une mise en scène imaginaire de soi. Il reste que cette mise en scène a un caractère aléatoire: ce schème (investir d'autres vies que la sienne) s'active au hasard des rencontres.

Or, la narration de ville mobilise aussi ce schème alors que le héros se promène, flâne ou divague, décrit des fragments d'espace et les entremêle à des idées, des considérations existentielles. Et ce faisant, elle territorialise ce schème en le localisant (idées et considérations sont associées à un fragment d'espace et activées dans un trajet). On observe en l'occurrence une sophistication de l'épistémologie sensualiste. Les impressions, les sensations conduisent à la formation d'idées, mais ces sensations sont socialisées. Elles sont, d'une part, suscitées par l'image médiale déjà évoquée. D'autre part, elles tendent, en s'inscrivant dans la topographie des lieux, à être dotée d'une autonomie vis-à-vis de l'appareil perceptif du sujet, qui les «ressent» avant d'y être confronté.

L'errance d'Armand dans les rues de Paris, au chapitre XXVI (pages 409 à 417 de l'édition utilisée ici) de la deuxième partie des *Beaux quartiers* (1936 [2003]) de L. Aragon (1897-1982), permet d'approfondir cette manière de vivre en ville. Ce qui nous intéresse dans ce passage, c'est la façon dont son espace diégétique retraduit l'image médiale à l'œuvre dans les précédents textes abordés – une pratique inductive de la ville qui repose sur une herméneutique spontanée, une vision profonde qui produit des transferts analogiques, une pratique spatiale qui voit le Moi s'actualiser de manière différente au gré des lieux qui ponctuent un parcours – en l'inscrivant dans une topographie.

Ce chapitre des *Beaux quartiers* vient après qu'Adrien a fui Sérianne pour Paris. Son frère Edmond, qui vit dans la capitale où il fait sa médecine, ne lui propose pas de rester auprès de lui. On le retrouve, à l'orée de la nuit, parcourant les rues dans une situation qui mêle la «maraude» (il cherche un hôtel bon marché) et la promenade curieuse et chineuse (il déambule mollement amer, et se laisse prendre par la ville). Le jeune homme va du quartier des écoles à celui du Croissant. Il est d'humeur *«maussade»*, déçu par un Paris qui ne correspond pas à ses espérances. Son cheminement tient d'abord de la flânerie réminiscente et du parcours d'apprentissage. Il est placé sous le signe de l'homme du sensualisme: les impressions construisent des idées, et les premières comme les secondes sont localisées. La puissance productrice de l'espace se manifeste d'ailleurs dans des formulations qui attribuent un pouvoir de détermination au tissu urbain (*«Il descendait* naturellement *vers la Seine, sans le savoir,* guidé par la pesanteur*»* [*ibid.*: 409, je souligne]; *«La ville avait* pris le dessus *sur les pensées d'Armand»* [*ibid.*: 411, je souligne]). Ce rôle actif de l'espace s'actualise encore dans le recours à des qualificatifs, ou locutions, qui marquent la brutalité de l'irruption des impressions ou des idées chez le jeune homme frotté à la ville (*«il éprouva le sentiment* soudain*»* [*ibid.*: 410, je souligne]; *«l'espèce de stupeur* [...] *céda* tout d'un coup*»* [*ibid.*: 414, je souligne]).

La première partie du chapitre XXVI (pages 409-411) mobilise la capacité mnémonique de l'espace. Le jeune homme, qui marche dans cette ville inconnue, est attentif *«aux plaques des hôtels»* (*ibid.*: 409-410), aux enseignes, aux *«lettres d'or aux balcons des commerces de gros»* (*ibid.*: 411). Les mots qu'elles impriment sur la trame urbaine conduisent Armand à des considérations biographiques. Le *«nom lumineux de Sarah Bernhardt»* (*ibid.*: 410) lui rappelle ses rêves de théâtre alors qu'il était enfant. Mais il le conduit aussi, d'une part, à mesurer sa misère actuelle et, d'autre part, à percevoir qu'il *«y avait quelque chose de changé dans le monde* [...] *Il était sorti de l'adolescence puisqu'il se brimait tout seul»* (*ibid.*: 410).

Ce modèle, itéré, donne une forme au texte: celui-ci obéit en effet à un plan qui procède en trois temps. D'abord un exposé descriptif de l'environnement dans lequel évolue le jeune homme; puis l'explicitation des impressions suscitées par cet environnement (qui se marque dans la narration par un retour sur le sujet indiqué par des syntagmes qui mobilisent le prénom du personnage: *«la hantise des bêtes écorchées accompagna Armand d'étal en étal»* [*ibid.*: 415]); et enfin la formulation du discours que se tient Armand (recourt à des connecteurs qui marque la déduction logique: *«Ainsi, c'était ainsi?»* [*ibid.*: 412]). Il est loisible de repérer dans ce modèle énonciatif, l'usage d'un schème narratif liée à la configuration épistémologique du sensualisme; schème littéraire qui est aussi, souvenons-nous-en, un schème pratique dans le sens où nous l'avons vu opérer dans le jardin non géométrique.

Cette empreinte sensualiste se renforce dans une autre partie du texte (pp. 413-416) où les éléments urbains que rencontre Armand, les impressions qui s'y manifestent, se télescopent et composent un système d'idées qui donne une intelligibilité à ce paysage. L'image d'un homme malmené par la police se fond dans celle *«des quartiers de bœufs pendus aux crocs à perte de vue»*. L'homme *«s'identifi*[e] *à cette viande décapitée»* (*ibid.*: 415). Et cette image composite se propose à Armand comme une clef de lecture de l'espace paysagé, qui est celle de *«l'anéantissement des cas individuels»*. L'idée de brutalité efface alors tout autre. La construction du texte, l'espace diégétique qui est travaillé, mime un mécanisme qui voit les sensations collaborer à la production d'idées dans un parcours urbain.

Cette construction nécessite que les sensations et les idées co-occurrentes soient territorialisées, inscrites dans un lieu, localisées en un endroit. Le théâtre où joue Sarah Bernhardt est le révélateur d'un souvenir. *«Entre le Palais de Justice et la Préfecture»*, Armand a le sentiment d'apercevoir les *«cratères d'une lune, les reliefs astraux d'une vie ancienne»* (*ibid.*: 410). Dans une *«encoignure»* des Halles, témoin d'une violence policière, le jeune homme *réalise* ce qu'est la vie (*ibid.*: 412). *«Sous les hautes voûtes de fer»*, la *«stupeur»* cède *«tout d'un coup»* (*ibid.*: 414). Le fait que les impressions conduisent aux idées implique que le narrateur énonce, dans un premier temps, des éléments fortement contextuels (et donc situés), pour développer ensuite les «états d'âmes» qui y sont rattachés. La forme narrative construit de la sorte une forme spatiale où des affects, des images, des idées sont associés à des lieux. Cette caractéristique l'assimile à l'espace diégétique de «L'homme des foules» d'E. A. Poe. Chez ce dernier, une *«ellipse du tissu conjonctif»* (l'expression est de Certeau, 1980 [2001]: 153) produisait un territoire tramé de lieux d'actualisation d'une certaine forme du Moi, entre lesquels l'*«homme errant»* court comme pour supprimer les transitions. De même, les couples: description-narration, impression-réflexion reproduisent cette structure du flux et du point.

Le chapitre XV (pages 117-123 de l'édition que j'utilise ici) du *Stine* (1890 [2000]) de Th. Fontane (1819-1898) recourt pareillement à cette figure de l'espace diégétique consistant dans le couplage de lieux et de réflexions par l'intermédiaire d'observations ou de sensations. Le comte Waldemar est épris d'une jeune brodeuse, Stine, qu'il projette d'épouser en dépit de leur différence de statut social. Son oncle s'oppose à ce mariage. La jeune fille refuse une union qu'elle considère comme impossible, bien qu'elle avoue aimer Waldemar. Au début du chapitre qui nous retint ici, Waldemar marche dans les rues de Berlin en direction d'une banque où il souhaite *«régler certaines affaires»* (*ibid.*: 117) en prévision de son suicide.

La narration est structurée par la topographie des rues berlinoises, ce qui lui confère un solide effet de réel. Le personnage se dirige vers la *«Porte d'Oranien»* (*ibid.*: 117), il veut aller *«à l'angle des Linden et de la Friedrichstrasse» (ibid.)*, se ravise et prend le chemin de son logement. Il s'engage sur le *«Schiffbauerdamm»* au moment où *«cinq heures sonn*[ent] *à l'église de Dorotheenstadt» (ibid.)*, suivi du carillon des nombreuses horloges qui ornent les façades des deux côtés du canal. Une petite esthétisation du quotidien opère ici dans le récit. Waldemar s'interrompt sur le Pont, *«prend plaisir à observer la vie intense et ordonnée»*. Il focalise son attention sur le *«détail»*, surtout le va-et-vient des *«bateliers»* (*ibid.*: 118). Plus loin, sur le *«chemin du pont Unterbaum»*, il fait une nouvelle halte pour *«contempler les candélabres de bronze qui n'avaient pas encore eu le temps de se patiner»*. La sensation, qui est rendue dans le texte par la description du candélabre qui *«brille au soleil déjà fort bas»*, produit un raisonnement articulé. L'enchaînement impression-idée s'inscrit d'ailleurs dans un syntagme qui en reproduit la forme: *«comme tout cela est beau, fit-il! Ah! oui, il y aura des temps meilleurs, Mais qui les verra? Qui vivra, verra…» (ibid.)*. Le même schéma cognitif est reproduit à l'observation des saules, et plus longuement à l'approche du café-concert *«chez Kroll»* où la sensation (*«il absorbe d'une traite ces richesses, parfum et musique»*) appelle, à nouveau, des considérations générales sur le sens de la vie (*«Il y a longtemps, songea-t-il, que je n'ai plus respiré librement: ‹Majesté, la vie est belle›, parole immortelle d'un marquis optimiste, et qu'un* [petit] *comte pessimiste répète après lui»* [*ibid.*: 118-119]).

«[F]*inalement»*, le comte formule un ultime aphorisme existentiel qui s'élabore dans une certaine sophistication du procédé que nous venons d'évoquer. Waldemar flâne *«entre les ronds-points, il observ*[e] *les dessins que f*[ont] *dans le gazon des stellaires et des verveines rouges artistement disposées»* (*ibid.*: 119). Fatigué, il s'assied, somnole et se surprend *«à tracer des figures dans le sable»* (*ibid.*: 119) qui lui apparaissent bientôt comme le *«symbole involontaire de* [s]*a vie»*, celui d'un inachèvement. L'observation des motifs jardiniers, qui ne semblait pas ouvrir à une conclusion sur le sens de la vie en général, est ici médiatisée par la somno-

lence et le calque de signes sur le sable du square, pour aboutir à la formulation d'une sentence relative au sens de sa vie.

La reproduction mécanique de ce procédé, dans une narration qui opte pour un ton neutre, dans un style proche de ce que d'aucuns ont appelé une *«écriture blanche»*, confère une transparence à l'espace diégétique travaillé par T. Fontane. C'est un parcours sensualiste, scandé de stations qu'il nous propose. Un parcours qui se manifeste dans les adverbes (*«là»*, *«puis»*, *«finalement»*) qui ponctuent la promenade de Waldemar, et les verbes qui en expriment les arrêts et les reprisent (*«il continua»*, *«il fit halte»*, *«il arriva»*, *«tout en flânant»*, *«il demeura assis»*, *«il se mit en demeure de rentrer chez lui»*). L'organisation d'un espace littéraire susceptible de restituer la «vérité» de la manière dont le monde apparaît à la conscience humaine nécessite d'articuler des séquences descriptives avec des moments où la conscience du personnage émerge; elle requiert de mettre en relation la ligne et le point, le flux et l'actualisation – d'associer des espaces et des idées.

*

Il importe de voir que cette empreinte sensualiste de la narration de ville s'inscrit dans une large intertextualité. Elle se manifeste dans le réalisme français, dans la littérature allemande, dans le roman existentialiste… Par exemple, *En ménage* (1881 [2005]) de J. K. Huysmans nous montre André retourner rues Royale et Combacérès pour s'y promener, nez en l'air, à l'affût d'un appartement vide, et se préparer à éprouver certaines de ses anciennes idées, à *«revivre réellement sa vie d'autrefois»* (*ibid.*: 308). Les Situationnistes y recourent, à leur manière, alors qu'ils proposent leur théorie de la dérive urbaine et qu'ils énonceront leur programme de cartographie psychogéographique: les fragments de l'espace urbain influent sur la production des idées par l'intermédiaire de ses *«unités d'atmosphère»*. Elle est un procédé qui travaille L'*Enfance berlinoise* (1933 [2000]) de W. Benjamin, où des souvenirs s'articulent à l'évocation de fragments du Berlin dans lequel a grandi l'auteur: *«Tiergarten»*, *«Panorama impérial»*, *«La colonne de la Victoire»*, *«A l'angle de la rue Steglitz et de la rue de Genthin»*… Par exemple, la presque homophonie d'un nom de rue (Steglitz contre St*ie*glitz [le chardonnet]) provoque, dans la jeunesse du narrateur, la production d'une idée-image qui fait de l'appartement de sa tante une petite *«cage* […] *emplie* […] [de] *gazouillement*[s]*»* (*ibid.*: 30). Enfin, L. Aragon, dans *Le paysan de Paris* (1926 [2003]: 137-230), inscrit *«le sentiment de la nature»* dans un lieu qu'il fréquentait en compagnie d'André Breton et Marcel Noll, les Buttes-Chaumont – dans le *«charme ressenti d'un parc citadin»* (*ibid.*: 185), investit, *«pendant une demi-heure»*, comme *«la Mésopotamie»* (*ibid.*: 165), associant espace, régime perceptif et sphère de l'esprit.

De fait, les textes de E. T. A. Hoffmann, E. A. Poe, R. M. Rilke, R. Jauffret, L. Aragon et T. Fontane sont d'époques différentes. Ils s'inscrivent dans des écoles, des genres, une histoire littéraire distinctes. Pourtant, ils mobilisent des modalités de construction de l'espace diégétique assimilable, dans le sens où ils proposent une image médiale analogue. Cette image prescrit une manière de pratiquer le territoire qui active une technique, celle qui consiste à construire des romans pratiques en cherchant des histoires possibles, susceptibles de rendre compte, de manière vraisemblable, d'un détail de la physionomie d'un autre soi-même. Elle permet ainsi de vivre d'autres existences, par projection. Mais elle mobilise aussi une conception de l'homme, de la manière dont le monde se révèle à lui. Les sensations, les impressions conduisent aux idées. Les moments de subjectivation sont contextualisés; des descriptions du paysage urbain, suscitent l'explicitation d'un état de conscience du personnage. Cette contextualisation des moments de subjectivation collabore à l'association d'un état d'âme et d'un lieu. Cette image médiale opèrera donc encore dans le cadre de ce que j'appellerai, après d'autres, un «voyage imaginaire», à savoir l'impression d'évoluer, alors qu'on pratique un lieu donné, dans un ailleurs spatio-temporel sans vraiment se déplacer.

4. Le voyage imaginaire

> «Rempli du désir d'atteindre enfin le lieu où ce que j'avais oublié me reviendrait à l'esprit, je ne pouvais côtoyer la moindre rue sans m'y engager et tourner au coin aussitôt après.»
>
> Siegfried Kracauer, «Souvenir d'une rue de Paris», *Rues de Berlin et d'ailleurs*, 1964 (1995): 14.

> «Et c'est dans l'ombre fraîche encore de la petite rue que je partais donc pour le Collège en suivant le même itinéraire toujours. Avec, chaque fois, non moins rituellement, des stations.»
>
> Georges Haldas, *La Légende de Genève*, 1999: 102.

Le voyage imaginaire nécessite le couplage d'un lieu et d'un imaginaire. Il fonctionne sur une forme insulaire de l'espace, le Moi y développant certains traits de manière circonstancielle. Il active des sas qui conduisent à une mise en scène progressive. Il repose sur une technique spatiale qui est celle d'un œil herméneutique, un œil qui cherche les détails susceptibles d'alimenter les romans du poète à l'état pratique. Les détails qui peuvent servir d'embrayeur vers un ailleurs outre-paysager. C'est du moins ce que je vais tenter de montrer en analysant un extrait de texte d'une œuvre de J. K. Huysmans (1848-1907).

Le chapitre XI (163-174 de la version à laquelle je recours) de *A rebours* (1884 [1995]) autorise en effet une première approche du voyage imaginaire. Au sortir d'une brève maladie, le «héros» du roman, des Esseintes, fait préparer *«ses malles pour un long voyage»* (*ibid.*: 163). Il *«consult*[e] *les heures des paquebots»*, observe le ciel qui est à la pluie *«depuis une semaine déjà»*, dans le même temps que le vieux domestique lui porte ses *«vêtements* [...], *un complet jadis commandé à Londres» (ibid.)*. Peu après, des Esseintes est dans le train pour Paris. Nul ne connaît la date de son retour. Pas plus que le lecteur ne sait, au terme de ces deux premières pages, qu'elle est la destination de des Esseintes. Néanmoins, le début de ce chapitre XI donne une série d'indices quant à la destination possible du personnage. D'abord, l'auteur insiste sur le contexte météorologique de la décision de des Esseintes. Peu avant qu'il n'ordonne de préparer ses malles, on le surprend en train de regarder le ciel, les doigts tambourinant sur la vitre. Il pleut depuis une semaine. La campagne est *«indécise»*, *«vue telle qu'au travers d'un aquarium d'eau trouble»* (*ibid.*: 164). Sa décision arrêtée, le protagoniste se fait préparer un complet *«commandé à Londres»*. Durant le trajet, l'eau *«cingl*[e]*»* le convoi ferroviaire. Des éléments contextuels préparent la révélation de la destination qui n'est explicitée qu'en page 166.

De même, que le lecteur est conduit, à travers une série d'indices, à la révélation de la destination de des Esseintes, le personnage passe par une série de *sas* qui le «prépare» à son voyage. D'abord, il y a la lecture de C. Dickens – évoquée dans une rêverie rétrospective, alors que des Esseintes se trouve dans le train qui le mène à Paris – qui a suscité la décision en *«déterminant des visions de l'existence anglaise qu'il* [des Esseintes] *ruminait pendant des heures; peu à peu, dans ces contemplations fictives, s'insinuèrent des idées de réalité précise, de voyage accompli, de rêves vérifiés»* (*ibid.*: 165). Ensuite, le ciel d'une Angleterre industrielle acclimate, depuis sept jours, cette décision. Enfin, des Esseintes se «travestit» pour entrer dans son rôle: il lui faut son costume anglais. Le personnage accomplit de la sorte des actes insignifiants en eux-mêmes, qui facilitent la prise de décision et la projection de soi dans un ailleurs géographique.

L'intéressant ici est que ce processus conduit, en seconde partie de chapitre (pp. 167-174), à la production d'un espace diégétique constitué de «portes». D'abord, le fait que tout déplacement physique s'effectue par l'intermédiaire d'un moyen de transport permet d'éluder les transitions physiques, pour leur substituer des continuités imaginaires. Durant ses déplacements, des Esseintes imagine une Angleterre à partir de l'entremêlement de ses lectures et de certains éléments paysagers:

> Au bruit monotone des sacs de poix secoués sur sa tête par l'ondée dégoulinant sur les malles et sur le couvercle de la voiture, des Esseintes rêvait son voyage; c'était déjà un acompte de l'Angleterre qu'il prenait à Paris par cet affreux temps; un Londres pluvieux, colossal, immense puant la fonte échauffée et la suie, fumant sans relâche dans la brume se déroulait maintenant devant ses yeux [...] Des Esseintes frissonnait délicieusement à se sentir confondu dans ce terrible monde de négociants, dans cet isolant brouillard, dans cette incessante activité [...] (*ibid.*: 166).

Ensuite, entre la gare de Sceaux, où le dépose le train de Fontenay (*ibid.*: 166) et la gare Saint-Lazare où il doit prendre le train de Dieppe, des Esseintes transite par une suite de lieux qui, comme les descriptions de paysages pluvieux, doivent le préparer à Londres. Du *«boulevard de l'Enfer»*, il se fait premièrement conduire au *Galignani's Messenger*, à la *«rue de Rivoli»* (*ibid.*: 167), pour y acquérir un guide. Les *«albums et les livres»* des *«deux grandes vitrines»* de la librairie sont décrits avec sophistication. Un plaisir de l'œil (abondance des adjectifs de couleur) mène la narration vers une considération sur la vulgarité de la culture matérielle française et renforce la *«touche antiparisienne» (ibid.)* de l'établissement. A l'intérieur, des Esseintes commence son déplacement imaginaire. Des *«étrangères assises» «baragouin*[ent], *en des langues inconnues, des remarques»* (*ibid.*: 168).

Le cocher le dépose encore à l'angle des rues de Rivoli et Castiglione, à la *«Bodéga»* (*ibid.*: 168). La description de cette taverne mobilise des éléments d'exotisation: *«corbeilles de biscuits Palmers»*, *«assiettes»* emplies de *«mince-pie»*, alignement de porto aux *«laudatives épithètes»* (*«old port, light delicate, cock-burn's very fine* [...]*»*). Des Esseintes passe commande à un *«gentleman»*. Autour de lui, *«des Anglais foisonn*[ent]*»* (*ibid.*: 169). Les indicateurs d'altérité géographique sont multipliés dans la construction de cet espace diégétique qui conduit des Esseintes à un transfert *«positif»* (c'est-à-dire objectif) des personnages de C. Dickens, qui *«s'install*[ent] *dans la Bodéga»* (*ibid.*: 170). Impressions, capital culturel du personnage, imagination s'entremêlent pour produire un *«Londres fictif»* dans lequel des Esseintes *«s'acagnard*[e]*»*, *«heureux d'être à l'abri, écoutant naviguer sur la Tamise les remorqueurs qui poussaient de sinistres hurlements, derrières les Tuileries, près du Pont»* (*ibid.*: 170), cette dernière phrase entremêlant les espaces référentiels (Tamise-Londres contre Tuileries-Paris) pour renforcer le sentiment d'interpénétration du «réel» et de «l'imaginaire».

Enfin, des Esseintes se fait porter à la rue d'Amsterdam (à proximité de la gare de Saint-Lazare) à la Taverne[4], où il se propose de se restaurer avant de prendre le train de huit heures cinquante. Il s'installe dans l'un des *«boxes»* de la Taverne, dans un décor où *«d'abondantes pompes à bière se dress*[ent] *sur un comptoir»* (*ibid.*: 171). Un décor saturé de marqueurs de britannicité plonge à nouveau le personnage de J. K. Huysmans dans une rêverie profonde et factuelle. L'heure du départ approche. Des Esseintes recule le moment de se lever, et décide finalement de ne pas partir. Il est *«saturé de vie anglaise depuis* [s]*on départ»*, si bien *«qu'il faudrait être fou pour aller perdre, par un maladroit déplacement, d'impérissables sensations»* (*ibid.*: 174).

Ainsi, le personnage passe par trois sas (*Gagliani's Messenger*, Bodéga, Taverne) qui le conduisent à la mise en scène d'un soi autre, qui l'amènent à l'activation d'un autre régime perceptif, le dépaysent, et l'envoient, sans réel déplacement, dans un ailleurs géographique. Or, la production de l'espace diégétique de J. K. Huysmans s'articule sur une trame physique, des Esseintes se rapproche de plus en plus de la gare de départ; simultanément les lieux qu'il pratique sont de plus en plus saturés d'indications qui insinuent l'Angleterre. Dans son itinéraire, des Esseintes passe par des stations qui symbolisent toujours un peu plus sa destination, le but auquel il tend. De même, que le parcours qui conduit Armand du quartier des écoles (*op. cit.*: 409) au *«cœur nocturne de la ville* [...] *où le sang se transforme en une encre grasse»* (*op. cit.*: 415) en passant par le sas du quartier des Halles (*op. cit.*: 411), révèlent un gradient positif qui consiste en ce que des impressions, toujours localisées, se cumule pour affiner l'idée de l'homme dépossédé et agi.

De fait, ce chapitre XI récapitule les différentes tendances que nous avions évoquées précédemment. Le héros bénéficie d'un regard esthétique d'une extraordinaire finesse. Il contemple les objets, et les anime en y projetant sa pensée. Idéel et matériel s'entrelacent de telle sorte qu'il est vain d'en faire des oppositions. C'est ainsi que des Esseintes «écrit» des romans pratiques. Son parcours associe des régimes perceptifs et des imaginaires à des lieux dans un transfert analogique. Il joue du «coudoiement» autorisé par les foules anonymes de la grande ville pour migrer dans une existence alternative. C'est ainsi qu'il s'arrime à son «milieu». A titre de récapitulatif évoquons un fragment de la page 171, alors que des Esseintes sort de la Bodéga:

> [...] il paya, s'arracha de sa chaise, et gagna, tout étourdi, la porte. Il reçut un soufflet mouillé dès qu'il mit les pieds dehors; inondés par la pluie et par les rafales, les réverbères

4 L'Austin's Hotel dans l'espace référentiel, selon l'identification qu'en fait P. Locmant, dans son édition du «Paris» de J. K. Huysmans (2005: 67).

agitaient leurs petits éventails de flamme, sans éclairer; encore descendu de plusieurs crans, le ciel s'était abaissé jusqu'au ventre des maisons. Des Esseintes considéra les arcades de la rue de Rivoli, noyées dans l'ombre et submergées par l'eau, et il lui sembla qu'il se tenait dans le morne tunnel creusé sous la Tamise; des tiraillements d'estomac le rappelèrent à la réalité [...] (*ibid.*: 171).

Alors qu'il pousse la porte de la Bodéga, le personnage de J. K. Huysmans est saisi par une sensation d'humidité *(«un soufflet mouillé»)*, l'impression d'une scène évanescente *(«petits éventails de flamme, sans éclairer»)*, l'opacité d'un rêve *(«le ciel s'était abaissé jusqu'au ventre des maisons»)*. Son regard se porte sur la configuration de la rue de Rivoli. Des éléments contextuels des arcades suscitent l'analogie (*«l'ombre»*; *«l'eau»*), le rapprochement inductif d'un lieu et d'un autre, et collaborent au dessin d'un espace fictif *(«morne tunnel creusé sous la Tamise»)*. Si des chaussures de satin blanc racontaient, au cousin et au narrateur de la nouvelle de E. T. A. Hoffmann, la vie d'un ballet, si une physionomie idiosyncrasique laissait supposer, à l'observateur d'E. A. Poe, un monde interlope, la mise en évidence des éléments d'un environnement «physique» susceptible de s'inscrire dans une intrigue qui déplace n'est pas, de fait, une «pratique» littéraire d'une grande originalité. Elle nous dit néanmoins quelque chose à propos du transfert de ce schème esthétique. Ce qui se cristallise de manière aléatoire, au hasard d'une rencontre d'un type d'hommes des foules, s'effectue de la même manière en présence d'un élément du décor urbain. Il gagne ainsi en systématicité, et permet une reproduction de l'expérience: la localisation assure stabilité et persistance.

L'espace diégétique du voyage imaginaire repose ainsi sur un «regard» banal qui décèle les éléments paysagers susceptibles d'occasionner un transfert analogique, c'est-à-dire les points qui rapprochent un lieu et un autre. Ce faisant, il inscrit un imaginaire dans un fragment d'espace donné. Le voyage imaginaire mobilise la fonction réminiscente de l'espace (pour reprendre une expression de Brosseau [1996]) souvent mobilisée par M. Proust dans sa *Recherche*. Mais elle recourt également à un autre schème littéraire, celui de la ville comme organisation du souvenir. Car l'espace urbain fait parfois plus qu'appeler une sensation ou une image passée: il en construit le développement. Dans le *A rebours* de J. K. Huysmans, cette construction d'un souvenir imaginaire se manifeste dans la structure polytopique de production du roman pratique que rédige le personnage. Des Esseintes passe par plusieurs lieux qui intensifient, et donnent graduellement plus de chair, à son Angleterre fictive (les marqueurs d'exotisme sont de plus en plus nombreux alors que l'on passe du *Gagliani's Messenger* à la Taverne).

Cette capacité à structurer une réminiscence connaît néanmoins des formes variées. G. Apollinaire (1880-1918) y recourt dans son *Flâneur des deux rives* (1918) dans un systématisme qui rend le procédé transparent. Apollinaire énumère les lieux: *«Souvenir d'Auteuil»*, *«La librairie de M. Lehec»*, *«1, rue Bourbon-le-Château»*, *«Les Noëls de la rue de Buci»*... qui sont des points de départ à des flâneries littéraires. L'espace diégétique de ces «parcours» nostalgiques se construit autour d'une mémoire inscrite dans la matérialité du bâti (*«Dans cette vieille maison, deux femmes furent assassinées le 23 décembre 1850.»* [*ibid.*: 40]). L'évocation du lieu, ou de la pratique qui lui était associée, stimule la narration d'anecdotes passées. L'espace urbain linéarise, architecture, les souvenirs. Le «Souvenir d'Auteuil» débute, par exemple, sur l'évocation de la rue Raynouard où Apollinaire s'installait en 1907. Elle rappelait alors le *«temps de Balzac»*; *«*[e]*lle est bien laide maintenant»* (*ibid.*: 5). Puis le flâneur est dans la rue Berton, qui, elle, n'a pas changé: on peut y songer à Honoré, qui l'empruntait *«pour échapper à quelque importun»* (*ibid.*: 6). Le narrateur s'arrête dans cette rue. Il recompose les annonces d'affiches partiellement arrachées. Il lit les *«graffites patibulaires»* (*ibid.*: 8) qu'on y a laissé, à la fin du XIXe siècle. Cette rue est un condensé d'histoires (la grande comme la petite de Balzac se dérobant dans les rues et celle d'un éternel graffiti: *«Lili d'Auteuil aime Totor du Point du Jour»* [*ibid.*: 7]). Plus loin, une borne marque l'ancienne limite des *«seigneuries de Passy et d'Auteuil»* (*ibid.*: 9). Le temps et la narration s'y alentissent (7 pages sur 15). *«Mais il y a bien d'autres choses charmantes et curieuses à Auteuil»* (*ibid.*: 11). Une petite place avec un hôtel dont le *«nom évoque l'Empire»* (*ibid.*: 12). Rue de la Fontaine, une cour étrange *«encombrée de statue»* et de cerceaux de crinoline. Plus loin, se trouve le logement de Pierre Mac Orlan... Le narrateur chemine dans un quartier, des lieux condensent une mémoire dans des îles d'intensification. Ainsi, le souvenir d'Auteuil s'articule sur des espaces forts, marqués des traces que Balzac, Mac Orlan, R. Canudo y ont laissées. Apollinaire flâne dans un espace qui mêle réalité et imaginaire rétrospectif. Il accomplit une promenade dans l'histoire qui n'est pas très éloignée de celle que l'homme du XVIIIe siècle accomplissait dans le jardin des sensations, car son souvenir s'élabore au gré d'un parcours symbolique et sémiotique. Apollinaire va, lentement. Il lit des signes, des *«graffites»* curieuses. Il revit un passé fantasmé autour de scènes que la disposition des rues articule.

De même, cette fonction structurante de l'espace urbain intervient dans la production de l'espace diégétique du célébrissime *Ce qu'on voit dans le rues de Paris* (1867) de V. Fournel (1829-1894). L'auteur projette de produire un *«document historique»* (*ibid.*: VI) à propos d'un *«moment intermédiaire»* de la vie de

Paris, celui qui voit la ville passer de *«l'ancien»* au *«nouveau»* (*ibid.*: VII). A partir de l'embrayeur constitué par la vision d'un attroupement duquel monte une voix prodigieuse, l'auteur saisi et organise une ville qui est en train de s'effacer. Il procède par dérivation, un souvenir en appelant un autre (*«Cette histoire rappelle à mon souvenir une autre jeune femme…»* [*ibid.*: 12]), un peu comme les plaisirs de l'imagination conduisaient involontairement J.-J. Rousseau hors de son île Saint-Pierre (*supra*: Chapitre 5, note 20). A défaut de dérivation, un lieu vient réinitialiser le processus.

*

En somme, l'articulation de l'espace diégétique et de l'espace référentiel permet d'expliciter une composante de l'image médiale liée à la relation paysagère de la forme narrative que nous n'avions pas nommée jusqu'à présent. Cette composante est ce que j'appellerai l'*enkystement.* Celui-ci consiste dans l'association *durable* de sensations, d'impressions, d'images, de souvenirs, de comportements («réels» ou non) à un lieu donné. Association qui autorise la *reproduction* des expériences au cours d'une nouvelle pratique du lieu. Des Esseintes passe par le *Gagliani's Messenger*, la Bodéga, la Taverne, et ces lieux, de plus en plus saturés des codes de l'altérité, lui permettent de réveiller et construire progressivement une Angleterre feinte qui s'intrique au réel. Un fragment d'espace suscite un souvenir chez le flâneur apollinien, qui s'élabore progressivement autour d'éléments périphériques. Mais la mémoire reste attachée au lieu. De même, V. Fournel, à la vision d'une foule compacte animée comme un seul corps par une voix qui s'élève de son centre, revit ce qu'il nomme un *«vieux Paris expirant»* (*op. cit.*: VII).

Cette composante de l'image médiale est d'autant plus importante que l'enkystement produit – pour reprendre le terme proposé par un romancier contemporain – des *«egosystème*[s]*»* (Pagès, 2001: 131), à savoir des fragments d'espace où s'interpénètrent géographies fictive et référentielle. Lieux d'entrelacements d'événements biographiques, de souvenirs recomposés, d'imaginaires. Ces lieux impliquent des sensations, mobilisent une propension à extrapoler, à partir d'indices, des histoires possibles qui permettent de se projeter dans une autre vie. Ainsi, le personnage du *Théoriste* (Pagès, *op. cit.*) contemple le chantier des Halles à Paris. Une situation psycho-géographique s'élabore où *«tout se mélangeait dans* [s]*a tête, à tel point que ce gouffre, renouvelant à volonté les épisodes d'une même épopée en Scope, était devenu l'épicentre de* [s]*es rêvasseries passagères.»* (*ibid.*: 131). De même, Ettore, le héros de *La Paga del sabato* (1969 [1991]) de B. Fenoglio (1922-1963), observe les travaux sur la place de Trente et Trieste, et les odeurs de la terre qu'on retourne lui rappellent des souvenirs de Toussaint, dans le même temps qu'il prend la mesure de son délaissement, sinon de sa déréliction, dans une Italie qui se reconstruit sans lui (*ibid.*: 13-14). Cet enkystement, ces egosystèmes rappellent la fonction réminiscente des éléments jardiniers, sans que je cherche pour autant à produire une causalité, mais bien plutôt une configuration. Le sujet, doté d'une technique qui peut, dans sa prescriptivité, relever des didascalies du Moulin-Joli de Cl.-H. Watelet (cf. Chapitre 5), se déplace dans la ville. Ici et là, des sensations conduisent à la production progressive d'idées.

L'idée de progressivité se renforce dès lors que l'on considère que l'espace architecture cette idéation, dans un processus diégétique. Apollinaire accomplit une flânerie littéraire qui découpe un itinéraire dans le quartier d'Auteuil; l'enchaînement des rues construit la narration de cette flânerie, la manière qu'ont les souvenirs de s'appeler dans une dérivation ou un «écho» du lieu. Armand passe par différents postes avant de s'assurer de son idée, laquelle est formulée soudainement alors qu'il passe *«sous les hautes voûtes de fer»* (*op. cit.*: 414). Des Esseintes accomplit des stations qui, de manière graduelle, lui révèlent une Angleterre toujours-déjà présente à qui sait voir.

Il est nécessaire de bien comprendre que le couplage d'un lieu et d'un ensemble idéel résulte d'un travail diégétique. Notamment parce que le narrateur doit décrire un fragment d'espace pour expliciter les conditions qui suscitent le flux de conscience. Ainsi s'élabore un binôme espace-idée sur lequel fonctionne la dynamique d'enkystement et les formes de l'egosystème. Mais on se situe dans une intertextualité et une intersubjectivité. Le procédé littéraire en question est inspiré des outils esthétiques d'une histoire littéraire; elle puise notamment dans les procédés liés au sensualisme. C'est pourquoi on peut dégager des similitudes avec le jardin non géométrique, sans parler pour autant de causalité.

Il demeure que l'espace diégétique suscite une manière de se promener en ville. Nous avons déjà considéré la manière dont Adrien et Waldemar, tous deux malheureux, s'y déplacent à pied, et la façon dont leurs parcours sont générateurs d'idées. Il s'agit à présent de thématiser brièvement des trajets de ville au quotidien – et leur capacité à générer des décloisonnements spatiaux.

5. Manières de se promener

«Toute la mer dans le passage de l'Opéra. Les cannes se balançaient doucement comme des varechs.»

Louis Aragon, *Le paysan de Paris*, 1926 (2003): 31.

Se projeter dans d'autres corps interprétés comme des types. Composer, à partir d'indices, des romans pratiques. Activer, de manière différentielle, des facultés du Moi en des lieux précis de la trame urbaine. Aller là-bas, pour y être différemment qu'ici. Elider les transitions. Sauter les médiations, pour produire un monde écotonal, rencontre de l'intérieur et de l'extérieur, fait d'une vision immédiate. Ces schèmes esthétiques se diffusent de telle sorte qu'ils deviennent des *topoï*, des points de passage obligés de la narration de ville, du récit de parcours de la personne qui s'y meut. *Topoï* utilisés de manière si répandue, qu'ils prêtent à rire.

En 1880, G. de Maupassant (1850-1893) publie une courte nouvelle, *Les dimanches d'un bourgeois de Paris*, où il ironise ces procédés littéraires, et leur réception dans la bourgeoisie d'alors (notre classe moyenne). Précisément, le thème de cette nouvelle est le besoin et la faculté d'imitation d'un homme sans qualités. Elle est ainsi, non seulement un matériau d'enquête, mais aussi un indicateur de la vulgarisation de pratiques littéraires.

Un soir dans la rue, Patissot, *«52 ans, célibataire, employé»*, garçon sans histoire est pris d'un étourdissement. Craignant une attaque prochaine, le personnage de G. de Maupassant s'en va consulter un médecin qui *«moyennant cent sous»* (*ibid.*: 12), lui prescrit le traitement roboratif suivant: *«Lotions d'eau froide, nourriture modérée, beaucoup d'exercice» (ibid.)*. Après un mois de stupéfaction, Patissot entreprend *«de découvrir* [...] *quel exercice favorable pourrait bien le mettre à l'abri» (ibid.)*. Il s'essaie à la *«boxe»*, à la *«canne»*, à l'*«escrime»* avec le succès que l'on peut supposer. Puis il a *«alors* [...] *une illumination»*, *«visiter à pied, chaque dimanche, les environs de Paris et même certaines parties de la capitale qu'il ne connaî*[t] *pas»* (*ibid.*: 13). Cet exercice a l'avantage de correspondre à l'ordonnance médicale, tout en donnant une forme nouvelle à ses anciennes habitudes dominicales: *«lire des romans d'aventures»*, partir, *«quelquefois, aux grandes fêtes»* (*ibid.*: 11), *«par un train de plaisir à destination de Dieppe ou du Havre, afin d'élever son âme au spectacle imposant de la mer»* (*ibid.*: 16).

Si d'un point de vue structural les *Dimanches d'un bourgeois de Paris* renseignent peu sur les invariances ou les transformations de l'image médiale qui nous intéresse ici, son ton sarcastique informe néanmoins quant à sa diffusion ou dégradation (au sens neutre du terme). Elle confirme, de façon indirecte, le transfert des manières de se promener dans le jardin non géométrique, à l'espace urbain. Dans la narration des pratiques de Patissot, G. de Maupassant caricature des procédés qui ne sont, en somme, pas étrangers à ceux auxquels recourt J. K. Huysmans quatre ans plus tard (et que nous venons d'envisager). Car si les *Dimanches...* sont une nouvelle qui traite du désir d'imitation, ses deux premières parties (pages 7-25 de l'édition dont je dispose) sont la mise en récit d'une exotisation du proche, et travaillent un registre analogue à celui du voyage imaginaire.

Patissot se propose d'explorer *«toute cette partie de la France qui s'étend entre les fortifications et la province»* (*ibid.*: 7). Il anticipe son escapade, la prépare longtemps à l'avance. Il acquiert un matériel qui est celui requis pour une excursion alpine. Il se met en condition, travaille sa mise en scène, car faire de l'exercice, c'est aussi s'exercer à entrer dans un autre rôle social. Puis le jour arrive. Patissot est alors un monde en marche. Le narrateur a souvent glosé, en introduction, alors qu'il évoquait le parcours professionnel du personnage, son *«besoin d'imitation»*, sa *«faculté simiesque d'imitation»* (*ibid.*: 9), l'exigence qui est la sienne d'*«une nouvelle manifestation de sa personnalité»* (*ibid.*: 10). Ces traits personnels trouvent ici l'occurrence d'une nouvelle traduction. Patissot *«pr*[end] *un pas* [...] *bien rythmé (celui des chasseurs, pensait-il)»* (*ibid.*: 17). Patissot *«gagn*[e] *la Seine pour prendre l'*Hirondelle[5] *qui le déposer*[a] *à Saint-Cloud et, au milieu de l'ahurissement des passants, il sui*[t] *la rue de la Chaussée-d'Antin, le boulevard, la rue Royale, se comparant mentalement au Juif errant» (ibid.).* Patissot attend l'Hirondelle. *«Elle pren*[d] *en son esprit des allures de paquebot, comme s'il allait partir pour un long voyage, passer les mers, voir des peuples nouveaux et des choses inconnues»*. L'embarcation arrive. Patissot se *«pla*[ce], *tout à l'avant, debout, les jambes écartées à la façon des matelots, pour faire croire qu'il avait beaucoup navigué»* (*ibid.*: 18). Patissot *«prend»*, insiste le narrateur pour inscrire les formes de la métamorphose dans sa narration. Métamorphose qui nécessite des actes qui s'inscrivent dans une logique qui est celle des rites d'agrégation: des petits actes qui amortissent les grands sauts

Le personnage gagne les marges de la ville pour y faire de l'exercice et y satisfaire un désir d'imitation protéiforme. D'abord, celui d'une sensibilité normative paysagère (*«*[U]*n grand désir de campagne lui était* venu tout à coup*»* [*ibid.*: 16, je souligne]; *«Des insectes de toutes couleurs, de toutes les formes trapus* [...] *faisaient péniblement des ascensions de brins d'herbe qui ployaient sous leurs poids. Et Patissot admira sincèrement la création»* [*ibid.*: 19]). Ensuite, celui de pratiques aventureuses (le héros est successivement un chasseur, un aventurier, un matelot, le juif errant).

5 Une hirondelle est un bateau à vapeur utilisé pour le transport des voyageurs.

Ce dernier désir demeure toutefois inassouvi. Patissot se retrouve humilié, à terre alors qu'il traque une grenouille ou abusé par une bourgeoise, alors qu'il se propose comme guide à un couple perdu (tout comme lui). Néanmoins, *«pendant toute la semaine»* suivante, il raconte son aventure, *«dépein*[t] *poétiquement les lieux qu'il avait traversés, s'indignant de rencontrer si peu d'enthousiasme autour de lui»* (*ibid.*: 25).

S'il n'y a aucune raison de douter de la sincérité intrinsèque des transports de Patissot, il importe de voir qu'ils sont le produit d'une ordonnance. En somme, Patissot est un visiteur évadé de la machine infernale de Moulin-Joli qui se promène à présent en ville, ou dans les futurs territoires de sa *«reptation»*[6], parcourant *«en touriste, toute cette partie de la France qui s'étend entre les fortifications et la province»* (*ibid.*: 7), dans une pratique qui commence à se répandre, et qui consiste à exotiser le proche dans ses pratiques quotidiennes. *«Alors il eut une illumination. C'était de visiter à pied, chaque dimanche, les environs de Paris et même certaines parties de la capitale qu'il ne connaissait pas»* (*ibid.*: 12-13).

G. de Maupassant ironise ainsi le parcours d'un «bourgeois» (en fait un employé de ministère). Patissot entre dans un processus d'«altérisation» des lieux quotidiens, d'esthétisation du banal qui relève d'une prescription sociale (la dimension sociétale s'incarne ici dans la figure du médecin qui ordonne de l'exercice), et le conduit à se mettre en scène dans des registres radicalement différents. Dans la narration qu'en fait G. de Maupassant, cette pratique paraît ordinaire, bien que non systématique chez son personnage. Cette narration fournit donc de l'information relative au fonctionnement des systèmes territoriaux. J'utiliserai un dernier exemple littéraire de cette technique spatiale qui travaille sur cette même matrice, mais dans une perspective moins sarcastique, d'autant qu'elle se revendique d'un certain réalisme, et est empreinte de quelques-unes des conceptions du nouveau roman.

La nouvelle «La fièvre» (1965 [1991]: 9-59) de J.-M. G. Le Clézio (1940-) est en effet la narration d'un égarement qui s'inscrit dans une structure caractéristique de la répétitivité: le cadre nomique du mariage, une grille horaire, une ritualisation de la vie quotidienne. Roch est marié à Elisabeth depuis trois ans. Il ne garde pas longtemps ses emplois. Successivement employé postal, des Chemins de Fer, chez un libraire ou dans une banque, il travaille actuellement, tous les après-midi et en soirée, au bureau d'information de l'agence «Transtourisme». Les matins, il va prendre un bain de mer. Un jour, au retour de la plage, il commence progressivement à ressentir les symptômes d'une fièvre.

6 *«La ville en reptation»* est une expression empruntée à François Walter (1994: 203).

Roch est chez lui. Il a mangé. Il s'est allongé sur le lit de la chambre pour lire le journal. Les premiers symptômes de la fièvre se sont manifestés lors de cette lecture. Roch ne parvenait pas à achever ses articles; le monde se répercutait dans la chambre, dans un effet de résonance: (*«ça faisait qu'il relisait constamment la même phrase* [...]. *Les nouvelles venaient des antipodes, avaient sauté les barrages des océans et des montagnes, pour lui, pour lui seul. Et il n'était même pas capable de les accueillir* [...] *On passait des océans, des plaines, des villages tassés au fond des vallées, on survolait des cratères, des réseaux de chemins de fer* [...], *et on arrivait sur les lieux de l'histoire»* [*ibid.*: 14]). Une première porosité entre le personnage et l'extériorité commençait ainsi se manifester. Et puis, Roch a pris un comprimé d'aspirine, et il est parti pour l'agence.

Si cette nouvelle est dotée d'un intérêt géographique dans le cadre de la question qui est la mienne, c'est, qu'elle se propose de traiter des *«millions de sensations»* qui *«tous les jours»* imprègnent les corps de tout un chacun, et qu'elle situe en ville cette *«expérience familière»*. *A fortiori*, elle exploite, comme révélateur, le parcours de Roch, alors qu'il est censé se rendre au travail. La section qui va particulièrement retenir notre attention est la troisième (pages 20 à 35) grande partie de la nouvelle de J.-M. G. Le Clézio.

Roch est à présent dans la rue. Il marche. Le champ lexical (*«brûlures, suée»* [*ibid.*: 20]; *«trempé de sueur»* [*ibid.*]) qui domine est celui de la chaleur, de la lourdeur atmosphérique. Les prodromes de la maladie du personnage se manifestent dans la touffeur de cette journée, dans le corps moite du sujet – marquant une persistance de la porosité initiée au moment de la lecture du journal (*«Des brumes se mirent à passer devant ses yeux»* [*ibid.*: 23]; *«les maisons se gondolèrent lentement»* [*ibid.*]; *«les gens marchaient à travers un écran liquide, tordus, ondulatoires»* [*ibid.*]).

Le soleil écrase, au sens littéral, la ville. L'enfonce sous terre (*«On pouvait même essayer descendre sous terre, de s'enfouir* [...] *Mais ça n'empêcherait pas le ciel d'être à sa place dans le ciel»* [*ibid.*: 26]). Il amplifie, en écho, la sensation de fièvre. Le monde duplique la fièvre de Roch et il est simultanément à l'assaut de son corps (*«il ne fallait pas qu'il lâche»* [*ibid.*: 24]). Le vocabulaire accentue la sensation d'une poix qui colle au corps et à la ville (*«son ombre tassée à ses pieds»* [*ibid.*: 20]; *«plaques de goudron qui poissaient»* [*ibid.*]).

Progressivement, le rapprochement perceptif de Roch et de l'environnement se renforce dans un procédé narratif qui ressemble à celui que Malte Laurids Brigge mobilisait. Les comparaisons initiées se développent, et s'achèvent dans une *réalisation des métaphores*:

> Le paysage de la ville était toujours brûlant; mais à présent, *c'était comme* s'il jaillissait des étincelles électriques de toutes parts. De grosses étincelles violacées qui brillaient aux

angles des murs, sur les rebords du trottoir, près des réverbères, et sur les troncs d'arbres. [...] Et *maintenant, tout était devenu* braise et cendre, *on marchait sur un grand tapis de feu* (*ibid.*: 21, je souligne).

«C'était *comme*». Dans la résonance du sujet et de l'environnement, des impressions construisent une image analogique qui devient factuelle: «[e]*t maintenant, tout était devenu braise*». Cette littéralisation de la comparaison approfondit et épaissit l'espace paysager. L'approfondissement est suscité par une série de glissements. Ainsi, le narrateur reprend immédiatement ce procédé de comparaison-réalisation. «Et on aurait dit *que les objets fondaient sous ce regard éblouissant* [le soleil qui luit], *qu'ils se liquéfiaient peu à peu*» (*ibid.*: 21-22, je souligne). «C'était cela, *on était en train de se transformer petit à petit en nébuleuse*» (*ibid.*: 22, je souligne). «C'était cela, *la maladie quotidienne*». «C'était cela *qui rendait chaque touffe d'herbe et chaque morceau d'animal si inquiétant*» (*ibid.*: 22, je souligne). Après l'hypothèse («*on aurait dit*»), la littéralisation («*c'était cela*»).

L'espace diégétique mobilise un regard en quête du «*moindre détail*» (*ibid.*: 22), ce regard esthétique et herméneutique que le cousin et l'observateur de l'homme des foules activaient dans leur expérience urbaine. Tout comme Malte Laurids Brigge, le personnage de la nouvelle de J.-M. G. Le Clézio apprend à voir. Son regard se dévoile, ce qui lui donne une supériorité sur ses congénères («*Les gens, là-bas, qui passaient ne s'en doutaient pas, eux*» [*ibid.*: 24]). Roch est, lui aussi, doté d'une vision immédiate qui lui fait apercevoir le devenir de chacun: «*les gens se promenaient tranquillement dans ces rues, au soleil; ils déambulaient dans leurs peaux de vieillards, ils portaient haut leurs têtes de mort, balançaient mollement leurs tibias et leurs cubitus*» (*ibid.*: 24). Aussi est-ce un homme des foules funèbre qui habite la ville de Roch.

Cette vision immédiate qui produit un monde là aussi «écotonal» anime le paysage urbain d'une intentionnalité. Comme Paris prend «*le dessus sur les pensées d'Armand*» (*op. cit.*: 411), comme le personnage de L. Aragon «*descen*[d] *naturellement vers la Seine, sans le savoir, guidé par la pesanteur*» (*ibid.*: 409), la «ville» possède le corps de Roch. Hagard, hébété de fièvre – c'est-à-dire saturé des «*sensations*» qui «*tous les jours*» sont «*emmagasinées*» par nos «*peaux, nos yeux, nos oreilles, nos nez, nos langues*» (*ibid.*: 8) – Roch s'engage «*presque sans s'en rendre compte* [...] *dans un boulevard largement ouvert*» (*ibid.*: 31). De même, on ne sait si des fragments du paysage urbain aimantent le regard de Roch, ou si, au contraire, l'affinement de son regard le conduit à la fascination («*Roche les contempla un moment, debout à l'entrée de la tonnelle* [...] *Roch sentit un dégoût inexprimable entrer en lui; et pourtant, il n'arrivait pas à détacher son regard des deux silhouettes collées l'une à l'autre»* [*ibid.*: 28]). Roch est «piloté» par une structure de ville qui est simultanément un écho de son état fiévreux.

Au fur que le personnage approche de son lieu de travail, à mesure qu'il parcourt cette ville qui l'enlise de pesanteur (cf. les références à la sueur, la moiteur, l'engluement) la frontière entre Roch et le monde semble s'amincir. Les syntagmes narratifs entrelacent, de manière de plus en plus complexe, points de vue interne et externe, discours du narrateur et flux de conscience du personnage (*«Quand il eut fini de regarder le soleil et de penser à toutes ces histoires extravagantes…»* [*ibid.*: 27]). Ce brouillage suscite notamment l'impression d'une omnipotence; l'esprit du personnage semble investir les mille recoins des existences urbaines. Dans cette confusion des régimes discursifs, Roch paraît par exemple se glisser dans une vie de mouche (*«Là, et un peu partout ailleurs, des mouches volaient au ras du sol, se posaient sur les pieds nus dans des sandales, sur les bras* […] *Elle ne volerait plus sur les crânes chauves, elle ne marcherait plus sur les pieds suintants, elle ne chercherait plus les taches de café au lait sucré»* [*ibid.*: 30]).

C'est ainsi que l'espace urbain s'anime des milliards de vies minuscules que l'on occulte normalement. L'espace du récit fonctionne sur des principes que nous commençons à connaître. Vison dévoilée. Traque du détail. Jeu de la supposition qui perd son enracinement dans les faits, et qui se réalise, alors que le texte élide les indicateurs narratologiques de la comparaison ou de l'hypothèse. Il manque toutefois un dernier schème esthétique pour que le parcours de Roch récapitule l'ensemble de ceux qui ont été évoqués jusqu'ici: le voyage imaginaire. Celui-ci va être activé lors de la dernière étape de l'itinéraire du personnage. Roch est à présent devant la vitrine de l'agence «Transtourisme». Il observe ses collègues; les affiches promotionnelles. Il déplore une fois encore l'inconscience de ses congénères:

> Les gens vivaient là, ramassés sur eux-mêmes, pris par les rumeurs et les froissements, sans penser à rien. Ils oubliaient les détails. Ils ne voyaient pas la poussière ou les mouches, ils ne s'occupaient pas des légers troubles qui venaient doucement du plus profond, leur rappeler qui ils étaient (*ibid.*: 33).

Puis le regard qui le conduisait auparavant à voir une foule squelettique, un parterre de cendres, considère à présent les fragments d'espaces lointains des images publicitaires:

> Au fond des vitrines, des affiches colorées avaient été épinglées les unes à côté des autres, dans le genre de ‹visitez le Portugal›, ‹l'Espagne ardente et mystique›, ‹Mexique terre des Dieux›, ‹la jeune Scandinavie›, etc. […] Roch, à demi caché derrière son platane, observa longtemps le magasin. Il regarda les affiches les unes après les autres, les merveilleux petits paysages de mer ou de montagne dans lesquels on pouvait entrer à volonté pour oublier le monde. Il circula comme ça à travers une plage blanche bordée d'une mer bleue,

et où une jolie fille blonde, corps bronzé et bikini, faisait toujours le même geste du bras, comme pour dire au revoir à quelqu'un qu'on ne voyait pas. Puis il tourna autour d'un château médiéval, perché en haut d'une colline de sapins noirs; de la brume blanche encerclait le burg sinistre, et les cimes neigeuses étaient immobiles à l'horizon, une muraille rose et grise. Sur le ciel, des lettres noires étaient suspendues: Werfen (Salzburg), Österreich. Ailleurs, c'était un village minuscule, enfoncé dans une crique, qui séchait au soleil; Roch marcha sur un sentier, le long d'une côte en dents de scie. Il s'étendit sur un tapis d'aiguilles de pin, et il regarda les profils des rochers qui sortaient tout noirs de l'eau violette. Ça pouvait se passer en Grèce, en Turquie, ou bien en Yougoslavie.

Roch pénétra ainsi à l'intérieur de tous les dessins. Il se promena le long des rivages, il escalada les marches d'escaliers dans des villages ruisselants de lumière, à Capri ou en Sardaigne. Il descendit les routes des cols, il longea les chemins creux à Guernesay, il roula en jeep à travers des déserts, en Libye. A Constantinople, il regarda le Bosphore, et à Ténériffe, le volcan. Puis quand il eut assez de tout ça, des Chaussées des Géants et des Temples du Soleil, il entra dans les maquettes des bateaux et des avions, au bord de la vitrine. Il termina son excursion par le Boeing miniature, dans l'entrée. (*ibid.*: 32)

Roch est face au tableau constitué par la devanture de l'agence. Il contemple une série de lieux (Portugal, Espagne, Mexique…), qui, derrière la vitre, trament cette représentation. Le tableau s'anime alors que le personnage prend au pied de la lettre les messages publicitaires. Il investit l'espace d'une *«plage blanche»*. Il survole un nid d'aigle des Alpes autrichiennes. Ces *«vignettes»* dans lesquelles il est possible d'*«entrer à volonté pour oublier le monde»* fonctionnent dans une mise en abyme du voyage imaginaire. Non seulement la vitrine de l'agence conduit Roch dans un ailleurs géographique, mais les images sont, elles-mêmes, en résonance. Elles font penser à. *«Ça pouvait se passer en Grèce, en Turquie, ou bien en Yougoslavie.»* Le personnage passe d'un lieu à l'autre, d'une image à l'autre, et dans cette image, la dérivation du lieu se poursuit de manière endogène par l'intermédiaire d'un *«transfert analogique»* (Lahire, 1998); c'est ainsi que le dispositif littéraire de J.-M. G. Le Clézio multiplie les possibilités offertes par la forme narrative de la polytopie.

Enfin, le personnage s'empare d'un caillou, l'envoie dans la vitre, qui vole en éclats, et s'enfuit en courant, d'une manière qui l'assure d'être aperçu et renvoyé. Il rentre alors chez lui, toujours fiévreux. Fin du passage qui nous intéresse.

Ce texte de J.-M. G. Le Clézio a d'abord une fonction d'explicitation. Il est la tentative de rendre compte de la manière dont le monde nous apparaîtrait dès lors que les stimuli auxquels nous sommes quotidiennement soumis seraient réfléchis, amenés à la conscience. Il nous décrit, d'un point de vue réaliste, ce qui se passerait dans un monde où ces moments n'auraient pas été régulés, c'est-à-dire incorporés sous forme de normes socialisées à un corps biologique.

Mais ce texte est encore d'intérêt parce qu'il a une fonction de révélateur géographique. Il fournit de l'information à propos d'une structure spatiale, celle de la ville moderne ou contemporaine. Chaque jour, ses habitants sont soumis à des *«millions de sensations dont pas une n'est oubliée»* (Le Clézio, *op. cit.*: 8). Les carrosseries rutilent. Des corps s'embrassent, se mêlent près des fontaines. On se presse sur les trottoirs. Les commerces proposent leurs listes d'objets, leurs menus, qui se répercutent d'une rue à l'autre. Des mots traversent nos champs de visions. Des messages publicitaires alternent au-dessus des immeubles, contre les murs, sur les vitrines. Et ces éléments, dont aucun n'est ignoré, composent des territorialités, servent de prise pour habiter un milieu. Les objets sont animés. L'habitant les implique dans des romans pratiques, des mises en «vacances» de soi. Roch pénètre les petites icônes de la vitrine paysagère de l'agence «Transtourisme». Il va d'un lieu à un autre en faisant des histoires. Il revient dans l'*in situ* au terme d'un voyage cohérent.

Tout cela relève d'un espace diégétique. Mais tout cela participe d'une structure géographique qui implique l'actualisation d'une idée par l'intemédiaire de stations où elle s'intensifie et s'affine. Devant la devanture, Roch passe par le *«Portugal»*, *«l'Espagne»*, le *«Mexique»*, la *«Scandinavie»*, une *«plage»*, *«Salzbourg»*, un «ailleurs» qui pourrait être la *«Grèce»*, la *«Turquie»*, *et caetera, et caetera*. Enfin, il termine *«son excursion par le Boeing miniature, dans l'entrée»*, puis prend la décision de briser cette vitre. Dans la ville, Roch transite par *«une rue bordée de marronniers»* (*ibid.*: 20), puis le *«centre ville»* (*ibid.*: 23), puis *«un grand carrefour dont le centre* [est] *occupé par une place» (ibid.)*, puis il s'assied sur un banc sur cette place, puis il traverse la rue en direction d'un jardin, *et cætera, et cætera.* Chacun des nœuds de cet itinéraire marque une escalade dans le malaise du personnage, en même temps qu'ils organisent un dénouement: le caillou dans la vitrine de l'agence. Et, entre ces nœuds du dénouement, le personnage «s'absente» parfois, alors qu'il s'engage *«presque sans s'en rendre compte* [...] *dans un boulevard largement ouvert»* (*ibid.*: 31).

*

Ces deux textes apportent des éléments de saturation de l'image médiale sur laquelle nous travaillons dans ce chapitre. Le premier, par le ton qui est le sien (une satire), laisse supposer un processus de diffusion, dégradation, profanation en cours de réalisation. L'intertextualité du champ littéraire a fait du schème du Beau paysage, de la mise en scène d'un soi autre dans des pratiques de voyage imaginaire qui exotisent le proche, un lieu commun du discours esthétique, dans le sens où des écritures diverses s'y rencontrent. G. de Maupassant, en se moquant, révèle un tic qui indique une forte imprégnation. L'intersubjectivité du champ social a imposé l'usage de ce même schème, et les pratiques d'esthétisation corrélatives, comme distinctives, dans le sens où elle repose sur l'imitation de l'artiste ou de l'avant-garde touristique. La manière dont G. de Maupassant traque les ridicules de Patissot, constitué comme archétype du bourgeois, renseigne par conséquent d'une certaine empreinte sociale de cette image médiale. C'est en ce sens qu'on y lit une manière pratique de se promener.

Avec J.-M. G. Le Clézio, nous trouvons un ultime indicateur de la formulation d'un art de pratiquer la ville au quotidien. Cette nouvelle expose le moment précis où les millions de sensations auxquelles nous sommes journellement exposés (et que nous avons appris à ignorer) se matérialisent (sous forme de fièvre) en une image du monde. Elle utilise plusieurs des procédés littéraires envisagés jusqu'à présent. Œil à la recherche d'un détail signifiant. Réalisation des métaphores. Conscience qui se glisse dans d'autres vies. Invention de romans pratiques. Exotisation du proche, alors que le personnage se trouve à la devanture de l'agence.

Ces procédés ne sont sans doute pas uniques. Ils ont une histoire, et un devenir. La scène de l'agence rappelle celle très connue de la vitrine du passage de l'Opéra dans *Le paysan de Paris* de L. Aragon (*op. cit.*: 30-33). On y retrouve un peu du jeune auteur transporté, par la lumière verdâtre qui anime soudainement la *«devanture du marchand de cannes»* (*ibid.*: 30), vers le Cotentin de son enfance *(ibid.)*; fasciné par cette phosphorescence qui est celles des poissons, qui se transmet finalement à l'ensemble du passage, alors que les cannes ondulent, doucement, dans la vitrine.

De même que l'«altérisation» du déjà-connu, dans la nouvelle de G. de Maupassant, laisse deviner le développement de certaines des formes contemporaines du tourisme urbain. Celles qui s'articulent sur un plaisir du minuscule et de l'authentique; celles qui consistent à partir à la découverte des «riens» du quotidien, comme s'ils constituaient l'ultime frontière d'une étrangeté radicale, ou la réserve d'un monde que nous avons perdu. C'est ainsi qu'il est loisible de poser un gué, certes risqué, entre l'entrée en ville de l'art de la promenade de K. G. Schelle et l'évasion en ville part un art de «se balader», tel qu'il est prescrit par un autre traité, du XXIe siècle celui-là: *Le temps d'une flânerie: impressions d'un aventurier du proche*, de Pierre Corajoud (2003). Ce court ouvrage préconise lui aussi une manière d'introduire une philosophie (serait-elle très consensuelle) dans le quotidien, et tout aussi certainement une technique de vivre en ville. *«La stratégie que j'emploie pour concevoir mes parcours s'articule autour de deux pôles ambivalents; l'évitement et l'émerveillement. En effet, il me faut déployer constamment mille astuces et détours pour contourner le pire et arriver à relier agréablement deux lieux propices à la rêverie»* (Corajoud, 2003: 70).

6. Un usage des mondes urbains

«Ne pas trouver son chemin dans une ville, ça ne signifie pas grand-chose. Mais s'égarer dans une ville comme on s'égare dans une forêt demande toute une éducation»

Walter Benjamin, *Sens unique*, 1933 (2000): 13.

Au travers de ces textes que j'ai tenté de faire dialoguer, ce sont des schèmes esthétiques, des procédés de construction de l'espace diégétique, constitutif d'images médiales qui se dessinent, qui impliquent des manières de pratiquer le territoire. Un indicateur de la production d'une telle image médiale est la courte nouvelle de G. de Maupassant. Patissot, génie de l'imitation, conformiste et consommateur de prescriptions sociales, se promène de manière congruente à la structure construite dans le champ littéraire. Il dégrade (dans le langage de Rougemont, 1938 [1997]) des modèles esthétiques. S'il n'accomplit pas la réception distanciée que R. Hoggart (1957 [1998]) distinguait dans les consommations culturelles du pauvre (puisque Patissot est un employé d'administration), il demeure que, d'une certaine manière, il tente de braconner son quotidien. Patissot a des désirs imités. Il mène la vie d'un gratte-papier anonyme de ministère. Il lit des romans d'aventures. Le week-end, il pratique ces romans, quelque part dans cette zone de la France qui est en jachère, entre la ville et la campagne, dans un entre-deux, un interstice dira plus tard M. de Certeau (1980). Or, le fait que l'ironie de G. de Maupassant circule à deux étages de textualité (ceux de son propre usage distancié des schèmes esthétiques et la narration narquoise de l'histoire) informe quant à une certaine diffusion sociale.

Si ces textes dessinent aussi des manières de pratiquer le territoire, c'est que l'image médiale qui les travaille propose effectivement un usage des mondes urbains. Elle repose en effet sur une technique, celle d'une saisie inductive de l'environnement. Le regard de l'habitant est mis en arrêt par un élément de la physionomie des foules, une singularité du cadre physique. Des hypothèses sont alors élaborées et testées qui produisent des scénarios de vie et autorisent la réalisation de petits ou grands romans pratiques. De même, les accrocs de l'environnement matériel offrent la possibilité d'une «prise». Ils sont l'objet d'hypothèses plus implicites. Des rapprochements spontanés se produisent qui sont ceux permis par la souplesse heuristique de l'analogie. Une pluie persistante, un éclairage qui a l'évanescence d'un gaz, et des Esseintes se retrouve à Londres, sous la Tamise.

Cet usage des mondes urbains est une construction diégétique. C'est en ce sens qu'elle s'inscrit comme variation sensualiste. Le sensualisme consistait, pour faire simple, dans la proposition selon laquelle les idées naissent des sens, ou plus particulièrement de la transformation des sensations dans la conscience humaine. L'hybridation du descriptif et du narratif, l'insertion de longues séquences relevant de la description aux énoncés narratifs (corrélativement à une aspiration à plus de réalisme, mais aussi dans une volonté de mise en situation des personnages), conduit à une retraduction de ce dispositif épistémologique et anthropologique. Le «héros» est situé, inscrit dans un contexte explicite. Quand un moment de subjectivation survient, un moment où le personnage (en même temps que le lecteur) prend conscience d'une singularité, il est toujours localisé. C'est par cet intermédiaire que l'association d'un espace et d'un réseau d'idées et d'actions se trouve renforcée.

L'intéressant est qu'idées et actions s'*enracinent* dans l'espace en question. L'espace est actif. Il a la capacité de susciter ou révéler les «qualités» d'un personnage. Simultanément, il a la faculté d'archiver ces «qualités». On peut parier que des Esseintes sait ce qu'il va trouver à la Taverne, au terme de son parcours (une Angleterre fictive). De même qu'Adrien sera en mesure de reproduire sa philosophie existentielle et personnelle en transitant par les différentes stations qui le conduisent à la formulation d'une clef de lecture de l'espace urbain qu'il parcourt.

La technique d'usage des mondes urbains que nous propose l'image médiale considérée repose donc sur un enkystement producteur d'egosystème, c'est-à-dire de lieux investis d'une mémoire individuelle et collective où le Moi personnel et social se révèle à lui-même. Ces espaces enkystés, ou ces egosystèmes, offrent potentiellement, comme c'est le cas chez les personnages considérés, l'occasion d'un «tournant» biographique. Des Esseintes, plus blasé que jamais retourne à Fontenay convaincu de l'inanité du désir qui se réalise. Roch brise la vitre qui le sépare du monde, et éprouve cette minute exquise où le sujet sait excéder son propre corps (pour reprendre une formule dont j'ai oublié l'auteur).

Ainsi, dans cette lecture dialogique de textes littéraires hétérogènes, apparaît une ville structurée de telle sorte qu'elle permet une activation différentielle des potentialités du Moi dans un réseau d'îles d'intensification perceptive. Ces îles sont ainsi des lieux où les techniques du vivre en ville évoquées précédemment se déploient d'une manière renforcée et/ou systématique. Cette structure, qui dessine un espace dans l'espace, est *réticulaire-insulaire*. Le personnage se déplace, et par endroits, il survient un événement, une idée, par lequel il se révèle, ou se re-souvient, ou se ressaisit. Cette forme de la ville est parfois latente, dans le sens où elle est recouverte d'une autre image, mieux identifiée, qui peut, par exemple, être celle de la ville labyrinthique (Kelley, 1996); de la confrontation du nombre et de l'individualité (Sherpe, 1992: 76); de la ville comme métaphore d'un pouvoir omnipotent et invisible (*ibid.*: 74); métaphore du capital (Kelley, *ibid.*); lieu du mystère et de la misère (Sherpe, *ibid.*)... Or, c'est parce que cette ville est à l'état latent dans la structuration de l'espace diégétique que l'on peut parler de niveau structural.

Certes, K. R. Sherpe dégage, dans sa classification de la *«ville relatée»* (*ibid.*: 75, ma traduction), trois matrices pour la période qui nous intéresse; *«trois niveaux historiques dans le processus de transformation»* (*ibid.*, ma traduction) des récits de ville de la modernité à la postmodernité. Dans un premier temps, qui culmine avec l'expressionnisme allemand, la ville narrée est subordonnée à l'aspiration à une *«perception ‹immédiate› ou ‹immaculée›»* (*ibid.*, ma traduction). Puis, dans le cadre d'une esthétique fonctionnaliste répandue dans les années 1920, c'est la *«deuxième nature»* de la ville que la narration urbaine privilégie. Enfin, après-guerre, l'impact des nouveaux modes de communication dessine une narration de ville marquée au sceau de la *«traductibilité plurivocale»* (*ibid.*, ma traduction[7]), soit une altération du temps et de l'espace.

Ces niveaux apparaissent comme des paradigmes présidant, à un moment donné, à la production d'un espace diégétique. Ils relèvent, eux aussi, du structurel. Ainsi, parmi les textes que j'ai mobilisés, *Les Carnets de Malte Laurids Brigge* s'inscriraient plutôt dans la première rubrique. La dérive d'Armand dans *Les beaux quartiers* de L. Aragon relèverait de la seconde, puisque K. R. Sherpe prend comme critère d'identification de ce type, *«le caractère pathétique de la perception d'un moi seul dans la ville, confronté à sa structure et son système sémiotique»* (*ibid.*: 77). Enfin, les textes de J. M. G. Le Clézio ou R. Jauffret se poserait comme des exemples de la troisième rubrique au sens où ils sont caractéristiques de discontinuités spatiales, dans un glissement du fonctionnalisme au fictionnalisme (translation de *«la forme suit la fonction»* à *«la forme suit la fiction»* [*ibid.*: 83]).

7 L'expression d'origine est: *«multimedial translatability»* (Sherpe, *ibid.*).

Or, si les textes utilisés dans ce chapitre sont susceptibles d'être classés dans des groupes différents, selon le paradigme qui a prévalu à leur production, l'important est que l'image médiale, dotée d'une relative stabilité, que j'ai cherché à expliciter paraît circuler à un étage différent du texte. De fait, tout texte littéraire véhicule un savoir géographique à des profondeurs différentes. Au premier niveau, opèrent des représentations socio-spatiales ou des schèmes esthétiques dont l'espérance de vie pourrait être relativement plus courte que celle des niveaux suivants. La ville est thématisée tantôt comme espace de déréliction, lieu de perdition, terrain d'une révélation.

Sous ce niveau labile, des paradigmes de narration de villes sont mis en œuvre, comme le montre R. K. Sherpe. Le fait que cet auteur en isole trois pour la période qui va de 1880 à 1990 environ incline à une temporalité plus lente. Enfin, au dernier étage du texte, c'est une image médiale qui circule, mobilisant une longue durée, comme le montre J. Van Waerbeke (1993, 1996) à propos de l'imaginaire des banlieues. C'est là sans doute ce qui permet d'établir des homologies entre la forme polytopique de la relation paysagère du mode narratif et les narrations considérées dans ce chapitre.

Cette image médiale se coule dans la théorie de la ville que W. Benjamin formulait, de manière inachevée et éparse, à l'entour de 1930, dans son projet: *Paris, capitale du XIXe siècle* (1927-1934 [2000]). On peut y repérer des analogies avec les digressions relatives au roman policier qu'accomplit l'auteur. Tant le dialogue de «La fenêtre d'angle» que la filature de «L'homme des foules» activent ce schème de l'espionnage et du détective qui conduit à une *lecture* de la physionomie.

On y retrouve encore des traits de la figure du flâneur, cet *«espion du capitalisme* [...] *dans le monde du consommateur»*, cet *«observateur du marché»* (*ibid.*: 445), dont la *«fantasmagorie»* consiste à *«déchiffrer sur les visages la profession, l'origine, le caractère»* (*ibid.*: 447), *«travaillé par l'ivresse de l'identification»* (*ibid.*: 466). Malte Laurids Brigge s'identifie immédiatement aux visages qu'il observe, aux vies dont il a l'intuition à partir de quelques traces. La narration de R. Jauffret se glisse d'un corps à l'autre en leur supposant des vies stéréotypiques radicalisées: la bourgeoise, l'homme violent, la jeune femme, la notable, l'aristocrate victime consanguine...

On y repère enfin un attribut moins souvent évoqué de sa figure du flâneur, celui du *«colportage de l'espace»* (*ibid.*: 436). Le colportage consiste à *«percevoir simultanément tout ce qui est arrivé potentiellement dans* [un] *seul espace. L'espace lance des clins d'œil au flâneur: de quels événements ai-je bien pu être le théâtre?»* (*ibid.*: 437). C'est par cet intermédiaire que *«dans la flânerie, les lointains – qu'il s'agisse de pays ou d'époques – font irruption dans le paysage et l'instant présents»* (*ibid.*: 438). Le colportage de l'espace dispose d'alliés dans la théorie de W. Benjamin: le panorama, le passage, l'intérieur. Ici, ces alliés sont des corps et des éléments du paysage urbain. Les arcades de la rue de Rivoli, leur évanescence dans un soir humide, plonge des Esseintes *«dans le morne tunnel creusé sous la Tamise»* (*op. cit.*: 171). En ce dimanche de mai, les bruits d'un petit vapeur, sur l'eau de la Seine, conduisent Patissot, jambes écartées à l'avant de l'embarcation, vers des contrées exotiques. Dans la fièvre d'une journée caniculaire, Roch observe la devanture de son lieu de travail. Les vignettes publicitaires qui vantent l'agrément de lieux touristifiés rentrent dans un processus de dérivation et d'écho par lequel elles se diffractent, et évoquent toujours d'autres lieux. De fait, en arrière-fond, l'allié principal de ces voyages imaginaires est l'accroissement des mobilités touristiques, et la multiplication des récits (livres, photographies, reportage, etc.) de voyage qui les accompagnent. Les mobilités touristiques nourrissent en effet un regard analogique, une capacité à repérer les indices qui peuvent «faire (contre)sens».

De fait, si le projet inachevé de W. Benjamin est un texte théorique sur la grande ville du XIXe siècle, il est aussi un document. On sait que la figure de flâneur est construite autour de Ch. Baudelaire. On sait également que Ch. Baudelaire a été graduellement constitué par W. Benjamin, comme un «double». Le philosophe s'est retrouvé dans le poète. On peut donc supposer, à titre heuristique, que dans ses considérations théoriques, un témoignage s'offre au chercheur, en ce qu'elles sont aussi une autoanalyse des pratiques de ville de l'auteur. Il est loisible de penser que, alors qu'il travaille, par entropathie, à comprendre ce qui s'élabore autour de la marche lente et rêveusement attentive du flâneur, W. Benjamin emprunte les voies de l'introspection[8]. En ce sens, ses écrits théoriques constituent un matériau de validation de l'image médiale qui s'est dessinée au travers des quelques textes évoqués ici. La pratique passée au tamis d'une réflexivité critique correspond à celle qui s'est profilée chez les auteurs envisagés précédemment.

Mais ce dont sont encore porteurs ces quelques textes, c'est de notre modernité géographique. Leurs procédés sont à tel point «vulgarisés» qu'ils irriguent les images et stratégies publicitaires. Ils sont au travail dans les parcs à thèmes, dont la forme spatiale se rapproche de celle du jardin non géométrique, celle de *«cantons»* qui cristallise des univers donnés. Le visiteur circule d'un monde à

8 Même si W. Benjamin ne cesse d'invoquer la rigueur de l'analyse philologique (tout en tronquant certains passages des citations qu'il mobilise). Cf. Lacoste, 2002: 14 et 260 note 6.

l'autre, se projette un instant dans l'abîme d'une chute vertigineuse, mouillé des gouttelettes d'une eau niagaréenne avant d'habiter le paysage d'une île paradisiaque. De même, certaines villes suisses proposent des visites virtuelles de leur centre historique. Le touriste s'y déplace équipé de l'appareillage requis; et sur le décor urbain, se projettent des images tridimensionnelles de vies passées. Il flâne parmi des corps lointains, dont il peut pressentir l'épaisseur charnelle et existentielle. Enfin, le territoire touristique du *Lake Geneva*[9] se vend comme le résumé d'un monde dans une région, mobilisant l'image médiale urbaine d'une polytopie paysagère qui permettrait d'appréhender tous les lieux en un seul. Comme la devanture de l'agence «Transtourisme» sommait des lieux, qui eux-mêmes en citaient d'autres, dans une logique d'écho et de dérivations. Le slogan mobilise, par ailleurs, les modalités, qui sont liées à cette image médiale, du voyage imaginaire, puisqu'il s'agit, tout en parcourant la diversité du pays de Vaud, de faire comme si l'on était ailleurs encore, en usant d'un *«transfert analogique»* (Lahire, *op. cit.*) ou d'un colportage d'espace.

Les procédés de ces textes littéraires structurent encore des lieux construits autour de la capacité analogique d'une architecture iconique, c'est-à-dire un art de construire qui use de la citation qui décale. Las Vegas, par exemple, est la ville synecdotique par excellence. La ville qui résume «toutes» les villes, tous les lieux. Paris, *Treasure's island*, Antiquité égyptienne, médiévalisme incertain (la matière de Bretagne dans un Château de Bavière) dans un art du trompe l'œil (Venturi, 1972), qui est en fait un art intuitif (parce que métabolisé) du regard inductif. Un regard qui détecte ce qui permet de faire comme si, de conjecturer d'autres existences, d'autres mondes, sans se déplacer, par l'intermédiaire d'embrayeur localisés. Un espace codifié et chargé d'une mémoire «virtuelle» mixte de Je et de Nous, de personnel et de collectif, qui autorise une mise en scène alternative de soi. Il se peut que le voyage imaginaire proposé soit grossier, caricatural. Mais ces épithètes ne nous apprennent rien de la logique qui prévaut à la production de ces espaces. Une logique qui s'articule à l'image médiale que j'ai tenté d'expliciter depuis le début de ce chapitre. L'intéressant ici est que certains (Bégout, 2002) n'hésitent pas à faire de Las Vegas un modèle à partir duquel penser notre future urbanité. Montrant par là le potentiel à faire territoire d'une image médiale:

> Las Vegas devient [...] un instrument extrêmement utile de compréhension, car elle a fait de la désorientation un patron d'organisation spatiale et urbaine. Dans cette mer de béton uniforme, elle a laissé s'épanouir des architectures thématiques et iconographiques qui

9 *Lake Geneva Region*, c'est-à-dire le Pays de Vaud, recourait en 2001 au slogan publicitaire suivant: *«Tout un monde dans une région»*.

créent des enclaves d'identification, des points de repère spatiaux, mais aussi temporels, mémoriels. Aussi n'est-il pas étonnant de voir également croître ces bâtiments allégoriques dans les espaces suburbains où toute distinction géographique traditionnelle s'estompe (Bégout, *ibid.*: 106-107).

Enfin, ces procédés circulent en arrière-fond de certains films contemporains – qui d'un point de vue allégorique sont susceptibles d'enrichir notre géographie. Par exemple, *Le fabuleux destin d'Amélie Poulain* de J.-P. Jeunet (2001) mobilise simultanément l'écriture de romans pratiques autour de figures du quotidien, l'exotisation du proche et le voyage imaginaire. Une jeune femme, seule à Paris, passe ses journées à observer les personnes qui l'entourent. Elle s'introduit dans leur vie. Le recours au schème iconographique du chromo collabore à l'altérisation d'un paysage parisien convenu, et par ailleurs touristifié à l'excès (Montmartre). Le voyage imaginaire s'immisce dans le film par l'intermédiaire de polaroïds qui, envoyé au père d'Amélie, montrent le nain mystérieusement volé dans son jardin devant des monuments du tourisme mondial (*skyline* new-yorkaise, etc.).

Le *Matrix* des frères Wachowski (1999) propose quant à lui une conception du monde où chacun vivrait immédiatement les mille vies possibles des romans à l'état pratique. Un monde virtuel dont le contre-champ «réel» pourrait être atteint en certain lieu du territoire seulement, puisque les combattants de la Matrice, ne peuvent rejoindre leur espace de résistance, le monde référentiel, qu'à condition de trouver un appareil téléphonique qui les reconnecte à cet au-delà de la fiction: la vraie vie. Leur proposition est aussi celle d'une ville-monde commandée par un principe analogico-transférentiel récurrent où il est nécessaire d'apprendre à voir pour pratiquer le territoire et y trouver des prises médiales. Des prises qui permettent cette fois de se débrancher d'un environnement numérique pour s'abouter au monde véridique.

*

Ces quelques textes sont porteurs de notre modernité géographique. Ils proposent notamment des usages des mondes urbains. Mais mon pari est celui d'identifier les tours qu'ils suggèrent, en tant que matrice productrice d'un vivre en ville, dans des paroles d'habitants sans compétences littéraires spécifiques, des poètes à l'état pratique. Dans la mesure où ces textes travaillent la même image médiale, dans la mesure où ils prescrivent une technique de vivre en ville, un usage des mondes urbains, dans la mesure encore où les *Dimanches d'un bourgeois de Paris* laisse présager une diffusion/dégradation large de ce dispositif diégétique, dans la mesure enfin ou des «recoupements» permettent de saturer l'image qu'ils proposent, ce pari ne semble pas excessivement téméraire. Reste à démontrer son potentiel géographique, sa capacité à faire territoire.

Conclusion du livre 2

Une herméneutique du lieu et du sujet? Les romans pratiques d'un homme des foules

Ce livre 2 a surtout travaillé avec de textes littéraires de genre narratif, c'est-à-dire des romans. La question se posait alors de leur pertinence géographique. De fait, le texte littéraire est un matériau légitime d'enquête géographique dans la mesure où il est une forme qui cherche à restituer la manière dont la réalité nous apparaît. En ce sens, il est doué d'un réalisme phénoménologique qui en fait une source de première main. De fait, le texte narratif naît, notamment selon E. Auerbach, I. Watt et M. Bakthine au cours du XVIIIe siècle concurremment à d'autres modifications sociétales. Il se caractérise par un personnage non plus *«tout fait»* mais soumis à des moments de formation; un individu pris dans sa *«contingence»* (Auerbach, *op. cit.*: 299), considéré du point de vue des *«conditions et* [...] *circonstances accidentelles dans lesquelles il se trouve à un moment particulier» (ibid.)*. Le texte narratif participe ainsi de l'idée d'un sujet en devenir, appelé à se réaliser dans le monde. Les modifications des structures textuelles permettent ainsi d'envisager la façon dont le monde apparaît à cette subjectivité moderne à l'état naissant. C'est pourquoi le texte littéraire constitue effectivement le matériau empirique d'une archéologie des pratiques de ville considérées comme des modalités de la personnalité.

Un passage par les textes de la jeune génération allemande des années 1770 permet de dégager certains traits de cette pratique spatiale. Le personnage n'est plus face à un paysage qu'il décrit d'une manière déductive et prescriptive, mais devant une épaisseur qui appelle une interprétation située, tant du lieu que du sujet. De fait, le paysage ne constitue plus une allégorie, mais une expérience dont le sens varie. Une saisie corporelle (complexification des sens activés par le paysage) doit permettre d'éprouver ce que l'espace pourrait signifier, doit faire advenir les idées, les caractères qu'il recèlerait.

Cette pratique/technique est manifeste dans le parcours de l'homme sensible dans les lacis du jardin paysager. Il se déplace dans un dispositif délibérément produit pour lui faire expérimenter des idées et des imaginaires hétérogènes. D'un site à l'autre, il passe d'une impression à une nouvelle, d'un caractère donné à son contraire. Les émotions vécues sont attachées au lieu, de telle sorte que le visiteur les y oublie ou les y retrouve.

Cette territorialité, qui repose sur une image médiale polytopique par laquelle le sujet s'appréhende de manière inductive dans une pluralité des situations, se renforce et s'affirme en milieu urbain aux XIXe et XXe siècles. On peut retracer l'entrée en ville du dispositif paysagé esquissé par la jeune génération allemande des années 1770 dans les textes de E. T. A. Hoffmann et E. A. Poe, par exemple. Tant «La fenêtre d'angle de mon cousin» que «L'homme des foules» s'élaborent autour d'un procédé qui mobilise une façon inductive de produire des romans pratiques à partir des indices fournis par les actes en situation d'un des individus qui compose les foules urbaines. L'observateur les repères et les interprète, dans une propension à s'imaginer d'autres vies. Ce procédé se radicalise dans des œuvres plus tardives, telles celles de R. M. Rilke ou R. Jauffret. Cette tendance à vivre des existences tierces devient un schème immédiat au sens où les indicateurs narratologiques du jeu de l'hypothèse – qui signifiaient précédemment que l'on était dans l'interprétation de signes – disparaissent pour susciter l'impression d'un monde intérieur-extérieur toujours-déjà là. Par ailleurs, la grande ville fonctionne dans l'espace du roman comme catalyseur de cette propension à vivre d'autres vies. Le coudoiement de corps inconnus offre, au personnage, l'opportunité d'une métempsychose de l'âme.

Des indices d'une vulgarisation de cette image médiale se manifestent encore dans les ironisations auxquelles donnent lieu ses traits structuraux: leur caractère automatique commence à prêter à sourire. Par exemple, les *Dimanches d'un bourgeois de Paris* de G. de Maupassant joue des esthétisations du paysage urbain qui se diffusent dans la littérature dix-neuvièmiste, et des exotisations du proche qu'elle suscitent. Patissot, son protagoniste, homme des désirs imités, projette de découvrir les périphéries de Paris, et certains lieux parisiens qu'il ne connaît pas. Il se comporte à la manière d'un aventurier, notamment en faisant l'acquisition de l'équipement d'un explorateur. Il s'imagine incarnation de la figure du Juif errant; marin à la conquête de terres inconnues, etc.

Mais l'intéressant est que les textes considérés, et ceux donnés ici à titre d'exemples, montrent que cette exotisation du proche ouvre à des stratégies de voyages imaginaires, qui récapitulent un mode inductif (repérer les détails qui permettent de faire comme si l'on était ailleurs) et activent une polytopie au sens le plus littéral du terme. Le protagoniste passe par une série de lieux qui le conduisent à vivre de plus en plus intensément son voyage imaginaire, en même temps qu'ils amortissent les chocs susceptibles d'être occasionnés par cette mise en vacances de soi. Des Esseintes, le héros blasé du *A Rebours* de J. K. Huysmans, arrête le projet de se rendre à Londres. Le trajet qui le conduit à la gare Saint-Lazare, le fait passer par une série de lieux qui lui procurent (puis le comblent de) des signes d'une britannicité. La nécessité du voyage s'amoindrit. Il n'est pas nécessaire de partir pour vivre en Angleterre. A l'heure du train, des Esseintes s'en retourne à Fontenay. De même le personnage de J.-M. G. Le Clézio, Roch, dans un moment de fièvre qui lui fait éprouver avec plus d'acuité que jamais les sollicitations du paysage urbain, contemple la vitrine de l'agence «Transtourisme». Les vignettes publicitaires sont ici les embrayeurs d'un voyage imaginaire alors que Roch en investit la profondeur, et qu'elles se morcèlent encore, chaque lieu venant à en citer d'autres.

En fin de compte, si l'image médiale de la polytopie collabore à la restitution «vraie» de la manière dont la rencontre avec un paysage apparaît à la subjectivité moderne, si cette image circule de la fin du XVIIIe siècle à notre XXIe siècle à l'état naissant, il faut bien y lire l'inscription dans le temps long de notre modernité géographique. Cette image médiale n'est-elle pas celle qui travaille l'urbanisme de certains lieux d'une architecture «emblématique», tels Las Vegas ou les parcs d'attractions où l'homme des foules rêve d'autres existences réalisées en un même lieu, comme autant de romans pratiques?

Livre 3: Une description herméneutique

Introduction du livre 3

Vivre en ville: à la rencontre des poètes à l'état pratique

La question de savoir comment femmes et hommes font, jour après jour, usage de la ville contemporaine, en tant que système symbolique/sémiotique, pour se «bricoler» une identité personnelle, tout en étant socialement canalisés dans leur «bricolage», conduit à s'intéresser au fonctionnement quotidien des systèmes territoriaux urbains. C'est d'ailleurs par cet intermédiaire qu'elle permet d'articuler différents sous-champs de la géographie humaine dans le cadre d'une théorie générale du *socius*. De fait, cette question aspire à faire travailler simultanément approche macrologique et micrologique. Plus spécifiquement, cette question vise à comprendre les logiques d'actions qui président à l'habiter d'hommes sans qualités. Ces logiques sont supposées mobiliser des capitaux esthétiques qui permettent l'exploration de l'épaisseur imaginale de certains fragments d'espace.

Le livre 2 de cette recherche espérait montrer que ces capitaux ont une histoire séculaire. Ils s'inscrivent dans une rupture épistémologique et anthropologique. Ils véhiculent une manière d'être au monde qui consiste en une appréhension inductive de soi. De fait, ces capitaux mobilisent une image médiale qui prescrit le sens et les sens d'un usage du milieu.

Cette image médiale, de type polytopique, commence à se dessiner dans la deuxième partie du XVIIIe siècle. On peut en dégager certains traits structuraux dans la matière des textes du préromantisme mais aussi du premier (dit d'Iéna) et second (dit de Berlin) romantismes allemands, singulièrement la manière dont ils restituent la rencontre d'un personnage et du paysage. En effet, le sujet n'y est plus devant un pan de nature qu'il décrit. Au contraire, il est situé dès le début d'une narration dans la matière paysagée. Le paysage y est une profondeur un peu trouble, qui appelle une double herméneutique. Ainsi, l'esthétique universelle qui présidait au paysagement de la nature à l'âge classique perd-elle de son exclusive, au profit d'une esthétique de l'expérience par laquelle le sens et la qualité d'un milieu se déterminent *in situ* dans une tentative de saisir conjointement le lieu et le sujet. Il s'agit ainsi de bien comprendre les «signaux» de l'appareil sensori-moteur de l'homme; d'accomplir une démarche réflexive pour appréhender la résonance «interne» des sensations et impressions éprouvées ici et maintenant.

On retrouve cette image médiale de la polytopie dans l'aménagement du jardin non géométrique. Un homme en trajet passe par plusieurs scènes dont la fonction est explicitement celle d'exciter des sentiments, des idées, des souvenirs qui sont toujours localisés. Par ailleurs, cette volonté de faire éprouver un corpus idéel par l'intermédiaire des sensations attachées aux lieux occasionne parfois la production de petites machines infernales. L'espace est alors impliqué en tant qu'acteur dans des opérations d'orthopédie spirituelle et morale qui doivent favoriser l'avènement d'un certain homme sensible.

Enfin, cette image médiale polytopique est à l'origine d'une technique du vivre en ville dont nous avons pu suivre la genèse dans la littérature urbaine des XIXe et XXe siècles. Cette technique se caractérise notamment par: *1)* une propension à produire des romans pratiques à l'observation des gestes, constitués en signes, d'un homme des foules en situation; *2)* une tendance à extraire un détail du paysage pour en faire le symbole d'un autre lieu, lointain dans le temps ou l'espace, et donc susceptible d'occasionner un voyage imaginaire; *3)* une disposition à associer des lieux avec des impressions et des comportements.

Le projet, à présent, est celui de donner une description de la façon dont des hommes sans qualités pratiquent quotidiennement une *«métropole régionale secondaire»* à rayonnement international de 439 117 habitants (canton), dont l'agglomération proprement dite (domaine franco-valdo-genevois) compte environ 600 000 résidents (chiffres août 2005). Le pari est celui d'y pister des traces de cette technique du vivre en ville, du capital esthétique qu'elle constitue, dans des rhétoriques habitantes et de montrer en quoi cette technique et ce capital esthétique sont reliés à des modes de spatialisation de la personnalité.

Chapitre 7

Réfléchir ses limites: une posture intellectuelle et existentielle

«La construction de l'objectivité n'a rien d'objectif: elle engage une manière singulière mais non exemplaire de se rapporter aux choses et aux autres, comme l'activité mafieuse».

Isabelle Stengers, paraphrasant Paul Feyerabend, *L'invention des sciences modernes*, 1993 (1995): 46.

R. Brunet, R. Ferras, H. Théry définissent (1994: 328) la méthodologie comme un *«ensemble de méthodes mises en œuvre dans une recherche, de façon réfléchie et explicite. En principe, la méthodologie d'une recherche est exposée dès le début de l'analyse, et elle précise les limites de confiance de la ou des méthodes employées – ainsi que des techniques et des sources mobilisées»*. Cette définition a l'avantage d'offrir une trame rédactionnelle, un plan, à qui doit rédiger une méthodologie. Ce d'autant qu'elle suggère qu'une méthodologie est plus que l'énonciation claire de *«limites de confiance»*, de *«techniques»* et de *«sources»*. La définition des *Mots de la géographie* insinue, en effet, l'idée d'une réflexivité, c'est-à-dire d'une prise de distance par rapport à la méthode, dans la tenue d'un discours qui emprunte au méta- et au paradiscursif. La méthodologie est ainsi le lieu où la personne qui cherche doit explicitement réfléchir à ce qu'elle fait, quand elle fait de la recherche (soit une question d'épistémologie) et à ce qu'est l'activité de recherche (soit une question d'ontologie). Conséquemment, elle constitue un espace de réflexion éthique au sens le plus littéral: un espace de réflexion sur la façon de *«diriger sa conduite»* (le dictionnaire du *Petit Robert*) en tant que personne qui cherche.

Ainsi, une méthodologie de recherche est autre chose qu'un argumentaire technique[1]. C'est pourquoi je vais ici plutôt m'intéresser à l'*esprit* de la méthode que j'utilise. Ce d'autant qu'elle est, tout autant qu'un instrument, une *posture* intellectuelle et existentielle. De fait, cette définition de la méthode en tant que

1 Un Livret méthodographique, situé après la conclusion générale, accompagne la version académique de ce travail. Il rend compte des caractéristiques techniques de ma méthode (discussion des grilles d'entretien et d'analyse; composition sociodémographique des échantillons; inscription géographique des informateurs). Il n'est pas reproduit dans cette édition.

posture – définition coextensive d'un discours (auto)réflexif qui emprunte au méta et au para – permettra de mieux saisir les *«limites de confiance»* de ma recherche, *«des techniques et des sources»* qu'elle mobilise. Notamment parce que les limites d'une situation d'entretien ne résident pas uniquement dans le matériau recueilli, mais aussi dans la *«construction d'une communication»** (Schwartz, 1990: 35), dans la compétence sociale de la personne qui cherche, dans la situation d'entretien en ce qu'elle se profile comme un dispositif esthétique.

Mais d'abord, en quoi la méthode mobilisée dans ce livre 3 est-elle pertinente au regard de la question qui fonde cette recherche? Comment se construit mon dispositif d'enquête? En quoi chacun des éléments de ce dispositif se justifie-t-il?

1. La méthode

1.1. Le choix

Comment femmes et hommes font, jour après jour, usage de la ville contemporaine, en tant que système symbolique/sémiotique, pour se «bricoler» une identité personnelle, tout en étant socialement canalisés dans leur «bricolage»? La formulation de la question comporte presque son corrélat méthodologique. Ouvrir son questionnement par l'adverbe: comment, insinue une question dite de processus (Maxwell, 1999: 108), en l'occurrence orientée sur la recherche des façons d'agir et de penser des individus. De fait, je cherche effectivement à comprendre la manière dont femmes et hommes se territorialisent dans un territoire urbain d'une certaine ampleur. Je pose donc une question qui relève, au sens le plus littéral, de l'être-au-monde; et il est *a priori* évident qu'une approche qualitative s'impose. Mais parler d'évidence n'est malheureusement pas un argument recevable de légitimation. Donc: pourquoi une approche qualitative est-elle la plus adaptée au propos de ce livre 3?

Alors qu'on s'intéresse aux mises en scène différentielles de soi au gré des parcours urbains, on pourrait en effet envisager de recourir à une approche quantitative qui procéderait selon la méthodologie des budgets espace-temps. A telle heure, tel lieu, telle pratique, tel rôle social. On obtiendrait une représentation iconographique, excessivement abstraite, des différents espaces sociaux que parcourt un sujet donné en vingt-quatre heures. Et l'idée de mise/s en scène/s différentielles de soi y serait traitée de manière strictement métaphorique et spéculative. En effet, ce n'est pas parce qu'un sujet traverse des espaces sociaux hétérogènes qu'il s'y met en scène de manière différentielle. On a ici typiquement affaire à un critère nécessaire mais non suffisant. De fait, la méthodologie des budgets espace-temps permettrait de répondre à une question précise et univoque: femmes et hommes pratiquent, ou ne pratiquent pas, différents espaces sociaux au cours de leur journée. Les budgets espace-temps ont été construits pour mesurer l'allocation de ressources potentiellement différentielles en termes de classes sociales, de cycle de vie, de genre, etc., ils ne disent ainsi pas grand-chose *du point de vue du sujet*. Par exemple, ils ne permettent pas de savoir si les espaces sociaux décrétés différents par le chercheur sont imaginés, sémantisés comme tel par le locuteur. On peut donc légitimement douter de la capacité d'une telle approche à révéler un jeu territorial qui se place précisément dans un entre-deux, qui répond à la clause phénoménologique du: *à la fois*. *A la fois* physique et mental, *à la fois* extériorité et intériorité, *à la fois* espace de vie et espace vécu.

On pourrait encore envisager – pour réintégrer le point de vue du sujet – de croiser ces budgets espaces-temps avec une carte des régions morales de la ville considérée. On pourrait envisager de procéder, en quelque sorte, par questionnaires; de découper *a priori* la ville en unités de signification et demander ensuite aux questionnés d'attribuer un imaginaire à ces unités. La superposition des budgets espaces-temps à cette carte des régions morales permettrait alors d'approcher la/les mise/s en scène de soi: tel lieu renvoie à tel imaginaire qui est, ou n'est pas, congruent aux autres imaginaires des lieux pratiqués dans la journée. Cette construction méthodologique se heurterait toutefois au problème du découpage apriorique des unités signifiantes. En admettant, à titre d'exemple, que l'on retienne le quartier comme unité pertinente, il est assez probable que l'expérience qu'a l'habitant de tel quartier diffère sensiblement de celle de la personne qui cherche. Et sans doute sera-t-il enclin à le redécouper, à le morceler, pour lui attribuer différents imaginaires. La définition *ex ante* des urbèmes conduit donc à un biais évident, celui de l'imposition d'une structure mentale qui est celle du chercheur et non celle de l'habitant. Par ailleurs, la rigidité du dispositif n'autoriserait pas l'appréhension de la manière dont ces imaginaires sont activés ou désactivés, dont ils suscitent effectivement une mise en scène différentielle du sujet ou, au contraire, la manière dont ils sont occultés. On aurait donc affaire, une fois encore, à un montage méthodologique qui ne permettrait pas de révéler un jeu territorial de la personnalité.

En fait, ce dont j'ai besoin pour répondre à ma question de recherche, c'est *d'une part, de l'expérience urbaine «immédiate» de l'homme sans qualités, d'autre part, de la manifestation la plus libre possible de la* «trace» *de cette expérience «immédiate»*. Ainsi, à la double question, qui fonde tout parti pris méthodologique, et qui consiste à savoir *d'où porter et sur quoi poser son regard*, je réponds: *de* et *sur* l'épaisseur buissonnante d'un interstice phénoménologique. *De* et *sur*, autrement dit: être à la fois participant et observateur. L'observation participante, au sens entendu par les ethnologues, n'aurait toutefois pas grand sens ici. Je ne cherche pas à comprendre les modes de régulation d'un groupe, à acquérir – à fin de compréhension – une quelconque (sub)culture. C'est dans un sens sensiblement différent qu'il faut, en l'occurrence, comprendre l'articulation du participant et de l'observateur. Porter son regard *de* l'épaisseur buissonnante d'un interstice phénoménologique implique d'abord un travail d'auto-analyse critique du sujet dérivant. Travail qui, dans son principe, n'est pas si éloigné de l'étape de *«réduction phénoménologique»*, au sens d'abandon des connaissances passées pour toucher innocemment au phénomène (Giorgi, 1997: 346-349), qui fonde tout travail qualitatif.

Ainsi, il s'agit de pratiquer soi-même la dérive urbaine et de s'auto-observer dans cette pratique flâneuse de la ville. Il s'agit de risquer une pratique exhibitionniste, pour d'une part, comprendre d'une manière introspective les *tropismes* du marcheur solitaire; d'autre part, épurer son regard des scories que la personne qui cherche pourrait être encline à projeter sur les pratiques de l'informateur. C'est ce travail d'épuration du regard, corrélatif à l'auto-analyse d'un sujet dérivant, qui permet de rejoindre l'objectif de la réduction phénoménologique, ce moment où l'on apure ses dettes avec le sens commun, où l'on se libère d'un savoir pré-notionnel, de la *doxa*, pour pouvoir enraciner sa description et théorisation du social.

Par ailleurs, les lecteurs familiers des travaux d'ethnologie et d'anthropologie verront dans cette pratique auto-analytique certains traits de famille avec ces journaux de terrain dans lesquels le chercheur consigne la part intime de son processus d'immersion et d'observation. La filiation est ici acceptée. Mais en marquant ses différences. A savoir que cette part intime sera pour partie révélée, dès lors qu'elle permet d'éclaircir le regard *sur* l'interstice phénoménologique. De fait, la méthode prend ici une dimension esthétique en ce que je recourrai à certains procédés d'écriture dans une mise en scène de feuillets de terrain[2].

2 Plus que d'un procédé postmoderne d'écriture (en ce qu'il y aurait tentative d'établir une polyphonie), il s'agit ici de rétablir quelque chose de la distanciation brechtienne, dans

Le changement de préposition – qui se manifeste dans le passage d'un regard *de* à un regard *sur* l'interstice phénoménologique – implique un *mouvement de distanciation sensible*. Bien qu'il est certain qu'un travail de recherche ne saurait être une *autoscopie*, il n'est peut-être pas inutile de rappeler une évidence: tout «savoir» se construit dans l'intersubjectivité. Chercher à comprendre comment femmes et hommes font, jour après jour, usage de la ville contemporaine, en tant que système symbolique/sémiotique, pour se «bricoler» une identité personnelle, tout en étant socialement canalisés dans leur «bricolage», nécessite une écoute bienveillante des récits de ville des poètes à l'état pratique supposés construire leurs *«rhétoriques cheminatoires»* (Certeau, 1980) sur une ouverture à l'outre-ville. C'est donc à l'entretien de type qualitatif – et plus précisément compréhensif (Kaufmann, 1996) – qu'il convient principalement de recourir. Autrement dit: si je n'ai pas la possibilité d'accéder à l'immédiateté de l'expérience urbaine de l'habitant, il me reste la possibilité d'approcher sa trace dans des figurations discursives, dans la manière dont elle va informer le langage, les dits et les dires des «informateurs».

1.2. Le dispositif d'enquête

1.2.1. Deux fondements heuristiques: intersubjectivité et paradoxe de l'observation

L'axe général de cette méthodologie est donc constitué par l'entretien de type compréhensif, à savoir une configuration interindividuelle où une personne sollicite la parole d'une autre à propos d'un sujet donné, en lui reconnaissant de façon effective un droit à l'intersubjectivité, c'est-à-dire un droit à une subjectivité autonome. Ce droit à une subjectivité autonome implique ici une attitude générale de la personne qui cherche. Il s'agit en effet de considérer que l'entretien est susceptible de produire un matériau heuristique à la seule condition que celui qui enquête renonce à un statut d'expert, pour se mettre à disposition de celui qui parle. Son rôle est de favoriser une prise de parole. En énonçant une consigne vague. En accompagnant cette parole par des relances, parfois silencieuses, parfois non verbales. La première implication de cette mise à disposition de soi consiste donc dans le renoncement à la directivité des questions (mais non à la structuration de l'entretien) pour laisser s'expri-

l'écriture scientifique; quelque chose qui rompt le cours du drame et incite le lecteur à réfléchir au caractère artéfacté des faits (pour paraphraser Latour et Woolgar [1979]). En bref, il s'agit de se défaire de l'idéologie en introduisant du subjectif.

mer, voire soliloquer, l'habitant. Mais l'essentiel de cette mise à disposition de soi passe, comme le suggère C. R. Rogers (1961 [1998]: 26-43), par une attitude globalement congruente, c'est-à-dire par la limitation d'émission de messages qui relèvent de l'injonction contradictoire (*ibid.*: 37). Sommairement, il ne doit y avoir de dissonance entre les trois niveaux (verbal, infra-verbal, paraverbal) de communication de la personne qui cherche. Cet impératif conduit ainsi à ce que, dans la configuration interindividuelle en question, la personne qui sollicite la parole de l'autre s'astreigne simultanément à *un certain souci de soi*, précisément un souci de ce qui se passe en soi – alors que l'autre parle. Qu'il s'apprête à le manifester plutôt qu'acquiescer de façon ambiguë. L'injonction à la non-injonction contradictoire se pose ainsi, et paradoxalement, en opposition aux conceptions classiques (à savoir celles qui obéissent aux préceptes méthodologiques des années 1950) de l'entretien (Coenen-Huther, 2001: 11-15). En effet, s'il convenait alors de standardiser à l'extrême la situation d'enquête, d'uniformiser les conditions de sa réalisation, de gommer la présence de l'enquêteur; si l'intervieweur était en sorte sommé d'éviter la contradiction en ce qu'elle *«induit une tendance de l'interviewé à extrémiser ses opinions»* (Blanchet, Gotman, 1992: 80), l'exigence d'une attitude globalement congruente insinue, pour sa part, qu'il vaut mieux manifester parfois son opposition pour garder la confiance de la personne qui parle.

Mais cette attitude générale de la personne qui cherche se caractérise ici encore par la reconnaissance d'autres principes de l'approche rogérienne (Rogers, *op. cit.*). D'abord, et toujours en opposition aux préceptes qui tendent à faire de l'entretien une situation *«aseptisée»* (Coenen-Huther, *op. cit.*: 11), j'accepte l'idée de me lier à la personne qui parle comme je le ferais avec tout autre personne, dans une situation de conversation ordinaire. J'accepte, après C. R. Rogers, *«d'éprouver de l'intérêt pour autrui»* (Rogers, *op. cit.*: 38). C'est cet intérêt qui permet par ailleurs de rentrer dans l'univers de l'habitant sans s'y dissoudre. En s'essayant à *«suffisamment de sensibilité»* (*ibid.*: 40) pour n'être *«pas perçu comme une menace» (ibid.)*, tout en gardant suffisamment d'assurance pour ne pas craindre que l'informateur ne manifeste des émotions dès lors qu'on se réserve à la liberté (réciproque) d'une axiomatique personnelle. Une fois encore, on se retrouve paradoxalement en opposition aux conceptions classiques de l'entretien, puisqu'il s'agit – comme l'écrit J.-Cl. Kaufmann – de *«s'engager activement dans les questions* [et les remises en question] *pour provoquer l'engagement de l'enquêté»* (1996: 17).

Il importe toutefois de préciser que, si la conception de l'entretien comme dispositif intersubjectif conduit à ce que la personne qui cherche se doit d'adopter une attitude globalement congruente, si elle doit s'intéresser à celui qui parle, si elle doit se montrer sensible à lui tout en demeurant autonome, il n'est en aucun cas question que la personne qui cherche entre dans un type de communication qui relève de la *résonance*. Ce que dit l'habitant ne doit pas résonner chez celui qui recueille sa parole, ne doit pas appeler une contre-confidence. Celui qui sollicite la rencontre n'est en aucun cas venu pour parler de lui. Parler de lui serait même le meilleur moyen d'annuler l'intersubjectivité de l'entretien compréhensif.

Au total, cette reconnaissance d'une intersubjectivité est, dans le cadre de l'entretien de type compréhensif, le *premier fondement d'une heuristique*, à condition d'appréhender les façons de dire et les choses dites de manière *«non naïve»** (Schwartz, 1993: 274).

Si l'entretien est certes une configuration interindividuelle où les co-locuteurs se reconnaissent, au terme d'un «contrat», un droit intersubjectif, il n'en reste pas moins que la personne qui cherche recueille un matériau trouble marqué par le *«paradoxe de l'observateur»**, que W. Labov formule – pour la linguistique – de la façon suivante: *«comment observer la façon dont les gens parlent quand on ne les observe pas?»* (cité par Schwartz, *ibid.*: 271). S'il a été formulé pour la linguistique, ce paradoxe peut être décliné pour nombre de sous-champs des sciences sociales. Pêle-mêle, et au hasard: éthologie du quotidien: comment observer la façon dont les gens ritualisent leurs interactions, quand on ne les observe pas? Sociologie de la justice ou du travail: comment observer la façon dont les gens résolvent équitablement des problèmes, quand on ne les observe pas? Ethnographie des nouveaux espaces commerciaux: comment observer les pratiques sociales dans un centre commercial telles qu'elles se produisent, quand l'observateur n'est pas là? Géographie culturelle: comment observer la façon dont les gens vivent et pratiquent l'espace, quand on ne les observe pas? Micro-géographie urbaine: comment observer la façon dont les gens font quotidiennement usage de la ville contemporaine pour se «bricoler» une identité personnelle, quand on ne les regarde pas?

Ce paradoxe, qui s'enracine dans le *«principe d'incertitude»*[3] de W. Heisenberg (Laplantine, 1987 [2001]: 137), constitue une aporie: il est impossible de le résoudre. G. Devereux remarque toutefois que la perturbation introduite par l'observation ne doit pas être appréhendée, en sciences humaines, comme un

3 Selon la définition qu'en donne F. Laplantine (1987 [2001]: 137), le principe d'incertitude de W. Heisenberg réside dans le constat que la simple observation de l'électron le modifie, aussi est-il impossible de déterminer, dans le même temps, sa vitesse et sa position.

biais qu'il faut réduire, mais plutôt comme un matériau heuristique qui renseigne sur le monde observé. On a, en l'occurrence, affaire à un *«comportement perturbé significatif»** (Devereux, 1967 [2000]: 369).

De fait, on peut chercher à limiter systématiquement les perturbations, à distinguer en conscience effets induits et effets endogènes, il demeure toujours ce qu'O. Schwartz appelle un *«coefficient irréductible de contingence et d'approximation»* (*op. cit.*: 280). A la personne qui cherche d'articuler conscience critique-méthodologique et conscience d'une irréductible impureté de son matériau, dans un *«empirisme instruit»** (*ibid.*: 271). Cet empirisme instruit consiste d'une part, en une mise en question sévère de ce que disent les gens dans une situation d'enquête; d'autre part, à considérer que la perturbation renseigne sur le monde de l'observé. La perturbation dit quelque chose du référent; elle a un statut signifiant. C'est ainsi que la perturbation se pose comme le *second fondement de mon heuristique.* Les inhibitions personnelles qui s'accusent dans le face à face d'une observation; les faits d'autocensure; les mises en scène de soi qu'encourage le regard légitimant de celui qui fait une recherche; l'effort de séduction que déploie l'informateur pour faire valider son expérience; l'anticipation des attentes de la personne qui cherche dans l'élaboration d'une contre-observation par la personne qui informe *(ibid.)* constituent des allusions en creux à un monde social, un imaginaire, un ordre des désirs qui permettent de mieux comprendre les constructions identitaires du sujet en trajet.

L'interrogation du matériau en ce qu'il est le reflet d'une situation d'enquête et non la représentation de la réalité (selon le principe ethnologique de l'*«inscrutabilité de la référence»** – Quine cité par Schwartz, *ibid.*: 274), nécessite donc une posture non naïve par laquelle ce que font, ce que disent, ce que disent faire les gens dans une situation d'enquête doit être sévèrement mis en question. De fait, il s'agit de développer ce que O. Schwartz appelle un schème *«critique-analytique» (ibid.)*[4]. La conscience d'un paradoxe de l'observation, la conscience d'une inscrutabilité de la référence implique d'une part, une mise en examen du référent, de la chose dont on parle; d'autre part, une pratique auto-analytique, en tant que la personne qui cherche co-construit la connaissance, notamment en répondant à ses deux grandes questions: à qui croit s'adresser l'informateur? que cherche-t-il à faire de la relation qui s'établit? *(ibid.)*. Pratiquement, il s'agit donc de chercher à suivre de façon réflexive ce qui se joue dans la relation observateur-observé; de dépister et lister les différents rôles que l'informateur définit et assigne à l'observateur; de s'essayer à

4 Précisément, O. Schwartz parle *«d'orientations de type ‹critique-analytique›» (ibid.)*. L'expression schème critique-analytique est mon extrapolation.

l'attribution de fragments de discours à chacun des rôles que l'informateur a donné au chercheur *(ibid.)*.

*

C'est donc dans la reconnaissance d'une intersubjectivité, qui emprunte parfois à l'artifice d'une approche centrée sur la personne telle que pratiquée par des cliniciens comme C. R. Rogers, que s'enracine le premier pilier de mon heuristique. Il n'est toutefois pas inutile de rappeler que, dans le dispositif de l'entretien qualitatif, *«la compréhension de la personne n'est qu'un instrument: le but est l'explication compréhensive du social»* (Kaufmann, 1996: 23). Dans la configuration, toujours un peu solennelle, que constitue l'entretien d'enquête, dans un dispositif qui est aussi un peu celui de l'aveu au sens explicité par M. Foucault dans son *Histoire de la sexualité* (1976-1986), c'est un état de conscience qu'on cherche à révéler, mais en ce qu'il révèle du social métabolisé. Mon approche est fortement centrée sur la personne. Je cherche à comprendre un «bricolage» des identités personnelles. Je récuse néanmoins tout psychologisme. Le «bricolage» est socialement produit. La personne ne m'intéresse que dans son art socialement constitué de composer avec une réalité socialement construite. Et l'intersubjectivité n'est, en l'occurrence, qu'une manière d'appréhender ce social qui nous constitue.

Mais ce social ne se manifeste pas (exclusivement) dans les dits de l'habitant. L'entretien, en ce qu'il est placé sous le signe du paradoxe de l'observation, permet d'approcher ce social métabolisé dans des perturbations qui informent le matériau au niveau des façons de dire, dans une sorte de sous-texte. Dans la mise en séquence du matériau d'entretien, dans l'élaboration d'un réseau d'interconnexion non forcément linéaire, chronologique, de ces séquences, ce sont des modalités de territorialisation de soi qui se manifestent.

1.2.2. Trois configurations discursives

Mais outre ce comportement perturbé significatif qui influence le statut des discours collectés, la parole qui m'intéresse varie encore selon différentes configurations au fur de l'enquête, à mesure que le *rapport spécifique du discours au vécu* se modifie. De fait, si mon dispositif d'enquête s'organise autour d'un axe méthodologique général qui est celui de l'entretien compréhensif, trois configurations, manifestant trois temps d'enquête, sont précisément identifiables. Dans la première, l'habitant est conduit, *rétrospectivement*, à parler de ses pratiques de la ville. Dans la deuxième, l'habitant se voit demander de préparer, en vue d'un second entretien, la narration de trajets urbains plus ou moins ordinaires, quotidiens. Dans la troisième, le vécu de l'habitant est enregistré *in situ*, par l'intermédiaire des parcours commentés.

Chacune de ces configurations produit un matériau spécifique – des *récits de ville* pour la première, des *narrations de trajets* pour la deuxième, des *commentaires de parcours* pour la dernière –, qui autorise la saisie d'une part, de l'expérience urbaine «immédiate» de l'habitant (pour la configuration 3, surtout), d'autre part, de l'empreinte, de la *«trace»* de cette expérience urbaine «immédiate» et permet donc de répondre, de manière effective et circonstanciée, à ma question de recherche.

La première de ces configurations s'intéresse au niveau de la remémoration en ce qu'un travail de mémoire organise les récits de ville *a posteriori*. La deuxième configuration, caractérisée par ce que J.-F. Augoyard (2001: 174) appelle une *«mémoire anticipée»*, révèle, à un niveau sans doute plus conscient, l'effort de présentation de soi qu'effectue l'habitant dans la narration de ses trajets ordinaires. Elle permet ainsi d'appréhender à un niveau plus réflexif les façons de dire du poète à l'état pratique. La troisième configuration enfin, renseigne sur les modalités impressionnistes du sujet en trajet, permet l'appréciation de ce qui le traverse alors qu'il traverse l'espace de la ville. Il y a donc ici trois configurations de discours qui autorisent la saisie, à différents niveaux de conscience, des mises en scène différentielles de soi au gré des parcours urbains.

A. Récits de ville

Jean-François Augoyard (*ibid.*: 173-179), alors qu'il s'interroge, à partir de son expérience de l'entretien d'enquête, sur *«la conduite du récit»*, rappelle que l'interrogation usuelle de l'habitant sur son expérience *«fait appel à la mémoire»* (*ibid.*: 174). Pour le paraphraser au plus près, une *«interrogation* [présente]*»* sur un *«vécu passé»* occasionne une *«réponse présente»* qui présuppose un *«souvenir»* du *«vécu passé»* en question *(ibid.)*.

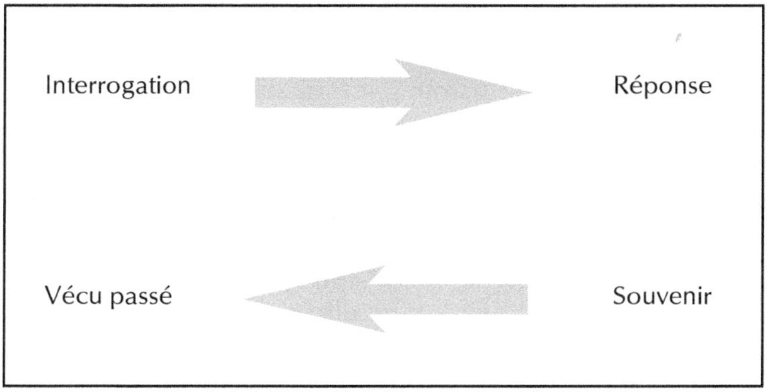

Figure 1. Récits de ville et réorganisation du souvenir. Source: J.-F. Augoyard, 2001: 174.

Ce à quoi a accès la personne qui cherche dans les récits de ville de l'habitant, c'est à une *«réorganisation du souvenir» (ibid.)*, qui dans une *«représentation des représentations» (ibid.)* produira un type de matériau heuristique qui est résolument une *«abstraction d'espace fréquenté»* (*ibid.*: 175).

A titre d'exemple, il est certain qu'alors que je demande à un habitant de me parler des lieux où il se sent bien, je collecte un matériau plusieurs fois filtré. D'abord, il y a un effet d'autocensure lié à cet effort de présentation de soi (Schwartz, *op. cit.*, 272 s.) qui structure la configuration intersubjective de l'entretien et détermine ce qui relève du dicible et de l'indicible. Ensuite, il y a cette mémoire réputée sélective, qui «joue des tours», qui «flanche» et suscite un je-ne-me-souviens-plus-très-bien qu'il faut combler au plus vite pour ne pas décevoir l'autre qui est venu enregistrer votre parole. Un je-ne-me-souviens-plus-très-bien qui introduit une sorte de tension entre volonté de coller à sa pratique effective de la ville, mise en scène de soi dans un dispositif d'enquête, hantise de la figure de l'Idiot dès lors que le silence s'installe. Il y a encore cette mémoire qui, paradoxalement déterminée par l'ici et maintenant, conduit à ce que, dans le récit, le chercheur a peut-être plus facilement accès à l'état émotionnel, au climat existentiel présent du *«récitant»*[5], qu'à ce qui se passe dans le poète à l'état pratique en dérive, au moment de sa dérive.

5 Le sens que je donne ici au mot de récitant diffère très sensiblement de son acception dans le lexique usuel des sciences de la ville (Linossier, Jaton, 2003). En effet, il ne s'agit pas en l'occurrence de considérer – afin de mieux connaître un *«territoire de projet»* – la *«capacité de ‹récitation› des enjeux, des faiblesses et des atouts du territoire» (ibid.)* qu'ont les acteurs du

Néanmoins, si le matériau recueilli par la personne qui cherche est effectivement une *«abstraction d'espace fréquenté»* (Augoyard, *op. cit.*: 175), cela ne constitue pas – relativement à mon besoin d'informations – un critère suffisant de rejet de cette méthode. Mais cela justifie néanmoins des précautions d'écoute ou, pour le dire plus clairement, une réception non naïve du récit. Cette réception non naïve se fonde *en grande partie* sur une conception «constructionniste» – très fortement influencée par le schème critique-analytique déjà évoqué – du discours. En grande partie, mais non totalement car mon écoute est toujours mixte, dans l'articulation de niveaux de discours. De fait, il ne s'agit pas de congédier, de manière non circonstanciée, une philosophie du langage selon laquelle il représente le réel, mais de considérer aussi que le langage construit – et donc révèle la construction en actes – du réel (Mondada, Söderström, 1993b, 84-85). Il s'agit, en sorte, de prendre du recul par rapport au *«dit»** pour s'intéresser au *«dire»* (ibid.)* des informateurs. Et de fait, autant que le «contenu» du discours, ce sont bien ses modalités de construction qui permettent de saisir (à l'interface du social et de l'individuel) les manifestations d'une territorialité. Pratiquement, cet *a priori* méthodologique conduit à ce que mon attention aille *aux articulations* du récit qui, *par hypothèses*, constituent le signifiant des articulations d'une mémoire, qui elle-même manifeste les articulations d'une subjectivité.

Ainsi, l'établissement de continuités ou des discontinuités dans cet objet de discours qu'est la ville est susceptible de m'informer quant à la manière dont le poète à l'état pratique s'y met en scène. Il s'agit, pour ce faire, d'être attentif d'une part, à la façon dont sont sémantisés, *au niveau du dit*, les différents fragments de ville; d'autre part, à la manière dont les fragments en question sont mis en relation *au niveau du dire*.

Façon de dire	*Structure de la personnalité*	*Territorialité*
Continuité	Verticalité	Aréolaire
Discontinuité	Horizontalité	Réticulaire

Tableau 5. Articulation des récits de ville et territorialité.

Des espaces en rupture physique sont de fait susceptibles de s'inscrire dans une même continuité thématique (par exemple: tous les espaces d'une com-

territoire en question, mais bien d'écouter le quidam qui, en train d'accomplir un récit – sinon un récitatif et en tout cas pas une récitation –, est un récitant.

munauté donnée). En ce sens, ils sont susceptibles d'être placés sous le signe d'une territorialité aréolaire, attribut d'une structure verticale de la personnalité. *A contrario*, des lieux peuvent être définis comme incompatibles, et leur articulation relever du discontinu. En ce sens, ils obéissent à un principe horizontal de structuration de l'identité dont un des signes est une territorialité réticulaire.

B. Narrations de trajets

Afin de contourner ce qu'il semble considérer comme l'écueil d'une mémoire qui réorganise *«le sentir et l'agir de tel moment vécu»* (Augoyard, *op. cit.*: 175), J.-F. Augoyard propose néanmoins de jouer sur ce qu'il appelle *«une mémoire du futur» (ibid.)* qui reposerait sur un report de la réponse à la requête du chercheur. Pour le paraphraser au plus près, une *«interrogation»* dans un *«présent 1»* sur les *«vécus à venir»* trouverait *«réponse»* dans un *«présent 2»*, celui d'une deuxième rencontre où la personne qui cherche obtiendrait ce qu'elle était venu demander en 1. Et c'est précisément ce report de la réponse, ce *«savoir différer le mémorable à venir» (ibid.)* que l'auteur appelle, en s'inspirant de P. Janet, la *«conduite de récit» (ibid.)*, à savoir, un *«acte de mémorisation en situation,* [...] *dans l'espace-temps d'un territoire et au sein d'une forme sociale incarnée» (ibid.).*

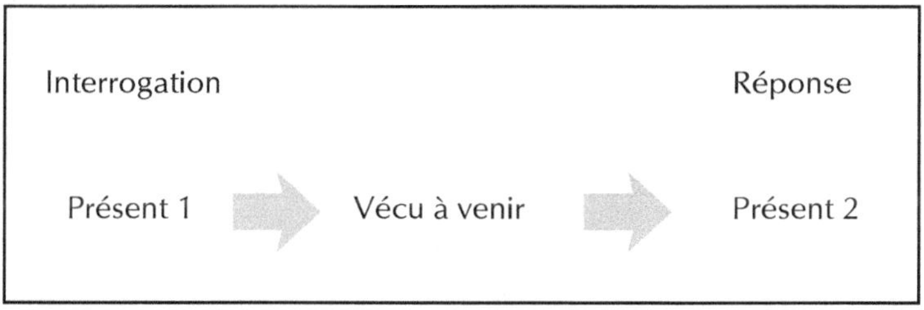

Figure 2. Le report de la réponse. Source: J.-F. Augoyard, 2001: 175.

C'est, de fait, une nouvelle configuration qui s'esquisse dans un rapport spécifique du discours et du vécu. Cette configuration modifie le statut de la parole recueillie[6]. Dans cette deuxième configuration, le matériau obtenu par le chercheur est sous-tendu par une nécessité, celle de *«l'organisation du récit à faire aux autres»* (*ibid.*: 176). On glisse alors vers le niveau du *«narrable»*: la *«conduite de récit*

6 Je m'éloigne ici de l'opinion de J.-F. Augoyard en ce que la première configuration, celle d'une réorganisation du vécu par la mémoire ne constitue pas un obstacle rédhibitoire, mais offre l'accès à un autre type de vécu.

[...] *apparaît en tant qu'archétype de toute perception mémorable» (ibid.).* Et ce narrable devient en soi une source heuristique. La conduite de récit – les façons de dire, dans ma terminologie – offrent proprement l'accès à un *«vécu d'un présent, en tant qu'expression de soi» (ibid.).* Aussi, cette propriété de la conduite de récit en fait-elle, on le comprend, un instrument qui permet d'approcher les mises en scène de soi au gré des parcours urbains.

Il importe encore de voir que pour J.-F. Augoyard, *«le mémorable et le narrable dépendent d'un devoir social»* (*ibid.*: 176). Cette dépendance a deux conséquences méthodologiques. D'abord, le fait *«d'avoir à raconter plus tard»* insinue *«un régime de la nécessité dans l'organisation mnémo-perceptive la plus courante» (ibid.)* qui informe la perception. C'est ainsi que le tour méthodologique du report de la réponse introduit une *«qualité d'emblée collective» (ibid.)* au matériau recueilli. Le fait d'avoir à dire structure collectivement le discours de l'habitant.

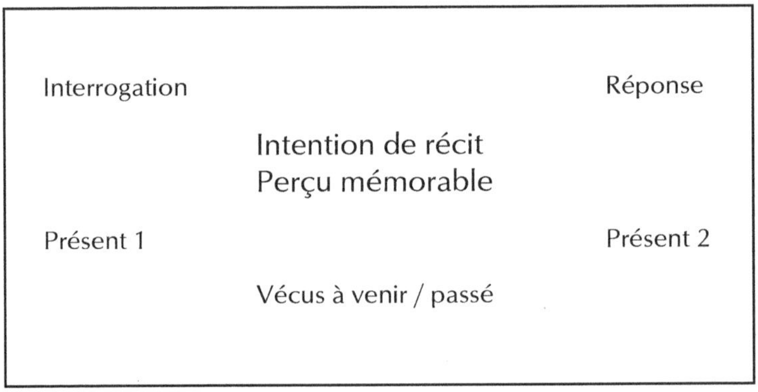

Figure 3. Le paradigme de la conduite de récit. Source: J.-F. Augoyard, 2001: 178.

Ensuite, la relation entre vécu et expression n'est plus métaphorique[7] (*ibid.*: 177), mais métonymique. *«*[L]*'organisation de la perception dépend des impératifs du mémorable»*, aussi le vécu est-il constitué comme expression. Le report de la réponse fait de l'étude de l'expressivité un moyen d'approcher les vécus collectivement informés de l'habitant. Dans la conduite de récit, je me vois donc

7 Le terme: métaphore doit être entendu dans une acception sensiblement différente que celle (large) que je lui attribue généralement dans mon discours méthodologique. Dans mon vocabulaire, il s'agit de dire – pour aller au plus simple – que les discours des habitants parlent d'autres choses que ce dont ils parlent au premier degré. J.-F. Augoyard utilise le terme dans son acception stricte, à savoir celle donnée par la rhétorique à la figure de la métaphore.

ouvrir la possibilité théorique d'approcher les mises en scène de soi au gré des parcours urbains; je me vois encore ouvrir la possibilité théorique d'avoisiner quelque chose de la «dégradation» du mythe, déjà évoquée en manière d'introduction (Chapitre 3).

Mais l'intérêt de cette seconde configuration méthodologique relativement à ma question de recherche et mon besoin spécifique d'informations (connaître d'une part, l'expérience urbaine «immédiate» de l'habitant, d'autre part, la manifestation la plus libre possible de la «trace» de cette expérience «immédiate») apparaît encore dans ce qu'elle me permet d'envisager, à un niveau plus réflexif, les modes de territorialisation de soi tels qu'ils se manifestent dans leur *intentionnalité* intrinsèque. Alors que je demande à l'«informateur» de se préparer à me raconter, dans quelques jours, quelques-uns des trajets quotidiens qu'il aura accomplis, ou bien d'évoquer les lieux où il se sera senti bien/mal, c'est d'autres types d'autocensure, de mise en scène de soi et d'anticipation qui vont m'être offerts. Et ces autres types sont proprement empreints d'une conscience qui se retourne sur elle-même, et qui cherche à se signifier dans un discours.

C. Descriptions de parcours

Mais le sujet qui se voit demander de restituer, dans un laps de temps donné, quelques-uns de ses parcours quotidiens, bénéficiera du même temps pour les rendre socialement convenables (donc convenus), dans un effet de (po)lissage; ou subjectivement valorisant, dans un effort de distinction. Deux tendances susceptibles d'induire une mauvaise lecture des territorialités, par la personne qui cherche.

Il s'agit donc de recourir à un troisième artifice méthodologique pour obtenir un matériau susceptible de répondre aux besoins d'informations occasionné par ma question de recherche. Et cet artifice a presque un caractère d'évidence: c'est l'habitant en dérive qu'il faut faire parler; c'est dans l'*in situ* qu'il faut saisir le poète à l'état pratique. J'ai ainsi besoin de ce que J.-P. Thibaud (2001: 79-99) perçoit comme l'objectif principal de sa méthode des parcours commentés: il me faut *«des comptes rendus de perception en mouvement»* (*ibid.*: 81). Plus précisément, il s'agit ici de s'inspirer[8] de l'esprit de la méthode des parcours commentés, tout en retravaillant sur le procédé de la dérive urbaine des situationnistes (Debord, 1958: 18-23).

8 Parce que je ne me conformerai pas à son protocole.

Ce qu'il me faut «saisir sur le vif», de la manière la moins médiate possible, ce sont les impressions de l'habitant alors qu'il effectue un *«passage hâtif à travers des ambiances variées»* (*ibid.*: 18), dans un trajet non finalisé mais guidé par les *«sollicitations du terrain et des rencontres qui y correspondent»* *(ibid.)*. Un trajet qui manifeste ainsi une tension entre mouvement aléatoire et *«effets de nature psychogéographique»** *(ibid.)*, qui fait précisément l'intérêt de la méthode dans le cadre de ma question de recherche.

La dérive renseigne en effet à un double niveau sur les mises en scènes du sujet en trajet. D'abord, parce que les effets de nature psychogéographique sont susceptibles de faire du hasard une force *«naturellement conservatrice»* (*ibid.*: 19)[9], qui *«tend, dans un nouveau cadre, à tout ramener à l'alternance d'un nombre limité de variantes et à l'habitude»* *(ibid.)*, ce en quoi la forme de la dérive est en mesure de signifier une territorialité de type aréolaire. Ensuite, parce que le hasard n'est pas naturellement conservateur, ce en quoi la forme de la dérive est en mesure de signifier une territorialité de type réticulaire. Le poète à l'état pratique passe d'une ambiance à une autre et se laisse «mobiliser» dans un *in situ*; il se laisse mettre en mouvement intérieur dans un travail inédit de subjectivation, plutôt que de ramener progressivement ces ambiances *«à l'alternance d'un nombre limité de variantes et à l'habitude»*, dans un travail psychogéographique de type vertical.

Hasard	*Territorialité*	*Manifestation discursive*	*Travail psychogéographique*
Conservateur	Aréolaire	«Tout ramener à […] un nombre limité de variantes»	Vertical
Non conservateur	Réticulaire	L'habitant se laisse «mobiliser» dans un *in situ*.	Horizontal

Tableau 6. Type de hasard, territorialité et description de parcours.

Mais pour appréhender cette forme de la dérive tout en évitant d'adopter ce qui ressemble au point de vue de Dieu, il s'agit de ne pas décider des *«unités d'ambiance»* (*ibid.*: 23), des *«unités d'atmosphère»* *(ibid.)* qui structurent la ville dans une cartographie *a priori*. C'est plutôt dans le commentaire que l'«informateur» fait de sa dérive que doit se décider d'une part, la consonance ou de la dissonance des ambiances parcourues, d'autre part, leur résonance topophilique ou topophobique (pour reprendre des concepts de I. F. Tuan).

9 Le lecteur remarquera que je prends quelques libertés avec le texte de G. Debord, qui est, lui, beaucoup plus péremptoire.

On touche alors à ce J.-P. Thibaud appelle des *«configurations sensibles»** (2001: 89). Pour le chercheur en question, ces configurations sensibles sont un composé dynamique d'ambiances physique, architecturale, sociale, subjective, qu'il est possible de reconstituer en faisant travailler de concert les sciences de l'ingénieur, les sciences de la conception et enfin les sciences sociales (*ibid.*: 81). Pour ma part, je vais m'y intéresser en focalisant sur ce qui se passe pour l'habitant en dérive; je vais m'intéresser à ses propres *tropismes*[10], alors qu'il traverse la ville[11].

Ces tropismes du promeneur «solitaire» qui s'actualisent, «chemin faisant», dans des tours de langue permettent d'approcher, dans une configuration qui relève de l'éphémère, les mises en scène différentielles de soi. Ils peuvent par exemple prendre la forme d'une longue rumination, d'un parcours tout empreint d'un hasard reproducteur, où l'espace fait territoire sous *le signe de l'identique*. Ils peuvent encore se manifester dans un «esprit d'escalier» permettant d'accéder, de manière ouvertement hasardeuse, à différents étages phénoménologiques de la ville, sous *le signe de l'autre*. Ils peuvent surtout parler de tous ces états intermédiaires constitutifs des espaces de subjectivation et de métissage de soi.

Au total, ce que j'approche dans ces parcours commentés ressemble à l'expérience urbaine «immédiate» de l'habitant. La saisie «sur le vif» du discours limite la censure d'une réflexivité-écran. L'habitant déambule, le poète à l'état pratique parle, la personne qui cherche marche à ses côtés. En fait, on est en promenade, la situation d'entretien est déritualisée, l'habitant est même, à présent, dans une configuration où il lui appartient de diriger l'échange.

Pour répondre à ma question de recherche, il me faut connaître l'expérience urbaine «immédiate» du sujet en dérive. J'ai encore besoin de connaître la «trace» de cette expérience. Cette double exigence peut sembler rédhibitoire. S'il est impossible de *toucher* l'expérience urbaine «immédiate» d'un homme sans qualités – et la trace psychique de cette expérience –, il demeure toutefois l'occasion de l'*approcher* dans des figurations discursives. Néanmoins, un dispo-

10 Au sens que N. Sarraute donne à ce terme – dans son roman éponyme [1939] –, à savoir celui de mouvements intérieurs fugaces.

11 Que l'on ne s'y trompe pas: je ne m'intéresse pas à la détermination urbanistique et architecturologique de ces tropismes. Le domaine de l'ingénieur et le domaine du concepteur sont ici tenus, pour l'habitant, comme matière à discourir et non comme déterminants du discours. Par ailleurs, je ne peux pas m'intéresser à cette détermination du fait même de ma question de recherche, qui est formulée en termes de processus (comment?) et non de finalité (pourquoi?). Une interrogation sur le pourquoi des mises en scènes, m'orienterait peut-être sur ces déterminations urbanistiques et architecturologique.

sitif d'enquête reposant sur un usage restrictif de l'entretien compréhensif – au sens du recueil non directif d'un récit –, n'autoriserait pas cette *connaissance approchée*. Il s'agit de développer un dispositif ternaire d'enquête; un dispositif qui, au travers de trois configurations discursives, permette d'*avoisiner* l'expérience urbaine de l'habitant. Mais comment décrypter, dans les discours, les expériences et traces en question?

1.2.3. Référent méthodologique général

Ce dispositif d'enquête qui, autour de l'axe de l'entretien compréhensif, articule trois configurations pour appréhender *à la fois* l'expérience urbaine «immédiate» de l'habitant et son empreinte «psychique», est déterminé par un référent méthodologique principal déjà constitué, mais que je n'ai pas encore pris la peine d'expliciter. Ce référent est celui du *«parler des pas perdus»* que M. de Certeau élabore avec J.-F. Augoyard.

C'est au chapitre VII du premier tome de *L'invention du quotidien* (1980) que M. de Certeau introduit la notion d'un *«parler des pas perdus»* (*ibid.*: 179). Celle-ci naît du double constat, *et* de la décomposition de la *«ville-concept»* (*ibid.*: 177), c'est-à-dire *«du simulacre ‹théorique›»* d'une *«ville-panorama* [...] *qui a pour condition de possibilité un oubli et une méconnaissance des pratiques»* (*ibid.*: 173), *et* de la nécessité de focaliser, dès lors, sur les modalités personnelles d'appropriation de l'espace (*ibid.*: 179) qui, à fleur de sol, organisent la ville. Car il existe bien un *«art de faire»* quotidien de la ville, une *«consommation»* rusée et multiforme de la texture urbaine par ses usagers, qui la recompose et resémantise en permanence.

M. de Certeau pense ces *modalités personnelles d'appropriation de l'espace* sous la forme du trajet – de la marche précisément – et conçoit que les déplacements d'un sujet sur la trame urbaine constituent des *«énonciations piétonnières»* (*ibid.*: 180), des *«rhétoriques cheminatoires»* (*ibid.*: 183). C'est ainsi que le marcheur discoure et fait du style. D'une part, *«l'acte de marcher est au système urbain ce que l'énonciation est à la langue* [...]*»* (*ibid.*: 180): on y retrouve en effet une triple fonction énonciative. Le piéton s'approprie le *«système topographique» (ibid.)*; il effectue une *«réalisation spatiale du lieu»*; il réalise des *«relations entre des positions différenciées» (ibid.)*. D'autre part, *«l'art de ‹tourner› des phrases a pour équivalent un art de tourner des parcours»* (*ibid.*: 183-184); et ce *«style de l'usage»* manifeste une *«manière de faire»*, *«une manière d'être»* (*ibid.*: 184). Ainsi, outre le fait que mes déambulations quotidiennes parlent, elles parlent notamment de moi.

De fait, les *«rhétoriques cheminatoires»* ont une importance certaine dans le cadre de cette méthodologie. J'ai en effet affirmé que l'aréolaire et le réticulaire se traduisent discursivement par des articulations typiques et spécifiques de l'*ici* et de l'*ailleurs*, qui parlent à leur tour d'autre chose que de l'espace: la façon qu'a un sujet de construire sa personnalité. Ce sont précisément ces articulations que les figures d'une rhétorique naïve (parce que profane et spontanée) donnent à voir. M. de Certeau, reprenant J.-F. Augoyard (*ibid.*: 185), en cite deux qui sont constitutives d'une plus large *«rhétorique habitante»*: la *synecdoque* et l'*asyndète*. La première consiste à prendre la partie pour le tout; la seconde supprime les liaisons, les conjonctions, entre les différentes parties d'une phrase (*ibid.*: 186). Par exemple, l'habitant qui raconte ses déambulations urbaines peut être tenté de les résumer à la pratique d'un fragment de ville. Il peut, à l'inverse, omettre les liaisons, passer avec célérité d'un endroit à l'autre.

Selon que l'on accentue la prévalence de tel segment de rue sur sa totalité, ou bien encore, selon que l'on pratique une elliptique des *«lieux conjonctifs»* (*ibid.*: 187), c'est donc une façon particulière d'être ici qui se révèle. Or cette façon particulière prend une importance elle aussi particulière, dès lors que la ville contemporaine est modélisée comme un composé de régions morales. L'accentuation de tel fragment de ville, en dépit d'une *spatialité* plus vaste, peut être ainsi comprise, à titre d'exemple, comme l'indicateur d'une territorialité aréolaire et d'un mode vertical de construction de soi; notamment parce que la synecdoque qui prend *«la partie pour le tout»*, condense des valeurs dans un espace donné et que l'acteur s'y trouve alors entièrement résumé. La propension aux figures asyndètiques est, pour sa part, potentiellement analysable comme la manifestation d'une territorialité qui compose avec des espaces multiples, des régions morales hétérogènes, puisqu'elle est une façon de dire: «je suis ici, et simultanément je suis là».

Figure rhétorique	*Territorialité*	*Territorialisation de soi*	*Construction de soi*
Synecdoque	Aréolaire	Déductivité	Verticale
Asyndète	Réticulaire	Inductivité	Horizontale

Tableau 7. Rhétorique cheminatoire et construction de soi.

Au total, le pari est de savoir écouter ces énonciations et ces rhétoriques. D'autant qu'à eux seuls, *«les relevés de parcours perdent ce qui a été: l'acte même de passer»* (Certeau, *op. cit.*: 180); la *«trace est substituée à la pratique»* et fait *«oublier une manière d'être au monde» (ibid.)*. Et d'une certaine manière, la méthode des budgets espaces-temps que j'ai évoquée au début de ce chapitre serait ce relevé de parcours qui tronque l'acte de passer en rétablissant des continuités entre les lieux ou en élidant les procédés synecdoquetiques de construction de l'espace.

Si le travail d'analyse des discours s'articule autour d'un référent méthodologique déjà constitué, il se complète d'emprunts partiels – et parfois métaphoriques – à d'autres pratiques méthodologiques. L'usage que je fais de ces pratiques est non rigoureux au sens où je me sers de leur corpus comme d'une *boîte à intuitions*. Par exemple, mon usage de l'analyse conversationnelle est analogique. C'est une certaine façon de traiter le matériau d'entretien dans son mouvement, dans sa séquentialité interne qui m'intéresse, mais non pas d'une manière stricte.

Car, au sens propre, on le sait, l'analyse conversationnelle – qui s'origine dans un postulat ethnométhodologique selon lequel le «monde» est un accomplissement pratique de ses membres et non pas une réalité préexistante –, consiste en la description de la façon dont des *«interlocuteurs organisent leurs activités, en se coordonnant interactivement, en établissant un ensemble de droits et d'obligations régulant l'alternance de la parole – en constituant ainsi, en définitive, l'ordre conversationnel à la base de l'ordre social et institutionnel»* (Mondada, 2000: 2). Cette description repose sur l'enregistrement de conversations dites naturelles (non provoquées), transcrites selon une graphie idoine permettant de transmettre avec précisions les diverses dimensions de l'échange verbal (silence, montée intonative, chevauchement de parole, etc.). L'analyse du matériau se montre alors sensible, par principe[12], aux détails de la communication qui révèlent sa structuration endogène. On y observe généralement – en se montrant attentif à la répartition des tours de parole, à l'articulation *«‹des moments précédents›»* et des *«‹moments suivants›»*, à la temporalité de l'échange (*ibid.*: 4) – des *«locuteurs engagés dans un travail de coordination, de synchronisation, d'ajustement constant de leurs perspectives»* (*ibid.*: 3).

Ainsi, en premier lieu, le statut de mon matériau conduit à la conclusion que je ne fais pas une analyse conversationnelle *stricto sensu*. Mes conversations ne sont pas précisément naturelles puisque je les ai provoquées. Par ailleurs, ce qui m'intéresse, plutôt que la *«construction sociale de la réalité»*, c'est le travail de subjectivation, de construction de la personnalité, qui se manifeste dans les récits de ville, les narrations de trajets et les descriptions de parcours urbains. Ce qui m'intéresse, c'est la façon dont l'habitant «se débrouille» avec cette ville polymorphe, polysémique, phénoménologiquement instable alors qu'une in-

12 Pour l'ethnométhodologie, tout échange est en effet structuré de manière contingente, indexicale et locale.

jonction à *la dire* le conduit à *se dire*. Je me penche sur la temporalité endogène des discours, sur leur séquentialité, mais pour y lire un travail de mise en scène de soi. Autrement dit, si mon usage, déjà commenté, de la perturbation (au sens de G. Devereux) comme fondement d'une heuristique implique nécessairement une sensibilité à la dimension contextuelle de la production du discours, je cherche pour ma part – plutôt que de pister, par exemple, la distribution des tours de paroles –, à identifier comment certaines parties du matériau se rapportent à d'autres; la façon dont ces parties s'articulent de manière consonante ou dissonante. Mon travail d'analyse repose sur une lecture attentive au télescopage des *moments* d'un discours, des *moments* d'une territorialisation discursive de soi.

Par conséquent, ce que j'appelle – de manière impropre pour un linguiste – une «analyse conversationnelle» ou une lecture du «mouvement conversationnel» consiste ici en la mise en relation des différentes séquences d'un entretien donné pour expliquer une *logique énonciative* qui manifeste des procédures de réduction spatiale de la dissonance cognitive ou d'enkystement géographique d'un comportement (Chapitres 9 et 10). Pratiquement et rapidement[13], mon travail d'analyse commence systématiquement par la recherche du principe d'ordre ou de désordre qui prévaut à la mise en récit de l'objet de discours. Puis, je tente d'observer comment ce principe influence transversalement (sur la durée de l'entretien) l'énonciation de la ville. La manière, d'abord, dont la personne qui parle travaille à rendre la description de sa pratique conforme, ou non, à ce principe; la manière, ensuite, dont la personne qui parle s'industrie à rendre les lieux qui trament sa géographie existentielle conformes à une définition de soi coextensive au principe d'ordre énoncé en cours d'entretien, ou bien se définit et redéfinit, entretien faisant, dans l'énonciation des lieux en question.

Ma méthode se légitime donc «techniquement» du fait de son adéquation à mon besoin d'informations. Pour répondre à la question de savoir comment femmes et hommes font, jour après jour, usage de la ville contemporaine, en tant que système symbolique/sémiotique, pour se «bricoler» une identité personnelle, tout en étant socialement canalisés dans leur «bricolage», il me faut en effet idéalement connaître d'une part l'expérience urbaine «immédiate» de l'habitant, d'autre part, la trace «psychique» de cette expérience. Si ce besoin ne peut pratiquement pas être satisfait, il me reste néanmoins la possibilité

13 Ma compréhension et mon usage de l'analyse conversationnelle s'éclairciront progressivement dans la présentation de «mon terrain».

d'avoisiner l'immédiateté de l'expérience urbaine ainsi que sa trace psychique dans des figurations discursives. C'est ainsi que j'ai choisi de recourir à la méthode générale de l'entretien compréhensif. Cette méthode qui repose principalement sur deux piliers heuristiques – l'intersubjectivité et l'écoute critique de la parole d'un «informateur» – se décline ici sous trois formes – récits de ville, narrations de trajet, descriptions de parcours. Chacune de ces formes est typique d'un certain rapport de la mémoire et de la réflexivité au vécu du poète à l'état pratique, et permet donc l'approche, à différents niveaux de conscience, de l'expérience que le sujet en trajet fait de la ville. Cette approche nécessite toutefois l'activation d'un référent méthodologique général dans le traitement du matériau d'enquête. Il s'agit d'abord de considérer les discours recueillis comme des figures d'une rhétorique cheminatoire; ensuite, de les envisager dans leur mouvement, leur séquentialité interne, pour dégager, par exemple, des procédures de réduction spatiale de la dissonance cognitive ou encore d'enkystement géographique d'un comportement.

Mais, je l'ai dit en ouverture, une méthodologie est toujours plus que l'énonciation claire de *«limites de confiance»*, de *«techniques»* et de *«sources»*, pour reprendre les termes de la définition des *Mots de la géographie*. Elle est un lieu de réflexivité; un lieu où la personne qui cherche réfléchit explicitement d'une part, à ce qu'est l'activité de recherche, d'autre part, à ce qu'elle fait, quand elle fait de la recherche. Autrement dit, une méthodologie se constitue toujours comme un espace de réflexion éthique au sens le plus littéral: un espace de réflexion sur la façon de *«diriger sa conduite»* (selon la définition du dictionnaire *le Petit Robert*) en tant que personne qui cherche. C'est cette réflexion que j'aimerais à présent entamer.

2. Une posture intellectuelle et existentielle[14]

Si la légitimité d'une méthodologie se fonde sur son adéquation au besoin d'informations du chercheur (Maxwell, 1999: 134 s.), cette légitimité peut aussi se défendre par les inclinations, les affinités de la personne qui cherche: ma capacité à dépister – dans un matériau heuristique donné – des informations

14 Cette section 2 doit tout au travail méthodologique d'Olivier Schwartz. Elle s'inspire singulièrement du ton qu'il adopte et des idées qu'il développe dans différentes recherches. De sorte que cette section 2 doit être lue comme un hommage (parfois mimétique) à celui dont les textes m'ont donné le «goût du terrain».

susceptibles de me rendre capable de répondre à ma question de recherche est partiellement reliée à certaines propensions, corrélatives d'un *habitus* social et personnel (pour extrapoler Bourdieu, 2001: 184 s.). C'est sans doute cet *habitus* qui, alors qu'il me faut choisir entre les deux types de précisions empiriques de C. H. Cooley, me fait *naturellement* pencher du côté de la *«précision descriptive»* plutôt que de la *«précision numérique»* (cité par Pires, 1997: 9). Et si je préfère la première à la seconde, c'est bien, outre le fait que ce mode de mesure est approprié à ma question, parce que j'y ai plus de facilité. L'activité de recherche est aussi la mise en action d'un type d'imagination (au sens de G. Bachelard). Aussi, toute mise en forme d'un phénomène ne fait-elle pas pareillement image pour la personne qui cherche. De fait, il est des gênes, quand une attitude prend un caractère trop forcé, quand elle entre en contradiction avec l'histoire métabolisée par le sujet, qui rendent une séquence gestuelle inopérante et conduisent à des rationalisations naïves, qui ressortissent de cette exclamation, vaguement humaniste et un peu grandiloquente, d'un historien célèbre, initialement quantitatif, et converti à l'histoire des représentations: *«aujourd'hui, je ne pourrai plus entrer des hommes dans un ordinateur»*. Une recherche est sous-tendue par une façon de se positionner face au monde; reconnaître explicitement cette façon, c'est énoncer clairement ses limites de confiance. Une méthodologie se légitime aussi en ce qu'elle est une posture intellectuelle et existentielle[15].

Au total, on peut estimer que la compréhension de l'activité scientifique d'une part, comme une pratique sociale comme une autre, d'autre part, comme forme spécifique de l'activité littéraire, est *une façon* d'approcher certaines exigences fonctionnelles du discours scientifique: humilité, *«scepticisme organisé»* (Merton commenté par Martin, 2000: 27), neutralité axiologique, falsifiabilité... Mais je ne peux exclure qu'elle soit constitutive de ce qu'il faut considérer comme une facilité, celle du *«narcissisme de la petite différence personnelle»*. Le refus de lisser sa voix (de gommer ce qu'il peut y avoir de personnel chez l'écrivant) dans une exigence paradoxale de scientificité est effectivement une *procédure ambiguë de distinction*. De fait, il faut reconnaître que cette thèse s'inscrit aussi dans un projet personnel, celui de la recherche d'une *«façon de se positionner par rapport au monde»*, de *«le concevoir»*, pour citer un auteur connu. Le dire, c'est permettre au lecteur de s'en émanciper partiellement.

15 La définition de la méthodologie en tant que posture ne signifie pas que le chercheur s'aliène à une seule théorie, il faut plutôt y voir la conscience et la reconnaissance de certaines inclinations.

Ce d'autant qu'il importe de voir que cette quête d'une axiomatique – au sens de vision du monde – se retraduit dans l'attitude qu'a la personne qui cherche par rapport à ses *«sujets»*. Ce en quoi on retrouve, dans la pratique du terrain, l'articulation d'une politique, d'une éthique et d'une esthétique. La posture intellectuelle est aussi une posture existentielle: *«envisager le monde»* d'une certaine manière, c'est se *situer* d'une certaine manière par rapport au monde.

C'est pourquoi il convient, à présent, de décliner mon dispositif d'enquête au gré de cinq figures: la Rencontre; la Construction de la communication; le Réconfort; l'Etranger-chercheur; le Salaud sartrien. Cinq figures qui tissent un fil éthique qui, manifestement, est d'ordre méthodologique. Cinq figures qui permettent encore, dans la mobilisation explicite d'un certain schème critique-analytique, de préciser ce en quoi mon dispositif ternaire d'enquête repose sur les deux piliers de l'intersubjectivité et du paradoxe de l'observation.

2.1. Cinq figures

2.1.1. La Rencontre

Ecrire que l'entretien compréhensif est une figure de la Rencontre conduit à E. Lévinas. Ce qui se joue, dès le premier moment de l'entretien compréhensif (celui de la prise de contact), tient effectivement de l'expérience du visage telle que l'entend le philosophe. On a affaire à une configuration intersubjective, précisément parce qu'il s'y déroule ce que l'auteur appelle une scène traumatisante: je découvre une *«pauvreté essentielle»* (Lévinas, 1982 [2000]: 80) de l'autre qui me rend en quelque sorte responsable de lui (de sa parole). Dans le même temps, cet autre me découvre dans mon dénuement, et éprouve un sentiment de responsabilité à mon égard. Aussi, l'entretien compréhensif est-il une configuration intersubjective où, à la fois, la personne qui cherche et la personne qui parle accueillent autrui.

Or, la coresponsabilité et la co-hospitalité activée par l'intersubjectivité de l'entretien compréhensif, considéré comme une figure de la rencontre, structurent fondamentalement le matériau recueilli. Elles vont déterminer significativement ce que l'«informateur» est disposé à dire, mais aussi les gratifications qu'il aura à dire. Elles vont encore déterminer – en travaillant en bruit de fond – le rapport que le chercheur entretiendra avec son matériau final. Car envisager l'entretien compréhensif comme figure de la Rencontre, c'est accepter le fait que cet entretien est un *dispositif éthique* au sens où l'entendrait E. Lévinas. Dans l'*«expérience du visage»* qui fonde la configuration intersubjective de l'entretien compréhensif, *les deux protagonistes sont réciproquement pris en otages* et adviennent comme sujet en ce que nul autre ne saurait les remplacer au sein de ce dispositif. On touche alors à une première approximation des motifs qui poussent les gens à parler dans une situation d'enquête: la parole est *toujours-déjà* d'ordre éthique. E. Lévinas remarquait ainsi qu'il y a *toujours* une injonction sourde à parler quand on se trouve avec quelqu'un (*ibid.*: 82) et concluait que, d'une certaine façon, *«répondre à l'autre homme, c'est déjà répondre de lui, le prendre en charge»*.

Mais si l'expérience traumatisante de la Rencontre insinue une injonction sourde à dire, à prendre en charge l'autre en tant qu'autre, il importe de voir que *ce motif de la prise en charge est susceptible de réintroduire quelque chose d'une autolimitation inconsciente dans la lecture libre du matériau d'enquête.* Accepter la Rencontre, c'est peut-être aussi accepter de céder un peu d'objectivité.

L'analogie de l'entretien compréhensif avec l'expérience lévinasienne du visage a toutefois des limites. Notamment parce l'entretien d'enquête reprend les trois grands facteurs d'échec de la rencontre qu'identifie E. Lévinas: l'acte de connaissance, l'acte de besoin, l'acte de pouvoir. Le *«désir de savoir»* qui s'élabore sur le mode d'un désir d'appropriation nie l'altérité; dans le besoin, l'autre est le moyen de combler un manque et donc se voit contester son dénuement; le pouvoir tend à réduire l'autre à soi, à lui soustraire son particularisme. Et d'une certaine manière, la rencontre du «chercheur» et de l'«informateur» est placée sous le triple signe d'un désir de savoir (c'est d'une enquête qu'il s'agit), d'un besoin de l'autre (sans discours, pas de travail) et d'un acte de pouvoir (c'est moi qui pose les questions!). Pour toutes ces raisons, l'entretien est aussi ce que E. Lévinas appelle une rencontre ratée. C'est, à certains égards, sur elle-même que tombe la personne qui cherche.

Ainsi, l'entretien compréhensif peut aussi être une rencontre narcissique. Quels que soient les grands principes qui m'habitent alors que je sonne chez l'habitant, que, plus tard, j'enclenche mon enregistreur, j'observe avec les yeux de la personne qui cherche. Une personne qui, en dépit d'un effort de réduction phénoménologique, n'en reste pas moins insérée dans *«un réseau de connaissances»* (Haéri, Roche, 1999:18): les questions qu'elle pose sont toujours un peu colorées par un fond de savoir disciplinaire, toujours un peu empreintes d'une *«naïveté savante» (ibid.)*. Par ailleurs, je sollicite des individus sans qualités, certes dans un désir de connaissance, mais aussi habité par un besoin de reconnaissance, de légitimation sociale. Enfin, la parole de l'autre est toujours un peu manipulée, indépendamment des préventions que prend le chercheur. Tout travail de recherche ne saurait être une autoscopie, et doit s'ouvrir à l'intersubjectivité. Mais il ne saurait être – réciproquement – un simple travail de paraphrase des discours recueillis. C'est à celui qui cherche qu'il appartient de faire l'intrigue – avec autorité et à partir d'une grille d'intelligibilité du réel qui lui est propre.

L'intersubjectivité de l'entretien compréhensif est proprement ambiguë, proche de l'injonction contradictoire. Elle est une rencontre d'ordre immédiatement éthique par laquelle on s'apprête à céder de l'objectivité pour de la responsabilité; elle est une rencontre réifiante en ce que le visage de l'autre est instrumentalisé. On comprendra donc que, si l'«objet» est toujours perturbé par l'observation, l'observateur l'est aussi – et qu'un travail d'auto-analyse critique doit (explicitement) baliser le parcours de recherche – et son compte-rendu méthodologique.

Mais l'intersubjectivité de l'entretien compréhensif doit encore être problématisée, en tant que figure de la rencontre, du point de vue du schème critique analytique précédemment évoqué. En effet, l'entretien relève aussi d'une problématique phénoménologique du «regard» et de l'*«autrui significatif»* (pour reprendre une expression de Berger et Kellner, 1960 [1988]), autrement dit: un autre qui apporte des validations – jugées pertinentes – d'un certain «univers». Si l'entretien est une expérience du visage qui lui confère une dimension éthique, il manifeste aussi le besoin d'un «regard» qui enregistre, d'une altérité qui, dans une conversation, conduit à la construction d'une certaine réalité – celle d'un parcours biographique, d'une tranche de vie. Peut-être alors que le dispositif intersubjectif de l'entretien compréhensif répond, en tant que rencontre, à la clause de la *«seule présence»* (Zajonc, 1965) des psychosociologues. A savoir qu'ici, la seule présence d'un autre significatif suffit à l'apparition de propriétés nouvelles, de propriétés qui ne se trouvent pas initialement et intrinsèquement dans les composantes du sujet, qui n'existent pas hors d'une certaine *relation* – et que la conversation fixe dans un cadre normatif, permettant alors, dans un mouvement en retour, une intériorisation. Aussi, peut-être bien que l'entretien compréhensif n'ouvre jamais sur le monde de celui qui parle, mais qu'en tant que rencontre, il produit «son monde» – dans une conversation qui est susceptible d'être reprise. Peut-être bien que l'entretien compréhensif n'a pour seule fonction que celle de stabiliser, *via* un *nomos,* une réalité en construction.

De fait, ce qui se dessine entre la personne qui cherche et la personne qui parle, c'est un passage. L'entretien scande un parcours, il constitue un temps fort qui ouvre un espace intersticiel de recomposition et réorientation. La rencontre d'un «visage» – d'une personne à la fois proche et lointaine – vient organiser les différents temps existentiels des protagonistes et révéler des gués possibles entre leurs champs expérientiels. L'entretien, conçu comme une figure de la rencontre, est *un événement extraordinaire qui se moule dans de l'ordinaire.* C'est parce qu'il permet l'ouverture d'un espace discursif qui fait rupture, qu'il est en mesure de construire de la réalité dans un effet nomique. Cette phénoménologie-là de l'entretien ne doit jamais être occultée. Elle n'annule pas la pertinence du matériau récolté, mais colore le matériau en question d'une spécificité irréductible: le chercheur est, dans la rencontre, aussi en train d'*observer une réalité à l'état naissant*, qui légitime une écoute sceptique.

Au total, une fois évoqués les enjeux, les difficultés, les *«limites de confiance»* du matériau recueilli par l'intermédiaire d'un dispositif fondé notamment sur l'intersubjectivité consécutive d'une rencontre, je me demande *pourquoi* j'ai choisi l'entretien compréhensif, au regard de quelle axiomatique personnelle. Pratiquer l'entretien de type compréhensif revient à se placer sous le signe hasardeux de la rencontre – une rencontre à la fois anxiogène, traumatisante et transformante. De fait, ce caractère hasardeux travaille fortement le matériau recueilli, en même temps qu'il peut justifier le choix d'une méthode comme façon de se positionner dans le monde. Je ne vais pas écrire ici (dans une sorte d'humanisme mou) que j'ai choisi de pratiquer l'entretien pour faire la connaissance des gens sans qualités. Ce serait faux. Par contre, j'ai sans doute choisi cette méthode parce qu'aléatoire, contingente. Plus précisément parce que ce caractère *résonne* en moi en tant que personne. De fait, si l'objet des sciences parle, s'il parle notamment du chercheur, la méthode dit, elle aussi, quelque chose à propos de l'observateur. Dans le choix de l'entretien compréhensif, il faut donc aussi lire tout ce qui me limite comme apprenti chercheur. Une forme de sensibilité qui me rend peut-être inapte à la moindre découverte dans un matériau dit quantitatif, comme je l'ai déjà expliqué. Mais encore une certaine peur de la rencontre, de l'imprévisible de la rencontre, qui m'incline dans un genre de transfert, à multiplier «scientifiquement» des rencontres ritualisées, encadrées par un protocole. Plus fondamentalement, ce que manifeste ce choix de l'entretien compréhensif, ce que permet de saisir sa déclinaison sous la figure de la Rencontre, c'est une sorte de névrose de contrôle. Paradoxalement, je pratique peut-être l'entretien pour découpler la rencontre de sa dimension hasardeuse. Peut-être, car si, indubitablement, il y a dans ce choix la tentative savante de contrôler autrui, de se le rendre prévisible dans une procédure; il y a également la tentative de se défaire de cette propension.

Le travail de la personne qui cherche, dans son ascèse méthodologique, s'accompagne en effet presque toujours – selon des degrés divers d'explicitation – d'un projet de redéfinition de soi. Et, en tout état de cause, cette dimension influence ma collecte du matériau et teinte mes résultats d'une *couleur personnelle.*

*

L'intersubjectivité du dispositif d'enquête de l'entretien compréhensif se pose comme une figure de la Rencontre. Une rencontre constituée de l'expérience éthique d'un visage éprouvé dans sa *«pauvreté essentielle»*. Mais aussi une Rencontre condamnée à rester inexorablement – dans son instrumentalisation – une rencontre ratée. Ce qui importe néanmoins, c'est que cette rencontre fait parler dans une prise en charge réciproque de l'autre. Mais il importe de recevoir cette parole avec distance, dès lors qu'on considère qu'elle peut manifester, en quelque sorte, une réalité à l'état naissant. C'est pourquoi la rencontre doit mobiliser une durée qui permet, dans un travail de banalisation de la personne qui cherche, de rétablir des possibilités de critique du matériau, des occasions de recoupements des informations. C'est ce travail sur le temps (se rendre commun en se posant comme personnage récurrent), et sur l'espace (occasionner un rapprochement des protagonistes du dispositif intersubjectif de l'entretien compréhensif) qu'il s'agit donc de réfléchir, en considérant qu'il est constitutif de la construction d'une communication (l'expression est de Schwartz, 1990: 35).

2.1.2. La Construction d'une communication[16]

La force du lien qui existe entre entretien non directif et observation participante est connue. Ces deux techniques de recherche, qui ont partie liée avec l'ethnographie, mais aussi avec les enquêtes sociales, se sont posées comme un moyen assez évident pour un chercheur de s'informer sur un groupe humain donné, l'autorisant à recouper, dans un va-et-vient permanent, ce que dit un informateur avec les pratiques observées… et réciproquement. La force du lien entre entretien non directif et observation participante est telle, qu'on pourrait même affirmer que leur légitimité scientifique ne résulte que de leur articulation. Sans cette *«[…] insertion personnelle et de longue durée du* [chercheur] *dans le groupe qu'il étudie»* (Schwartz, 1993: 267), qui transforme l'observateur en un familier et lui ouvre l'accès au *«‹non-officiel› de la vie quotidienne»* (*ibid.*: 268), il

16 Cet intertitre reprend une expression d'O. Schwartz (1990).

devient par exemple difficile à la personne qui cherche de recomposer le *«présent-absent» (ibid.)* du récit des informateurs, mais aussi de contourner les stratégies de *«contre-interprétation»* (*ibid.*: 271) élaborées par les observés. Ou encore – pour être plus en phase avec mes préoccupations – de se positionner de manière judicieuse par rapport aux procédures de construction de la réalité qui trament l'entretien compréhensif; d'envisager avec pertinence la petite machine autofictionnelle qu'il constitue.

Dans un monde parfait donc, l'entretien compréhensif devrait être articulé avec l'immersion de l'observateur dans la vie de ses informateurs. Immersion qui permet simultanément la multiplication des *«situations de paroles»* et la *«déritualisation d la relation enquêteur/enquêté» (ibid.)*. Mais le monde est imparfait. De ce point de vue, les habitants rencontrés pour un entretien semblent *a priori* condamnés à rester des étrangers. Après une heure, deux heures d'entretien, la personne qui parle change de rôle pour celui d'hôte ou d'hôtesse, propose un dernier café, puis pousse aimablement la personne qui cherche vers le vestibule, puis dans l'allée: on ne se reverra plus.

En bref, on peut estimer que la brièveté de la situation d'entretien (et ce, quelle que soit l'intensité de la rencontre au sens lévinassien) n'autorise pas un démantèlement suffisant des *«murs protecteurs de l'intimité»* (Schwartz, 1990: 35). Et il est tout à fait plausible que l'entretien ne permette d'appréhender qu'un niveau de surface, une variation sur le thème macrologique des pratiques sociales. Que dire en effet quand la personne qui cherche énonce sa consigne sous la formulation ritualisée, et un peu intrusive, du: «Parlez-moi de...», sinon ce à quoi je suppose qu'elle s'attend ou ce que je suppose être gratifiant? Avec l'hypothèse d'un niveau de surface se profile donc la question de la recevabilité des résultats. Que faire alors pour atténuer ce «biais»? Comment réussir à accéder à un matériau de *«moyenne profondeur»* (selon l'expression de Schwartz, 1990: 36) et non à des discours de convenance? Diverses solutions s'offrent. On peut essayer de réintroduire quelque chose d'une observation par immersion dans l'entretien (à l'exemple de Filiod et Welzer-Lang, 1993). On peut choisir de laisser le travail d'enquête à des gens qui connaissent personnellement l'informateur (comme le propose Bourdieu, 1993: 1395). On peut encore s'essayer à la construction et au maintien d'une relation avec l'informateur, c'est-à-dire travailler l'amont et l'aval de la rencontre pour se bâtir une image de familier, autrement dit: élaborer une relation avec les sujets (comme le suggère Schwartz, 1990, 1993). Une relation toujours source d'informations en ce que même bien après l'entretien, à l'occasion d'une activité quelconque, une séquence interactionnelle est susceptible de rendre intelligible un fragment de discours.

C'est pourquoi l'entretien est toujours un travail sur la distance, sur la construction d'une «bonne distance» en ce qu'elle est *une modulation.* Ce travail commence en amont de la prise de contact en ce qu'il faut, d'une manière générale, identifier les bons passeurs, les bons intermédiaires. Mais il se poursuit en aval de la prise de contact alors que la personne qui cherche propose un repas ou une verrée pour «clarifier» l'objet de sa demande d'entretien. Ce qui est visé, c'est le déclenchement de la communication, le *«rapprochement des conditions»* (pour reprendre une belle expression que S. Chevalon-Demersay forge dans son analyse sociologique de la série télévisée *Urgences*), l'établissement d'une *conversation courante*, ordinaire qui est déjà source d'informations. De fait, la figure secondaire sous laquelle il convient alors de penser la démarche de construction d'une communication est celle du cynisme (Schwartz, 1990: 50-57): sous un dehors de convivialité, la démarche d'enquête est déjà initiée – quoiqu'en dise la personne qui cherche, en dépit d'une déontologie qui pose qu'on n'observe que des gens conscients d'être observés, il y a une sorte de retour d'un refoulé naturaliste par lequel la première interaction se constitue comme inscription dans un carnet de recherche plus ou moins virtuel.

En définitive, avant d'être une méthode de recherche, l'entretien se pose comme une pratique sociale très intéressée. En tant que telle, il nécessite une compétence non seulement technique (un savoir-faire) mais aussi comportementale (un savoir-vivre), émotionnelle (un savoir-être) et stratégique (un savoir-obtenir). Cette définition de l'entretien comme pratique sociale conduit à ce qui pourrait paraître comme un biais rédhibitoire: le matériau recueilli demeure intrinsèquement hétérogène (ce qui serait dommageable dès lors qu'on cherche des différences et que l'on compare donc les entretiens entre eux – ce qui n'est pas mon cas). De fait, plus qu'un savoir-faire, un savoir-vivre, un savoir-être, un savoir-obtenir, c'est un *art* de faire, respectivement de vivre, d'être et d'obtenir qu'il faudrait plutôt invoquer pour illustrer la quadruple compétence exigée par l'entretien. Il demeure un empirisme indépassable dans la construction de la communication. Telle stratégie échouera dans telle situation, alors que la personne qui cherche la pensait avérée. Et c'est dans l'*in situ* qu'il faudra composer avec les impératifs de sa recherche et les exigences d'une communication non violente (*infra*: Chapitre 7, section 4).

De fait, s'il s'agit de réduire la distance, il faut aussi – comme le montre encore O. Schwartz – retrouver sa place aux moments critiques. La personne qui cherche doit savoir où elle n'a pas à rentrer par effraction. Une altération de la voix, une modification significative du registre gestuel constituent – en tant que comportements perturbés – des *indicateurs d'un seuil limite de l'intime.* Un seuil qui, par éthique, par sensibilité à la vulnérabilité de l'autre, à son dénuement essentiel, ne sera pas forcé. L'entretien d'enquête n'est pas une interview journalistique ni une consultation psychothérapeutique. L'«informateur» n'a «rien à vendre», il ne vient pas «faire une promo» (ce en quoi il n'a pas à subir une forme détournée de tauromachie). Il a accepté une rencontre «contractualisée» par un «pacte» d'entretien qui n'a pas fait mention de la nécessité d'une confrontation à des traumatismes personnels (ce en quoi il n'a pas à être mené au pas de charge à une catharsis). La communication se construit donc aussi par une rupture de la parole d'enquête. Parfois, à l'exemple d'O. Schwartz, j'éteignais l'enregistrement de mes entretiens. Parfois, je décidais d'interrompre la rencontre. Parce que j'avais conscience d'apprendre quelque chose que je n'avais pas à savoir. Parce que mon interlocuteur me révélait involontairement un trait de personnalité susceptible de lui être préjudiciable. Mais ces interruptions obéissaient aussi à des considérations stratégiques: montrer mon respect d'une intimité, alors que l'on s'apprêtait à me la révéler, me permettrait sans doute le démantèlement des murs protecteurs de l'intimité sur des champs expérientiels plus pertinents pour ma question de recherche. En «interrompant» momentanément l'entretien, avant que l'habitant ne me remette à ma place, je gagnais sans doute sa confiance. Ce en quoi l'on retrouve une certaine artificialité de la rencontre qui en fait une rencontre inexorablement ratée. Et à nouveau, si l'observé est perturbé par l'observation, l'observateur l'est tout autant. Soumis d'emblée à une relation de coresponsabilité et de cohospitalité, il est dans le même temps travaillé par la conscience d'une duplicité irrémédiable, qui n'est peut-être pas justifiée par la fin.

Dans ma stratégie de construction d'une communication, pour ma part, j'ai choisi (en toute conscience) la voie des relations interpersonnelles pour accéder à la *«parole habitante»* qui m'intéressait (l'expression est de O. Söderström [1992], qui l'emploie dans un autre sens). Cette voie me semble en effet une façon d'éviter l'entrée en matière d'une sixième figure dans mon dispositif d'enquête, à savoir celle de l'Inconnu. Si aucune des personnes rencontrées ne constitue ce que l'on appelle un *familier*, j'ai en tout cas avec chacune un lien implicite et très abstrait, mes «contacts»: Pierre, Paul, Jacques, Michèle, Louise... Il faut voir ici la résonance d'un parti pris méthodologique défendu par P. Bourdieu (1993) dans *La Misère du monde*, celui *«de laisser aux enquêteurs la liberté de choisir les enquêtés parmi des* gens de connaissance *ou des gens auprès de qui ils* [peuvent] *être introduits par des gens de connaissance»* (*ibid.*: 1395) en ce que la *«proximité sociale et la familiarité assurent en effet deux des conditions principales d'une communication ‹non violente›» (ibid.).* Se réclamer d'un tiers, c'est pour la personne qui cherche banaliser son irruption dans le quotidien de l'habitant; c'est chercher à construire une communication qui relève de la familiarité en usant de l'artifice phénoménologique d'un visage connu.

Mais l'usage de ce canal d'accès implique que dans la rencontre de la personne qui cherche et de la personne qui parle ne circulent pas seulement des informations. On se retrouve effectivement pris dans une relation demi consciente, à peine délibérée, de don et de contre-don, qui influe sur la qualité et la quantité de la parole échangée. Si le fait que je me recommande de Paul pour m'entretenir avec Jacques repose sur le postulat que la médiation d'un visage connu, d'un *«autrui significatif»* est susceptible de rétablir un *«cadre nomique»* dans la situation anxiogène que constitue l'entretien, il se peut aussi que Jacques ait une «dette» ou une «créance» envers Paul et que je fonctionne, à mon tour, dans le dispositif comme un moyen de l'éteindre. Cet enjeu «économique» que j'ignore est sans doute au fondement d'une construction de la communication, tout comme il influe potentiellement sur le refus ou l'acceptation de la rencontre, et plus fondamentalement sur le flux de la parole échangée.

Je ne peux ainsi exclure que les dits et les dires recueillis ne renvoient à un référent très éloigné du contexte de l'entretien, qu'ils renvoient, une nouvelle fois, à autre chose qu'à ce dont il est question. Les personnes prolixes ou taciturnes, exhibitionnistes ou pudiques que je rencontre, les paroles privées ou publiques qu'elles m'offrent répondent, peut-être, au désir de plaire au tiers (en l'occurrence à la fois absent et présent) ou de se libérer d'une frustration ancienne imposée par ce même tiers. Par suite, si les discours enregistrés sont tantôt de confidence, tantôt de statut, tantôt strictement formels, la cause ne réside pas obligatoirement dans ce que je suis tantôt trop effacé, tantôt trop présent. Si je construis une proximité avec un bonheur inégal (en ce que je passe l'après-midi ou la soirée chez certain-e-s, alors que d'autres expédient l'entretien entre deux rendez-vous, deux périodes de travail), c'est peut-être bien parce qu'une personne simultanément absente et présente s'interpose entre moi et l'habitant.

L'entretien ne sera définitivement jamais un *«véhicule transparent et neutre d'information»* (Mondada, Söderström, 1993b: 84-85). Et, conséquemment, toute intelligibilité du matériau – aussi volontairement honnête et systématique qu'en soit la lecture – garde un arrière-goût des résumés d'intrigue de P. Veyne (1971 [1996]): une organisation plus ou moins vraisemblable des faits, une mise en série (*ibid.*: 57) des fragments qui constituent un discours, sans être le discours; le dessin d'une *«ligne narrative»*, dans la *«codification sélective»* (Laperrière, 1997: 320) d'un processus. Dans l'inscrutabilité de la référence, j'ai peut-être fait du roman. Mais l'important ici est que j'ai cherché, en tant que romancier, à limiter mes «fautes de grammaire». Car il y a incontestablement une grammaire de l'entretien que la mise en intrigue du matériau, la codification sélective, le dessein d'une ligne narrative, doit respecter. Si bousculer la grammaire d'une langue correspond au non-respect de la relation entre les mots, les phrases, alors trahir la grammaire d'un entretien consiste à ne pas tenir compte de la relation transversale entre les énoncés qui constituent la rencontre d'enquête. C'est cette relation qu'en tant que «romancier», j'ai cherché à ne pas trop violenter.

*

L'intersubjectivité du dispositif de l'entretien compréhensif qui se manifestait dans un premier temps comme un «truc» permettant d'obtenir un matériau riche dans une écoute bienveillante apparaît ainsi comme une forme de rapport social qui contient en lui toutes les perturbations constitutives d'un rapport social. Quelles que soient les préventions et les précautions de la personne qui cherche, il persiste une part de violence symbolique (un étranger cherche somme toute à vous faire parler). Il demeure encore une exigence morale infinie, pour parler comme E. Lévinas. Infinie et insoutenable en raison des contraintes structurelles qui fondent la rencontre d'enquête. La personne qui cherche a des exigences institutionnelles qui l'obligent à activer un art d'obtenir, si bien que sa bienveillance peut s'assimiler, au deuxième tour, à une forme très civile de la rapine. Toutes choses qui conduisent donc à ce qu'on incline à discuter le second fondement de mon dispositif d'enquête. S'il y a paradoxe de l'observation, il réside en fait aussi dans le comportement perturbé de l'observateur. Car, en fin de compte, quand tout est recueilli, il y a immanquablement un trouble qui traverse la personne qui cherche, quand son image de personne en train de chercher, miroite sur son matériau. Un trouble qui ne peut que parasiter l'analyse. Il s'agit alors d'allumer un contre-feux qui consiste à se dire, comme le rappelle O. Schwartz: je n'ai pas fait que prendre; j'ai aussi donné. L'intersubjectivité du dispositif de l'entretien compréhensif réside aussi dans ce qu'il est une figure du réconfort. C'est du moins ce qu'il apparaît quand on se demande pourquoi l'«informateur» accepte un entretien.

2.1.3. Le Réconfort

Pourquoi les gens parlent[17]? Pourquoi ouvrent-ils leur porte? Que retirent-ils de leur inscription dans un dispositif d'enquête? Que cherchent-ils à satisfaire comme besoin alors qu'ils acceptent un entretien? Répondre à ces questions nécessite de s'interroger d'une part, sur la construction sociale de la réalité dans la conversation ordinaire, d'autre part, sur le don et le sens du don.

Alors qu'il se demande pourquoi les gens parlent, J.-Cl. Kaufmann (1996) élabore en effet une réponse qui tient du constructionnisme et de *«l'identité narrative»* de P. Ricœur (1988: 295-304). Dans la prise de parole, dans le discours, dans l'intrication des «faits» et du langage, le locuteur tisse un *«fil qui donne un sens à sa vie»* (Kaufmann, *op. cit.*: 61). Il devient le *«fabricant de son identité»* (*ibid.*: 59). Ainsi, si les gens parlent, c'est entre autres, parce qu'ils ont l'intuition que *«l'entretien fonctionne* [...] *comme une chambre d'écho de la situation ordinaire de fabrication de l'identité. Il faut penser à soi et parler de soi, plus profondément, plus précisément, plus explicitement qu'on ne la fait habituellement»* (*ibid.*: 60). Un besoin de subjectivation les pousse en quelque sorte vers la personne qui cherche. Un besoin de dire: Je. Les gens parlent parce que Je est un effet de discours (on retrouve ici la problématique de la subjectivité moderne et son homme en trajet), et que parler, c'est donc le faire advenir.

Cette conception de l'entretien comme *«chambre d'écho»** doit être encore élargie. Il est chambre d'écho parce qu'il s'y rejoue des scènes intimes et/ou anciennes qui permettent et structurent la parole. C'est parce que l'entretien est une caisse de résonance somme toute sécurisée (on a plus ou moins l'impression de n'être pas confronté à quelqu'un qui cherche à faire dire ce qu'on ne veut pas dire; on a plus ou moins l'impression que l'oreille qui écoute n'est pas une oreille qui diagnostique du pathologique ou du normal; on a plus ou moins l'impression qu'on ne reverra pas durablement la personne qui écoute) qu'il conduit à l'activation de certains schèmes de comportement qui stimulent le besoin de parler, en même temps qu'ils permettent une compréhension large de la personne qui parle. Je ne mentionnerai ici qu'une seule de ces scènes intimes et/ou anciennes qui se rejouent dans l'intersubjectivité du dispositif de l'entretien compréhensif. Celle qui me semble la plus pertinente parce que se situant à l'exacte articulation d'un besoin et de sa satisfaction gratifiante dans la parole d'enquête. Il en est d'autres, sans doute. Mais j'ai déjà

17 Cette question reprend un intertitre de J.-Cl. Kaufmann, 1996, *L'entretien compréhensif.*

dit ne pas vouloir épuiser toutes les possibilités de mon matériau. Ces possibilités seraient-elles spéculatives.

Ainsi donc, les gens parlent dans un besoin de subjectivation. En ce qui me concerne toutefois – et jusqu'à un certain point, seulement – si les gens parlent, c'est sans doute aussi, sinon d'abord, par empathie et commisération. En me présentant comme un étudiant (doctorant) qui achève un travail de fin de cycle, j'ai activé chez mes poètes à l'état pratique un vague souvenir du devoir scolaire. Sans doute suis-je aussi apparu, d'une certaine façon, comme un élève qui doit rendre un travail à domicile et qui n'y arrivera pas sans la collaboration d'un environnement social très élargi. J'ai ainsi bénéficié d'une certaine solidarité «classiste» opposant un Nous vague, anomique et nostalgique (celui des élèves, des collégiens, des étudiants) au Eux de l'Institution et ses représentants (les cahiers au feu et la maîtresse au milieu). Et peut-être se joue-t-il ici quelque chose d'apparemment insignifiant, très lointain, qui vient du fond de l'enfance: un besoin trouble de consolation qu'on peut enfin satisfaire en consolant la personne qui cherche. Aussi, ce tour nostalgique, qui occasionne d'une part, un rapprochement des positions, d'autre part, quelque chose d'une confiance en soi chez la personne qui parle – dans une sorte de paternalisme doux –, ce tour nostalgique donc, a pour avantage de libérer en quelque sorte la parole d'enquête. La personne qui parle, parle avec bienveillance, parce que le statut de sa parole – en tant qu'elle est condition de possibilité de reconnaissance sociale – l'insère dans un réseau qui est celui de la filiation spirituelle et de la fraternité. Le tour nostalgique dont je joue, je crois intentionnellement, conduit d'une certaine manière à ce que le locuteur se rapproche de l'auditeur puisqu'il est incidemment amené à «[...] *voir les possibilités de l'autre comme* [ses] *propres possibilités*» (pour reprendre ce que Lévinas dit de la filialité au sens large [1982 (2000): 63]). Et c'est ce dédoublement particulier – que cristallise la personne qui cherche dans la composition d'une «[...] *relation du moi avec un moi-même qui est cependant étranger à moi*» (*ibid.*: 64) – qui conduit ainsi à ce que, malgré un souci du quant à soi, pourtant ils parlent. Ce travail de mobilisation de la parole, dans une mise à disposition cohérente de soi est sans doute un des artifices les plus efficaces de l'intersubjectivité.

Mais, si les gens acceptent un entretien, s'ils parlent, ce n'est sans doute pas seulement pour bénéficier d'une chambre d'écho, ou parce que – dans un art d'obtenir – ils ont été conduits dans quelque chose d'un rapport de filialité, ou enfin dans un exhibitionnisme certain. Il y a aussi un je-ne-sais-quoi qui relève de la socialité.

J'ai déjà évoqué comment, dans un essai de construction de la communication, j'ai choisi de me recommander de personnes de connaissance pour me faire admettre par mes *«informateurs»*. Ce qui est alors convoqué, c'est une injonction sociale à l'hospitalité, en ce que dans certains mondes sociaux, être *«‹le copain d'un copain›* [...] *crée l'obligation morale de ne pas refuser le contact»* (Coenen-Huther, 2001: 32). Mais une hospitalité d'un type très particulier. En ce qu'elle est sollicitée, d'une part – ce qui contrevient au codage social de l'hospitalité. En ce qu'elle s'apparente à l'effraction, d'autre part – j'étais conscient, du fait de ce codage, que la probabilité de refus était faible. Il se dessine ainsi – une nouvelle fois – une situation ambiguë qui doit être explicitée et débattue d'un point de vue méthodologique, en s'interrogeant d'abord sur le statut général de l'hospitalité; ensuite sur le statut spécifique de l'hospitalité dans l'intersubjectivité de l'entretien compréhensif.

Dans un bel article, J. T. Godbout propose de penser l'hospitalité à partir du don, et plus précisément à partir du «sens *de ce qui circule entre les acteurs»* (1997: 35); un sens souvent trouble, note l'auteur, puisque ce qui est vécu comme donné d'un côté de l'échange, peut être vécu comme pris de l'autre côté. J. T. Godbout donne ainsi l'exemple de ce frère qui dit avoir beaucoup *donné* à sa sœur; alors que la sœur dit avoir beaucoup *pris*. L'hospitalité apparaît donc comme une situation sociale qui permet de réfléchir non seulement le don, mais l'acte même de recevoir. «[D]*ans le modèle du don* [qui sous-tend l'hospitalité], *recevoir ne va pas de soi»* (*ibid.*: 36) et l'hospitalité peut être ramenée à ce fait même de *«bien recevoir» (ibid.)*. Un bien-recevoir qui oblige et lie à la fois l'hôte et celui qui est reçu[18].

Si la logique de l'hospitalité s'apparente à celle du don et du contre-don, l'hospitalité n'est pas pour autant un partage: son bien-recevoir ne vise pas, en effet, à abolir toute dissemblance (*ibid.*: 38). *«L'hospitalité se situe toujours à la frontière entre l'appartenance et l'altérité. Elle porte sur la différence* [...]*»* (*ibid.*: 38) note J. T. Godbout. Autrement dit: l'hospitalité est un travail de mise en différence – constitutif du bien-recevoir – qui se manifeste notamment, pour l'hôte, dans «[...] *l'importance que le donneur accorde au receveur en le considérant comme un cas unique et en lui montrant que le don n'est pas fait pour obéir à une règle, mais qu'il lui est personnellement adressé, qu'il est fait pour lui* [...]*»* (*ibid.*: 37); un travail de mise en différence qui s'incarne encore dans ce que J. T. Godbout appelle, après M. Mauss, le *hau* du don, à savoir l'explicitation que *«quelque chose de la personne du donneur demeure dans la chose donnée, ce qui fait qu'on ne peut en disposer à son gré»*

18 Peut-être est-ce pour cela que le terme d'hôte s'applique – en français pour le moins – aux deux pôles de la relation d'hospitalité.

(Godbout qui glose Mauss, *ibid.*: 41). Alors que, du côté de la personne qui est reçue, l'hospitalité considérée comme bien-recevoir, se manifeste, en premier lieu, dans la reconnaissance d'une frontière qu'il est impossible de transgresser (le lieu de l'autre n'est pas le mien) et une perception de sa propre condition de passant qui offre une présence (merci pour la visite!).

En définitive, l'hospitalité est une figure de la rencontre dont la *«caractéristique essentielle est d'être une rencontre où les protagonistes n'ont pas le même statut. L'un est reçu, l'autre reçoit»* (*ibid.*: 46). Consécutivement, elle est un jeu subtil entre appartenance et altérité qui fait persister la différence. Il y a le don d'une chose qui n'est pas à moi et ne sera jamais totalement à moi. La reconnaissance de cette part irréductible d'altérité constitue ma bonne réception du don. Tout comme la manifestation discrète de cette part irréductible faite par l'hôte au moment du don, en signe la valeur. Aussi l'hospitalité est-elle cette forme de la rencontre par laquelle on franchit *«une frontière sans l'abolir» (ibid.).* Elle consiste *«non seulement à ne pas être chez soi, mais être chez quelqu'un d'autre» (ibid.).*

Ce travail de mise en différence et l'injonction au bien-recevoir vont de fait constituer spécifiquement le noyau de l'entretien en tant que lieu de l'hospitalité. Elles constituent ainsi un agent significatif de mise en forme du matériau d'enquête considéré comme produit d'une pratique sociale – suscitant donc un matériel non neutre, impur parce que chargé de biais de sociabilité, de dette et de responsabilité croisées.

Du point de vue de la socialité, on observe ainsi que des contraintes sociales, culturelles structurent le cours de l'interaction et font que les acteurs du dispositif d'enquête que constitue l'entretien sont souvent agis, plus qu'ils n'agissent dans leurs comportements perturbés. Du point de vue de la dette et de la responsabilité croisées, se profile la tentation d'une appréhension de soi en tant qu'usurpateur, au sens de celui qui détourne une chose pour son usage, en en dépossédant son propriétaire. Une tentation qui ramène insidieusement, dans le cadre d'une méthodologie de recherche, à la question de la culpabilité. Qu'ai-je fait de ce qu'on m'a donné? Ai-je trahi la confiance qu'on m'a faite? Violé les lois implicites de l'hospitalité? Comment vais-je m'acquitter de cela? Je ne peux exclure que cette question de la culpabilité me fasse rater des relances, qu'elle m'incline à me taire alors que je sais devoir précisément parler pour toucher à un je-ne-sais-quoi d'essentiel ou de prépondérant. Il est certain qu'elle travaille presque silencieusement mon matériau, qu'elle rend les entretiens difficilement comparables entre eux, puisque je ne me sens pas identiquement «tenu» par mes poètes à l'état pratique.

Il importe toutefois – et plus fondamentalement – de voir que le travail de mise en différence et l'injonction bilatérale au bien-recevoir permettent de clarifier l'incertitude morale et éthique de la personne qui cherche, et par suite de réduire le trouble du matériau recueilli. C'est en effet la conscience ferme d'une frontière franchie sans être abolie qui permet une appropriation réfléchie des mots de l'autre, dans un exercice scientifique fondé sur un bien–recevoir. On se retrouve, d'une certaine manière, avec l'expérience lévinassienne traumatisante du visage – en ce que le dénuement de l'autre me rend responsable de lui (la réciproque se passe simultanément chez l'autre vis-à-vis de moi) et me distingue – mais formulé d'une façon moins absolue. Dans l'attention que le donneur donne au receveur, dans la manifestation simultanée du *hau* du don, il y a la signification conjointe qu'une responsabilité échoit à celui qui reçoit, mais que cette responsabilité est partagée par celui qui donne.

Les gens ouvrent leur porte par hospitalité. Ils acceptent chez eux un étranger, une personne qui passe. Cette condition de passant suscite «[...] *une tolérance particulière à certaines différences habituellement difficilement acceptées* [...]» qui permet, à celui «*qui est reçu*» de «*poser des questions jugées normalement indiscrètes*» (Godbout, *op. cit.*: 44). L'injonction à bien-recevoir conduit à ce que l'hôte donne une parole inédite en ce qu'elle «*est personnellement adressé*[e]» au receveur. Lequel contracte, dans sa réception, une dette difficile à éteindre dans le cadre d'un processus de recherche: reconnaître le *hau* du discours, ce «*quelque chose de la personne du donneur* [qui] *demeure dans la chose donnée,* [...] *qui fait qu'on ne peut en disposer à son gré*» (*ibid.*: 41). Néanmoins, la question de la dépossession – et son corrélat qu'est ici la question de la culpabilité – n'est pas tout à fait pertinente en ce que le receveur donne aussi, en ce qu'il *offre sa présence,* c'est-à-dire l'occasion de faire montre d'hospitalité, donc de s'agréger à la collectivité humaine.

Et c'est sans doute en cela que consiste le bien-recevoir de celui à qui on donne. Si j'ai toujours essayé de montrer explicitement que je venais moi aussi dans l'intention de donner – en offrant une bouteille de vin, des gâteaux, un repas –, ce que j'offrais en premier lieu, c'était ma présence. La personne qui cherche, dans l'entretien d'enquête considéré comme lieu de l'hospitalité, se manifeste ainsi en tant que figure du réconfort. Comme le relève O. Schwartz (1990), le chercheur est toujours susceptible d'être instrumentalisé en retour de l'instrumentalisation qu'il fait subir à la personne qui le reçoit. Dans les termes marchands qu'utilise O. Schwartz *(ibid.),* que je paraphrase encore une fois, le chercheur *paie* son voyeurisme par un «*écouteurisme*» contraint. Il doit écouter longtemps des mises en scène de soi valorisantes ou victimisantes.

Ainsi, la personne qui cherche, dès lors qu'elle accepte d'être délogée de sa position, se donne. Elle offre une écoute, une attention, une capacité à comprendre, l'occurrence d'une prise de conscience, un capital de reconnaissance *(ibid.)*.

Ainsi ces confidences hors micro que la personne qui cherche note pour soi: *«Je réalise à quel point je suis seule dans tout ce que je fais.» «Pour moi, c'est important de faire le point sur cette ville après dix ans.» «Ce qui me frappe, c'est que je n'ai pas d'endroit où je peux rencontrer des gens.» «Je crois que ça m'a fait du bien qu'on m'écoute pendant deux heures.» «Je connais pas ma ville, je profite pas de ce qu'elle peut m'apporter.» «Pour moi, c'est toutes des questions que je me suis jamais posées, pourquoi je suis bien à un endroit.»*

Considérer l'entretien comme figure du réconfort, comme une mise à disposition attentive de soi qui offre l'ouverture d'un capital de reconnaissance, conduit à insérer le dispositif d'enquête dans une problématique sociale plus large en ce qu'il se pose *immédiatement* – et non pas au deuxième ou troisième tour, quand les résultats se profilent et qu'ils servent à la justification d'une politique – comme producteur/régulateur d'une socialité, comme un agent d'intégration sociale. La personne qui cherche est prise dans un mécanisme visant à susciter de la reconnaissance dans un processus intersubjectif. On se rapproche ainsi du modèle de *«la lutte pour la reconnaissance»*, tel que le dégage la philosophie sociale d'A. Honneth (1992 [2002]).

Pour Axel Honneth, en effet, l'espace social est structuré non pas par des rapports d'hostilité, mais par ce qu'il appelle, à partir de la philosophie du jeune Hegel, une lutte pour la reconnaissance. Les conflits humains, les conflits sociaux relèvent moins de *«motifs de conservations individuelles,* [que de] *mobiles moraux»* (*ibid.*.: 11), celui notamment qui consiste à être *«reconnu dans son individualité»* (*ibid.*: quatrième de couverture). Cherchant à dégager ce modèle d'une *«lutte pour la reconnaissance»* au travers des écrits hégéliens puis de ceux de G. H. Mead, le philosophe politique va formaliser trois modes qui permettent à l'individu de développer une *«relation harmonieuse à soi»* (Blain, 2000) dans et par un processus intersubjectif: celui de la sollicitude personnelle, des rapports familiaux, amoureux ou amicaux; celui de la considération cognitive, des rapports juridiques entre sujets de droit; celui de l'estime sociale, de l'appartenance à une communauté de valeurs qui se manifeste dans une solidarité.

C'est en tant qu'agent de liaison entre ces trois domaines de reconnaissance que la personne qui cherche fonctionne comme élément d'un mécanisme visant à produire de la reconnaissance sociale. Le dispositif de l'entretien compréhensif, comme intersubjectivité, se pare en effet des attributs de la relation primaire, pour produire *métaphoriquement* de la considération cognitive et symboliser une communauté de valeurs.

Si j'adopte le point de vue de l'informateur, l'entretien est un geste de sollicitude personnelle par lequel on s'intéresse *sincèrement* à moi. J'y rencontre quelqu'un de vaguement connu au terme d'une construction lente de la communication, qui vient à moi avec une demande qui me distingue paradoxalement comme «représentatif», c'est-à-dire comme unique, et en même temps identifiable à une communauté. J'y rencontre une personne dont le corps est tout tendu par l'écoute de ma parole. Ce que je dis anime ses yeux, son visage, influe sur ses postures. Il pose des questions qui sont les siennes mais me permettent aussi de dire ce que je veux. C'est bien pour cela qu'on est dans une relation intersubjective de sollicitude personnelle. Cette sollicitude personnelle se construit toutefois sur un contrat qui rejoue le rituel du sujet de droit. La personne qui cherche me reconnaît explicitement des droits et des devoirs. Ceux-ci sont identiques pour toute personne insérée dans le dispositif d'enquête, mais modulés dans l'interaction. Symétriquement, le chercheur a énoncé ses propres droits et devoirs. Et cette ritualisation construit un simulacre qui autorise toutefois la satisfaction partielle d'un mode de reconnaissance cognitif. La personne qui cherche m'offre enfin la possibilité d'une agrégation à une communauté de valeurs, par le jeu de l'hospitalité déjà évoqué, mais aussi parce que la figure sociale de l'enquêteur a sans doute initié un mouvement qui fait du chercheur de terrain l'instrument d'un rite d'agrégation. J'ai été comme passé à la *question*, je suis bien membre de cette société.

C'est donc par le levier d'une lutte pour la reconnaissance que le dispositif intersubjectif de l'entretien compréhensif se profile comme producteur/régulateur d'une socialité, comme un agent d'intégration sociale. Et c'est aussi par ce levier qu'il devient possible de légitimer, à un autre niveau, l'utilité sociale d'une recherche au-delà d'un pratico-practicisme obtus. A quoi sert mon travail de géographe vaguement littéraire? Qu'est-ce que je fais quand je sors mon magnétophone? Je ne sers peut-être à rien d'autre qu'à lisser ou révéler des formes de mépris et à reproduire ou produire du lien social. On retrouve alors l'argument existentiel qui servait à légitimer cette méthodologie en tant que posture. Je choisis une approche qualitative parce qu'elle répond à mon besoin d'information, mais aussi parce qu'elle me permet de développer un certain type de rapport empirique à *«mes sujets»*.

2.1.4. L'Etranger-chercheur[19]

On rencontre donc un visage de l'altérité; la construction de la communication est toujours un exercice de modulation de la bonne distance; le réconfort est, pour partie, lié à un rapprochement – et non à une confusion – des positions. Ce que l'on retrouve en fait ici, c'est précisément la figure du chercheur en tant qu'étranger au sens de G. Simmel (1908 [1990]). Une figure qui nécessite, une nouvelle fois, la problématisation d'une méthodologie considérée comme posture intellectuelle et existentielle – et donc en creux, la problématisation de l'intersubjectivité du dispositif de l'entretien compréhensif et les paradoxes de l'observation qui lui sont liés. Il s'agit de convoquer encore l'*habitus* personnel de l'homme marginal[20] d'une part, et le type du travailleur intellectuel comme exilé (Saïd cité par Delacroix *et al.*, 2002: 13) d'autre part.

En premier lieu, il importe donc de voir que dans la configuration intersubjective qu'est l'entretien de type compréhensif, le chercheur se pose comme un *«étranger»*: il est un mélange original de proximité et de distance. Ou plutôt, le dispositif de l'entretien de type compréhensif nécessite que la personne qui cherche réussisse à faire oublier qu'elle est un *«voyageur»*[21], à savoir une personne qui vient pour repartir –, pour laisser penser qu'elle est un étranger, c'est-à-dire quelqu'un qui projette de rester, mais qui *«n'a pas tout à fait abandonné la liberté d'aller et de venir»* (Simmel, *op. cit.*: 53). C'est parce que la personne qui cherche est en mesure d'être autre chose qu'un voyageur, mais aussi autre chose qu'un permanent du groupe, qu'elle a accès à une parole intime. L'étranger n'est, d'une certaine manière, ni d'ici ni d'ailleurs, il est dans un entre-deux comme l'explicite A. P. Pires (1997: 43): entre le *«voyageur extérieur et sans compromis»* et le *«membre inconditionnel et complètement identifié du groupe» (ibid.)*. Et ce statut de personne à la fois proche et lointaine, déjà envisagé dans les considérations sur la construction de la communication, conduit à ce que souvent le type simmelien de l'étranger reçoit *«*[...] *les révélations et les confessions les plus surprenantes, qu'on* [lui] *livre des secrets que l'on cache précisément à ses propres intimes»* (Simmel, *op. cit.*: 55-56). Le pacte implicite qui se conclut au moment de la rencontre, dans l'expérience éthique du visage de l'autre, introduit ce mini-

19 La création du mot-valise «étranger-chercheur» revient à A. P. Pires (1997: 44) dans sa relecture des «Digressions sur l'étranger» de G. Simmel. Conséquemment, l'idée de fonder mon dispositif d'enquête en réfléchissant à la figure de l'Etranger m'a été fortement soufflée par la lecture de l'article de A. P. Pires.

20 Pour se livrer à une extrapolation très libre de R. E. Park.

21 Toujours dans le sens entendu par G. Simmel.

mum de proximité qui permet l'embrayage d'un mouvement intersubjectif. La construction de la communication conduit à la production d'un leurre, celui qui consiste à faire croire que la personne qui cherche tend à demeurer un proche. Mais paradoxalement, le réconfort rétablit de la différence, de la distance dans ce rapprochement des positions. Il reste ainsi une inconnue irréductible dans le dispositif de l'entretien compréhensif. Quelque chose d'un peu mystérieux, d'un peu trouble qui conduit à ce que dans le face-à-face de deux personnes prêtes à se mettre à disposition l'une de l'autre, il persiste cette rumeur (mais qui est cette personne?) qui fait qu'on parle – dans une tentative impossible d'appropriation mutuelle de l'étranger.

Au total, la personne qui cherche est susceptible d'atteindre, par sa «seule présence» (mais une seule présence très travaillée), un niveau de moyenne profondeur de la vie des gens; de recueillir ce qu'on ne dirait peut-être pas à tout le monde. Ce qu'on ne dirait pas au familier, à la personne de connaissance, mais qu'on ne dirait pas plus à celui qui ne fait que passer sans manifester l'intention de rester quelque peu. Ainsi donc, ils parlent.

Mais s'ils parlent, c'est aussi peut-être parce que le chercheur en tant qu'étranger est appréhendé, dans une sorte de phénoménologie intuitive et partagée, comme une figure de l'objectivité. Chez G. Simmel en effet, l'étranger *«est plus libre pratiquement et théoriquement, il examine les relations avec moins de préjugés, il les soumet à des modèles plus généraux, plus objectifs, il ne s'attache pas par ses actes à respecter la tradition, la piété ou ses prédécesseurs»* (Simmel, *ibid.*: 56). Autrement dit, l'étranger est un membre du groupe qui n'a pas renoncé à sa capacité de départ, sa liberté de mouvement. L'intersubjectivité de l'entretien compréhensif qui en fait une chambre d'écho de la construction de l'identité, le besoin de reconnaissance qui se manifeste dans son acceptation par le quidam, peuvent se ramener à une formule du langage ordinaire: «j'ai besoin d'un regard neutre» qui puisse m'aider à éclaircir une situation. Un regard à la fois compréhensif et neutre, d'ici et là-bas.

Conséquemment, l'introduction de la figure du chercheur considéré comme un étranger conduit donc à une épistémologie où l'objectivité n'est pas absence de participation, mais *«[…] un type particulier de participation»* (Simmel, *ibid.*: 56). Le dispositif de l'entretien compréhensif, considéré comme configuration intersubjective qui active les figures de la rencontre, de la construction de la communication et du réconfort, produit un matériau recevable d'un point de vue «scientifique» parce que la personne qui cherche se présente sous les traits d'une personne qui mêle attachement, intéressement (ce que ne fait pas le voyageur simmelien) et capacité de distanciation critique (ce que ne fait pas l'appartenant simmelien); une personne dont le regard est toujours *«prêt à voyager»* et toujours *«porteur d'un* élément froid*»* (Pires, 1997: 45).

Une fois encore, cet enjeu méthodologique, lié en tout premier lieu à une conception de l'entretien compréhensif où l'intersubjectivité apparaît comme un «truc», une technique, se transforme en une posture intellectuelle et existentielle, en une ascèse personnelle, un travail de redéfinition de soi, qui – définitivement, inéluctablement et bien heureusement – troublent (au sens de perturbent), les résultats, les «faits».

Convoquer la figure de l'Etranger-chercheur dans l'éclaircissement de la posture intellectuelle et existentielle qui justifie mon choix méthodologique, c'est introduire, encore une fois, une exigence morale et éthique démesurée dans cette méthodologie. L'étrangéité et l'objectivité sont, en effet, définies pas G. Simmel comme *liberté*. L'étranger est objectif parce qu'*«il est plus* libre *pratiquement et théoriquement* [...]*»* (Simmel, *op. cit.*: 56, je souligne). Cette exigence de liberté qui s'exprime tant à l'égard de la personne qui parle, que de la *«tradition»* dans laquelle s'insère la personne qui cherche, «fait problème». D'une part, on peut y voir une contradiction avec l'impératif de responsabilité qui naît de l'expérience du visage, l'introduction d'une injonction contradictoire dans son opposition à l'aliénation que constitue la rencontre. Mais le bien-recevoir qui fonde la relation d'hospitalité (qui est toujours co-hospitalité – en tout cas dans le dispositif intersubjectif de l'entretien compréhensif) *modère* l'absolu éthique coextensif de l'entretien comme figure de la Rencontre. La liberté de l'Etranger-chercheur est une liberté offerte par la personne qui parle dans le *hau* du don.

D'autre part, il est loisible de se demander si la liberté comprise comme une capacité à se tenir à l'écart du groupe (*ibid.*: 55), donc en l'occurrence de travailler en marges du discours académique bien que dans l'institution, n'est pas susceptible d'être détournée, par la personne qui apprend à chercher, dans une rationalisation douteuse de la non-acquisition des fondamentaux d'une discipline: la méthodologie conçue comme une posture – qui convoque notamment la figure de l'Etranger – n'est-elle pas un galimatias qui vise surtout à masquer ses propres défaillances? en même temps qu'il cherche à produire artificiellement une différence qui fonde l'originalité du discours.

Encadré 1. Journal d'enquête.

Pourquoi ai-je «choisi» un dispositif d'enquête conçu comme posture activant la figure de l'Etranger, à savoir un mixte de «mobilité», d'«objectivité» et de «liberté»? Le personnel construit simultanément l'objet et le mode de construction de l'objet. Il ne fait aucun doute que mon parti pris méthodologique s'inscrit dans une histoire que je pense au travers de la catégorie de l'homme marginal, au sens entendu par R. E. Park (commenté par Simon, 1991) de «transplanté», de «dépaysé», de celui qui est *«à la lisière de deux cultures sans appartenir à aucune des deux»* (Simon, *ibid.*: 489), et qui conscient de l'incongruité de sa positon *«devient pour lui-même un problème»* (*ibid.*: 490). En bref, tant par mes origines familiales que par mon parcours scolaire obligatoire, je n'ai pas grand-chose à faire ici; je ne serai jamais d'ici, comme on dit. Autant en jouer! Par ailleurs, le domaine qui m'intéresse ne se positionne pas précisément dans le courant dominant de la géographie humaine telle qu'on la pratique aujourd'hui. Je ne me pose donc pas dans une logique de carrière, dans une perspective de long terme. Encore une fois: je ne serai jamais d'ici. Autant profiter d'un mode de construction de l'objet qui permette d'envisager une *«façon* [propre?] *de se positionner par rapport au monde»*, de *«le concevoir»* – d'autant plus que ce mode de construction satisfait précisément mon besoin d'informations. Mais il faut aussi bien considérer que cet habitus personnel de l'homme marginal constitue une façon paradoxale de toucher à certaines règles fonctionnelles du champ scientifique: celle du désintéressement (Merton commenté par Martin, 2000: 27), celle de l'auto-ironie. Il ne fait ainsi aucun doute que cet habitus personnel de l'homme marginal m'incline à concevoir le travail de l'intellectuel comme un exil. Un travail qui repose sur la sensation de *«ne jamais être pleinement en phase»*, de *«se sentir toujours extérieur au monde* [...]*»* (Saïd cité par Delacroix *et al.*, 2002: 13). Un travail qui repose sur cette sensation... et la reproduit sans fin.

Laurent Matthey, *Journal de terrain*, 8 janvier 2003.

*

L'intersubjectivité de l'entretien compréhensif n'a quelque chance de fonctionner qu'à la condition, somme toute évidente, que la personne qui cherche se pose comme une figure simmelienne de l'Etranger. La construction d'une communication qui accompagne sa rencontre de la personne qui parle doit se placer sous le signe de l'indécidable (est-ce un permanent ou un voyageur?) – et non de la contradiction. Cet indécidable fait parler dans une tentative discursive d'assimilation. Mais, le travail de mise en congruence de soi avec la figure simmelienne de l'Etranger qu'accomplit la personne qui cherche a encore pour effet de la constituer – aux yeux de l'habitant – comme type de l'objectivité. Ce qui se produit donc dans ce travail de mise en congruence, c'est l'élaboration d'un message para-verbal par lequel est signifié le fait qu'«on peut comprendre», mais qu'«on reste neutre». Il se profile ainsi une conception de l'objectivité en tant que relation réflexive (et non absence de relation à l'objet) qui introduit une exigence, sinon un impératif, de *liberté* dans le dispositif.

Liberté à l'égard des *«‹sujets› de la recherche»*, qui vient nuancer – une nouvelle fois – l'absolu éthique qui découle d'une conception de l'entretien comme Rencontre. Liberté à l'égard de la *«tradition»* dans laquelle s'insère la personne qui cherche, qui doit l'inciter à se réfléchir, dans un travail d'auto-analyse critique, sous les traits de l'homme marginal et de l'exilé.

Mais le schème critique-analytique qui sous-tend le travail d'auto-analyse critique et qui est usuellement activé dans la lecture des paroles d'entretien – et non dans leur préformation, avant tout recueil, par la personnalité du collecteur –, ce schème donc, doit encore être radicalisé dans l'explicitation critique de l'auto-justification qui œuvre en sous-main, dans l'auto-analyse du discours.

2.1.5. Le Salaud sartrien

On peut se demander en effet si la légitimation d'une méthodologie en tant que posture intellectuelle et existentielle est un *«mensonge»* doublé d'un *«mensonge à soi»* (Sartre, 1940 [1960]: 86). On peut encore se demander si l'activation de figures susceptibles de dessiner un axe éthique à cette méthodologie ne constitue pas un exercice de Salaud. La Rencontre, la Communication, le Réconfort, l'Etranger-chercheur, ces figures sont, en effet, constitutives d'un drame sartrien. Celui de l'esprit de sérieux, de la mauvaise foi et du bourgeois pour reprendre la triade que B.-H. Lévy explicite (2000: 339). Elles forment un drame dans lequel on voit *«l'application zélée de l'homme qui joue la comédie de son propre rôle» (ibid.)*, une personne qui cherche et qui semble adhérer à ses figures. Un drame encore dans lequel on voit cette personne entretenir le mensonge de son humanisme. Un drame enfin dans lequel cette personne apparaît en grand péril de *«marie*[r] *la gravité de l'esprit de sérieux et l'absence de doute du salaud»* (*ibid.*: 304). Ce drame est au cœur de l'apprentissage d'une pratique de recherche. D'abord parce qu'il structure le positionnement, au sens large, du sujet par rapport à son «terrain». Ensuite parce que son identification correspond à l'exigence de maturation intellectuelle qui fonde l'exercice de la thèse.

Dans *L'Etre et le néant (op. cit.)*, J.-P. Sartre initie sa réflexion sur la mauvaise foi en distinguant *«mensonge»* et *«mensonge à soi»* (*op. cit.*: 86). Le premier repose sur *«une conscience cynique, affirmant en soi la vérité, la niant dans ses paroles* [...]*» (ibid.)*. De fait, *«le menteur a l'intention de tromper et il ne cherche pas à se dissimuler cette intention ni à masquer la translucidité de la conscience* [...]*» (ibid.)*. Le *«mensonge à soi»*, à l'inverse, introduit une négation de la conscience dans ce qu'on se *«masque une vérité déplaisante»* (*ibid.*: 87). En cela, le mensonge à soi permet de penser la figure du Salaud en ce qu'il est de mauvaise foi. Cette mauvaise foi consiste en un procédé par lequel je cherche à ne pas reconnaître un fait de conscience qui, pourtant m'est connu du fait même de sa négation; elle est *«un certain art de former des concepts contradictoires, c'est-à-dire qui unissent en eux une idée et la négation de cette idée»* (*ibid.*: 95). La mauvaise foi est ainsi proprement un procédé, voire une structure de la pensée, par lequel je cherche à *«établir que je ne suis pas ce que je suis» (ibid.)*.

Au travers de cet exercice de clarification terminologique, ce qui apparaît, c'est que je suis à la fois un menteur (j'ai délibérément trompé mes informateurs) et un Salaud (j'ai accompli un travail de légitimation rhétorique qui aboutit à pondérer mes mensonges, à poser que je ne suis pas ce que je suis). Mauvaise foi qui s'accuse dans ce que je tiens présentement un discours sur la mauvaise foi par lequel un dédoublement se produit tendant à insinuer que, définitivement, je ne suis pas ce que je suis. Au total, peut-être mieux vaut-il se taire. D'autant que J.-P. Sartre lui-même ne semble pas y voir de solution aisée. Si la mauvaise foi est encore dans la rationalisation, le sophisme de justification, la particularisation de son propre cas (cf. p. 103, dernier paragraphe); si l'*«homme sincère»*, (*ibid.*: 105) est encore pris *«dans un effort constant pour se désolidariser de soi»* (*ibid.*: 106), la solution lui apparaît dans *«une reprise de l'être pourri par lui-même* [qu'il nommera] *authenticité»* (*ibid.*: 111, nip), c'est-à-dire la prise en charge de sa liberté – ce en quoi la figure de l'Etranger-chercheur serait une voie de sortie hypothétique de la mauvaise foi et de la lâcheté sartrienne du chercheur épris de son esprit de sérieux.

De fait, ce qu'il faut donc lire sous ces figures de la Rencontre, de la Communication, c'est comme *«mille petits dégoûts de soi»*[22]. Mes rencontres sont intéressées. Ma communication obéit à un principe de manipulation. Le réconfort constitue un accident et non l'essence de l'entretien d'enquête. L'étranger est – dans un passage – en quête de reconnaissance et de gratification sociales. Et une fois encore, je ne peux que rejoindre O. Schwartz (1990): l'activité de recherche est un cynisme. Sitôt que l'«informateur» donne, il est volé. Et ce qui s'y accomplit – selon l'expression d'O. Schwartz toujours –, c'est non seulement un viol de l'intimité, mais aussi un vol social: le chercheur seul touchera des bénéfices institutionnels de la rencontre avec ses informateurs *(ibid.)*.

Ainsi, y a-t-il définitivement un paradoxe de la recherche qualitative: celui de la conflagration produite entre une revendication éthique et la nécessité incompressible d'une manipulation de l'autre et d'une mise en scène de ses dits et de ses dires. Il y a seize ans, O. Schwartz *(ibid.)* écrivait déjà en substance que, en recherche qualitative, l'intersubjectivité est une conception fina-

22 Pour détourner une expression qu'E. Rostand met dans la bouche du duc de Grammont (1897 [1990], vers 2315).

lement très tactique et calculatrice. Et, en effet, peut-être aurait-il mieux valu – au regard de la posture existentielle qui a servi à légitimer ma méthodologie, et pour ne pas avoir *«mille petits dégoûts de soi»* – *«entrer des hommes dans un ordinateur»*. Peut-être. Mais j'assume en conscience ce paradoxe de la recherche qualitative qui a l'avantage d'établir une symétrie dans le paradoxe de l'observation tel que W. Labov l'énonçait. C'est bel et bien l'observé et l'observateur qui sont simultanément perturbés par l'observation.

*

L'entretien compréhensif est tout cela à la fois. Une expérience du visage qui ouvre sur une expérience éthique. Un regard, et l'occurrence d'un autrui significatif qui permet une réinvention de soi. Une communication qui se construit – dans un cynisme ordinaire –, et permet d'apurer des comptes. Une chambre de résonance qui permet l'actualisation d'une identité narrative. Un lieu d'hospitalité où se travaille le don et le contre-don, dans un bien-recevoir réciproque. Un petit dispositif qui permet de satisfaire un besoin de reconnaissance. L'entretien compréhensif, en tant qu'expérience intersubjective, est aussi un analyseur de soi. Il permet à la personne qui cherche de s'appréhender dans ce qu'elle est: un Salaud. Ce d'autant que, au deuxième tour du travail d'auto-analyse critique, et pour reprendre le mot malicieux du psychanalyste loufoque d'*Enfin pris?* de P. Carles (2002), qui est sincère–ment. Au total, tout cela à la fois dessine une conception de l'entretien comme dispositif esthétique.

3. Une esthétique de la communication[23]

L'entretien est aussi un dispositif esthétique. D'abord en ce qu'il mobilise les protagonistes dans leur sensibilité; en ce que tant la personne qui cherche, que celle qui parle, expriment quelque chose d'une émotion dans une configuration organisée pour les faire communiquer. De ce point de vue, l'entretien consiste donc en l'ouverture d'un espace de la *«raison sensible»* (Caune, 1997: 59), ce qui revient à dire que le matériau qu'il produit est informé en premier lieu dans l'*in situ* de la rencontre par *«un mode d'appréhension des phénomènes dans une vision globale au détriment d'une segmentation du processus»* (*ibid.*: 4). En situation

23 Le titre de cette section reprend le titre d'un ouvrage, déjà cité, de J. Caune (1997).

d'entretien, l'expressivité des protagonistes est liée à la *perception d'une ambiance* – je me sens bien ici et maintenant –, elle-même influencée par une certaine conception de ce qui est beau. Une perception qui tient en sorte d'une *Gestalt*: c'est l'ensemble qui est appréhendé kinesthésiquement, dans le sentiment d'un mouvement relationnel. De ce point de vue encore, l'entretien est traversé par le spectre de la fausse communion et de la séduction manipulatrice[24]: en tant qu'espace de la raison sensible, il est en effet toujours marqué par un jeu de séduction qui se superpose à des stratégies d'argumentation et appelle «[…] *la participation plutôt que la distance critique*» (*ibid.*: 5)[25]. La séduction trouble, épaissit et complexifie le matériau; elle le problématise aussi parce qu'elle manifeste le désir finalisé de plaire des co-locuteurs. Mais c'est précisément dans cette turbidité, dans cette épaisseur, cette complexité et ce caractère problématique que se manifeste la possibilité d'appréhender les mises en scène de soi dans des parcours urbains.

Ensuite, l'entretien est un dispositif esthétique en ce qu'il s'apparente à une forme d'écriture du Moi, que P. Bourdieu avait commencé à expliciter au travers de son «Illusion biographique»*[26] (1986 [2002]) alors qu'il accomplissait une critique des implicites des récits de vie en sociologie, notamment celui d'une philosophie de l'histoire en tant que succession finalisée d'événements, en tant qu'«[…] *ensemble cohérent et orienté, qui peut et doit être appréhendé comme expression unitaire d'une ‹intention› subjective et objective, d'un projet* […]» (*ibid.*: 81). Cette philosophie, qui est celle du chercheur qui interprète l'existence d'un locuteur (et suscite donc des effets de sens), est aussi celle de la personne encouragée à se raconter. P. Bourdieu remarque en effet qu'il y a chez l'homme du récit une «[…] *inclination à se faire l'idéologue de sa propre vie en sélectionnant, en fonction d'une intention globale, certains événements significatifs* […]» (*ibid.*: 82), qui occasionne, elle aussi, une «[…] *création artificielle de sens*» (*ibid.*). Le récit de vie est une *«illusion rhétorique»* (*ibid.*): beaucoup d'histoires de vie sont possibles selon la position (au sens de la théorie bourdieusienne du champ) occupée par le locuteur au moment du récit.

24 J'extrapole ici très librement à partir de J. Caune, *op. cit.*

25 Une fois encore je détourne J. Caune en ce qu'il ne parle pas de l'entretien d'enquête, mais plus largement de la communication.

26 Le propos de P. Bourdieu est toutefois autre que le mien: ce qu'il *in fine* cherche à argumenter, c'est la nécessité de considérer la trajectoire après «[…] *avoir* […] *construit les états successifs du champ dans lequel* [cette trajectoire] *s'est déroulée, donc l'ensemble des relations objectives qui ont uni l'agent considéré – au moins, dans un certain nombre d'états pertinents du champ – à l'ensemble des autres agents engagés dans le même champ et affrontés au même espace des possibles*» (1986 [2002]: 88)

L'histoire de vie – qu'on peut prendre comme un analogue de l'entretien compréhensif en ce qu'il est un exercice de *«présentation* publique, *donc l'officialisation, d'une représentation privée de sa propre vie»* (*ibid.*: 87) – est illusion par les effets de codages sociaux de la pratique. Les discours récoltés sont informés par les lois du genre biographique, ou bien encore un placage des modèles qu'a la personne qui parle de situations assimilables (interview journalistique, situation d'examen – *ibid.*). Ces effets de codage orienteront *«tout* [l']*effort de présentation de soi ou, mieux, de production de soi»* (*ibid.*: 88). C'est aussi en ce sens qu'il y a illusion.

Le dispositif intersubjectif de l'entretien compréhensif se pose donc comme un dispositif esthétique d'une part, parce qu'il s'y exprime une émotion dans une configuration d'abord appréhendée par une raison sensible, avant d'être décomposée par une raison analytique; d'autre part, parce qu'il s'y offre – à la personne qui parle – la possibilité de s'écrire, de se mettre en intrigue dans le choix d'une ligne narrative sélective dans la somme des faits divers que constitue son existence sociale et personnelle.

Mais si l'entretien produit une illusion qui relève de l'esthétique, il est peut-être plus efficace de le penser – dans le cadre de cette thèse – sous la forme de l'autofiction. Le matériau recueilli est certes informé par le genre autobiographique, mais les autobiographies recueillies sont d'un type très particulier: elles sont, au sens le plus strict, ce que M. Laouyen appelle des *«antibiographies rebelles et transgressives»* (2000: 1). Ce qu'énonce la personne qui parle se place, en effet, résolument sous le signe du *«pacte qui sert à rompre le pacte»* (Laouyen, 2000: 1) que R. Barthes formule dans son *Roland Barthes par Roland Barthes*: *«Tout ceci doit être considéré comme dit par un personnage de roman»* (cité par Laouyen, *ibid.*). Il faut ainsi coller au plus près de l'aphorisme de S. Doubrovsky: *«Si j'essaie de me remémorer, je m'invente… JE SUIS UN ÊTRE FICTIF…»* (cité par Laouyen, *ibid.*) pour en tirer toutes les implications dans une démarche d'enquête.

Cherchant à expliciter les enjeux littéraires de l'autofiction, M. Laouyen dégage deux façons de la concevoir chez les poéticiens. Chez J. Lecarme[27], il y aurait l'autofiction au sens strict, *«un récit de faits strictement réels où la fiction porte, non pas sur le contenu des souvenirs évoqués, mais sur le processus d'énonciation et de mise en récit»* (*ibid.*: 2) et l'autofiction au sens large, *«qui associe le vécu à l'imaginaire» (ibid.)* dans une modification des souvenirs. G. Genette[28], pour sa part, distingue plutôt la vraie autofiction, *«dont le contenu narratif est* […] *authentiquement*

27 Qui accepte de discuter le concept discuté d'autofiction

28 Qui considère le concept d'autofiction comme peu, voire non pertinent.

fictionnel» (cité par Laouyen, *ibid.*: 3), de la *«fausse autofiction»*, qui «n['est] *fictio*[n] *que pour la douane: autrement dit, autobiographi*[e] *honteus*[e]» (cité par Laouyen, *ibid.*: 3). Pour M. Laouyen, l'important du distinguo de G. Genette réside notamment dans ce qu'il insinue que *«‹la fiction protège›, permet de gloser sur soi insidieusement» (ibid.). «*[L]*'écran de la fiction permet de se révéler soi-même»* (*ibid.*: 4).

La conception des paroles d'entretien en tant qu'autofiction – qui indubitablement est une posture critique – conduit donc à une réception différente du matériau d'enquête que celle impliquée par la thèse bourdieusienne de l'illusion biographique. Pour P. Bourdieu, la parole d'entretien manifeste en effet des états, des propriétés du champ. Se fier au seul matériau ainsi récolté pour expliciter une trajectoire sociale revient à céder au simulacre d'une mise en récit de soi. Pour la thèse de l'autofiction, qui est celle que j'adopterai, la parole d'entretien dit – à différents niveaux de son épaisseur – quelque chose de non illusoire (bien que fictionnelle et métaphorique) de la «vérité» du sujet. De fait, on est assez proche du travail de critique du matériau lié à l'inscrutabilité de la référence typique de la recherche qualitative.

Le concept (très discuté, il est vrai) d'autofiction offre en effet une grille qui permet d'envisager le statut du matériau recueilli par entretien en ce qu'il constitue un dispositif esthétique. Ce que dit la personne qui parle dans un tel dispositif, se rapporte très probablement à l'autofiction au sens large de la typologie de J. Lecarme, à savoir un mixte de vécu et d'imaginaire. Mais ce n'est pas là le plus intéressant[29]. L'important est que son discours constitue une fausse autofiction au sens de G. Genette. Il se construit autour d'un procédé qui vise à faire entendre au chercheur que ce qui est dit n'est que partiellement «vrai», pour *«franchir la douane en toute sécurité»* (selon l'expression de Laouyen glosant Genette, *ibid.*: 4) en se disant. De même que l'autofiction littéraire se pose comme *«une ruse permettant à l'auteur d'échapper aux regards inquisiteurs, aux reproches d'impudeur et d'indiscrétion que pourraient lui faire ses propres ‹personnages›»* (*ibid.*: 10), l'autofiction discursive permet au locuteur de s'exposer dans son intimité sans jugement de l'observateur en usant du procédé connu du *paradoxe du menteur* qui tend à rendre indécidable la part fictionnelle du matériau. Ainsi, alors que l'habitant initie son récit avec un:

> *Fragment 5. Mathias.*
>
> comment dire… [Montée intonative:] c'est dur de se définir… euh… ouais je…

29 L'autofiction au sens large de J. Lecarme n'est en effet pas significativement différente de l'autobiographie romancée, ce qui la rapproche de (mais ne l'identifie pas à) l'illusion biographique de P. Bourdieu.

commence-t-il, en sorte, par formuler un pacte qui rompt le pacte, en organisant la confusion de l'auteur (puisqu'il s'agit de donner une définition de soi), du narrateur (puisqu'il s'agit de se dire) et du personnage (puisque le dire est corrélatif de la définition de soi), dans une retraduction naïve d'un procédé dont certainement il ignore l'existence, mais qui est proprement autofictif.

Coextensivement, le matériau du dispositif intersubjectif de l'entretien compréhensif, placé sous le signe de l'autofiction, peut être rapproché de la définition radicale que S. Doubrovsky donne, in fine, de sa pratique «littéraire»: une *«mise en fiction d'un auto-témoignage sur la fictivité vécue de l'auteur»* (Kouroupakis, Werli, sans date). Les récits de ville abondent en effet d'incises qui font de l'entretien une *«fiction»* (on fait comme si) d'un *«auto-témoignage»* (je parle de mes pratiques, de moi) sur la fictivité vécue du *«loc-auteur»* (ce n'est pas vraiment moi). Par exemple, certains énoncés de Benoît dessinent un pacte autofictionnel puisque l'«informateur» y exprime la création en acte d'une fiction, tout en l'inscrivant dans un dispositif qui relève du témoignage et manifeste une *«fictivité vécue»* (Kouroupakis, Werli, *ibid.*): *«Hum... Quels sont encore les endroits? [Très long silence] Ouais, je crois que j'ai pas envie de dessiner autre chose, en fait. [...] Comme je te disais avant la Vieille Ville, je la... l'ai délibérément omise parce que c'est pas un endroit que... où... Ouais, que j'apprécie pas»* (Benoît).

Ce qui commence à s'esquisser ici, c'est l'idée d'un processus d'autocréation. De fait, l'autofiction se constitue dans une réinvention non intentionnelle de soi (selon V. Colonna cité par Kouroupakis, Werli, sans date). Elle diffère donc de la biographie romancée qui obéit, elle, à une intention (se présenter «sous un bon jour», être un «grand homme») en mêlant véridique et fictif. L'autofiction est, en premier lieu, une réinvention de soi pour le plaisir (esthétique) d'une réinvention de soi. C'est ainsi que la réception du matériau d'enquête placé sous le signe de l'autofiction diffère d'une réception – marquée par l'inscrutabilité de la référence – en tant qu'autobiographie romancée (ou qu'illusion biographique). C'est ainsi encore que la question du réel et de la vérité du sujet s'en trouve notablement modifiée. L'autofiction est, en second lieu, une réinvention de soi dans une quête sans fin de la vérité de soi. Il y a en effet réinvention non intentionnelle parce que la personne qui parle entreprend un travail d'auto-analyse, d'auto-interprétation et d'auto-théorisation *(ibid.)* qui la conduit à se reprendre incessamment, à s'arracher de sa «récitation» au premier degré. Et c'est précisément dans ce travail de reprise et d'arrachement auto-référentiel qu'est paradoxalement la vérité du sujet. Ce d'autant qu'il manifeste un (dés)ordre des désirs, que le discours autofictif exprime – sans le vouloir intentionnellement, tout en le voulant, dans une sorte de lapsus – des structures de la personnalité en train de se faire.

Ainsi donc, la réception des paroles d'entretiens en tant qu'autofiction permet de rejoindre – au niveau du dit, cette fois – la question large et vague dont procède cette thèse. Parler dans le cadre d'un dispositif d'enquête, c'est se voir offrir l'opportunité d'un plaisir esthétique de réinvention de soi; une réinvention de soi qui est aussi quête d'un soi véridique. Ce qui est recueilli n'est pas seulement un discours référentiel; ce qui est recueilli ne relève pas plus exclusivement d'une construction négociée de la réalité; ce qui est recueilli relève d'une construction – socialement déterminée – de la personnalité en paroles. La question qui se pose alors est celle de l'écoute idoine de ces paroles.

Aussi, dans cette nouvelle limite du matériau qui apparaît – en ce qu'il peut sembler difficile d'établir *«l'écart entre l'analyse réelle et l'analyse imaginaire»* (Lejeune, cité par Laouyen, *op. cit.*: 13) –, s'offre toutefois la possibilité de l'analyser en tant que métaphore, au sens large, du référent; de le traiter comme une chose qui sert à parler d'autre chose que ce dont on est en train de parler, tout en parlant de ce dont on est en train de parler.

Dans l'entretien, cette *esthétique de la communication* qui se manifeste dans l'élaboration, à la première personne du singulier, d'une fiction hyperréaliste, repose encore sur une *plastique des positions* qui traduit le travail de reprise et d'arrachement de soi impliqué par l'auto-analyse, l'auto-interprétation, et l'auto-théorisation qui s'opère dans le cadre de la relation d'enquête.

D'abord, l'entretien compréhensif ouvre un espace de la raison sensible dans lequel se manifeste, de chaque côté de la relation, l'intention d'une séduction manipulatrice. La personne qui cherche tente d'établir une communication non violente en se présentant comme quelqu'un de «vraiment bienveillant», d'engageant, et l'on entre dans un jeu méta-communicationnel qui n'est pas loin, dans sa confusion et son ambiguïté, de la méta-communication amoureuse, où la part d'affects est telle, que le décodage *in situ* du processus est toujours délicat. La personne qui parle, de son côté, essaye de plaire dans un exercice de présentation de soi qui peut prendre un tour conformiste ou malicieux, mais qui n'est en aucun cas statique. Or, cette séduction manipulatrice s'actualise dans un mouvement conversationnel, dans un ajustement des positions d'énonciation, qui, considéré comme un art de tirer profit des situations, un art de la ruse, reprend la *mètis* de M. de Certeau (1980).

Ensuite, le sujet de l'énonciation est souvent pris en tension entre la présentation de soi qu'il tend à privilégier dans la situation d'entretien et la tentative d'échapper – pour préserver son individualité, son statut de sujet «original» et, surtout, autonome – aux catégorisations que la personne qui cherche formule à son égard. Une tension qui le conduit à renverser les positions, à contester la compétence du chercheur à formuler une appréciation de sa vie rêvée. Et ce renversement des positions est un *moteur* de l'autofiction que constitue l'entretien compréhensif, en ce qu'il conduit à une nouvelle définition de soi, et coextensivement – en ce qui concerne ma question de recherche –, à la révélation d'un nouvel espace biographique.

Cette plastique des positions, la tension entre présentation de soi et contournement des catégorisations opérées par la personne qui cherche, produisent un matériau à l'interface du réel et de l'imaginaire (un mixte), qui n'est pas illusion, qui n'est pas à proprement parler biographique mais *métaphore autofictionnelle*, à savoir une façon de parler de soi en parlant différemment de soi. Je donnerai ici un exemple d'un renversement des positions qui repose sur une certaine conception labile de soi (à l'évidence, les paroles d'entretien ne répondent pas toujours aux principes logiques d'identité et de non contradiction) et élargit progressivement le territoire existentiel du locuteur en même temps que de nouvelles identifications s'y signifient:

Fragment 6. Serge.

– Ce côté-là de la ville [rive droite]... c'est un côté que j'aime pas du tout... C'est la *Terra incognita*... Bon ma sœur habite là, la pauvre...

– *Où exactement, la* Terra...*?*

– Donc ça c'est toute... C'est la rive droite, quoi. Pour moi. Toute la rive droite. Pour moi si tu veux, là... [Il dessine le Rhône] Rhône... Arve... Donc... c'est un côté... Servette, quartier Servette, tout ça, j'aime pas tellement.

– *Pourquoi?*

– Parce que... D'une part, il y a beaucoup de trafic... J'aime pas les voitures... J'aime pas le trafic...

– *Tu es mal barré aux Acacias...*

– C'est relativement calme. Faut s'y faire, hein, on a pas le choix, bon. Et puis ce côté-là [rive gauche], effectivement, surtout, parce que... j'ai habité vingt ans de ma vie ici... donc ... c'est un lieu que je connais... Que je connais très bien, j'ai beaucoup... Aussi avec les scouts... On allait souvent en campagne... donc... Mais uniquement de ce côté-là... toujours sur la rive gauche... on traversait quasiment jamais... Ici, on a les parcs aussi que j'ai omis... Parc la Grange, parc des Eaux-Vives, que j'aime bien fréquenter, en été...

– *C'est quoi c'est un espace récréatif?*

– C'est un espace récréatif, tout à fait... Repos... bouffe midi... par exemple aller bouffer un sandwich là-bas... ou en été le Théâtre de Verdures ou les concerts. Là [désigne la rive droite] il y a quand même le quartier des Grottes... qui pour moi... est un quartier sympa... avec le parc des Cropettes... l'Ilot 13... cette petite enclave pour moi que j'aime bien. Bon la Gare [qu'il rajoute], parce que des fois je prends le train, évidemment. L'aéroport, loin là-bas vers Meyrin… banlieue… Pour moi, tout ce côté-là, ça représente un peu la banlieue… Mais la banlieue… négativisée. […]

– *Juste une chose… la* Terra… *terre inconnue…*

– Mais je connais bien, cette terre-là!

– *C'est à partir de Meyrin, etc. ou c'est déjà après les quartiers de la gare que tu fréquentes?*

– Je dirais c'est au-dessus du Grand-Pré. On mettra l'avenue Baulacre comme… comme limite. Au-dessus des Cropettes, ça commence de devenir la zone trouble. Mais que je connais très bien parce que ma sœur habite là-bas. Parce qu'ayant travaillé comme livreur de pizzas… je connais tous les points de la ville et… chauffeur multiple… donc la ville, je connais assez bien… Et puis il y a un truc que j'ai complètement omis jusqu'à présent, c'est toute la zone de… côté Onex, Petit-Lancy, Bernex… vers Onex, jusqu'à Chancy. Donc là, que je fréquente assez peu… je les fréquentais quand j'étais à l'école de mécanique parce que j'étais à la route du Pont-Butin à l'école de mécanique donc c'est un endroit que je connais… Ma sœur a habité à Onex… C'est un quartier que je connais aussi assez bien… que je trouve aussi assez sympa avec le bois des Evaux… Plus campagne mais que je fréquente assez peu parce que j'ai pas de… Actuellement j'ai peu… je connais pas vraiment des gens qui habitent là-bas… Si ce n'est Alain aux Libellules. Et puis j'ai rien de particulier, là-bas, quoi. C'est pas récréatif, j'ai pas de relation, c'est par hasard, quand je vais chercher quelque chose là-bas… Des fois j'ai des trucs à faire, par hasard, mais… Pour me balader aussi, des fois, ça m'arrive… Aller jusqu'à l'Allondon, ça c'est un côté agréable.

Alors qu'il représente et commente sa ville, Serge omet la rive droite. C'est une *«Terra Incognita»*, dit-il. Un côté qu'il n'aime pas, où il y a trop de circulation. Alors que la personne qui cherche souligne la contradiction qui existe entre son jugement et sa localisation résidentielle, c'est par un argument qui tient d'un stoïcisme naïf qu'il répond *(«Faut s'y faire, hein, on a pas le choix, bon»)*. Puis, il reprend l'explicitation des causes qui font de la rive droite une *«Terra Incognita»*, notamment le fait qu'il a grandi sur la rive gauche. L'entretien prend alors un autre tour, avant que la personne qui parle ne revienne sur la rive droite pour nuancer son jugement *(«il y a quand même le quartier des Grottes… qui pour moi… est un quartier sympa…»)*. Enfin, quand l'enquêteur reprend à son compte la désignation en la francisant *(«Juste une chose… la Terra… Terre inconnue…»)*, c'est un refus ferme de la pertinence de l'expression qu'oppose l'habitant *(«Mais je connais bien, cette terre-là!»)*. Refus qui induit alors, *d'une part*, un processus de légitimation de sa connaissance *(«Mais que je connais très bien parce que ma sœur habite là-bas. Parce qu'ayant travaillé comme livreur de pizzas… je connais tous les points de la ville et… chauffeur multiple… donc la ville, je connais assez bien…»)*, *d'autre part*, une extension graduelle de son espace biographique qui conduira le locuteur jusqu'à Chancy *(«Et puis il y a un truc que j'ai complètement omis jusqu'à présent, c'est toute la zone de… côté Onex, Petit-Lancy, Bernex… vers Onex, jusqu'à Chancy»)*.

D'une certaine manière, une plastique des positions opère dans le mouvement conversationnel – dans un jeu de feintes, d'invalidation, de contestation de la légitimité de celui qui cherche à reprendre une dénomination, qui prolonge la parole. Une plastique qui conduit le locuteur à élargir, graduellement, son territoire biographique.

L'important en l'occurrence est d'abord que le sujet de l'énonciation y apparaît fuyant, dans le sens d'insaisissable; ensuite que le territoire fonctionne comme un butoir, quelque chose contre quoi l'habitant se heurte et se redéfinit; enfin qu'on y observe un jeu de la mémoire collective *(«il y a quand même le quartier des Grottes»)*, de la mémoire individuelle *(«j'ai habité vingt ans de ma vie ici»)*, d'un imaginaire rétrospectif *(«cette petite enclave pour moi que j'aime bien»)* et d'un imaginaire contemporain *(«Pour moi, tout ce côté-là, ça représente un peu la banlieue… Mais la banlieue… négativisée»)*. Ce qui apparaît donc, dans ce jeu, c'est un espace des mises en fiction de soi qui plus qu'un biais doit être pensé comme un analogue des pratiques urbaines. Notamment en ce qu'on peut y observer des pratiques discursives de construction de soi qui s'élaborent autour d'un objet spécifique de discours, la chose dont on parle et qui fait parler, à savoir ici: la ville.

En définitive, l'autofiction que constitue l'entretien compréhensif manifeste aussi un art de jouer avec les catégorisations aprioriques qui sous-tendent les interrogations de la personne qui cherche; elle permet ainsi d'approcher la façon dont l'habitant joue avec les catégorisations *a priori* enregistrées par le territoire de la ville (Piveteau, 1996). On a ici affaire à une véritable grammaire, une façon d'actualiser les potentialités d'un répertoire de signes. Au total, cette grammaire de l'entretien liée notamment à ce qu'il est une écriture du Moi, une autofiction, structure significativement le matériau recueilli, tant au niveau du dit qu'à celui du dire. Ce qui se manifeste alors, dans la modification des positions, c'est une certaine compétence au changement de registres identitaires. C'est ainsi qu'on peut lire dans la ou les présentation/s de soi de la situation d'entretien, une sorte d'analogue de la ou des mise/s en scène de soi dans les parcours urbains.

4. Quand l'entretien tourne mal

L'esthétique de la communication qui opère dans l'entretien est aussi source de ratage. Les interlocuteurs cherchent à se séduire, mais il persiste à y avoir une logique agoniste dans leur rencontre. D'un côté, il y a un besoin d'autrui stimulé par un vouloir-savoir; de l'autre, il y a une violence symbolique que l'informateur n'est pas obligé de subir passivement. Mais ces rencontres sont encore des rencontres ratées, parce qu'en dépit d'une construction de la communication, l'entretien est toujours susceptible de «mal tourner». Parce que le caractère général de certaines requêtes (ou leur *banalité*, puisqu'il s'agit du quotidien) peut déstabiliser l'habitant, qui réclame alors un *cadre* – une orientation, une justification de la question – que la personne qui cherche hésite à donner. Dans ce cas de figure, c'est l'usage de la paraphrase que j'ai privilégié. Ce n'est que si le malaise persistait, que je suggérais quelques pistes.

Mais il arrive encore que la généralité de la question bouscule un sujet en quête de distinction facile, de personnalité. L'individu qui prend la parole dans un dispositif d'enquête sociale attend une question propre à *activer* une réponse potentiellement inédite, et c'est une demande qui *appelle la construction* d'une expression qu'il reçoit. Par exemple, il ne s'agissait pas de se mettre en scène en se prononçant pour ou contre tel aménagement. Il ne s'agissait pas de révéler tel détail intime de ses pratiques, la fréquentation d'un lieu de permissivité sexuelle ou d'expression politique, mais bien de passer outre un certain sens commun pour exprimer plus finement la texture des lieux qui nous englobe. Cette exigence a occasionné parfois une certaine agressivité susceptible de prétériter la poursuite de l'entretien. Ainsi cet habitant:

Fragment 7. Yves.

[Long silence] Euh... [Silence] Qu'est-ce que je pourrais te dire? [Silence puis montée intonative:] Mais c'est con de décrire à quelqu'un une ville que tu connais déjà parfaitement bien, enfin, j'ai un peu de peine à faire des trucs bateaux sur euh... [Long silence]

Par ailleurs, une consigne ne déstabilise pas toujours par son flou, mais aussi, parfois, parce qu'elle vient potentiellement annuler un long effort de présentation de soi. Un tel, par exemple, après un instant de délibération a décidé de faire la leçon à la personne qui cherche. Il livre un schéma de ville abstrait, organisé fonctionnellement plutôt qu'existentiellement. Or, cette présentation de soi ne fait pas problème aussi longtemps qu'il s'agit de *représenter* son territoire (sa carte mentale est un modèle de carte cognitive structurale – cf. Fragment 10, *infra*), mais devient impossible dès lors qu'il lui faut décrire ses espaces biographiques. La multiplication des silences et des *euh* manifeste alors une exaspération, une irritation croissante qui conduit à une stratégie de réorientation de l'entretien sur un terrain adéquat, celui des structures:

Fragment 8. Claude.

Donc des lieux de passage ou alors où je m'arrête vraiment euh... c'est c'est au cinéma, évidemment euh... A Sillem euh... musées euh... Un bistrot... euh... Un arrêt de bus... Hum... Mais bon, il y a des instants. Donc euh... [long silence] Euh... [long silence] Voilà. Mais en fait, ce qu'il faut voir, c'est que chaque point se... à une valeur en fait. Et il s'exprime par rapport à l'autre euh... qui peut être en opposition euh... Euh... Là c'est sphère professionnelle, là c'est sphère publique donc euh... Elles ont chacune une valeur, donc elles forment une sorte de système euh... Un système pas forcément cohérent, structuré mais euh... Comme là tu peux voir, c'est un peu flou quoi, mais euh... Donc euh... chaque point re... En fait, c'est une sorte d'énorme échiquier, quoi où tu... Je pourrais une fois euh... Déplacer mon lieu de la poste et le mettre là, mais ce qui impliquerait de changer tous les autres éléments, quand même.

Des silences, des *euh* et une réorientation de l'entretien que la personne qui cherche doit évaluer *in situ*, pour estimer la pertinence ou non d'une relance. Mais il s'agit encore de trancher, sur l'instant, du caractère judicieux de telle autre consigne, qui pourrait rompre alors définitivement le pacte tacite qui s'est graduellement élaboré – et donc: rompre la relation. C'est ainsi que j'ai renoncé parfois à formuler lors de certaines rencontres de la première configuration de mon dispositif, certaines consignes pour dériver un peu sur la conversation.

Ce d'autant que le cumul de ces facteurs, croisé à une anticipation erronée de la situation d'entretien par la personne qui parle (c'est-à-dire le rapprochement «naïf» qu'il opère *a priori* entre l'entretien en question et une situation connue) avait, dans cette première phase, occasionné un dérapage de l'entretien. Tel habitant s'attendait à des *questions personnalisées*, sur le mode de l'entretien journalistique. Or, c'est une liste de consignes standardisées qu'il lui était proposée, qui prenait parfois l'aspect du test psychosociologique *(«Dessinez-moi...»)*. Aux réponses minimalistes ont succédé des acquiescements monosyllabiques puis des récriminations colériques, fondées sur *sa* conception de l'interview. De fait, il aurait fallu dans ce cas savoir mettre plus tôt un point final à l'entretien.

Enfin, l'organisation de mon dispositif d'enquête au gré de trois configurations d'entretien est en lui-même source d'échec. D'une rencontre à l'autre, il arrive que l'habitant réalise le caractère intrinsèquement obscène de l'entretien compréhensif. S'il ne refuse pas explicitement de poursuivre l'expérience, il accroît néanmoins son niveau d'autocensure, lors des rencontres suivantes. Les stratégies d'évitement qui m'ont été opposées révèlent la double injonction à laquelle est soumis un informateur: tenir un engagement social sans vouloir participer d'un rapport social. Ainsi, acceptait-on volontiers le deuxième ou troisième entretien que je proposais. On m'accueillait chez soi, m'invitait à souper ou à petit-déjeuner, on ralentissait le temps, proposait un dernier verre ou encore un café, de manière à rétrécir symétriquement la plage attribuée à l'enquête. Souvent, la chaleur mise à m'accueillir se couplait avec un discours «pauvre», dans le sens où il traitait mes consignes de parole à la manière de question plutôt que d'embrayeur discursif. Ce sont les seules situations d'enquête où j'ai abusé de la technique des relances, me permettant même, aux moments les plus confus, un travail d'interprétation en temps réel des paroles que je recevais, dans la tentative désespérée de provoquer *quelque chose.*

Le chercheur recueille des confidences qui lui procurent le sentiment d'une utilité. Mais il est aussi confronté à des regards qui s'enfuient par la fenêtre d'une cuisine, des rappels récurrents qu'on aimerait en finir. Inéluctablement, le matériau est troublé. L'observation est une perturbation. Et la rencontre, une rencontre ratée.

Chapitre 8

Le matériau: mise en forme & mise en texte

«Les jugements de valeur sont inévitables dans la recherche sociale. En être conscient est le prix pour s'approcher de l'impartialité et de l'objectivité.»
Giovanni Busino, «La preuve dans les sciences sociales», 2003: 41[1].

«L'ironie ne saurait être davantage que notre propre ligne Maginot; un tracé, pour l'essentiel, purement arbitraire.»
Mark Z. Danielewski, *La Maison des feuilles*, 2002: XXV.

1. La description herméneutique

Le matériau d'entretiens s'organise autour de trois configurations discursives caractéristiques d'un rapport spécifique de la mémoire au vécu (des récits de ville, des narrations de trajet, des descriptions de parcours). La façon de l'analyser dérive du principe de la *«description ethnographique»*[2] (Laplantine, 1996 [2000]). C'est en effet un *travail de restitution* des façons de dire et des choses dites des poètes à l'état pratique qui constitue la manière analytique de cette seconde partie. On retrouve en cela les grands principes de la recherche qualitative, qui sont ceux de la *reformulation*, de l'*explicitation*, du *commentaire* d'un témoignage, autrement dit de l'analyse de mots par d'autres mots (Paillé, 1996: 196) dans le but de livrer un récit sensible au détail, et cependant susceptible d'accéder à un statut théorique. Cette manière analytique se justifie d'un double point de vue. D'abord, elle est cohérente avec le type de questions qui est le mien. Dès lors que je me pose une question dite de processus (Maxwell, 1999), dès lors que je me demande comment femmes et hommes font, jour après jour, usage de la ville contemporaine, en tant que système symbolique/sémiotique, pour se «bricoler» une identité personnelle, tout en étant socialement canalisés dans leur «bricolage», dès lors que je m'intéresse à «la façon

1 G. Busino glose en l'occurrence les réflexions de G. Myrdal dans *Objectivity in social research*, paru en 1969.

2 Mon «matériau» est un matériau ethnographique en ce qu'il traite de – et avec des – personnes humaines.

dont une chose se passe», il faut nécessairement donner à voir cette chose en train de se passer.

L'expression: «à peu près», est importante. Toute description, aussi méticuleuse soit-elle, est *forcément* partielle. L'exhaustivité descriptive est une impossibilité cognitive. Elle dépasse les capacités perceptives, les capacités imaginatives et les capacités de diction de la personne qui cherche. Par ailleurs, on le sait, les mots ne se replient pas sur les choses; l'écriture blanche est une chimère pour manuel de littérature. De fait, susciter – dans un effet de langage – l'impression d'une volonté d'exhaustivité coextensive d'une observation contemplative et positive, serait tomber dans un fantasme de toute puissance, celui du *«géométral de tous les points de vue»* leibnizien (cité par Bourdieu, 2001: 186).

Toute description est d'abord une *«anticipation du regard»** (Laplantine, 1996 [2000]: 12), à savoir que:

> [l']acte de voir informé par des modèles (voire des modes) culturels, est étroitement lié à celui de prévoir et de revoir, et la connaissance n'est souvent rien d'autre dans ces conditions qu'une reconnaissance de ce que l'on savait déjà. Voir, c'est la plupart du temps, par mémorisation et anticipation, espérer trouver ce que nous attendons et non ce que nous ignorons ou redoutons, à tel point qu'il peut nous arriver de ne pas croire à ce que nous avons vu (c'est-à-dire à ne pas voir) si cela ne correspond pas à notre attente. Comme l'écrit Pierre Francastel, ‹on ne voit que ce que l'on connaît, ou du moins ce que l'on peut intégrer à un système cohérent› *(ibid.)*.

Ce qu'on voit est vu parce que ramené à du «connaissable»; à un je-ne-sais-quoi qu'il est possible de percevoir parce qu'identifiable à une matière «connue».

Mais cette identification à une matière connue peut être liée soit à l'existence d'un cadre dominant de pensée disciplinaire (une *épistèmé*, un paradigme – ainsi, je vois «spontanément» des hexagones hiérarchisés quand je regarde la taille et disposition des villes sur une carte[3]), soit à l'application d'un raisonnement analogique (c'est un peu comme…) ou métaphorique (ça me fait penser à…). De fait, avec l'analogie, la métaphore, c'est littéralement l'imagination de la personne qui cherche qui entre en activité. Une imagination comprise au sens courant de *«faculté de former des images d'objets qu'on n'a pas perçus ou de faire des combinaisons nouvelles d'images»*, *«faculté de créer en combinant des idées»* (selon la définition du dictionnaire *le Petit Robert*).

3 En référence au modèle de localisation des activités tertiaires dit modèle de Von Thünen, qui postule que les villes se disposent en hexagone en fonction de leur taille.

Aussi l'anticipation du regard n'implique-t-elle pas une reproduction *ad libidum* d'une intelligibilité toujours-déjà là. S'il y a certes une anticipation dans la description, il s'agit d'une anticipation ouverte, du type de celle dont sont faits les romans d'anticipation. J'observe. Je décris. Je décris ce que je perçois de mon point de vue. Mais dans la description, pour dire la «chose que je suis en train de décrire», et que je peine à dire, parce que justement les mots ne se replient pas sur les choses, je suis contraint de penser par périphrases et analogies. Si bien qu'un mouvement se profile où l'imagination finit toujours par excéder la perception (Anders, 2001).

Ainsi donc, cette anticipation ouverte du regard se manifeste dans ce que l'analyse de mon matériau d'enquête s'opère, entre autres, au gré de grilles qui structurent son intelligibilité; grilles par lesquelles je cherche, pêle-mêle, des mécanismes de territorialisation de soi, des procédures de réduction spatiale de la dissonance cognitive, des mouvements d'extériorisation de la mémoire, des modes de pratique des espaces de sociabilité, des phases de construction de l'objet phénoménologique: ville, etc. Or, ces grilles ramènent précisément à du connu. D'une part, elles ont été construites de manière inductive à partir des interprétations d'un corpus d'entretiens d'une enquête plus restreinte (Matthey, 1998) – et stabilisés ici en tant qu'éléments *a priori*. D'autre part, elles sont traversées des intuitions nées durant les entretiens eux-mêmes, alors que des énoncés réitérés par des habitants différents *appelaient* une analogie et un raisonnement métaphorique. Ainsi, lorsque je piste des catégories telles que la «ville matricielle» ou encore la «ville comme agent de mécanisation», je mobilise et croise à la fois, un référent théorique – celui de l'interface constat-norme de J.-L. Piveteau (1996: 73) – et un référent analogique – celui du film de science-fiction *Matrix* (Wachowski, Wachowski, 1998), pour aboutir à une catégorie descriptive et interprétative qui est celle de l'espace *matrixiel*, à savoir une structure urbaine qui automatise le flâneur, et l'envoie dans une outre-ville virtuelle. Mais ce croisement naît de l'écoute de mes paroles d'entretien.

En définitive, je me retrouve dans une position délicatement paradoxale, manifestement pleine de contradictions. J'entreprends la lecture de mon matériau avec l'intention d'une théorisation ancrée, médiatisée par une description des dits et façons de dire des poètes à l'état pratique, mais je me raccroche à des fiches de lecture qui construisent mon regard – me disent que regarder, choisissent ce que je dois percevoir. Et, au total, il serait proprement mensonger de laisser croire que je me conforme à l'idéal descriptif d'E. Husserl (*«Il s'agit de décrire et non pas d'expliquer ni d'analyser»* – cité par Laplantine, *op. cit.*: 102), qui a d'ailleurs tout d'une possibilité logique et d'une impossibilité pratique. La description pure est un idéal que je n'approche à aucun moment. Je ne suis jamais parfaitement et positivement contemplatif; et je suis obligé d'assumer la définition que F. Laplantine donne de la description herméneutique: *«décrire, c'est interpréter» (ibid.)*, autrement dit: accomplir une opération de traduction à fin d'intelligibilité.

Par ailleurs, une description exhaustive, contemplative et positive d'un matériau ethnographique serait une erreur ontologique. Elle renverrait à l'idée métaphysique de «données brutes», qui n'existent *en fait* que comme construits. Aussi, la description prend-t-elle sens dans sa *partialité*; elle est un processus analytique riche parce qu'elle prend parti. En tant que *«confrontation dialogique»*, elle mobilise toujours *au moins* un double savoir, celui de l'observé et celui de l'observateur, dans un processus interprétatif qui tend à la double herméneutique de A. Giddens (1984). Comme le rappelle V. Descombes (1998), *la description ethnographique est toujours métadiscursive.* Elle construit des constructions des autres, elle explique des explications des autres, elle interprète des interprétations faites par autrui. C'est pourquoi, les conclusions auxquelles on aboutit par l'intermédiaire d'une description ancrée sont toujours des interprétations vraies… d'un certain point de vue. *«Du même phénomène social, il n'y a pas une seule, mais une pluralité de descriptions possibles»* (Laplantine, *op. cit.*: 105). C'est ainsi que le retour du descriptif insinue un retour de l'interprétation, et que l'on touche à *«l'empirisme irréductible»* de la recherche qualitative dont parle O. Schwartz, à savoir *«le fait, pour une pratique de recherche, d'admettre en son sein des ‹constructions› qu'elle n'est pas en mesure de vérifier»*… mais qu'elle peut néanmoins *«‹évaluer› empiriquement, c'est-à-dire les discuter quant à la capacité de rendre compte des matériaux et d'en proposer des nouveaux»* (1993: 287, nip).

Mais cette manière analytique (cette aspiration à une description pure, et la certitude sereine de ne pouvoir/vouloir l'atteindre) est encore – et c'est sa seconde justification – conforme à la posture intellectuelle et existentielle qui travaille, en murmure, cette recherche doctorale, sans nuire à sa scientificité. Conforme à la posture intellectuelle, d'abord, parce qu'on y retrouve la conviction que la science est une forme spécifique de l'activité littéraire au sens large. Que les faits sont faits, artéfactés. Que l'objectivité n'est jamais donnée *ex ante* dans l'absence de relation, mais une forme particulière de relation – (auto)réflexive, (auto)critique et explicite. L'usage d'une certaine forme de la description ethnographique nécessite en effet de s'interroger préalablement sur le rapport du lisible, du dicible et du visible. Elle demande encore qu'on s'interroge sur la manière dont une prétendue observation contemplative du monde organise et crée ce monde, dans une *«confrontation dialogique»*, dans une mise en dialogue des paroles d'autrui. Elle réclame enfin que la personne qui cherche questionne le référent de sa description. Car on ne saurait, avec l'embrayeur méthodologique qui a été précédemment annoncé (*supra:* Chapitre 7, sous-section 1.2.3) adopter ici une conception du langage (ou du rapport entre le voir et le dit, pour reprendre une opposition structurante du discours de F. Laplantine) selon laquelle les mots sont en adéquation univoque avec le réel (conception représentationaliste ou encore positiviste de la langue).

Cette manière analytique est enfin conforme à la posture existentielle qui travaille cette thèse. Parce que, s'il est loisible de retrouver des traces du narcissisme de la petite différence personnelle que j'évoquais précédemment dans l'emphase mise sur le fait que ce qui est donné est le récit d'un point de vue, il faut y voir aussi la conviction que la personne qui cherche n'a pas à avoir la prétention d'énoncer *la* description d'un phénomène social, mais qu'elle collabore à sa construction. Ce en quoi elle est congruente à l'idée que la science est aussi la recherche d'une *«façon de se positionner par rapport au monde»*, de *«le concevoir»*.

*

Aussi est-ce: *1)* le rapport du lisible, du dicible au visible; *2)* la construction, paradoxalement narrative, du «monde» par la description; *3)* le statut incertain du référent qu'il s'agit de discuter avant d'entreprendre la présentation et l'analyse des «résultats». De fait, avec la discussion de ce qu'il faut bien appeler la mise en forme et la mise en texte d'un matériau, c'est *précisément* l'explicitation d'un processus de formalisation, et de ses effets de sens, qui est entrepris.

2. La logique de la preuve dans les sciences sociales

2.1. Effets de réel et normalisation éthique du champ scientifique: du bon usage du relativisme

Alors que plusieurs centaines de pages de retranscriptions de récits de ville, de narrations de trajet, de descriptions de parcours se déplient sur ma table de travail, la manière la plus pertinente de les traiter me semble donc être celle qui consiste à raconter comment les habitants racontent leur ville. Pour structurer mon récit, j'ai choisi de privilégier un axe d'abord temporel, en cherchant à montrer des phases de discours qui sont des phases de construction de l'objet phénoménologique: ville. C'est ainsi qu'un choix de mise en forme du matériau est opéré qui est, consécutivement, aussi un choix de mise en texte, puisque la manière dont je vais introduire l'analyse des choses dites et des façons de dire des poètes à l'état pratique procède de cette structuration du matériau, cherchant à montrer comment le sujet entre discursivement en ville. Il y a ici un premier effet d'artéfaction qu'il faut impérativement détailler pour ne pas tomber dans le piège d'une naturalisation toujours suspecte d'idéologie. La présentation de mes résultats, mon texte, s'organise en effet autour de *moments*, qui sont à la fois des événements de type interactionnel (la rencontre d'une personne qui parle et d'une personne qui cherche) et des façons de dire assimilées à des façons de faire.

Fragment 9. Serge.

> Et puis… Parents [il écrit: Papa, Maman]. Voilà. Donc là… Ah ouais, il y a encore ma Sœur 1 et ma Sœur 2. Donc là en fait, j'ai représenté un peu mon espace le plus usité. En fonction principalement de mes relations familiales… copine… très bon copain… de mes espaces de vie, c'est-à-dire: chez moi avant, chez moi maintenant, chez moi avant. [Le téléphone sonne, il va répondre et reprend l'entretien] Donc d'une part, cet espace il est conditionné par mes relations familiales… amis… lieux de vie… lieux de travail… et puis: espaces de loisirs. Alors… [Il complète sa carte] espaces de loisirs, on va dire, occasionnellement le marché aux puces, plaine de Plainpalais.

Un habitant donne une représentation de sa ville sous forme de carte mentale. On distingue trois pôles dans cette représentation. Famille, travail et puis loisirs. De l'anodin qui permet de dire à l'enquêteur que «je suis comme tout le monde», quelqu'un d'intégré socialement, qui ne nécessite pas une telle attention, qui n'a pas besoin d'être *pisté* dans la ville. Mais l'intéressant, c'est que cette représentation montre que la ville se *construit* plus qu'elle ne s'*offre comme achevée* dans les discours. On est, de fait, dans un effort de clarification biographique. Dans cet effort, le *médium* du «plan, du petit schéma, de l'esquisse» permet au locuteur de réfléchir à ce qu'il est disposé à montrer, c'est-à-dire à l'image qu'il souhaite donner de lui.

Ce qu'il importe de voir ici, c'est qu'une façon d'appréhender méthodiquement le matériau fonctionne, à plusieurs niveaux, comme un agent de configuration des résultats. Tout d'abord, le volume du matériau recueilli dépasse mes capacités cognitives. Je ne sais comment le prendre. J'élabore une stratégie, une méthode raisonnée de traitement, qui va conduire à la conclusion que raconter sa ville revient à accomplir des forages discursifs dans un espace d'abord anonyme et monomorphe. Des forages qui ouvrent des interstices dans un espace normalisé, et permettent ainsi l'ouverture d'espaces en soi – et par extension (ce n'est pas le lieu ici de développer finement une pseudochaîne causale ou phénoménologique) –, la réalisation, l'actualisation d'espaces d'une mise en scène différentielle de soi. Or, cette conclusion est liée à ma méthode raisonnée. J'ai décidé de traiter mon matériau en racontant, *chronologiquement*, les récits, narrations et descriptions des poètes à l'état pratique. Et c'est ce choix de suivre une *chronologie* «naturelle» («commencer par le commencement», «finir par la fin») qui me conduit à une conclusion qui, somme toute, découle d'un *moment* d'entretien, de la *«coïncidence d'un point de la durée et d'un événement»* (selon la définition du dictionnaire *le Petit Robert*). Selon toute évidence, et malgré une longue et patiente construction de la communication, les personnes qui parlent devant un micro sont d'*abord* timides; elles développent d'*abord* ce qu'on appelle des ritualisations infirmatives, elles gomment ce qui est susceptible de les distinguer; *puis* elles finissent par se détendre et «intimisent» leurs paroles. Les forages discursifs sont des *«tours de langues»* qui expriment une tension expositionnelle de la personne qui parle, bien plus qu'un analogue discursif des pratiques de ville.

Au total, il est légitime de se demander si les résultats de cette recherche doctorale ne sont pas, en partie, la retraduction de ce double processus. Premièrement, celui d'une anxiété, de la personne qui cherche, devant son matériau qui appelle une approche méthodique structurant fortement ses résultats (ce en quoi l'on retrouve la problématique développée par G. Devereux). Deuxièmement, la concrétisation descriptive d'un artifice d'observation qui n'a peut-être pas d'autre «réalité» que celle de l'anxiété du chercheur en train de chercher.

Par ailleurs, en racontant comment des hommes sans qualités racontent leur ville, j'accomplis ce que R. Barthes appelle un *«effet de réel»** (1968 [2002]). Mes descriptions comportent des *«notations»*, des *«détails superflus»* (*ibid.*: 179), des *«plages insignifiantes»* (*ibid.*: 181) qui ont pour fonction de *«dénoter ce qu'on appelle couramment le ‹réel concret›»* (*ibid.*: 184). Quand j'insère un fragment de discours dans ma description, quand ce fragment comporte une notation temporelle ([long silence]), la mention d'un *«menu geste»* (*ibid.*: 185), insignifiant en première analyse ([il mange]; [il se racle la gorge]), je me situe manifestement dans ce *«besoin incessant d'authentifier le ‹réel›»* dont parle R. Barthes *(ibid.)*. Le *«détail concret» (ibid.)* assume ici très précisément la fonction sémiotique constitutive de l'effet de réel en ce que *«la carence même du signifié au profit du seul référent devient le signifiant même du réalisme»* (*ibid.*: 186). Ainsi, ce que je dis des choses dites et des façons de dire des poètes à l'état pratique, l'analyse que j'en fais est certes informée par mon approche méthodique, mais la mise en texte conduit, à son tour, à faire croire que «ça se passe réellement comme ça». L'articulation du texte autour de moments tend à susciter une adhésion du lecteur à la réalité de mon discours. Je commence par écrire que dire sa ville consiste à ouvrir des espaces intersticiels dans un espace anonyme, et je mobilise les fragments de discours dans lesquels s'enracinent mon interprétation. Or cette mobilisation de fragments de discours peut aussi être lue comme une rhétorique par laquelle je tends à donner d'une *«représentation partielle* [...] *l'illusion d'une globalité signifiante»* (Barillier, 2003); un procédé d'écriture qui, implicitement, vient *«signifier le réel lui-même par la connotation»* (Jeune équipe Grimia, 1998); un artifice qui donne l'illusion d'un référent identifiable.

Au total, il y a là une astuce par laquelle j'opère un acte illocutoire indirect (Genette, 1991 [2000]: 41-63) qui fonde une quasi-fiction. Dans ce «ils l'ont dit» que matérialisent mes fragments de discours[4], il y a quelque chose de ces énoncés assertifs qui visent autre chose que ce dont ils parlent au premier abord. D'une certaine manière, ils lancent une *petite mécanique paradoxale* par laquelle la personne qui écrit produit *«une fiction en feignant de faire des assertions»* (*ibid.*: 49) en ce qu'elle y fait un *«appel* [silencieux] *à la coopération imaginative du lecteur»* (*ibid.*: 50), pour obtenir en fin de compte qu'il *«renonce volontairement à l'usage de son droit de contestation»* (Coleridge cité par Genette, *ibid.*: 51). De sorte que la mise en texte de mon matériau est, une fois encore, constituante d'un effet de réel, et vaguement manipulatoire.

Cet effet de réel est en outre *indirectement* renforcé par l'agglomération de mes paroles d'entretiens. En effet, ma description résulte d'une procédure d'agrégation «spontanée» des données textuelles qui va délivrer un discours moyen inexistant, polyglotte car composé du collage de ce que Jacques, Pierre, Paul, Monique, Josiane, etc. ont dit dans un discours des discours. Ainsi, personne ne le tient dans la «vraie vie». Il confine donc à la fiction. D'une certaine manière, je décris un hypertexte (un texte de tous les textes recueillis), qui n'a d'autre réalité que celle de son niveau d'agrégation.

En isolant des phases dans les récits, narrations et descriptions de ville qui me sont faites, en les organisant dans un hypertexte, puis en articulant cet hypertexte sur une «trame» urbaine, je produis l'impression que ces phases se réalisent chemin faisant, de manière naturelle *(in vivo)* dans les déambulations singulières d'habitants sans qualités. Mais ces déambulations ne sont pas toujours singulières, elles sont parfois celles d'un individu idéal traversé de tous les discours que j'ai entendus (et l'on retrouve ma chimère du livre 1). Et là encore, c'est d'un puissant effet de réel qu'il s'agit. Cet habitant idéal est un

4 Qui peut être aussi compris comme un «je vous l'avais bien dit» ou encore un «je l'ai vu, de mes yeux vu» moliéresque.

être ambigu qui semble réel puisque paragraphe après paragraphe, ma mise en texte appelle son existence, dans une sorte d'incantation ou de procédure subliminale.

Pour céder à l'argutie, il est donc légitime de se demander si mon discours relève des *«énoncés de vérité»*[5] ou des *«énoncés fictionnels»*[6] de la typologie de K. Hamburger (cité par Genette). Un retour sur la définition la plus strict de ces concepts (*infra*: nip 5 et 6) lève le doute: je suis un *«je-origine»* à peu près *«réel et déterminé»*. Néanmoins, l'hypothèse de l'existence d'un équivalent «scientifique» du pacte fictionnel n'est pas sans intérêt – notamment parce qu'elle implique que la personne qui cherche s'interroge sur son activité en tant que pratique littéraire. Il y a en effet dans l'écriture scientifique une foison de «trucs» *qui incline le lecteur à faire comme si*; une foison de «trucs» *qui conduit à ce que le lecteur renonce à son incrédulité*. J'ai essayé ici d'en dépister quelques-uns dans mon propre texte. Mais l'intéressant demeure cette sorte de capitulation circonstancielle du lecteur qui en vient graduellement, par l'intermédiaire d'une série de schèmes argumentatifs, *qui sont aussi des schèmes narratifs*, à être plongé dans une sorte d'état de feintise où les énoncés ne sont *«ni vrai*[s] *ni faux* [...] *mais* [...] *possible*[s]*»* (Genette, *ibid.*: 20). Sans doute faut-il y voir la conséquence de ce qu'une des normes fonctionnelles de la pratique scientifique est celle du désintéressement (cf. la sociologie des sciences de R. K. Merton), et que cette norme est très proche de l'attitude esthétique telle que la conçoit E. Kant, soit une forme du *«‹désintéressement› à l'égard du monde réel»* (cité par Genette, *ibid.*: 8). La capitulation du lecteur scientifique tient d'une esthétique, d'un espace ouvert au désintéressement. Il importe toutefois de voir que l'équivalent scientifique du pacte fictionnel est contré – dans le compte-rendu de recherche – par un pacte de lecture sans cesse réitéré. Le métadiscours informant le lecteur sur la manière dont il doit lire ce qu'il lit; la manière dont il est entendu qu'il doit se comporter.

*

Taire la production de cet effet de réel protéiforme par ma mise en forme et ma mise en texte, serait, en définitive, idéologiser mon discours, le naturaliser. Ou du moins laisser la figure du Salaud sartrien (tel qu'entendu plus haut) s'y

5 *«Actes de langage authentiques accomplis à propos de la réalité par un ‹je-origine› réel et déterminé»* (Genette, 1991 [2000]: 22).

6 Actes de langage *«dont le véritable ‹je-origine› n'est pas l'auteur ni le narrateur, mais les personnages fictifs – dont le point de vue et la situation spatio-temporelle commandent toute l'énonciation du récit, jusque dans le détail de ses phrases» (ibid.)*.

réinstaller en contrebande. Ce serait retrouver l'esprit de sérieux, la comédie – déjà évoquée (*supra*: Chapitre 7, sous-section 2.2.5) – de son propre rôle. En faisant comme si, en faisant mine de croire que ce discours a une réalité autre que celle de son niveau d'agrégation, en arguant que l'agrégation permet la généralisation, en ignorant les effets de réel que véhicule la dimension narrative de mes descriptions, etc., je butterais sur un pavé mal celé de l'enfer sartrien – celui des bonnes intentions. Pire, je m'abuserais en tant que personne qui apprend à chercher, je manquerais au devoir d'ironie qui constitue aussi une norme de régulation de la pratique scientifique, même si ce devoir est de définition difficile et que l'on peine à savoir – en bonne ligne Maginot – ce qu'il *«cherche à défendre»* (Danielewski, 2002: 43).

Je vais trouver des temps d'ouverture de l'objet phénoménologique: ville, parce que j'ai décidé de donner une certaine structure d'ordre à mon matériau. La ville s'ouvre alors que le poète à l'état pratique tombe les murs protecteurs de l'intimité. Peut-on dire pour autant que j'observe ici un analogue des mises en scène de soi dans les parcours urbains? Il est légitime, et même impératif, d'en douter. C'est la façon dont j'ai choisi d'approcher mon matériau, la *prise* (comme on parle de prise au judo) que j'ai trouvée, qui lui donne forme, qui construit ma formalisation et suscite le sens dégagé par mon analyse. Plus «technique», j'aurais vraisemblablement trouvé autre chose. Avec d'autres capacités cognitives, moins sensible à l'air du temps peut-être, j'aurais produit un type de discours différent. C'est précisément là que se manifeste la subjectivité de la personne qui cherche. Non pas dans une supposée projection de son monde sur le monde de l'observé, mais dans les habitudes et affinités de pensée (une sensibilité, en somme) qui l'inclinent plutôt vers ceci ou plutôt vers cela. Mais on le sait, la personne qui cherche délivre des *«évidences faillibles»** à propos du monde qu'elle observe – et qui l'observe. Rien n'est ici épuisé ni définitif. Ce qui ne signifie pas que le discours scientifique équivaut à tout autre pratique discursive, mais signe plutôt sa distinction de tout autre pratique discursive.

Le discours scientifique se construit sur le sol incertain de sa propre imperfection (principe cartésien), dans son ouverture intrinsèque et fonctionnelle à un doute qui le différencie de la propagande d'un parti politique (Feyerabend, 2003). Ce caractère d'évidence et de faillibilité fait l'orgueil et l'humilité de la pratique de recherche. Et c'est sans doute aussi pour cela qu'un homme sans qualités entre dans un processus d'apprentissage des façons de chercher. Tout choix méthodologique qui relève de la recherche au sens strict ou de l'écriture de cette recherche est à la fois une posture technique et existentielle; la recherche d'une position dans le monde et face au monde. C'est ce mélange d'orgueil et d'humilité qu'il faut démontrer en annonçant la faillibilité des évidences que j'énonce. Parce que, sous l'aspect d'une logomachie, elle permet paradoxalement de répondre à une exigence «sartrienne». Aussi est-ce en ce sens qu'il faut entendre le relativisme comme attitude éthique, comme façon de *«diriger sa conduite»* (pour reprendre la définition du dictionnaire *le Petit Robert*). Et, une fois encore, ce fil éthique est indéniablement une question épistémologique et méthodologique. Comme le rappelait F. Hess, *«la validité, dans la recherche qualitative n'est pas le résultat de l'indifférence, mais de l'intégrité»* (cité par Maxwell, 1999: 165).

Ainsi, dans cette attitude éthique je construis une relation, à peu près objective, à mon objet d'étude; une relation à peu près objective qui doit toujours me rappeler la nécessité d'une auto-objectivation, qui prend, *in fine*, la forme de l'ironie pour valider ses conclusions. Cette auto-objectivation renvoie bien sûr à l'injonction bourdieusienne à *«objectiver le sujet de l'objectivation»** (Bourdieu, 2001*:* 173), comme préalable à toute pratique scientifique. De fait, P. Bourdieu insiste pour distinguer sa conception de l'objectivation du sujet de l'objectivation de ce qu'il nomme l'*«objectivation narcissique»**, c'est-à-dire *«un retour complaisant du chercheur sur ses propres expériences»* qui *«ne débouche sur aucun effet pratique»* parce que trouvant sa propre fin dans ce retour complaisant.

Pour P. Bourdieu:

> [l]e travail d'objectivation du sujet de l'objectivation doit être mené à trois niveaux: il faut d'abord objectiver la position dans l'espace social global du sujet de l'objectivation, sa position d'origine et sa trajectoire, son appartenance et ses adhésions sociales et religieuses (c'est le facteur de distorsion le plus visible, le plus communément perçu et, de ce fait, le moins dangereux); il faut objectiver ensuite la position occupée dans le champ des spécialistes (et la position de ce champ, de cette discipline, dans le champ des sciences sociales) [...]; troisièmement, il faut objectiver tout ce qui est lié à l'appartenance à l'univers scolastique, en portant une attention particulière à l'illusion de l'absence d'illusion, du point de vue pur, absolu, ‹désintéressé› (*ibid.*: 183).

Ma conception diffère néanmoins de celle de P. Bourdieu. Quand je dis objectiver mon objectivation, quand je parle d'auto-objectivation, j'entends montrer comment l'objectivité est construite en tant que forme spécifique de relation. Aussi, mobilise-t-elle une dimension que P. Bourdieu taxerait de narcissique. *Mais ce narcissisme a un effet pratique.* L'auto-objectivation renvoie en effet à deux modalités de discours. On y retrouve d'abord le genre de la confession, du dialogue de soi à soi, dans un exercice d'explicitation de ses doutes et hésitations. On y témoigne; on y apporte une pièce à un procès. Elle est aussi une forme de la confession en ce qu'elle fonctionne sur le mode de l'introspection, de l'inspection de soi, de sa conscience, comme un autre. Mais l'auto-objectivation, conçue comme une forme de la confession frise parfois l'autofiction. Je me mets en scène comme personne qui apprend à chercher, et développe à l'excès une posture (auto)critique et (auto)réflexive…

Or, paradoxalement, c'est peut-être bien parce que l'auto-objectivation confine parfois à l'autofiction qu'elle permet de construire une posture à peu près objective à un «objet» d'étude. Par le biais de l'autofiction, l'auto-objectivation touche à l'ironie moderne, c'est-à-dire une mise à distance ludique. L'autofiction est *essentiellement* contraire à l'esprit de sérieux. On y observe un mouvement par lequel on se met à distance, on se dégage du «cours normal des choses». Ce mouvement est celui de l'ironie, d'une façon de parler par antiphrase qui repose, *«éventuellement mais pas nécessairement»*, sur un *«ethos moqueur»* (Martin-Granel, 2003); d'une façon de parler qui a partie liée avec la satire. De fait, l'ironie est un *««exercice méthodique de la critique»»*, un *««nihilisme actif»»* (Decottignies cité par Martin-Granel, *ibid.*). Ce qu'il importe de voir cependant, c'est que *«l'ironie est moins un procédé tactique d'attaque contre une cible bien identifiable qu'un mécanisme d'auto-défense, qu'une stratégie de rupture avec le sujet dogmatique et monologique. Instaurant un simulacre d'univers dans la fiction, elle méta-communique en courant continu une charge critique»* (Martin-Granel, *ibid.*). C'est en ce sens qu'elle est une ligne Maginot.

Dans sa dimension autoficitve, auto-ironique, le travail d'auto-objectivation est effectivement une tactique de défense: manière de montrer que j'ai une *«longueur d'avance» (ibid.)* sur la critique. En sorte que le travail d'auto-objectivation est une façon médiate d'aboutir à un test de validité usuel de la recherche qualitative. En anticipant la critique, la personne qui cherche ne tend pas à dissimuler des failles, mais s'essaye plutôt à *«éliminer les solutions de rechange plausibles»* (Maxwell, 1999: 166). Précisément, c'est le test du *«modus operandi»* qui est appliqué. Bon gré, mal gré, *«une liste pertinente d'explications et d'interprétations alternatives est produite»* (*ibid.*: 167); le chercheur, en bon détective, tente de les réfuter.

*

Les données brutes sont toujours construites. Dans une approche méthodique; dans leur mise en texte «réaliste» et «naturalisante». Ne pas discuter et réfléchir cette construction revient à se comporter une fois encore en Salaud sartrien. C'est pourquoi le relativisme – qui tend à nier la transparence *a priori* du référent, l'existence d'une réalité – est un moyen ironique d'élaborer un test de validité. Mais le relativisme mérite d'être… relativisé. Ce sont des personnes «réelles», des poètes à l'état pratique que je rencontre. C'est en ce sens qu'il faut continuer à problématiser les rapports de la mise en forme, de la mise en texte et du statut de la preuve dans les sciences sociales, spécifiquement dans la recherche qualitative.

2.2. Intrigue, stratégie d'argumentation & opérations d'éclairage

Ces paroles d'entretien «existent». Elles ont une sorte de «factualité». Les gens ont dit ce qu'ils ont dit, et un certain volume de papier, un certain nombre de disques audio, inclinent (dans quelque chose d'un simulacre), à l'idée d'une «objectivité» du matériau. Je pourrais être d'autant plus convaincu d'avoir un objet, que l'*«événement interactionnel»* (Mondada, 2001) que constitue l'entretien s'est «chosifié» – par l'intermédiaire d'un objet technique (un enregistreur MiniDisc, en l'occurrence) – en un support numérique lisse, parfait, froid.

De fait, ce travail d'explicitation de la mise en forme et de la mise en texte du matériau répond à une tentative de «dénaturalisation» du (méta)discours. Ce que je dégage des paroles d'entretien ne «coule pas de source». Ce n'est pas un discours «naturel» (non artéfacté) sur un objet lui aussi «naturel» (non artéfacté). Ce que je dégage ne sourd pas sans manipulation de mon matériau, mais résulte de sondages successifs. Ainsi peut-on reprendre, en ce qui concerne le produit «objectif» d'une campagne d'entretien, ce que Ch. Hussy (détournant A. Sauvy, à propos de la statistique) exprimait au sujet de la carte[7]. Tout discours recueilli est celui d'un être potentiellement faible. Dès lors qu'on le torture, qu'on l'insère dans les rais d'un système, que ce système se tend, se cohére, il est susceptible de parler dans le sens qui convient à la personne qui cherche – mais paradoxalement à l'insu et au dépit de la personne qui cherche.

Une fois encore, il s'agit, en rappelant cette évidence, d'une précaution d'usage; plus précisément: de l'usage précautionneux d'un discours scientifique. Il s'agit ainsi de rappeler que l'analyse produite constitue une *«intrigue»*, au sens de P. Veyne (1971 [1996]: 57). Car si le matériau recueilli peut être assimilé à un champ d'événements très objectifs (comme l'histoire est *«un champ d'événements très objectifs»* dans l'épistémologie de P. Veyne [*ibid.*]), puisque les habitants ont dit ce qu'ils ont dit et qu'ils l'ont dit de la façon dont ils l'ont dit, il reste que mon travail d'analyse consiste en un découpage d'un *itinéraire* –

7 *«La carte est un ‹être faible›, si on l'a torture elle parle»* (Hussy, 1998: VI).

qui valorise certaines articulations du discours – dans ce champ événementiel. L'intrigue qui se dessine ainsi n'est donc *pas une fabulation*, mais l'*organisation descriptive et narrative* d'événements ou, en l'occurrence, *de choses dites et de façons de dire*. A nouveau, si la pratique scientifique est posée ici comme une forme spécifique de l'activité littéraire, le texte livré n'est pas un «roman». Je pratique une herméneutique du discours ordinaire, je fais des histoires avec les histoires (pour parler comme P. Veyne) qu'on me raconte, je construis un discours des discours, mais il demeure, dans l'existence d'un champ discursif «objectif», la possibilité de se rencontrer et discuter des histoires que *je* raconte[8]. On retrouve ainsi l'exigence intersubjective de toute pratique scientifique et la *«logique dialogique»* (Livet, 2003b[9]) de l'administration de la preuve dans les sciences sociales, à savoir que la preuve y est souvent une *«interprétation argumentée» (ibid.)*; une capacité à défendre une thèse (un corpus d'hypothèses) dans différents contextes. Mes «histoires» sont enracinées. C'est ce qui différencie ce discours du texte romanesque, de l'essai littéraire ou d'un idiolecte.

Mais peut-être aussi que cette question est indécidable. Peut-être qu'il est spécieux de chercher sans fin à distinguer mon texte du roman ou de l'essai non scientifique. Peut-être est-ce reproduire une dichotomie difficile à étayer entre *«récit fictionnel»* et *«récit factuel»* (pour se référer aux catégories de G. Genette, *op. cit.*). Comme s'il y avait d'un côté la littérature et de l'autre le reportage, l'imaginaire et le vrai – sans porosité. Comme si *«les formes narratives* [ne] *travers*[aient] [pas] *allègrement la frontière entre fiction et non-fiction»* (Genette, *ibid.*: 93). Comme si, dans leur rapport aux indices de fictionnalité, *«la non-fiction* [ne] *se fictionnalis*[ait]*»* pas en les empruntant[10] et *«la fiction* [ne] *se défictionnalis*[ait]*» (ibid.)* pas en les abandonnant (l'autofiction, par exemple). Peut-être. Il reste que si *«toute fiction* [...] *est une simulation non sérieuse d'assertions de non-fiction, ou, comme dit Hamburger, d'énoncés de réalité»* (*ibid.*: 92), mon texte n'est pas un roman au sens de récit fictionnel. Ma mise en forme, ma mise en texte du matériau, procèdent à des effets de réel. Les passer sous silence conduirait à une feintise qui pourrait m'approcher du récit fictionnel – quoique le récit fictionnel est défini comme une *«simulation non sérieuse»* – ou plus précisément du récit mensonger. Le rappel récurrent d'un pacte de lecture scientifique vient néanmoins casser la velléité d'installation d'un équivalent scientifique au pacte fictionnel, et rompre le charme d'une *«simulation non sérieuse d'assertions de non-fiction»*.

8 Cf. l'opinion de certains narratologues que le récit de réalité renvoie à du référentiel.

9 Texte non publié mais disponible auprès de l'institut de géographie de l'Université de Lausanne, CH-1015 Lausanne. Le texte original ne comporte aucune pagination.

10 Cf. l'exemple de G. Genette de la vogue du *«New Journalism»* aux Etats-Unis (*ibid.*: 91).

Par ailleurs, il importe de voir que la capacité à *«défendre* [une thèse] *victorieusement dans toutes les circonstances»* qu'évoque P. Livet (2003b), ne doit pas être comprise dans une perspective agonistique. La personne qui argumente n'est pas l'équivalent intellectuel d'un cyborg tueur, un Argumentator. Il y a certes «stratégie d'argumentation», c'est-à-dire que la personne qui argumente sélectionne des arguments, congruents à une définition de son public, pour réaliser un objectif qui est celui de cette forme très incertaine de la preuve que constitue la *preuve par persuasion.* Mais dans cette stratégie, la personne qui argumente use d'une dialectique positive. Elle s'industrie à faire varier les contextes de son explication en se demandant si l'interprétation construite à partir d'un fragment du discours est applicable à un autre fragment. Elle rapporte cette explication à un autre contexte que celui du corpus d'entretiens pour en établir le caractère contextuel, circonstanciel, localisé. Mais cette dialectique positive s'incarne encore dans la quête et l'exposition du cas contraire. La personne qui cherche énonce des évidences faillibles, et «faire preuve en sciences sociales», c'est aussi montrer le point fuyant, évanescent, où l'interprétation est défaillante, contredite. Le discours produit, le récit d'un point de vue, est contrôlé, discuté, *relativisé.*

Cette relativisation (Livet, 2003b) doit s'entendre à plusieurs niveaux. D'abord, le discours produit est toujours ramené à *«un contexte historique et social plus limité» (ibid.).* Mais la relativisation est, en l'occurrence, surtout pratiquée au sens le plus étymologique. Si le discours est relativisé, c'est parce qu'il est ramené à un autre discours possible, *«considéré dans un rapport à quelque chose»* (pour reprendre la définition du dictionnaire *le Petit Robert*) d'autre. C'est ainsi que les récits parallèles sont ici toujours rappelés. L'exposition des cas contraires sous forme d'encadrés inscrit visuellement une relativisation des histoires racontées, construisant une contre-histoire ou un outre-texte argumentatif. En ce sens, les encadrés du cas contraire sont en quelque sorte les correspondants visuels d'un test de validité. Mais ils construisent aussi des figures de diction, d'énonciation de la ville. En effet, ils inscrivent visuellement une ville polyphonique, le feuilleté des discours, et figures de discours, qu'un même lieu est susceptible d'appeler.

Dans ce choix de mise en texte du matériau, il faut lire enfin la tentative de suppression de ce que P. Livet (2003b) appelle *«la coupure des contextes»* (ibid.).* Cette coupure des contextes réside dans *«le fait d'avoir eu à recourir à un moment à un savoir contextuel* [...], *puis de développer les conclusions de la théorie en ne faisant plus mention de cette relativisation à un savoir contextuel» (ibid.).* Pour contrer cette coupure, P. Livet suggère d'*«expliciter tout recours à un contexte» (ibid.),* avant de signaler l'impossibilité d'appliquer à la lettre cette solution. *«De proche en proche, nous devrions exposer toutes nos connaissances théoriques et pratiques, nos routines, nos présupposés, etc.»* explique l'auteur. Pour P. Livet, il faut ainsi se contenter de *signaler* le contexte coupé, et cette trace réside, par exemple, dans un changement d'interprétation. Le contournement de cette coupure préjudiciable des contextes peut toutefois aussi passer par un artifice de mise en texte. On retrouve alors le lien avec l'exploitation, *a priori* narcissique, du journal d'enquête de la personne qui cherche. L'objectif recherché est celui d'une mise en évidence du savoir biographique et expérientiel mobilisé pour produire une interprétation.

*

C'est ainsi que les faits sont faits, que le processus explicité relève d'une inscription littéraire, que l'objectivité n'est jamais donnée, mais construite comme une posture essentiellement éthique de la personne qui cherche – et qui cherche en premier lieu à être de bonne foi. Je produis un discours partiel, parce qu'en dépit de tous les «tests de validité» déployés pour endiguer l'inflation d'une pulsion interprétative, malgré une injonction ubiquiste à l'intégrité, il reste que d'autres histoires pourraient être racontées à partir de mon matériau. Il y a une limite cognitive à la description qui conduit à ce que le «regard» de la personne qui cherche ne sera jamais panoptique; sa description est ainsi irréductiblement le *récit d'un point de vue.*

Une fois encore rien de radicalement original dans cette révélation, mais la manifestation de la volonté systématique de faire descendre le lecteur du *«pont des premières»* pour pénétrer dans la *«salle des machines»* du texte (pour reprendre une image de L.-F. Céline[11]). Parce que la descente dans la salle des machines est une tentative de rompre le pacte fictionnel en activant la distanciation brechtienne – qui naît de l'incongru, notamment. Parce que la descente dans la salle des machines du texte libère la critique et permet l'explicitation de la coupure des contextes. Cette description du rapport du dicible, du lisible au visible; cette discussion de la construction narrative du «monde» par la description; cette discussion enfin du statut incertain du référent de la description n'est pas une rhétorique qui trouve sa propre fin dans son effectuation. Elle constitue le cœur de l'explicitation de mon processus de schématisation, de

11 L.-F. Céline établit une comparaison entre un texte et un bateau. Le lecteur est sur le pont des premières, il est emporté dans un voyage et ne désire pas connaître ce qui se passe dans la salle des machines. Le travail de l'écrivain est donc d'effacer les signes extérieurs du travail d'écriture. Dans la conception célinienne, le texte ne doit pas sentir le travail, parce que cette odeur nuirait au plaisir du lecteur, qui veut jouir – et rien d'autre.

formalisation. Et cette explicitation importe en ce qu'elle permet de définir le régime de vérité de mes «conclusions». On retrouve de fait ici les considérations de J.-B. Grize telles que les comprend G. Busino (2003): *«ce qui est dit reste inséparable de sa mise en forme»* (*ibid.*: 59). Aussi, la schématisation – c'est-à-dire *«la construction d'un ensemble signifiant»*, *«révèle*[-t-elle] *comment le discours appréhende la situation dans laquelle il se produit, la manière selon laquelle il est structuré en fonction d'une perspective donnée, de même que les règles effectuées en cours de construction et de transformation» (ibid.).* Schématiser, modéliser, formaliser, c'est *donner simultanément* les règles de construction et de démonstration de sa schématisation, modélisation, formalisation *et* les critères de cohérence et de recevabilité de cette schématisation, modélisation, formalisation. C'est certes tautologique, mais c'est ainsi que la schématisation, modélisation, formalisation suscite d'elle-même son propre sens. Dans le choix d'une manière de traiter mon matériau, qui s'apparente à la description ethnographique de type herméneutique, j'ai sans doute déjà orienté le *type* de conclusion, les conclusions elles-mêmes, le sens du discours de cette recherche doctorale. Il ne s'agit pas ici d'un biais, mais la conséquence de tout processus de schématisation, modélisation, formalisation. Qu'il soit logico-formel, logico-mathématique ou verbo-conceptuel.

On retrouve alors, corrélativement au problème de la mise en forme et de la mise en texte du matériau, la question de la preuve dans les sciences sociales (qui est aussi une question qui tourne au bruit de fond de cette thèse), et la problématique liée des stratégies d'argumentation. Dans les sciences sociales, la preuve est souvent une *«interprétation argumentée»*, elle est essentiellement dialogique, c'est-à-dire discursive et discutée (Livet, *ibid.*). On a affaire à des *«argumentations qui s'adressent à un auditoire»* (Busino, *op. cit.*). A ce titre, elle implique des *«opérations d'éclairage»* (*ibid.*: 59) qui mobilisent métaphores et usages analogiques d'autres disciplines scientifiques. Et c'est pour cela qu'*«il n'y a pas en sciences sociales de correspondance biunivoque entre les faits et les propositions théoriques»*, qu'il *«est pratiquement impossible de falsifier une théorie sociale» (ibid.).* Ce qui est d'autant plus vrai que le choix de schématisation, modélisation, formalisation relève du verbo-conceptuel herméneutique. Un verbo-conceptuel herméneutique qui par «nature» est lié au texte argumentatif. Parce qu'il use de *«concepts flous»*, qui *«renvoient à une réalité complexe dont les divers aspects sont étroitement imbriqués»* (Oléron, 1983 [2001]: 10). Parce qu'on n'y est jamais dans l'évidence. Parce que ce qui y est *«proposé est une certaine lecture des faits, à laquelle une autre lecture peut être opposée, elle aussi plausible et justifiée par des arguments» (ibid.).*

Les sciences sociales sont essentiellement dialogiques. Je laisserai G. Busino conclure cette section:

[l]iées aux activités pratico-cognitives des hommes et des groupes sociaux, guidées par la raison délibérative et animées par la pensée argumentative, nos théories sociales, changeantes et provisoires, engendrent des ‹faits› mais ne correspondent jamais à des ‹faits›, ne sont jamais validées que par des ‹faits› produits par elles-mêmes. Les sciences sociales sont prisonnières d'un univers sémantique dont la clôture est insurmontable (*op. cit.*: 60).

*

La transcription d'heures d'entretiens est sur ma table de travail. En tant que tel, ce matériau est pourvu d'une belle objectivité qui, dans une certaine mesure, m'apaise et me rassure. Je sais comment je vais organiser sa mise en forme. Je sais aussi que cette organisation va appeler mon discours, construire mon analyse. Je sais que cette organisation – qui est un choix cognitif dicté par une angoisse devant le volume de mes entretiens – est précisément ce qui va donner sens au contenant de mon matériau.

Je sais que j'accomplis ma description dans une anticipation ouverte du regard; que je ne perçois que ce que je peux *«intégrer à un système cohérent»* (P. Francastel cité par F. Laplantine, *op. cit.*: 12). Je sais aussi que dans ce même mouvement, je recours à l'analogie et à la métaphore, l'imagination excédant toujours la perception (Anders, 2001).

Je sais que ma description est une pratique d'écriture. Je ne crois pas un seul instant à une écriture neutre. Plus précisément, et pour suivre R. Barthes, je suis convaincu que celle-ci est... une pratique littéraire comme une autre, construite sur *«un imaginaire comme un autre»* (Barthes, 1967 [2002]: 16): celui qui veut qu'en gommant une *«‹personne›» (ibid.)*, on efface une subjectivité. La règle qui veut que le «narrateur» scientifique reste extérieur à l'intrigue qu'il est en train de construire est une norme et non pas une loi ontologique. Or, comme le rappelle R. Barthes (*ibid.*: 16-17), cette règle n'est aucunement corrélée à une posture rigoureuse, critique, réflexive, transparente:

L'objectivité et la rigueur, attributs du savant, dont on nous fait encore un casse-tête, sont des qualités essentiellement préparatoires, nécessaires au moment du travail, et, à ce titre, il n'y a aucune raison de les suspecter ou de les abandonner; mais ces qualités ne peuvent être transférées au discours, sinon par une sorte de tour de passe-passe, un procédé purement métonymique, qui confond la précaution et son effet discursif (Barthes, *ibid.*).

Je sais que j'aimerais, dans mes choix de mise en forme et de mise en texte jouer avec ce que R. Barthes, toujours, appelait les *«glissements»*, les *«parodies»* du langage. Et *«ouvrir la recherche»* au plaisir de l'écriture. Plaisir qui permet dans le même temps de garantir quelque chose d'une objectivité au discours produit, en ce qu'il procède d'une distanciation et d'une incongruité qui se veulent brechtiennes dans leur aspiration à rompre le charme réifiant de la narration scientifique. De fait, la *«rigueur»* réside dans cet éloignement que permet l'écriture.

Je sais que j'ai accompli des choix de mise en texte qui sont des choix d'une esthétique et d'une éthique de la recherche qui constituent une façon de toucher à l'objectivité comme forme particulière d'attachement. Par exemple, la première description du matériau s'est effectuée en Caméra subjective[12]. L'entretien et les pratiques de villes ont été reconstitués du point de vue d'un habitant fait de tous les habitants rencontrés. C'est au Vous de narration qu'a échu la fonction de souligner d'une part une approche empathique, d'autre part la volonté de se garder des pièges du Je phénoménologique. Le Vous de narration fonctionne en effet à la fois comme une injonction à l'identification, à la vision «du dedans» (entropathie) d'une situation vécue et reconstruite, et comme un tour apte à rappeler en permanence le caractère «artificiel» de la mise en récit de la lecture empathique et phénoménologique d'une situation sociale (autrement dit: il gomme l'effet de naturalisation du Je phénoménologique).

Avec tout l'arbitraire que cela comporte, avec tous les construits que cela présuppose, j'ai donc commencé par décrire le matériau obtenu dans le cadre de trois configurations différentes. Je l'ai décrit en gardant à l'esprit que je cherchais à répondre à la question, certes très générale, qui est celle de savoir comment femmes et hommes font, jour après jour, usage de la ville contemporaine, en tant que système symbolique/sémiotique, pour se «bricoler» une identité personnelle, tout en étant socialement canalisés dans leur «bricolage»?

Il ne fait aucun doute que d'autres histoires sont possibles *avec ce matériau.* Aucun doute que ma formalisation et ma mise en texte ont produit le sens de mes paroles d'entretien. C'est aussi en ce sens que la personne qui cherche est un/e producteur symbolique.

12 *«Artifice de mise en scène consistant dans la substitution plus ou moins complète de la caméra au point de vue d'un personnage»* (www.ccvaf.ch/glossaire/glossairesS.asp).

Chapitre 9

Caméra subjective: une description herméneutique

«Empathique (approche). Ensemble des techniques liées à une attitude intuitive qui consiste à saisir le sens subjectif et intersubjectif d'une activité humaine concrète, à partir des intentions que l'on peut anticiper chez un ou plusieurs acteurs, cela à partir de notre propre expérience vécue du social; puis à transcrire ce sens pour le rendre intelligible à une communauté humaine».

Alex Mucchielli, *Dictionnaire des méthodes qualitatives en sciences humaines et sociales*, 1996: 55.

«Il faudrait s'arrêter à chaque mot de cette sorte de produit miraculeux de l'inconscient social qui, à la faveur du double jeu (ou je) autorisé par un usage exemplaire du je phénoménologique et de l'identification ‹compréhensive› à autrui (Sartre l'a beaucoup pratiquée), projette une conscience d'intellectuel dans une pratique de garçon de café, ou dans l'analogon imaginaire de cette pratique, produisant une sorte de chimère sociale, monstre à corps de garçon de café et à tête de philosophe».

Pierre Bourdieu, *Méditations pascaliennes*, 1997 (2003): 223.

1. Une disparition

Comment femmes et hommes font, jour après jour, usage de la ville contemporaine, en tant que système symbolique/sémiotique, pour se «bricoler» une identité personnelle, tout en étant socialement canalisés dans leur «bricolage»? Il espère répondre à cette question en mobilisant un matériau d'enquête constitué d'entretiens qualitatifs (n=46) avec des habitants sans qualités d'une *«métropole régionale secondaire»* à rayonnement international de 439 117 habitants (canton), dont l'agglomération proprement dite (domaine franco-valdo-genevois) compte environ 600 000 résidents (chiffres août 2005). Il s'est proposé d'organiser la collecte de ce matériau en trois configurations, caractéristiques d'un rapport à la mémoire (une mémoire rétrospective pour la configuration des *récits de ville*; une mémoire anticipée pour la configuration des *narrations de trajet*, des impressions *in situ* pour la configuration *des commentaires de parcours*). Mais cela, pour l'heure, vous ne le savez pas.

1.1. Un objet phénoménologiquement instable

Il a pris contact avec vous pour un entretien d'enquête. Il vous a parlé de pratiques urbaines. Le sujet ne vous disait rien. Au téléphone, vous aviez précisé que vous n'aviez rien de particulier à raconter, mais vous avez néanmoins accepté. Vous avez accepté pour l'aider, mentionnez-vous à présent qu'il prépare son matériel d'enregistrement. Il allume son MiniDisc. Il vous demande de faire le récit de votre ville. Vous comprenez mal. Vous entendez «votre vie». Vous croyez qu'il s'agit d'une recherche sur les récits de vie, et vous attendez des précisions quant aux événements biographiques qui l'intéressent. *A posteriori*, le lapsus auditif vous semblera fondé: la ville, c'est un peu votre vie. Il a souri et a répété, en articulant: «vil-le». Mais, quand il vous demande de dessiner votre ville, à nouveau, vous saisissez mal. Vous discutez la consigne, vous interrogez: *«Ouais. Donc c'est carrément un dessin complètement libre... Ma ville?»* (Giovanni).

Vous discutez cette consigne parce qu'elle est floue. Vous tentez, avec la personne qui cherche, de trouver une définition commune du réel. Qu'est-ce que la ville? Qu'est-ce que le territoire? A quelle réalité vécue rattacher ces catégories? Sa consigne manque de précision. *«Représenter ta ville, ton territoire urbain»*. Votre ville ou votre territoire? Ce n'est pas exactement la même chose. Vous cherchez à comprendre ce qu'il aimerait entendre: vos catégories ne sont pas les siennes. Vous questionnez. Aussitôt, il précise *«ton territoire, quoi»*. Vous réfléchissez: si votre ville renvoie à l'endroit où vous vivez, alors votre ville-territoire est constituée de tous les endroits où vous vivez.

La conversation permet de faire graduellement correspondre deux systèmes de pensées, le vôtre et le sien. C'est pourquoi la discussion de la consigne exprime aussi votre sentiment d'un empiètement sur votre espace existentiel. Il vous semble qu'il a la prétention de vous limiter («Dispose les espaces... Comme si ça c'était à la limite... Le cadre, là, la page blanche, délimite un plan de Genève»), de vous confiner dans un territoire donné. Il impose à votre vie, à votre ville, des limites qui sont les siennes. Parce que, selon vous, la ville est *existencible*: elle s'étend en fonction des phases de votre cycle de vie. En somme, elle correspond à tous les endroits où vous allez depuis chez vous (*«Mais juste au niveau de ma ville, pas les trucs où je voyage à d'autres moments de l'année ou comme ça par exemple?* [Silence] *Si je vais au Brésil?»* [Giovanni]). C'est une définition simple. Elle est non seulement existentielle, mais encore fonctionnelle. La ville renvoie aux lieux où vous êtes, et où vous avez été. Elle est constituée de tous les espaces qui ont (eus) une fonction pour vous, et que vous pouvez relier depuis chez vous.

Vous négociez la consigne, vous l'interprétez. La ville est un objet phénoménologique instable, et comme sa demande est floue, vous avez la possibilité de transgresser les limites physiques inscrites dans une consigne brute, et dans le territoire, pour reconstituer un espace discontinu en expansion.

1.2. Une inflation territoriale

La discussion de la consigne vous permet de réorienter l'entretien. Il vous questionne. Vous cherchez à comprendre. Vous interprétez la question, pour la faire correspondre à ce que vous pensez qu'il cherche. Il vous demande de dessiner votre ville. Mais quel est le sens de cette opération? Que cherche-t-il au moyen de ce dessin? Vous anticipez ses attentes. Vous digressez sur la façon dont vous construisez mentalement votre ville dans vos déplacements (*«Donc ça, ça permettrait de mettre un peu les grands axes. Mais ensuite, c'est vrai que pour aller plus en détails, je dirais c'est plus quelque chose que j'ai dans ma tête, au niveau d'enchaînement de rues. L'une qui se suit après l'autre, des trajets un peu tout fait»* [Olivier]); sur la manière dont vous reliez mentalement un lieu à un autre dans un itinéraire.

Vous commencez à vous approprier l'espace ouvert par le dispositif de l'entretien compréhensif. Vous commentez ce que vous faites, ce qui signifie que vous avez un «droit de parole», un «droit de regard». Vous êtes en mesure de comprendre ce qu'on vous demande de produire. Ainsi, vous faites plus que réorienter une consigne: vous modifiez votre position et celle du chercheur, en vous affirmant comme acteur pertinent. Votre discours est un discours légitime sur un espace qui vous appartient. Vous parlez, vous divaguez, vous extrapolez. Vous lui faites comprendre qu'il est, ici et maintenant, l'illégitime. Vous êtes détenteur d'une compétence géographique qu'il ignore parce qu'elle vous est propre – et qui ne dépend pas de lui. Dans le lieu clos de cet entretien, vous êtes la personne qui détient le savoir.

Vous lui contestez sa légitimité, notamment celle de reprendre les dénominations de votre terminologie (Serge, Fragment 6). Toutefois, votre opposition n'est pas franche. Elle préfère la ruse et l'opportunisme. Vous n'hésitez pas à vous rétracter. Vous affirmez ne pas connaître une région de la ville. Puis vous dites y aller souvent *(ibid.)*. Ainsi, la logique relationnelle de l'entretien vous conduit à élargir graduellement votre territoire. Vous vous appliquez à faire le récit de votre ville, mais vous ne souhaitez pas qu'il limite votre existence. Vous désirez moins encore qu'il ne s'accapare votre façon de nommer, d'identifier votre espace de vie. Vous devez ainsi rectifier votre propos pour échapper à ses interprétations; et il se peut que vous exagériez votre pratique. D'ailleurs, votre espace urbain est toujours sous-entendu plus grand (ou différent) que celui que vous représentez sur votre schéma: *«Mais bon moi, en fait, j'ai des lieux où je me déplace… qui m'amènent un petit peu à chaque bout de la ville, quand même»* (Maxime); *«Et puis donc ça me… Enfin, ça m'oblige ou ça me permet d'aller à différents endroits dans la ville. Et pas toujours systématiquement dans les mêmes endroits»* (René); *«Bon au-delà de ça tu peux aller plus loin: il y a d'autres espaces que je fréquente»* (Serge); *«Puis après c'est clair que un jour là, un jour là»* (Giovanni).

Mais paradoxalement, ces inflations du territoire sont aussi des atténuations, des relativisations de votre discours. Vous exprimez ainsi qu'il est possible d'accomplir d'autres récits; que l'entretien ne représente pas votre vie. Vous aimeriez qu'il comprenne que vous ne laissez filtrer que ce que vous voulez. Une fois encore, vous exprimez votre maîtrise de l'interaction. Dans cette manière de sous-entendre que votre ville est plus vaste que ce que vous êtes disposé à en dire, vous montrez que vous contrôlez l'entretien. Il se pourrait, en somme, que votre remise en question de la légitimité du chercheur et la relativisation de la pertinence de sa recherche permettent de dédramatiser la situation d'enquête, et conduise votre langue à se «délier».

Encadré 2. Exposé du cas contraire.

Parfois vous faites de l'inflation, parfois de la déflation. Vous êtes contradictoire. Vous avez accepté un entretien. Vous l'avez accepté par bienveillance, dans un geste d'oubli de soi, pour la Recherche. Le quotidien vous assaille et vous avez «autre chose à faire». Mais le fait de participer à une recherche doctorale est valorisant et active chez vous un vieux modèle de comportement, celui de la docilité scolaire. C'est pour cette raison que parfois vous faites, ce qu'il va appeler, de la déflation territoriale. Vous vous rabattez sur les *«en gros, c'est ça* [mon territoire]*»* (Christine), sur les *«je connais très peu d'autres quartiers»* (Charlotte). Scolairement, vous vous en tenez à sa consigne et votre ville est une peau de chagrin. Le fait que l'entretien est aussi un jeu scolaire, vous amène à vous conduire avec une certaine humilité. Quoiqu'elle soit peut-être, sans que vous en ayez précisément conscience, stratégique. Si cet entretien réveille en vous certaines dispositions scolaires, notamment celle de la docilité du bon élève, c'est dans une sorte de compétition, puisque vous voulez bien «réussir».

1.3. Une démonstration du sens pratique

Pour l'heure, vous lui faites discrètement comprendre que vous connaissez votre ville. Vous insistez sur votre mobilité. Lorsque vous êtes confronté à une difficulté, que vous ne parvenez plus à localiser un lieu par exemple, vous vous enferrez dans le déni (*«Qu'est-ce que tu appelles la Roseraie?* – La Roseraie! – *C'est un quartier?* – C'est adjacent à Champel – *Ah oui! je vois. Ouais, ouais, j'ai pas capté, mais effectivement, c'est derrière l'Hôpital, en fait. Vermont?»* [Serge]). Vous ne voulez pas dire que ce lieu dont vous parlez vous est inconnu. Pas plus que vous ne voulez dire que votre ville vous échappe en partie. Alors, vous feigniez. Vous affirmez: j'ai *«travaillé comme livreur de pizza. Je connais tous les points de la ville et… chauffeur multiple… donc la ville, je connais assez bien…»* (Serge). Pourtant, vous savez que les questions qu'il vous pose portent précisément sur cette rive que vous aviez préalablement définie comme une *«Terra Incognita»*. Vous pressentez aussi que, dans moins d'une heure, vous reposerez les mêmes questions à propos des mêmes territoires.

Vous bluffez. Mais parler de votre ville, citer sa toponymie, visualiser ses axes, ses nœuds, permet de faire preuve de votre mobilité, de votre habileté à vous déplacer, de votre capacité à tracer des itinéraires. Tout cela constitue une manifestation de votre sens pratique. Vous démontrez une capacité quotidienne à «faire avec», qui doit être considérée comme une compétence technique à tirer profit des ressources offertes par l'espace urbain. Mais parler de votre ville vous permet simultanément de manifester votre volonté de vous insérer dans une collectivité, le désir de vous inscrire dans une histoire. Vous évoquez la ville comme si vous la connaissiez parfaitement. Et cette parole manifeste le partage d'une mémoire collective, incarnée dans l'espace. Votre aptitude à comprendre et maîtriser l'espace fonctionne comme la démonstration de votre appartenance à une collectivité. Vous prononcez des signes incantatoires: des noms de rues. Des noms de rues de plus en plus centrifuges – signes d'une mobilité qui enracine. De la même manière, vous tracez méticuleusement un *plan de ville* alors qu'il vous demande d'un faire un *petit schéma*, façon de démontrer votre insertion dans un espace qui est celui du sens commun, celui que tout le monde partage: *«Rue de Lyon, Servette. Là, je te fais Grand-Pré. Ah merde! Je suis en train de te faire la ville et je suis pas du tout en train de te faire chez moi»* [Luis]). Démontrer que vous savez vous mouvoir dans votre ville, que vous maîtrisez sa toponymie, que vous êtes capable de représenter l'emboîtement des rues qui vous conduisent d'ici à là-bas, prouve votre appartenance au lieu dont vous parlez. De même, discuter de la situation d'un toponyme permet d'insérer votre vie et la sienne dans un même espace référentiel. Manière comme une autre de niveler vos positions réciproques, de vous signifier que vous êtes pareils.

1.4. Un art de la normalisation

Il vous demande donc d'accomplir le récit de votre ville. Il s'agit d'une question abstraite, alors vous discutez. Vous négociez. Vous fixez un point, puis un autre. De l'insignifiant. Un domicile. Un lieu de travail ou de formation. Vous fixez encore un point. Un espace de consommation, certainement. Vous fixez trois points: le début d'une trame. Mais votre ville n'a encore qu'une seule dimension. Elle est fonctionnelle. Elle s'articule autour de pôles qui ont pour caractéristiques d'être communs. Votre logement. Votre travail. Quelques autres lieux: des commerces, des amis, parfois des parents, des lieux de divertissement (Serge, Fragment 9). Le petit circuit caricaturé sous la formule: métro-boulot-dodo. Vous êtes intégré socialement. Vous l'en aviez averti: vous n'avez rien d'extraordinaire. Vous l'aviez même précisé au téléphone. Vous ne nécessitez pas une telle attention; il est inutile de vous pister dans la ville. Vous faites, vous êtes, comme tout le monde. Vous êtes un numéro dans une série de numéros, coincé entre votre *«Sœur 1»* et votre *«Sœur 2» (ibid.)*. Vous ne savez pas en quoi votre pratique vous distingue.

Encadré 3. Coupure de contexte.

– Stop.
– Pourquoi?
– Vous mentez. Ça ne s'est jamais produit.
– Bien sûr que si. Sauf que ça n'est pas arrivé ce jour-là. Ça s'est passé des années plus tôt. Vous savez, j'essaie juste de contrôler la façon dont vous vous y prenez pour évoquer les faits de ma vie.
– Pour que vous puissiez continuer à baratiner?
– Naturellement.
– Et quel est le but de cette manœuvre?
– Me protéger.
– De quoi?
– De ce qui va suivre.

Michael Turner, *Le poème pornographe*, 2003: 109.

Vous banalisez vos parcours. Et cette banalisation vous sert à disparaître. C'est une manière de protection de votre intimité. La banalisation vous évite de devoir entrer dans des considérations plus autobiographiques. Ce qui a toute l'évidence du quotidien permet d'éviter de parler de vous. D'un Vous, moins officiel. C'est une autre manière de sous-entendre que vous contrôlez l'entretien. Vous l'avez accepté *«pour l'aider»*, mais vous n'êtes pas disposé à vous exposer. Vous exprimez ce que vous supposez constituer la moyenne d'une pratique socialement légitime. La manière dont «tout le monde» est supposé vivre en ville. Et c'est peut-être un des éléments qui rend votre parole intéressante.

1.5. Une clarification biographique

Donc, vous fixez un point, puis un autre, avec cette idée de «faire comme tout le monde». Vous n'osez pas tout raconter. Vous vous protégez dans la disparition. Vous transformez un peu votre expérience. Vous réfléchissez – en même temps que vous transigez avec des oppositions comme celle de l'officiel et du non-officiel des conduites –, à ce que vous êtes disposé à montrer, à l'image que vous souhaitez donner de vous: *«Quels sont encore les endroits?* [Très long silence] *Ouais, je crois que j'ai pas envie de dessiner autre chose, en fait»* [Benoît]). Ce que vous êtes disposé à dire est fragmentaire. Votre ville est traversée par un jeu de déni et de dénégation. *«Je n'ai pas envie de dessiner autre chose»* parce que cette *«autre chose»* symbolise une ville qui ne vous intéresse pas, qui ne vous correspond pas. *«Une identité bourgeoise»* (*«Comme je te disais avant la Vieille Ville, je la… l'ai délibérément omise parce que c'est pas un endroit que… où… Ouais, que j'apprécie pas.* […] *J'aime pas le caractère bourgeois des villes en fait. Que ce soit un quartier… Pour moi, ça représente trop une identité bourgeoise. Une identité bien installée dans les murs»* [Benoît]), une réalité que vous trouvez un peu abjecte. De même, vous accomplissez des périphrases pour éviter de nommer un lieu: *«Qu'est-ce que je fréquente moi, d'autre?* [Silence] *Alors rude, là. Tu me poses une colle»*; *«Qu'est-ce que je fais d'autres? Bon ça c'est pratiquement tout pour le jour, quoi. Puis alors pour la nuit… je pense que ça t'intéresse aussi…»*; *«Donc euh… les Grottes ça se trouve là. Hop. Enfin voilà, qui peut monter à Broadway, un petit peu plus loin. Euh… après…? Ben ma vie nocturne.* [Silence] *Euh… Attends, où est-ce que ça se situe? Ça se situe là. Hop, le Prétexte.* [bar homosexuel]*»* (Luis). Vous réfléchissez: *«qu'est-ce que je fréquente moi, d'autre»* (Luis), et progressivement vous formulez ce que vous *«refouliez»* jusque-là dans l'entretien, tout en faisant comme si vous ne le formuliez pas (*«eh hop!»* [Luis, Extrait 4]).

Simultanément, vous accomplissez, sans le vouloir, une manière de dérive virtuelle: vous pensez à la ville, et vous vous souvenez. Vous accomplissez un effort de recomposition. Le récit de ville vous conduit à récapituler vos différentes activités. Il permet ainsi d'envisager vos affiliations diverses; de les mettre en ordre, de les classer dans de grands ensembles. Ce qui est *«public»* et ce qui est *«privé»*; ce que vous pouvez dire et ce que vous préférez taire ou dire en niant l'avoir dit. Ce qui, en fin de compte, va déterminer la description détaillée ou elliptique des lieux que vous fréquentez: «*Autrement tout le reste, je dois dire franchement, à part la danse, où c'est du soir...* [Silence] *C'est toutes des choses... à part la maman, c'est peut-être le soir aussi... du jour.* [Silence, elle écrit] *En fait, j'ai pas trop envie de parler de ma vie privée, en gros*» (Natalia). Parler de votre ville revient à exposer votre vie. C'est pour cette raison que vous lui disputiez le droit de reprendre en son nom votre terminologie, de définir comme il l'entend l'espace de votre expérience quotidienne. C'est pour cette raison que l'entretien est parfois conflictuel, que dans le mouvement de la conversation, vous tendez à exagérer vos pratiques pour lui montrer qu'il ne saura rien. Mais aussi pour lui démontrer que vous connaissez votre ville, que vous savez vous y déplacer, que vous êtes «un d'ici» et qu'à ce titre, vous bénéficiez d'une compétence pratique.

Mais vous sentez bien que le fonctionnement de l'entretien est paradoxal. Vous ne souhaitez pas vous exposer. Vous voulez vous cacher dans l'évidence du quotidien. Vous racontez un espace banal. Dans le même temps, une fois posée comme uniforme, la ville se personnalise. Il vous semble que vous prenez le contrôle de l'entretien. Vous sentez que vous direz ce que vous voudrez. Alors, vous profitez de l'ici et maintenant du dispositif d'enquête, pour faire un point, un bilan: «*Avant, j'étais peut-être plus* destroy [...] *je traînais peut-être plus dans les squats. Puis finalement, j'avais pas conscience de cette ville, quoi.* [...] *C'est vrai que je la fréquentais, je la consommais, la pratiquais au jour le jour quoi. Uniquement dans ce qu'elle pouvait m'apporter. Dans une sorte... Un peu...* [Silence] *Ouais, comme si finalement, j'étais là que pour profiter, ponctionner, quoi*» (Lionel); «*Bon alors, le lieu...* [Il pose son crayon, sur la page, seul son quartier est situé] [...] *Disons, pour moi c'est assez particulier parce que j'ai toujours vécu dans le quartier, en fait. Toujours.* [...] *Alors vraiment cet endroit, il y a vraiment un vécu, quoi. Déjà, j'habite à dix mètres de l'école où j'ai fait mon école enfantine, et tout ça, alors dans ce sens-là, c'est assez particulier. Donc: énormément de souvenirs. Des souvenirs d'une époque où c'était très différent. Il y a beaucoup de construction qui se sont faites entre temps. Quand j'étais petit, il y avait pas la route.* [...] *A la place de la route, il y avait un champ de carottes*» (Alain). Vous vous demandez ce que vous avez fait dans cette ville. Vous cherchez à savoir qui vous êtes. L'entretien est le lieu d'une petite métaphysique qui n'est pas désagréable. Il est animé d'un «je me souviens» à la Pérec. Il n'est pas obligatoirement une rencontre délétère. Vous en ferez ce que vous voudrez. Vous contrôlez son dispositif. Il s'agit d'un lieu sécurisé. Il vous écoute avec bienveillance. La ville pourra bientôt se desserrer.

La mémoire pour se ressaisir a besoin de repères structurants; elle reconstruit un objet par la médiation du quotidien. C'est peut-être pourquoi les récits de ville procèdent par banalisation, avant de se personnaliser. Si cette hypothèse est vraie, la phase de banalisation devrait disparaître dans vos narrations de parcours ou les descriptions d'itinéraires (Configurations 2 et 3). Or, cette banalisation opère encore alors que vous avez eu loisir d'anticiper votre mémoire. Elle se manifeste en premier lieu dans ce que vous tirez prétexte du fait que le trajet est dit «quotidien», pour narrer le parcours qui va de chez vous au travail, tout en précisant que sur le retour, il y aurait sans doute plus à dire: *«Bon je dis quand même que le trajet étant pour aller à l'Hôpital, et ben... c'est mon lieu de travail, donc je suis plutôt empreint d'une... J'ai pas beaucoup de temps pour regarder à gauche à droite. Je m'interdis en fait de penser à autre chose, il faut vite que j'aille au boulot. Parce que je chronomètre mon temps de façon assez, de manière assez juste pour y arriver»* (Giovanni); *«Sauf qu'en général, je suis pressé parce que je prends pas vraiment en compte le longueur du trajet que j'ai à faire où... en partant de chez-moi, j'aimerais être déjà arrivé, donc... J'ai très souvent peu de temps devant moi»* (Thomas); *«L'aller, c'est disons un parcours que je fais entre quinze et vingt minutes, parce que bon je vais travailler, c'est souvent pas en avance. Le retour c'est vrai, c'est plus un parcours on prend le temps de décompresser de la journée, de penser à autre chose, de voir... Ouais d'observer un peu ce qui se passe autour»* (Fabienne).

Ainsi, vous narrez ce parcours «évident» sur le tronçon qui est le moins susceptible de vous surprendre (toujours l'aller, jamais au retour; toujours un trajet inscrit dans une contrainte chronométrique, jamais le moment où, le travail achevé, la possibilité d'un parcours buissonnier s'offre à vous). Ce tour invariant de vos paroles manifeste une fois encore l'existence de murs protecteurs de l'intimité. Il constitue une façon de disparition dans ce qu'il y a de plus normalisé. Ce *«n'est pas évident de parler à quelqu'un qu'on ne connaît pas»* (Fabienne) aviez-vous précisé. Le mieux est donc de dire qu'il n'y a rien à dire, sinon des riens – et le fait de persister dans un registre factuel est votre façon de l'exprimer à la personne qui cherche. Vous sortez. Vous fermez la porte. Il fait frais. C'est le début d'une journée. C'est trivial. Il faut vous oublier: *«Il y a rien de particulier sur cette rue. De temps en temps, il y a le papier, il y a les poubelles, je peux voir un petit peu différentes choses en sortant de chez moi»* (Giovanni); *«Il y a un rituel matinal qui est: sortir, fermer, les clefs, courir là, là, là. Descendre l'escalier. Il y a tout le rituel boîte aux lettres, je m'arrête chez Palmira qui est donc la vendeuse de tabac où je prends mon paquet de cigarettes quotidien»* (Pauline); *«C'est ce qui marque la sortie du lit parce que je suis assez sensible à cette première inspiration d'air frais pour les poumons en sortant de la maison»* (Thomas).

Parler à quelqu'un qu'on ne connaît pas est difficile. Alors vous racontez un trajet quelconque. Vous allez au travail. Vous sortez de chez vous, pris dans la vitesse des gestes non réfléchis. Il y a du bruit, de l'air frais, des poubelles sur la rue. Vous êtes comme tout le monde. Vous prenez *«une première inspiration d'air frais»*[1]. Vous allez travailler, vous êtes pressé. Evidemment, la mémoire pour se ressaisir a besoin de repères structurants. Mais quand vous avez la possibilité d'anticiper votre mémoire, vous recourez à des manières de dire qui sont apparentées à celles développées dans la première configuration. Vous banalisez, contredisez, ironisez. Vous tendez à démontrer votre sens pratique. Vous cherchez à disparaître.

De la même manière, vos descriptions de parcours commencent par éluder la consigne. Vous parlez de votre découverte originaire de la ville. Vous décrivez le trottoir, lisez le nom des rues. Vous employez une rhétorique qui tient du métadiscursif et commentez vos commentaires.

1.6. Une révélation

La ville que vous racontez vous vient par petits bouts, à mesure que vous mettez de l'ordre dans votre vie. Elle se révèle dans un acte d'énonciation, dans un déplacement progressif de la frontière entre caché/montré, indicible/dicible. Elle devient plus personnelle à mesure que vous la compartimentez, la fragmentez. Le travail de mise en récit que vous accomplissez consiste en somme à dégager des espaces autour des lieux communs (travail, logement, lieux de consommation), mais fortement structurants, que vous avez d'abord énoncé:

> *Fragment 10. Claude.*
>
> [C'est des points de repères qui donnent un sens]. Un certain sens à ton vécu, quoi. Mais aussi des lieux de non-sens, comme ces interstices, quoi. Il y a des espaces vides où il y a pas forcément du but, du moyen, une finalité d'usage. Je peux très bien passer par une rue comme ça puis trouver un endroit joli pour des raisons esthétiques…

Vous avez posé des points qui sont des points de repère. Des points qui vous permettent d'amarrer votre récit. Vous commencez à réfléchir à ce que vous faites d'autre que travailler, vous reposer, circuler et consommer. Vous pensez aux *«espaces vides»* de votre vie. Et finalement, si vous êtes comme tout le

1 Les propos sans identifiant sont toujours repris de citations, fragments, extraits déjà mentionnés.

monde, quelqu'un qui ne nécessite pas une telle attention, vous n'en demeurez pas moins singulier. Des riens vous distinguent, et il vous faut le dire: *«Indépendamment de ma volonté, tu es toujours balisé... Mais en ce qui concerne les pratiques individuelles, justement ce qui pourrait dépasser le collectif, ce serait ces interstices, quoi, si tu veux»* (Claude). En somme, il s'agit d'un jeu. Vous ne voulez pas qu'il vous appréhende. Alors pour préserver un peu d'intimité, vous affirmez être comme tout le monde. Mais aussitôt, vous introduisez un doute: vous êtes comme tout le monde, mais pas toujours. Des *«vides»* caractérisent votre ville. Ce sont eux qui vous distinguent. Par leur intermédiaire, votre ville se personnalise. Les pratiques qui s'y déroulent ne sont pas déterminées par un ordre collectif silencieux. Elles ont un caractère trouble qui vous individualise, vous désigne comme un être original, insinuez-vous *(«ce qui pourrait dépasser un peu le collectif»).* Ces espaces dessinent les déliés d'une biographie intime. Mais ils sont des lieux qui, ouverts dans la ville, ouvrent des espaces en vous et permettent l'émergence d'une intuition, d'une idée, les prémisses d'un soi autre. Dans ces *«vides»*, *«*[i]*l y a des idées qui* [vous] *viennent dans la tête... à la tête»* (Claude).

Entre vos lieux de vie, de travail, de consommation, de divertissement, vous réalisez que vous accomplissez des actes dont la finalité est moins explicite, et qui vous caractérisent peut-être en propre. A nouveau, cette révélation n'est pas liée au travail d'une mémoire qui se ressouvient. Elle relève plutôt d'un schème cognitif qui est celui d'un savoir expérientiel qui se réactive en fonction des pratiques de ville. De fait, la seconde configuration d'entretien permet de mieux décrire ce qui construit les «vides» sans finalité de votre carte.

Vous cheminez à présent dans la ville pour en accomplir la narration. Vous aviez commencé à la présenter comme celle d'un homme sans qualités. Mais bientôt, le parcours fait écho. Il est en résonance. Certains de ses éléments soutiennent un moment de clarification biographique. Un fragment de ville vous rappelle un événement personnel, et conduit à la production d'un espace métaphorique, c'est-à-dire un espace qui vous fait penser à un autre: *«là, il y a une cabine téléphonique, et quand j'habitais dans le Foyer catholique, qui était plus ou moins là, j'allais toujours téléphoner dans cette cabine téléphonique. Alors je la regarde, ça me... J'ai beaucoup de souvenirs là-dedans»* (Katia); *«Je jette toujours un regard dans l'arcade du Pique-Puces, qui est un espèce d'antiquaire poussiéreux. Il y a plein de poussière et puis moi, ça me rappelle des souvenirs de la maison de ma grand-mère»* (Pauline); *«Quand je passe devant* [l'hôtel du Prince], *je me demande toujours qui habite là, quels sont les... Des fois, il y a des touristes. Alors, tu vois des touristes qui sortent qui regardent où ils vont aller, tout ça. Moi ça m'intrigue. Ça me rappelle Trieste»* (Pauline). Cette cabine téléphonique vous rappelle les téléphones que vous passiez, *«quand vous habitiez dans le Foyer catholique»*. Vous êtes devant un magasin d'antiquités, vous pensez à votre grand-mère, *«elle était vraiment liée aux objets»*. Cet hôtel, dans cette rue genevoise, *«ça* [vous] *rappelle Trieste»*. Le trajet, anodin parce que quotidien, banal parce que fonctionnel, finalisé sur une activité productive, se personnalise. Il s'électrise, déploie des failles.

> *Encadré 4. Exposé du cas contraire.*
>
> Après une phase de banalisation, la ville qui m'est proposée se personnalise-t-elle ou bien se dépersonnalise-t-elle dans une logique paradoxale?
>
> A la fin de notre entretien, Giovanni me confie qu'il s'est finalement résolu à insister sur la dimension existentielle de son parcours, parce qu'il lui a semblé que j'étais plus intéressé par ce volet.
>
> Souvent je ne réagis pas, c'est vrai. Je pose mes questions, mécaniquement. La personne qui parle m'observe. Elle cherche à comprendre ce que je peux bien chercher, alors elle est attentive à ma communication para- et infraverbale. Elle remarque que je réagis peu. Mais que lorsqu'elle évoque des événements, des ressentis plus personnels, je m'anime. Je me montre plus impliqué. Il lui semble alors évident qu'elle doit développer son discours sur ce point; elle choisit de parler abondamment de ses petites expériences. Ce d'autant qu'elle ne me reverra plus. Elle me raconte des moments intimes de ses trajets quotidiens. Mais en exagérant, parce qu'ils seront accentués ici et maintenant, dans le clos de l'entretien, alors qu'ils restent anodins, indécelables, dans ses divagations réelles.
>
> Se pourrait-il que ce que j'appelle des forages discursifs ne soit rien de plus que des accentuations thématiques qui répondent à une posture d'écoute?
>
> Laurent Matthey, *Journal de terrain*, 22 avril 2003

Il s'agit d'un trajet linéaire. Il va de chez vous à votre lieu de travail. Vous l'avez choisi parce que vous ne pensiez pas parler de votre vie privée. Mais sa charge biographique rend ardue votre tentative d'adhérer à sa structure linéaire: *«Donc dans la première partie, c'est pas directement sur mon chemin, mais je passe à côté...»* (Thomas); *«Il y a plusieurs ambiances dans toute cette partie de l'aménagement des voies, tout en haut, c'est juste un peu en dehors de mon trajet quotidien, mais j'y passe quand même souvent»* (Thomas). En dépit de votre stratégie de banalisation, il est impossible de rester sur ce tronçon. Ce n'*«est pas directement sur [votre] trajet»*, hors de «[votre] *trajet quotidien»*. Vous devez évoquer des éléments et des événements que vous n'y voyez pas. Votre itinéraire se développe ainsi par capillarité, en rhizome. Or, cette figure rhizomique de l'itinéraire se pose comme un équivalent de la fragmentation urbaine de vos récits de ville (les *«vides»* et les *«pleins»* évoqués précédemment). D'abord, un axe qui permet de définir une trame fonctionnelle de la ville, puis la rencontre d'un «obstacle», c'est-à-dire un élément qui refuse d'être effacé, qui en rappelle un autre, conduit à ce que l'espace fait «écho». La trame de la ville commence alors à se spécialiser. Le trajet orientait la narration vers la restitution d'un espace monomorphe, mais il dessine un «espace en creux» qui est le produit d'une clarification biographique. Vous réfléchissez à ce que vous faites le long de cet itinéraire et des événements parallèles vous reviennent; des événements qui ne sont pas liés à ce que vous y faites à ce moment précis: *«Je continue... un petit... un petit restaurant sur la gauche qui est le Niala ou je sais pas quoi. Chinois... non Africain. Comme je suis déjà allé manger là-bas avec ma copine... On mange avec les mains, c'est un endroit assez particulier donc... on mange une nourriture exotique. De temps et temps, ça me rappelle un peu ça, parce que je ne fais que passer devant»* (Giovanni).

Cette manière se retrouve dans vos descriptions de trajet. Un îlot d'immeubles vous rappelle votre pays natal (Gianni, *infra*). Vous mobilisez une rue parallèle pour penser ce qui se déroule dans celle que vous parcourez (*«Donc on arrive place Bel-Air, bientôt. Et... Que te dire?* [...] *Ah ben oui, là, il y a un truc assez marrant* [...] *C'est-à-dire que moi j'étais toujours passé par la rue de la Confédération pour aller aux Holmes place, pour aller à certaines boutiques, pour côtoyer des amis que j'ai ici... on passait souvent par là... et tout d'un coup, au travers de [ce travail] à la rue du Rhône, j'ai commencé à passer par la rue d'à côté. Et passer par la rue d'à côté c'est passer dans un autre monde, quoi.* [...] *Ici ben voilà, c'est un côté très populaire, mais juste à côté...»* [Dominic]). Vous décrivez votre parcours et vous accomplissez des incises, contraint d'évoquer les faits saillants qui lui construisent une histoire parallèle (*«Je commence maintenant après une année et demie à reconnaître des têtes dans le quartier. Par exemple, il y a un petit vieux avec qui j'avais discuté une fois sur un banc de l'autre côté»* [Marc]).

Ainsi donc, lorsque vous accomplissez un récit de ville, une narration de parcours, une description de trajet, vous commencez toujours par livrer une ville anonyme, construite autour de quelques points – le logement, le travail, un lieu de sociabilité. Vous dites qu'il ne se passe rien dans votre ville. Puis la contradiction aidant ou une recomposition biographique s'embrayant, la trame urbaine se fragmente. Le *continuum* est découpé, et dans cette découpe, une géographie «intime» se construit. De manière similaire, malgré une banalisation de vos propos, une neutralisation généralisée de votre espace existentiel, l'espace de votre ville est investi d'une fonction de révélation. Le parcours résonne et se développe le long de ramifications existentielles, alors qu'un savoir expérientiel est réactivé par votre démarche. Enfin, vos descriptions de parcours travaillent de manière identique. Il vous est impossible de coller à cette rue. Vous vous dispersez.

2. Ouvrir la ville

2.1. Un schème de l'appareil photographique

Vous parlez. Vous vous interrogez. Vous réfléchissez à ce que vous êtes disposé à dire de vous. Vous vous demandez ce qu'il y a d'autre encore, ce que vous faites d'autre. Vous accomplissez une forme de flânerie dans les espaces en creux de votre ville. Des espaces qui sont pour vous sans finalité d'usage, sans but, de sorte que vous énoncez sans le savoir un principe kantien de l'esthétique: la suppression de la finalité concrète. Les *«vides»* de votre ville sont ainsi les espaces d'une esthétique du quotidien comme il dira *a posteriori*. Mais cela, pour l'heure, vous ne le savez pas.

A nouveau, vous parcourez votre ville dans un effort de mémoire. Présentement, vous évoquez les blancs de votre carte. Les espaces où la mémoire est d'abord difficultueuse. Vous arpentez ses blancs, et par un «heureux hasard», vos espaces en creux se superposent parfois aux *trous* de la structure matérielle de la ville, c'est-à-dire aux espaces dégagés du bâti. Peut-être est-ce dans une mnémotechnique spontanée que vous en venez à mentionner des lieux qui permettent un dégagement, alors que vous travaillez votre récit autour des espaces sans but de votre carte. Ou alors peut-être est-ce une relation plus directe, mécanique qui conduit à cette concordance. Peut-être que *le vide commande le vide*, de manière causale comme se plairait à le penser un comportementalisme radical. Mais il est presque certain que vous ne vous posez pas cette question. L'important, pour vous, réside dans ce que cet espace dégagé de tout obstacle permet de mentionner une «prise de vue» qui démontre que les *«vides»* de votre ville sont à proprement parler les espaces d'une pratique du Beau. Dans les *«vides»* de vos récits de ville, vous rencontrez le paysage urbain par l'intermédiaire de la belle image à réaliser, comme si vous étiez possédé par une mise en forme stéréotypée du réel, comme si votre regard ne vous appartenait qu'à moitié, habité par un schème de l'appareil photographique: *«Mais quand je peux traverser la plaine de Plainpalais, tout à coup, je vois un tas de boue comme ça avec de l'eau, j'ai envie d'avoir un appareil photo, avec de la rouille et tout, et j'ai envie de prendre une photo»* (Claude); *«Il y aussi depuis le quai du Seujet. Au sixième étage de la terrasse du quai du Seujet. Cette vue qui est magnifique sur la ville et le Salève. Qui est aussi un endroit très beau. Mais c'est peut-être parce que depuis quinze ans, j'y passe plusieurs fois par jour, et que chaque fois la lumière est différente et que chaque fois je m'arrête pour regarder parce que le... Ouais, c'est aussi un endroit qui me porte assez facilement au-delà de... Au-delà de la ville»* (Prisca).

Ce schème fonctionne comme un mode de paysagement de la ville. Il correspond à une construction sociale de votre regard. L'instruction publique vous a appris les lois de la perspective; elle vous a ensuite entraîné à identifier intuitivement, en fonction de cadres sociaux, le paysage digne d'intérêt. Vous avez appris, année après année, notamment au cours de vos vacances, à l'achat de votre premier Instamatic, de votre premier jetable, à repérer le point de vue susceptible de faire une bonne photo. A présent, ce schème est métabolisé et collabore à la production de votre regard vaguement artiste sur la ville.

La métabolisation de ce schème conduit à ce qu'il fonctionne spontanément, c'est-à-dire que la personne qui cherche n'a pas même besoin de vous demandez de vous souvenir des endroits que vous appréciez. Vous y recourez en anticipant votre mémoire (Configuration 2). C'est le matin. Vous approchez de l'immeuble où se trouve votre bureau. Vous traversez une place, puis une autre. Deux ouvertures physiques oblongues dans la linéarité d'un trajet. Nous sommes au printemps, mais ce jour-là, il neige. Pas réellement, mais parce que votre narration entremêle des expériences diverses d'un même lieu:

> *Fragment 11. Pauline.*
>
> C'était très très doux, c'était très beau en plus quand il y avait de la neige. C'était d'une grande douceur. J'aimais beaucoup. J'aime beaucoup passer sous ces arbres. Ils me... Ces deux arbres, ils me plaisent énormément. Je trouve qu'ils donnent un charme incroyable à la place. Puis en plus il y a... le trottoir est pavé à cet endroit-là. Et tout d'un coup tu es dans une autre atmosphère. [...] Les pavés et ces deux arbres. Et une très belle lumière. Je suis très sensible à la lumière qu'il y a quand tu arrives sur ces deux places et puis qui persiste dans toute la rue de Candolle.

Peu auparavant, vous courriez, *«là, là, là»*. L'enchaînement de gestes ritualisés vous conduisait au travail. Mais soudainement, dans cette ouverture, vous avez l'impression d'une *«grande douceur»*. Vous observez. Cette trouée dans le tissu de votre itinéraire permet une mise à distance, un élargissement de perspective, le dessin d'un tableau. Il y a *«deux arbres»*, des *«pavés»*, une *«très belle lumière»*. L'énergie des arbres; l'énergie qui découle de votre esthétisation du quotidien. Vous êtes à ce moment précis dans un *double vacuum*: le vide de la ville et le vide dans votre tête (celui-là même qui fait que les *«idées* [...] *viennent dans la tête... à la tête»* [Claude]). Le vide de *«l'énergie des arbres»* sur le vide d'une *«autre atmosphère»*. Ce moment vous appartient sans doute en propre. Pourtant, votre expérience n'a rien d'unique. Votre manière de vous sentir déplacé par un lieu déplacé est un sentiment diffus, partagé.

Ailleurs, c'est aussi le matin. Vous êtes encore sur le chemin du travail. Vous vous concentrez sur le trottoir, sur les voitures qui peuvent sortir à l'improviste d'un coin de rue, mais votre regard s'élabore à partir d'un œil esthétique:

> *Fragment 12. Katia.*
>
> Et là, il y a une espèce de vitrine, où il y a… Dernièrement, il y a des maisons toutes colorées, c'est comme un dessin. Puis là je passe, il y a un antiquaire sur la droite. Avec souvent dans la vitrine des violons. Il y a souvent des violons dans la vitrine. Et puis, je prends à droite, la rue qui monte. Et là, il y a des arbres et puis on voit le parc des Bastions. Et puis on monte, je monte et puis il y a le parc, le parc pour les enfants où ils peuvent jouer. Il y a le sable, il y a les petits chevaux. Mais il n'y a jamais d'enfants. Le matin, il y en a jamais. Et puis on arrive à la fontaine. Il y a une statue. Des fois, quelqu'un attache quelque chose à la statue ou on lui fait dire des choses, des trucs, et puis, il y a une fontaine très belle. Avec des fleurs… Maintenant, ce sont des fleurs roses, très belles. Elle est très belle surtout le soir, parce qu'il y la lumière dans la fontaine.

Vous vous rendez aussi au travail. Vous mentionniez un *«parking»*, et puis, *«il y a»* dites-vous: une *«espèce de vitrine»*, le *«parc des Bastions»*, le *«parc pour les enfants»*[2]. Vous notez des transparences (les vitrines) et des ouvertures physiques (les parcs) dans le *continuum* du réseau viaire. Des arbres, du sable, des petits chevaux. Et puis surtout une *«statue»* que des gens font parler, et une fontaine *«très belle»* – avec des fleurs, de la lumière, le soir. Dans les *«vides»* de votre ville, vous vous émerveillez. Votre récit prend la rythmique d'un parler enfantin. Le vide commande le vide, permet que quelque chose, de très loin vous vienne et, plus tard, vous *«amène derrière, dans le temps»*: *«Mais surtout une place à Genève… bon, c'est pas l'itinéraire… quand on monte de la place du Bourg-de-Four, cette place où il y le Musée d'art et d'histoire, cette place-là, c'est incroyable comme elle m'amène derrière dans le temps, dans le passé.* [Silence] *Là, ça m'arrive d'imaginer des personnes avec des habits différents. Des habits, des vieux habits»* (Katia). Le schème de l'appareil photographique suscite des scénettes. Métabolisé, il s'enclenche à la rencontre de l'élément qui nécessiterait un cadrage pour raconter une histoire.

Encore une fois, alors que le temps d'anticiper votre mémoire vous est donné, alors que vous avez la possibilité de préparer votre narration de trajet, les ouvertures de l'espace urbain persistent à occasionner des ouvertures discursives. Le dégagement d'une place est ainsi le théâtre d'une esthétisation du quotidien. Sans doute parce que la forme physique de l'espace permet ainsi une mise en tableau de ce que l'œil voit. Mais vos narrations racontent autre chose encore. Car dans les *«vides»* de votre récit, vous ne tardez pas à passer de l'autre côté de la représentation.

2 Soit la promenade de la Treille.

2.2. Un approfondissement du spectacle

Donc, vous déambulez. Votre goût ordinaire du Beau paysage prend une nouvelle manifestation. Vous *«avez choisi un quartier»* (Monique) pour aller vous promener, comme vous décideriez d'un film sur un journal avant d'aller au cinéma. Vous avez choisi un quartier, et vous *«fai*[tes] *toutes les rues, comme ça, en labyrinthe»* pour vous approprier le lieu de votre dérive. L'important réside dans ce que vous êtes en maraude. Vous recherchez une sensation, vous observez la vie des autres, vous espérez un événement qui génère une idée susceptible de servir d'embrayeur à l'invention d'une histoire. Les *«fenêtres sont ouvertes»*, vous *«écoutez les gens vivre»* à l'heure *«où ils font encore quelque chose»*. Vous rêvez d'autres vies. *«Cette expérience, elle peut être faite n'importe où. Elle sera chaque fois différente, mais ça dépend aussi de toi, si tu es fatiguée, comment tu es, comment tu perçois la chose.»*

Vous marchez attentivement. Vous observez. Vous vous arrêtez. Vous écoutez. Mais votre rêverie pourrait se dérouler *«n'importe où»* parce qu'elle s'appuie sur une technique: un œil paysagé qui requiert tout votre corps. La fatigue, votre état colorent les romans pratiques que vous produirez à la rencontre d'un fragment de ville. Ainsi, votre esthétique du quotidien comporte une part d'aléatoire. Elle parle d'un rapport au territoire plus que d'une forme de l'espace. Vous y recourez à un art qui vous permet de faire parler un élément du paysage urbain. Et c'est ainsi que des *«idées vous viennent dans la tête»* (Claude) qui auraient pu ne jamais vous venir. Cette pratique désintéressée du Beau mobilise donc, paradoxalement, une intentionnalité: ce qui vous arrive, ne survient pas par hasard. Vous accomplissez une mise en intrigue délibérée de la ville.

Dans vos trajets errants entre des lieux communs structurants (métro-boulot-dodo), quand vous prétendez être dans un *vacuum* de la finalité d'usage, vous cherchez une surprise, un élément de nouveauté (*«Là, je me sens assez bien, c'est tout près... c'est un peu le même quartier. C'est où je me ballade souvent. Je me ballade souvent à pied. Puis j'aime bien voir, il y a toujours des nouveaux endroits, des nouveaux... des nouvelles baraques à voir, de nouvelles architectures que tu as pas vues»* [René]) qui suscite une petite émotion *(«je me sens assez bien»)*. Ainsi, dans les *«vides»*, vous racontez la ville comme un spectacle. Vous aimez voir de *«nouveaux endroits»*, de *«nouvelles maisons»*, de *«nouvelles architectures»*. Vous avez de beaux points de vue, de jolis panoramas. Dans les espaces sans finalité d'usage, vous êtes comme dans un musée. Vous admirez des tableaux. Mais le spectacle vous appelle. Votre corps est impliqué (il y a la marche, le plein air). Chemin faisant, vous avez la sensation d'une épaisseur de la ville; vous avez l'impression que votre corps se frotte aux rues.

Vous déambulez. La ville se fait détail (*«Il y a des tas d'immeubles magnifiques à Genève, ou de détails d'immeubles magnifiques à Genève, et il y a des tas de petites rues incroyables, de petits passages, et de petits machins comme ça, absolument passionnant»* [Monique]; *«Chaque fois que j'ai des visites qui débarquent à Genève, je ne manque pas de leur faire visiter la Vieille Ville, quoi. Qui est… qui est un lieu délicieux avec ses ruelles, son entrelacs, ses… On peut s'y perdre, quoi»* [Cécile]). Vous vous focalisez sur la partie pour le tout. Les *«tas d'immeubles magnifiques»* prennent le visage alternatif de détails d'immeubles, et vous poursuivez un jeu de miniatures au travers de *«petites rues incroyables»*, de *«petits passages»*, de *«petit machins»*, de *«ruelles»*, d'*«entrelacs»*. Vous mobilisez les figures discursives du «minuscule» et du «petit», dans un intérêt pour ce qui permet le transit (rue, ruelle, passage). Vous donnez le sentiment d'une hybridation, de vous diluer dans l'espace.

La manière de votre récit conforte l'illusion: vous vous fondez dans le décor. Par mimétisme, vous vous assimilez à l'esprit du lieu, alors que vous reprenez à votre compte les petites mythologies qui y sont attachées:

Fragment 13. René.

Ouais, c'est une ambiance que j'aime quand même bien Pâquis, Saint-Gervais et tout. Puis Saint-Gervais, c'est… C'est vraiment le vieux Genève. Les murs tu sens, ils ont une histoire. Moi je trouve c'est un truc assez fort quand même. Enfin, là où on habitait, à la rue des Etuves, c'est un immeuble il a quoi? minimum cinq cents ans. Voire beaucoup plus. Mais c'est merveilleux, tu vois. C'est du vieux truc, tu as l'impression de rentrer dans les murs. Qu'il y a une histoire, tu vois.

Vous objecterez certes qu'il s'agit d'une figure de discours (d'une synecdoque). Il demeure néanmoins que votre récit semble sous-tendu par ce que la personne qui cherche nommera, plus tard, un rapprochement perceptif avec le paysage. Rapprochement qui se manifeste, dans vos derniers propos, tant du point de vue des choses dites que des façons de dire. Un jeu d'échelles emboîtées récapitule, au niveau du processus d'énonciation, ce que vous affirmez au niveau du contenu informationnel, à savoir que vous ne pouvez que vous imprégner du lieu dont vous parlez. D'abord, le quartier historique de Saint-Gervais. Puis les maisons de la rue des Etuves, leurs vieilles pierres de mollasse. Et puis un effet de zoom sur la structure poreuse du matériau de construction: le sentiment de *«rentrer dans les murs»*, comme dans une matière molle.

Il s'agit de manières de dire et de faire. Vous parlez; vous cheminez. La structure de la seconde configuration d'entretien vous incite à passer et repasser par le même lieu. Un savoir expérientiel se substitue progressivement à la construction la plus stéréotypée du discours. Vous marchez, et la marche est une activité qui vous conduit à déconstruire la pertinence d'un discours tout fait. L'itinéraire se relâche, et la ville se révèle:

Fragment 14. Catherine.

Et puis à Saint-Antoine, c'est comme une absence de bruit. C'est vraiment bizarre. Tout à coup l'arrivée sur la plaine déserte, quoi. Il y a plus de bruits. C'est... Juste le bruit du vélo à la rigueur, parce que... comme c'est du... du gravier tout fin. Ben généralement, ce petit gravier arrive dans les pare-boue du vélo. Puis ça fait un petit bruit très, très significatif, à ce moment-là, surtout quand il y a la dynamo.

Fragment 15. Catherine.

Puis sinon, ce que j'aime aussi, c'est tous les bruits que ça produit sur moi. Quand il y a du vent, surtout quand il y a du vent. J'adore le bruit des cheveux qui est balayé par le vent. Ou le bruit de la poignée de mon violoncelle qui... qui frappe un peu. Ou quand j'ai pas mon violoncelle du sac à dos, des lanières de sac à dos qui volent dans le vent, ou... J'aime aussi le bruit de mon foulard en soie qui se fait prendre comme ça... C'est des bruits... plus vraiment... qui m'appartiennent à moi. C'est comme si je devais reconstituer un petit cocon de sons qui me font du bien, quoi. Donc, ça, c'est plus la partie du quai.

Ici le gravier, le bruit dans les rayons d'une bicyclette. Là le vent dans vos cheveux, dans votre foulard, qui entremêle votre corps au lieu. La ville prend une épaisseur phénoménologique. Elle perd de sa monomorphie; se fragmente au gré d'une clarification biographique (*«En outre, pour moi ça a un caractère extrêmement poétique ce trajet. C'est-à-dire que je traverse des univers qui sont totalement différents, et que j'apprécie tous pas mal»* [Arno]; *«Après j'arrive sur le haut, et c'est un autre monde complet, c'est ce monde des Délices»* [Arno]; *«Et puis, il y a de nouveau une coupure avec l'entrée dans la vieille ville, qui...* [Long silence] *Ben qui change un petit peu ma manière de percevoir. Là, il y a plus du tout ni les sensations de vent ou de froid... ou les odeurs»* [Catherine]; *«il y a les pavés de la vieille ville. C'est quelque chose que j'aime bien.* [...] *Et cette délimitation des pavés, c'est vraiment l'entrée dans la vieille ville. C'est le passage dans les hauteurs, comme ça»* [Catherine]). Une *«coupure»*, *«et puis après»*, *«cette délimitation»*, *«le passage»*, *«tout à coup, après»*. La ville se différencie; elle se morcelle (*«Il y a aussi différentes phases, en fait, différents passages»*, *«c'est très ponctuel et c'est pas du tout de l'ordre général»*, *«donc, ça, c'est plus la partie du quai. Et puis après, il y a la partie du pont du Mont-Blanc»* [Catherine]).

Cependant, cet effritement ne s'appuie pas, comme dans la première configuration d'entretien, sur des systèmes de classements binaires (privé/public; caché/montré), mais selon des critères plus complexes qui convoquent de suite des impressions (des *«pavés»* [Catherine], un *«autre monde»* [Arno], *«un univers plus feutré»* [Catherine]), une biographie plus intime. Ce qui émerge dans vos manières de dire, c'est un imaginaire plus fantasmatique (*«Et puis il y a l'arrivée sur la promenade Saint-Antoine où là, c'est un paysage d'hiver. Ça change.* [Rire]. *Parce que c'est un paysage complètement désert où généralement, quand il fait froid, ça fouette énormément, là-haut»* [Catherine]; *«Et puis à Saint-Antoine, c'est comme une absence de bruit. C'est vraiment bizarre. Tout à coup l'arrivée sur la plaine déserte, quoi. Il y a plus de bruits»* [Catherine]; *«Donc, c'est très découpé comme ça, en traversées mon itinéraire. Vraiment.* [Long silence, lit ses notes] *Et ce passage de Saint-Antoine, je pense souvent au fait que dessous, c'est un parking, et que, il y a un ascenseur assez incroyable on m'a dit, quand on descend, on a toutes les images du fond marin. Et en fait, j'aimerais bien le prendre. Mais je l'ai jamais pris, je sais pas pourquoi.* [...] *Le contraste me fait toujours un peu bizarre»* [Catherine]). Vous arrivez sur la promenade Saint-Antoine[3]. Elle vous apparaît toujours comme un *«paysage d'hiver»*, *«complètement désert»*, où ça *«fouette»*, *«là-haut»*. Saint-Antoine constitue un lieu *«vraiment bizarre»*. Il n'y a plus de bruit, c'est une plaine déserte. Vous parlez d'un paysage de montagne, un environnement alpin en plein centre-ville. Vous associez explicitement des imaginaires à des fragments d'espaces urbains. Et le territoire prend une épaisseur phénoménologique particulière. La personne qui cherche dira plus tard que vous accomplissez une double fragmentation de l'espace. L'une horizontale: *«c'est découpé en traversées mon itinéraire»*. L'autre verticale: *«je pense souvent au fait que dessous, c'est un parking, que... Et que, il y a un ascenseur assez incroyable on m'a dit, quand on descend, on a toutes les images du fond marin»*. On ne sait plus, en première analyse, si vous ouvrez la ville, forez des espaces de mise en scène de soi ou si la ville, sa trame imaginale, s'ouvre sous vos pas, comme pour vous avaler. En tout cas, *«le contraste* [...] *fait toujours un peu bizarre»*.

2.3. Un transfert analogique

La configuration des récits de trajets, qui vient d'être mobilisée, permet encore d'affiner la description des modalités de construction esthétique du quotidien auxquelles vous recourez, notamment parce que vous anticipez votre mémoire et que l'effort d'esthétisation y est plus réfléchi. C'est au moment où votre récit entre dans la phase des ouvertures de ville que l'on vous retrouve. Encore une fois, c'est du matin qu'il s'agit. Vous sortez de chez vous. Un peu absent. Vous avez salué le marchand de tabac. Mais vous vous avouez insen-

3 Promenade du Pin, dans la réalité toponymique de la ville.

sible au contexte dans lequel vous évoluez. La monomorphie de l'espace fonctionnel est coextensive d'une mise en absence du passant (*«Maintenant, dans le quartier des Pâquis avant d'arriver au lac généralement je remarque que, dans les notes que j'ai prises, je suis pas du tout attentive à ce qui se passe autour de moi»* [Catherine]).

Vous avez *«passé la rue de Berne»*. Vous descendez la rue Alfred-Vincent et *«généralement le soleil* [...] *se lève quand* [vous] *arrivez»*. D'ailleurs vous prenez *«ce parcours surtout pour ça»*. Pour ce lever au bout de la perspective, pour cette ouverture physique dans la trame urbaine, pour l'ouverture en plein qu'elle suscite chez vous. L'ouverture de ville se fait par le lever du soleil; avant vous n'étiez *«pas du tout attentive»*; mais soudainement, *«tout* [...] *se dévoile»* [Catherine]:

Fragment 16. Catherine.

Il y a tout qui se dévoile un petit peu quand j'arrive au bord du lac. Là, j'ai l'impression que tout à coup, il y a tous mes sens qui redeviennent un petit peu en éveil, quoi. Donc quand je dis que les sens s'éveillent, c'est tout à coup au bord du lac, il y a le vent qui arrive, que je ressens qui était déjà certainement là avant, mais que j'oubliais complètement, il y a les bateaux qui naviguent, la mouette qui a commencé, cette observation-là. Voir si il y a le Bains des Pâquis qui est ouvert. Je me dis: Ah si j'allais pas au Conservatoire! je pourrais aller prendre un café là-bas ou un thé. Il y a comme si toute la ville était derrière moi et qu'il y a plus du tout la ville. Il y a tout à coup ce lac qui est là, et puis l'impression d'être ailleurs, d'être vraiment dans une cité balnéaire. Je regarde les bateaux, ou des fois, je m'arrête un peu pour voir le soleil.

Vous sentez *«comme si toute la ville était derrière* [*vous*]*»*. La perspective dessinait un tableau (le lever de soleil sur la Rade). Maintenant vous êtes de l'autre côté de la représentation. Vous avez l'impression *«d'être ailleurs»*. Ce sentiment est construit sur une kinesthésique et une esthétique. Les *«sens redeviennent un petit peu en éveil»*, *«il y a le vent qui arrive»*, les *«bateaux naviguent»*, *«la couleur de l'eau»*. Vous peignez le tableau d'une cité balnéaire. Cette esthétique du quotidien ouvre l'espace de votre ville à une outre-ville imaginaire, selon un procédé que la personne qui cherche appellera un *transfert analogique,* reprenant à son compte une expression de B. Lahire (1998).

L'intéressant est que dans cette attitude esthétique, votre attention se concentre sur le détail. Le détail vous permet de rapporter un lieu à un autre, en posant des liens d'analogie. Vous focalisez sur l'élément qui vous transportera dans un autre lieu. Dans la vitrine d'un magasin d'antiquités de la rue des Voisins vous observez des horloges. Elles vous rappellent des odeurs de bois poussiéreux. Elles vous conduisent au fatras de votre grand-mère: *«Tu vois, il y a le Pique-Puces, il y a ces souvenirs de... de ce bois... Alors là, curieusement, c'est à travers une vitrine que je vois ces horloges, mais ça me rappelle des odeurs. Des odeurs du bois poussiéreux, tu vois. Des horloges de… Du fatras de ma grand-mère»* (Pauline). La logique du détail, qui abstrait de son contexte favorise le transport, se manifeste dans la structure de votre énonciation (dans la rue des Voisins; dans la vitrine d'un antiquaire; autour des horloges), qui traduit un resserrement de focales. Ce resserrement exprime un processus de miniaturisation. Il condense une valeur analogique et conduit votre discours de l'autre côté de la ville, dans son épaisseur imaginale. En somme, vous accomplissez l'opération mentale suivante: chercher l'élément qui fait la différence, tout en l'assimilant à quelque chose d'autre.

Il s'agit du matin, encore. Vous allez toujours au travail. Vous êtes «en vous» (*«Donc si je plane c'est parce que c'est dans la tête»* [Fabienne]), et il ne s'y passe rien sinon la sensation vague d'une contrainte, qui s'exprime dans ce que tout ce qui *«jalonne»* votre parcours est sans intérêt (*«Mais au niveau de tout ce qui jalonne, je dirais, il y a un vide»* [Fabienne]). Votre œil flotte. Il est en maraude. Le trajet fait comme un vide en vous. Vous l'avez présenté comme un trajet fonctionnel: le plus court de chez vous à votre lieu d'emploi (*«C'est un parcours que je prends parce que c'est ligne directe»* [Fabienne]). Le caractère pratique prime. C'est en tout cas cet aspect qui prévaut à votre mise en scène dans le cadre de cet entretien. Mais si votre ville est monomorphe, vous ne pouvez vous retenir de réintroduire une petite esthétisation du quotidien. Un tuyau a sauté qui dessine des ruisseaux sur le ciment des trottoirs. C'est *«un petit détail»*, *«une petite chose inhabituelle»* (Fabienne) qui vient territorialiser votre rêverie, qui ramène votre esprit dans l'ici et maintenant, et lui offre une nouvelle occurrence d'échappée. Ici, l'eau serpente, ailleurs, les abaissements de trottoir font des *«montagnes russes»* (Pauline), des *«tâches»* sur le trottoir vous racontent une *«histoire silencieuse»*, celle *«des milliers de gens* [qui] *ont foulé le sol»* (Carole), vous croisez un ramoneur, son matériel cliquette sur l'asphalte, *«le bruit que ça faisait, les résonances que ça avait sur le trottoir»* vous donnent une idée, parce que *«c'est souvent avec un petit détail comme ça qu'il y a un déclic. Ou que c'est le déclencheur d'autre chose»* (Carole).

Ainsi à bien vous écouter et à varier le rapport que vos paroles ont avec la mémoire, vos ouvertures de ville ne sont, en définitive, pas déterminées par des ouvertures de l'espace urbain. Une manière de percevoir le quotidien opère dans votre narration qui vous permet une mise en vacance. Vous manifestez un souci esthétique du détail qui décale. Votre œil traque ce qui permet de faire des liens, de mettre en relation un ici et un ailleurs géographique et/ou temporel. Vous usez d'une technique. L'important, dans cette miniaturisation qui relève d'une logique du petit détail, est qu'un autre processus de territorialisation est à l'œuvre: un délestement de soi, une tension entre mémoire du corps et mémoire des objets qui explique l'enrichissement personnel de vos récits alors qu'un savoir expérientiel est réactivé par le cheminement. Ce délestement de soi implique un mouvement affectuel, au sens où il est lié à une émotionnalisation préalable du paysage.

2.4. Une émotionnalisation du paysage

La mise en spectacle d'un fragment de ville ne vous laisse pas devant une belle image, mais vous enrôle. Vous repérez un détail qui décale. Les ouvertures, les *«vides»* de votre ville vous appellent. Vous êtes impliqué corporellement, et cette implication se manifeste notamment dans ce qu'une émotion transparaît à la narration d'un bout de ville. Quand vous décrivez un lieu que «vous aimez bien», vous peinez à vous exprimer, à trouver un vocabulaire adéquat. Vous *«adore*[z]*»*, vous parlez de couchers de soleil, vous citez Lamartine (Natalia, Fragment 1). Vous évoquez le lieu commun d'un système territorial (le pont de la Machine), considéré dans son quotidien *(«à chaque fois»)*. Il s'agit d'un tronçon de ville ordinaire. Pourtant vous y êtes bousculé au point de vous y arrêter. Vous peinez toutefois à identifier ce qui vous ébranle. Votre lexique, comme vos expressions sont figés: ils appellent le sens commun pour transmettre ce que vous ne parvenez pas à partager mais qui vous interrompt, et vous fait régulièrement vivre un moment irréductible de bonheur.

Cette émotion s'inscrit dans le déroulement de vos phrases, leur temporalité (les points de suspension) obéit à cette injonction lamartinienne à suspendre son vol. Vous mentionnez l'importance d'un lieu pour ce que vous appelez votre *«équilibre»* (Serge). Vous osez une certaine imagination poétique, vous recourez à un imaginaire des éléments qui vous rapproche, sans que vous le sachiez, d'une *«poétique de l'espace»*, mais il vous est difficile de trouver les mots justes:

Fragment 17. Serge.

– Ouais alors vraiment le lac hyper important parce que ça donne un espace vierge, inconstructible, qui donne... Où la vision peu porter... au loin... La relaxation, ça te... Sentiment de... de pouvoir... De ne pas étouffer, de pouvoir te libérer... D'énergie, tout... c'est... C'est un endroit magnifique.

– *L'impression de pouvoir te libérer c'est lié aux activités que tu y as ou à l'ouverture?*

– Aux deux. Aux deux, parce que pour la plongée pour moi c'est effectivement une activité qui me permet de... de sortir un peu de... de... du réel, de l'ordinaire, de... Puis de me retrouver dans un monde... hyper calme, complètement différent. Donc effectivement,

> c'est aussi ça. Mais autrement… simplement par l'espace, par la vision, le caractère du lac, quoi. C'est un espace vierge… Enfin, relativement vierge, qui… qui apporte une certaine tranquillité… et une ouverture dans la ville.

Ainsi, vous imaginez une vision qui *«porte au loin»*, une virginité qui vous apaise, qui permet la récapitulation, la remémoration des sensations de la plongée, du monde sous-marin et ses bruits mats. Vous imaginez, vous «poétisez», alors ce paysage vous apporte *«une certaine tranquillité»*.

Vous ne restez pas devant le Beau paysage, mais votre émotion, votre difficulté à dire conduit à ce que vous l'investissiez plus en profondeur. Vous vous reprenez. Vous cherchez à mieux saisir, pour mieux partager ce que vous ressentez. Vous cherchez des éléments qui pourraient constituer des arguments. Et ce processus crée de l'épaisseur biographique. Vos ouvertures de ville sont chargées d'affects, si bien que vous vous livrez à une certaine forme littéraire de restitution de l'espace. Vous cherchez les «mots justes». Vous êtes un peu emphatique, hyperbolique (*«hyper important»*, *«hyper calme, complètement différent»*). Vous mobilisez Lamartine, l'étendue du lac, le calme, l'idée d'un autre monde. Le paysage urbain compense les temps faibles de votre existence, il vous permet de *«ne pas étouffer, de pouvoir* [vous] *libérer»*. Ce que résume l'expression touchante et de maladresse et d'emphase: *«C'est un endroit magnifique»*. Vous êtes en effet ému à la rencontre d'un fragment de ville, impliqué corporellement par vos esthétisations. L'intensité de cette expérience vous conduit à l'associer durablement au lieu qui l'a vue naître.

Vous racontez votre ville. Cette fois, vous évoquez votre plaisir à déambuler dans les rues de Carouge[4]. Vous recourez une fois encore aux figures discursives du «minuscule» et du «petit». Les *«rues sont petites»* (Serge), il y a *«peu de circulation»*, *«peu de voitures»*. Vous trouvez que *«c'est à échelle humaine»*. Vous trouvez que l'échelle humaine est *«très positiv*[e]*»*. C'est agréable, dites-vous. C'est un *«lieu échappatoire»*, qui permet *«un exorcisme de toutes les tensions»* (Serge). L'important est que, chemin disant, vous construisez une ville où les espaces en creux, les *«vides»* se posent comme *des lieux destinés à*. Progressivement, vous leur construisez une vocation qui viendra naturaliser du social. En somme, les *«vides»* ont eux aussi une utilité. Car, outre ce *«lieu échappatoire, d'exorcisme de toutes les tensions»* (le lac), il y a encore, dans votre récit, des lieux au *«caractère libérateur»* (le Salève), des lieux qui sont des incarnations de l'Histoire (la Vieille Ville), des lieux *«d'espoir»* (la Jonction) ou *«concentrationnaires»* (la Servette), des *«petites enclaves»* comme les Grottes. Ou bien encore (et vous ne vous appelez

4 Commune suburbaine du Canton de Genève, apprécié notamment pour son centre historique, typique d'une architecture sarde.

plus Serge, mais Yves), des *«lieux sérieux»* (Eaux-Vives) et des *«petits lieux d'amusements»* (la Colouvrenière, la Vieille Ville). Vous êtes enrôlés par l'espace de la ville. Vous associez des émotions aux cadres physiques dans lesquels elles se sont développées; vous spatialisez les *«vides»* sans but de votre topographie existentielle; vous commencez à les rattacher à des lieux-dits.

Votre ville continue de se révéler. Des lieux spécialisés apparaissent. Un moment esthétique, une mise en spectacle, a occasionné un entremêlement de votre corps et de la matière paysagère. Les émotions que vous y avez ressenties sont à présent inextricablement mélangées à cet espace. Il est ainsi couplé à des comportements, des états d'âme; associé à un certain code moral. Par exemple, un fragment d'espace matérialise une déclinaison de votre vie nocturne, votre pratique des espaces homosexuels (cf. Extrait 4).

Or, cette spécialisation de la ville définira bientôt l'armature de ce que la personne qui cherche définira bientôt comme un processus d'enkystement territorial. Dans vos ouvertures de ville, dans les divagations de votre discours, vous inventez les *conditions de possibilité* de mises en scène d'un Moi différent. Les creux de votre espace existentiel sont appelés à fonctionner comme des *«exutoires de toutes les tensions»*, avez-vous dit. Ce faisant vous avez commencé à produire une prédestination à vos *«vides»*. C'est ici que vous irez pour vous *«libérer»*, vous *«échapper»*. De même qu'ailleurs, vous ressentirez un je-ne-sais-quoi de *«concentrationnaire»* (Serge). Votre discours superpose ainsi une trame des états d'âme à la trame de la ville qui fait effectivement de vous une identité en mouvement sur un échiquier moral. En vous déplaçant dans la ville, vous réactivez des émotions associées à certains bouts de paysage. Vous marchez le long d'une grande artère. Il vous enregistre en temps réel. Vous passez devant un îlot des années 1950. Puis un autre: *«Sinon là on arrive à un groupe de maisons très intéressantes... Il y a quelques vieilles maisons qui me... qui me font penser à un petit village perdu dans le Tessin. Dans les vallées du Tessin. Des petites maisons»* (Gianni).

C'est ainsi que ce mouvement par lequel des émotions sont réactivées dans vos déplacements se manifeste dans vos narrations de trajets dans ce qu'il appellera une extériorisation de la mémoire. Des petites esthétisations, qui mobilisent une technique, celle d'un transfert analogique, ont émotionnalisé le paysage et conduit à l'association d'affects à certains lieux de votre topographie existentielle. Ce faisant, vous y avez déposé votre mémoire.

2.5. Une extériorisation de la mémoire

Donc, dans le même mouvement qui vous conduit à investir l'épaisseur imaginale d'un fragment de ville, à y être enrôlé, impliqué par une émotion, vous avez propension à vous délester de votre mémoire dans les objets urbains. Par exemple, une cabine vous rappelle le temps passé de vos téléphones; l'horloge fleurie convoque le temps révolu de la petite enfance: *«sinon, au niveau personnel... Il y a peut-être une chose, c'est que l'horloge fleurie j'y allais quand j'étais bébé. J'ai vu des photos de moi quand je marchais. Et me dire qu'elle est encore là, cette horloge fleurie. Et que malgré tout, elle change. Par exemple, ce matin, il y avait un photographe professionnel qui était en train de prendre une photo de l'horloge fleurie. Je me disais: c'est fou, on photographie l'horloge fleurie toutes les années pour les touristes et moi j'y allais quand j'étais bébé»* (Catherine); la devanture d'un antiquaire vous remémore la grand-mère chérie et disparue: *«Il y avait deux objets dans cette vitrine d'antiquaire qui me faisaient rêver et qui me reconnectaient à ma grand-mère aussi.* [...] *C'est concentré dans la rue des Voisins, ces lieux qui me font penser à ma grand-mère ou à la maison de ma grand-mère ou aux objets»* (Pauline). Ce transfert n'est pas dû à ce que la personne qui cherche exige que vous vous souveniez.

Vous accomplissez une narration que vous avez eu la possibilité d'anticiper (Configuration 2). Vous traversez donc la rue des Voisins. Cette rue constitue un espace fort de votre quotidien. Elle concentre des objets de mémoire. *«Il y a pas beaucoup d'endroits»* (Pauline) dans la ville qui vous font cet effet-là. Votre regard s'arrête sur de vieux objets dans une vitrine. Un œil nostalgique est à l'œuvre. Vous regardez les objets, vous *«rêvez»* et vous faites des liens avec un ailleurs. Vous vous *«reconnectez»*. Le transfert analogique ouvre une faille dans l'enveloppe spatio-temporelle de cette rue. Une porte se dérobe et vous accédez à un espace oublié de votre géographie personnelle. Le mécanisme d'ouverture de la ville est tout entier dans cette chaîne narrative qui mobilise une technique spatiale: l'œil flottant; le souci du détail qu'il est possible de rapporter à un ailleurs; la résonance mnémonique d'un objet; enfin, le passage de l'autre côté de la représentation.

Mais cette mémoire, transférée aux objets, permet aussi à votre ville d'émerger d'une trame confuse d'impressions. Par exemple, une odeur est insidieuse et traverse votre narration. *«Après, même sur le rond-point de Plainpalais, il y a le McDonald's, j'ai souvenir de sentir l'odeur du McDo»* (Giovanni). Il s'agit d'une odeur entêtante. Vous ne la sentez pas à chaque fois, mais vous la mentionnez à chaque itération du parcours. Vous voyez son origine de loin, et votre adolescence se trouve évoquée; un moment où vous trouviez un peu d'indépendance (*«le McDonald's en soi, y me rappelle un petit peu mon adolescence. Parce que le McDonald's, c'est un petit peu la première sortie, le premier endroit d'aller manger dehors indépendamment de la famille, avec des copains, le jeudi après-midi»* [Giovanni]). Un souvenir travaille la perception de votre ville, la rend intelligible dans un transfert analogique (puisque ce McDonald's vous conduit à un autre: *«de nouveau ce McDonald's c'est vraiment l'indépendance la plus totale, parce que je travaillais quand j'étudiais, donc ça me rendait ma petite indépendance par rapport à pour avoir mon argent de poche etc.»* [Giovanni]). Ainsi, un objet conserve une partie de votre mémoire, soulageant votre capacité corporelle à stocker des informations; libérant des dispositions cognitives pour des opérations plus délicates: penser aux voitures, par exemple). L'intéressant ici est que l'association des souvenirs à des lieux produit des marqueurs qui rendent un parcours familier et permettent un déplacement en absence, susceptible de vous rendre disponible aux sollicitations du tracé.

Ainsi, avant de favoriser un voyage imaginaire, les sensations qui scandent votre parcours, les souvenirs visuels, olfactifs, tactiles, sonores, etc. servent à organiser votre dérive. Vous êtes dans l'espace-temps du quotidien, mais par moments, des événements territorialisés l'épaississent, le rendent consistant (*«Parce que bon, je passe devant l'Hôpital cantonal, c'est vrai que à l'époque mon père a été pas mal malade, à une période de sa vie, on était sans arrêt en train de courir aux urgences. Ça c'est, très personnel. Ça veut dire à chaque fois je passe devant l'Hôpital, ben j'ai une pensée, ça replonge dans le passé»* [Fabienne]), font de l'espace un lieu compréhensible, permettant d'en faire le signifiant de séquences biographiques. Signifiant qui, dans une logique d'écho et de transfert analogique, transporte le sujet dans un ailleurs.

La façon dont vous racontez la ville en procédant par associations d'idées, en usant d'un tour par lequel vous vous concentrez sur le détail, s'associe à un mouvement par lequel vous vous délestez d'une partie de votre mémoire dans les objets. Dans les *«vides»* de votre ville, vous vous déplacez à la recherche d'une sensation détournée de la finalité concrète, qui consiste dans la mise en forme d'une émotion et d'un souvenir: votre cheminement travaille une nécessité de souvenir, et en ce sens vous êtes plasticiens. C'est en cela que vos trajets quotidiens mobilisent une esthétique particulière de la déambulation.

Une fois encore vous avez pu anticiper votre mémoire. Vous vous rendez au Paradis, une terrasse au bord de l'eau, en suivant un itinéraire ritualisé (toujours le même, ou presque), pour accomplir une pratique de ville très située. Vous y êtes installé. Vos *«humeurs sont contrastées»*. Vous observez *«l'état du Rhône»*; le fil du fleuve déroule vos *«souvenirs d'enfance»*; un tropisme se crée.

Vous associez un imaginaire au lieu qui se complique d'odeurs, d'impressions liées au mouvement. L'eau est *«chargée de choses qu'elle transporte avec la fonte des neiges»*. Lentement, vous êtes transporté dans d'autres villes, dans ce même processus du voyage imaginaire qui veut qu'un détail en rappelle un autre:

Fragment 18. Carole.

Et puis, voilà, j'arrive au Paradis, je m'installe au bord de l'eau. En général, quand je m'installe au bord de l'eau, j'ai des humeurs très contrastées. Ça dépend des jours. Ça a trait à ma mémoire personnelle. Parce que je suis née dans la vallée du Rhône, proche des glaciers, et... Donc j'observe l'état du Rhône, je me remémore des souvenirs d'enfance, où je pense à des inondations, des choses comme ça. Et puis, c'est un, aussi un moyen pour moi de me laisser prendre, par le cours de l'eau et puis de flâner dans ma tête. [...] Oui, c'est une des raisons pour lesquelles j'aime arriver au bord du Rhône. Parce que je trouve que là aussi ça tient à des, des saisons, mais au printemps, il y a souvent des odeurs. Qui, qui sont... Qui se réveillent avec la chaleur, et puis je pense que l'eau veut, est chargée de choses qu'elle transporte avec la fonte des neiges. Il y a des mousses qui ont des odeurs particulières. Il y a les égouts qui se déversent par endroits. Donc... [Silence] C'est une chose que j'aime bien, parce que tout à coup, je retrouve une ambiance qui me rappellent d'autres villes ou qui... Qui existe plus du tout par exemple au centre de la ville à Genève. C'est une ville tellement propre, qu'à part l'eau de javel, je connais pas d'odeur. [...] Je pense que c'est une association de différentes choses. Et les odeurs aussi. [Silence] Parce que j'ai passé beaucoup de temps au bord du Rhône à une époque où... De mon enfance, où il y avait encore des cultures, des roseaux, des animaux de toutes sortes. Et... [Silence] Il y avait beaucoup d'odeurs. [...] Des odeurs de la campagne, mais liées aussi au transport de l'eau.

Vous marchez, un peu somnambule. Vous gagnez un espace où coule le support analogique de vos souvenirs d'enfance – des souvenirs très personnels qui vous remémorent d'autres villes. *«C'est un moyen, pour* [vous] *de* [vous] *laisser prendre par le cours de l'eau, et puis de flâner dans* [votre] *tête.»* Vous produisez un tableau qui organise des transferts analogiques. Vous déambulez dans vos *«vides»*, dans votre tête. La manière dont vous créez une outre-ville dans une pratique attentive au détail qui décale; la manière dont vous associez alors progressivement des imaginaires à des fragments d'espace dote la ville d'un pouvoir, celui de vous transporter. Mais cet ailleurs a une dimension collective.

2.6. Une socialisation de la mémoire

Vous marchez encore, vous vous rendez toujours à votre travail. Vous notez que vous traversez un quartier *«assez riche»*. Des plaques, apposées sur les immeubles, vous informent de la hiérarchie socioprofessionnelle du fragment de ville que vous parcourez (*«C'est assez riche comme quartier, je trouve. Il y a toujours des plaquettes d'avocats, de psychothérapeutes, de médecins»* [Katia]). Vous couplez un ensemble social à un morceau d'espace par l'intermédiaire de signes et symboles (*«les plaquettes»*). Ainsi, ces plaques ont une valeur indiciaire. Elles sont un mode d'intelligibilité du territoire; elles structurent votre regard, informent votre œil; vous vous y rapportez pour agir. Elles sont ainsi un élément essentiel de socialisation de l'imaginaire urbain. Vous regardez, de ce regard construit, les gens qui sortent des immeubles, posant un calque imaginaire de la grande richesse sur leurs visages (*«Des fois, il y a des personnes qui sortent des portes. Alors, je les regarde parce que je me dis, savoir les personnes qui peuvent se permettre un appartement de dix mille francs par mois, alors je les regarde. Pour voir les visages qu'ils ont»* [Katia]). Les plaques vous ont soufflé l'intuition d'un quartier riche, habité pas des *«personnes qui peuvent se permettre un appartement de dix mille francs par mois»*. Vous vous amusez à présent à faire correspondre cette idée, née de l'espace à la physionomie des corps que vous croisez. De fait, un jeu de plaques catalyse vos rêveries, stimule des scénarios, suscite des histoires brèves, dans votre tête, alors que vous vous rendez au travail. Plus loin, vous marchez dans des lieux qui ne sont pas *«habités»*; *«il y a plein de plaques»* et vous *«délirez»* (Pauline). Vous imaginez ce qui *se passe autour de ces plaques*, par exemple, dans le lieu secret de la consultation médicale:

Fragment 19. Pauline.

C'est pas des lieux vécus, c'est pas des lieux habités. Et il y a plein de plaques… donc sur cette partie en allant vers la librairie Haldas jusqu'à la rue de l'Université, donc entre boulevard des Philosophes et la rue de l'université… il y a plein de plaques de médecins, de thérapeutes. Et tu vois des gens sortir à huit heures et demie du matin, huit heures et demie, neuf heures. Ils sortent de ces immeubles. J'ai jamais vu des gens rentrer dans ces immeubles. J'ai toujours vu des gens sortir, qui vont chez le médecin juste avant d'aller à leur travail. Et donc il y a toutes sortes de thérapeutes et ça me… Ça me fait délirer sur les maladies qui sont le fond de commerce de tous ces médecins du rond-point de Plainpalais.

Le jeu de plaques est une incitation douce et collective à la mise en récit de l'espace urbain. Il suggère des histoires possibles; il propose un nombre fini d'histoires crédibles. Il structure une mémoire collective qui prend, dans votre narration, la forme d'une injonction à un imaginaire rétrospectif: les *«plaques commémoratives»*, dans la Vieille Ville, *«rappell*[ent] *aux passants certains événements»*. Elles vous demandent de vous souvenir. Vous êtes contraints *«à* [vous] *refaire un film historique, l'Escalade*[5]*, la Treille*[6]*, la maison aussi vers la Placette, où est né Jean-Jacques Rousseau»* (Fabienne). On vous souffle des histoires qui vous conduisent à incorporer une conformité sociale. Vous marchez vite. Une place vous projette *«en arrière dans le temps»* (Katia); vous voyez *«des gens en costume»* (Katia). Ailleurs dans la ville, vous apercevez des *«bateaux arriv*[er] *pour décharger»* (Fabienne); vous distinguez des *«lavandières»* sur le quai du Seujet, *«où il y a avait une autre activité, où c'était insalubre peut-être mais au moins, il y avait de la vie»* (Fabienne). La ville est une mémoire tramée de mémoires personnelles et collectives qui font corps.

Il apparaît alors, dans vos récits, vos narrations, une structure particulière, qui, mêle esthétique du quotidien, souci du détail qui décale, spécialisation des espaces. Vous êtes conduit à associer de manière plus durable des schèmes d'action, des imaginaires, à des fragments de ville. Et, dans ce composé, la ville se profile comme une interface qui vous prend en charge. Votre espace est rendu familier par des impressions et des souvenirs que vous y avez déposés. Alors, vous vous promenez parfois dans une sorte d'éloignement. Ce d'autant que la lisibilité de la ville vous encourage à vous absenter.

3. Une mise en absence

Vous cheminez dans la ville, et vous y déposez votre mémoire. La matérialité de l'espace urbain a cette capacité étrange de stocker certaines «informations» dont vous n'avez pas besoin en permanence. La ville, la lisibilité de ses axes, a aussi cette compétence de rendre des trajets évidents. Alors il suffit de se déplacer en se gardant des voitures et des chausse-trappes de la voirie. En fin de compte, le fait que l'espace urbain vous prenne en charge, vous est agréable. Vous n'avez pas trop envie de réfléchir, de devoir résoudre des problèmes en vous déplaçant: *«Je suis passée par le boulevard Helvétique, mais je me suis aperçue que là, pour les piétons, il y avait beaucoup de feux. Et puis, vu que les matins, j'ai pas envie de raisonner tout le temps, m'arrêter aux feux, là, c'est où il y avait le moins de feux»* (Katia).

5 L'Escalade célèbre la victoire de la République genevoise qui, le 11 décembre 1602, repousse un attaque surprise de duc Charles-Emmanuel de Savoie. Cette victoire met fin à des tentatives récurrentes, au XVIe siècle, d'annexer Genève au duché savoyard.

6 La Treille est un ancien poste d'observation situé sur les bastions de la ville. Transformée en promenade au XVIIe siècle, elle est dotée d'un marronnier dont la première feuille annonce, depuis le début du XIXe siècle, le début du printemps genevois.

Vous cheminez. Le premier pas a donné une impulsion, puis une structure vous dirige, dans un automatisme que vous pensez sous la forme paradoxale du hasard. Des obstacles vous *«empêche*[nt] *de choisir»* et, dans le même temps, *«vous oblige*[nt] *à décider»*: *«Et puis je passe la porte. Puis ma première confrontation avec la rue, c'est les barrières qui sont installées le long du trottoir, qui m'empêchent en fait de choisir, si je veux partir à gauche ou à droite. C'est une contrainte qui m'oblige à décider où je dois traverser»* (Carole).

L'important est que seul le premier pas vous appartient. Après, vous vous engagez dans un processus qui permet de vous absenter (*«Donc si je plane c'est parce que c'est dans la tête»* [Fabienne]), car le mobilier urbain vous canalise dans vos trajets. Il détermine votre parcours. Vous empruntez le chemin piétonnier qui relie le pont Sous-Terre à Saint-Jean. Vous choisissez *«un côté»* et il n'y *«a plus de possibilité de passer de l'autre côté avant la fin de la montée»* (Arno). Cela vous amuse *«quand vous êtes présent»*. Vous marchez, canalisé, guidé. Vous avez opéré un choix et il n'est, momentanément, plus besoin de vous en préoccuper. Vous pouvez vous divertir, vous absenter, puis vous retourner sur la marche pénible, en montée. En somme, la structure matérielle de la ville encourage une introspection. Vos pensées se retournent sur elles-mêmes, et puis vous arrivez en haut de la butte et *«c'est un autre monde complet»*:

Fragment 20. Arno.

Si je suis un petit peu trop fatigué, je suis bien ce chemin goudronné qui a en plus la particularité d'être réparti en deux par une barrière centrale. Ce qui est très curieux. Parce que si on est d'un côté de la barrière, vraiment, on a plus de possibilité de passer de l'autre côté avant la fin de la montée. Et, je veux dire si j'avais eu à aménager, si j'avais travaillé sur le mobilier urbain, je pense que j'aurais quand même préservé éventuellement des possibilités de passage. Bon enfin pour moi c'est un, un truc qui me gêne pas du tout mais qui m'amuse et puis à chaque fois je relève quand je suis présent. Et puis après j'arrive sur le haut, et c'est, c'est un autre monde complet.

L'infrastructure urbaine vous propose d'oublier le déplacement, de voyager «comme en rêve», et de vous retrouver, sans vous en apercevoir, dans *«un autre monde complet»* au réveil d'une grande montée. La «ville» a une façon discrète de vous souffler des itinéraires, de dessiner des voies directes, d'indiquer le trajet auquel vous ne penseriez pas, d'impliquer (d'une manière probabiliste) le passage d'un lieu à l'autre. La ville à parfois un effet lénifiant, hypnoïde qui alterne avec des phases de retour au monde.

3.1. Un rappel à l'ordre

Aller tout droit, tourner à gauche, puis à droite. Le fait que vous accomplissiez la narration d'un trajet accentue sans doute l'impression de mécanisation. Vous reliez un point A à un point B, en vous appuyant sur le réseau viaire, ce qui occasionne un effet d'automatisation. Vous énoncez un segment de rue après l'autre; vous évoquez la manière dont ils s'articulent physiquement, topographiquement. Mais votre parcours est aussi tendu d'évidences géographiques. Un boulevard vous conduit directement *«au pied* [d'une] *butte»*; des connections obligatoires qui font que le trajet est *«direct»*, sans être le plus court ou le plus long, mais parce que chaque lieu en appelle obligatoirement un autre: *«Donc cet itinéraire, c'est la voie directe pour le piéton que je suis entre le domicile et mon lieu de travail»* (Arno); *«Donc c'est aussi des critères de rapidité qui m'ont fait choisir cet itinéraire-là. Mais comme j'ai dit, c'était pas le plus évident* a priori. *Je pense que le marquage que la Ville a fait pour les vélos m'a aidé à l'intégrer comme chemin régulier»* (Thomas); *«J'ai pas choisi ce trajet-là parce que c'est le plus court. C'est pas non plus un trajet qui est forcément long, hein. C'est pas non plus un trajet fait de plein de détours. C'est aussi un trajet direct, on va dire, mais c'est pas le plus court»* (Catherine).

Le premier pas appelle le second, et la structure de la ville, les habitudes vous conduisent malgré vous, dans un état de présence floue. Mais des éléments vous rappellent à l'ordre, vous ramènent *in situ.* C'est une sorte d'avantage de la ville, de son urbanisme «fonctionnel», elle vous permet d'y être sans en avoir l'impression. C'est en cela que votre façon de vous y déplacer s'apparente à ce qu'il appellera le réticulaire-aréolaire. Le linéaire correspond à ces moments où vous n'existez pas dans votre ville. Le ponctuel s'apparente à ces courts instants où vous êtes ramené à une extériorité. Vous marchez, dans vos pensées. Vous allez au travail: *«C'est un parcours, quand j'ai le temps, j'ai pas forcément le temps, mais quand les feux sont tous rouges pour les piétons, que je suis obligée de m'arrêter, c'est vrai que j'ai tendance à lever la tête et je regarde beaucoup l'architecture, les... Les immeubles que je croise au passage, et les changements qu'il y a eu»* (Fabienne).

Les feux sont une injonction à vous arrêter, à revenir ici, dans la ville, à *«lever la tête»*, à regarder *«les immeubles* [que vous] *croisez au passage»*, et à prendre la mesure d'un temps extérieur à votre propre temporalité. Ainsi, l'aréolaire correspond au moment où vous êtes rappelé lentement à une altérité. Un moment où vous *«regarde*[z] *les gens»* (Carole):

Fragment 21. Carole.

Alors pour moi, les feux, c'est à la fois une contrainte, puis je me mets toujours vers les passages, parce que, vu ma distraction et le fait que je pense beaucoup à autre chose, je me suis fixé ça comme contrainte. Parce que j'ai failli plusieurs fois me faire renverser en traversant n'importe où, n'importe comment. Donc, j'ai décidé une bonne fois d'arrêter ça. Puis en même temps, les arrêts aux feux, c'est aussi des arrêts sur image pour moi. Parce que c'est le moment où je regarde les gens. Parce que Genève, c'est... c'est une ville qui a beaucoup de... de choses comme ça très étranges. Qui peut être très vide, qui a pas d'odeurs, sauf justement quand on s'approche du Rhône ou du lac. Mais tout à coup, je regarde passer le tram et je vois passer les têtes des gens derrière les vitres, des choses comme ça, et puis je suis capable d'oublier même que c'est vert. Par exemple ce matin, j'ai entendu quelqu'un derrière moi qui m'a dit: Eh mais madame, c'est vert, allez-y. [Rires] Donc... Ça c'est des choses que j'apprécie beaucoup. Ça me dérange pas du tout.

Vous vous êtes arrêté à un feu. Vous voyez passer un tram, des *«visages»* derrière la vitre (dans un mixte de proximité et d'altérité, dans une hygiène des corps distanciés), et *«tout à coup»*, c'est une autre ville qui se révèle; une ville à l'état latent, faite *«de choses comme ça très étranges»* – d'autres personnes humaines.

3.2. Un somnambulisme

Encadré 5. Coupure de contexte.

Un travail. Ne pas tomber dans le petit circuit de mes déambulations a été un travail. Et le petit circuit est tellement bien inscrit dans l'espace. Le couloir derrière le Cycle de Montbrillant en construction, la passerelle de la poste, le couloir de la gare, le MetroShopping, la longue perspective qui de Cornavin désigne le pont du Mont-Blanc et la rive gauche, puis les grandes artères qui conduisent automatiquement à Eaux-Vives 2000. La structure de l'espace urbain défait l'intentionnalité consciente du sujet en dérive. La structure de l'espace urbain favorise un pas de somnambule, un pas qui, d'une certaine façon, vous plonge en hypnose et favorise ce que B. Lahire appelle des situations de *«transfert analogique»*. Cette structure qui défait l'intentionnalité consciente de l'habitant en dérive autorise en effet que quelque chose advienne dans le sujet dans un jeu associatif.

Laurent Matthey, *Autoanalyse d'un sujet en dérive*, 12 mars 2003.

Feu rouge, feu vert. Bandes jaunes sur la chaussée. Barrières rouges et blanches. La signalétique et le mobilier urbain fonctionnent ainsi comme ce qui scande votre effort, ce qui rend conscient de l'itinéraire. Signalétique et mobilier urbain ont une fonction d'indication. Ils marquent l'arrêt de la marche somnambulique du flâneur en absence et l'entrée dans la seconde étape de votre prise en charge, celle de la suggestion. Vous marchez sans vous en apercevoir. Vous ne *«perce[vez] plus l'extérieur»* (Claude). Ce n'est pas préjudiciable. C'est une externalité positive – comme dira la personne qui cherche – de la matérialité, de la lisibilité de l'espace de la ville. Dans cette mise en absence, seule importent la signalétique, les signaux qu'émet la ville. Alors, vous notez les plaques. Vous êtes dans un état somnambulique: et ces plaques vous renvoient dans des rêveries professionnelles ou dans un passé imaginaire. Vous êtes dans un état somnambulique. Vous marchez. Il y a des feux, des passages piétons. Des arrêts marquent le retour à l'*in situ* et dessinent des aréoles. Ces arrêts sont des aréoles verbales dans le flux de vos mots en trajet. D'un point de vue phénoménologique, l'aréole est cet espace-temps où survient le monde. Un espace-temps où vous vous arrêtez; où les frottements spatiaux ont vaincu l'inertie du mobile. Pour filer la métaphore, ils sont des espaces-temps où cesse le vide d'air. Des lieux où vous reprenez votre souffle. L'aréole traduit à une autre échelle les lieux spécialisés et les lieux sans finalités de vos récits de ville (Fragment 10).

Ainsi vos narrations de trajets recourent à un imaginaire de l'*«ilôt»* et de la *«traversée»*, qui conduit à ce que vous vivez la ville comme un ensemble de petits rituels à accomplir (Catherine, Fragment 3), d'un lieu à un autre. Votre ville se décompose en fragments, et ces fragments *«changent la manière de percevoir»* (Catherine):

Fragment 22. Catherine.

Et puis c'est encore une traversée, en fait. Je me rends compte. [Silence] J'ai souvent la symbolique de la traversée, quoi. D'un paysage comme ça. De pouvoir être à un moment de départ de… D'y pénétrer, d'arriver à l'intérieur et puis d'arriver à l'extrémité, d'en sortir.

Fragment 23. Arno.

Donc voilà, ça c'est ce petit microcosme qui précède juste cette… La traversée de la rue de Lyon et puis l'arrivée à la rue de la Poterie. Mais en fait, en tant que piéton quand je traverse des voies importantes comme la rue de Lyon où la rue des Deux-Ponts, j'ai l'impression que c'est… Enfin pour moi je le ressens comme des traversées de fleuves. C'est vraiment le piéton y doit… y doit traverser les… les rues. Vraiment les voitures font… Font un flot qui est vraiment analogue à… bon on se mouille pas mais…

Vous *«fai*[tes] *des petits rituels»*, vous développez une *«pensée un peu magique»*, vous cherchez des gués, dans une logique du passage, entre différents *«microcosmes»*, des passes sur un *«fleuve»*, un *«pont suspendu»*, dans la *«jungle»* (Catherine, Fragment 3). La ville est fragmentée. Elle a pris une certaine épaisseur phénoménologique. Des microcosmes ont été couplés à des fragments de territoire. Ce qui vient progressivement à l'esprit de la personne qui cherche et qui vous écoute, c'est le sentiment vague d'être confronté au moment précis où vous passez de l'autre côté de la représentation dans un procédé carrollien. Vous marchez sans vous en rendre compte. Vous avez *«comme un blanc»*. Il y a une rue qui vous confine, et un dévoilement vers le bord du lac: *«Après, j'ai comme un blanc, en fait. Vraiment. Il y a cette rue qui passe dans la rue des Pâquis où finalement, je suis assez peu attentive, et aux gens, et aux commerces, et à l'architecture et... et au temps qu'il fait. Il y a tout qui se dévoile un petit peu quand j'arrive au bord du lac. Là, j'ai l'impression que tout à coup, il y a tous mes sens qui... qui redeviennent un petit peu en éveil, quoi»* (Catherine).

Avant cela vous évoquiez un quartier en travaux qui canalisait votre itinéraire. Puis une rue rectiligne, et une autre, étroite, qui dessine le lac en point de vue. Enfin, l'arrêt devant le lac. Vous avez été conduit. D'abord en absence, dans un *«blanc»*. Puis vous revenez dans l'*in situ*. La ville, dans son épaisseur symbolique/sémiotique est ainsi l'agent de votre mécanisation passante. Vous marchez, un peu somnambule. Vous y êtes, sans y être, comme on dit. Et cette façon vous est permise parce que votre trajet est signifié par des marqueurs biographiques qui le rendent familier. Vous êtes dans l'espace-temps du quotidien, mais par moments, des «événements territorialisés» l'épaississent, en garantissent la consistance. Alors tout à coup vos sens *«redeviennent un petit peu en éveil»*: *«Donc quand je dis que les sens s'éveillent, c'est tout à coup au bord du lac, il y a le vent qui arrive, que je ressens qui était déjà certainement là avant, mais que j'oubliais complètement, il y a les bateaux qui naviguent, la mouette qui a commencé, cette observation-là. Voir si il y a le Bains des Pâquis qui est ouvert. Je me dis: Ah si j'allais pas au Conservatoire! je pourrais aller prendre un café là-bas ou un thé. Il y a comme si toute la ville était derrière moi et qu'il y a plus du tout la ville. Il y a tout à coup ce lac qui est là, et puis l'impression d'être ailleurs, d'être vraiment dans une cité balnéaire. Je regarde les bateaux, ou des fois, je m'arrête un peu pour voir le Soleil»* (Catherine).

Une aréole phénoménologique, une île d'intensification de la vie des sens qui vous conduit à investir la profondeur imaginale d'un territoire, succède au flux. Ainsi, vous marchez dans des «vides» qui n'ont peut-être pas de finalité mais une vocation, notamment celle de vous faire venir des *«idées dans la tête»* (Claude), dans un moment esthétique qui vous émeut. Vous fluez, vous vous absentez, vous *«planez»* *«dans la tête»* (Fabienne) toujours. Puis vous revenez dans l'aréole d'un fragment de ville paysager que bientôt, peut-être, vous associerez durablement à cette émotion. Il se pourra alors que vous y retourniez pour la retrouver, dans un moment de subjectivation.

4. Espaces et moments de subjectivation

Vos ouvertures de ville sont certes codifiées. Elles mobilisent du collectif. Vous recourez à un schème de l'appareil photographique qui est la traduction d'une histoire culturelle (l'invention des codes paysagers qui se sont succédés depuis la Renaissance) et sociale (la diffusion d'un art de la photographie). Ces ouvertures vous offrent néanmoins la possibilité de mises en scène alternatives du Moi. Cette possibilité est notamment liée à ce que vous inscrivez, dans certains *«vides»* de votre ville, l'idée d'un mouvement, de *«quelque chose qui bouge»*, dans le territoire. Un espace morphologiquement inoccupé est un espace phénoménologiquement *ouvert*, puis instable, puis fluant *(«qui vient et qui part»)*. Vous allez et venez sur votre carte mentale. La personne qui cherche vous pose des questions, formule des consignes, et vous êtes obligé de revenir sur vos pas, sur *«vos lieux de vie»*. Vous déambulez dans la ville. Vous parlez, et les *«vides»* de votre carte se transforment en «pleins», c'est-à-dire qu'ils sont identifiés, situés, localisés. Il existe ainsi des lieux, dans votre ville, où l'idée du mouvement s'inscrit avec plus d'acuité. Des lieux qui sont le soubassement d'une «rêverie du mouvement»:

> *Fragment 24. Philip.*
>
> Plainpalais... Je dirais: espace ouvert. [Silence] C'est un espace ouvert dans tous les sens du mot. [...] Parce qu'il y a le cirque qui vient, parce que... Disons que c'est un espace ouvert à ce qui n'est pas stable, fixe. Un peu l'idée du cirque qui vient et qui part. L'idée du Marché aux puces qui vient et qui part. Des marchés. Des gens qu'on peut y rencontrer. De la multiplicité et différentes catégories de gens qu'on peut y rencontrer. Donc, je dirais que c'est vraiment un espace ouvert de ce point de vue là.

Il existe donc des espaces phénoménologiquement *«vides»* dotés d'un sens intrinsèque; d'un sens propre. Et puis, il y a vous. Avec vos procédures historiques de paysagement de la ville. Vous vous déplacez avec ce regard vaguement esthète, qui est celui d'un art moyen de la mise en spectacle de la ville. Un regard qui vous permet de multiplier les expériences de ces petits moments d'écart, de flottement, où le Je se distancie de soi. Vous marchez dans la ville, votre esprit vagabonde. Et un «bougé» survient qui est constitutif d'un moment de subjectivation:

> *Fragment 25. Christine.*
>
> Je savais pas d'où j'étais. Et puis... Donc Genève pouvait pas non plus être un lieu pour moi où je pouvais m'ancrer. [...] Et puis le premier lieu où j'ai senti que... où j'ai ressenti quelque chose c'était aux Délices devant la maison de Voltaire. Je sais pas pourquoi, faut pas chercher. Peut-être parce que c'était à ce moment-là, que j'ai commencé à... [Silence]

En fait... [Silence] J'ai compris que je pouvais être de plusieurs endroits sans que ce soit un problème. Que je pouvais avoir... [Silence] Que c'était pas un problème de pas avoir de lieu d'origine. [...] Pourquoi là? Je sais pas. J'ai jamais habité là. Peut-être parce que j'aimais les écrits de Voltaire? Peut-être qu'il y a quelque chose dans le lieu? J'en sais rien du tout, parce qu'en plus j'habitais pas Saint-Jean et puis j'avais jamais habité Saint-Jean. Et en plus, j'ai pas été au collège Voltaire, j'ai pas été dans ces lieux-là... Mais c'est là que je l'ai vu la première fois, c'est un lieu où j'aime toujours retourner, d'ailleurs, quand je dois descendre à la gare, je passe par là. Parce que j'aime bien.

Ainsi, l'intéressant est que l'impression de ce «bougé» devient, pour vous, l'objet d'une recherche personnelle *(«c'est un lieu où j'aime toujours retourner»)*. Vos parcours sont orientés par ce but *(«d'ailleurs, quand je dois descendre à la gare, je passe par là. Parce que j'aime bien»)*. Délibérément vous *«fait*[es] *un détour»*, *«descende*[z] *du bus»* (Philip), pour éprouver les mouvements contradictoires qui se manifestent ici, en vous, dans un processus de localisation de l'histoire.

4.1. Le Moi sous tension

Vous déambulez, sans finalité matérielle. Une vacance s'installe en vous. Il vous semble que quelque chose peut maintenant, ici, survenir. Des lieux matérialisent des imaginaires, localisent des impressions, des affects, des souvenirs, une mémoire collective ou des imaginaires rétrospectifs, vous allez les fréquenter pour intérioriser le social qu'ils supportent:

Fragment 26. Philip.

J'aime énormément le pont des Bergues. Parce que pour moi, c'est un peu un concentré de ce qu'est Genève. Une ville qui est... Qui de l'extérieur paraît extrêmement... Quand on voit le lac, tout paraît toujours très calme et très... Et quand on va au pont des Bergues, on se rend compte qu'en fait, il y a une sorte... C'est plein de remous. Il y a comme une opposition des contraires à cet endroit-là. Il y a comme une espèce de... Comment dire? De... hum... C'est... C'est comme si en fait, on voyait ce qu'il y avait sous la surface. C'est-à-dire une ville qui est beaucoup moins calme et beaucoup moins... Beaucoup moins lisse. Beaucoup moins... simple qu'elle ne le paraît. Et il... c'est... Dans ma vision de la ville, il y a un côté qui est assez conservateur et un autre qui l'est moins, qui est plus ouvert à l'extérieur. [...] Et j'ai l'impression qu'à cet endroit-là, il y a une sorte de... Il y a une sorte d'opposition de ces deux mondes. C'est comme s'il y avait deux magnétismes opposés qui se retrouvaient là, enfin, qui s'opposaient là. [...] C'est un endroit où j'adore me mettre au milieu du pont à cause de ça.

«A cet endroit-là», il y a l'écume blanche des *«remous»*; la rencontre d'un courant *«conservateur»* et d'un courant *«plus ouvert»*. *«A cet endroit-là»*, vous voyez ce qu'il y a sous la surface, un aspect de la ville *«beaucoup moins lisse»* et *«calme»*, *«beaucoup*

moins simple» qu'il n'y paraît... Il y a une imagination matérielle à l'œuvre dans votre description – un imaginaire qui plonge le regard dans la matière – par laquelle vous vous abîmez dans la viscosité des courants, dans un bout de paysage pour accomplir, en fin de compte, l'expérience presque tellurique de *«magnétismes opposés»*. Si bien que l'on peut dire qu'*«à cet endroit-là»*, il y a une petite expérience de mise sous tension du Moi qui collabore à ce que vous *«ador*[ez] [vous] *mettre au milieu du pont»*, et justifie même que vous *«descend*[iez] *du bus exprès pour traverser le pont des Bergues»* (Extrait 1).

4.2. Une petite mise en scène identitaire

Mais vos pleins à valeur intrinsèque permettent plus que de légers décalages. Ils sont aussi, pour vous, des espaces de figuration. Vous y mobilisez des figures sociales, des types. Vous vous y figurez selon des modalités alternatives. Vous prenez d'autres figures. Précédemment, vous donniez l'impression de vous diluer dans l'espace; vous vous frottiez à une épaisseur; vous vous imprégniez d'un décor; vous vous abymiez dans l'esprit d'un lieu en reprenant les petites mythologies qui lui sont attribuées, vous *«rentriez»* dans les murs. A présent, vous jouez de ces petites mythologies pour vous «donner de l'air», rompre avec un quotidien ennuyeux, fait de temps morts et d'espaces mous:

Fragment 27. Antoine

Alors, les Pâquis, les gens que je rencontre là-bas... [Rires, silence] Là, je me mets en tant qu'acteur, mais vraiment c'est de la comédie. Parce que je leur divulgue pas ma vie. J'essaye de... Ouais, c'est... c'est de l'artificiel, quoi. On s'implique dans une autre vie. On se lâche, quoi. Alors je deviens acteur mais... Mais les rencontres que je fais là-bas me sont totalement... fortuites et sans lendemain, quoi. Parce que c'est de la comédie. On s'amuse, quoi. Bon les gens qui y sont, j'aime bien. J'aime bien. Je sais pas moi, il y a quand même le... C'est le Voyou, c'est la Putain, c'est les Voyeurs... C'est... Ouais le plaisir facile est mis là-dedans donc j'en profite. Et puis, j'en deviens acteur mais sans lendemain. Parce que c'est une vie qui est un peu débauche, quoi.

Vous vous donnez l'air de, *«sans lendemain»* parce que *«c'est un peu débauche»*. Façon comme une autre de dire que tout ce qui se fait *«là-bas»* est non congruent avec une certaine image de vous, mais est néanmoins constitutif de vous. D'ailleurs, cette tension entre différents segments identitaires se manifeste dans la structure même de votre description, dans le balancement entre un Je actif *(«je me mets en tant qu'acteur»)* et un On indéfini qui endosse le fait de se laisser aller (*«On s'implique dans une autre vie. On se lâche, quoi»*, *«On s'amuse, quoi»*), dans une collectivisation, qui tient de la dilution, du comportement et de sa responsabilité.

Vous parlez. Vous continuez de spécialiser de la ville en «climats» moraux, en aires *«où les gens sont dominés, plus qu'on ne l'est d'ordinaire, par un goût, une passion ou quelque intérêt»* (Park, 1925 [1995]: 130). Mais vous venez d'y adjoindre une valeur ajoutée. Pour parler de ce fragment de ville, vous recourez à des *figures*. Vous évoquez *«le Voyou»*, *«la Putain»*, *«les Voyeurs»*. Vous recourez à des imaginaires qui vous confirment dans l'impression d'un jeu. Vous vous amusez entre passivité et activité, entre le Voyou, la Putain et les Voyeurs. Vous déambulez. Votre récit donne l'impression d'un glissement. La personne qui vous écoute a le sentiment que vous passez à travers une série d'ouvertures, de portes, qui vous conduit de la passivité du spectacle à l'activité d'une mise en scène. Vous parlez de votre pratique, vous décrivez votre ville, et vous traversez des *sas* (Extrait 2 et Encadré 6).

A vous écouter, et vous écouter encore, la personne qui cherche comprendra que ces sas constituent à eux seuls un espace, que vous caractérisez d'ailleurs, en l'occurrence, comme celui de l'*«amusement»* et du *«plaisir facile»* (Antoine). Cet espace se module dans son intensité et vous permet d'opérer une translation du rôle de *«spectateur»* à celui d'*«acteur»* – en *transitant au travers d'un lieu* par lequel vous vous persuadez que *«d'aller fréquenter ces endroits* [les Pâquis[7]]*»*, n'est pas un mal et vous correspond un peu: *«Le Las Vegas* [un salon de jeux]*, c'est un endroit totalement des années 1980, je crois. C'est vraiment notre génération. C'est toujours notre génération. C'est le bruit. C'est la musique. C'est le jeu. C'est l'appât du gain. Ouais, c'est ça. C'est un peu un stress, mais ça nous vide quand même la tête»*. En somme, si dans votre itinéraire de la gare aux Pâquis vous passez du statut de spectateur (*«La gare, c'est totalement impersonnel, quoi. Je rencontre personne, je parle à personne. Je regarde. Je vis. Je regarde, je… Je me mets…* [Silence] *Je me sors de cette population parce que… Je m'implique pas dans… Je m'implique pas dans le…* [silence] *dans l'ambiance»*) à celui d'acteur (*«Alors je deviens acteur»*), il est nécessaire que vous passiez par un lieu qui amortit le déplacement identitaire. Un lieu qui fonctionne comme un lieu de marge qui atténue le choc, comme les rites de marges amortissent les ruptures biographiques, les changements d'état. C'est ainsi qu'au sortir du Las Vegas, vous pouvez entrer aux Pâquis: *«Tu vois le cheminement, hein? Ouais, le plaisir facile. Tu peux aller te… A la gare, c'est quand même… Tu trouves de la dope, tu trouves de la… Tu peux tout trouver à la gare, quoi. Donc c'est un plaisir facile. Au Las Vegas, plaisir facile, divertissement, tu paies et puis tu joues, quoi. Tu joues… Et puis les Pâquis, je t'explique pas»* (Antoine).

7 Ancien quartier ouvrier, lieu central de la prostitution de rue.

«Acteur mais sans lendemain». *«Ça* [...] *vide quand même la tête»*. Votre façon de parler réactive un jeu du *«stable»* et du *«mouvant»* qui se manifestait jusqu'à présent sous l'opposition des *«pleins»* et des *«vides»* et qui – impliquant en l'occurrence un *«plein»* – se retraduit en termes de fréquences. L'espace des figurations, *«c'est pas régulier, c'est quand* [vous avez] *le temps»*, dites-vous. Ce jeu du *«stable»* et du *«mouvant»* aura bientôt son importance, puisqu'il révèle une labilité des identifications.

4.3. Le «stable» et le «mouvant»: une labilité des identifications

Vous marchez dans la ville. Vous vous déplacez sur votre carte mentale. Vos *«vides»* sont aussi des pleins à valeur intrinsèque. Des lieux spécialisés sont apparus. Des lieux qui sont des espaces de figuration, c'est-à-dire des espaces habités par des figures sociales, où vous vous figurez différents. Vous affirmez fréquenter ces lieux qui ont un tempo qui leur est propre de manière irrégulière (*«C'est dur d'attribuer des fréquences, parce que c'est souvent irrégulier... Mais ça, c'est des fréquences régulières, le reste, c'est irrégulier»* [Serge]): leur usage augmente ou diminue selon des rythmes troubles (*«Ça peut augmenter autant que diminuer mais ça... Ça a pas de... Ça a pas de fréquence régulière, quoi»* [Claude]). Vous vous demandez explicitement ce qui détermine ces augmentations ou diminutions de la fréquentation d'un lieu. Vous mentionnez le facteur: travail. Mais votre récit laisse paraître d'autres interprétations. Dans cette variabilité, il faut voir une nécessité de varier ses identifications, de ne pas inscrire durablement son existence dans un espace donné. Vous préférez maximiser le profit à tirer de la pratique de certains lieux en y retournant ponctuellement, plutôt que de vous y associer de façon plus soutenue: *«*[La Vieille Ville] *c'est donc un endroit qui a beaucoup de charme et de présence, mais j'ai l'impression j'aime mieux y être de temps en temps que d'y être tout le temps. J'ai l'impression qu'il y a un côté lourd, qu'il y a un côté un peu statique»* (Philip).

Extrait 1. Le Moi sous tension (Philip).

Séquence 1

Maintenant, si je devais faire une séparation dans la ville ou une distinction claire, ça serait une rive du lac et l'autre. D'un côté étant toutes les activités internationales ouvertes sur l'extérieur avec la gare et l'aéroport, les Nations unies et les Organisations internationales. Et en même temps une certaine ouverture d'esprit, de mode de vie, etc. avec les Pâquis. Ça serait d'un côté du lac. De l'autre côté une partie plus conservatrice... qui inclurait le quartier des banques, des assurances... la Vieille Ville, la cathédrale... C'est un peu comme ça que mentalement je définirais la ville.

Séquence 2

Alors, si on reprenait de nouveau ces lieux du quotidien et je te demandais de façon vague de les décrire. Qu'est-ce que tu pourrais en dire?

[...] Si je devais décrire... Bon, il y a un espace dans mon quotidien dont je n'ai pas parlé tout à l'heure, c'est l'espace qui va de l'Hôtel des Bergues jusqu'à la Vieille Ville, qui est pour moi un espace de promenade le soir. La traversée du pont des Bergues, c'est... Traverser le Rhône, le lac, remonter vers la Vieille Ville pour moi, c'est un véritable plaisir. Je descends du bus exprès pour traverser le pont des Bergues. Donc ça, c'est vraiment un espace de plaisir et de... De détente. C'est peut-être dans la ville l'endroit où je retrouve plus les éléments naturels. Le ciel, le lac, s'il pleut ou s'il pleut pas... Enfin le... Maintenant, la Vieille Ville pour moi...

C'est fréquent ce...

Tous les jours. Tous les jours sauf quand je suis en voiture. Mais la plupart du temps, je suis en bus. Je descends du bus au début du pont du Mont-Blanc, je traverse les Bergues et je remonte la Vieille Ville et je traverse la Vieille Ville. Mais je le fais exprès, c'est par plaisir.

Séquence 3

Si maintenant, pour s'éloigner un peu de cette carte des espaces du quotidien ou assez quotidien, je te demandais d'évoquer les lieux dans la ville où justement, tu retrouves aussi une atmosphère, où tu aimes aller, etc. Les lieux où tu te sens bien, d'une certaine manière.

[...] Je dirais que bon un endroit que j'aime bien, c'est la Vieille Ville. A cause de l'atmosphère. Maintenant... [Silence] Qu'est-ce que je pourrais? J'aime énormément le pont des Bergues.

Hum hum.

Parce que pour moi, c'est un peu un concentré de ce qu'est Genève. Une ville qui... Qui de l'extérieur paraît extrêmement... Quand on voit le lac, tout paraît toujours très calme et très... Et quand on va au pont des Bergues on se rend compte qu'en fait, il y a une sorte... C'est plein de remous. Il y a comme une opposition des contraires à cet endroit-là. Il y a comme une espèce de... Comment dire? De... hum... C'est... C'est comme si en fait, on voyait ce qu'il y avait sous la surface. C'est-à-dire une ville qui est beaucoup moins calme et beaucoup moins... Beaucoup moins lisse. Beaucoup moins... simple qu'elle ne le paraît. Et... c'est... Dans ma vision de la ville, il y a un côté qui est assez conservateur et un autre qui l'est moins, qui est plus ouvert à l'extérieur.

Hum hum.

Et j'ai l'impression qu'à cet endroit-là, il y a une sorte de... il y a une sorte d'opposition de ces deux mondes. C'est comme si il y avait deux magnétismes opposés qui se retrouvaient là, enfin, qui s'opposaient là.

Hum hum.

C'est... c'est un endroit où j'adore me mettre au milieu du pont à cause de ça. ■

Extrait 2. Une mise en scène de soi (Antoine).

Séquence 1

Puis disons qu'un autre centre d'intérêts que j'ai... Ma ville à moi... Le truc où j'arrive retrouver mes bases, mes... Pas mes bases, mes repères... c'est un peu... On pourrait faire un dessin comme ça, parce que... Je le fais assez gros parce c'est quand même un quartier de ma ville, enfin de la ville de Genève qui est important...

Hum hum.

C'est... [Il écrit] Gare et Pâquis, quoi.

Hum hum.

Pour moi, la ville de Genève, c'est les Pâquis et puis la gare. Où tu trouves par exemple le Las Vegas [salon de jeux]. Tu trouves... Ben tu vois du monde, tu vois le voyage, quoi. La gare, c'est quand même l'endroit de voyage, c'est quand même spécial, la gare. J'aime l'ambiance de la gare. Et puis les Pâquis parce que j'aime l'ambiance des Pâquis, aussi. C'est... c'est la populace, quoi.

Hum hum.

C'est populaire, si tu veux. On peut marquer ça comme ça. Voilà. [...]

Séquence 2

D'accord. Alors maintenant, toujours pour un peu caractériser le territoire... si tu arrives à donner une fonction à chacun de ces lieux. Même si tu l'as déjà fait maintenant. Pour être systématique. C'est-à-dire est-ce qu'on consomme, est-ce qu'on rencontre, est-ce qu'on se détend, est-ce qu'on travaille?

[...] La gare, les Pâquis... le Las Vegas tout ça, je m'y amuse. Pour moi tout cet endroit-là [il cercle] c'est un endroit de divertissement. C'est là où ça bouge, c'est là où il y a... il y a le plaisir facile. Voilà.

Hum hum.

Tu vois le cheminement, hein? Ouais, le plaisir facile. Tu peux aller te... A la gare, c'est quand même... Tu trouves de la dope, tu trouves de la... Tu peux tout trouver à la gare, quoi. Donc c'est un plaisir facile. Au Las Vegas, plaisir facile, divertissement, tu paies et puis tu joues, quoi. Tu joues, et puis les Pâquis, je t'explique pas. Mais je pense tu comprendras en réécoutant la cassette. Après, il y a le lac. Là, c'est une détente. C'est une détente, parce que l'eau m'a toujours détendu, quoi. [...] Le lac, c'est l'endroit de détente. C'est l'eau, quoi. C'est... de la détente...

Pas le même type qu'aux Pâquis?

Non. Non ça, c'est pas de la détente, ça c'est du jeu facile... C'est du jeu de la société de consommation, en fait. Tandis que là, c'est presque de la détente... Non, il y a pas de jeu, là. C'est de la détente vraiment. Tu vas faire du pédalo... Tu te promènes le long du lac, c'est bourré de parcs. C'est... c'est la nature de Genève.

[...] Et puis si on veut dire que les Eaux-Vives... Les Eaux-Vives, j'aime pas trop... J'aime pas trop la rive gauche. Parce que c'est bourge. C'est la rive gauche, c'est bourge... C'est un peu le côté Genève bourgeois, quoi. Tu vois?

Ouais.

Moi ce qui m'intéresse, c'est le populaire, je suis populaire, j'aime être... vivre dans la... Dans la vision populaire. Malgré que je sois de droite. Mes pensées de droite. [Rires] Mais... J'aime être avec le populaire, parce que il y a le cœur qui est là-dedans aussi. On sent du cœur dans... dans le quartier populaire des Pâquis. Enfin, il y a une âme plutôt. Ici [son crayon se promène sur la rive gauche], il y pas d'âme. Ici c'est business.

Séquence 3

Tu peux attribuer une... une fréquence à ces lieux: est-ce que c'est des lieux... quotidiens, hebdomadaires, mensuels? Puis aussi, si c'est des espaces du jour ou du soir ou de la nuit.

[...] Bon... la gare, Las Vegas... La gare, Las Vegas, disons que ça serait ... C'est pas régulier, c'est quand j'ai le temps. J'aime bien aller... y aller quand j'ai vraiment congé. Quand j'ai pas quelque chose à faire au boulot ou bien autre chose à faire là et puis que je veux pas aller faire de la marche ou de la montagne, c'est... C'est quand j'ai le temps.

Ouais.

C'est la première chose que je fais, quand j'ai le temps.

Hum hum.

Voilà. Donc ça peut-être aussi bien... C'est plutôt hebdomadaire voire... Ouais non, c'est hebdomadaire. C'est plutôt... la journée. J'aime bien la journée. J'aime bien zoner dans ce quartier-là la journée. [Silence] Et puis là [les Pâquis]... c'est le soir. Ben ouais, c'est évident. C'est vraiment l'endroit où... Où j'aime aller faire la bringue, quoi. Malgré tous les préjugés qu'on se met dans la tête que c'est pas bien d'aller fréquenter ces endroits parce que...

Séquence 4

Ben le Las Vegas, la gare... La gare, c'est... c'est... C'est beau une gare. C'est beau. Malgré que elle me semble petite. Je trouve que le hall de la gare, je le trouve petit, quoi. Bourré de constructions, de changements... toujours en mouvement cette gare. Toujours en travaux. Toujours... Et toujours ouais, les gens pressés, quoi.

Là tu... Tu... Ouais sur le passage. C'est toujours le voyage, la gare. Voilà ce que ça me donne... la caractéristique. Le Las Vegas, c'est un endroit totalement des années 1980, je crois. C'est vraiment notre génération. C'est toujours notre génération. C'est le bruit. C'est la musique. C'est le jeu. C'est l'appât du gai. C'est... Ouais, c'est ça. C'est un peu un stress, mais ça nous vide quand même la tête.

Et les Pâquis, c'est beau quoi. C'est... C'est un quartier populaire qui a été habité par les Italiens au départ. Les Espagnols aussi. J'ai deux, trois amis qui m'ont raconté des histoires d'Espagnols. Ils en ont une rage sur les Espagnols. Donc les Pâquis, c'est... Puis bon, j'y ai vécu aussi aux Pâquis. C'est... C'est cette popularité qui me... Ouais, les Pâquis... Non, il faut décrire les Pâquis. Comment décrire le lieu? [Silence] Ouais, c'est... C'est vieux, c'est un peu délavé, délabré, c'est pas du tout neuf, c'est pas du sur mesure, ça c'est fait... Ça se fait, ça se fond, ça se rénove quand même. Les Pâquis, c'est en... Il y a une histoire derrière.

La gare. La gare, c'est totalement impersonnel, quoi. Je rencontre personne, je parle à personne. Je regarde. Je vis. Je regarde, je... Je me mets... [Silence] Je me sors de cette population parce que... Je m'implique pas dans... je m'implique pas dans le... [Silence] dans l'ambiance. Enfin, si je m'implique dans l'ambiance mais en jouant pas un rôle. En étant un observateur plutôt qu'un acteur.

Et... Le Las Vegas, c'est la même chose. Je vais, c'est individuel, tu rencontres personne. Peut-être juste le... Le gros connard de surveillant pour lui demander de la pièce parce que ça marche pas: «C'est en haut !». Puis ça marche pas quoi. Voilà.

La gare, j'aime bien, c'est observateur. Tu vois les voyageurs... Te demander... Voir un gars qui passe et puis te demander: Tiens, il va où? qu'est-ce qu'il fait? C'est vrai que je me pose souvent la question quand je suis là-bas. Mais le contact que j'ai avec les gens, c'est finalement imaginer des histoires avec eux, quoi.

Hum hum.

[Silence] Alors, les Pâquis, les gens que je rencontre là-bas... [Rires puis silence] Là, je me mets en tant qu'acteur, mais vraiment c'est de la comédie. Parce que je leur divulgue pas ma vie. J'essaye de... Ouais, c'est... c'est de l'artificiel, quoi. On s'implique dans une autre vie. On se lâche, quoi. Alors je deviens acteur mais. Mais les rencontres que je fais là-bas me sont totalement... fortuites et sans lendemain, quoi. Parce que c'est de la comédie. On s'amuse, quoi. Bon les gens qui y sont, j'aime bien. J'aime bien. Je sais pas moi, il y a quand même le... C'est le Voyou, c'est la Putain, c'est les Voyeurs... C'est... Ouais le plaisir facile est mis là-dedans donc j'en profite. Et puis, j'en deviens acteur mais sans lendemain. Parce que c'est une vie qui est un peu débauche, quoi. [Silence]. ■

Ainsi, vous avez découpé votre ville entre *«rive progressiste»* et *«rive conservatrice»*, vous aimez vous arrêter au milieu du pont des Bergues pour éprouver les *«deux magnétismes opposés qui se retrouv*[ent] *là, enfin, qui s'oppos*[ent] *là»* (Philip, Extrait 1). Vous appréciez cette petite expérience de mise sous tension du Moi, alors évidemment, vous n'allez pas vous assimiler durablement à l'une des deux rives, parce qu'*«y être tout le temps»*, ce serait en fait trancher pour une certaine image de soi: *«Puis là, il y a l'ancien Latitude-Tropicana, mais j'y vais pas trop. Mais disons, j'aime bien… avoir cette vie. Savoir que ça existe, là-bas»*; *«Puis en plus un lieu de culture* [l'AMR[8]], *un lieu où les gens sont là pour s'exprimer, où il peut se passer plein de choses. J'aime pas spécialement le jazz… c'est plutôt pour le jazz* [l'AMR], *même si il y a d'autres choses justement, comme les Ateliers d'ethnomusicologie…* [Donc c]*'est pas hyper fort ce qu'il se passe là-bas pour moi, si tu veux, mais le fait que ça existe, c'est important»* (Giovanni).

Vous êtes habité par un besoin d'identifications variées. Et ce besoin structure la mise en récit de votre ville. Vous énoncez des points de repères qui vous permettent d'*isoler* (en désignant une zone – *«là-bas»*) et d'*identifier* (puisqu'on sait que *«ça existe»*) un mode de vie, un *«réel toujours possible»* (Derrida, cité par Mouffe, 1995: 261), qu'il vous est possible de regagner. Vous flânez dans la ville. Vous parlez d'endroits quotidiens et d'endroits où vous allez moins souvent mais qui sont néanmoins *«important*[s]*»*. C'est en ce sens qu'ils sont des lieux significatifs. Le fait de savoir que *«cette vie»*, *«ça existe là-bas»*, que vous pouvez y retourner de loin en loin, vous conduit à un mode de pratiquer le territoire qui s'apparente au pèlerinage: de temps à autre, il y a le retour à un ou plusieurs lieux qui donnent sens. C'est sans doute pourquoi vous rendez compte de la pratique des autres en recourrant à la métaphore de la *«transhumance»*. Ce que vous percevez de certains endroits de la ville, c'est qu'ils organisent des rassemblements temporaires:

Fragment 28. François.

Je sais pas… les gens… C'est jeune. Il y a beaucoup de touristes… Je sais pas. C'est des gens de passage. C'est des gens qui viennent boire un coup et qui repartent. C'est assez rigolo, je trouve, la transhumance qu'il y a à la Vieille Ville. Les gens montent et puis… Je sais pas, il y a des heures, on a l'impression qu'il y a l'ascension du roc. [Rires] Puis il y a des heures où il y a plus personne. Puis la nuit, c'est vrai qu'il y a la sortie des bars et la rentrée dans les bars.

8 Association musicale romande; lieu de répétition et sociabilité de groupes à tendance jazz, met également ses locaux à disposition d'ateliers parmi lesquels les Ateliers d'ethnomusicologie.

Vous avez des fréquences plus irrégulières. Vous avez des lieux où «[vous] *aim*[ez] *mieux être de temps en temps que d'y être tout le temps*» (Philip), des lieux où vous n'«[allez] *pas trop*» mais que vous mentionnez parce que vous «*aim*[ez] *bien avoir cette vie; savoir que ça existe, là-bas*» (Giovanni). Votre ville est une articulation de «*stable*» et de «*moins stable*» («*Il y a plusieurs niveaux, quoi. Il y a un niveau plus ou moins stable... lié à ma sphère professionnelle et ma sphère privée. Puis d'autres... qui relèvent plutôt de la sphère publique, quoi*» [Claude]) qui traduit une variabilité des identifications (vous être «*un jour là, un jour là*» [Giovanni]). Cette articulation vous permet d'échapper aux effets d'assignations identitaires liés à la pratique d'un seul type d'espace. Ce qui arriverait peut-être si vous pratiquiez régulièrement tous les espaces d'une Genève que vous auriez qualifiée de «*conservat*[rice]» ou à l'inverse de «*plus ouvert*[e] *à l'extérieur*» (Philip).

5. Une ville en «arbre»

Votre ville s'est progressivement personnalisée dans un acte de langage. Vous vous êtes appuyé sur des ouvertures physiques pour évoquer une outre-ville constituée des histoires que vous vous racontez à partir des lieux que vous fréquentez. Vous avez construit des aires spécialisées qui sont des points de repère «*stable*[s]» et «*moins stable*[s]» (Claude). Vos récits sont en train de construire une structure urbaine faite d'espaces à perméabilité floue ou de cloisonnements. Vous discriminez de manière plus ou moins rigide les lieux qui constituent votre ville. Vous ne voulez pas mêler «*passion*» et «*travail*» (François) ou encore deux univers moraux (Luis).

Et ce qui se profile dans vos récits, c'est une ville «en arbre», comme on parle de classement en arbre pour évoquer un schéma qui représente les segments de différenciation et de hiérarchisation d'un phénomène donné. Une ville qui repose sur deux processus de territorialisation de soi: l'enkystement territorial; la réduction spatiale de la dissonance. Car si votre ville se constitue bien entendu de «*tous les endroits où* [vous allez] *sur Genève*» (Giovanni), ces endroits se distribuent en *sous-espace-temps*: espace-temps de la vie professionnelle, espace-temps de la nuit, espace-temps de la vie musicale, espace-temps de la culture alternative, espace-temps *gay*, etc. qui vous permettent d'isoler des traits de personnalité, des schèmes d'action, etc. De les isoler, et de les y oublier ou d'y entamer un travail territorial de réduction de la dissonance cognitive, puisque vous aller chercher ce qui, dans cet espace d'actualisation d'un schème, se rapporte à une certaine définition de soi. Pour bien comprendre le fonctionnement contemporain de l'espace urbain, pour bien comprendre le sens subjectivement visé de certaines formes de mobilités urbaines, il faut avoir cette imagination-là: une ville constituée de lieux qui matérialisent des régimes comportementaux, des lieux physiquement ou logiquement disjoints et qui permettent à l'habitant de se distancier par rapport à des traits constitutifs du Moi: de les objectiver.

5.1. Enkystement

Ainsi, la manière dont vous fragmentez votre ville, la manière dont vous associez ces fragments à des morceaux d'histoires, des bouts de mémoires, des miettes d'imaginaires, peut collaborer à une «déhiérarchisation» du Moi, comme il dira. Par «déhiérarchisation», il entendra, dans son langage qui n'est en aucun cas le vôtre, un mode d'agir caractérisé par l'adoption de schèmes possiblement contradictoires, de prises de rôles non congruentes, de modes de comportement hétérogènes. Cette déhiérarchisation est autorisée parce que vous associez durablement un ensemble d'actes à un territoire donné.

Vous êtes en train d'accomplir une mise en récit de votre ville. Vous parlez *«des lieux où vous aimez bien aller»*. Des lieux où *«vous vous sentez bien»*. Vous évoquez vos pratiques de ville. Et des lieux têtus émergent. Des lieux déstabilisants puisqu'ils sont *«un peu débauche»* (Antoine). Mais ce pouvoir de déstabilisation semble canalisé par le fait que le mode d'action qui y est relatif est *«sans lendemain»* – pour la raison même que ce mode comportemental y est *inscrit*, c'est-à-dire localisé. Du plus anodin (vous ne voulez pas mêler *«passion»* et *«travail»*: *«C'est pas forcément des choses qui sont énormément mélangées. En fait ma vie musicale qui est ma passion n'est pas vraiment mélangée avec mon travail. Même si j'ai l'occasion de… de discuter avec des gens qui sont dans le médical au chœur ou qui sont dans le musical au médical. Mais… Mais c'est vrai que c'est pas quelque chose que je mélange parce qu'en fait, la musique, c'est la passion et le médical, c'est une passion, mais c'est un travail»* [François]), au plus tendancieux (vous discriminez deux univers moraux: *«Alors que moi, pour le moment, je préfère segmenter. C'est deux vies qui sont totalement différentes»* [Luis]), un processus d'enkystement territorial s'accomplit dans vos récits de ville. *«Donc c'est plus une question de retrouver des ambiances typées, quoi. C'est dommage quelles soient aussi typées parce que c'est un peu bizarre, j'ai pas l'habitude de ce type de… De lieux. Mais ouais, curiosité. Ouais, les Anglais, les… Friqués, les Moins-friqués… enfin passer… C'est vrai que c'est intéressant»* (Yves). Un fragment de ville englobe et confine une manière de faire: *«Un soir à l'Usine, un soir à la Demi Lune. Enfin, je m'habille pas de la même façon, par exemple. C'est ça. [Silence] J'ai pas de lieu fixe si tu veux où je me pose. C'est un espace de divertissement, c'est comme un spectacle en fait»* (Yves). Ce procédé est évident, sans l'être. Alors, vous vous justifiez. *«Il y a certains lieux qui sont plus propices que d'autres à certaines activités»* (Yves).

Ainsi, vos paroles produisent une combinaison qui vous permet de vous décharger d'une partie de votre mémoire, de niveler vos schèmes de perceptions, vos schèmes d'actions. Une interface qui permet à votre corps de libérer de l'espace mémoire, de travailler sur une sorte de mémoire vive, de vous déplacer en suivant le cours d'activités contradictoires, mais qui restent totalisées dans une forme physique et existentielle: votre ville, votre *«façon de se répartir l'espace»* (Yves). Vous cheminez. Vous accomplissez un récit de ville. Vous inscrivez votre ville dans une multitude d'*espaces* relevant d'autres Nous (les musiciens, les praticiens du paramédical, les hétérosexuels, les homosexuels, les banlieusards, les fonctionnaires internationaux, les voyous, les putains, les voyeurs, les snobs, les bohèmes, etc., etc.), qui ne se mêlent pas ni ne se subordonnent, mais s'articulent. Parce qu'ici vous «oubliez» ce qui se joue là-bas ou parce que vous travaillez vos discours pour faire en sorte qu'ici est un peu comme là-bas.

Mais ces façons de dire qui oublient en cours de route (enkystement) ne sont-elles pas la conséquence d'un effort de mémoire? Ne sont-elles pas déterminées par le fait que, interrogé aujourd'hui sur vos pratiques passées, vous cherchez à vous ressouvenir, à reconstruire une intelligibilité à vos activités en ville? La réponse est: non.

Vous êtes à présent dans la deuxième configuration d'entretien. Vous avez pu préparer vos narrations de trajets. Vous avez vos notes. Vous parlez. Vous êtes sorti de chez vous. Sous les arbres, vous avez longé la plaine de Plainpalais. Vous allez en direction de la place du Cirque. Vous savez où trouvez qui, où trouvez quoi. C'est une première manière d'enkystement:

Fragment 29. Carole.

Je continue en direction de la place du Cirque. En direction, vers la place du Cirque, je marche très vite. Parce que j'approche du Remor, et je sais que je risque de croiser des têtes connues. Si j'en ai pas envie, je passe vite mon chemin. Si j'ai envie de voir quelqu'un ou de lire le journal, je m'arrête au Remor. Et ensuite, je traverse sur le boulevard Georges-Favon, parce que je fais souvent un détour... à la librairie du Rameau d'Or. Pour moi, c'est très important de m'arrêter à la librairie du Rameau d'Or, parce que c'est une de mes librairies favorites. Puis c'est une... un... Je regarde... Je trouve que la ville, s'est énormément appauvrie, il y a de plus en plus... Il reste bientôt plus que des coiffeurs, des marchands de chaussures et des marchands de vêtements. Mais il y a plus vraiment… Alors à moins d'avoir une destination vraiment choisie, on peut plus se laisser prendre par des surprises, au niveau des vitrines. Donc au Rameau d'Or, je regarde les livres. Je me laisse… Souvent, je passe un bon moment devant la vitrine. Je regarde… Ce matin, j'ai vu… des livres de… Giotto qui m'intéressent. J'ai vu un une monographie de Nicolas de Staël… Je pense toujours… C'est un peu un truc que je tiens beaucoup parce que je collectionne un peu tout ce qui a trait à ma date de naissance et puis il s'est suicidé en 1955. Je regarde les titres des livres. Et si j'ai vraiment du temps, je fais un arrêt à la librairie, je vais chercher des livres.

Vous savez qui sera au Remor; alors vous marchez plus vite. Si vous avez envie de voir quelqu'un, vous ralentirez, vous vous arrêterez. Autrement, cela se passe en accéléré. Vous traversez Georges-Favon pour vous abîmer dans la vitrine de la librairie du Rameau d'Or – et de sa petite fantasmagorie égotiste. Vous vous y rendez en sachant ce que vous allez y découvrir, en sachant que ce que vous allez y observer vous surprendra, dans une forme d'énonciation paradoxale qui confirme l'enkystement onirique: *«à moins d'avoir une destination vraiment choisie, on peut plus se laisser prendre par des surprises, au niveau des vitrines»*. Il y a donc dans votre ville un lieu précis où vous savez devoir aller pour «éprouver» un certain sentiment. En fait, il y a dans votre ville *plusieurs lieux précis* où vous savez devoir aller pour «éprouver» un certain sentiment, puisque plus loin, par exemple: *«Il y a les égouts qui se déversent par endroits. Donc…* [Silence] *C'est une chose que j'aime bien, parce que tout à coup, je retrouve une ambiance qui me rappelle d'autres villes ou qui… Qui existe plus du tout par exemple au centre de la ville à Genève»* (Carole).

Il s'agit ainsi d'un autre lieu de Genève où vous aimez vous rendre. Un endroit vers lequel vous mènent fréquemment vos parcours. Cet endroit, le long du Rhône, relève de la même catégorie de lieux que la vitrine du Rameau d'Or. Vous savez devoir y aller pour *«vous laisser prendre par des surprises»*, par les méandres d'un voyage imaginaire frappé de nostalgie. Vous accomplissez votre narration de trajet, en mobilisant une mémoire anticipée. Votre trajet est finalisé. Il doit mener de chez vous à un café au bord de l'eau. Il s'agit d'un déplacement d'agrément dont la motivation est celle de prendre une consommation dans un endroit agréable. Une enquête par sondage enregistrait cet aspect de surface. Mais ce trajet paraît finalisé par d'autres «motifs». C'est un déplacement vers un «imaginaire» territorialisé. Un déplacement vers une mémoire enkystée qui vous permet d'aller au-delà.

5.2. Réduction de la dissonance

Chemin faisant, vous «oubliez» certaines de vos pratiques. Vous savez néanmoins où les retrouver et il vous arrive de loin en loin d'y retourner délibérément pour vous laisser surprendre. Mais ce qu'il appellera un processus d'enkystement territorial est une *possibilité* offerte par votre ville «en arbre», non une *implication*. Parfois, vous recherchez un plus petit commun dénominateur entre les différentes arborescences de votre ville. Parfois, elles correspondent à une même personnalité collective (ce sont tous les espaces de la diaspora anglo-saxonne; tous les espaces de la communauté homosexuelle, etc.).

Ces possibilités alternatives se manifestent, par exemple, quand il vous demande de parler des gens que vous rencontrez dans les endroits représentés sur votre carte mentale. Vous réfléchissez. Vous construisez une réponse, et vous commencez à énoncer un principe unificateur: votre ville est constituée surtout de *«gens qui me sont très proches, justement où je me sens en confiance»* (Françoise). Ce principe vous servira ultérieurement alors qu'il vous faudra évoquer «les endroits que vous aimez bien dans la ville» ainsi que «des aménités de votre quartier». Vous mobiliserez alors un *«espace intime»* où il est possible de *«croiser des gens qu'on* connaît»: *«Enfin, je sais pas comment expliquer. Ça garde un côté humain en fait. Donc ça j'aime bien. Le quartier dans lequel j'habite, j'aime bien parce qu'il y a vraiment encore une notion de quartier. Et puis, il y a pas de grandes rues qui séparent... On peut être à pied, on a vraiment l'impression d'être en ville. Donc ça crée de nouveau un espace intime»* (Françoise); *«Là c'est sympa parce qu'il y a des petits magasins, des petites choses. On peut se promener, on peut se balader à pied et puis croiser des gens qu'on connaît, s'arrêter, boire un verre, etc.»* (Françoise).

Vos espaces manifestent un même attrait pour l'authentique *(«un côté humain»)* d'une vie de quartier *(«on a vraiment l'impression d'être en ville»)*. De même, vous évoquez vos espaces de sociabilité. Il vous demande, à propos de L'Usine, *«le type de personnes qu'on pourrait y croiser, y rencontrer, ou bien y voir»*. Le caractère candide de sa question vous contraint à l'exclamative *(«Eh bien!»)*, tant il vous semble évident que l'espace en question mobilise une identité confirmative, qui témoigne d'un Je stable, qui pratique des lieux congruents: *«Eh bien! des gens qui me ressemblent. Des gens que je vois aussi sur mon lieu de travail, qui vont... qui sortent aussi voir de la musique. Souvent les mêmes»* (Floriane).

Les arborescences de votre ville sont composées de lieux où vous pouvez croiser des *«gens qui vous ressemblent»*, *«souvent les mêmes»*, des personnes que vous voyez *«aussi* sur [votre] *lieu de travail»*. Vous ne discriminez pas espaces professionnel et privé. Vous tâchez de faire correspondre votre ville avec une définition de vous, pour qu'elle vous corresponde: *«L'espace alternatif, c'est là que je vais en général, parce qu'ailleurs, c'est trop cher.* [...] *Et ça me correspond pas tellement.* [...] *Puis en fait, dans le milieu alternatif, c'est quand même là que vont mes amis ou que... Où j'ai le plus de chances de rencontrer du monde, en fait»* (Frédérique).

L'adéquation des espaces qui composent votre ville avec la manière dont vous vous percevez est telle qu'elle vous paraît naturelle. Vous parlez sur le mode de l'évidence. Les endroits où vous pouvez *«voir du monde»* sont les endroits où vous rencontrez *«des gens qui vous ressemblent»*. Votre ville a une cohérence, dont le principe est fourni par cette homologie entre la façon dont vous vous définissez et la façon dont vous vous *«répartissez votre espace»* (Yves).

Parfois, cette adéquation est moins certaine. Vous cherchez un élément susceptible de caractériser les divers sous-espaces de votre espace de vie. Vous parlez. Vous vous justifiez. Vous faites émerger un plus petit commun dénominateur qui organise la diversité de vos lieux de sociabilités: *«Ce sont des lieux variés pour des états d'humeur variés et changeants, quoi.* [Silence] *Sans oublier aussi que ces lieux implicitement sont aussi... comme je suis célibataire... sont aussi des territoires de chasse.* [Silence] *Donc, c'est vrai que si je me tiens à un certain type de femme, je sais que je peux rencontrer ce type de femme ici au Deuxième bureau ou alors peut-être aux Pâquis ou alors à L'Usine»* (Lionel).

Donc: vous vous exclamez *(«Eh bien!»)*. Vous recourez à la forme déclarative *(«Donc, c'est vrai que...»)*. Vous êtes ici très expressif. Mais parfois cette recherche d'un plus petit commun dénominateur demeure silencieuse: elle s'inscrit dans le déroulement de l'entretien, et ne peut être identifiée que dans la manière dont vous énoncez votre ville. En ce sens elle relève d'un travail de *réduction de la dissonance*. La personne qui cherche vous écoute. Elle vous enregistre et vous écoute à nouveau. Cette répétition fait apparaître la proposition implicite d'un élément générique d'identification des différents territoires que vous pratiquez (Extrait 3).

Vous représentez graphiquement votre espace de vie. Puis vous parlez de votre ville. Vous vous appelez Agnès, votre territoire urbain se dessine autour de trois pôles. L'endroit où vous habitez, celui où vous travaillez, celui où vous assumez un mandat politique. Si les deux premiers pôles offrent une certaine pratique du quartier (certes peu intense), vous précisez par deux fois que votre usage de la Vieille Ville se limite *«aux bâtiments officiels»*: *«Maintenant, tout ce qui est Vieille Ville...* [Silence] *c'est que des bâtiments officiels... C'est jamais un espace de détente, parce que j'y vais pas tellement pour me balader où comme ça. Et c'est: espace politique»*; *«Du coup, là, en Vieille Ville, c'est des espaces bien particuliers en fait. C'est l'Hôtel de Ville. Et puis le Palais Eynard. Et c'est tout en fait»*.

Extrait 3. Une réduction de la dissonance cognitive (Agnès).

Séquence 1

Donc pour commencer, je te demanderai de faire un petit schéma de ta ville. C'est-à-dire les espaces que tu fréquentes plus ou moins régulièrement. Une carte mentale.

De ma ville?

Hum hum.

Alors... Il me semble que ça va être un peu horrible, hein. Là, il y a les Pâquis... [Silence, elle dessine] Parce que j'y habite. [Silence, elle dessine] Bon je peux... Je le fais en très gros, hein...

Ouais ouais.

Là, il y a Lancy... Parce que j'y travaille. [Silence, elle dessine] Heu... Là, il y aura... Enfin, il y aura la Vieille Ville, parce que comme j'ai un mandat politique j'y suis souvent. Et puis... [Silence, elle dessine] Et puis c'est tout... [Silence] Ça serait comme ça. [Rire] Ouais, là il y a la Plaine, comme ça. Parce que je la traverse tous les jours.

Séquence 2

D'accord. Alors maintenant, si on devait attribuer une fonction à chacun de ces espaces? Qu'est-ce que tu y fais, quoi?

D'accord. Alors là [Pâquis], j'y vis... hop. Là [Lancy], j'y travaille. Et là [Vieille Ville], on va dire j'y milite. [Rire] Je milite dans la Vieille Ville. Et puis là [Plainpalais], je roule.

Séquence 3

Maintenant, pour incarner un peu plus ce territoire, si on passait à sa description. Alors si je te demandais de décrire chacun de ces lieux. Même si la consigne est vague. Elle est délibérément vague. Comment tu les décrirais?

Hum... Alors pour les Pâquis, je dirais... [silence] Donc des adjectifs?

Les décrire.

Hum hum. Je dirais que c'est plutôt mon immeuble. [Rire] C'est mon immeuble. Et puis... [Silence] J'ai pas tellement ma vie sociale aux Pâquis. Je l'ai dans mon appartement, mais je sors pas tellement. Bon peut-être des fois je vais au... Comment ça s'appelle? Aux Temps Modernes ou... Mais comment ça s'appelle, l'autre endroit qui est plus bas, vers la...

L'Apophtegme?

L'Apophtegme, ouais. C'est un peu les seuls endroits que je fréquente. Mais en gros ce que je fréquente le plus, c'est quand même mon appartement. Donc mon immeuble. Et puis la Migros. [Rire] Puis ça, c'est plutôt un espace de détente. Maintenant, tout ce qui est Vieille Ville... [Silence] C'est que des bâtiments officiels. C'est jamais un espace de détente, parce que j'y vais pas tellement pour me balader où comme ça. Et c'est: espace politique.

Hum hum.

Lancy... [Silence] c'est mon bureau. J'ai des copines qui y habitent aussi. [Silence] Et puis, de nouveau la Migros, parce que comme je bosse beaucoup, souvent je dois aller faire mes courses à la Migros. Mais c'est pas du tout un endroit où je vais en dehors de mon travail. Et puis c'est... C'est très industriel. C'est tout gris. C'est... C'est plein de cafés et de cigarettes. Ça c'est Lancy. Je travaille beaucoup, hein. Ça explique aussi pourquoi. Parce que souvent... Admettons je vais partir de la maison, ça sera neuf heures et demie du matin et je vais rentrer, à part le week-end, mais à peu près tous les jours de la semaine, je pars à neuf heures et demi, et je rentre vers les onze heures et demi, minuit du soir. Ça explique aussi pourquoi mon espace, il est comme ça. Et puis dans cet espace de Lancy, là où je travaille, je peux y passer douze, treize, quatorze heures. D'affilées. Je sors jamais pour faire des pauses à midi. Donc c'est vraiment tout dans le travail.

Donc toujours pour essayer de... de décrire ces espaces, on prend par un autre bout et on se demande quels sont les gens qu'on peut y rencontrer? Qui pourraient les caractériser... les identifier... ces lieux?

Hum... Ben c'est assez facile en fait. A Lancy, les personnes qui caractérisent Lancy, c'est tous mes collègues de travail.

Hum hum.

Et puis... Parce qu'en fait, il y a deux personnes que je connais qui habitent à Lancy, mais... Mais j'y vais très rarement, chez eux. On se voit plutôt en dehors. Donc c'est vraiment quelque chose qui est lié au travail et puis... Donc c'est plutôt mes collègues de travail. Là, dans la Vieille Ville, c'est... Ce qui le caractérise, c'est que des personnes politiques. C'est des personnes avec lesquelles je siège... Du coup... là... en Vieille Ville, c'est des espaces bien particuliers en fait.

Hum hum.

Et puis... Et puis aux Pâquis, c'est plutôt... [Silence] Ben... [Silence] un peu les gens dans l'immeuble. Et puis... style Franck et puis Richard que je connais quand même bien. Et puis sinon, c'est mes amis qui viennent me rendre visite.

Séquence 4

On s'éloigne un peu de cette carte et on essaye de... à la limite de la compléter, mais de façon orale, hein... si je te demandais de ma parler des... des espaces où des lieux dans la ville où tu retournes plus ou moins régulièrement mais qui ne justifient pas d'être pour autant sur une carte mentale et où tu aimes à aller?

Aux Bains des Pâquis. J'aime bien aller.

Tu peux décrire l'ambiance?

Ouais, j'aime bien y aller tout le temps en fait. Bon j'y vais pas non plus beaucoup. J'y vais plus en été mais... Ben parce que je m'y baigne, je rencontre mes amis... Si c'est par exemple le vendredi, le jour où je travaille pas, peut-être j'y passe l'après-midi, où comme ça. Donc... Ouais, les bains des Pâquis. C'est une ambiance détendue, un peu pseudo vacances. Maintenant, un autre endroit où j'aime bien aller? [Silence] J'aime bien aller aux Grottes.

Hum hum.

Mais c'est dans un magasin, c'est dans une librairie [la Trocante à l'Ilot 13].

Hum hum. Parle-moi de ces endroits s'il te plaît.

Ça aussi, c'est un peu détente, je fais... Enfin... Je fouille un peu à droite à gauche dans les livres... C'est un peu du temps pour moi. C'est... c'est un peu un plaisir, comme ça. Sinon... [Long silence] Sinon, je crois que c'est tout.

Mais si on s'intéresse seulement aux ambiances de tous ces lieux... Comment tu les perçois? Il y a une continuité?

Ben quelque part, il y a une continuité, parce que ça fait partie de ma vie, puis c'est... Les espaces, c'est moi qui les ai choisis. Mais en même temps, ils sont assez antagonistes. Parce que quand je... Bon, même si j'adore mon travail, je m'entends bien avec mes collègues, etc. Je veux dire, quand je suis au travail, je suis au travail. Je suis pas là pour... Enfin, ça c'est aussi la façon que moi j'ai de fonctionner. Mais... J'arrive peut-être tard, mais une fois que je commence à travailler, je travaille... Je travaille de manière intensive. Par exemple je vais... Je vais pas... Il y a pas tellement de côté ludique dans mon travail. Mais comme je m'entends bien avec les personnes avec lesquels je travaille alors on... Je veux dire, il y a une bonne ambiance. On peut rire... ça me fait vraiment plaisir d'y aller, je subis pas les réunions le soir, je suis contente d'avoir une réunion, de savoir qu'on va débattre et tout, mais... C'est quand même empreint de rigueur. Enfin, c'est... Même si c'est une réunion et puis peut-être j'aurais rigolé comme ça, je veux dire, c'est quand même du boulot.

Hum hum.

Si je suis fatiguée, je me dit pas: «Oh ! non, je vais rentrer, et puis tant pis, il la feront sans moi». Donc ça a quand même ce côté un peu contraignant et puis... Et puis quand même... Ouais de... Lié au travail. C'est quand même mon activité professionnelle. La Vieille Ville ça a aussi un côté ludique mais disons que la différence dans ces deux lieux – Lancy et Vieille Ville – c'est des lieux où je vais me fatiguer. Dans le sens où je vais finir des réunions tard le soir. Peut-être j'aurais plutôt envie de rentrer à la maison et puis de prendre un bain, mais je vais quand même y rester. Alors, c'est des lieux que j'ai choisis, avec des personnes... pas toutes, mais surtout là en Vieille Ville... Je les ai pas toutes choisies mais... Enfin, je m'entends quand même bien, j'ai du plaisir à y aller... Je vois un but de ma présence là-bas. Donc... Puis bon, ça fait quand même intimement partie du reste. Et de mon travail, et de ma vie plus privée. Mais quelque part, ça a quand même ce côté... Tu as un travail où tu as un mandat et puis, ben si t'es fatiguée, si t'as envie de faire autres choses... Si il y a, je sais pas, s'il y avait un super concert, tu y... Moi je vais pas y aller. Si j'ai une séance en... politique et ben... [Silence] [...] Donc ça a ce côté un peu d'obligation et puis il y a des fois où je suis super crevée parce que... Genre ben là aujourd'hui, j'en avais une puis c'est mon jour de congé... C'est clair, moi ça me tanne. Surtout en hiver, de devoir ressortir à cinq heures pour devoir aller en réunion. Bon. Mais je le fais quand même. Donc ça a ce côté quand même d'obligation à quelque part, que je me pose moi. Alors que le reste, les trois autres lieux, genre les Bains ou cette librairie où j'aime bien aller ou dans ma maison, il y a pas... Il y a pas ça, je veux dire. Je vais aux Bains, parce que j'ai envie d'aller aux Bains. Où si je suis fatiguée et je préfère faire une sieste plutôt que d'aller aux Bains. Tandis que si je suis fatiguée et puis je veux faire une sieste plutôt que d'aller au travail, je vais au travail, je fais pas une sieste. [Rire] Peut-être j'arriverai un peu en retard, mais je reste pas à me faire des siestes. Donc c'est quand même antinomique dans le sens où là, dans ces deux lieux, il y a quand même une obligation quelque part.

Séquence 5

Donc continuons à parler de l'espace des loisirs. Si je te demande maintenant de me parler des lieux où tu peux rencontrer du monde. Des lieux de sociabilités, des espaces publics au sens physique, où on entre on sort... Est-ce que c'est des réseaux?

Moi je dirais que mes lieux ludiques, ils fonctionnent en réseau... Mais bon, aussi c'est un peu en train d'évoluer parce que maintenant, je suis plus vieille donc la vie sociale elle est aussi différente. C'est-à-dire que maintenant, avec mes amis, on a moins envie... Parfois on va dans des fêtes ou alors dans des lieux publics où il y aura beaucoup de monde mais... Mais, en tous cas moi, je me rends compte que si je rentre hyper tard le soir, je suis morte. Donc déjà, je sors plus du tout la semaine. Mais bon, la semaine, je rentre toujours tard parce que j'ai des réunions, mais je sors plus. Et c'est à peu près le cas pour tout le monde. Et puis si des fois on se voit vers les onze heures en semaine, on est tous un peu mort. Donc on commence à plus le faire. Et puis maintenant ce qu'on fait les week-ends... Bon, on se voit entre nous, alors on peut se voir chez les uns, chez les autres. Alors là, il peut y avoir des fois de nouvelle personnes. Mais... Ouais, je peux avoir des amis d'amis. Par exemple Manon, c'était une amie d'un ami. Mais, il y a des fois des fêtes dans lesquelles on va puis peut-être ça va être... Mais ça va être des fêtes particulières. On va plus dans des fêtes au Palladium. On va plus... Je sais plus. On sort pas tellement pour aller danser en discothèque. On ira peut-être plutôt dans les fêtes de squat, ou à La Chocolaterie ou aux Bains ou des fois à l'Usine, mais on y va quasiment plus à l'Usine. Et puis, ouais ou des choses qu'il y a à la Jonction. Mais peut-être on commence aussi à avoir plus le côté un peu tranquille, quoi. C'est-à-dire que peut-être si on sort, on va peut-être sortir puis on va aller manger au resto, et puis après peut-être on ira boire des verres même si le but souvent, c'est qu'on parle entre nous... vachement social... on va pas aller au Deuxième bureau, parce qu'on va pas s'entendre. Je dis pas qu'on va aller dans un salon de thé, mais c'est vrai que... Ouais, on va... Ça va changer. Mais aussi parce que notre pouvoir d'achat, il a changé. Donc maintenant, on peut plus se permettre d'aller dans un endroit où on dépense de l'argent. Tandis qu'avant, beaucoup moins. Donc peut-être maintenant, on fera plus de choses qui sont... Puis bon, on a tous nos apparts. Alors, on ira plus volontiers, vu qu'on a tous nos apparts, les uns chez les autres. Comme on a de l'argent on pourra aussi genre aller à l'extérieur pour boire des verres. Puis en même temps on a plus tellement envie... Alors en été, il y a plein de fêtes à Genève qui sont dehors, donc là on les fréquente assez. Mais en hiver, pas trop. On va des fois au théâtre du Loup, comme ça, tu vois. Mais aussi parce que... Ouais on est un peu en train de vieillir.

Séquence 6

Je te demanderai de tirer de cette liste des quartiers que tu trouves agréables. Et après je te demanderai de dire pourquoi tu les trouves agréables.

Agréable? Mais pour y vivre? Pour faire quoi?

On prend agréable au terme vague et puis après on le définit pour chacun des quartiers listés?

D'accord. Mais genre où moi je peux m'imaginer vivre?

Par exemple.

[Elle liste et commente:] Vieille Ville, c'est charmant et tout mais est-ce que j'aimerais y vivre? Je sais pas. Bon mais... Tu sais si tu as un super appart en Vieille Ville, tu dis pas non en même temps. Mais, j'aurais pas ma vie sociale là-bas. Mais bon, il y a de ces apparts. Ils sont tellement beaux dans la Grand-Rue. On dirait pas non. Mais est-ce que c'est agréable? Je suis pas sûre que ce soit agréable. Il y a pas un arbre... Non pas agréable. Le Centre? De nouveau, si tu as un superbe appart. Mais bon ça c'est des zones qui se vident le Centre. Le dimanche, tu sors de là, tu as envie de te suicider. Champel? J'aime pas du tout.

A nouveau cette liste des quartiers urbains. Tu leur adjoints une idée, un qualificatif, un comportement-type qui pourrait être supporté par ce type d'espace.

D'accord. Vieille Ville pour moi je dirais politique. Mais de manière générale, je dirais quand même c'est un quartier bourgeois. ■

Vous insistez. Mais, il n'y a rien à conclure de cette insistance, sinon que vous trouvez nécessaire de circonstancier votre pratique de la ville haute. Il continue de vous écouter. Il regarde votre carte mentale. Votre ville est abstraite et famélique. Vous prétextez beaucoup travailler *(«jusqu'à treize heures par jour»).* Puis vous complétez votre espace. D'abord, par l'ajout de quelques lieux où vous vous rendez ponctuellement, mais qui demeurent dans votre espace-temps quotidien (L'Apophtegme, les Bains des Pâquis, La Trocante). Puis, par des lieux où vous êtes susceptible d'aller lorsque vous *«sortez»* (Le Deuxième Bureau, la Chocolaterie, L'Usine, Les Temps Modernes, Le Théâtre du Loup, les squats). Enfin, un axe: *«obligation-astreinte» vs. «non obligatoire-ludique»* vient informer votre ville.

Vous accomplissez le récit de votre ville. Selon le schéma usuel, vous banalisez d'abord votre espace puis vous l'enrichissez. Votre ville s'ouvre. Trois pôles, puis graduellement les lieux où il vous arrive de sortir. Alors il insiste. Il vous demande de parler *«des lieux où* [vous] *p*[ouvez] *rencontrer du monde* [...] *Des lieux de sociabilité, des espaces publics au sens physique, où on entre, on sort»*; il vous demande comment s'articulent ces lieux, s'*«ils fonctionnent en réseau?»* (Extrait 3). Vous parlez. Vous vous emparez du mot *réseau* pour identifier ces lieux de sociabilité comme relevant d'une logique de groupe. C'est l'espace d'une bande de copains et copines *(«entre nous»).* Ainsi, tous les lieux que vous mentionnerez sont des lieux empreints d'une sensibilité que vous définirez par la suite, dans la qualification des quartiers, comme *«populo-branchée».* A bien vous écouter, un double principe assure donc la cohérence de l'espace que vous caractérisez comme relavant du *«non obligatoire-ludique».* Ce double principe réside premièrement dans ce que cet espace est groupal; deuxièmement (la réappropriation du vocable *réseau* vous permet de glisser du Je aux On et Nous) dans ce qu'il manifeste une même sensibilité, un même imaginaire.

Vous poursuivez. Vous énoncez votre ville. Vous évoquez les «quartiers» que vous trouvez agréables. Puis il vous demande d'associer un terme à ces «quartiers». Il vous écoute attentivement. Il remarque que ces «quartiers» que vous aimez bien sont consonants en termes d'identité, quand on s'avise à les croiser avec votre grille d'associations. Vous formulez en effet les couples suivants: Saint-Gervais: populaire; Grottes: branché, migrants; Pâquis-Navigation: sympa; La Cluse-Philosophes: branché, mélangé; La Jonction: mélangé en classes d'âges, populo-branché; Plainpalais: populo-branché. Il vous écoute. Il pense à la ville gentrifiée d'une bourgeoise un peu bohème. Mais vous n'en savez rien. Votre travail discursif se poursuit. Vous n'en avez pas fini de construire, chemin faisant, une cohérence à vos parcours, à votre ville. C'est un aparté conclusif, alors que vous réfléchissez au caractère agréable de la Vieille Ville, qui permet à l'«observateur» de «saturer» son modèle, comme il dit. Vous parlez: *«Vieille Ville, c'est charmant et tout mais est-ce que j'aimerais y vivre? Je sais pas. Bon si tu as un super appart en Vieille Ville... Tu dis pas non en même temps. Mais, j'aurais pas ma vie sociale là-bas. Mais bon, il y a de ces apparts. Ils sont tellement beaux dans la Grand-Rue. On dirait pas: Non. Mais est-ce que c'est agréable? Je suis pas sûre que ce soit agréable. Il y a pas un arbre... Non pas agréable»*.

Toutes les procédures discursives de territorialisation que vous avez mobilisées jusqu'alors relevaient d'une démarche, plus ou moins manifeste, d'homogénéisation des espaces constitutifs de votre ville. Des espaces caractérisés comme *«populaire»* et/ou *«branché»*. Il vous écoute encore. L'insistance mise sur la longueur de vos journées de travail traduit une certaine propension à se présenter comme la «femme active d'aujourd'hui» (côté branché). Vous évoquez, en permanence, vos combats politiques, l'orientation sociale de votre parti (côté populaire). Il vous est difficile de définir ce qui fait qu'un lieu est agréable ou non. Mais il est important que vous rappeliez par deux fois que vous ne faites qu'y militer. Il semble évident que votre position dans l'espace urbain manifeste une certaine identité – et que la Vieille Ville, *«quand même, c'est un quartier bourgeois»*: *«Vieille Ville pour moi je dirais politique. Mais de manière générale, je dirais quand même, c'est un quartier bourgeois»*.

La Vieille Ville, *«quand même, c'est un quartier bourgeois»*. Et c'est pourquoi elle se constitue comme un problème. Il y a de *«superbes appartements»*. Mais, vous n'*«aur*[ez] *pas* [votre] *vie sociale là-bas»*. Vous êtes en passe de résoudre votre conflit cognif. Si vous y habitez sans fréquenter les gens qui y vivent, vous n'êtes pas une bourgeoise. La solution toutefois ne semble pas vous satisfaire. Vous poursuivez. *«Mais est-ce que c'est agréable? Je suis pas sûre que ce soit agréable. Il y a pas un arbre. Non! pas agréable»* finissez-vous par conclure. Tous vos espaces sont alors ceux qui attestent d'une sensibilité *«populo-branché[e]»*, et les espaces contradictoires ne sont pas enkystés mais travaillés dans le sens d'une réduction de la dissonance: *«Et là* [Vieille Ville], *on va dire j'y milite»*.

Une fois encore, l'interrogation est légitime. Ce travail de réduction relève-t-il d'un effort de mémoire plutôt que d'un mode de spatialisation de l'identité où la définition de soi précède la territorialisation? Une fois encore, vos façons de dire inclinent en faveur de la seconde proposition. Alors que la possibilité vous est laissée d'anticiper votre narration (Configuration 2), vous tentez parfois de produire un continuum à partir d'un espace que vous avez caractérisé préalablement comme discontinu (*«Et en outre pour moi ça a un caractère extrême-*

ment poétique ce trajet. C'est-à-dire que je traverse des univers qui sont totalement différents, et que j'apprécie tous pas mal» [Arno]). Votre itinéraire est bref, une vingtaine de minutes pas plus. A vous écouter attentivement, il est possible d'établir que vous traversez neuf ambiances différentes. Mais il y a un *«climat général»* (Arno) qui résulte du fait qu'*«il n'y a pas des différences énormes»*, dites-vous. Mais vous réfléchissez. Vous aviez dit que cet itinéraire vous donnait l'impression de *«microcosmes»* et vous prétendez à présent qu'ils reflètent un *«climat général»* lié à une unité temporelle. Vous balancez entre deux cognitions, vous cherchez ce qui pourrait rétablir la pertinence de cette idée de *«microcosmes»*, alors vous vous ressouvenez: *«Donc à part des petites exceptions, il est dans ces années-là. Ah non! Non non, il me revient une chose. Quand même quand on est… Quand on est dans le quartier des Charmilles et puis la rue de la Poterie, on a quand même une dominante un peu plus récente, dans les… dans les immeubles. Et notamment, il y a ces immeubles qui sont formidables, un peu jaunâtre, de… de la rue de la Poterie, ceux-ci… Ben il sont soit juste avant la Deuxième Guerre mondiale, soit juste après. Enfin, je saurais pas exactement les situer, mais ils sont là autour et puis ils donnent… Y z'ont un caractère qu'on retrouve pas côté Jonction, Plainpalais. Ça c'est vrai»* (Arno). Vous réfléchissez. Vous cherchez une justification physique à la permanence d'une identité de parcours à un trajet que vous aviez annoncé comme fragmenté. En fin de compte, vous allez trouver votre argument dans la forme de la rue, dans la disposition des bâtiments (*«Mais comme au niveau des gabarits généraux et puis de la typologie de la rue, on est quand même dans quelque chose de très analogue, qu'on soit dans la zone Plainpalais, Jonction, puis dans la zone Charmilles. Je ressens le tout comme une unité»* [Arno]) pour démontrer que ça change, sans changer. Bien entendu, il n'est pas explicitement question ici de définition de soi. En ce sens vous différez d'Agnès. Votre façon de dire montre néanmoins la manière dont une conscience travaille parfois à résoudre des problèmes de discontinuités spatiales, de passages d'une ambiance à une autre sans ressentir un trouble insidieux, et anthropologique, celui de la transition.

Votre ville est en «arbre». Elle est constituée d'espaces et de sous-espaces que vous organisez, hiérarchisez, le long d'axes de classement. Cette structure vous permet de confiner certains de vos comportements ou de les reconnaître comme part légitime dans une mise à distance. Il vous arrive aussi de chercher leur plus petit élément d'identification afin de rendre congruents les lieux de votre géographie personnelle. Vous recourez à des procédures de territorialisation de l'identité.

*

Il vous a contacté pour que vous lui parliez de vos pratiques de ville. Vous ne saviez pas de quoi il s'agissait. Vous avez commencé par dire que vous faisiez ce qu'il vous semblait que tout le monde faisait. Mais en parlant votre vie se précise et une géographie plus personnelle se manifeste. Vous focalisez bientôt sur ce qui est sans finalité dans votre ville, les espaces d'une flânerie esthétique où des idées vous viennent dans la tête, les lieux dotés d'un sens particulier vers lesquels vous retournez intentionnellement pour ressentir, éprouver un *«magnétisme»* (Philip), une idée. Mais ce processus n'est pas lié à un effet de mémoire. Lorsque vous accomplissez des narrations de trajets (Configuration 2) ou des commentaires de parcours (Configuration 3), c'est chemin disant, alors que vous passez et repassez aux mêmes endroits qu'un savoir expérientiel est progressivement réactivé et que l'espace de votre ville se dote d'une épaisseur existentielle comparable aux *«vides»* planaires de votre cartographie mentale.

Les configurations 2 et 3 permettent encore de dégager une technique dans votre manière de procéder. Elle consiste à chercher le détail qui décale; un détail qu'il est possible de rapporter à un ailleurs consécutivement à un resserrement de focal qui le soustrait à son environnement immédiat. Vous commencez alors à pénétrer une outre-ville qui n'est ni imaginaire ni réelle, mais une porte dérobée vers une mémoire à la fois personnelle et collective.

Cette technique mobilise encore une propension à extérioriser votre mémoire, c'est-à-dire la déposer dans des objets externes et à la réactiver, «au passage». Mais alors vous ne faites pas que réintérioriser votre mémoire personnelle. Vous absorbez une mémoire collective. Celle déposée dans les lieux, celle qui vous est soufflée par les plaques professionnelles apposées sur les bâtiments, les indications commémoratives, sur les immeubles illustres. Quand *«on* [vous] *rappelle certains événements»* (Fabienne). C'est ainsi que votre ville se construit comme un espace de mises en scène, qui mobilise un espace des figurations. Le dépôt d'émotions dans des fragments urbains a produit des pleins à valeurs cardinales. De loin en loin, vous y revenez pour retrouver ces émotions ou mesurer un écart («j'ai changé, je ne ressens plus rien ici»). La socialisation de la mémoire a occasionné l'invention de types urbains, que parfois, vous *«vo*[yez] [...] *en costumes»*. Il arrive, ainsi, parfois, que vous retourniez vers ces lieux pour jouer une fois encore parmi les figures sociales du Voyou et du Voyeur, ou éprouver la tension de deux magnétismes qui s'opposent, l'un ouvert sur le monde, l'autre plus refermé et bourgeois.

De fait, cet espace des figurations, vos mises en scène, s'inscrivent dans des modalités de territorialisation de la personnalité. Il se peut que vous vous territorialisiez de manière inductive, contextuelle et que vous laissiez en suspens une définition arrêtée de votre identité. A l'inverse, il arrive que vous accomplissiez un travail de réduction de la dissonance cognitive afin de rendre votre territoire conforme à l'idée que vous avez de vous.

Chapitre 10

Contre-champ: un commentaire

«La valeur d'une théorie se mesure aussi à sa capacité polémique.»
Alain Roger, *Court traité du paysage*, 1997 (2001): 8.

1. Des «échos» plus que des «reflets»

L'entrée en ville s'effectue sous une forme paradoxale. L'espace est présenté comme homogène et fonctionnel. Il est appréhendé selon des catégorèmes, par définition, stéréotypés (privé/public); organisé selon des schèmes cognitifs binaires (montré/caché). L'habitant semble animé d'un *ethos* de la disparition qui fonctionne comme un mécanisme de protection du Moi. Mais dans le même temps, un certain besoin de distinction affleure – tandis qu'une *libido dominandi* d'un art de la contradiction se réoriente vers des figures plus sophistiquées d'une mise en scène de soi, encouragée à la fois par le sentiment de contrôle de l'entretien que ressent la personne qui parle, et par le regard de la personne qui cherche. Aussi évident que cela paraisse, il faut donc commencer par rappeler que les récits de ville, les narrations de trajets et les commentaires de parcours doivent être reçus conformément à leur statut, celui d'actes de langage qui sont des actes sociaux et interpersonnels. Ces actes mobilisent une dimension à la fois agonique et ludique, mais encore éthique, esthétique, politique.

Ainsi, les ressorts de la diction des faits de ville sont à chercher d'abord dans l'*in situ* de l'entretien, dans la définition de la réalité qui s'élabore entre l'habitant et la personne qui cherche. Ce que disent les poètes à l'état pratique est un co-produit. Il en va de leur volonté de parler comme de la «volonté de savoir» du chercheur, ou plus banalement de ses préjugés, d'un certain «retour du refoulé». Des scories d'une complaisance paternaliste[1] influent parfois le cours des choses dites et des façons de dire. Une condescendance bienveillante *(«hum hum»)* fonde une attitude générale qui, à son tour, définit sans

1 Je m'entends intimer à Catherine: *«si tu pouvais travailler sérieusement»*, comme rattrapé par des semaines de suppléance dans un collège de la banlieue genevoise.

doute une situation scolaire d'entretien. De fait, si l'entretien active, chez l'informateur, certaines dispositions de types scolastiques, il ne s'agit pas seulement d'une essence de la situation d'enquête, ou d'une docilité acquise devant une forme de la réussite scolaire incarnée par la figure sociale du Doctorant (qui est une traduction de celles de l'Instituteur, de l'Enseignant, etc.). L'inconscient corporel et verbal du chercheur inexpérimenté appelle ce comportement. Par ailleurs, cette attitude de condescendance bienveillante est aussi susceptible d'excéder la personne qui parle et la conduire à enfler son récit, sa narration, sa description – ou à l'inverse à l'écourter. L'entrée en ville des poètes à l'état pratique, les phases de construction de cet objet discursif qu'est la ville sont aussi un produit de cette inexpérience et de cette dynamique interactionnelle.

Les actes de discours sont constitués de rapports de pouvoir; de conflits autour de la pertinence des énoncés et de la légitimité sociale de leurs énonciations (Foucault, 1971 [2001]: 38 s.). Les phases d'énonciation de la ville enregistrent ces «conflits». Elles matérialisent d'abord des rapports sociaux en action. Elles sont donc déterminées par l'ampleur du rapprochement des conditions qu'aura su opérer la personne qui cherche. Mais l'homme du dispositif intersubjectif de l'entretien compréhensif comporte encore une part incompressible d'*Homo ludens*. Parler, c'est entrer dans une relation interpersonnelle réglée, normée et normalisée, mais qui peut avoir une part ludique. D'ailleurs, à y regarder de plus près, l'entretien récapitule les quatre modalités du jeu identifiées par R. Caillois (1958 [1991]): l'*alea*, l'*agôn*, la *mimicry*, l'*ilinx*. Il a indubitablement une dimension agoniste qui met les deux protagonistes dans une situation de compétition pour la parole légitime. La personne qui parle livre un simulacre de soi qui est favorisé par le caractère clos, temporaire, conventionnel du dispositif d'entretien. Elle tente des «coups». Elle se laisse porter par l'euphorie de l'autofiction. C'est ainsi que le locuteur prend plaisir à contredire. Contredire la personne qui cherche, mais aussi se contredire. Il faut dire qu'on est comme tout le monde… mais pas précisément. Que l'on fait comme ceci… mais pas toujours («– Juste une chose… la *Terra*… terre inconnue… – *Mais je connais bien, cette terre-là*» [Serge, Fragment 6]). Et surtout pas comme la personne qui cherche tend à l'entendre. La logique agoniste des paroles d'enquête est ainsi auto-productrice d'espaces flous («*Puis après c'est clair que un jour là, un jour là*» [Giovanni]). Par suite, ignorer cette dimension, revient à occulter que les «espaces en creux» qui aèrent la ville sont des tours de langue. Ce qui revient, enfin, à les naturaliser. Après quoi, le chercheur, dupé par sa lecture, les traquera «en dur», dans la «vraie ville».

Enfin, l'«objet de discours» (c'est-à-dire la chose dont on parle et qui fait parler) doit être considéré dans sa dimension symbolique. La chose en question, la ville, n'est pas neutre et sert parfois à parler d'autre chose que d'elle-même. C'est précisément en ce sens qu'elle constitue un *«lieu de mémoire»** (Nora, 1984). Dans la terminologie de P. Nora, les lieux de mémoires désignent ces objets parfois intangibles qui contiennent une mémoire collective, qui se posent comme un *«instrument d'intelligibilité de l'Histoire»*. Ces objets, qui ne sont pas forcément des lieux géographiques, permettent un enracinement de la mémoire. Le drapeau tricolore véhicule, par exemple, la mémoire du projet républicain, de la triade Liberté, Egalité, Fraternité. Il cristallise donc un savoir, du sens, des affects. Or, la ville, en tant qu'entité métonymique abstraite, fonctionne dans les discours des habitants comme un lieu de mémoire. Elle permet de dire qu'on est d'*ici*, membre d'une communauté, inscrit dans un espace (*«[...] mais pour apporter une précision, c'est vrai que depuis dix ans que je suis à Genève [...]»* [Lionel]). C'est d'ailleurs par cet intermédiaire que l'on rejoint la fonction de reconnaissance, de production du lien social, de l'entretien compréhensif (*supra*: Chapitre 7, sous-section 2.2.3). Ainsi, la neutralisation de sa pratique de ville par l'intermédiaire du plan relève d'une logique paradoxale. Car, s'il s'agit de disparaître, le plan se pose comme un véritable espace du sens commun. Ce que tout le monde a la possibilité de s'approprier à partir de marqueurs simples, parce que partagés (en l'occurrence: le petit Léman, la Rade, la plaine de Plainpalais, le Salève, le Jura, la Cathédrale). Il permet de s'affirmer comme membre d'un collectif. La chose dont on parle est dotée d'une dimension métaphorique qui conduit à ce que l'habitant est en train de revendiquer se situe peut-être au-delà de la ville et l'urbain.

Ainsi, une dynamique interactionnelle impulse le discours, construit la territorialisation de soi. De fait, l'espace de l'entretien est un espace protéiforme. Il parle toujours d'autres choses que ce dont il est apparemment question. La personne qui cherche peut s'essayer à le construire comme un dispositif intersubjectif, il reste travaillé par une logique agoniste. Ne serait-ce que parce qu'il se pose comme un lieu loin des contraintes matérielles, dont la pratique est limitée dans le temps et obéit à des règles définies *a priori*. Son principe est de reproduire des pratiques. Il faut dire sa ville. On est devant une feuille blanche (Configuration 1). Devant une étendue qu'il s'agit de mettre en forme. On fixe un lieu, puis deux, puis trois. Le premier geste d'appropriation produit un espace monomorphe, parce que fonctionnel. La narration d'un trajet du quotidien doit être accomplie (Configuration 2), la narration du blanc des petits riens – les petits riens sur lesquels il n'y a rien à dire. On va de A à B, coincé dans une enveloppe spatio-temporelle qui est celle du monde professionnel. Le premier geste d'appropriation se replie sur la fonctionnalité de l'espace. Puis la circulation produit un espace différencié. Il faut commenter en temps réel un parcours banal (Configuration 3). On se concentre sur les noms de rues; la végétalisation du tracé; ce qui enfreint la marche. Puis un élément du paysage en rappelle un autre, lointain; la compréhension d'un élément de la rue nécessite que l'on parle de celle d'à-côté. Le parcours s'étale. Le locuteur «perçoit» d'abord ce que tout le monde est en mesure de voir. Puis «chemin faisant», il relève ce que d'autres ne remarquent pas immédiatement parce que participant d'un savoir expérientiel qui lui est propre.

De fait, l'écueil des discours de ville est double. Il s'agit de se prémunir à la fois d'une conception de la parole recueillie selon laquelle elle serait un reflet (au sens où les «mots» se superposeraient aux «choses»), tout en évitant de rétablir une opposition toute scolaire entre discours et pratiques. Les discours recueillis ne sont pas la représentation linguistique du réel. Ils ne sont pas plus distincts ou différents du réel. Les discours recueillis sont de l'ordre de la médiation. Ils ne reflètent pas des pratiques, mais ils en constituent une forme d'objectivation. La médiation n'est pas un filtre autonome, obéissant à la clause durkheimienne d'extériorité des faits sociaux, qui s'interposeraient entre un sujet et le monde (pour caricaturer l'approche par les représentations). Elle n'est pas plus produite de manière interactionnelle entre deux producteurs réunis d'intelligibilité (pour caricaturer l'approche par l'interaction). Elle dépasse dialectiquement l'opposition de l'individuel et du collectif. Elle orchestre la composition du réel et des discours, de l'individuel et du collectif. Les paroles d'entretien ne parlent certainement pas de pratiques effectives de ville, elles sont néanmoins constitutives des pratiques de la ville. Elles permettent d'accéder à un niveau de ces pratiques qui mixte social et personnel. Les paroles d'entretien donnent à voir la manière dont sont instituées ces pratiques de la ville. Les poètes à l'état pratique accomplissent leur entrée en ville. Ils sont en train de fragmenter un espace *a priori* homogène. Ils sont en train d'y ménager des *«vides»*, des scènes ouvertes, des *«lieux de non-sens, comme ces interstices»* (Claude). L'entretien est un espace où l'on s'amuse à se souvenir. Les poètes à l'état pratique parlent. Ils accomplissent des tours de langue. On a affaire à des manières de dire. Mais ces manières de dire sont un objet géographique. Par leur entremise, le chercheur accède à des usages de l'espace. Il peut appréhender la manière dont un sujet s'approprie et habite les lieux, produit des territoires. Il est possible, par leur intermédiaire, de commencer à envisager la relation paysagère contemporaine; et, coextensivement, de la considérer dans ses ressemblances et dissemblances avec la relation paysagère de la fin du XVIIIe siècle. Une fois isolées les logiques relationnelles qui brouillent son matériau, la personne qui cherche est en mesure de dégager des phases d'énonciation de la ville.

2. Les phases d'une appropriation de la ville

Les récits de ville, les narrations de trajets et les descriptions de parcours sont structurées selon des phases d'énonciation qui se posent comme des analogues d'une territorialisation de soi.

2.1. Banalisation

La personne qui parle commence toujours par banaliser son discours. Que ce soit en affirmant qu'elle fait comme tout le monde, que sa ville ne diffère en rien d'une banale structure fonctionnelle monomorphe. Que ce soit en la schématisant à partir de ce qu'elle a de plus collectif: le réseau viaire d'un plan de ville (Luis), le losange «iconoïde» d'une plaine urbaine (Philip), un lac (Serge). Que ce soit, encore, en la narrant sur un tronçon considéré comme banal, celui qui va de chez-soi au travail. Que ce soit, enfin, en recourant à une typisation dont les opérateurs consistent principalement en une vulgate anti-urbaine (*«Alors ces quais?* [Silence] *D'une façon générale moi la ville je trouve qu'il y a trop de bagnoles et puis euh...»* [Alain]) tandis que vous accomplissez une description de parcours en temps réel.

L'«enquêté» parle d'une parole qui le met en danger, il use donc de procédés d'atténuation des choses dites qui sont, à un autre niveau, des techniques de soustraction, puisqu'elles visent à échapper à l'attention de l'«enquêteur», à la violence symbolique inhérente à la configuration intersubjective de l'entretien. Une façon de dire à la personne qui cherche qu'il n'y a là rien que du très banal et que, coextensivement, sa recherche est médiocre. Puis une phase de relativisation de la banalisation intervient. L'espace monomorphe de la diction urbaine commence à se structurer selon des oppositions binaires, qui empruntent au plus officiel pour s'orienter, ensuite, vers du moins officiel. Dans la configuration 2, le tracé linéaire commence à se développer de manière rhizomique. La configuration 3 reproduit ce modèle d'énonciation puisqu'on se restreint d'abord à des informations contextuelles et factuelles avant qu'un processus d'écho ne s'enclenche.

Ainsi, il est à noter que cette construction est co-occurrente d'une clarification biographique. C'est alors que l'habitant chemine (discursivement) que des idées, des souvenirs relatifs à sa pratique, «lui viennent». Dans le même temps que – conformément au principe méthodologique de l'inscrutabilité de la référence – elle informe «malgré elle», la personne qui cherche sur le régime de ses désirs ou son monde caché (Luis, Extrait 4). La clarification biographique fonctionne explicitement sur les modalités psychanalytiques du déni et de la dénégation[2] qui vont permettre au chercheur de mieux comprendre la structuration de l'espace urbain.

De fait, l'entretien est un *«événement interactionnel»* (Mondada, 2001). La personne qui cherche reprend à son compte une terminologie de l'«informateur», qui lui conteste la légitimité de l'utiliser, la nuance, se la réapproprie; une consigne de parole est insuffisamment claire et autorise un jeu de négociation. C'est une autre ville qui se dessine; un espace en creux de la ville officielle de la personne qui parle. Bientôt, une phase de relativisation de la banalisation intervient. Le fait de dire sa ville semble relever d'une injonction fondamentalement contradictoire, celle qui résulte de la double exigence d'un *ethos* de la disparition et du besoin de distinction qui émerge dans un effort de clarification biographique. Le discours est un événement. Quelque chose y survient ou y advient.

2.2. Clarification biographique

Cette révélation de la ville dans un processus d'énonciation, dans un déplacement progressif de la frontière entre officiel/non officiel, caché/montré, indicible/dicible, cette recomposition lente de son identité personnelle coextensive d'une clarification biographique, se manifeste de façon exemplaire dans le discours de Luis (Extrait 4). Alors que je lui propose de représenter sa ville, Luis procède d'abord à la manière du plan, c'est-à-dire dans ce que la ville a de plus public, banal. Le réseau viaire, les carrefours, un centre commercial, son

2 Dans le vocabulaire de la psychanalytique freudienne, le *déni* consiste en un *«refus par le sujet de reconnaître la réalité d'une perception traumatisante»* (Laplanche, Pontalis, 1967 [1998]: 115). La *dénégation* est, pour sa part, un *«procédé par lequel le sujet, tout en formulant un de ses désirs, pensées, sentiments jusqu'ici refoulé, continue à s'en défendre en niant qu'il lui appartient»* (*ibid.*: 112).

logement, son ancien collège, un lieu institutionnel de culture alternative. Ce n'est que très lentement qu'il va en venir à parler de lui. Je lui demande une première fois s'il a d'autres lieux existentiels. Il place le stade des Charmilles[3]. Puis il reprend à son compte la question et s'interroge explicitement à trois reprises: *«qu'est-ce que je fréquente moi encore comme lieu?»*, *«qu'est-ce que je fréquente moi, d'autre?»*, *«qu'est-ce que je fais d'autre?»*. Trois petites phrases qui vont le conduire graduellement, c'est-à-dire par paliers, à parler de son espace nocturne. D'abord sous un aspect culturel (les cinémas), puis plus festif (les bars). Mais avec un virage sémantique puisqu'il parle alors de sa *«vie nocturne»*. Vie qu'il cherche (en ouvrant une nouvelle fenêtre interrogative) à situer, localiser: *«attends, où est-ce que ça se situe? Ça se situe là* [la Cluse]. *Hop. Le Prétexte* [bar homosexuel]*»*.

Ce qui se manifeste ici (et j'anticipe mon développement), c'est un double mouvement. D'une part, un procédé discursif d'amortissement de la translation identitaire. D'autre part, une stratégie d'enkystement territorial d'un comportement – en ce que la sous-division de l'espace nocturne connaît, elle-même, une déclinaison *(«ma vie nocturne»)* qui est située et compartimentée; en ce qu'elle occasionne encore la création d'une région morale, puisqu'au terme de l'entretien, le quartier de la Cluse est couplé à un univers homosexuel par l'intermédiaire du nom d'un haut-lieu (le Thermos) de la sociabilité gay: *«La Cluse-Philosophe? Thermos»*.

C'est ainsi que la ville, anodine, commence à se révéler comme personnelle dans un trajet discursif, une *«rhétorique cheminatoire»* (Certeau, 1980). Et dans cette dérive urbaine virtuelle, le couple public/privé fournit un axe d'information qui n'est pas exclusif, puisque les poètes à l'état pratique structurent leur ville selon l'opposition jour contre nuit (*«Ouais, c'est privé/public puis c'est aussi soir... jour/nuit, quoi»* [François]), travail contre passion (*«Mais c'est vrai que c'est pas quelque chose que je mélange parce qu'en fait, la musique, c'est la passion et le médical, c'est une passion, mais c'est un travail»* [François]) ou encore prise d'attitudes contre abandon d'attitudes (*«Et puis ben bien sûr, une charge aussi émotionnelle, affective. Vu que c'est mon lieu de vie, c'est là où au contraire du travail... où je peux ne plus avoir des attitudes, me laisser aller... comme je l'entends»* [Giovanni]).

La mémoire pour se ressaisir a besoin de repères structurants; elle reconstruit un objet par la médiation du quotidien, se dira-t-on. Mais quand l'habitant a la possibilité d'anticiper sa mémoire (Configuration 2), il recourt aux mêmes façons que lorsqu'on lui demande de travailler sur ses souvenirs (Configuration 1). La personnalisation suit l'anonymisation. L'espace monomorphe

3 Ancien stade football du club local, le Servette de Genève.

de l'itinéraire est fragmenté alors qu'il se développe sous forme rhizomique. De fait, ce procédé d'énonciation est une retraduction du dispositif littéraire de la relation paysagère. L'homme sans qualités est d'abord devant la ville, comme devant le paysage. Dans la banalisation, dans l'effacement de soi, dans l'insistance à dire: «Je suis comme un autre, pas la peine de me suivre dans mes parcours urbains», il faut comprendre un mode de relation à l'extériorité canalisé par la reprise sans réflexion de *topoï*: un discours-type, neutre mais d'abord anti-urbain, structure sous la forme d'un tableau donné *a priori* l'aperception de la ville. *«Parce que à Genève généralement il y a beaucoup de bruits, beaucoup de circulation et c'est assez construit en haut»* (Karin); *«j'étais sur l'avenue de Châtelaine où là franchement le bruit... entre le bruit du train, le bruit de la route de Châtelaine»* (Christine); *«Il y a pas les nuisances du bruits euh... du fait qu'on... d'habiter en ville»* (Benoît).

Extrait 4. Une clarification biographique (Luis).

Séquence 1

Donc je fais le lac. [Rires] A peu près, hein. Hop. On va faire la Jonction. [Silence, il dessine le réseau viaire.]

C'est quoi ça, pardon?

La plaine de Plainpalais.

Ouais, mais à côté.

Ecole de médecine et puis le pont qui... te mène aux Vernets. [Silence, il dessine le réseau viaire] Donc le Terreaux-du-Temple et puis Chantepoulet.

C'est les rues, donc.

Ouais. [Silence, il dessine le réseau viaire.]

Ça c'était?

Euh... rue de Lyon, Servette. Là, je te fais Grand-Pré. Ah merde! Je suis en train de te faire la ville et je suis pas du tout en train de te faire chez moi. Ah si. Si si. [Silence, il dessine le réseau viaire] Ouais, c'est juste. Les CFF. Ouais. Ouais bon... tant pis pour l'échelle en haut [son quartier de résidence est anamorphosé], si ça te dérange pas. Je peux avoir une feuille là?

Bien sûr. [Ajout d'une feuille au Nord.]

Je prends de la place, hein. Je suis désolé. Ah voilà qui est mieux. [Silence, il dessine le réseau viaire] Ici tu as la place des Nations.

Hum hum.

[Silence, il dessine le réseau viaire.]

Ok. Donc ça c'est?

Balexert. [Silence, il dessine le réseau viaire] Donc ici tu as le Bouchet. Je te fais les carrefours. Bouchet. Ici c'est euh... Servette avec euh... Hoffmann et Giuseppe-Motta, là. Donc là tu as Grand-Pré.

Hum hum.

[Silence, il dessine le réseau viaire] Les Coudriers sont juste en face.

Ok.

[Silence, il dessine le réseau viaire] Euh... Ça c'est le chemin ***. Je sais pas si ça te dis quelque chose?

Non.

Bon moi j'habite ici. [...]

Ok.

Euh... Palexpo, c'est là. Je te mets un *«p»* hein, parce que je pense pas que...

Ouais.

Là tu as l'autoroute. [Silence, il dessine le réseau viaire]

Hum hum.

Et là tu as l'aéroport.

Hum hum.

Ok. Alors. Maintenant on va retourner en bas, parce que je me suis situé, à peu près.

D'accord.

J'ai vu ça c'est un petit peu trop long. Mais ça a pas d'échelle. Euh... Je vais te faire où je travaille. [Commence à situer les lieux.] Ici hein, voilà.

Euh… on va continuer à faire un petit peu en bas. [Silence, il dessine le réseau viaire.] Ça c'est la rue de Lausanne qui continue.

Hum hum.

Euh… à partir de là, comment on va faire? On va faire ça comme ça. [Silence, il dessine le réseau viaire] Ah, il faudrait plutôt faire ça comme ça. Je peux gommer?

Ouais.

Donc euh… rue de Coutance et puis euh… Bel-Air.

Hum hum.

[Silence, il dessine le réseau viaire] Quai de la Poste.

Hum hum.

L'Usine. [Silence]

Ça c'est quoi.

Ile Rousseau. Jean-Jacques. Mon patron. Evidemment puisque mon collège où j'ai été, il est là [collège Rousseau]. Hop. Non euh… il était là.

Ah, tu étais au collège Rousseau?

Exactement. Le meilleur collège du monde. Ouais. Euh… et donc, il faut que je te dise comment j'utilise ma ville?

Ouais. Donc là tu as posé le réseau viaire, etc. Tes repères…

Enfin… C'est c'est basique mais… euh… Alors euh…

Tu as situé des lieux aussi. Chez toi, le travail, l'Usine, Balexert…

Mon école… enfin mon ancienne école.

Séquence 2

Rousseau. Ouais. Est-ce qu'il y a encore d'autres lieux existentiels?

Ah pour moi oui! Bien sûr!

Hum hum.

[Très enthousiaste] Hop. Tu as les Charmilles.

C'est le stade?

Ouais. Le parc des sports ici hop. Et puis l'arrêt parc des sports juste là. Euh…

Donc lieux que tu fréquentes assez souvent?

Ouais. Oui, vu que je suis abonné, donc. Je peux pas faire autrement. [Rire] Hop. Je te fais aussi les quais, parce que c'est joli. Là après tu as le Jet-d'eau.

Hum hum

Tu as les bains des Pâquis là. [Silence, il dessine.]

Ok.

Bon là tu as les Pâquis. Je vais te les dessiner.

Hum hum.

Tu veux que je te montre mon tracé euh… que je prends depuis chez moi… pour aller au boulot?

Met plutôt les lieux où…

Les lieux où je vais.

Ouais.

Les lieux que je fréquente?

Ouais.

Euh… [Silence] Qu'est-ce que je fréquente moi encore comme lieux? [Silence] Pendant le jour et aussi pendant la nuit?

Ouais, tes lieux de vie, quoi.

Mes lieux de vie? [Silence] Ouais, alors. Je je peux te faire… il y a les Rues basses quand même.

Hum hum.

Voilà. Tu as… tu as les magasins qui sont là quand même.

Hum hum.

Euh… Qu'est-ce que je fréquente moi, d'autre? [Silence] Alors rude, là. Tu me poses une colle. [Rire] Alors, la maison, boulot… Ah oui, ben. De temps en temps là il y a du boulot. Attends ça c'était déjà quoi? Ouais. Houlà, j'ai oublié un truc.

Qu'est-ce que tu as oublié?

Euh… J'ai oublié le pont Sous-Terre. Quand même très important. [Silence, retour sur le réseau viaire.]

Hum hum.

Avec ***. C'est quand même… il faut pas oublier, les pauvres, ils ont fait tellement de choses pour moi. Enfin tellement euh… [Silence] Euh… Alors. Attends, la plaine elle fait comme ça. Euh… on va quand même mettre mes lieux de culture.

Séquence 3

[Silence] Qu'est-ce que je fais d'autres? Bon ça c'est pratiquement tout pour le jour, quoi. Puis alors pour la nuit… je pense que ça t'intéresse aussi…

Hum hum.

Alors tu as les Scala qui sont là.

Hum hum.

Parce que je vais souvent au cinéma.

Ouais.

Euh… D'autres cinémas où je vais régulièrement? [Silence] Ouais, il y a les Grottes aussi où je vais souvent.

Hum hum.

Euh… Juste mettre hein les noms, ça te dérange pas?

Hum hum. Si ça t'aide.

Ouais, parce que je m'y perds un peu.

Hum hum.

Donc euh… les Grottes ça se trouve là. Hop. Enfin voilà, qui peut monter à Broadway, un petit peu plus loin. Euh… après…? Ben ma vie nocturne? [Silence] Euh… Attends, où est-ce que ça se situe? Ça se situe là. Hop, le Prétexte [bar homosexuel].

Hum hum.

Que tu connais.

Hum hum.

Après tu as? Bon, en Vieille Ville, moi je sors essentiellement en Vieille Ville, aussi. Euh… Comment on va faire ça? Alors attends. Là tu as la Grand-Rue qui monte, hein. Après hop… là tu as le Bourg-de-Four.

Hum hum.

Hop après là on descend… Ah ben ouais, un endroit où je vais manger régulièrement à midi… Euh… c'est le… Petit Bar.

Ah ! ouais.

Quand je mange pas au travail, c'est là où je mange avec des copains en fait.

Ouais.

Une fois par semaine, à peu près.

D'accord.

Euh… Sinon, je vais boire des verres de temps en temps à l'Alhambar.

Ouais.

Euh… [Silence] Alors si le Bourg-de-Four est là, les Bastions… Attends, je vais agrandir un petit peu les Bastions, parce qu'ils sont petits là. Voilà. [silence] Ensuite, les Eaux-Vives, c'est là. On va faire à peu près, hein.

Hum hum.

[Silence] Attends, je les ai fait trop grands les Bastions. Par rapport à mon plan, ça joue pas. Voilà qui est mieux. Boulevard du Pont-d'Arve, hein.

Hum hum.

Là tu as le… l'Helvétique, hein, je crois qui fait comme ça. Là tu as le boulevard de la Cluse.

Hum hum.

Donc il y a Rhino qui est là.

Hum hum.

Euh… j'y vais plus hein. Je te dis…

Non?

Non. Trop de fumée, trop de reggae et puis j'aime pas le reggae. [Silence] Soyons clairs.

Ouais.

Hop… Par contre… [Silence] Euh… là tu as… tu as La Pointe. Et moi, il y a un endroit où je vais de temps en temps, c'est le Thermos [bar homosexuel].

Hum hum.

Mais euh… les géographes, il y vont pas. Ça se comprend. [Rires] Euh… Ouais donc pour la nuit, c'est à peu près tout, quoi.

Hum hum.

Séquence 5

Ouais, qu'est-ce que ça veut dire pour toi ces gens.

Oui alors les gens qui sont chez moi, ben c'est mes voisins, c'est donc des gens qui… qui… qui… qui voilà quoi. Enfin pour moi ça [logement] si tu veux, c'est mon quartier résidentiel. Ça ça [travail] serait le quartier de travail, où je travaille. Puis ça [réseau nocturne, plutôt la Vieille Ville] c'est le quartier de sorties, quoi. ■

De fait, ce n'est qu'ensuite que l'espace discursif de la ville, tramé de points, armé d'axes d'oppositions peut entrer dans sa troisième phase de constitution. Celui du forage, de la perforation. Des lieux sans finalité, des *«vides du pouvoir»* pour parler comme de Certeau (qui sont peut-être bien les lieux où le pouvoir exerce le plus de sa force), sont ménagés dans la ville par le poète à l'état pratique. Nous verrons ultérieurement que ces *«vides»* s'inscrivent dans le prolongement de la relation paysagère du XVIIIe siècle: ils fondent les conditions de possibilités d'un rapprochement perceptif qui, progressivement, conduit le locuteur à s'abîmer dans le paysage puis à investir une outre-ville, constituée de petites esthétisations et de mises en scène de soi. Mais pour l'heure il s'agit d'envisager ces *«vides»* pour eux-mêmes.

2.3. Ménager des «vides»

D'une étendue informée à l'aide de catégories binaires, on débouche bientôt sur une fragmentation de plus en plus fine à mesure que le/la locuteur/trice évoque sa ville. Ainsi l'attention de l'observateur se détourne-t-elle des «pleins» nodulaires pour se focaliser sur les *«vides»* planaires – des espaces ouverts par la flânerie, aux pratiques sans finalité, et qui en retour, dans une perception esthétique du quotidien, ouvrent des interstices dans l'habitant. Ces interstices constituent de légers déplacements dans l'économie interne du Sujet; des déplacements qui laissent affleurer une sensation inattendue, une idée neuve qui vient *«dans la tête»* (Claude). Ils sont les lieux d'une esthétique ordinaire, et parfois naïve. Claude voit *«un tas de boue comme ça avec de l'eau»* et a *«envie d'avoir un appareil photo»*, *«de prendre une photo»*. Carole accomplit, dans le cadre de la configuration 2, une narration de trajet: des *«taches»* sur le trottoir lui racontent une *«histoire silencieuse»*, celle *«des milliers de gens* [qui] *ont foulé le sol»*. Elle croise un ramoneur et son matériel cliquette sur l'asphalte: *«le bruit que ça faisait, les résonances que ça avait sur le trottoir»* produit un *«déclic»*. Chaque matin, Giovanni traverse la plaine de Plainpalais et se rappelle *«quand j'y allais avec mes parents au cirque. Et ça, de nouveau, ben c'est... ça fait appel à des choses positives, sympathiques, donc effectivement, d'où peut-être l'intérêt de passer là pis pas ailleurs»*. Dans la configuration 3, le regard de Gianni dévie un instant de son itinéraire, un abaissement du bâti, un dégagement laisse apparaître un îlot d'immeubles plus anciens, délavés par les saisons, et des impressions de son pays natal sont revécues.

Ces *«vides»* sont des moments de détente de l'entretien. La personne qui parle laisse filtrer des éléments biographiques, des événements plus personnels. Manifestement, et logiquement, ce qui produit ces *«vides»* peut arriver n'importe où. Il ne s'agit pas d'espaces dotés d'une valeur fonctionnelle liée à leur position dans un système de lieux. Ils résultent d'un rapport contextuel à un environnement. Un rapport empreint d'affects, d'émotions, qui fondent des moments de décalage par rapport à soi. On court *«vite, là, là, là»* (Pauline) et le passage de deux places successives produit *«l'impression d'une grande douceur»*

(Pauline). On *«pens*[e] *à dix mille trucs à la fois»* (Natalia) et soudain des eaux étales et une lumière qui poudroie suspend cette hyperactivité. De la rue, par des fenêtres ouvertes, on écoute les existences d'autres soi-même; on les expérimente un instant (Monique, *supra*: Chapitre 9, sous-section 2.2). L'intensité de ce qui s'y vit est susceptible de produire un attachement au lieu; le poète à l'état pratique y dépose ses émotions. Et c'est ainsi que des *«vides»* masquent parfois des pleins.

2.4. Spécialiser les «vides»

En effet, les moments spatialisés de subjectivation n'ont pas pour seuls théâtres les *«vides»* planaires aménagés discursivement. Ce qui importe dans le cadre de cette analyse, c'est que ces *«vides»* se constituent progressivement, dans le travail discursif de rendu des pratiques de ville, comme des pleins. Ils sont localisés, territorialisés. Ce sont par exemple des lieux de spatialisation de l'histoire, de naturalisation du social. Une mémoire collective, un imaginaire rétrospectif s'y inscrit ce qui conduit à une ratification des représentations. En effet, le fait de pouvoir rattacher un ensemble idéel à un territoire fonctionne comme un acte d'authentification: la plaine de Plainpalais incarne l'idée de mouvement (Philip); elle lui donne une matérialité. Dans un glissement de sens, cette plaine, matérialisation de l'idée de mouvement, en vient graduellement à connoter l'ensemble des activités qu'elle supporte. L'habitant y retourne et se confronte à l'éphémère, à la finitude, au recommencement, à la répétition. Ces *«vides»*, qui se transforment en pleins, sont ainsi dotés d'une valeur intrinsèque. Les lieux que l'habitant évoquait précédemment, ceux de son espace fonctionnel, tiraient leur valeur de la position qu'ils occupaient dans le système urbain. Ils avaient une valeur positionnelle (au sens de la linguistique structurale) qui les rendaient substituables. Le bureau postal tire sa signification quotidienne de la position qu'il occupe dans le système constitué par l'ensemble des autres lieux quotidiens. Les lieux qui enracinent une idée, qui matérialisent un imaginaire, sont des lieux dotés d'un sens spécifique. Ils ne sont pas substituables. La plaine de Plainpalais ne doit pas sa valeur à sa position dans un système d'autres lieux, mais à la construction de sa signification dans un processus historique. Sa valeur résulte d'un couplage d'une mémoire collective et de l'espace. C'est une valeur absolue, historiquement construite et «naturalisée» dans un processus de «localisation» de l'histoire. Ainsi, certains lieux apparaissent-il naturellement associés à certains événements qui, dans une translation imaginaire, renvoient à un comportement donné.

L'analyse doit donc se porter non plus sur les *«vides»* que l'habitant ménage progressivement, dans un forage discursif, alors qu'il dévoile sa ville, mais sur les pleins à valeur cardinale. Ce ciblage se justifie d'autant que ces lieux orientent des parcours; qu'ils sont l'objet de mobilités intra-urbaines d'un type particulier. On peut par exemple délibérément descendre d'un bus, accomplir un détour, pour s'y arrêter (Philip). Pour y accomplir une forme de mise en vacance de soi ou pour y éprouver *«deux magnétismes opposés»*. Ce sont des lieux qui décalent au sens le plus littéral. Des lieux qui enlèvent les cales qui remplissent un vide *«dans la tête»* (Claude). Le poète à l'état pratique fait un détour pour fréquenter ces lieux. Il s'y rend intentionnellement, parce qu'*«à moins d'avoir une destination vraiment choisie, on peut plus se laisser prendre par des surprises»* (Carole). Il y va délibérément pour se rendre disponible.

Les lieux à valeur intrinsèque deviennent ainsi matière à un espace des figurations. Les représentations que l'habitant a associées à un fragment de ville prennent corps; des types, des figures s'y meuvent (*«les Anglais, les… les Friqués, les… les Moins-friqués…»* [Yves]). Ces espaces sont ainsi constitués par le regard du flâneur tel que le théorisait W. Benjamin (1939 [2000]: 55). Ils naissent à la fois d'une fétichisation de la marchandise (qui est co-occurrente d'un retour du refoulé animiste – les objets auraient une âme [comme la plaine de Plainpalais incarnerait le mouvement]) et d'une chosification des êtres (réduits aux signes d'une altérité exotique qu'il est possible de consommer [*«Là, je me mets en tant qu'acteur, mais vraiment c'est de la comédie»* – Antoine]). Le flâneur benjaminien marchait d'un pas lent[4], dans les passages du XIXe siècle. Il était fasciné par le spectacle d'une marchandise qui s'animait et lui contait de petites allégories, lui soufflait des histoires. Il observait rêveusement une foule humaine réduite à l'état d'archétype, de figures emblématiques d'un groupe social, d'une pathologie, etc. De même, le regard du poète à l'état pratique flotte, cherche un détail qui décale et produit des lieux à valeur absolue. Son regard s'accroche à la devanture de l'hôtel du Prince, il contemple les clients qui y entrent, qui en sortent. Il se transporte à *«Trieste»* et se demande simultanément et rêveusement, qu'elle est la vie de ces gens, quelle est la Genève qu'ils découvrent (Pauline)?

4 Dans ses notes pour *Paris capitale du XIXe siècle: le livre des passages* (1927-1934 [2000]), W. Benjamin relève que l'animal domestique à la mode dans le Paris qu'il étudie est la tortue. Il prend cette mode comme un indicateur possible du rythme de la marche dans les passages parisiens.

L'association de types sociaux (Le *«Voyou»*, la *«Putain»*, les *«Voyeurs»* [Antoine], le *«Marin de Hambourg»* [Arno]) accentuent le caractère étrange des lieux en question. Les petites mythologies prennent corps. L'habitant se meut dans un décor animé de figurants: *«cette place-là, c'est incroyable comme elle m'amène derrière dans le temps, dans le passé.* [Silence] *Là, ça m'arrive d'imaginer des personnes avec des habits différents. Des habits, des vieux habits»* [Katia]); il voit des gens d'un autre temps; il est déplacé. Progressivement, il glisse du rôle de *«spectateur»* à celui d'*«acteur»* (Antoine). La personne qui parle procède par étapes – la gare, le salon de jeux, les Pâquis. Et ces étapes sont autant de sas dont la fonction est de rendre le changement de régime comportemental moins «traumatisant». Lentement, progressivement s'accomplit l'équivalent d'une mise en scène de soi par laquelle l'habitant expérimente un autre régime identitaire.

2.5. Subjectivation

C'est pourquoi le parcours spatial du poète à l'état pratique comporte certaines analogies avec les rites de passage tels que les concevait P. Van Gennep (1909). Il est même possible d'affirmer que le trajet est un rite de passage. Selon P. Van Gennep, tout rite de passage se décompose en trois temps: *«une phase de séparation où l'individu sort de son état antérieur, une phase de latence, où l'individu est entre deux statuts, et une phase d'agrégation, où la personne acquiert son nouvel état»* (Muller, 1991 [2002]: 633).

Le trajet de l'habitant vers un lieu à valeur intrinsèque reprend cette structure ternaire. C'est ainsi qu'Antoine est de moins en moins *«spectateur»* et de plus en *«acteur»* alors qu'il se déplace vers le centre de l'espace qu'il a caractérisé comme celui de l'*«amusement»* et du *«plaisir facile»* (Extrait 2). Il se dégage ainsi une structure spatiale faite de sas, qui sont autant de lieux d'acclimatation à un nouveau type de rôle (Encadré 6). La gare est un poste d'observation. Le salon de jeux du Las Vegas se pose comme un sas de flottement. Les Pâquis sont la scène d'un «nouvel état».

Néanmoins, ce nouvel état est impermanent. Le lieu à valeur intrinsèque est un lieu où l'on va et que l'on quitte, à l'image métaphorique du cirque *«qui vient et qui part»* (Philip). C'est précisément en cela qu'il est intéressant d'un point de vue géographique. Il existe dans la ville des fragments d'espace vers lesquels l'habitant tend intentionnellement afin de se laisser surprendre; des lieux où il sait qui ou quoi va le surprendre. Et ce savoir occasionne un tempo de ville, un rythme spécifique. La fréquence à laquelle un lieu à valeur intrinsèque est pratiqué est floue. Elle peut être régulière, elle peut augmenter ou diminuer en fonction du cycle biographique. *«Ça peut augmenter autant que diminuer* [...] *Ça a pas de fréquence régulière, quoi»* (Claude). Ce qui importe, c'est que le poète à l'état pratique y retourne pour y retrouver certains modes de faire, de penser, de parler. Car, comme le dit Giovanni, même si *«c'est pas hyper fort ce qu'il se passe là-bas»*, *«le fait que ça existe, c'est important»*.

La caractérisation de l'usage de son propre espace à l'aide de fréquences irrégulières révèle une construction du Moi par la réactivation périodique de certains de ses traits constitutifs; une construction identitaire qui procède par retours intermittents à des lieux significatifs qui, en tant qu'ils sont moralement codés, c'est-à-dire associés à des comportements, et que l'habitant tend à s'y projeter de façon spéculaire, permet de rappeler des segments personnels. On retrouve alors une territorialité qui emprunte au «pèlerinage», à savoir qu'il faut retourner, de temps à autre, à un lieu ou plusieurs lieux qui donnent sens. Il y a donc des lieux qui ont une valeur intrinsèque. Des lieux qui matérialisent des représentations. Le trajet vers certains de ces lieux emprunte à la structure anthropologique des rites de passage. L'habitant s'y rend progressivement, en marquant des étapes, en passant par des «portes». Le trajet est rythmé par des espaces qui permettent un changement d'état. L'habitant sait ce qu'il va y trouver. Il sait qui il va y rencontrer. Ce sont des lieux objets d'une intentionnalité. De loin en loin, le poète à l'état pratique y retourne, parce que ce qui *«se passe là-bas»* est *«important»* pour lui.

Ce qu'expriment encore ces fréquentations variables – en ce qu'elles sont distinguées d'un *«niveau plus stable»* (Claude) – c'est que la ville est, sans surprise, un réseau fait de sous-réseaux. Sa structure dans la pratique des locuteurs/trices est «en arbre». Et cette structure en «arbre» permet d'enkyster des comportements dans des espaces spécifiques pour peu que l'on cloisonne ses expériences (*«Alors que moi, pour le moment, je préfère segmenter. C'est deux vies qui sont totalement différentes»* [Luis]). L'enkystement permet un espacement qui atténue le conflit entre différents régimes d'actions, différentes façons de penser, de parler, de se tenir, etc. Mais ces diverses arborescences peuvent aussi être homogénéisées alors que la personne qui parle les décrit, ou qu'elle décrit leurs usagers. Tout comme l'habitant a la possibilité de circonstancier, d'annoncer comme accidentelle, d'éluder la pratique d'un certain espace, dans des procédures de réduction de la dissonance. La réduction géographique de la dissonance cognitive tend à établir une continuité thématique à la pratique territoriale de l'homme sans qualités. Dans le même temps, la réduction de la dissonance à tendance à produire des espaces qui agissent comme des renforçateurs d'identités. Ce sont des espaces qui vous renvoient au même univers. En y allant, vous voyez souvent les *«mêmes personnes»* (Floriane). Un principe d'identification des territoires du quotidien vient cohérer, et rendre pérenne, votre identité.

Ces quatre phases d'appropriation de la ville résultent d'une interaction spécifique, celle d'un dispositif d'enquête. Il est néanmoins possible de les approcher comme des analogues des pratiques «réelles», en considérant qu'elles traduisent les tensions des écarts à la norme que s'autorise un sujet donné. La personne qui cherche incarne une normativité et l'«informateur» tente dans un premier temps d'anticiper les attentes du chercheur en postulant ce qui, «normalement», se fait. Puis il se distancie de cette règle. De même, le rapport à la ville est souvent canalisé par un *topos* antiurbain avant de devenir apparemment plus personnel, dans l'explicitation de minuscules plaisirs de ville qui consistent notamment à: *1)* ménager des vides qui sont des moments d'esthétisation du quotidien; *2)* émotionnaliser les fragments de villes en question; *3)* les associer de manière stable avec les affects, les sentiments en question pour produire une géographie existentielle et sentimentale spécialisée de la ville.

Encadré 6. Une petite mise en scène identitaire.

Station 1. «La gare ? Le voyage».
La gare, c'est… c'est… C'est beau une gare. C'est beau. Malgré que elle me semble petite. Je trouve que le hall de la gare, je le trouve petit, quoi. Bourré de constructions, de changements… toujours en mouvement cette gare. Toujours en travaux. Toujours… Et toujours ouais, les gens pressés, quoi. Là tu tu… Ouais sur le passage. C'est toujours le voyage, la gare. Voilà ce que ça me donne… la caractéristique. […] La gare. La gare, c'est totalement impersonnel, quoi. Je rencontre personne, je parle à personne. Je regarde. Je vis. Je regarde, je… je me mets… [Silence] Je me sors de cette population parce que… Je m'implique pas dans… je m'implique pas dans le… [silence] dans l'ambiance. Enfin si je m'implique dans l'ambiance mais en jouant pas un rôle. En étant un observateur plutôt qu'un acteur. […] La gare, j'aime bien, c'est observateur. Tu vois les voyageurs… te demander… voir un gars qui passe et puis te demander tiens, il va où? qu'est-ce qu'il fait? C'est vrai que je me pose souvent la question quand je suis là-bas. Mais le contact que j'ai avec les gens, c'est finalement imaginer des histoires avec eux, quoi.

Station 2. «Las Vegas? L'amusement».
Le Las Vegas, c'est un endroit totalement des années 1980, je crois. C'est vraiment… c'est vraiment notre génération. C'est toujours notre génération. C'est… c'est le bruit, c'est la musique, c'est le jeu, c'est l'appât du gain, c'est… Ouais, c'est c'est ça. C'est un peu un stress mais ça nous vide quand même la tête. […] Et… le Las Vegas, c'est la même chose. Je vais, c'est individuel, tu rencontres personne. Peut-être juste le… le gros connard de… de surveillant pour lui demander de la pièce parce que ça marche pas. C'est en haut! puis ça marche pas quoi. Voilà.

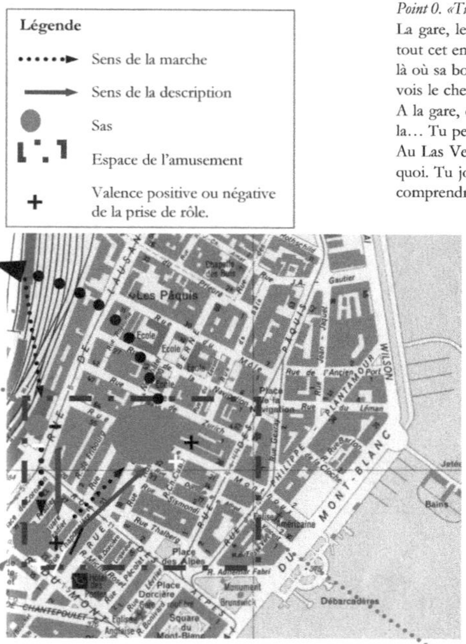

Point 0. «Tu paies, tu joues».
La gare, les Pâquis… le Las Vegas tout ça, je m'y amuse. Pour moi tout cet endroit là [il cercle], c'est un endroit de divertissement. C'est là où sa bouge, c'est là où il y a… il y a le plaisir facile. Voilà […] Tu vois le cheminement, hein? Ouais, le plaisir facile. Tu peux aller te… A la gare, c'est quand même… Tu trouves de la dope, tu trouves de la… Tu peux tout trouver à la gare, quoi. Donc c'est un plaisir facile. Au Las Vegas, plaisir facile, divertissement, tu paies et puis tu joues, quoi. Tu joues, et puis les Pâquis, je t'explique pas. Mais je pense tu comprendras en réécoutant la cassette.

Station 3. «Les Pâquis? Le plaisir facile».
Et les Pâquis, c'est beau quoi. C'est c'est c'est… C'est c'est un quartier populaire qui a été habité par les Italiens au départ. Les Espagnols aussi. […] Ouais, les Pâquis… Non, il faut décrire les Pâquis. Comment décrire le lieu? [Silence] Ouais, c'est… C'est vieux, c'est un peu délavé, délabré, c'est pas du tout neuf, c'est pas du sur mesure, ça s'est fait… Ça se fait, ça se fond, ça se rénove quand même. Les Pâquis, c'est en… il y a une histoire derrière. […] Alors, les Pâquis, les gens que je rencontre là-bas… [Rires; silence] Là, je me mets en tant qu'acteur, mais vraiment c'est c'est de la comédie. Parce que je leur divulgue pas ma vie. J'essaye de de de… ouais, c'est c'est… c'est de l'artificiel, quoi. On s'implique dans une autre vie. On se lâche, quoi. Alors je je deviens acteur mais. Mais les rencontres que je fais là-bas me sont totalement… fortuites et… Et sans lendemain, quoi. Parce que… parce que c'est c'est de la comédie. On s'amuse, quoi. Bon les gens qui y sont, j'aime bien. J'aime bien. Je sais pas moi, il y a quand même le… c'est c'est le Voyou, c'est c'est c'est la Putain, c'est… c'est les Voyeurs… c'est c'est c'est… tout tout toute la… ouais le plaisir facile est mis là-dedans donc j'en profite. Et puis, j'en deviens acteur mais sans lendemain. Parce que c'est une vie qui est un peu débauche, quoi. Voilà.

3. Un goût ordinaire du Sublime

Néanmoins *cette géographie existentielle et sentimentale demeure en premier lieu une géographie sociale et politique.* C'est ce contre-champ qu'il s'agit à présent de développer. Le fil heuristique que je vais suivre est celui qui consiste à affirmer que les ouvertures de villes, les espaces de la flânerie, sont toujours les lieux d'une normalisation efficace du discours et des pratiques. Si ces ouvertures sont l'occasion de moments de subjectivation, s'ils occasionnent le sentiment d'un *«bougé»*, ils sont aussi – et paradoxalement – des lieux d'effacement d'une potentielle *«inquiétante étrangeté»** pour reprendre une expression célèbre de S. Freud. La dégradation de l'*«esthétisme élitiste»* (l'expression est de Roger, 1997 [2001]: 15) de O. Wilde et M. Proust, conduit au constat qu'ouvrir la ville répond à une forme d'injonction sociale à l'extase, un genre surcodifié d'expression emphatique. C'est en cela qu'on a affaire à un gommage de l'inquiétante étrangeté. Les petits débordements du Sujet désirant sont encarcanés, répondent misérablement à une commande sociale qui définit non seulement le Beau, mais les manières de dire son plaisir. Et, en fin de compte, ouvrir la ville revient une fois encore à un acte d'instrumentalisation de la personne qui cherche. L'habitant se voit en effet offrir l'oreille attentive d'une instance sociale de validation d'une pratique de différenciation ostentatoire. Le poète à l'état pratique parle, il «poétise» son quotidien et il se profile, dans le clos de l'entretien, comme un Sujet raffiné, sensible, esthétisant, etc.

3.1. Un art moyen du discours

Alors que la personne qui parle ouvre la ville dans un moment esthétique, on observe une certaine concordance entre espace physique et espace discursif: souvent, le lieu où le discours se desserre correspond à un dégagement urbain (une plaine [Philip], un pont [Natalia, Catherine], l'arrivée sur les rives du lac [Catherine], une série de places [Pauline], etc.). Il convient donc de s'interroger quant à cette correspondance entre physique et discursif. Ne serait-ce que parce qu'elle est susceptible de réjouir les partisans d'une théorie du discours référentiel (les mots correspondant aux choses). De fait, l'existence d'un *«schème de l'appareil photographique»** (Walter, 1996) permet d'expliquer la concordance qui existe entre la structure matérielle de la ville et les ouvertures discursives des poètes à l'état pratique. Le schème de l'appareil photographique consiste en ce que le sentiment du Beau paysage s'élabore à partir de l'intuition de la belle image à réaliser, d'une prise de vue possible. Ce schème tient bien sûr de l'histoire sociale du paysage. On y dépiste sans peine des phases historiques de paysagement. Le Beau, le Sublime, le Pittoresque s'y profilent, dans un *«entrelacement des codes»** (Corbin, 2001: 81), que ce soit dans la contemplation de ville depuis l'ascenseur de la terrasse du Seujet, le décalage doucement effroyable né de la tension entre l'imagination d'une rencontre des Alpes et d'un fond sous-marin en plein centre ville ou enfin dans le lacis des petits passages, si pittoresque, de la Vieille Ville. Et ce qui affleure dans ces rhétoriques quotidiennes, c'est bien évidemment une *«artialisation du regard»** (Roger, 1997 [2001]: 16). Les récits de ville, les narrations de trajets, les descriptions de parcours des poètes à l'état pratique collent ainsi au plus près du paradoxe esthétique: *«*[l]*a vie imite l'art bien plus que l'art n'imite la vie»* (Wilde cité par Roger, *ibid.*: 13-14). Or, outre le fait qu'on peut voir dans cette correspondance une justification du bien-fondé du référent méthodologique retenu jusqu'à présent (celui, métaphorique, de la *«profanation»*, de la dégradation et de la réception distanciée de schèmes esthétiques), il n'est pas inutile de s'arrêter sur cette artialisation du paysage urbain pour approcher d'une part, les ressorts du rendu réflexif des pratiques urbaines, d'autre part, les modalités de production du regard ordinaire.

Le caractère conventionnel (il résulte d'une convention) et classificatoire (il est utilisé à fin de classement) du schème de l'appareil photographique le rend en effet intéressant dans le cadre de la question qui est celle de cette recherche. Bien qu'il soit nécessaire d'accomplir ici un vaste détour théorique. Les moments, les situations de mise en paysage de la ville manifestent une normalisation et une ritualisation. Les habitants disent approximativement la même chose, aux mêmes moments, aux mêmes endroits, selon des modalités analogues. C'est d'ailleurs pourquoi il est possible d'identifier des phases d'énonciation de la ville et des concordances entre espaces dégagés du bâti et ouvertures de ville. Mais on peut encore supposer que ces moments, ces situations sont plus fondamentalement les lieux linguistiques d'une opération de différenciation sociologique par laquelle des sujets cherchent à se distinguer. De même que la photographie est un *«art moyen»* (Bourdieu, Boltanski, Castel, Chamboredon, 1965), il semble en effet qu'esthétiser la ville par l'intermédiaire du schème de l'appareil photographique *«traduit ou trahit la relation* [que le locuteur] *entretien*[t] *avec la culture, c'est-à-dire avec les classes supérieures qui détiennent le privilège des pratiques culturelles les plus nobles, et avec les classes populaires dont elle entendent à tout prix se distinguer en manifestant, dans les pratiques qui leurs sont accessibles, leur bonne volonté culturelle» (ibid.)*. Les esthétisations sont attendues (et entendues), parce que le poète à l'état pratique se coule dans une expressivité qui répond à une injonction sociale à s'extasier devant le paysage digne d'attention. Injonction médiatisée par une imitation du plaisir esthétique de classes autrement dotées en capital culturel et qui explique la fréquente maladresse des «emportements» de l'habitant. Natalia balbutie, et cite Lamartine. Serge tente une sophistication, et mobilise un mode qui est celui de l'effusion.

Encadré 7. Le syndrome Patissot.

La ville s'ouvre là où le bâti est dégagé; les poètes à l'état pratique usent d'un schème qui est celui de l'appareil photographique. On retrouve, de manière impressionniste, des moments obligés de paysagement de la ville, des *topoï*. L'ouverture est une normativité. Ainsi, la logique de projection de soi et des moments de subjectivation apparaît comme une aspiration émouvante (de difficulté, de sincérité impossible) et socialement préconstruite à se faire un peu esthète. Le poète à l'état pratique est plus Patissot que Werther. Parce que, s'il n'y a aucune raison de douter de la sincérité intrinsèque de ses petites esthétisations, il importe de voir qu'elles sont, en premier lieu, le produit d'une ordonnance, qu'elles résultent d'une prescription. Et sans doute est-ce pour cela qu'elles sont si «artistiquement moyennes», c'est-à-dire: stéréotypées. Elles répondent à la triple injonction d'une distinction «facile» qui *«ne dépasse jamais les limites»* (pour reprendre les mots de Maupassant); de la manifestation classificatoire d'une aptitude à mettre en spectacle la ville; à la transcendance ordinaire du goût ordinaire.

Il est donc légitime de se demander ici si les ouvertures de ville appréhendées dans le cadre du présent dispositif d'enquête ne sont pas propres à une classe sociale dotée d'un capital culturel et esthétique spécifique qui n'est sans doute pas celui du monde ouvrier, ni celui de la haute bourgeoisie ou d'une aristocratie, mais celui des positions intermédiaires de l'espace social (cf. le Livret méthodographique dans la version académique de cette recherche). De même que l'expérience qui m'est proposée est celle d'habitants d'une ville centre et non de sa périphérie. La lecture des pratiques habitantes que propose cette thèse est celle d'individus (au sens statistique) qui ont suivi une scolarité secondaire post-obligatoire où ils ont acquis un capital esthétique homogène, notamment celui qui consiste à interpréter des signes (pratique scolaire du commentaire de texte). D'individus qui entretiennent un rapport à la culture qui balance entre consommation et déférence, et est susceptible d'occasionner des manières de parvenus.

En somme, paysager la ville par l'intermédiaire du schème de l'appareil photographique est un art moyen du discours, parce que pratique distinctive des classes moyennes. C'est une manière dégradée, profanée, de l'esthétisation élitiste du flâneur benjaminien[5] et une façon de manifester (d'actualiser dans le cadre d'une relation interpersonnelle) un capital culturel supposé supérieur à celui des classes populaires. C'est ainsi que le schème de l'appareil photographique est, en définitive, une opération de classement social opérée par l'intermédiaire d'un discours de ville qui permet de résoudre l'injonction contradictoire liée à la parole d'entretien: s'identifier, se distinguer. Déclarer par exemple: *«De même que le lac aussi est... Il y a certains moments, passer au bord du lac, il y a de la beauté. Donc il suffit de... d'ouvrir les yeux et les oreilles pour les... les... Comment dire? Pour l'apprécier. Donc, je pourrais décrire beaucoup d'endroits»* (Olivier); ou encore: *«Je fais toujours un peu attention comme c'est construit... Le mur de la ville, la muraille et puis... Ouais, la silhouette des... des vieilles maisons, en haut, ouais je fais attention à cela et je trouve joli»* (Karin) est effectivement *«un moyen* [...] *de s'affirmer comme différents»* (Bourdieu, Boltanski, Castel, Chamboredon, *ibid.*). Du moins est-ce une hypothèse qui permet d'expliquer, avec un coefficient de vraisemblance acceptable, le caractère convenu des petites exaltations du poète à l'état pratique alors qu'il ménage des *«vides»* dans son espace existentiel. De fait, ces exaltations sont «réglées» – et en ce sens uniformes. Mais elles donnent un puissant sentiment d'originalité, d'où leur rentabilité dans une configuration interpersonnelle d'entretien. Le schème de l'appareil photographique permet ainsi l'articulation de la disparition et de la distinction (déjà envisagée comme dynamique de l'entretien au Chapitre 9). Distinction au sens de T. Veblen (1899 [1978]) d'une pratique ostentatoire; mais aussi distinction plus subtile au sens de P. Bourdieu (1979) en ce que, liée à ce qu'il appelle l'*illusio*[6]: elle est non intentionnelle et donc indicative d'un goût. C'est sans doute sans y réfléchir et avec sincérité que le poète à l'état pratique évoque la texture des *«vieilles pierres»*, *«la lumière* [à chaque fois] *différente»*, l'étendue du lac, etc. Il demeure que ces ouvertures esthétiques sont convenues, standardisées. En ce sens, le schème de l'appareil photographique permet effectivement l'articulation de la disparition et de la distinction.

Par suite, l'apparition de ce schème de l'appareil photographique dans un art moyen du discours urbain permet de poser le paysage comme un *objet idéologique*[7]. Il s'agit en l'occurrence du second volet de l'artialisation, à savoir celui

5 Qui refuse, lui, l'attendu et l'entendu: *«Paris a créé le type du flâneur. L'étrange, c'est que Rome ne l'ait pas fait. Quelle en est la raison? Le rêve lui-même suivrait-il à Rome des voies toutes tracées?»* (Benjamin, 1927-1934 [2000]: 877).

6 C'est-à-dire le *«sens du jeu»*, l'adhésion la plus spontanée aux forces du champ qui agissent l'agent social par l'intermédiaire de son *habitus*.

7 Ce que la nouvelle géographie anglo-saxonne a déjà dit d'une autre manière. Lire J. Duncan et N. Duncan (1988 [2001]), D. Cosgrove (1984), D. Ley (1993 [2001]).

de la production sociale du regard esthétique; un regard qui porte en l'occurrence sur la ville. Mais avant de discuter plus spécifiquement la construction de ce regard, il n'est peut-être pas anodin de remarquer à quel point *l'habitant est solipsiste dans ses esthétisations.* Carole est arrêtée aux feux et voit des visages derrière la vitre d'un tram; Claude traverse la plaine de Plainpalais et aperçoit *«un tas de boue avec de l'eau»*; Olivier traverse le pont Butin *«il y a une magnifique vue. Soit dans un sens où on peut voir le Rhône. On peut voir le... le Jura qui se termine près du Fort de l'Ecluse. Qu'on a une très belle vue dans l'autre sens, si on voit les montagnes»*. Ils sont seuls, et dans un moment égotiste.

Or, on sait qu'il existe une manière très militante d'esthétiser le paysage. Le cinéma de K. Loach en est une manifestation, puisque la lecture filmique y révèle les rapports sociaux dissymétriques du capitalisme. Les entretiens que j'avais effectués dans le cadre de l'enquête sur le logement alternatif déjà évoquée précédemment (Livre 1) en est une autre. Les fragments de ville narrés étaient rattachés à une solide tradition de résistance «alternative». Or, les récits, narrations et descriptions des poètes à l'état pratique occultent majoritairement cette façon politique. Le paysagement à l'état naissant de l'espace urbain est un processus solipsiste; le travail, le social en est évacué. Et s'il persiste, c'est sous la forme du Métier (la *«Couturière»* [Katia], la *«Buraliste»* [Pauline], la *«Pute»*, le *«Voyou»* [Antoine], le *«Marin de Hambourg»* [Arno], etc.), qui n'est pas du travail, mais une mythologie de l'espace urbain vaguement héritée du cinéma populiste, de la littérature dite du fantastique social, des photographies de R. Doisneau. On pourrait parler de forclusion du Sujet, c'est-à-dire du rejet d'un signifiant donné (le travail). Mais la position dans l'espace social des poètes à l'état pratique renseigne peut-être mieux sur ce tour discursif. Encore une fois, à de rares exceptions, on a affaire à des agents intermédiaire de la structure sociale, moins enclins à une politisation de la dérive. C'est d'abord en ce sens que le paysage est un objet «politique» et «social»: on voit ce que notre condition nous conduit à voir.

3.2. Un œil moral et spirituel[8]

Ainsi, les petites esthétisations qui suscitent le paysage, sont fortement suspectes d'être un moment idéologique. Elles le sont d'autant plus que

8 L'expression est de Michael Baxendall, 1972 (1981), «L'œil du Quattrocento», *in Actes de la Recherche en sciences sociales*, n° 40, pp. 10-49.

M. Baxendall (1972 [1981]: 10-49) montre, dans son étude de la peinture renaissante, la manière dont un œil moral, spirituel (qui en fin de compte est un œil pratique) est à l'œuvre dans les productions esthétiques. Les compétences liées à l'exercice d'une position y trouvent à se manifester de façon ludique, parce que détachées de l'efficacité immédiate. De même, ce que disent les habitants, la manière dont ils le disent, manifestent des modalités d'un sens pratique dans un plaisir esthétique. Les ouvertures de ville, les petites esthétisations sont encore une fois des politisations de la flânerie. Quand les poètes à l'état pratique parlent du paysage, ils révèlent des structures mentales liées à leurs pratiques professionnelles ou à leur position sociale. Catherine s'en va au conservatoire populaire, et s'amuse des mélodies de son foulard de soie, dans le vent du Quai du Mont-Blanc. Serge, *«chauffeur multiple»*, valorise les indicateurs de mobilités. Lionel qui exerce un emploi non qualifié dans le domaine de l'audiovisuel est sensible à des critères qui sont ceux auxquels il recoure dans son métier, telles que qualité visuelle ou la texture de la lumière, etc. Dominic construit un dialogue esthétique entre rue de la Confédération et rue du Rhône à partir de son expérience dans le commerce de luxe. Le poète à l'état pratique offre proprement à son auditeur *«‹une expérience sociale› du monde, entendue comme l'expérience pratique qui s'acquiert dans la fréquentation d'un univers social particulier»* (Bourdieu, Delsaut, 1981: 5). Le Beau paysage, le Sublime d'un fragment de ville, le pittoresque d'un point de vue le sont consécutivement à *«la rencontre universellement heureuse entre habitus historique et le monde historique qui le hante, et qu'il habite»* (*ibid.*: 9). La manière dont la ville est empaysagée relève ainsi non seulement d'une esthétique, mais encore d'une éthique et d'une politique, qui sont des manifestations d'aptitudes liées à une position dans l'espace social.

Mais plus fondamentalement, troisième niveau, le paysagement urbain des poètes à l'état pratique relève d'une geste idéologique en ce qu'il est loisible d'y lire un écho de cet habitus de propriétaire que R. Williams (1977) dégage de la *«plaisante perspective»* dix-huitièmiste.

3.3. Un habitus de propriétaire

Selon R. Williams (1977: 29-36), l'invention du paysage et de la forme spatiale du jardin à l'anglaise tient notamment à un *«effacement progressif du travail productif de transformation de la nature et une occultation de plus en plus profonde des rapports sociaux» (ibid.)*. Le moment historique où survient cette forme est celui où *«un* *nouveau type d'observateur sentit qu'il fallait distinguer les observations pratiques des observations esthétiques»* devant le spectacle de la nature (*ibid.*: 32). Or, l'important n'est pas tant que des agents sociaux opèrent une telle distinction devant la nature, mais d'une part que sa nécessité se soit fait sentir; d'autre part que des individus se soient trouvés en position de l'effectuer. Il faut, estime R. Williams, chercher le *«type d'homme»** et non pas le *«type de nature»*. Ce type d'homme apparaît dans un contexte historique qui est celui de la consolidation foncière qui voit l'avènement d'une nouvelle bourgeoisie agrarienne liée à l'invention de nouveaux procédés techniques, à la révolution agricole (*ibid.*: 33). «[C]*e que cette nouvelle classe accomplissait, avec de nouveaux capitaux et de nouveaux moyens techniques et en s'attachant les nouveaux talents* [les jardiniers], *revenait en fait à soumettre la nature à ses desseins. Si on se demande, en définitive, qui le génie du lieu peut bien être, on découvre que c'est son possesseur, son propriétaire, son ‹rénovateur›» (ibid.)*. L'idéal pittoresque du jardin à l'anglaise manifeste donc une forme de la possession. Le *«nouvel observateur conscient n'était autre que le propriétaire conscient» (ibid.)*. Un propriétaire animé de *«cette sorte d'assurance dans* [sa] *capacité à transformer la nature selon un dessein convenu»*. Le regard esthétique du propriétaire mobilise certes un œil pratique et moral; mais il observe encore, dans la nature, une manifestation de son propre génie, sa capacité de création.

Et c'est peut-être bien cet habitus de propriétaire qui permet l'activation d'un désir de puissance et un fantasme d'auto-engendrement dans les esthétisations contemporaines. On retrouverait alors le maillon permettant d'articuler, dans une médiation symbolique, «social» et «personnel», construction historique des discours, des façons de dire, et dynamique subjective. Les schèmes de paysagement de la «nature» (au sens d'extériorité de la personne) véhiculent ce sentiment vague de maîtrise et de puissance qu'éprouvait le propriétaire devant sa nature «enjardinée». Reprenant ces schèmes, le poète à l'état pratique rétablit (de manière «profanée», dégradée) dans la ville contemporaine les conditions de cette expérience. Il se met alors, dans un acte de langage, en condition d'éprouver le sentiment d'une capacité créatrice qui outrepasse ses facultés effectives. Un sentiment qui s'accompagne de l'impression vague d'un pouvoir de transformation, de métamorphose. Les émotionnalisations du paysage ne sont peut-être pas seulement dues à un trop plein difficile à dire, mais à un moment de redéfinition de soi dans un autre registre de création. Ainsi, l'important est que la forme langagière potentialise – à travers l'histoire – un *schème d'action* historiquement et socialement construit.

*

Le processus d'empaysagement qui passe par le schème de l'appareil photographique et mobilise les codes du Beau, du Sublime, du Pittoresque dans une artialisation profanatrice, renseigne ainsi sur l'*œil moral* et *spirituel* des habitants. Mais l'œil moral et spirituel est aussi un œil pratique. Il mobilise des compétences liées à l'exercice d'une position qui trouvent alors à se manifester de manière ludique parce que détachées de l'efficacité immédiate. La ville est, dans les récits, narrations et descriptions des poètes à l'état pratique, découplée des rapports sociaux qui la modèlent. Les signes du travail en sont discursivement évacués. Ce qui est produit, dans un effet de discours, c'est une perspective plaisante vers l'outre-ville, l'autre côté du miroir. D'une certaine manière, c'est dans cette dépolitisation de la flânerie, dans cette posture propre aux positions intermédiaires de l'espace social qui consiste à imiter le «goût» des classes les mieux dotées en capital culturel, que des fragments de ville sont amenés à fonctionner comme lieux de mises en scène d'un soi autre. *En adoptant le schème esthétique de paysagement qu'est l'appareil photographique, c'est le système de dispositions qui lui est associé qui s'enclenche.* Avec l'habitus du propriétaire, un désir de puissance s'active; la volonté de production d'un soi autre. La forme idéologique du paysage peut ainsi être posée comme une configuration psychique. Elle manifeste un désir nietzschéen, une joie ordinaire de créer. Et c'est ainsi qu'elle s'inscrit dans des moments de subjectivation. Il s'agit d'un *«lieu échappatoire»*, qui procure le *«sentiment de... de pouvoir... De ne pas étouffer, de pouvoir te libérer... D'énergie, tout...»* (Serge); c'est *«un endroit qui me porte assez facilement au-delà de... au-delà de la ville»* (Prisca); un lieu où *«il y a comme si toute la ville était derrière* [vous] *et qu'il y a plus du tout la ville. Il y a tout à coup ce lac qui est là, et puis l'impression d'être ailleurs, d'être vraiment dans une cité balnéaire»* (Catherine). Une rhétorique hyperbolique exprime des déclôturements minuscules et emporte le sujet.

Mais une fois encore, il est nécessaire de poser que le paysage avant (au sens proprement chronologique) d'être une instance de subjectivation est un objet «politique» autour duquel s'articule un système de classement social, et permet l'activation, à d'autres fins, d'un savoir pratique. Les ouvertures de ville sont instituées collectivement. Ainsi, les supposés vides du pouvoir de l'approche certeauienne sont inexorablement des lieux d'exercice du pouvoir. La ville s'ouvre par l'intermédiaire d'un schème de l'appareil photographique par lequel le regard est aussitôt dérobé pour être rétabli dans une structure d'ordre, dans une pratique de *«classeurs classés par leurs classements»* pour parler comme P. Bourdieu (1979). L'œil, spirituel et moral, est social.

4. Flux et lieux

Il faut à présent rassembler ces différents éléments. Mettre ensemble les pièces de ce qui apparaît, graduellement et de manière encore très approximative, comme une machine à produire des identités.

4.1. Une machine à produire des identités

Il y a d'abord les pièces qui ne servent à rien. Les pièces jetées dans le jeu pour dissimuler la machine. Les pièces qu'il faut retirer pour que le plan soit intelligible. Un espace continu, monomorphe; une ville fonctionnelle que des catégorèmes binaires informent de manière convenue; une ville qui s'ouvre sur l'outre-ville alors que des «trous» dans la matérialité du tissu urbain permettent l'activation d'un regard paysager. Il y a ensuite, les éléments qui vont permettre à la machine de fonctionner. La spécialisation de certains fragments de ville; un schème de l'appareil photographique; un habitus du propriétaire; la constitution de pleins à valeur intrinsèque; l'apparition d'un espace des figurations; de trajets qui s'apparentent au rite d'initiation; des procédures d'enkystement territorial et de réduction spatiale de la dissonance.

Tout cela est dans les récits de ville, les narrations de trajet, les descriptions de parcours des poètes à l'état pratique. Rien n'est inventé. Rien n'est soufflé. Il suffit d'écouter et d'imaginer. L'habitant se déplace dans la ville. Sa pratique établit des discontinuités spatiales. Il a associé certaines de ses actions avec des aires de la ville. L'habitant se déplace et, immanquablement, il rencontre le paysage de la ville. Des schèmes de perception s'activent (le Beau, le Sublime, le Pittoresque) qui rendent le poète à l'état pratique sensible à son environnement. On retrouve ici une profanation, une dégradation de la mystique paysagère produite par le XVIIIe siècle. Car dans cette perception esthétique, dans ces ouvertures de la ville, ce qui se dit naïvement, prosaïquement, sous des dehors de neutralisation généralisée, c'est la permanence du paysage comme agent de subjectivation.

Dans le même temps qu'il utilise ces schèmes historiques de perception, le poète à l'état pratique réalise leur état latent, celui notamment du désir de puissance de l'habitus du propriétaire. L'habitant paysage la ville, il dégrade des modèles culturels de mise en spectacle de la nature, dans une opération de classement et de classification sociale (puisqu'en usant de tels schèmes, il croit adhérer aux valeurs culturelles de la classe sociale immédiatement supérieure).

Un sentiment vague de supériorité (je suis un peu comme ceux d'en-haut), de domination (je vaux mieux que tous ces gens qui ne voient pas la Beauté de la ville) ou de distinction (ici, je dégage du Beau, je ne suis pas comme les autres) le traverse. Ce désir de puissance lui permet de se mettre en scène dans les lieux spécialisés de la ville qu'il aura progressivement construits.

Alors qu'une phase de spécialisation des lieux s'articule à un habitus de propriétaire, des pleins à valeur cardinale sont produits. Ces pleins sont des lieux de l'esprit (comme il existe de vues de l'esprit): des lieux que l'esprit invente – en composant avec l'histoire, la mémoire collective ou les imaginaires rétrospectifs qui cohérent les groupes sociaux – pour s'extérioriser. Ils sont des lieux identifiés qui localisent des représentations, des schèmes d'actions, des façons de faire, de dire, etc. Le poète à l'état pratique s'y met en scène. Il y voit des gens d'un autre temps. Il part dans le passé. Il s'imagine ailleurs. Il expérimente une autre corporéité en se figurant d'autres corps (sous forme de types caricaturaux). Il existe donc des pleins à valeur absolue qui correspondent à des espaces de figuration. Ils sont pratiqués comme tels. Ils sont l'objet de trajets qui les définissent comme tels.

C'est ainsi que fonctionne la machine à produire des identités. L'habitant va, de-ci, de-là. Après avoir spécialisé les aires de sa ville, il sait où trouver qui, ou trouver quoi. Il a ainsi la possibilité d'isoler certains de ses comportements, de les inscrire dans un fragment de ville qui lui permet de les mettre à distance, de les mettre en sommeil – cellules dormantes de son appareil psychique – puis de les réactiver.

L'important ici est de garder en mémoire que cette machine à produire des identités est programmée. L'habitant discerne ce que ses aptitudes pratiques (liées à une position dans l'espace social) lui permettent de voir. Le paysage matérialise des rapports sociaux et légitime ces rapports. Les imaginaires, les représentations qui sont associés à un plein à valeur intrinsèque ne sont jamais neutres. C'est en ce sens que les *«vides du pouvoir»* de M. de Certeau sont très policés. C'est en ce sens encore que le fonctionnement de la machine à produire des identités doit être envisagé plus finement. L'hypothèse d'une *«interface machinique»* a été précédemment évoquée (*supra*: Chapitre 2). La vraisemblance de cette hypothèse se renforce dès lors que l'on envisage ce qu'il faut appeler, pour l'heure, la présence-absence du poète à l'état pratique alors qu'il effectue ses trajets urbains. Le poète à l'état pratique se déplace et il est mis en absence par son déplacement, par le tracé des itinéraires de ville. Il est mécanisé. C'est alors que se dessine un système *«d'agencement d'un désir à un autre»* pour parler comme F. Guattari (2004).

4.2. Trajets dans la machinerie

> «J'avance dans la ville, et mes pieds cognent sur le sol rude. Autour de moi s'est fait le silence. Je marche sur le sol horizontal, et je n'entends rien. Le silence s'est gonflé horriblement dans ma tête, s'est appuyé de toutes ses forces sur moi. J'avance sans savoir où je vais, le monde s'est vidé soudain de ses bruits. Les toits ne sont pas visibles. Le ciel est une esplanade déserte, immense. [...] Je marche comme un sourd, enfermé à l'intérieur de ma bulle tranquille. [...] Mais je me trompe: je les entends [...] Le monde surgit en permanence de ma tête, comme des rayons, comme un doux bruit mécanique, plein de fourmillements de ressorts et de carambolages de rouages, d'une montre-bracelet. Je suis fou, j'ai raison, je suis seul, j'entends, mais je suis sourd, je vois, mais loin, toujours, ailleurs que moi, sans moi».
>
> Jean-Marie Gustave Le Clézio, *Le livre des fuites*, 1969 [1992]: 65-67.

Entre les pleins à valeur positionnelle ou intrinsèque et les *«vides»*, le passant est mis en absence. Cette mise en absence importe dans le fonctionnement de la ville comme machine à produire des identités. Elle autorise une forme paradoxale de déambulation. Elle permet de viser un endroit, et de s'y rendre sans intentionnalité consciente. L'habitant marche dans un état proche d'un état hypnotique, c'est-à-dire soumis aux injonctions d'une voix lointaine et sourde, en l'occurrence celle d'une «topographie». Ainsi, sa dérive le porte là où un je-ne-sais-quoi se joue. Les habitudes font du flâneur un mobile sur des rails. On retrouve ici un motif qui est celui du *«naval et carcéral»* de M. de Certeau (1980 [2001]: 165-169) auquel il s'agit de retourner pour essayer d'interpréter la signification de la mise en absence du piéton.

4.2.1. «Naval» et «carcéral»[9]

Un homme est assis dans un train; derrière la vitre le paysage se déroule. Michel de Certeau interroge le lien qui s'établit entre ces deux pôles. Il cherche à dégager un sens phénoménologique à ce qu'il identifie comme un *«chiasme»* (1980 [1991]: 1666). Un chiasme de verre (le hublot) et de fer (les rails). Le verre établit une *«césure transparente entre les sentiments fluctuants de l'observateur et les mouvances de* [la] *réalité» (ibid.)*. Le fer *«coupe l'espace et transforme en vitesse les sereines identités du sol» (ibid.)*. Verre et fer constituent *«deux modes complémentaires de séparation» (ibid.)* qui permettent de répartir *«d'un côté l'intériorité du voyageur* [...]*, de l'autre la force de l'être»* (*ibid.*: 167). Cette césure permet l'ouverture d'un espace,

9 Le titre de cette section reprend le titre d'un chapitre de *L'invention du quotidien* de M. de Certeau (1980 [1991]).

d'un *«vide du pouvoir»* dans la terminologie de l'auteur. *«Il faut cette coupure pour que naissent, hors de ces choses mais pas sans elles, les paysages inconnus et les étranges fables de nos histoires intérieures» (ibid.).* C'est ainsi que le *«damier du wagon»*, espace rationalisé, surveillé, quadrillé, *«cette bulle du pouvoir panoptique»* (*ibid.*: 165) se constitue en un *«lie*[u] *de paresse et de pensée, ne*[f] *paradisiaque entre deux rendez-vous sociaux»* (*ibid.*: 168).

Il s'agit à présent de filer l'analogie pour éclairer l'utilité fonctionnelle de cette mécanisation du piéton. La matérialité de la ville, la lisibilité des itinéraires, cette propension qu'elle a à rendre des trajets évidents, le fait que la «ville» prend en charge l'habitant, permet que s'établisse une *«coupure»* au sens de M. de Certeau. Dans cette mise en absence l'intériorité du poète à l'état pratique se creuse; il a précisément la possibilité de ménager des *«vides»* en lui. La petite coupure de cette absence permet la naissance de *«paysages inconnus»*: l'étrangeté surréaliste de visages derrière la vitre d'un tram (Carole), la mesure du temps sur les immeubles (Fabienne), la découverte d'un autre monde complet au sommet d'une butte dans la ville (Arno).

Pourtant, l'itinéraire tient du carcéral. Dans le cadre de la deuxième configuration d'entretien, le sens est donné par un déplacement fonctionnel entre domicile et travail. L'habitant est pressé, il *«calcule la longueur du trajet comme zéro dans* [s]*a tête»* (Thomas), aussitôt parti, il aimerait être arrivé (Giovanni). C'est un trajet direct, qui ne fait pas de détours (Catherine). Le flux est canalisé; l'itinéraire semble si évident qu'il n'est pas nécessaire d'y penser, qu'il suffit de se laisser conduire (Arno). Comme le héros du *Livre des fuites* (1969 [1992]) de J.-M. G. Le Clézio (passage cité en exergue: 371), l'homme sans qualités marche dans la ville, ses pas cognent le sol; mais il n'entend rien. Ce déplacement tient manifestement de l'enfermement. Il se présente aussi comme une figure de la fuite en soi. Mais recourir ici à la critique qui voudrait que la ville soit un environnement oppressif serait un contre-sens. Aucun indice d'anxiété dans les récits, narrations ou descriptions des poètes à l'état pratique. Au contraire, c'est une marche rêveuse, favorisée par les suggestions de l'espace urbain (laissez-vous guider; vous êtes en sécurité; vous êtes conduit; laissez-vous aller) qui est suggérée (*«Donc si je plane c'est parce que c'est dans la tête»* [Fabienne]). Ainsi, dans l'espace surveillé et rationalisé des déplacements urbains, l'habitant se constitue-t-il comme un *«lie*[u] *de paresse et de pensée»* (Certeau, *op. cit.*): *«Et puis, vu que les matins, j'ai pas envie de raisonner tout le temps, m'arrêter aux feux, là, c'est où il y avait le moins de feux»* (Katia).

De fait, il se peut que sans cette capacité de l'espace urbain à «mécaniser» son usager, le balancement entre le Je et l'Autre, s'affine. Arno est absent (*«c'est un truc qu*[e] [...] *à chaque fois je relève* quand je suis présent» [je souligne]), dans ses pensées, et au sommet de la butte de Saint-Jean, il se réveille dans un *«autre monde complet»*. Catherine a *«comme un blanc»* dans son quartier avant que tout ne se réveille un peu, en arrivant sur les Quais. Fabienne est ramenée dans l'ici et maintenant de son itinéraire alors que de l'eau dessine des arabesques sur un trottoir. Ces ouvertures de ville, qui sont des ouvertures *«dans la tête»*, sont préparées par des moments d'absence. Et tout soudain, le monde résonne dans l'habitant (*«Mais tout à coup, je regarde passer le tram et je vois passer les têtes des gens derrière les vitres, des choses comme ça, et puis je suis capable d'oublier même que c'est vert»* [Carole]). De l'Autre envahit le Je; le Je se projette à la face du monde.

4.2.2. Flux et aréole

Le naval et le carcéral des parcours quotidiens invitent donc à reconsidérer la notion de réseau aréolaire telle que la conçoit Jean Rémy (2001). Enfermé dans sa bulle de pensée, canalisé par l'évidence du trajet, le poète à l'état pratique oublie ce qui relie les lieux. Il marche en absence, sans s'en apercevoir, sinon au moment où sa conscience se projette sur un objet externe. Il se déplace ainsi dans une *«ellipse du tissu conjonctif»* (Certeau, *ibid.*: 153). De fait, en milieu urbain, la *«métrique piétonnière»* n'est pas *naturellement* continue, en dépit du postulat de J. Rémy (*op. cit.*: 144).

J. Rémy *(op. cit.)* fait en effet de cette discontinuité un produit du changement technique. Le développement et la diversification des modes de transports ont permis de multiplier les déplacements quotidiens et ont occasionné une dispersion de la ville. Il fonde d'ailleurs le concept de réseau aréolaire pour penser simultanément *«discontinuité et interconnexion»*. Si la ville est constituée de *«noyaux d'urbanité»* qui *«entretiennent des relations intenses entre eux, même s'ils sont discontinus»* (*ibid.*: 151), il convient simultanément de penser le flux et l'aréole. Le flux est à considérer comme *«une ressource»*. L'aréole doit être approchée comme un lieu d'échange et de communication. Le réseau aréolaire est alors une manière de concevoir la mobilisation de lieux complémentaires, leur mise en relation pour optimiser leurs avantages spécifiques.

Mais il apparaît que ce réseau aréolaire est aussi une modalité de territorialisation de soi, un schème mental, une opération cognitive. Le réseau aréolaire est une façon de se déplacer dans la ville en oubliant qu'on s'y déplace. Il est une transposition, en langage savant, de la dialectique de l'insulaire et du fragmentaire, que la description herméneutique du chapitre 9 laissait deviner. Une manière de tisser des liens, sans en avoir l'air, entre des lieux qui font advenir la ville, à savoir une forme matérielle qui organise la cohérence du proche et du lointain (Lefebvre, 1972 [1986]: 203) – qu'on parle de distance physique, sociale ou à d'autres soi-même. C'est ainsi que les territorialités quotidiennes, les récits qu'en font les poètes à l'état pratique, empruntent aux métaphores insulaires et fragmentaires. Il y a des lieux où la ville nous vient et puis des flux, qui ne sont sans doute pas des non-lieux mais un espace-temps spécifique, nécessaire à l'émergence de la ville; des *«traversées de fleuves»* qui emportent vers l'apparition de *«monde*[s] *complètement différent*[s]*»* (Arno); un territoire *«très découpé comme ça, en traversées»* et fait de seuils *«Et puis, il y a de nouveau une coupure avec l'entrée dans la vieille ville»* (Catherine).

Il y a ainsi, dans les rhétoriques habitantes, des *«ambiances»* qu'on traverse (Arno), des trajets *«découpé*[s]*»* (Catherine), *«le passage entre les deux rives»* offre l'opportunité de faire des *«petits rituels comme ça dans ma tête de passer d'une rive à l'autre, de passer le pont, de faire le passage, de… passer d'une chose à l'autre pour moi, de…»* (Catherine), des traversées qui permettent d'atteindre et de faire advenir les *«microcosmes»* de la ville (Arno), ses régions morales. Ces passages ne sont pas des effets de discours, ils se lisent dans le caractère tangible de la ville (*«Et cette délimitation des pavés, c'est vraiment l'entrée dans la Vieille Ville. C'est le passage dans les hauteurs, comme ça»* [Catherine]). Ils sont construits par une structure matérielle qui incline à un balancement entre introjection et projection de soi. Mais ces microcosmes sont également inscrits dans l'œil du poète à l'état pratique, enclin à chercher, à repérer les seuils, les découpes, conditionné à lire dans le texte de la ville, ce qui marque le passage. En ce sens, ils relèvent de territorialités: ils constituent des modes de relation, tant *«individuel*[s]*»* que *«collectif*[s]*»*, *«à un territoire considérée comme approprié»* (Brunet, Théry, 1992 [1993]: 481).

Ainsi, le changement technique favorise l'émergence d'une structure dite du réseau aréolaire, mais ne le produit pas pour autant. Le réseau aréolaire relève d'une anthropologique en ce qu'il est une manière de décomposition de soi au gré de différentes facultés; d'une saisie inductive du sujet. Le réseau aréolaire s'inscrit dans ce mouvement qui conduit à associer certains de ses comportements à un fragment de ville (enkystement) et à oublier comment on s'y rend, avant que ne se manifeste le besoin de réactiver les segments personnels auxquels se rapportent les comportements en question. Le réseau aréolaire obéit au même principe qui fait que l'on cherche à rétablir une continuité entre les espaces dissonants de son quotidien (réduction spatiale de la dissonance cognitive), à faire comme si ce territoire du quotidien était indifférencié, contigu, continu. On flue d'île en île, et le flux est oublié. On peut alors se dire que ces îles se ressemblent. On peut alors oublier celle(s) qui dissemble(nt) trop des autres.

4.2.3. L'aréole carcérale?

Si l'herméneutique est l'art de proposer des interprétations et des réponses qui posent plus de questions qu'elles n'en résolvent, il faut ainsi oser considérer comme un espace fonctionnel, le flux en absence et le point en présence. Le poète à l'état pratique flâne dans la ville. Le rythme intérieur de cette flânerie s'apparente à de l'hyperactivité. Il faut *«courir, là, là, là»* (Pauline). Pourtant le poète à l'état pratique garde une allure similaire à celle du flâneur des passages du XIXe siècle: un rythme lent et «tortueux»[10]. Le rythme d'une pensée qui se retourne sur elle-même, qui ouvre des espaces en soi. Des espaces qui se manifesteront discursivement et graphiquement (dans les exercices de cartographies mentales), par des «blancs», des *«vides»*, du *«sans fin»*, du *«sans moyen»* (Claude). L'habitant flâne et, ponctuellement, un arrêt qu'il n'a pas choisi (un feu piéton, une barrière), le ramène ici et l'envoie ailleurs: *«mais quand les feux sont tous rouges pour les piétons, que je suis obligée de m'arrêter, c'est vrai que j'ai tendance à lever la tête et je regarde beaucoup l'architecture, les... Les immeubles que je croise au passage, et les changements qu'il y a eu»* (Fabienne).

Et c'est alors, peut-être, que la ville se pose comme une interface d'*«asservissement machinique»* (Guattari, 2004). Quand le poète à l'état pratique s'en va de l'autre côté du miroir, quand il croit se *«libère*[r] *de toutes les tensions»* (Serge), s'évader, il prend appui sur des imaginaires qui l'assimilent à une communauté. Les plaques commémoratives ou professionnelles proposent un parcours d'évasion qui socialise le passant. C'est d'ailleurs aussi en ce sens que la ville est un agent majeur *«d'intériorisation du social»* (Pinçon, Pinçon-Charlot, 2000: 57). Elle dispose à l'introjection d'un univers de symboles et signes qui rend conforme, qui assure la transformation d'un régime des désirs à un autre (sur un banc vous voyez des personnes en costume; vous voyez des bateaux arriver: vous incorporez une histoire collective qui vous assimile). De fait, les territorialités urbaines sont ambiguës. D'une part, la ville fragmentée et spécialisée permet d'enkyster un comportement, de se construire une propre cohérence identitaire dans un travail de réduction de la dissonance cognitive. D'autre part, ces *«vides»* sont des lieux où s'immisce un micro-pouvoir, au sens d'une gestion discrète des corps. L'espace archive du souvenir et une mémoire sociale; le corps tend à libérer de l'espace-mémoire en la transférant aux ob-

10 Cf. note 4, Chapitre 10.

jets; sa pratique des lieux le conduit à réactiver ses souvenirs, cette mémoire. Dans ce double mouvement, se tisse un lien qui normalise le flâneur dans ses désirs de déclôturement. Aussi, l'aréole (le moment où le monde survient dans le flâneur, quand sa ville s'ouvre par l'intermédiaire d'une esthétisation qui mobilise ou réactive une émotion) est-elle susceptible de se faire carcérale: elle l'enferme, l'aliène dans le langage de l'analyse radicale du quotidien. Au moment où le poète à l'état pratique lève la tête pour regarder l'architecture (René; Fabienne), quand il s'imagine un lieu dans le passé (Katia), il obéit à une injonction à l'intériorisation du social: *«on rappelle au passant certains événements»* (Fabienne). En ce sens, l'on a affaire à une machine à produire des identités.

*

Le paysagement de l'urbain est le résultat d'une profanation, d'une dégradation de schèmes esthétiques, d'un entrelacement des codes qui restreint significativement le spectre du visible et du dicible, dans un goût ordinaire du Sublime. L'œil est toujours-déjà moral: dans le champ esthétique, il retrouve les modalités de son expérience pratique. C'est d'abord en ce sens que les *«vides»* sont normés, standardisés en dépit d'une revendication à la différence personnelle. Mais ils sont encore normés parce que l'habitant est solipsiste dans ses esthétisations; le travail en est évacué, sinon sous la forme exotique du «métier» (la Pute, la Couturière, les Lavandières, etc). C'est ainsi que les conflictualités de l'espace urbain sont lissées. De même, les imaginaires, souvent rétrospectifs, qu'il associe aux lieux et qui sont ensuite actualisés dans un espace des figurations sont-ils souvent anodins. Sur un pont, on éprouve une tension entre deux *«magnétismes opposés»* (Philip) ou l'on marque une pose alors que l'on *«pens*[e] *à dix mille trucs à la fois»* (Natalia). Par des fenêtres ouvertes sur la rue, on écoute la vie des autres (Monique). On aime bien savoir que le Latitude-Tropicana, *«ça existe, là-bas»* (Giovanni), que cette vie est possible, *«là-bas»*. L'habitant s'accommode de sa vie de tous les jours, plus qu'il ne la révolutionne. C'est ainsi que se profile une structure par laquelle un désir de recréation est dévié vers des pratiques récréatives. Quand le poète à l'état pratique accomplit une mise en scène de soi «déclôturante», quand il lui semble braconner dans des espaces non contrôlés de son quotidien, il est dans un moment d'intériorisation du social qui s'incarne dans l'espace – et ce moment le «standardise».

C'est en cela que la ville contemporaine peut être appréhendée comme une interface machinique qui transforme un désir sur un autre (par exemple, un désir de déclôturement, d'émancipation sur un temps d'intégration sociale). Et cette interface fonctionne beaucoup mieux dès lors que l'habitant a des temps d'absence, qu'il est pris en charge dans sa déambulation. C'est parce qu'il *«marche sur le sol horizontal»*, qu'il *«n'enten*[d] *rien»*, que *«*[l]*e silence s'est gonflé horriblement dans* [s]*a tête»*, que *«*[l]*e monde surgit en permanence de* [s]*a tête, comme des rayons, comme un doux bruit mécanique, plein de fourmillements de ressorts et de carambolages de rouages, d'une montre-bracelet»* (pour reprendre le langage de l'exergue de J.-M. G. Le Clézio). C'est parce qu'il marche en absence et *«plane dans* [s]*a tête»*, que les cliquetis d'un chariot sont le *«déclic»* d'une *«autre chose»*; qu'il découvre un *«autre monde complet»* au sommet d'une butte; qu'il voit, au moment de s'asseoir, *«des gens en costume»*, *«en arrière dans le temps»*.

Encadré 8. Journal d'enquête.

Il me devient de plus en plus difficile de dériver seul. Ces mois d'entretiens ont reconfiguré mon regard de flâneur. Je suis sensible à des fragments de ville que les poètes à l'état pratique m'ont désignés: l'élasticité du pont Sous-Terre, la rigole creusée par les habitants qui coupent au travers du talus de Saint-Jean… La ville comme texte n'est plus une métaphore depuis qu'on m'a montré comment la lire au travers de ses quartiers, de ses plaques commémoratives ou professionnelles qu'on trouve sur ses bâtiments. Mais je ne suis plus seul, encore, parce que je cherche – en réaction aux énoncés factuels des poètes à l'état pratique – à affiner ma sensibilité sensorielle de la ville. En fait, je suis pris dans un de snobisme. Un snobisme qui est peut-être le propre de la flânerie en tant que pratique esthétique. Je me concentre sur le cliquetis des ciseaux dans un salon de coiffure de la rue des Délices, le roulement des spores d'un arbre dont j'ignore le nom, sur le bitume du parc des Cropettes. Cette profondeur sonore de la ville me semble esthétique et distinctive.

C'est mon dernier entretien. Mon regard sur la ville n'est plus le même. Je commence à vivre sur la figure du flâneur de W. Benjamin. Avant, ce n'était qu'une notion théorique ou une référence littéraire qui me servait comme signe taxinomique: le flâneur me permettait de me situer dans le champ académique comme géographe humain littéraire. C'était cela que véhiculait le terme flâneur, quand je l'énonçais. Maintenant, il est devenu quelque chose d'incarné. Je marche pour aller chez F., et ma démarche est informée par toutes les consignes de parole que j'ai proposées à mes informateurs. Je suis surtout attentif aux champs sensoriels qui leur posent problème. J'essaie d'aller en deçà des deux couches sonores superficielles que constituent le bruit des moteurs urbains (voitures, moto, scooters, bus, etc.) et celui des oiseaux de ville qui emplissent les interstices de la cité mécanique. Je me concentre sur le bruissement des arbres, le grésil d'un plastique qui roule sur le sol (et c'est une image qui me vient quand je me concentre sur ce son, celle d'un plan-séquence d'*American beauty*: un cornet pris dans le vent – une image absolument silencieuse dans le film – et il se produit alors, en moi, le sentiment d'un déplacement; le lieu est déplacé en raison du paradoxe qui s'établit entre une impression sonore qui me conduit à une image aphone). Et puis, le grincement de mes nouvelles baskets me ramène dans l'ici.

J'essaie encore de me concentrer sur les climats olfactifs que je parcours. L'odeur captieuse des haies du Grand-Pré; celle plus fugace de quelques arbres dont une fois encore je ne connais pas le nom; et puis celle transférentielle du gazon coupé qui me ramène mécaniquement à mes années d'enfance et d'adolescence, au foot, à Chêne. Je me dis que le discours spontané, celui non réflexif et stéréotypé sur la ville, réduit de façon dommageable la complexité sensorielle de la ville. Se dire que la ville est bruyante, c'est accepter de vivre dans une sorte de superficialité – parce qu'il y a bien autre chose sous le «bruit de la ville». Se dire que la ville *«sent la Javel»*, c'est se faire complice d'un discours nostalgique (ce qui ne signifie pas qu'il soit faux) qui est un discours de critique de la production de la ville (pour réfléchir à partir des catégories de Certeau) qui dénie sa propre pratique de la ville, toujours rusée (Certeau, encore).

Laurent Matthey, *Journal de terrain*, 10 mai 2006

Conclusion du livre 3

Les techniques du poète à l'état pratique

Ces trois configurations d'entretiens, leur écoute attentive, leur transcription laborieuse, leurs heures de lecture méthodique (et l'imagination du lecteur qui s'insinue toujours entre les lignes [M. Schwob]) permettent de donner une description de la *manière* dont des hommes sans qualités *habitent* quotidiennement, entre les dernières années du XXe siècle et les premières du XXIe siècle, leur espace de vie, en l'occurrence une «*métropole régionale secondaire*» à rayonnement international de 439 117 habitants (canton), dont l'agglomération proprement dite (domaine franco-valdo-genevois) compte environ 600 000 résidents (chiffres août 2005). La façon dont ils accomplissent, jour après jour, un acte géographique fondateur qui mobilise en tout cas deux des usages fondamentaux de l'espace, à savoir l'approprier et l'habiter (Brunet, 1990).

La restitution de cette manière repose sur une conception des paroles d'entretien. Celles-ci ne sont pas le double symbolique de la réalité. Celles-ci ne sont pas pour autant la construction sociale d'une réalité. Le matériau récolté a été posé comme une médiation: il constitue une objectivation des processus de territorialisation qui font le réel – ce en quoi il n'en est pas une représentation ou une construction. Ainsi, les paroles d'entretien ne sont pas un reflet du réel, mais une écoute idoine permet néanmoins d'appréhender la manière dont l'habitant produit une géographie existentielle entre les lieux à valeur positionnelle d'une collectivité; la façon dont il produit une géographie en enracinant une mémoire tant personnelle que collective. Cette conception du matériau est à considérer comme le premier des apports à la connaissance de ce dernier livre.

Son second apport à la connaissance géographique est la description herméneutique qu'il donne de la manière dont femmes et hommes font usage de la ville contemporaine pour se «bricoler» une identité personnelle. En effet, un processus de territorialisation de soi a été explicité, sur lequel il convient à présent de revenir.

L'habitant reçoit la consigne d'accomplir un récit de ville (Configuration 1); on lui demande de préparer la narration d'un itinéraire pour la quinzaine suivante (Configuration 2); il est accompagné dans un parcours de ville (Configuration 3). Dans chacune de ces configurations, qui sont caractérisées par un rapport différent à la mémoire, aux impressions, à la mise en scène de soi, des phases analogues peuvent être identifiées:

(1) Dans un premier temps, celui de l'entrée en ville, le poète à l'état pratique commence par banaliser son espace quotidien. Il est ramené à du fonctionnel, replié sur le domicile et le travail, résumé à des espaces à valeur positionnelle. Devant le blanc spatial que matérialise la feuille sur laquelle il doit dessiner sa carte mentale, l'habitant pose son chez-lui, son travail, ses commerces. Il raconte un itinéraire qui va de son domicile à son lieu d'activité professionnelle. Il décrit, dans l'*in situ* du parcours, le fait de tourner à droite ou à gauche, de traverser dans les clous. Cette première phase relève d'une procédure d'anonymisation qui tient à la dynamique de l'entretien compréhensif; elle est un mur protecteur de l'intimité. Mais elle permet d'approcher les ritualisations *«infirmatives»* (Bordreuil, 1986: 206-213) qui jour après jour structurent les déambulations piétonnes de l'homme sans qualités dans un ethos de la disparition. On se déplace en ville en tâchant de se soustraire à la tension expositionnelle liée à la simple co-présence des corps, en martelant, pas après pas, sa normalité.

(2) Mais en parlant des «choses viennent à l'esprit» de l'habitant. Il entre dans un processus de clarification biographique. Il se demande ce qu'il fait d'autre que dormir, travailler, consommer. Il commence à dégager des axes de structuration de son espace quotidien. Il le catégorise, autrement dit: il le découpe. Dans les récits, il le fragmente en aires spécialisées. Alors qu'il lui faut narrer un trajet, il sort de l'itinéraire dans des divagations rhizomiques. Décrivant un parcours, il commence à s'arrêter sur le moindre détail dans des procédures synecdoctiques, comme si la ville s'y résumait. La clarification biographique pousse l'habitant à s'affirmer. Il est comme tout le monde, mais pas exactement comme n'importe qui. Si elle relève aussi d'une logique «interactionnelle», cette phase met l'observateur en contact avec les pratiques d'affirmations identitaires qui donnent forme, à leur niveau, à la ville (Bordreuil, *ibid.*). Le poète à l'état pratique cherche à échapper aux prétentions qu'a la personne qui cherche, à borner son territoire, à le ramener à un corpus restreint d'activités. Il ouvre des lignes de fuite. Il ménage des *«vides»* dans sa ville.

(3.1) L'étendue qui précède la ville a donc été transformée en espace monomorphe, fonctionnel. Puis des éléments biographiques sont venus enrichir cette ville. C'est une troisième étape qui commence alors, qui est spécifiquement celle de la relation paysagère contemporaine. Le processus de fragmentation, initié dans la phase 2, s'accroît. Les *«vides»* des récits de ville, les espaces du *«sans finalité»* sont les lieux de petites esthétisations. Ils se combinent bien-

tôt avec des affects. Ils se constituent comme des espaces forts et deviennent les lieux d'une possible mise en scène de soi déclôturante. L'habitant y retourne parce que ces *«vides»* sont, à titre d'exemple, des *«lieu*[x] *exutoire*[s] *de toutes les tensions»* (Serge).

(3.2) Dès lors qu'on s'intéresse à ces espaces forts, notamment par l'intermédiaire des configurations 2 et 3, la possibilité est donnée de comprendre leur construction. L'œil flottant du poète à l'état pratique, le souci du détail qu'on peut rapporter à un ailleurs, la résonance mnémonique de l'objet conduisent le poète à l'état pratique de l'autre côté du miroir. Dans un premier temps, donc, l'habitant repère des détails qui sont susceptibles d'autoriser un décalage. Ces détails relèvent parfois de l'inédit, de ce à quoi l'on ne pouvait pas s'attendre dans une ville, dans un itinéraire aussi normalisé: des arabesques d'eau sur un trottoir matinal; l'eau du fleuve chargée d'odeurs inattendues dans une ville inodore, *«javelisée»* (Carole). Mais ces détails relèvent aussi d'une mise en spectacle. Un resserrement de focales conduit à cerner l'élément le plus apte à entrer en correspondance avec un événement biographique, à collaborer à un rapport d'analogie avec un ailleurs spatial et temporel. Ainsi, une horloge, dans la vitrine d'un antiquaire, dans une rue saturée de lieux d'une mémoire involontaire conduit, matin après matin, Pauline dans la maison d'une grand-mère décédée.

(3.3) Ce qui s'élabore ici, c'est une tension entre mémoire du corps et mémoire des objets, dans laquelle on retrouve un mixte de pratiques confirmative et affirmative du territoire; de saisies déductive et inductive de soi. L'habitant a propension à se délester de ses souvenirs, de ses émotions, dans les lieux qui les ont vu naître. Il y retourne parfois, à des rythmes variables, pour les retrouver. Christine, par exemple, s'est pour la première fois sentie de quelque part devant la maison Voltaire aux Délices. Aussi est-ce un *«un lieu où* [elle] *aime toujours retourner»*; *«d'ailleurs, quand* [elle] *doi*[t] *descendre à la gare,* [elle] *passe par là. Parce qu*['elle] *aime bien»*. Dans ce mouvement, l'habitant réincorpore une partie de son histoire; mais il intériorise aussi de l'histoire collective. Antoine retourne périodiquement jouer dans un espace fait de figures sociales (le Voyeur, la Pute…)

(3.4) Ce balancement entre projection et introjection est sans doute favorisé par une armature urbaine qui induit une mise en absence de l'habitant. La lisibilité des axes, l'évidence des trajets, les itinéraires dessinés par le mobilier urbain inclinent à *«plane*[r] […] *dans la tête»* (Fabienne), à oublier que l'on flue pour retrouver le monde dans un moment d'arrêt physique ou métaphysique,

quand un interstice s'ouvre en soi et qu'une idée naît dans la tête, en relation avec un lieu.

(3.5) Enfin, ces lieux d'une mise en vacance de soi, ces lieux à valeur intrinsèque où le poète à l'état pratique sait qu'il peut délibérément aller *«pour se laisser surprendre»* (Carole), sont mobilisés dans le cadre de procédures de territorialisation de soi par lesquels l'habitant assume mais enkyste leur étrangeté – parce qu'il s'agit de *«deux vies»* complètement séparées, que *«pour le moment,* [...] [il] *préfère segmenter»* (Luis). Mais il peut aussi tenter de réduire leur coefficient de différence dans un travail de réduction spatiale de la dissonance cognitive. Il cherche des plus petits communs multiplicateurs qui identifient ces lieux, leurs caractères *«populo-branché*[s]*»* (Agnès), par exemple.

Ces modes de territorialisation de soi impliquent souvent des procédures inductives, respectivement déductives, de définition identitaire. Par exemple, Antoine se définit de manière très contradictoire. Il évoque ses idées de *«droite»*, son dégoût du *«bourgeois»*, son amour du *«peuple»*. Il dit ainsi être plein de contradictions. Par suite, il accomplit des petites mises en scène de soi qui le conduisent à jouer, périodiquement, dans un espace des figurations. Agnès s'affirme implicitement comme une femme très engagée dans sa vie professionnelle et politique. Elle travaille, dans un processus de réduction de la dissonance, sa géographie personnelle afin de la rendre conforme à cette définition de soi.

Ce sont bien des usages des mondes urbains, des commutateurs d'identité, que nous proposent les dits et dires des poètes à l'état pratique. Des usages qui s'affirment effectivement comme des techniques du vivre en ville, c'est-à-dire des moyens d'action sur un objet dans le but d'en obtenir un effet.

Conclusion générale

Conclusion générale

Patissot gentrifieur: survivre en ville?

Cette recherche s'ouvrait sur le rappel d'un axiome fondateur des sciences humaines et sociales; elle prétendait traquer l'artifice sous l'aspect naturel de nos conduites. Elle affirmait alors le projet de réfléchir au caractère artéfacté de pratiques de ville qui nous paraissent aller de soi. Par exemple, celle qui consiste à s'imaginer dans un ailleurs spatial et/ou temporel à la rencontre d'un fragment du paysage urbain. En tant qu'artéfacts, ces pratiques étaient considérées explicitement comme des techniques (c'est-à-dire des moyens socialisés d'action sur un objet dans le but d'en obtenir un effet) d'usage des mondes urbains ou encore des techniques du vivre en ville.

Cette recherche annonçait ainsi le double projet: *1)* d'une généalogie de ces pratiques (soit leur historicisation); *2)* d'une description de leur réalisation dans le cadre de la ville contemporaine. Pour ce faire, elle se proposait de répondre à une question large et vague en première analyse, celle de savoir comment femmes et hommes font, jour après jour, usage de la ville contemporaine, en tant que système symbolique/sémiotique, pour se «bricoler» une identité personnelle, tout en étant socialement canalisés dans leur «bricolage».

Ce caractère «large et vague» impliquait un préalable, celui d'une mise en question de la question. Ce préalable poursuivait deux objectifs: *1)* éclaircir les savoirs disciplinaires, propres aux sciences humaines et sociales, subsumés par la question de recherche; *2)* montrer en quoi elle permettait effectivement de «géographier». Il est alors apparu que la porte d'entrée du quotidien offrait un certain point de vue sur le fonctionnement des systèmes territoriaux, et qu'en ce sens, cette interrogation autorisait notamment une approche capitalisant les apports des divers sous-champs qui ont animé la géographie humaine depuis les années 1970.

Le parcours d'un être chimérique (Aude), mais non pas fictif puisque composé de multiples observations de recherche, autorisait par ailleurs l'explicitation des différentes géographies qu'activait cette question «large et vague». Ce même parcours conduisait enfin à la formulation d'un premier corpus d'hypothèses postulant que les lieux archivent des savoirs expérientiels qui sont réactivés dans les pratiques habitantes.

Cette Hypothèse machinique impliquait en fait une théorie implicite de la ville, qu'il importait de clarifier. Chasser le naturel, inscrire dans un contexte historique, ce qui paraît aller de soi dans nos attitudes, conduisait en effet à un souci symétrique de la relativisation des structures urbaines. La ville contemporaine n'est ni celle de la Modernité, ni celle de l'Occident médiéval. D'un point de vue idéal-typique, il est apparu notamment que la ville dans laquelle nous vivons se caractérise par une multiplication d'enclaves d'appropriation communautaire, réalisées autour de traits de personnalité partagés. Ces enclaves constituent, pour un individu mobile, des lieux d'une mise en scène différentielle de soi. Par ailleurs, les attitudes et habitudes des personnalités collectives en question tendent à se déposer dans les lieux, produisant de la sorte des régions morales, des *«secteur*[s] *où prévaut un code moral divergeant;* [des] *région*[s] [de la ville] *où les gens sont dominés, plus qu'on ne l'est d'ordinaire, par un goût, une passion ou quelque intérêt qui s'enracine dans la nature de l'individu»* (Park, 1925 [1995]: 130). C'est ainsi qu'un sujet solitaire a la possibilité de s'agréger à un groupe donné, en l'absence du groupe en question. De fait, les régions morales inventent une épaisseur imaginale au territoire. Cette double caractéristique fondait l'originalité de l'idéal-type de la ville contemporaine. Elle apparaissait par ailleurs constitutive de la dimension *hardware* de la machine à produire des identités que l'Hypothèse machinique avait incité à imaginer.

Il était donc nécessaire de considérer l'aspect *software* de la machine en question. Si la ville contemporaine est un composé de régions morales qui dotent ses fragments d'une richesse imaginale jusqu'alors inédite, cela ne signifie pas pour autant que son habitant est en mesure de «dire» ces significations. Cela ne signifie pas plus qu'il a le désir d'en user dans des mises en scène différentielles de soi. De fait, cette potentialité de la ville est actualisée par le capital esthétique dont a été doté l'habitant, considéré comme un poète à l'état pratique. Ce capital se compose de manières de dire et de faire qui habilitent le sujet. Un second corpus d'hypothèses, regroupés sous l'appellation générique d'Hypothèse narrative, a alors été formulé, selon lequel nos pratiques spatiales mobilisent une narrativité qui est une manière de s'appréhender graduellement et en actes, dans des situations existentielles.

Une fois accomplie la démonstration du potentiel géographique de ma question de recherche, une fois explicités les aspects *hardware* et *software* de ce que j'ai nommé la machine à produire des identités, il s'agissait donc d'accomplir la généalogie des pratiques constitutives du capital esthétique du poète à l'état pratique. A cette fin, il a été fait recours au texte littéraire. Il nécessitait néanmoins de discuter le potentiel heuristique d'un tel matériau. Cette discussion s'est effectuée en récapitulant les trois grands usages géographiques de la littérature pour proposer modestement une quatrième voie. Le texte littéraire n'est certes pas une ressource documentaire au sens strict du terme. Il n'est pas non plus une *«archive»* (Tissier, 1995) immédiate de la relation au lieu. Mais l'approche dialogique proposée notamment par M. Brosseau (1996) demeure insatisfaisante. Le texte littéraire est une forme qui cherche à restituer de manière «vraie» la façon dont le monde nous apparaît. En ce sens, sa forme véhicule de l'information géographique; et une lecture idoine autorise l'accomplissement d'une généalogie des pratiques territoriales. De fait, les structures profondes du texte littéraire permettent l'explicitation d'une image médiale, d'une manière dont un sujet socialisé construit sa spatialité en adoptant des positions, des situations spécifiques pour tirer parti d'un milieu.

La légitimité géographique du texte littéraire rétablie, j'ai cherché à expliciter l'émergence d'une image médiale polytopique concurremment à la consolidation du réalisme moderne, celui qui se propose d'interroger les situations existentielles d'un individu pris dans sa *«contingence»* (Auerbach, 1946 [2005]: 299), considéré du point de vue des *«conditions et* [...] *circonstances accidentelles dans lesquelles il se trouve à un moment particulier» (ibid.).*

Cette polytopie se caractérise par une diversification des lieux d'appréhension de l'extériorité humaine, qui tendent à devenir des situations d'expérimentations existentielles. C'est pourquoi elle se pose comme homologue à la structure du réalisme moderne.

J'ai tenté de montrer que l'image médiale polytopique commençait à se manifester de manière significative dans la relation paysagère du préromantisme, mais aussi des premier et deuxième romantismes allemands. Une personne y éprouve la profondeur et le trouble d'un paysage dont la signification n'est jamais donnée *a priori* ou jamais acquise. Le paysage semble y nécessiter une interprétation toujours située, contextuelle et dotée de la variabilité d'une esthétique de l'expérience. Le sujet est montré en trajet dans la nature; il passe par divers lieux qui sont progressivement associés aux sensations, émotions et idées dont ils ont été les révélateurs et le déclencheur.

J'ai tâché de démontrer que cette esthétique de l'expérience, qui informe l'image médiale de la polytopie, opérait également dans le spatio-type du jardin non géométrique, attestant par là même que nous avions affaire à une pratique spatiale effective. L'«homme nouveau» du XVIIIe siècle se promène dans les lacis du jardin paysager; il parcourt des *«cantons»* (dans le langage de C. C. L. Hirschfeld), des scènes qui sont autant d'unités d'atmosphère et permettent d'expérimenter des *«caractères»* (au sens de Whately), des sensations, des idées diverses. Ceux-ci s'enchaînent dans un parcours qui conduit le visiteur à faire l'expérience d'impressions ou à se rappeler un souvenir, et tout aussitôt, à l'oublier dans l'épaisseur du lieu, pour en redécouvrir d'autres, chemin faisant.

La lecture de romans urbains – au sens où leur intrigue se déroule en ville – écrits entre le début du XIXe siècle et la fin du XXe siècle permettait de tracer cette image médiale polytopique. On y observait une transposition de la relation paysagère à l'univers de la grande ville et ses foules anonymes. Les mouvements de corps inconnus, qui animent les paysages urbains, encouragent la production de romans pratiques. Les personnages observent des scènes énigmatiques, qui occasionnent une forme profane de l'enquête[1]. Que peut bien signifier tel geste? telle posture? tel habillement? Des vies possibles sont imaginées par l'observateur herméneute alors que son regard saute d'un théâtre à l'autre, et qu'il investit de manière imaginaire la profondeur de cette foule mystérieuse. Ce schème tend à se normaliser, à se métaboliser alors que les indicateurs narratologiques de production d'un monde hypothétique sont élidés. Les textes de R. M. Rilke et R. Jauffret qui ont été ici considérés se caractérisent, par exemple, par de procédés narratifs produisant l'impression d'un monde intérieur-extérieur toujours-déjà là. La réalité perçue par le personnage est proposée comme version véridique du réel. Les romans pratiques de l'homme des foules devenaient ainsi effectifs. Le personnage les vivait, au sens littéral, de manière immédiate. Ainsi, Malte Laurids Brigge observe, contre un mur, l'empreinte laissée par des logements détruits, et ce sont les infimes détails des existences qu'ils ont abritées qui envahissent le corps du protagoniste; le personnage protéiforme des *Univers, univers* de R. Jauffret marche dans une rue; il chemine et se répand dans tous les corps qui habitent Paris, se les approprie et les abandonne à la manière de défroques insanes.

Mais on observait aussi dans ces textes une consolidation de la structure polytopique entendue comme une diversification des lieux d'actualisation du Moi. L'homme des foules de E. A. Poe court dans les rues du grand Londres à la recherche de sites où le contact d'une multitude occasionnera une animation de son corps; puis, quand leur fréquentation diminue, il s'enfuit vers un autre lieu susceptible de lui proposer une nouvelle promiscuité d'existences incertaines, parce qu'anonymes. Entre ces lieux donc, il se précipite. De sorte que le texte dessine une structure spatiale faite de flux en absence et de points où le personnage se révèle. On retrouve cette structure dans les expériences de voyages imaginaires accomplies par les personnages des romans de J. K.

1 W. Benjamin (1938 [2004]) remarquait déjà que le flâneur se comporte à la manière d'un détective amateur.

Huysmans, J.-M. G. Le Clézio, G. de Maupassant, etc. Une série de sas conduit le héros à éprouver graduellement une mise en vacance de soi.

Enfin, cette image médiale polytopique se manifeste dans l'association de sensations, d'idées, d'imaginaires à des lieux précis. En effet, le personnage des romans considérés éprouve, à la rencontre de fragments de paysage, des émotions spécifiques, déterminées par leur contexte, et qui sont déposées dans les territoires qui les ont vus naître. Ce procédé, qui tient du sensualisme, récapitule le dispositif paysager du jardin non géométrique.

C'est ainsi que le texte littéraire permettait d'accomplir une archéologie des pratiques de villes, ou plus précisément, des techniques de vivre en ville, d'usages des mondes urbains. L'explicitation de l'image médiale sous-jacente à cette technique conduisait d'ailleurs à y retrouver des tendances de notre modernité géographique, celle-là même qui opère dans des stratégies contemporaines de marketing territorial, de mise en valeur touristique des villes ou encore dans l'urbanisme du collage et de la citation que l'on peut observer à Las Vegas. La question qui se présentait alors était celle de voir comment ces techniques se traduisaient dans les pratiques d'hommes sans qualités.

Le livre 3 tentait précisément d'aborder les manières de l'habitant. Mais une fois encore le terrain n'allait pas de soi. La rencontre des poètes à l'état pratique nécessitait un long travail réflexif et critique par lequel la personne qui cherche déconstruisait sa relation à l'altérité, mais aussi son rapport au champ académique. Par ailleurs, la restitution d'une parole autre dans le cadre d'un rapport d'enquête n'est pas plus une «chose naturelle» que des supposées «règles de l'art» seraient en mesure de canaliser. Il a ainsi encore été nécessaire d'expliciter longuement la mise en forme et la mise en texte du travail de description herméneutique que je me proposais d'accomplir. Ce travail d'explicitation tentait de reconsidérer les statuts de l'écriture scientifique et de l'écriture littéraire pour montrer leur complémentarité. Le texte scientifique, comme le texte littéraire, se construit sur un pacte de lecture et mobilise des effets de réels qui établissent un régime qui est celui de la fictionnalité. La possibilité était alors envisagée de mobiliser certains tours littéraires, empruntant à l'effet d'étrangeté de B. Brecht, pour «rompre le charme», casser le pacte et détruire les effets de réel dans un mouvement qui, relevant de l'esthétique poétique, est producteur d'«objectivité». Cette réflexion épistémologique accomplie[2], la

2 Epistémologique au sens strict, puisqu'elle cherchait effectivement à répondre à la question de savoir ce qu'on fait quand on fait de la recherche.

restitution de manières de dire et de faire d'habitants sans qualités pouvait enfin commencer.

Le parti était donc pris de raconter les pratiques habitantes en caméra subjective, c'est-à-dire en les reconstituant du point de vue de l'«informateur». Cette reconstitution s'élaborait à partir de la situation de la personne qui parle dans le cadre d'un dispositif d'enquête. Elle identifiait des phases d'énonciation de la ville, considérées comme des analogues d'une territorialisation de soi. Dans les premiers instants de l'entretien, l'habitant tente de comprendre les attentes du chercheur; entre eux deux, un travail de définition d'une réalité commune s'élabore. Mais ce travail n'est pas sans accrocs. L'habitant revendique une parole légitime, une compétence géographique; il refuse qu'on s'exprime à sa place, sur sa ville. Il est dans une démarche paradoxale. Il affirme faire comme tout le monde. Mais dans le même temps, alors qu'il a le sentiment vague de rétablir une égalité entre sa position et celle du chercheur, il exprime qu'il n'est pas exactement comme tout le monde, qu'il y a des lieux qui lui sont propres, où il s'échappe. De fait, on observe dans cette phase une homologie avec des pratiques de ville effectives. Celles qui consistent dans le passage de situations de ritualisations infirmatives, liées à la tension expositionnelle impliquée par les rapports de co-présence, à des situations d'affirmation identitaire.

C'est alors que l'habitant évoque les lieux qu'il suppose lui être propres que transparaît l'image médiale de la polytopie à l'origine d'une technique du vivre en ville. Ces lieux sont liés à une perception esthétique du quotidien. Ils résultent de la mobilisation d'un schème de l'appareil photographique qui souffle l'idée d'une belle prise de vue, d'un paysage digne. La ville du poète à l'état pratique se desserre, devient plus personnelle là où il est en mesure de lui attribuer une valeur apparemment détachée d'une finalité immédiate. Il y éprouve des émotions qu'il finit par associer au lieu, produisant par là des pleins à valeur intrinsèque, au sens où ces lieux matérialisent un imaginaire, des représentations et ne tirent pas leur signification d'une inscription dans un système de lieux fonctionnels. D'ailleurs, l'habitant retourne alors périodiquement vers ces pleins pour y éprouver un «bouger», un moment de décalage par rapport à soi et aux autres.

Ces lieux d'une perception esthétique du quotidien résultent d'un art de faire, notamment d'une approche herméneutique. Le regard du poète à l'état pratique s'arrête sur des détails qu'il abstrait progressivement de leur contexte pour les rapporter à d'autres temps et lieux. D'abord ramené dans l'*in situ* du lieu, l'habitant s'échappe alors dans un ailleurs imaginaire: un lieu d'enfance, de villégiature, de mise en scène identitaire qui permet de jouer dans un espace des figurations, composés de Putes, de Marins, de Voyeurs, de Friqués, de Moins-friqués... Il est ramené *«en arrière dans le temps»*, voit des *«gens en costumes»*. Il se promène, écoute les gens vivre par leurs fenêtres ouvertes, s'approprie un peu de leur existence; il passe devant une cabine téléphonique et se remémore le temps de téléphones lointains; il s'arrête en face de la maison Voltaire et sent soudain une possibilité de vie dans cette ville; ici il réincorpore une mémoire qu'il avait déposée dans des lieux ou des objets; là il intériorise simultanément la mémoire sociale ou les imaginaires rétrospectifs stockés dans l'espace.

Mais cette incorporation, cette intériorisation, appelle parfois le passage par un système de sas, de lieux qui expriment un corpus idéel donné d'une manière de plus en plus acérée, et qui permettent donc de se l'approprier sans traumatisme. On retrouve dans cet usage des mondes urbains des traces des pratiques décrites dans les romans considérés au livre 2. On y distingue ainsi un prolongement de l'image médiale de la polytopie.

C'est ainsi que l'habitant se «bricole» jour après jour une identité personnelle dans ses pratiques spatiales. La dimension sociale apparaît dans ce que cette manière d'user de la ville est un produit historique. Elle est liée à une conception moderne de la subjectivité, qui mobilise une anthropologie et une épistémologie spécifique. Mais le contre-champ critique de la description en caméra subjective rappelait que la façon dont la ville propose des imaginaires, souffle des trajets, des évidences topographiques est une autre de ces dimensions sociales. C'est pourquoi il a alors été fait mention d'une aréole carcérale. Les rhétoriques habitantes s'élaborent autour d'un motif qui est celui du flux et de l'île; d'un mouvement de l'absence et de la présence à la dimension imaginale du lieu. Le regard du poète à l'état pratique s'accroche à un détail et soudainement il est ici, observant des *«choses très étranges»*, des autres soi-même, un fragment d'immeuble; entendant le cliquetis d'un ramoneur, les bruits mats du lac; apercevant des pécheurs qui accostent au Molard, des lavandières d'un autre siècle au travail sur le quai des Bergues. Sur les murs de la ville, il lit des noms et des professions qui le réveillent et l'incitent à une nouvelle rêverie, celle de la grande richesse, des loyers à *«dix mille francs par mois»*; celle de conversations intimes, et peut-être douloureuses, dans le secret des cabinets médicaux ou d'avocats. Plus loin, ce sont les vies légitimes et exemplaires des grands hommes qui lui sont remémorées.

Entre ces espaces forts, l'homme flue, en absence. Puis des moments de subjectivation le socialisent, produisent des échappées standardisées, dans une outre-ville qui normalise l'homme qui rêve. C'est ainsi que ce que M. de Certeau (1980 [2001]) appelait des *«interstices»* de résistance, de braconnage, apparaissait en l'occurrence comme des lieux de renforcement du contrôle. La dimension sociale se manifestait donc enfin dans la dimension prescriptive et convenue des ouvertures de ville du poète à l'état pratique; des ouvertures qui relèvent ainsi d'un jeu de la distinction et de l'imitation du goût des autres.

De fait, le poète à l'état pratique est bien plus Patissot (*supra*: Chapitre 6, section 5) que Werther (*supra*: Chapitre 5, section 1). Il est sans aucun doute sincère dans chacune de ses esthétisations; il aspire à une forme de transcendance et de libération; mais il est traversé d'un désir d'imitation qui rend inoffensives ses aspirations.

Ainsi, il se peut que les techniques de vie en ville soient, au plus intime de chacun, des techniques de survie dans des univers saturés de signes et de symboles sous lesquels on ploie, préférant la récréation à la recréation de soi devant l'ampleur de la tâche. Ce à quoi appelait Novalis dans son désir de romantiser le monde *(«donne*[r] *à l'ordinaire un sens élevé, au commun un aspect mystérieux, au connu la dignité de l'inconnu, au fini l'apparence de l'infini»)* est pris au pied de la lettre et coupé de son potentiel de révolution. Là réside l'ironie de la dégradation d'une forme esthétique, qui en atténue la violence primordiale. De même que la mystique cathare a été profanée par la romance des sociétés modernes, l'absolu poétique du romantisme est profané par les rhétoriques habitantes. C'est là tout le dérisoire et l'émouvant de nos «bricolages» identitaires dans le jour le jour des systèmes territoriaux.

Mais cette dernière dimension sociale du «bricolage» identitaire s'explique probablement par la position sociale qu'occupent les poètes à l'état pratique du livre 3 de cette recherche. Il s'agit d'agents intermédiaires des catégories socioprofessionnelles. En ce sens, l'exercice de description herméneutique et de généalogie d'une technique du vivre en ville auquel je me suis livré aurait très bien pu s'intituler: *Dans la peau d'un Gentrifieur*. Car c'est le point de vue de consommateurs d'aménités et d'urbanités propres aux villes centres qui a été proposé. Un point de vue subjectif qui permet de compléter les deux grandes interprétations usuelles de la gentrification à savoir celles: *1)* de la rente urbaine; *2)* de la consommation ostentatoire. Ce que recherchent ces agents, dans leur quête du bien vivre en ville qui les attire vers les quartiers populaires, ce sont les conditions d'une récréation immédiate de soi, qui leur permette de regagner, régénérés, la sphère du quotidien productif.

Bibliographie

ADDISON Joseph, STEELE Richard, 1711-1712 (1996), *Le Spectator*, Paris: La Bibliothèque.

AMAR Nadine, LE GUEN Annick, OPPENHEIMER Agnès (dir.), 1997, *Angoisses: pluralité d'approches*, Paris: PUF.

ANDERS Günther, 2001, *Et si je suis désespéré, que voulez-vous que j'y fasse?*, Paris: Allia.

APOLLINAIRE Guillaume, 1918, *Le flâneur des deux rives*, Paris: La Sirène.

ARAGON Louis, 1936 (2003), *Les beaux quartiers*, Paris: Gallimard.

ARAGON Louis, 1926 (2003), *Le paysan de Paris*, Paris: Gallimard.

AUERBACH Erich, 1946 (2005), *Mimésis: la représentation de la réalité dans la littérature occidentale*, Paris: Gallimard.

AUGOYARD Jean-François, 2001, «La conduite de récit», *in* GROSJEAN Michèle, THIBAUD Jean-Paul, *L'espace urbain en méthodes*, Marseille: Parenthèses, pp. 173-196.

AUGOYARD Jean-François, 1979, *Pas à pas: essais sur le cheminement quotidien en milieu urbain*, Paris: Seuil.

BAILLY Antoine, 1990a, «L'humanisme en géographie: chamanisme ou empathie», *in* BAILLY Antoine, SCARIATI Renato, *L'humanisme en géographie*, Paris: Anthropos, pp. 155-161.

BAILLY Antoine, 1990b, «L'humanisme en géographie: réflexions et principes», *in* BAILLY Antoine, SCARIATI Renato, *L'humanisme en géographie*, Paris: Anthropos, pp. 9-11.

BAILLY Antoine, 1982 (1993), *Introduction à la géographie humaine*, Paris: Masson.

BAILLY Antoine, COSTANTINO Vincenza, 1988, «Représentations mentales, marqueurs territoriaux et pratiques spatiales: une analyse géo-littéraire», *in* BENKO Georges, *Les nouveaux aspects de la théorie sociale: de la géographie à la sociologie*, Caen: Paradigme, pp. 246-258.

BAILLY Antoine, POCOCK Douglas C. D., 1995, «L'humanisme en géographie», *in* BAILLY Antoine *et al.*, *Les concepts de la géographie humaine*, Paris: Masson, pp. 165-171.

BANDET Jean-Louis, 1997, *Histoire de la littérature allemande*, Paris: PUF.

BAKHTINE Mikhaïl, 1984 (2004), «Le roman d'apprentissage dans l'histoire du réalisme», *in* BAKHTINE Mikhaïl, *Esthétique de la création verbale*, Paris: Gallimard, pp. 211-261.

BAKHTINE Mikhaïl, 1975a (2004), «Du discours romanesque», *in* BAKHTINE Mikhaïl, *Esthétique et théorie du roman*, Paris: Gallimard, pp. 85-233.

BAKHTINE Mikhaïl, 1975b (2004), «Formes du temps et du chronotope dans le roman», *in* BAKHTINE Mikhaïl, *Esthétique et théorie du roman*, Paris: Gallimard, pp. 235-398.

BARIDON Michel, 1998, *Les jardins: paysagistes, jardiniers, poètes*, Paris: Bouquins.

BARIDON Michel, 1996, «Lecture de l'espace et histoire des jardins (1500-1700)», *in* WÜNENBERGER Jean-Jacques, POIRIER Jacques, *Lire l'espace*, Bruxelles: Ousia, pp. 61-80.

BARREL John, 1982, «Geographies of Hardy's Wessex», *Journal of historical geography*, vol. 8, n° 4, pp. 347-361.

BARILLIER Etienne, 2003, «Sur l'effet du réel» de Roland Barthes», http://perso.wanadoo.fr/etienne.barillier/litterature/litterature-texte.htm (consulté le 5 septembre 2003).

BARTHES Roland, 1973 (2001), *Le plaisir du texte*, Paris: Seuil.

BARTHES Roland, 1968 (2002), «L'effet de réel», *in* BARTHES Roland, *Le bruissement de la langue*, Paris: Seuil, pp. 179-187.
BARTHES Roland, 1967 (2002), «De la science à la littérature», *in* BARTHES Roland, *Le bruissement de la langue*, Paris: Seuil, pp. 11-19.
BAUDELAIRE Charles, 1869 (1989), «Les foules», *in* BAUDELAIRE Charles, *Le spleen de Paris*, Paris: Pocket, pp. 185-186.
BAXENDALL Michael, 1972 (1981), «L'œil du Quattrocento», *Actes de la recherche en sciences sociales*, n° 40, pp. 10-49.
BEGOUT Bruce, 2002, *Zéropolis*, Paris: Allia.
BELL David, VALENTINE Gill, 1997, *Consuming geographies: we are where we eat,* Londres: Routledge.
BENDING Stephen, 1994 (2000), «Horace Walpole et l'histoire des jardins au XVIIIe siècle», *in* WALPOLE Horace, 1771 (2000), *Essai sur l'art des jardins modernes*, Paris: Gérard Montfort, pp. 1-31
BENJAMIN Walter, 1938 (2004), «Le Paris du Second Empire chez Baudelaire», in BENJAMIN Walter, *Charles Baudelaire*, Paris: Payot, pp. 23-146.
BENJAMIN Walter, 1927-1934 (2000), *Paris, capitale du XIXe siècle*, Paris: Cerf.
BENJAMIN Walter, 1933 (2000), «Enfance berlinoise», in BENJAMIN Walter, Sens unique, Paris: 10/18, pp. 11-106.
BERGER Peter, KELLNER Hansfried, 1960 (1988), «Le mariage et la construction de la réalité», *Dialogue*, n° 102, pp. 6-23.
BERGOUNIOUX Pierre, 2001, *Simples, magistraux et autres antidotes*, Lagrasse: Verdier.
BERQUE Augustin, 1990 (1991), *Médiance: de milieux en paysages*, Montpellier: Reclus.
BERTAUX Daniel, 1997, *Les récits de vie*, Paris: Nathan.
BESSE Jean-Marc, 1990, «Géographie et existence», postface à DARDEL Eric, *L'Homme et la terre*, Paris: CTHS, pp. 135-175.
BLAIN Jean, 2000, «La lutte pour la reconnaissance» [bref compte-rendu du livre éponyme d'Axel Honneth], *Lire: le magazine littéraire*, avril.
BLANCHET Alain, GOTMAN Anne, 1992, *L'enquête et ses méthodes: l'entretien*, Paris: Nathan.
BOCHET Béatrice, 2001, *Liens affectifs et proximité urbaine: réflexion sur la constitution des liens entre les individus et la ville*, Communication faite au 3e Congrès sur la proximité, Paris: 13-14 décembre.
BOCHET Béatrice, 2000, *Le rapport affectif à la ville: essai de méthodologie en vue de rechercher les déterminants du rapport affectif à la ville*, Tours: Centre d'études supérieures d'aménagement, mémoire de DEA en Sciences de la ville.
BOCHET Béatrice, RACINE Jean-Bernard, 2002, «Connaître et penser la ville: des formes aux affects et aux émotions, explorer ce qu'il nous reste à trouver. Manifeste pour une géographie sensible autant que rigoureuse», *Géocarrefour,* vol. 77, n° 2, pp. 117-131.
BORDEUIL Jean Samuel, 1986, «Identité et espaces publics», *in* PELLEGRINO Pierre (éd.), *La théorie de l'espace humain*, Genève: CRAAL-FNSRS-UNESCO, pp. 206-213.
BOURDIEU Pierre, 2001, *Science de la science et réflexivité*, Paris: Raisons d'agir.
BOURDIEU Pierre, 1997 (2003), *Méditations pascaliennes*, Paris: Seuil.
BOURDIEU Pierre, 1986 (2002), «L'illusion biographique», *in* BOURDIEU Pierre, *Raisons pratiques: Sur la théorie de l'action,* Paris: Seuil, pp. 81-89.

BOURDIEU Pierre, 1993 (1998), «Comprendre», *in* BOURDIEU Pierre (dir.), *La misère du monde*, Paris: Seuil, pp. 1389-1424.
BOURDIEU Pierre, 1992 (2002), *Les règles de l'art: genèse et structure du champ littéraire*, Paris: Seuil.
BOURDIEU Pierre, 1979, *La distinction: critique sociale du jugement*, Paris: Minuit.
BOURDIEU Pierre, BOLTANSKI Luc, CASTEL Robert, CHAMBOREDON Jean-Claude, 1965, *Un art moyen: essai sur les usages sociaux de le photographie*, Paris: Minuit.
BOURDIEU Pierre, DELSAUT Yvette, 1981, «Pour une sociologie de la perception», *Actes de la recherche en sciences sociales*, n° 40, pp. 3-9.
BRAUDEL Fernand, 1958 (1995), «Histoires et sciences sociales: la longue durée», *in* BRAUDEL Fernand, *Ecrits sur l'histoire*, Paris: Flammarion, pp. 41-83.
BRETON André, 1934 (2003), *Nadja*, Paris: Gallimard.
BROCKES Berthold Heinrich, 1721, *Die durch Veränderung von Licht und Schatten sich vielfach verandernde Landschaften*.
BROSSEAU Marc *et al.*, 2005, «Géographie et géopoétique», www.cafe-geo.net/cafe2/article.php3?id_article=66%20 (consulté le 22 septembre 2005).
BROSSEAU Marc, 1996, *Des romans-géographes*, Paris: L'Harmattan.
BRUNET Roger, 1990, «Espaces produits», *in* BRUNET Roger, DOLLFUS Olivier, *Géographie universelle: Mondes nouveaux*, Paris/Montpellier: Hachette/Reclus, tome I, pp. 31-45.
BRUNET Roger, FERRAS Robert, THERY Hervé, 1992 (1993), «Humanistique», *in* BRUNET Roger, FERRAS Robert, THERY Hervé, *Les mots de la géographie: dictionnaire critique*, Montpellier: Reclus, pp. 261-262.
BRUNET Roger, FERRAS Robert, THERY Hervé, 1992 (1993), *Les mots de la géographie: dictionnaire critique*, Montpellier: Reclus.
BUSINO Giovanni, 2003, «La preuve dans les sciences sociales», *Revue européenne des sciences sociales*, vol. 41, n° 128, pp. 11-61
BUTOR Michel, 1964a (2000), «L'espace du roman», *in* BUTOR Michel, *Essais sur le roman*, Paris: Gallimard, pp. 48-58.
BUTOR Michel, 1964b (2000), «Une philosophie d'ameublement», *in* BUTOR Michel, *Essais sur le roman*, Paris: Gallimard, pp. 59-72.
BUTOR Michel, 1960a (2000), «Le roman comme recherche», *in* BUTOR Michel, *Essais sur le roman*, Paris: Gallimard, pp. 7-14.
BUTOR Michel, 1960b (2000), «Intervention à Royaumont», *in* BUTOR Michel, *Essais sur le roman*, Paris: Gallimard, pp. 15-20.
BUTTIMER Anne, 1976, «Grasping the dynamism of lifeworld», *Annals of the Association of American geographers*, vol. 66, n° 2, pp. 277-292.
BUTTIMER Anne, 1978, «Carism and context: the challenge of *la géographie humaine*», *in* LEY David, SAMUELS Marwyn S., *Humanistic geography: prospects and problems*, London: Crom Helm, pp. 58-76.
CAILLOIS René, 1958 (1991), *Les jeux et les hommes*, Paris: Gallimard.
CARLES Pierre, 2002, *Enfin pris?*, Montpellier: C-P Productions, film distribué par: Cara M (75009 Paris).
CAUNE Jean, 1997, *Esthétique de la communication*, Paris: PUF.
CAUQUELIN Anne, 1989 (2000), *L'invention du paysage*, Paris: PUF.
CERTEAU Michel de, 1980 (1991), *L'invention du quotidien: arts de faire*, Paris: 10/18.
CHALAS Yves, 2000, *L'invention de la ville*, Paris: Anthropos.

CHEVALIER Michel, 1993, «Géographie et littérature», *in* CHEVALIER Michel (dir.), *La littérature dans tous ses espaces*, Paris: CNRS éditions, pp. 1-81.
CHEVALIER Michel, 1993, «L'apport de la littérature régionaliste», *Géographie et cultures*, n° 5, pp. 127-132.
CHEVALON-DEMERSAY Sabine, 2000, «Le rapprochement des conditions: une enquête sur la série télévisée *Urgences*», *Esprit*, octobre, pp. 21-38.
CHICOINE Nathalie, ROSE Damaris, 1989, «Restructuration économique, division sexuelle du travail et répartition spatiale de l'emploi dans la Région métropolitaine de Montréal», *Espace, populations, sociétés*, n° 1, pp. 53-64.
CLAVAL Paul, 1995 (2001), *Histoire de la géographie*, Paris: PUF.
CLAVAL Paul, 1993, «La géographie et les chronotopes», *in* CHEVALIER Michel (dir.), *La littérature dans tous ses espaces*, Paris: CNRS éditions, pp. 103-122.
CLAVAL Paul, 1981, *La logique des villes: essai d'urbanologie*, Paris: Litec.
CLERVAL Anne, 2005, «Les ‹Bobos›, critique d'un faux concept», *Cybergeo: Revue européenne de géographie*, http://www.cybergeo.eu/index766.html (consulté le 17 mars 2005).
COE Jonathan, 1990 (2002), *Les Nains de la Mort*, Paris: Gallimard.
COENEN-HUTHER Jacques, 2001, *A l'écoute des humbles: entretiens en milieu populaire*, Paris: L'Harmattan.
COLLIN Françoise, 1990, «Ces études qui sont pas ‹tout›: fécondité et limites des études féministes», *Les cahiers du Grif: savoir et différence des sexes*, n° 45, pp. 81-93.
COOK Ian G., 1981, «Consciousness and the novel: fact or fiction in the works of D. H. Lawrence», *in* POCOCK Douglas C. D. (ed.), *Humanistic geography and literature*, London: Croom Helm, pp. 66-84.
CORAJOUD Pierre, 2003, *Le temps d'une flânerie: impressions d'un aventurier du proche*, Lausanne: IRL – Renens.
CORBIN Alain, 2001, *L'homme dans le paysage*, Paris: Textuel.
CORBIN Alain, 1988 (1997), *Le territoire du vide: l'Occident et le désir du rivage 1750-1840*, Paris: Flammarion.
CORBOZ André, 1983, «Le territoire comme palimpseste», *Diogène*, n° 121.
CORCUFF Philippe, 1999, «Le collectif au défi du singulier: en partant de l'habitus», *in* LAHIRE Bernard, *Le travail sociologique de Pierre Bourdieu*, Paris: La Découverte, pp. 95-120.
COSTANTINO Vincenza, 1990, «Identité et espace: des exemples littéraires», *in* BAILLY Antoine, *L'Humanisme en géographie*, Paris: Anthropos, pp. 111-122.
COUTRAS Jacqueline, 1985, *Des villes traditionnelles aux nouvelles banlieues: l'espace public au féminin*, Paris: SEDES.
CRESSWELL Tim, 1993, «Mobility as resistance: a geographical reading of Kerouac's ‹On the road›», *Transactions of the Institute of British geographers*, vol. 18, n° 2, pp. 249-263.
CRETTAZ Bernard, 1993, *La Beauté du reste: confession d'un conservateur de musée sur la perfection et l'enfermement de la Suisse et des Alpes*, Genève: Zoé.
DANIELS Stephen, RYCROFT Simon, 1993, «Mapping the modern city: Alan Sillitoe's Nottingham novels», *Transactions of the Institute of British geographers*, vol. 18, n° 4, pp. 460-480.
DANIELEWSKI Z. Mark, 2002, *La Maison des feuilles*, Paris: Denoël.
DARDEL Eric, 1952 (1990), *L'Homme et la terre*, Paris: CTHS.
DEBARBIEUX Bernard, 2003, «Représentation», *in* LEVY Jacques, LUSSAULT Michel (dir.), *Dictionnaire de la géographie et de l'espace des sociétés*, Paris: Belin.

DEBORD Guy, 1958, «Théorie de la dérive», *Internationale situationniste*, n° 2, décembre, pp. 18-23.
DESCOMBES Vincent, 1998, «La confusion des langues», *Enquête*, n° 6, pp. 35-56.
DEVEREUX Georges, 1967 (2000), *De l'angoisse à la méthode dans les sciences du comportement*, Paris: Aubier.
DELILLE Jacques, 1782, *Les jardins ou L'art d'embellir les paysages*, Paris: Valade et Cazin.
DELACROIX Christian, DOSSE François, GARCIA Patrick, TREBITSCH Michel, 2002, «Pourquoi Michel de Certeau aujourd'hui?», *in* DELACROIX Christian, DOSSE François, GARCIA Patrick, TREBITSCH Michel (dir.), *Michel de Certeau: les chemins de l'histoire*, Paris: Complexe, pp. 13-22.
DOUGLAS Mary, 1990, «La connaissance de soi», *Revue du MAUSS*, n° 8, pp. 125-136.
DUBUCS Hadrien, 2002, «Jack London et les mers du Sud», *Géographie et cultures*, n° 44, pp. 63-81.
DUCRET André, 1993, «L'arbitraire du digne», *in* GOSSELIN Georges (éd.), *Les nouveaux enjeux de l'anthropologie*, Paris: L'Harmattan, pp. 115-126.
DUNCAN James S., DUNCAN Nancy G., 1988 (2001), «Re-reading the landscape», *Environment and Planning D: Society and Space*, n° 6, traduit *in* STASZAK Jean-François *et al.* (éd.), *Géographies anglo-saxonnes: tendances contemporaines*, Paris: Belin, pp. 212-225.
EHRICH-HAEFELI Verena, 2001, «Die Syntax des Begehrens», *in* ADAMZIK Kirsten, CHRISTEN Helne, *Festschrift für Gottfried Kolde zum 65. Gerbustag*, Tübingen: Max Niemeyer Verlag, pp. 139-169.
EHRICH-HAEFELI Verena, 1999a, *Nature et féminité: différenciation des rôles de sexes et genèse de l'«individualité moderne» vers la fin du XVIIIe siècle*, Genève: Université de Genève, faculté des lettres, département d'allemand.
EHRICH-HAEFELI Verena, 1999b, «Die Kreativität des ‹Genies› (Goethes Wandrer): psychohistorische Studie zur Genese des modernen Individualität», *Freiburger literaturpsychologische Gespräche*, vol. 18, pp. 105-146.
EHRICH-HAEFELI Verena, 1998, «Die Frau als Hüterin des Idylle: zur Ausdifferenzierung der Geschlechter am Beginn des bürgerlichen Moderne (Gessner, Goethe, Voss)», *Antiquitates Renatae: Deutsche und französiche Beitrag zur Wirkung des Antike in der europäischen Literatur*, pp. 113-132.
EHRICH-HAEFELI Verena, 1995, «Zur Genese von ‹Mütterlichkeit› 1750-1800: Brentanos ‹Chronika des fahrenden Schülers› im psychohistorischen Kontext», *Psychoanalyse und die Geschichtlichkeit von Texten*, pp. 201-219.
EHRICH-HAEFELI Verena, 1994 (1998), «Individualität als narrative Leistung: zum Wandel des Personendarstellung in Romanen um 1770 – Sophie LaRoche, Goethe, Lenz», *in* FETZ Reto Luzius, HAGENBÜCHLE Roland, SCHUTZ Peter, *Geschichte und Vorgeschichte der modernen Subjektivität*, Berlin-New York: W. de Gruyter, pp. 811-843.
EICHENDORFF Joseph Karl Benedikt von, 1835 (1960), «Mondnacht», *in* EICHENDORFF Joseph von, *... als flöge sie nach Haus: dis schönste Gedichte aus Schlesien*, München: Gräfe und Unzer.
EICHENDORFF Joseph von, 1826 (2004), *Scènes de la vie d'un propre à rien*, Paris: Phébus.
ELIAS Norbert, 1939 (1994), *La civilisation des mœurs*, Paris: Calmann-Lévy.
ELIAS Norbert, 1939 (1995), *La dynamique de l'Occident*, Paris: Calmann-Lévy.
FENOGLIO Beppe, 1969 (1990), *La paie du samedi*, Paris: Gallimard.

FERRAS Robert, 1990, *Ville: paraître, être à part*, Montpellier: Reclus.

FERRIER Jean-Paul, 1990, «Savoir lire les lieux: plaidoyer pour une géographie composante majeure des sciences morales et politiques», *in* BAILLY Antoine, SCARIATI Renato, *L'humanisme en géographie*, Paris: Anthropos, pp. 23-39.

FERRIER Jean-Paul, 2003, «Territoire», *in* LEVY Jacques, LUSSAULT Michel (dir.), *Dictionnaire de la géographie et de l'espace des sociétés*, Paris: Belin, pp. 912-917.

FERRIER Jean-Paul, 1984, *Antée I: la géographie, ça sert d'abord à parler du territoire ou le métier des géographes*, Aix-en-Provence: Edisud.

FEYERABEND Paul, 2003, *La science en tant qu'art*, Paris: Albin Michel.

FILIOD Jean-Paul, WELZER-LANG Daniel, 1993, *Les hommes à la conquête de l'espace... domestique: du propre et du rangé*, Montréal: VLB Editeur.

FISCHER Gustave-Nicolas, 1997, *La psychologie sociale*, Paris: Seuil.

FONTANE Théodor, 1890 (2000), *Stine*, Toulouse: Ombres.

FOUCAULT Michel, 1971 (2001), *L'ordre du discours*, Paris: Gallimard.

FOURNEL Victor, 1867, *Ce qu'on voit dans les rues de Paris*, Paris: E. Dentu, libraire-éditeur.

FRANÇOIS Etienne, 1984, «Immigration et société urbaine en Allemagne à l'époque moderne (XVIIe-XVIIIe siècles)», *in* GARDEN Maurice, LEQUIN Yves (éd.), *Habiter la ville: XVe-XXe siècles*, Lyon: Presses universitaires, pp. 37-54.

FREMONT Armand, 1976 (1999), *La région espace vécu*, Paris: Flammarion.

GARFINKEL Harold, 1967 (1999), *Studies in ethnomethodology*, Cambridge: Polity Press.

GAY Jean-Christophe, 1993, «L'espace discontinu de Marcel Proust», *Géographie et cultures*, n° 6, pp. 35-50.

GENETE Gérard, 1991 (2000), *Fiction et diction*, Paris: Seuil.

GERÔME Paul, MICHEL Barbara, 1989, *Les moments heureux*, Carouge: Michel Bettex.

GIDDENS Antony, 1984, *La constitution de la société*, Paris: PUF.

GIORGI Amadeo, 1997, «De la méthode phénoménologique utilisée comme mode de recherche qualitative en sciences humaines: théorie, pratique et évaluation», *in* POUPART Jean, DESLAURIERS Jean-Pierre, GROULX Lionel-Henri *et al.*, *La recherche qualitative: enjeux épistémologiques et méthodologiques*, Boucherville (Québec): Gaëtan Morin, pp. 341-364.

GIRARD René, 1961, *Mensonge romantique et vérité romanesque*, Paris: Grasset.

GLACKEN Clarence J., 1967 (2000-2005), *Histoire de la pensée géographique*, Paris: CTHS, tomes 1-3.

GODBOUT Jacques T., 1997, «Recevoir, c'est donner», *Communications*, n° 65, pp. 35-48.

GOETHE Johann Wolfgang, 1795-1796 (1999), *Les Années d'apprentissages de Wilhelm Meister*, Paris: Gallimard.

GOETHE Johann Wolfgang, 1775 (1973), «Auf dem See», *in* GOETHE Johann Wolfgang, *Gedichte und Singspiele I*, Genève: Freizeit-Bibliothek, p. 55.

GOETHE Johann Wolfgang, 1774 (1997), *Les souffrances du jeune Werther*, Paris: Gallimard.

GRIMIA Jeune équipe, 2002, «Le réel et la réalité», http://www.nte.univ-lyon2.fr/grimh/association/grimia (consulté le 8 septembre 2003).

GUATTARI Félix, 2004, «Le Capitalisme Mondial Intégré et la révolution moléculaire», Revue-chimeres.org/pdf/cmi.pdf (consulté le 14 mai 2006).

HAERI Gilles, ROCHE Bruno, 1999, *Introduction à la philosophie des sciences*, Paris: PUF.

HALBWACHS Maurice, 1950 (1997), *La mémoire collective*, Paris: Albin Michel.

HALDAS Georges, 1999, *La légende de Genève*, Lausanne: L'Age d'homme.

HANCOCK Claire, 1993, «La dimension culturelle des conceptions de la ville: éléments sur une spécificité anglaise», *Géographie et cultures*, n° 5, pp. 45-70.
HARRISON Robert, 1994, *Forêts: essai sur l'imaginaire occidental*, Paris: Flammarion.
HEIDEGGER Martin, 1953 (1980), «La question de la technique», *in* HEIDEGGER Martin, *Essais et Conférences*, Paris: Gallimard, pp. 9-48.
HIRSCHFELD Christian Cay Lorenz, 1779-1783 (1973), *Théorie de l'art des jardins*, Genève: Minkoff Reprint.
HOFFMANN Ernest Théodore Amédée, 1822 (1983), «La fenêtre d'angle de mon cousin», *in* HOFFMANN Ernest Théodore Amédée, *Derniers contes*, Paris: Phébus, pp. 261-287.
HOGGART Richard, 1957 (1998), *La culture du pauvre*, Paris: Minuit.
HÖLDERLIN Friedrich, 1797 (2002), *Hypérion ou l'Ermite de Grèce*, *in* HÖLDERLIN Friedrich, *Hypérion*, Paris: Gallimard, pp. 53-240.
HÖLDERLIN Friedrich, 1797 (2002), «Fragment Thalia», Paris: Gallimard, pp. 19-47.
HONNETH Axel, 1992 (2002), *La lutte pour la reconnaissance*, Paris: Editions du Cerf.
HORNBY Nick, 1995 (2002), *Haute fidélité*, Paris: 10/18.
HUNT John Dixon, 1991, ««Ut pictura poesis»: jardin et pittoresque en Angleterre (1710-1750)», *in* MOSSER Monique, TEYSSOT Georges (dir.), *Histoire des jardins: de la Renaissance à nos jours*, Paris: Flammarion, pp. 227-237.
HUSSY Charles, 1998, *La Carte: un modèle, un langage*, Genève: Université de Genève, département de géographie.
HUYSMANS Joris-Karl, 1984 (1995), *A rebours*, Paris: Garnier-Flammarion.
HUYSMANS Joris-Karl, 1981 (2005), *En Ménage*, Paris: Bouquins, pp. 295-475.
JAFARI Jafar, 1988, «Le système du touriste: modèles socio-culturels en vue d'applications théoriques et pratiques», *Society and leisure*, vol. 1, n° 1.
JAUFFRET Régis, 2003, *Univers, univers*, Paris: Verticales.
JAVEAU Claude, 2003, *Sociologie de la vie quotidienne*, Paris: PUF.
JODELET Denise, VIET Jean, BESNARD Philippe, 1970, *La psychologie sociale: une discipline en mouvement*, Paris: Mouton.
JOST Hans Ulrich, 1983, «Promenades dans la ville», *in* WALTER François (éd.), *Vivre et imaginer la ville: 18e-19e siècles*, Genève: Zoé, pp. 83-95.
JOYCE James, 1915 (2004), *Portrait de l'artiste en jeune homme*, Paris: Gallimard.
KAPLAN Alice, ROSS Kristin, 1987, «Introduction», *Yale french studies*, n° 73, pp. 1-4.
KAUFMANN Jean-Claude, 1996, *L'entretien compréhensif*, Paris: Nathan.
KELLEY Wyn, 1996, *Melville's city: literary and urban form in Nineteenth-Century New York*, Cambridge: Cambidge University Press.
KILANI Monder, 1994, «Du terrain au texte: sur l'écriture de l'anthropologie», *Communications*, n° 58, pp. 43-60.
KOROSEC-SERFATY Perla, 1991, «Le public et ses domaines: contribution de l'histoire des mentalités à l'étude de la sociabilité publique et privée», *Espace et société*, n° 62/63, pp. 29-63.
KOUROUPAKIS Ariane, WERLI Laurence, «Analyse du concept d'autofiction», *Soi-disant: site critique et de création littéraires d'autofiction*, université de Rennes 2, www.uhb.fr/alc/cellam/soi-disant (consulté le 21 octobre 2002).
KRACAUER Siegfried, 1964 (1995), «Souvenir d'une rue de Paris», *in* KRACAUER Siegfried, *Rues de Berlin et d'ailleurs*, Paris: Le Promeneur, p. 13.
KUNDERA Milan, 1986 (2004), *L'art du roman*, Paris: Gallimard.

LACOSTE Jean, 1999 (2003), «Goethe ou la nostalgie du voyageur», introduction à GOETHE Johann Wolfgang, *in* LACOSTE Jean, *‹Le Voyage en Italie› de Goethe*, Paris: PUF, pp. I-XLIII.

LACOUE-LABARTHE Philippe, NANCY Jean-Luc, LANG Anne-Marie, 1978, *L'Absolu littéraire: Théorie de la littérature du romantisme allemand*, Paris: Seuil.

LADRIERE Jean, 1995, «Sciences et discours rationnel», *Encyclopaedia universalis*, Paris: *Encyclopaedia universalis*, vol. 20.

LAFAILLE Richard, 1989, «Départ: géographie et poésie», *Le géographe canadien*, vol. 33(2), pp. 118-130.

LAHIRE Bernard, 1998, *L'homme pluriel: les ressorts de l'action*, Paris: Nathan.

LAOUYEN Mounir, 2000, «L'autofiction: une réception problématique», actes du colloque *Frontières de la fiction*, www.fabula.org/forum/colloque99/PDF/Laouyen.pdf (consulté le 21 octobre 2002).

LAPERRIERE Anne, 1997, «La théorisation ancrée (grouded theory): démarche analytique et comparaison avec d'autres approches apparentées», *in* POUPART Jean, DESLAURIERS Jean-Pierre, GROULX Lionel-Henri *et al.*, *La recherche qualitative: enjeux épistémologiques et méthodologiques*, Boucherville (Québec): Gaëtan Morin, pp. 309-340.

LAPLANTINE François, 1999, *Je, nous et les autres: être humain au-delà des appartenances*, Paris: Le Pommier-Fayard.

LAPLANTINE François, 1996 (2000), *La description ethnographique*, Paris: Nathan.

LAPLANTINE François, 1987 (2001), *L'anthropologie*, Paris: Payot & Rivages.

LA ROCHE Sophie von, 1771 (1983), *Geschichte des Fräulein von Sternheim*, Stuttgart: Reclam.

LASSAVE Pierre, 2002, *Sciences sociales et littérature*, Paris: PUF.

LATOUR Bruno, WOOLGAR Steve, 1978 (1996), *La vie de laboratoire: la production des faits scientifiques*, Paris: La Découverte.

LAUBIER Patrick de, 1978 (1993), *Une alternative sociologique: Aristote-Marx*, Fribourg: éditions universitaires.

LAURENT Alain, 1993, *Histoire de l'individualisme*, Paris: PUF.

LE BLANC Charles, 2003a, «L'événement intérieur», *in* LE BLANC Charles, MARGANTIN Laurent, SCHEFER Olivier, *La forme poétique du monde: anthologie du romantisme allemand*, Paris: José Corti, pp. 9-37.

LE BLANC Charles, 2003b, «De la raison critique à la raison absolue», *in* LE BLANC Charles, MARGANTIN Laurent, SCHEFER Olivier, *La forme poétique du monde: anthologie du romantisme allemand*, Paris: José Corti, pp. 99-225.

LE CLEZIO Jean-Marie Gustave, 1969 (1992), *Le Livre des fuites*, Paris: Gallimard.

LE CLEZIO Jean-Marie Gustave, 1966 (1994), *Le Déluge*, Paris: Gallimard.

LE CLEZIO Jean-Marie Gustave, 1965 (1991), «La fièvre», *in* LE CLEZIO Jean-Marie-Gustave, *La fièvre*, pp. 9-59.

LEFEBVRE Henri, 1996, «Quotidien et quotidienneté», *Encyclopeadia universalis*, Paris: *Encyclopeadia universalis*, vol. 19, pp. 419-420.

LEFEBVRE Henri, 1958-1981, *Critique de la vie quotidienne* (tomes 1-3), Paris: L'Arche.

LEFEBVRE Henri, 1972 (1986), *Le droit à la ville*, Paris: Seuil.

LEJEUNE Philippe, 2002, «Pour l'autobiographie», propos recueillis par DELON Michel, *Le magazine littéraire,* n° 409, mai, pp. 20-23.

LEHAN Richard, 1986, «Uban signs and urban literature: literary form and historical process», *New literary history*, vol. 18, n° 1, pp. 99-113.

LEMONNIER Pierre, 1991 (2002), «Technique (système)», *in* BONTE Pierre, IZARD Michel, *Dictionnaire de l'ethnologie et de l'anthropologie*, Paris: PUF, pp. 697-698.

LEVINAS Emmanuel, 1982 (2000), *Ethique et infini*, Paris: Le livre de poche.

LEVY Bernard-Henri, 2000, *Le Siècle de Sartre: enquête philosophique*, Paris: Grasset et Fasquelle.

LEVY Bertrand, 1999, «La géographie humaniste entre classicisme et modernité», *in* LOI Antonio, QUAINI Massimo, *Il geografo alla ricerca dell'ombra perduta*, Turin: Edizini dell'Orso, pp. 175-184.

LEVY Bertrand, 1997, «Géographie culturelle, géographie humaniste et littérature: position épistémologique et méthodologique», *Géographie et cultures*, n° 21, pp. 27-44.

LEVY Bertrand, 1994, «Identité urbaine et territorialité existentielle: l'âme d'une ville existe-t-elle? L'exemple de Genève», *in* RAFFESTIN Claude, PIOLLE Xavier (dir.), Contribution préparatoire au colloque: *Fin des territoires ou diversification des territorialités: la géographie interrogée*, Pau: SET, pp. 27-44.

LEVY Bertrand, 1990, «L'apport de la philosophie existentielle à la géographie humaniste», *in* BAILLY Antoine, SCARIATI Renato, *L'humanisme en géographie*, Paris: Anthropos, pp. 77-86.

LEVY Bertrand, 1987, *Géographie humaniste et littérature: l'espace existentiel dans la vie et l'œuvre de Hermann Hesse (1877-1962)*, Genève: Université de Genève, Faculté des sciences économiques et sociales, Département de géographie.

LEVY Bertrand, 1983, «Géographie humaniste et littérature: notes de lecture», *Brouillons Dupont*, n° 11, pp. 37-59.

LEVY Jacques, 1994, *L'espace légitime*, Paris: Presses des Sciences Politiques.

LEVY Jacques, LUSSAULT Michel (dir.), 2003, *Dictionnaire de la géographie et de l'espace des sociétés*, Paris: Belin.

LEY David, 1993 (2001), «Co-operative housing as a moral landscape: reaxamining the post-modern city», *in* DUNCAN James, LEY David, *Place, culture, representation*, Londres: Routledge, pp. 148-218.

LEY David, 1977, «Social geography and the taken-for-granted world», *Transactions of the Institute of British geographers*, new series, vol. 2, n° 4, pp. 498-512.

LEY David, SAMUELS Marwyn S., 1978, «Introduction: contexts of modern humanism in geography», *in* LEY David, SAMUELS Marwyn S., *Humanistic geography: prospects and problems*, London: Crom Helm, pp. 1-21.

LINOSSIER Rachel, JATON Virginie, 2002, «Les récitants du projet urbain: territoires et temporalités», *in* ZEPF Markus (dir.), *Actions publiques et métropolisation: concerter, gouverner et concevoir*, Lausanne: Presses polytechnique et universitaire romandes.

LIPPUNER Roland, 2003, «Géographie, culture et quotidien: un renouveau théorique», *Géographie et cultures*, n° 47, pp. 29-43.

LIPOVETSKY Gilles, 1988 [2000], *L'empire de l'éphémère: la mode es son destin dans les sociétés modernes*, Paris: Gallimard.

LIVET Pierre, 2003b, «La preuve», projet d'ouverture au colloque d'Arolla 2003 du groupe Raison et rationalité, non publié mais disponible auprès de l'Institut de géographie, Lausanne (CH-1015): Université de Lausanne.

LIVET Pierre, VOLKEN Henri, «La preuve», pré-texte au colloque d'Arolla 2003 du groupe Raison et rationalité, non publié mais disponible auprès de l'Institut de géographie, Lausanne (CH-1015): Université de Lausanne.

LIVET Pierre, VOLKEN Henri, 2003a, «La preuve», *Revue européenne des sciences sociales,* tome XLI, n° 128, pp. 5-10.
LOCMANT Patrice, 2005, «Le Paris de Huysmans», préface à HUYSMANS Joris-Karl, *A Paris*, Paris: Bartillat, pp. 9-35.
LODGE David, 2001, *Pensées secrètes*, Paris: Rivages.
LOPEZ Robert, 1996, «Un nouvel apartheid social: hautes murailles pour villes de riches», *Le monde diplomatique*, mars, pp. 1-12.
LORTHOLARY Bernard, 1998, «Préface» et notes à GOETHE Johann Wolfgang, 1808-1832 (1998), *Faust I-II*, Paris: Garnier-Flammarion.
LUSSAULT Michel, 2003, «Monde vécu», *in* LEVY Jacques, LUSSAULT Michel (dir.), *Dictionnaire de la géographie et de l'espace des sociétés*, Paris: Belin, pp. 636-637.
MACHEREY Pierre, 1990, *A quoi pense la littérature?,* Paris: PUF.
MAFFESOLI Michel, 1992, *La transfiguration du politique*, Paris: Grasset & Fasquelle.
MAFFESOLI Michel, 1988, *Le temps des tribus*, Paris: Méridiens Klinsieck.
MAILLARD Alain, 1995, «Le rêve américain se barricade», *L'Hebdo*, 24 mai, pp. 33-34.
MARGANTIN Laurent, 2003a, «La connaissance romantique», *in* LE BLANC Charles, MARGANTIN Laurent, SCHEFER Olivier, *La forme poétique du monde: anthologie du romantisme allemand*, Paris: José Corti, pp. 38-66.
MARGANTIN Laurent, 2003b, «La science romantique», *in* LE BLANC Charles, MARGANTIN Laurent, SCHEFER Olivier, *La forme poétique du monde: anthologie du romantisme allemand*, Paris: José Corti, pp. 323-437.
MARTIN Olivier, 2000, *Sociologie des sciences*, Paris: Nathan.
MARTIN-GRANEL Nicolas, 2003, «Ironie», article du *Dictionnaire international des termes littéraires*, www.ditl.info/index-fr.php (consulté le 15 septembre 2003).
MATTHEY Laurent, 1998, *La machine-à-produire-*des*-identités: rêveries autour de la ville contemporaine et de ses territorialités. L'exemple du mouvement squat*, Genève: Université de Genève, faculté des sciences économiques et sociales, département de géographie, mémoire de licence en géographie.
MAUPASSANT Guy (de), 1880 (2004), *Les dimanches d'un bourgeois de Paris*, Paris: Mille et une nuits.
MAUSS Marcel, 1923-1924 (1995), «Essai sur le don: forme et raison de l'échange dans les sociétés archaïques», *in* MAUSS Marcel, *Sociologie et anthropologie*, Paris: PUF, pp. 143-279.
MAXWELL Joseph A., 1999, *La modélisation de la recherche qualitative: une approche interactive*, Fribourg: Editions universitaires.
MERRIFIELD Andy, 1995 (2001), «Situated knowledge through exploration: reflections on Bunge's. ‹Geographical Expeditions›», *Antipode*, n° 27, traduit *in* STASZAK Jean-François (éd.) *et al.*, *Géographies anglo-saxonnes: tendances contemporaines*, Paris: Belin, pp. 138-150.
MIDDLETON Catherine A., 1981, «Roots and rootlessness: and exploration of the concept in the life novels of George Eliot», *in* POCOCK Douglas C. D. (ed.), *Humanistic geography and literature*, London: Croom Helm, pp. 101-120.
MIT Equipe (2002), *Tourismes 1: lieux communs*, Paris: Belin.
MITCHELL Don, 1995, «The end of public space? People's Park, definitions of the public and democracy», *Annals of the Association of American geographers*, vol. 85, n° 1, pp. 108-133.
MONDADA Lorenza, 2003, «Représentation», *in* LEVY Jacques, LUSSAULT Michel (dir.), *Dictionnaire de la géographie et de l'espace des sociétés*, Paris: Belin, p. 790.

MONDADA Lorenza, 2001, «L'entretien comme événement interactionnel. Approche linguistique et conversationnelle» *in* GROSJEAN Michèle, THIBAUD Jean-Paul, *L'espace urbain en méthodes*, Marseille: Parenthèses, pp. 197-214.

MONDADA Lorenza, 2000a, *Décrire la ville: la construction des savoirs urbains dans l'interaction et dans le texte*, Paris: Anthropos.

MONDADA Lorenza, 2000b, «Apports de l'ethnométhodologie et de l'analyse conversationnelle à la description de l'acquisition dans l'interaction», Communication faite dans le cadre du colloque: *Questions d'épistémologie en didactique du français*, Poitiers, 20-22 janvier 2000, www.univ-poitiers.fr/colloques/epistemologie/atelier2.htm (consulté le 24 janvier 2001).

MONDADA Lorenza, SÖDERSTRÖM Ola, 1994, «Lorsque les objets sont instables (II): des espaces urbains en composition», *Géographie et cultures*, n° 12, pp. 84-106.

MONDADA Lorenza, SÖDERSTRÖM Ola, 1993a, «Du texte à l'interaction: parcours à travers la géographie culturelle contemporaine», *Géographie et cultures*, n° 8, pp. 71-82.

MONDADA Lorenza, SÖDERSTRÖM Ola, 1993b, «Lorsque les objets sont instables: les faits culturels comme processus», *Géographie et cultures*, n° 8, pp. 83-100.

MOESSINGER Pierre, 1996, *Irrationalité individuelle et ordre social*, Genève: Droz.

MORIN Violette, 1969, «L'objet biographique», *Communications*, n° 13, pp. 131-139.

MOSSER Monique, 1999, «Les dérives de l'idylle», *in* BRUNO Hervé (dir.), *Le jardin, notre double: sagesse et déraison*, Paris: Autrement-Mutations, pp. 183-203.

MOSSER Monique, 1991, «Les architectures paradoxales ou petit traité des fabriques», *in* MOSSER Monique, TEYSSOT Georges (dir.), *Histoire des jardins: de la Renaissance à nos jours*, Paris: Flammarion, pp. 259-275.

MOSSER Monique, TEYSSOT Georges, 1991, «L'architecture du jardin et l'architecture dans le jardin», *in* MOSSER Monique, TEYSSOT Georges (dir.), *Histoire des jardins: de la Renaissance à nos jours*, Paris: Flammarion, pp. 7-17.

MOUFFE Chantal, 1995, «Post-Marxism: democracy and identity», *Society and space*, vol. 13, n° 3, août, pp. 259-265.

MULLER Jean-Claude, 1991 (2002), «Rite de passage», *in* BONTE Pierre, IZARD Michel, *Dictionnaire de l'ethnologie et de l'anthropologie*, Paris: PUF, pp. 633-634.

NECKER Louis, 1995, *La mosaïque genevoise*, Genève: Zoé.

NEWBY Peter T., 1981, «Literature and the fashioning of tourist taste», *in* POCOCK Douglas C. D. (ed.), *Humanistic geography and literature*, London: Croom Helm, pp. 130-141.

NOVALIS, 1798 (2002), «Poéticismes», *in* NOVALIS, *Le monde doit être romantisé*, Paris: Allia, pp. 33-74.

NOVALIS, 1797 (1992), «Les Disciples à Saïs», *in* NOVALIS, *Fragments*, Paris: José Corti, pp. 70-119.

NORA Pierre, 1984, «Entre mémoire et histoire: la problématique des Lieux», *in* NORA Pierre (dir.), *Les lieux de mémoire, tome 1: La République*, Paris: Gallimard, pp. 17-42.

OLERON Pierre, 1983 (2001), *L'argumentation*, Paris: PUF.

OLWIG Kenneth Robert, 1981, «Literature and ‹Reality›: the transformation of the Jutland heath», *in* POCOCK Douglas C. D. (ed.), *Humanistic geography and literature*, London: Croom Helm, pp. 47-65.

OSTROWETSKY Sylvia, 1986, «La dynamique sociale – urbanité – identité», *in* PELLEGRINO Pierre (éd.) *et al.*, *La théorie de l'espace humain*, Genève: CRAAL-FNSRS-UNESCO, pp. 197-207.

PAGES Yves, 2001, *Le théoriste*, Paris: Seuil.

PAILLE Pierre, 1996, «Recherche qualitative», *in* MUCCHIELLI Alex (dir.), *Dictionnaire des méthodes qualitatives en sciences humaines et sociales*, Paris: Armand Colin, pp. 196-198.

PARK Robert Ezra, 1925 (1995), «La ville: propositions de recherche sur le comportement humain en milieu urbain», *in* GRAFMEYER Yves, JOSEPH Isaac (éds), *L'Ecole de Chicago: naissance de l'écologie urbaine*, Paris: Aubier, pp. 83-130.

PEREC Georges, 1975 (2003), *Tentative d'épuisement d'un lieu parisien*, Paris: Bourgois.

PERROT Jean-Claude, 1968, «Rapports sociaux et villes au XVIIIe s.», *Annales E.S.C.*, n° 2, mars-avril, pp. 241-267.

PIKE Burton, 1981, *The image of the city in modern literature*, Princeton: Princeton University Press.

PINÇON Michel, PINÇON-CHARLOT Monique, 2000, «La ville des sociologues», *in* PAQUOT Thierry, LUSSAULT Michel, BODY-GENDROT Sophie, *La ville et l'urbain: l'état des savoirs*, Paris: La Découverte, pp. 53-61.

PIRES Alvaro P., 1997, «De quelques enjeux épistémologiques d'une méthodologie générale pour les sciences sociales», *in* POUPART Jean, DESLAURIERS Jean-Pierre, GROULX Lionel-Henri *et al., La recherche qualitative: enjeux épistémologiques et méthodologiques*, Boucherville (Québec): Gaëtan Morin, pp. 3-54.

PIVETEAU Jean-Luc, 1996, «Notre territorialité n'est-elle pas essentiellement masculine», *Géographie et cultures*, n° 20, pp. 69-80.

PIVETEAU Jean-Luc, 1986 (1995), «La perception de l'espace en Suisse allemande, au XVIIIe siècle: Uli Bräker», *in* PIVETEAU Jean-Luc, *Temps du territoire*, Genève: Zoé, pp. 33-45.

PIVETEAU Jean-Luc, 1981 (1995), «La perception de l'espace en Suisse romande, au XVIIIe siècle: J.-J, Rousseau», *in* PIVETEAU Jean-Luc, *Temps du territoire*, Genève: Zoé, pp. 47-56.

PIVETEAU Jean-Luc, 1983 (1995), «Les voyages en zig-zag, de R. Töppfer», *in* PIVETEAU Jean-Luc, *Temps du territoire*, Genève: Zoé, pp. 57-70.

PLOGER John, 1995, «Critique of everyday life», *Geografiska annaler, Series B, Human geography*, vol. 77, n° 1, pp. 65-66.

POCOCK Douglas C. D., 1981, «Introduction: imaginative literature and the geographer», *in* POCOCK Douglas C. D. (ed.), *Humanistic geography and literature: essays on the expérience of place*, London: Croom Helm.

POE Edgar Allan, 1841 (2004), «L'homme des foules», *in* POE Edgar Allan, *Nouvelles histoires extraordinaires*, Paris: Pocket, pp. 67-78.

PRED Allan, 1991, «Everyday articulations of modernity (Vega symposium introduction)», *Geografiska annaler, Series B, Human geography*, vol. 73, n° 1, pp. 3-5.

PRED Allan, 1990, *Lost words and lost worlds: modernity and the language of everyday life in late nineteenth century Stockholm*, New York: Cambridge university press.

PRED Allan, 1981, «Social reproduction and the time-geography of everyday life», *Geografiska annaler, Series B, Human geography*, vol. 63, n° 1, pp. 5-22.

PRIETO Luis, 1975, *Pertinence et pratique*, Paris: Minuit.

PRINCE Hugh C., 1981, «George Crabbe's Suffolok scenes», *in* POCOCK Douglas C. D. (ed.), *Humanistic geography and literature*, London: Croom Helm, pp. 190-208.

RACINE Jean-Bernard, 2006, «Entre pluralisme et complexité: le rôle des valeurs dans la pratique et l'apport de la géographie humaine. Chronique d'une écriture errante», *Revue européenne des sciences sociales*, tome XLIV, n° 134, pp. 231-245.

RACINE Jean-Bernard, 2004, «Lausanne entre les lignes: exploration d'une géographie littéraire», *in* LEVY Bertrand, RAFFESTIN Claude, *Voyage en ville d'Europe*, Genève: Métropolis, pp. 75-132.

RACINE Jean-Bernard, 2003, «Radical geography», *in* LEVY Jacques, LUSSAULT Michel (dir.), *Dictionnaire de la géographie et de l'espace des sociétés*, Paris: Belin, pp. 761-762.

RACINE Jean-Bernard, 2002, *Epistémologie des sciences sociales*, Lausanne: Ecole des Hautes études commerciales.

RACINE Jean-Bernard, 1993, *La ville entre Dieu et les Hommes*, Lausanne: Presses Bibliques Universitaires.

RACINE Jean-Bernard, 1984, «Du graphô au phonème: voyage en spirale au sein d'un ensemble co-disciplinaire», *Etudes de lettres*, n° 1, pp. 129-140.

RACINE Jean-Bernard, BOCHET Béatrice, MATTHEY Laurent, 2001, «Itinéraires dans les territoires de la fécondité intellectuelle», *Itinéraires: recherches chrétiennes d'ouverture,* n° 37, pp. 26-30.

RACINE Jean-Bernard, RAFFESTIN Claude, 1983, «L'espace et la société dans la géographie sociale: pour une approche critique du quotidien», *in* PAELINCK Jean, SALLEZ Alain, *Espace et localisation: la découverte de l'espace dans la pensée scientifique française*, Paris: Economica, pp. 304-330.

RAFFESTIN Claude, TURCO Angelo, 1995, «Epistémologie de la géographie humaine», *in* BAILLY Antoine *et al., Les concepts de la géographie humaine*, Paris: Masson, pp. 165-171.

RAFFESTIN Claude, 1989, «Théories du réel et géographicité», *Espaces Temps*, n° 40-41, pp. 26-31.

RAFFESTIN Claude, 1985, «A propos de l'imagination géographique ou réflexions dans les marges pour tenter de penser le centre», *Géotopiques*, Universités de Genève et Lausanne, tome 2, pp 5-7.

RAFFESTIN Claude, 1983, «L'imagination géographique», *Géotopiques*, Universités de Genève et Lausanne, tome 1, pp. 25-44.

RAFFESTIN Claude, 1980, *Pour une géographie du pouvoir*, Paris: Litec.

RAFFESTIN Claude, 1977, «Paysage et territorialité», *Cahiers de géographie de Québec*, vol. 21, n° 53-54, pp. 123-134.

RAGON Michel, 1985, *L'homme et les villes*, Paris: Berger-Levrauet.

REMY Jean, 2001, «Ville visible, ville invisible: un réseau aréolaire», *Architectura y cultura*, n° 1, pp. 144-167.

REMY Jean, 1983, «Identité et altérité: processus de spatialisations individuelles et collectives», *Espaces et sociétés*, pp. 97-115.

RETAILLE Denis, 2003, «Géographicité», *in* LEVY Jacques, LUSSAULT Michel (dir.), *Dictionnaire de la géographie et de l'espace des sociétés*, Paris: Belin, pp. 398-399.

RICŒUR Paul, 1988, «L'identité narrative», *Esprit*, juillet, pp. 295-304.

RILKE Rainer Maria, 1910 (1995), *Les Carnets de Malte Laurids Brigge*, Paris: Garnier-Flammarion.

RIESMAN, 1962 (1992), *La foule solitaire*, Paris: Arthaud.

RITTER Joachim, 1962 (1997), *Paysage: fonction de l'esthétique dans la société moderne*, Besançon: Les Editions de l'Imprimeur.

ROBINSON Brian S., 1977, «Some fragmented forms of space», *Annals of the Association of American geographers*, vol. 67, n° 4, pp. 549-563.

ROGER Alain, 1997, *Court traité du paysage*, Paris: Gallimard.
ROGERS Carl R., 1961 (1998), «Les caractéristiques des relations d'aides», *in* ROGERS Carl R., *Le développement de la personne*, Paris: Dunod, pp. 24-63.
ROGERS Mary F., 1984, «Everiday life as texte», *Sociological theory*, vol. 2, pp. 165-186.
ROUGEMONT Denis de, 1938 (1997), *L'amour et l'Occident*, Paris: 10/18.
RIESMAN David, 1962 (1992), *La foule solitaire*, Paris: Arthaud.
ROCHLITZ Rainer, 2000, «Présentation», *in* BENJAMIN Walter, *Œuvres I*, Paris: Gallimard, pp. 7-50.
ROSTAND Edmond, 1897 (1990), *Cyrano de Bergerac*, Paris: Le livre de poche.
ROUSSEAU Jean-Jacques, 1782 (2003), *Rêveries du promeneur solitaire*, Paris: Gallimard.
SAID Edward W., 1997, *L'Orientalisme: l'Orient créé par l'Occident*, Paris: Seuil.
SAMUELS Marwyn S., 1978, «Exitentialism and human geography», *in* LEY David, SAMUELS Marwyn S., *Humanistic geography: prospects and problems*, London: Crom Helm, pp. 22-40.
SARTORETTI Thierry, 1997, «Cafetier hors la loi cherche noise à bar illégal», *L'Hebdo*, 30 octobre, pp. 46-47.
SARTRE Jean-Paul, 1972, «Plaidoyer pour les intellectuels», *in* SARTRE Jean-Paul, *Situations VIII*, Paris: Gallimard.
SARTRE Jean-Paul, 1940, *L'Etre et le néant*, Paris: Gallimard.
SAVARY Sophie, 2004, «Barcelone par ses paysages contée: pertinence du dialogue entre romans et récits d'habitants», *Strates*, n° 11, http://strates.revues.org/document420.html (consulté le 30 décembre 2005).
SCHAEFFER Jean-Marie, 1999, «Présentation», *in* SCHLEGEL Friedrich, 1798 (1999), *Sur le Meister de Goethe*, Paris: Hoëbeke, pp. 9-30.
SCHEFER Olivier, 2003, «L'esthétique de la totalité», *in* LE BLANC Charles, MARGANTIN Laurent, SCHEFER Olivier, *La forme poétique du monde: anthologie du romantisme allemand*, Paris: José Corti, pp. 67-97.
SCHEFER Olivier, 2000, «Encyclopédie et combinatoire», introduction à NOVALIS, *Le Brouillon général*, Paris: Allia, pp. 7-19.
SCHELLE Karl Gottblob, 1802 (1996), *L'Art de se promener*, Paris: Rivages.
SCHERPE Klaus R., 1992, «Modern and postmodern transformations of metropolitan narrative», *New German critique*, n° 55, pp. 71-85.
SCHILLER Frederich, 1786 (2003), «Lettres philosophiques», traduit dans SCHEFER Olivier, 2003, *in* LE BLANC Charles, MARGANTIN Laurent, SCHEFER Olivier, *La forme poétique du monde: anthologie du romantisme allemand*, Paris: José Corti, pp. 334-338.
SCHILLER Frederich, 1795 (1873), «La promenade», *in* SCHILLER Frederich, *Poésies*, Paris: Hachette.
SCHLEGEL Friedrich, 1798 (1999), *Sur le Meister de Goethe*, Paris: Hoëbeke.
SCHÜTZ Alfred, 1932 (2000), *Eléments de sociologie phénoménologique*, Paris: L'Harmattan.
SCHWARTZ Olivier, 1990, *Le monde privé des ouvrier: hommes et femmes du Nord*, Paris: PUF.
SCHWARTZ Olivier, 1993, «L'empirisme irréductible», postface à ANDERSON Nels, *Le Hobo*, Paris: Nathan, pp. 265-308.
SEAMON Dvid, 1981, «Newcomers, existentiel outsiders and insiders: their portrayal in two books by Doris Lessing», *in* POCOCK Douglas C. D. (ed.), *Humanistic geography and literature*, London: Croom Helm, pp. 85-100.
SENNETT Richard, 1979, *Les tyrannies de l'intimité*, Paris: Seuil.

SHARP Joanne P., 2000, «Towards a critical analysis of fictive geographies», *Area*, vol. 32, septembre, pp. 327-334.

SIMON Pierre-Jean, 1991, *Histoire de la sociologie*, Paris: PUF.

SIMMEL Georg, 1908 (1994), «Digressions sur l'Etranger», *in* GRAFMEYER Yves, JOSEPH Isaac (éds), *L'Ecole de Chicago: naissance de l'écologie urbaine*, Paris: Aubier, pp. 53-59.

SIMMEL Georg, 1903 (1994), «Métropoles et mentalités», *in* GRAFMEYER Yves, JOSEPH Isaac (éds), *L'Ecole de Chicago: naissance de l'écologie urbaine*, Paris: Aubier, pp. 61-77.

SMITH Susan J., 1984, «Practicing humanistic geography», *Annals of the Association of American geographers*, vol. 74, n° 3, septembre, pp. 353-374.

SÖDERSTRÖM Ola, 1992, *Les métamorphoses du patrimoine: formes de conservation du construit et urbanité*, Lausanne: Université de Lausanne, faculté des lettres, département de géographie, thèse de doctorat en géographie.

SOUCY Claude, 1971, *L'image du centre dans quatre romans contemporains*, Paris: CSU.

STENGERS Isabelle, 1993 (1995), *L'invention des sciences modernes*, Paris: Flammarion.

THIBAUD Jean-Paul, 2001, «La méthode des parcours commentés», *in* GROSJEAN Michèle, THIBAUD Jean-Paul, *L'espace urbain en méthodes*, Marseille: Parenthèses, pp. 78-99.

TISSIER Jean-Louis, 1992 (1995), «Géographie et littérature», *in* BAILLY Antoine, FERRAS Robert, PUMAIN Denise (dir.), *Encyclopédie de géographie*, Paris: Economica, pp. 217-237.

TUAN Yi-Fu, 1976, «Humanistic geography», *Annals of the Association of American geographers*, vol. 66, n° 2, pp. 266-276.

TURNER Michael, 2003, *Le poème pornographe*, La Laune: Au diable vauvert.

VEBLEN Thorstein, 1899 (1978), *Théorie de la classe de loisir*, Paris: Gallimard.

VELUT Sébastien, 2002, «Microcosmes: un autoportrait géographique de Claudio Magris», *Géographie et cultures*, n° 44, pp. 83-100.

VENTURI Robert, 1972 (1995), *L'enseignement de Las Vegas, ou le symbolisme oublié*, Paris: Mardaga.

VEYNE Paul, 1971 (1996), *Comment on écrit l'histoire*, Paris: Seuil.

VILLENEUVE Paul, 1991, «Les rapports femmes-hommes en milieu urbain: patriarcat ou partenariat?», *Cahiers de géographie du Québec*, vol. 35, n° 95, pp. 385-401.

VIRILIO Paul, 1993, «Balises de survie: les canots de sauvetage des naufragés de la ville», *L'autre journal*, n° 5, pp. 18-19.

WACHOWSKI Andy, WACHOWSKI Larry, 1999, *The Matrix*, Village Roadshow Productions, Groucho II Film Partnership, Silver Pictures, film distribué par Warner Bros.

WAERBEKE Jacques van, 2002, «La métaphore du territoire dans deux récits de Didier Daeninckx», *Géographie et cultures*, n° 44, pp. 33-42.

WAERBEKE Jacques van, 1999, «Territorialité et intégration dans les banlieues parisiennes à partir de la trilogie filmique de Malik Chibane: ‹Chronique de la jeunesse des années 90›», *Cybergéo: Revue européenne de géographie*, http://www.cybergeo.presse.fr/culture/waerbeck/waerbeck.htm (consulté le 15 novembre 2005).

WAERBEKE Jacques van, 1996, «La poétique spatiale des représentations de la banlieue de Paris», *Géographie et cultures*, n° 19, pp. 51-78.

WAERBEKE Jacques van, 1993, «A propos de la place de l'imaginaire dans les représentations spatiales: les représentations de la banlieue de Paris dans l'œuvre de Jean Teulé», *Géographie et cultures*, n° 5, pp. 107-126.

WALPOLE Horace, 1771 (2000), *Essai sur l'art des jardins modernes*, Paris: Gérard Montfort.

WALTER François, 1996, *Cours d'histoire de l'environnement*, Université de Genève: faculté des lettres, département d'histoire.

WALTER François, 1995, *La Suisse urbaine: 1750-1950*, Genève: Zoé.

WALTER François, 1990, *Les Suisses et l'environnement: une histoire du rapport à la nature du XVIIIe siècle à nos jours*, Genève: Zoé.

WATELET Claude-Henri, 1774 (2004), *Essai sur les jardins*, Paris: Gérard Montfort.

WATT Ian, 1957 (2002), *The rise of the novel*, Londres: Chatto and Windus.

WERLEN Benno, 2003, «Géographie culturelle et tournant culturel», *Géographie et cultures*, n° 47, pp. 7-27.

WHATELY Thomas, 1771 (1973), *L'Art de former des jardins modernes*, Genève: Minkoff Reprint.

WILLIAMS Reymond, 1977, «Plaisantes perspectives: invention du paysage et abolition du paysage», *Actes de la recherche en sciences sociales*, n° 17-18, pp. 29-36.

WITRH Louis, 1938 (1990), «Le phénomène urbain comme mode de vie», *in* GRAFMEYER Yves, JOSEPH Isaac (éds), *L'Ecole de Chicago: naissance de l'écologie urbaine*, Paris: Aubier, pp. 255-281.

ZAJONC Robert, 1965, «Social facilitation», *Science,* vol. 149, pp. 269-274.

En résumé

Chapitre 1. Retraçant le parcours épistémique du quotidien et de la quotidienneté dans la géographie humaine, et singulièrement leur retour dans la Nouvelle géographie par l'intermédiaire des budgets espace-temps, de la critique radicale et de la pratique humaniste, ce chapitre montre comment la question dont est issue cette recherche est susceptible de participer à une théorie générale des systèmes territoriaux. Le quotidien, plus qu'un objet ou un paradigme, est une médiation: il organise la rencontre de régimes explicatifs hétérogènes. Ainsi, l'entrée par la porte des pratiques quotidiennes permet d'envisager simultanément les logiques d'action de l'homme-habitant et les déterminations sociales et géographiques de ces logiques d'action. Tout en se «bricolant» une identité personnelle dans ses pratiques de ville, l'homme-habitant produit des structures spatiales qui habilitent ce bricolage, et en assurent un certain contrôle.

Chapitre 2. La question à laquelle tente de répondre cette thèse repose sur une théorie implicite de la ville et l'urbain que ce chapitre se propose d'expliciter. Cette théorie rend compte des rapports entretenus entre les catégories de l'espace public, de l'espace communautaire et de l'espace privé à l'intérieur des villes du Moyen Age, de la Modernité et de la période actuelle. Elle conduit à la formalisation d'un idéal-type, celui de la ville contemporaine, espace des communautés «affectuelles», composé de «régions morales» entre lesquelles un individu mobile flue; réalisant partiellement et provisoirement, certaines caractéristiques personnelles dans des espaces spécifiques de l'espace des diverses personnalités collectives. Ce chapitre se conclut en montrant que l'idéal-type de la ville contemporaine constitue l'aspect hardware de la machine à produire des identités que se propose d'expliciter cette recherche.

Chapitre 3. Le fonctionnement de la ville contemporaine, en tant que machine à produire des identités, nécessite que ses habitants soient dotés de la capacité à «faire parler» ces différentes régions morales qui structurent l'espace urbain, qu'ils disposent de la technique du vivre en ville permettant de révéler l'épaisseur imaginale des différentes unités de sens qui constituent la trame de cet espace. Il s'agit ici de considérer le capital esthétique (constitutif de l'aspect software de la machine à produire des identités) par lequel l'homme-habitant a justement la possibilité de lire la ville contemporaine. Ce capital esthétique nécessite de théoriser l'habitant comme un poète à l'état pratique, en articulant les travaux de la géographie humaniste avec les approches méthodologiques dites de la «profanation», du «braconnage» ou encore de la «consommation distanciée» dans une invitation à faire l'analyse simultanée de la production des médiations esthétiques et leurs usages par des hommes sans qualités.

Chapitre 4. Constituer le texte littéraire comme un matériau d'enquête en sciences humaines et sociales ne va pas de soi. Par exemple, trois grandes approches géographiques du littéraire sont généralement identifiées (cf. Chevalier, Tissier, Brosseau), selon que le texte est posé comme ressource documentaire, moyen d'appréhender la relation que des individus tissent avec un lieu donné, source d'inspiration d'autres manières de concevoir l'espace ou de l'écrire. Cette dernière approche tend à poser le texte littéraire comme irréductible au langage des sciences sociales et prétend qu'il convient de dialoguer avec lui plutôt qu'y chercher les moyens de valider une théorie. Ce chapitre tente de construire une quatrième voie. La spécificité du texte littéraire est celle d'être une «forme qui cherche», notamment à rendre compte de la manière dont la réalité nous apparaît. S'il n'est pas le réel, il aspire néanmoins à un certain réalisme «phénoménologique». Il permet ainsi, dans sa forme, d'appréhender des modalités du rapport à l'extériorité humaine, des «prises médiales» par lesquelles des sujets composent avec leur milieu. C'est ainsi que le texte littéraire est un matériau de première main dès lors qu'il s'agit d'établir une généalogie des pratiques de ville. Il permet d'envisager la façon dont se cristallisent, se stabilisent et se métabolisent des manières territoriales. Par ailleurs, dès lors que l'on considère que le texte littéraire, notamment la forme du réalisme moderne, participe d'un mode spécifique de subjectivité, la possibilité d'une mise en rapport des structures identitaires et des pratiques spatiales est offerte à la personne qui cherche.

Chapitre 5. La dimension narrative du réalisme moderne conduit à une manière spécifique de restituer la rencontre d'un personnage et du paysage. Celui-ci est un trouble qui ouvre à une double herméneutique (du sujet et du lieu) et mobilise une esthétique de l'expérience (le sens du paysage est toujours contextuel et non plus universel). Cette manière se renforce avec le romantisme d'Iéna et se normalise avec celui de Berlin. L'appréhension du paysage nécessite l'ensemble de l'appareil perceptif du personnage; celui-ci varie les prises qui lui permettraient de faire parler le lieu; mais le sens est évanescent; seules demeurent les impressions contextuelles qui ont été éprouvées ici et là. Cette relation paysagère se retrouve encore dans la forme-lieu du jardin paysager qui constitue ainsi un laboratoire des pratiques spatiales qui seront ultérieurement transférées au milieu urbain. Le visiteur du jardin non géométrique se promène dans le paysage; il perçoit différents lieux qui le conduisent à expérimenter des sensations diverses, sources d'idées et productrices de «caractères hétérogènes». Ce sont les fondamentaux d'une technique spatiale qui se dessinent ici: des impressions, des idées, des imaginaires sont associés à des lieux; un «œil» herméneutique apprend à lire des détails susceptibles de révéler un sens (labile) du lieu, qui varie en fonction de la situation du sujet. Paysage et jardin non géométrique totalisent dans une forme l'expérience d'un homme «ondoyant et divers». C'est la mise au jour de ce socle archéologique qu'accomplit ce chapitre.

Chapitre 6. Ce chapitre poursuit l'archéologie des pratiques habitantes initiées au chapitre 5. Il montre la diffusion et la stabilisation de l'image médiale de la polytopie, esquissée par la relation paysagère du préromantisme. Les textes littéraires (produit entre le début du XIXe siècle et la fin du XXe siècle) mobilisés ici s'inscrivent dans un environnement urbain. On y observe un ou plusieurs personnages en train de paysager la ville. L'esthétique de l'expérience et l'œil herméneutique qui s'activaient auparavant à la rencontre d'éléments naturels s'enclenchent à présent à l'observation des foules des grandes villes, dont les actes accomplis en situation donnent prétexte à la production de romans pratiques, qui sont autant de tentatives imaginaires de vivre d'autres existences. Mais cette esthétique de l'expérience et cet œil herméneutique sont aussi stimulés par des éléments de la morphologie urbaine. Le personnage cherche des détails qui le conduiraient dans un autre lieu. Par ailleurs, la permanence d'un schème sensualiste conduit à ce que les sensations et les idées des personnages sont solidement associées à des lieux. On repère ici la forte influence de l'espace diégétique sur l'espace référentiel. La conduite de récit nécessite en effet que les énoncés descriptifs soient parfaitement intégrés aux énoncés narratifs, ce qui conduit à accomplir des descriptions en mouvement de l'espace référentiel, en même temps que progresse l'intrigue. Le personnage observe son environnement et a des idées. C'est ainsi qu'elles sont associées aux lieux. Enfin, cette image médiale de la polytopie est active dans la structure profonde du texte, puisqu'on y lit une spatialité construite autour de deux éléments d'une grammaire spatiale: le point et la ligne.

Chapitre 7. Ce livre 3 adopte une approche dite qualitative dans le recueil de son matériau. Or, en recherche qualitative, une méthodologie est plus qu'un descriptif des techniques et méthodes mobilisées. Elle se pose comme un espace de réflexion éthique: un espace de réflexion sur la façon de «diriger sa conduite» en tant que personne qui cherche. De fait, une méthode qualitative comporte toujours une dimension qui en fait une posture intellectuelle et existentielle. Cette définition de la méthode en tant que posture permet de mieux saisir les «limites de confiance» d'une recherche qualitative, «des techniques et des sources» qu'elle mobilise. La construction de l'objectivité passe ainsi par la clarification des différents visages qui se présentent au chercheur dans la pratique de son terrain. C'est ce travail de clarification d'une posture à la fois intellectuelle et existentielle qu'accomplit ce chapitre, en discutant la construction du terrain d'enquête géographique de ce troisième temps d'enquête, celui de la rencontre des poètes à l'état pratique.

Chapitre 8. Si la posture intellectuelle et existentielle qui prévaut au recueil du matériau de recherche doit impérativement être explicitée pour satisfaire à l'impératif de transparence d'un dispositif scientifique, les procédés de mise en forme et de mise en texte, c'est-à-dire d'écriture, nécessitent tout autant d'être clarifiés et discutés. La manière analytique mobilisée par ce livre 3 est celle de la description herméneutique au sens où «un œil qui voit est toujours un œil qui pense», selon un aphorisme familier des anthropologues. Ce chapitre se propose donc de réfléchir aux écritures susceptibles d'être mobilisées pour «relativiser» en temps réel les interprétations proposées par la description – interprétations qui menacent toujours d'être naturalisées par les effets de réel de l'écriture scientifique. Ce chapitre argumente ainsi le choix, qui repose sur une réflexion épistémologique, d'un paradoxe esthétique: c'est en accusant le caractère artéfacté du discours scientifique que rigueur et objectivité peuvent être approchées. Le recours à ce que R. Barthes appelait les «glissements et parodies» du langage permet en effet de garantir un «effet d'étrangeté» tel que défini par B. Brecht, à savoir une mise à distance de l'action, qui est source d'une réflexivité critique radicalisée.

Chapitre 9. Ce chapitre se propose d'adopter le point de vue des «informateurs» pour décrire les pratiques et techniques de ville relatées. A cet effet, il mobilise un procédé stylistique (Vous de narration) dont l'objectif est d'éviter les chausse-trappes du Je phénoménologique tout en préservant la richesse d'une approche empathique. Des phases d'énonciation de la ville sont progressivement explicitées qui conduisent à ce que l'intérêt soit progressivement porté sur les ouvertures et les esthétisations de ville accomplies par l'habitant. On l'observe alors qu'il associe des affects et des imaginaires aux lieux, soi-disant sans finalité, de son espace existentiel. On le voit chercher des détails du paysage urbain qui lui remémorent d'autres espaces existentiels. On l'aperçoit en train d'accomplir de petites mises en scène identaires qui le conduisent à se délester de certains comportements dans des fragments de ville ou bien encore alors qu'il travaille ses cognitions (le discours qu'il tient sur un lieu donné) de façon à ce qu'elles correspondent à un autre lieu de son espace biographique.

Chapitre 10. Il s'agit ici de considérer le contre-champ critique de la description herméneutique des techniques d'usage des mondes urbains effectuées au chapitre 9. Les phases d'investissement de la ville – qui conduisent de l'anonymat à une géographie existentielle, et manifestent donc des modalités de territorialisation de soi –, sont à présent énoncées de manière univoque et claire. Mais ce chapitre se propose d'inscrire cette géographie personnelle dans des mécanismes psychosociaux: paysager la ville en recourant au schème de l'appareil photographique manifeste un art moyen du discours par lequel les habitants, inscrits dans un dispositif de recherche, tentent de se distinguer en adoptant le goût de la classe sociale immédiatement supérieure. Par ailleurs, ce schème active un œil moral et pratique qui introduit un habitus de propriétaire dans les émotionnalisations du paysage urbain. Cet habitus est d'ailleurs ce qui permet d'activer le désir de puissance qui sous-tend les esthétisations «déclôturantes» et les mises en scène alternatives de soi. C'est ainsi que les «vides» sans finalité de l'espace existentiel des poètes à l'état pratique sont des lieux de normalisation du discours. Il se peut, en somme, que les aréoles dans lesquelles s'inscrivent les moments de subjectivation soient «carcérales», c'est-à-dire contrôlées et standardisées à l'excès et créatrices de normalisation au sens où l'habitant y incorpore la mémoire sociale déposée dans les pierres de la ville.